中国科学院科学出版基金资助出版

《现代物理基础丛书》编委会

现代物理基础丛书·典藏版

实验数据分析

(上册)

朱永生　著

科学出版社

北京

内 容 简 介

本书介绍实验和测量数据分析中涉及的概率和数理统计及相关的数学知识，内容包括概率论、经典数理统计、贝叶斯统计、蒙特卡罗方法、极小化方法和去弥散方法六个部分. 特别讨论了数据统计处理中的一些困难问题和近期国际上发展起来的新方法. 书中分析了取自普通物理、核物理、粒子物理和工程技术问题的许多实例，注重物理问题与数学方法的结合，具体阐述了概率和数理统计及相关的数学方法在实际问题中的应用. 书末附有详尽的数理统计表，可供本书涉及的几乎所有数据分析问题之需要，而无需查阅专门的数理统计表书籍.

本书可供实验物理工作者和大专院校相关专业师生、理论物理研究人员、工程技术人员以及从事自然科学和社会科学的数据测量和分析研究人员参考.

图书在版编目（CIP）数据

实验数据分析. 上册/朱永生著. —北京：科学出版社，2012
(现代物理基础从书・典藏版)
ISBN 978-7-03-034731-2

Ⅰ. ①实… Ⅱ. ①朱… Ⅲ. ①物理学-实验数据-分析 Ⅳ. ①O4-33

中国版本图书馆 CIP 数据核字(2012) 第 122005 号

责任编辑：钱 俊 鲁永芳／责任校对：朱光兰
责任印制：赵 博／封面设计：陈 敬

科学出版社 出版
北京东黄城根北街 16 号
邮政编码：100717
http://www.sciencep.com
北京中石油彩色印刷有限责任公司印刷
科学出版社发行 各地新华书店经销
*
2012 年 6 月第一版 开本：B5(720 × 1000)
2025 年 1 月印 刷 印张：25 3/4
字数：504 000

定价：128.00 元

(如有印装质量问题，我社负责调换)

前　　言

自然科学和社会科学的许多领域, 诸如粒子物理和核物理、粒子和核天体物理、宇宙学和宇宙线物理、核工程和核医学、遗传学、人口统计、经济学、交通运输等等, 存在大量随机现象; 即使是对确定性现象的研究, 由于测量工具和仪器的测量误差通常具有随机性质, 所获得的数据也带有随机性. 因此, 实验或测量数据的分析几乎必定需要随机性数学及相关的数学分支的知识.

本书介绍实验或测量数据分析中所涉及的概率和数理统计及相关的数学知识, 内容包括概率论、经典数理统计、贝叶斯统计、蒙特卡罗方法、极小化方法和去弥散方法六个部分. 其中第 1~5 章和第 6~12 章分别阐述概率论和经典数理统计的基本内容, 第 13 章则专门介绍在现代统计学中具有重要影响的贝叶斯学派的观点与理论, 第 14 章讨论应用日益广泛的蒙特卡罗方法的基本概念, 第 15 章介绍的极小化 (或最优化) 方法是求解许多数理统计问题的重要工具 (例如, 极大似然法、最小二乘法等), 最后第 16 章介绍去弥散方法, 处理从观测数据和测量仪器的分辨函数反演出原分布的问题 (第 12~16 章见本书下册).

一般的数学书籍侧重于数学上的严密和确切, 但对于以数学为工具的研究人员而言, 更为迫切的是了解相关数学的基本内容和方法, 并正确地运用它们. 因此, 本书力求数学与物理问题相结合, 避免过于抽象和过于数学化的讨论. 重点是介绍基本概念、基本原理和方法, 阐明方法的应用及适用条件, 而不是对定理作严格的证明和推导; 有些定理或结论只是直接引用, 但与数据处理直接相关的内容则予以充实. 本书中相当数量的例子取自普通物理、核物理、粒子物理和工程技术问题的数据分析问题的实际需要, 以期达到加深理解基本原理和正确运用它们的目的. 本书还力求反映国际上近期发展起来的处理数据分析中一些困难问题的新的概念和方法, 这方面的例子有第 11 章介绍的 "小信号测量的区间估计"、12.5 节讨论的 "信号的统计显著性"、8.8 节和 9.10 节讨论的 "多个实验结果的合并" 等内容. 书末附有详尽的数理统计表, 可供本书涉及的许多数据分析问题之需要, 而无需查阅专门的数理统计表书籍.

作者根据近年来在科研实践 (北京正负电子对撞机、北京谱仪的粒子物理实验研究) 和教学实践 (中国科学院研究生院讲授 "实验物理中的概率和统计" 课程) 中的体会, 认为有必要对科学出版社 2006 年出版的拙作《实验物理中的概率和统计(第二版)》的内容作必要的修改和扩充. 增加的两章是近几十年来影响日益重要的贝叶斯统计, 以及在粒子物理和核物理、粒子和核天体物理、宇宙线物理和宇宙学、光学和医学成像重建等领域得到广泛应用的去弥散方法. 在原有的章节中则增补了原书没有讨论但具有相当重要性的一些内容和概念, 如贝塔分布、对数正态分布和朗道分布, 费希尔信息, 区间估计的大样本法, 有约束的极大似然估计, 斯米尔诺夫-克拉美-冯　迈希斯检验, 多维随机变量分量的独立性检验, 相关性检验等. 此外, 还补充了与新增内容相对应的数理统计表, 增加了一些从实践中提炼出来的有典型意义的实例.

本书介绍了六部分共 16 章比较广泛的数学内容, 掌握这些知识能够大体应对数据分析对于随机性数学知识的基本需求, 至少可以提供进一步学习的基础. 事实上, 其中的每一部分都是一个重要的数学分支, 可以并且应当按照需要进行更为深入的学习. 对出于实用目的阅读本书的读者而言, 可以有选择地阅读部分章节. 书中第 1~5 章、第 6~10 章和第 12 章阐述概率论和经典数理统计的基本内容, 是利用随机性数学处理实际问题的基础; 第 11 章和第 13~16 章则可以根据需要加以选择.

本书的出版得到中国科学院科学出版基金的资助. 作者感谢中国工程院院士、中国高等科学技术中心学术主任叶铭汉研究员, 中国科学院研究生院郑阳恒教授, 中国科学院院士、中国科学院理论物理研究所张肇西研究员对于本书的热情鼓励和积极推介, 以及科学出版社钱俊等同志的大力支持和辛勤、细致的工作.

限于本人水平, 疏漏及不妥之处在所难免, 诚恳欢迎专家和读者批评指正.

朱永生
2011 年 9 月于北京

目　　录

第 1 章　概率论初步

1.1　随机试验, 随机事件, 样本空间

自然界存在着在一定条件下必然发生的现象. 例如, 两个点电荷之间必定有相互作用力; 高处的重物必定落向地面; 水在一个大气压、100°C 条件下必然沸腾, 等等. 这些现象称为必然现象, 它们的过程和后果是完全确定的, 可以唯一地用一定的物理规律给以精确的描述. 如点电荷之间的作用力服从库仑定律, 真空中物体的下落过程服从自由落体规律.

但自然界还存在另一类性质不同的现象, 即使在 "完全相同" 的条件下对同一事物做多次测量或试验, 我们发现, 试验的结果并不一样, 一次单独的试验结果是不确定的, 因此无法用任何数学公式计算出来. 尽管每次试验的结果看来似乎杂乱无章, 但如做大量重复试验, 其结果却呈现出某种规律性. 我们来举例说明.

投掷一枚均匀硬币, 其结果或者是正面朝上, 或者是反面朝上. 我们无法预言任何一次投掷中硬币的哪一面朝上, 但当投掷次数很多时, 则正面朝上的次数约占 1/2.

掷一个骰子, 骰子的六个面分别刻有 1, 2, 3, 4, 5, 6 等数字. 每扔一次得到的点数是 1~6 中的哪一个数无法确定, 但在大量投掷中, 每一个点数的出现次数占总投掷数的 1/6 左右.

上述两例的共同特征是: 个别试验中的结果是不确定的, 但大量重复试验的结果会出现某种规律性. 这类现象称为**随机现象**, 这种规律性称为**统计规律性**. 揭示随机现象的统计规律性的数学工具是概率论和数理统计.

扔骰子、扔硬币的试验有以下特性: 试验可以在 "相同条件" 下重复进行; 试验的结果不止一个, 但所有结果都已明确地知道; 每次试验结果究竟是其中的哪一种则无法确定. 具有这些性质的试验称为**随机试验**, 简称**试验**. 将某种随机试验 E 重复进行 n 次, 若各次试验的结果互不影响, 则称 n 次试验是**互相独立**的. 随机试验中可能出现的各种结果称为**随机事件**, 简称**事件**. 随机试验中每一种可能出现的结果是最简单、最基本的事件, 称为**基本事件**. 如扔骰子试验中, 每扔一次即是一次随机试验; "出现 1 点"、"出现 2 点"……"出现 6 点" 是 6 个基本事件; "出现大于 4 的点"、"出现偶数点" 是事件, 但不是基本事件. 试验中必定发生的事件叫**必然事件**, 不会发生的事件叫**不可能事件**. 如 "点数大于 0" 是必然事件, "点数大

于 6" 是不可能事件.

随机试验 E 的所有基本事件组成的集合称为 E 的**样本空间**, 记为 S. S 的元素是试验 E 的所有基本事件, 元素也称**样本点**. 例如, 扔硬币和扔骰子试验的样本空间可记为 $S_{硬币}$: {正面, 反面}, $S_{骰子}$: $\{1, 2, 3, 4, 5, 6\}$. 引入样本空间的概念后, 可以看到事件是样本空间的一个**子空间或子集**. 如 "点数大于 4" 是子集$\{5, 6\}$, "偶数点" 是子集$\{2, 4, 6\}$. 必然事件就是样本空间 S 的全域; 不可能事件是空集, 用 $\varnothing$ 表示.

现在我们来规定事件之间的关系及运算. 设随机试验 E 的样本空间为 S, 事件 $A, B, A_k(k=1, 2, \cdots)$ 为 E 的事件, 我们用下述符号表示它们之间不同的关系.

$A\subset B$(或 $B\supset A$) 称为事件 $\boldsymbol{B}$ **包含**事件 A, 表示事件 A 的发生必然导致事件 B 的发生. 这可用图 1.1 加以说明, 图中长方形表示样本空间 S, 圆 A 和圆 B 表示事件 A 和 B 的子集, 子集 A 含于子集 B 内.

$A=B$ 称为事件 A 与事件 B **相等**, 表示事件 A 包含事件 B 且事件 B 包含 A, 即 $B\supset A$ 且 $A\supset B$.

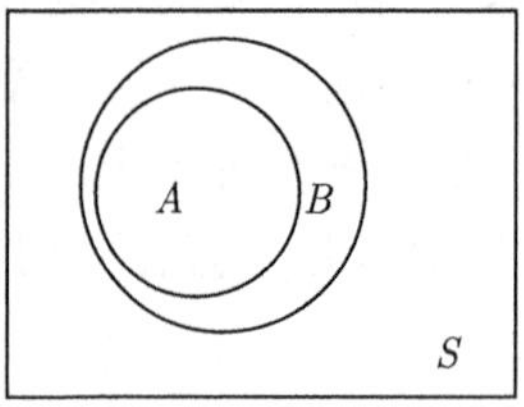

图 1.1 $A\subset B$

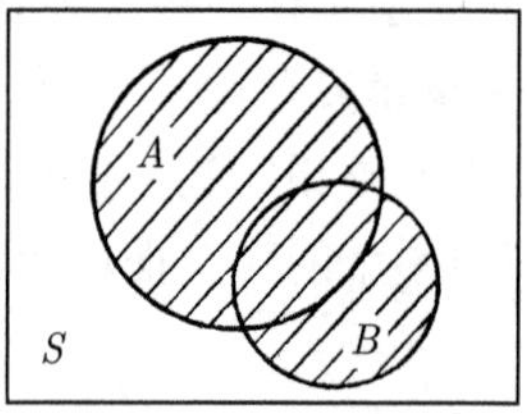

图 1.2 $A\cup B$

$A\cup B$ 称为事件 A 与事件 B 之**和**, 表示事件 A 或事件 B 至少有一个发生. 图 1.2 中斜线部分表示 $A\cup B$. 类似地, $A_1\cup A_2\cup\cdots\cup A_n\cup\cdots\equiv\bigcup\limits_{k=1}^{\infty}A_k$ 称为 $A_1, A_2, \cdots$ 之和, 表示这些事件中至少有一个发生.

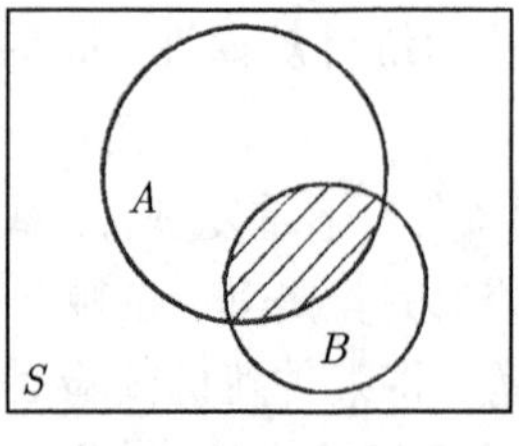

图 1.3 $A\cap B$

$A\cap B$ 或 AB 称为事件 A 与事件 B 之**积**, 表示事件 A 和事件 B 同时发生. 图 1.3 中斜线部分表示 AB.

类似地, $A_1\cap A_2\cap\cdots\cap A_n\cap\cdots\equiv\bigcap\limits_{k=1}^{\infty}A_k$ 为事件 $A_1, A_2, \cdots$ 之积, 表示这些事件同时发生.

$A-B$ 称为事件 A 与事件 B 之**差**, 表示事件 A 发生而事件 B 不发生.

$A-B$ 如图 1.4 中斜线部分所示.

$AB=\varnothing$ 称为事件 A 与事件 B **互不相容**, 表示事件 A 与事件 B 不可能同时发生. 图 1.5 是互不相容的两个事件 A 和 B 的图示. 基本事件之间是互不相容的.

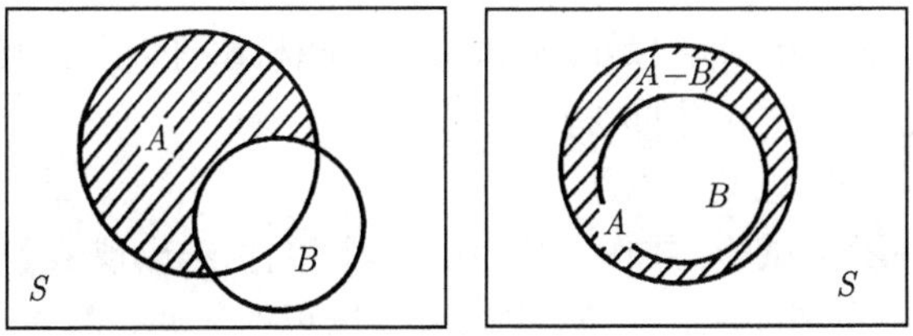

(a) (b)

图 1.4 $A-B$

$A=\bar{B}$ 或 $B=\bar{A}$ 称事件 A 与事件 B **互逆**, 或 A, B 互为**对立事件**, 表示事件 A 和 B 中必有且仅有一个发生, 也即 $A\cup B=S$, $AB=\varnothing$. 图 1.6 中斜线部分为事件 B 的对立事件 $A=\bar{B}$. 由此规定可知, 互逆事件一定互不相容.

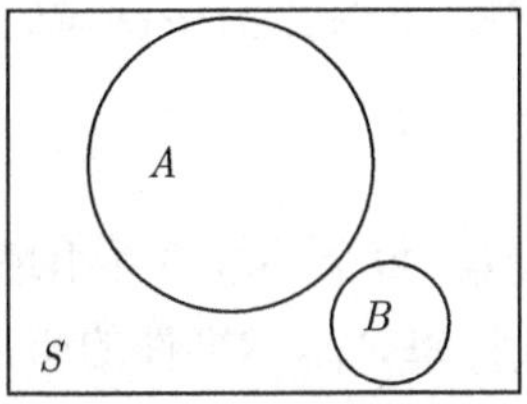

图 1.5 $AB=\varnothing$

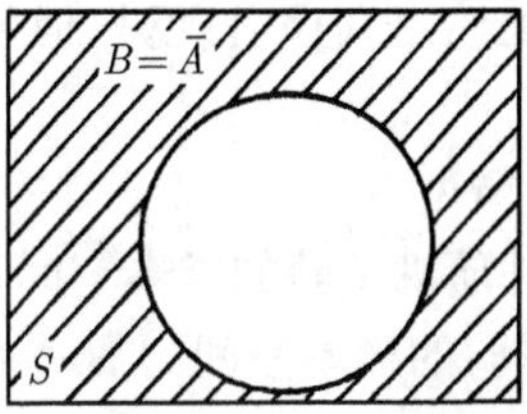

图 1.6 $A=\bar{B}$

样本空间的**划分**是十分有用的一个概念. 设 S 为随机试验 E 的样本空间, E 的一组事件 $B_1, B_2, \cdots, B_n$ 两两互不相容, 且 $B_1, B_2, \cdots, B_n$ 之和等于样本空间的全域, 即满足

$$\begin{cases} B_iB_j=\varnothing, \quad i\neq j,\ i,\ j=1,2,\cdots,n, \\ B_1\cup B_2\cup\cdots\cup B_n=S, \end{cases} \tag{1.1.1}$$

则称 $B_1, B_2, \cdots, B_n$ 为样本空间 S 的一个划分. 图 1.7 是样本空间 S 的一个划分的图示. 显然样本空间的所有元素构成它的一个划分; 对立事件也是样本空间的一个划分.

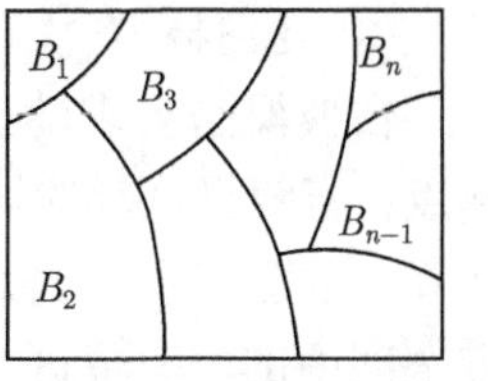

图 1.7 样本空间的划分

以扔骰子为例, 骰子面朝上的点数作为随机试验, 其样本空间是 $S=\{1,2,3,4,5,6\}$. 设一组事件 $B_1=\{1,2\}, B_2=\{3,4\}, B_3=\{5,\}$, 则 B_1,B_2,B_3 构成 S 的一个划分. 事件组 $C_1=\{1,2\}, C_2=\{2,3\}, C_3=\{4,5\}$ 不是 S 的划分, 它不满足式 (1.1.1) 的要求.

1.2 概　　率

所谓随机事件的概率, 指的是随机试验中该随机事件发生的可能性大小的数值表示. 历史上出现过几种不同的概率模型.

(1) 统计 (频率) 概型

重复进行一种随机试验, 共作了 N 次, 其中事件 A 出现 n 次 (称为事件 A 的频数), 比值 n/N 称为事件 A 在 N 次试验中出现的频率. 随着试验次数 N 的增加, 频率 n/N 的值将逐渐稳定于某个常数. 事件 A 的概率定义为试验次数 N 趋向无穷大的极限情形下的频率:

$$P(A) = \lim_{N\to\infty}\frac{n}{N}. \tag{1.2.1}$$

这样定义的概率称为**统计概率**或**频率概率**. 由以上定义可见, 事件的概率是随机试验中该事件发生的可能性大小的数量表述.

概率的上述定义相当直观, 但数学上不够严格, 而且无穷多次试验事实上无法实行.

(2) 古典概型

假设一种随机试验的样本空间包含有限个元素, 每个基本事件出现的可能性相等. 即随机试验的样本空间为 $S=\{e_1,e_2,\cdots,e_n\}$, 每个基本事件的概率相等, 则有

$$1=P(S)=\sum_{i=1}^{n}P(e_i)=nP(e_i),$$

即

$$P(e_i)=\frac{1}{n},\quad i=1,2,\cdots,n. \tag{1.2.2}$$

若事件 A 包含 k 个基本事件, 则事件 A 的概率为

$$P(A)=k/n. \tag{1.2.3}$$

这样的概率模型称为**等可能概型**或**古典概型**, 前面提到的掷硬币和扔骰子试验都属于古典概型.

(3) 几何概型

古典概型要求随机试验的样本空间只包含有限个可能性相等的元素 (或称样本点), 若随机试验的样本空间包含无限个可能性相等的样本点, 则不能按古典概型计算, 而需要用几何概型求解. 设随机试验 E 的样本空间 S 可用 $m(m=1,2,\cdots)$ 维空间中的一有界区域 Ω 表示, 其样本点具有均匀分布性质 (类似于古典概率中基本事件的等可能性), 事件 $A(A\subset S)$ 发生的可能性用区域 ω_A 表示, 则事件 A 发生的概率为

$$P(A)=\frac{\omega_A}{\Omega}, \tag{1.2.4}$$

称为**几何概率**. 它可以应用于无限可列个元素、甚至无限不可列个元素的情形 (含义见下文).

概率的上述模型, 每种定义都是针对不同的随机试验而设计的, 都很浅显直观, 但都存在一定的局限性, 数学上也不够严密. 1933 年前苏联科学家柯尔莫哥洛夫综合了前人的成果, 提出了概率的公理化定义, 从此, 概率论才成为一个严密的数学分支.

概率的公理化定义可简述如下.

设 S 为一随机试验 E 的样本空间, 对于 E 的任一事件 A, 满足如下条件的一个非负实函数 $P(A)$ 称为事件 A 的概率:

(1) $0 \leqslant P(A) \leqslant 1$, 对一切 $A \subset S$. (1.2.5)

(2) $P(S)=1$. (1.2.6)

(3) 对两两不相容的事件 $A_k(k=1,2,\cdots)$ 有

$$P\left(A_1 \cup A_2 \cup \cdots \cup A_n\right)=\sum_{k=1}^{n} P(A_k) \tag{1.2.7}$$

或

$$P\left(A_1 \cup A_2 \cup \cdots \cup A_n \cup \cdots\right)=\sum_{k=1}^{\infty} P(A_k). \tag{1.2.8}$$

式 (1.2.7) 和式 (1.2.8) 分别称为概率的**有限可加性**和**可列可加性**, 它们分别适用于样本空间含有有限个元素和**无限可列个**元素的情形. 所谓无限可列个, 指满足两个条件: 有无限个元素, 但可以与自然数列 1, 2, 3, $\cdots$ 建立起一一对应的关系. 式 (1.2.6) 也称为样本空间概率的归一性, 它表示随机试验整个样本空间的概率和恒等于 1. 式 (1.2.5)~ 式 (1.2.8) 表明了概率的定义可以简单地归结为: 非负性、归一性和可加性.

概率的公理化定义在数学上是严密的, 但只规定了概率应满足的条件, 而没有给出计算事件 A 的概率 $P(A)$ 的方法, 因而对同一个样本空间, 只要符合这三个公理化条件, 概率可以有多种不同的定义. 例如, 前面讨论过的统计概率、古典概率和几何概率定义不同, 但都符合概率的公理化定义的要求; 在第 13 章贝叶斯统计中使用的贝叶斯概率, 其定义与这三者皆不同, 但同样满足公理化定义的要求.

在第 5 章中, 大数定律将证明, 在相当广泛的情形中, 当试验次数 N 趋向无穷时, 事件 A 的频率 n/N 与其概率 $P(A)$ 的严格定义值十分接近. 在实际使用时, 只要试验次数 N 充分大, 可用频率 n/N 作为概率 $P(A)$ 的近似值.

根据概率的定义, 立即可推导出概率的如下性质:

(1) 若 $A, \bar{A}$ 为一随机试验的互逆事件, 则有

$$P(A)+P(\bar{A})=1. \tag{1.2.9}$$

(2) 不可能事件的概率为 0, 即

$$P(\varnothing)=0. \tag{1.2.10}$$

(3) 若事件 A 包含事件 B, 则

$$P(A)\geqslant P(B). \tag{1.2.11}$$

(4) 若 $A_1,\cdots,A_n$ 为一随机试验样本空间 S 的一个划分, 则由式 (1.2.6) 和式 (1.2.7) 立即得到

$$\sum_{i=1}^{n}P(A_i)=1, \tag{1.2.12}$$

样本空间的所有基本事件的概率和等于 1. 式 (1.2.9) 可视为本式的特例.

(5) 若 $A\supset B$, 则

$$P(A-B)=P(A)-P(B). \tag{1.2.13}$$

(6)
$$P(A\cup B)=P(A)+P(B)-P(AB). \tag{1.2.14}$$

由图 1.2 和图 1.3 可知, $A\cup B=A+B-AB$, 故得上式. 该公式也称为概率的加法定理. 推广到 n 个事件的一般情况, 设 $A_1,A_2,\cdots,A_n$ 是随机试验 E 的 n 个事件, 则有

$$\begin{aligned}P(A_1\cup A_2\cup A_3)=&P(A_1)+P(A_2)+P(A_3)-P(A_1A_2)\\&-P(A_2A_3)-P(A_1A_3)+P(A_1A_2A_3).\end{aligned} \tag{1.2.15}$$

利用数学归纳法, 令

$$\begin{aligned}S_1&=\sum_{i=1}^{n}P(A_i),\\S_2&=\sum_{i<j=2}^{n}P(A_iA_j),\\S_3&=\sum_{i<j<k=3}^{n}P(A_iA_jA_k)^{①},\\&\ \ \vdots\end{aligned}$$

① 这里记号的意义 $\sum\limits_{i<j<k=3}^{4}P(A_iA_jA_k)=P(A_1A_2A_3)+P(A_1A_2A_4)+P(A_1A_3A_4)+P(A_2A_3A_4)$.

则有

$$P\left(\bigcup_{i=1}^{n} A_i\right) \equiv P(A_1 \cup A_2 \cup \cdots \cup A_n)$$
$$= S_1 - S_2 + S_3 - \cdots - (-1)^n S_n. \tag{1.2.16}$$

如果式 (1.2.14) 中的事件 A 和事件 B 互不相容, 则加法定理的形式特别简单

$$P(A \cup B) = P(A) + P(B). \tag{1.2.17}$$

推广到 n 个互不相容的事件 $A_1, A_2, \cdots, A_n$, 则有

$$P\left(\bigcup_{i=1}^{n} A_i\right) = \sum_{i=1}^{n} P(A_i). \tag{1.2.18}$$

1.3 条件概率, 独立性

设 A, B 为一随机试验的两个事件, 事件 A 的概率为 $P(A)$, 则在事件 A 发生的条件下事件 B 发生的概率称为**条件概率**, 表示为

$$P(B|A) = \frac{P(AB)}{P(A)}. \tag{1.3.1}$$

我们用图 1.3 来说明条件概率的含义. 图中斜线部分的面积现在表示事件 $A \cap B$ 的概率 $P(AB)$, 区域 A, B 的面积表示事件 A 和事件 B 的概率. 事件 A 发生条件下事件 B 发生的概率, 即条件概率 $P(B|A)$ 为事件 A 和事件 B 的共有区域与事件 A 的区域之面积比, 因此有式 (1.3.1). 类似地, 事件 B 发生条件下事件 A 发生的概率可表示为

$$P(A|B) = \frac{P(AB)}{P(B)}. \tag{1.3.2}$$

由上面两式立即得到

$$P(AB) = P(B|A) \cdot P(A) = P(A|B) \cdot P(B), \tag{1.3.3}$$

该式称为概率的**乘法定理**.

可以证明, 条件概率具有概率的一般性质: 非负性、归一性和可加性, 即

$$0 \leqslant P(A|B) \leqslant 1, \tag{1.3.4}$$

$$P(S|B) = 1, \tag{1.3.5}$$

$$P\left(\bigcup_{i=1}^{\infty} A_i|B\right) = \sum_{i=1}^{\infty} P(A_i|B). \tag{1.3.6}$$

还可导出其他一些性质, 例如:

当 $A \supset B$

$$P(A|B) = 1; \tag{1.3.7}$$

当 A, B 互不相容, 即 $AB = \varnothing$, 有

$$P(A|B) = 0; \tag{1.3.8}$$

对于互逆事件有

$$P(A|B) = 1 - P(\bar{A}|B), \tag{1.3.9}$$

等等. 特别当 $B = S$ 时, 条件概率 $P(A|B)$ 化为无条件概率 $P(A)$.

现在来定义事件的独立性. 设事件 A, B 为一随机试验的两个事件, 如果满足

$$P(AB) = P(A) \cdot P(B), \tag{1.3.10}$$

则 A, B 为**相互独立**的事件. 若事件 A, B 相互独立, 由式 (1.3.1) 和式 (1.3.2) 得到

$$P(B|A) = P(B), \quad P(A|B) = P(A). \tag{1.3.11}$$

事件 A, B 相互独立, 表示事件 A 的发生与否对事件 B 的概率没有影响, 反之亦然.

对于一随机试验的三个事件 A, B, C, 若满足

$$\begin{aligned} P(AB) &= P(A)P(B), \\ P(BC) &= P(B)P(C), \\ P(AC) &= P(A)P(C), \\ P(ABC) &= P(A)P(B)P(C), \end{aligned} \tag{1.3.12}$$

则称 A, B, C 是相互独立的事件. 需要注意的是, 仅满足前三个等式的时候, 称 A, B, C 两两相互独立, 此时, $P(ABC) = P(A)P(B)P(C)$ 不一定成立, 也即两两相互独立不能保证 A, B, C 相互独立.

推广到一随机试验的 n 个事件的一般情况, 若对于 $1 \leqslant i < j < k < \cdots < n$, 下式成立:

$$\begin{aligned} &P(A_iA_j) = P(A_i)P(A_j), \\ &P(A_iA_jA_k) = P(A_i)P(A_j)P(A_k), \\ &\qquad \vdots \\ &P(A_1A_2\cdots A_n) = P(A_1)P(A_2)\cdots P(A_n), \end{aligned} \tag{1.3.13}$$

则称 $A_1, A_2, \cdots, A_n$ 相互独立.

在实际应用中, 事件的独立性常常是根据试验的实际性质而不是根据定义来判断的.

1.4　概率计算举例

本节举几个实例来运用前面介绍的关于概率的概念及概率的运算法则.

例 1.1　继电器网路

设有图 1.8 所示的电路, 其中 1, 2, 3 为继电器, 每一继电器接通的概率均为 α, 各继电器接通与否相互独立. 求 L 至 R 为通路的概率.

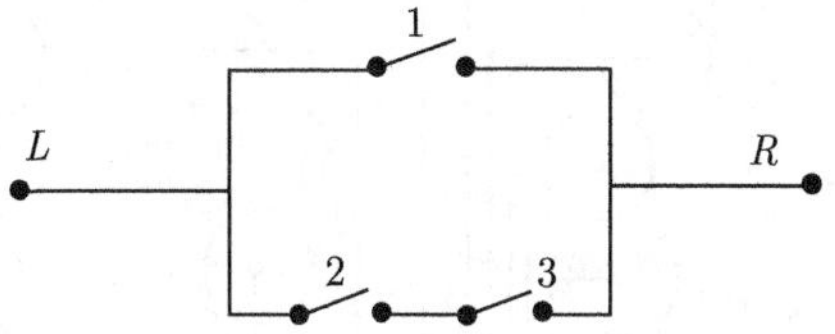

图 1.8　继电器网路

令第 i 个继电器接通用事件 $E_i(i=1,2,3)$ 表示, 于是

$$P(E_1)=P(E_2)=P(E_3)=\alpha.$$

设事件 E 为 "L 至 R 为通路", 则

$$E=E_1\cup E_2E_3.$$

运用概率加法定理, 得

$$P(E)=P(E_1)+P(E_2E_3)-P(E_1E_2E_3),$$

注意 E_1,E_2,E_3 为独立事件, 故

$$\begin{aligned}P(E)&=P(E_1)+P(E_2)P(E_3)-P(E_1)P(E_2)P(E_3)\\&=\alpha+\alpha^2-\alpha^3.\end{aligned}$$

例 1.2　契仑科夫计数器的探测效率

契仑科夫计数器中环绕着计数器轴线对称地配置着一圈共九个光电倍增管, 如图 1.9 所示. 当一个带电粒子沿着计数器轴线穿过, 产生契仑科夫辐射, 则九个光电倍增管都能测量到这种辐射光, 并产生输出电脉冲. 若没有带电粒子穿过, 则光电倍增管没有输出信号. 为了防止单个光电倍增管的偶然触发导致的虚假信号, 我们观测若干个光电倍增管的符合信号来确证是否有带电粒子穿过计数器. 这里各个光电倍增管的信号是相互独立的事件. 当一个带电粒子穿过计数器, 一个光电倍增管有信号输出称为事件 A, 设其概率为

$$P(A)=\varepsilon=0.93.$$

一个带电粒子穿过计数器, 九个光电倍增管同时都有信号输出称为事件 B. 由于九个光电倍增管相互独立, 由式 (1.3.13) 可知, 事件 B 的概率为

$$P(B) = [P(A)]^9 = \varepsilon^9 = 0.52.$$

显然, 图 1.9(a) 这种 9 路符合的安排大大降低了有效事件的探测效率.

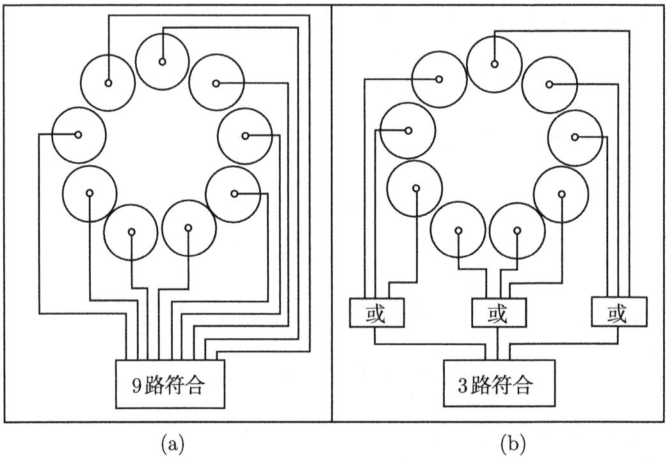

图 1.9　契仑科夫计数器中光电倍增管的符合安排

如果采用图 1.9(b) 的符合安排, 每三个光电倍增管组成一个组, 每组中只要有一个光电倍增管有信号输出就能通过或门. 这样, 九个光电倍增管三个组中, 每组至少要有一个光电倍增管有信号输出, 就确认为有带电粒子通过计数器, 这时的符合概率为 (利用式 (1.2.12))

$$P(B) = [P(A \cup A \cup A)]^3 = (3\varepsilon - 3\varepsilon^2 + \varepsilon^3)^3 = 0.999.$$

这样一种符合方式既避免了单个光电倍增管的偶然触发导致的误计数, 又使粒子的探测效率几乎达到 100%.

例 1.3　π^0 介子的探测

π^0 介子衰变为两个 γ 光子. γ 光子在物质中以一定的概率转变为一对正负电子 e^+e^-. 设在某个探测器中, $\gamma \to e^+e^-$ 的概率为 $P(\gamma) = \alpha$, 利用该探测器测量 e^+e^- 的能量和飞行方向可以确认 γ 的存在并确定其能量和飞行方向, 并进一步推断 π^0 的能量和方向. π^0 介子在此探测器内可观测到的衰变产物可表现为观测到两条或一条 γ 射线, 以及观测不到任何 γ 射线. 问这三类事件的概率各有多大?

π^0 衰变产生的两条 γ 射线, 它们转变为 e^+e^- 对是相互独立的事件. 设 $P_1(1\gamma)$ 和 $P_1(0\gamma)$ 是一条 γ 射线被观测到和没有被观测到的概率. 从衰变 $\pi^0 \to \gamma_1 + \gamma_2$ 事

例中观测到两条 γ 射线的概率 $P(2\gamma)$ 可表示为 (运用式 (1.3.10))

$$P(2\gamma) = P_1(1\gamma) \cdot P_2(1\gamma) = \alpha^2.$$

观测不到 γ 的概率 $P(0\gamma)$ 为

$$\begin{aligned} P(0\gamma) &= P_1(0\gamma) \cdot P_2(0\gamma) = [1 - P_1(1\gamma)] \cdot [1 - P_2(1\gamma)] \\ &= (1-\alpha)^2. \end{aligned}$$

只观测到一条 γ 射线的概率是

$$\begin{aligned} P(1\gamma) &= P_1(0\gamma) \cdot P_2(1\gamma) + P_2(0\gamma) \cdot P_1(1\gamma) \\ &= 2\alpha(1-\alpha). \end{aligned}$$

至少看到一条 γ 的概率为

$$P(\geqslant 1\gamma) = P(2\gamma) + P(1\gamma) = 2\alpha - \alpha^2.$$

应用概率的加法定理可得到相同的结果. 据式 (1.2.11), 有

$$\begin{aligned} P(\gamma_1 \cup \gamma_2) &= P_1(1\gamma) + P_2(1\gamma) - P_1(1\gamma) \cdot P_2(1\gamma) \\ &= \alpha + \alpha - \alpha \cdot \alpha = 2\alpha - \alpha^2. \end{aligned}$$

$P(\gamma_1 \cup \gamma_2)$ 表示两个光子至少观测到一个的概率, 也就是 $P(\geqslant 1\gamma)$, 与前一式结果相同. 显然,

$$P(0\gamma) + P(1\gamma) + P(2\gamma) = 1.$$

这表明, 观测到的现象只可能是三者之一.

类似的方法可应用于出现多个 π^0 的复杂情况, 例如, 粒子 ω 衰变为三个 π^0 介子, 可产生多到六条 γ 射线. 由以上推导可知, 除非探测器对 γ 光子的探测效率达到 100%, 否则测量到所有六条 γ 射线的概率总是比较小的.

例 1.4 粒子束流沾污和 δ 射线

将 K 介子或反质子 $\bar{p}$ 束流引入泡室可研究这些粒子导致的反应, 但这种粒子流中混杂有较轻的其他粒子, 如 π 介子、μ 子, 它们对于 K 或 $\bar{p}$ 束的“沾污”会导致研究结果的误差. 束流一般都经过动量分析, 即具有相同的动量. 相同动量的粒子与泡室中物质的电子碰撞时, 轻粒子产生的 δ 电子平均能量较高, 利用这种性质可以估计轻粒子对重粒子束的沾污程度, 从而对实验结果作适当修正.

设重粒子 (K 或 $\bar{p}$) 可产生的 δ 电子最大能量为 $E_{\max}$, 轻粒子 (π, μ) 产生的能量高于 $E_{\max}$ 的 δ 电子称为高能电子. 引入下述记号:

$P(1\delta)$—— 轻粒子产生一条高能 δ 射线的概率;

$P(2\delta)$—— 轻粒子产生两条高能 δ 射线的概率;

N—— 泡室中观测到的束流粒子径迹总数;

$N_1(N_2)$—— 观测到带一 (两) 条高能 δ 射线的束流粒子的径迹数;

N_π—— 束流中沾污的 "轻" 粒子径迹数 (未知待求量).

按照概率的定义, 在 N_π 很大的极限情形下, 有

$$P(1\delta) = \frac{N_1}{N_\pi}, \quad P(2\delta) = \frac{N_2}{N_\pi}.$$

两条高能 δ 射线是相互独立地产生的, 据独立性原理 (式 (1.3.10)), 有 $P(2\delta) = [P(1\delta)]^2$, 因而得到 $N_\pi = N_1^2/N_2$. 轻粒子对束流的沾污百分比为

$$F = \frac{N_\pi}{N} = \frac{N_1^2}{NN_2}.$$

例 1.5　扫描效率 (1)

利用径迹探测方法的粒子物理实验 (如泡室、核乳胶、火花室实验), 必须对所有记录到的事例进行扫描来寻找一定类型的反应事例. 由于识别一定类型的事例是相当困难的一件事, 一般不大可能将这类事例都识别出来, 即扫描效率不可能为 100%, 而且扫描效率是一个未知量. 为了估计扫描效率, 需要对同样的客体实行两次或多次扫描.

设对一组泡室的照片作两次相互独立的扫描 (如由两人分别扫描). 第一次扫描找到特定类型的事例数为 $N_1 + N_{12}$, 第二次扫描找到 $N_2 + N_{12}$, 其中 N_{12} 是两次扫描中都找到的事例的数目, N_1 和 N_2 是两次扫描中找到的不相重合的事例的数目. 进一步假定, 每次扫描中找到任何一个该类型事例的概率相等, 试估计该类事例的真实数目 N 和扫描效率.

当 N 足够大, 依概率的定义, 两次扫描中找到该类事例的概率分别为

$$P(1) = \frac{N_{12} + N_1}{N}, \quad P(2) = \frac{N_{12} + N_2}{N}.$$

两次扫描中都找到的事例数给出事件积的概率 (图 1.10) 为

$$P(1 \cap 2) = \frac{N_{12}}{N}.$$

由于两次扫描相互独立, 故有

$$P(1 \cap 2) = P(1) \cdot P(2).$$

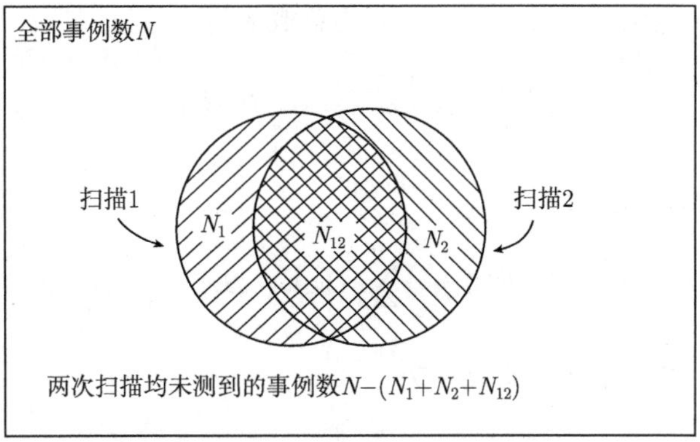

图 1.10 扫描效率的图示

将以上三式结合起来, 求出事例总数

$$N = \frac{(N_{12}+N_1)(N_{12}+N_2)}{N_{12}}.$$

将 N 代入 $P(1), P(2)$ 的表达式中, 求得两次扫描各自的扫描效率

$$P(1) = \frac{N_{12}}{N_{12}+N_2}, \quad P(2) = \frac{N_{12}}{N_{12}+N_1}.$$

可见, 第一次扫描效率的估计值有赖于第二次扫描的结果, 反过来, 第二次扫描效率估计值亦与第一次扫描结果有关, 其原因是总事例数的估计要利用两次扫描的信息.

两次扫描中发现的事例总数为 $N_{12}+N_1+N_2$, 由此求得总的扫描效率为

$$P(1\cup 2) = \frac{N_{12}+N_1+N_2}{N} = \frac{N_{12}(N_{12}+N_1+N_2)}{(N_{12}+N_1)(N_{12}+N_2)}.$$

总扫描效率也可用概率加法定理 (式 (1.2.11)) 求出, 结果相同

$$\begin{aligned} P(1\cup 2) &= P(1)+P(2)-P(1\cap 2) \\ &= \frac{N_{12}}{N_{12}+N_2} + \frac{N_{12}}{N_{12}+N_1} - \frac{N_{12}}{N} \\ &= \frac{N_{12}(N_{12}+N_1+N_2)}{(N_{12}+N_1)(N_{12}+N_2)}. \end{aligned}$$

1.5 边沿概率, 全概率公式, 贝叶斯公式

设随机试验 E 的样本空间为 S, S 可以按照不同的条件作不同的划分. 设按照条件 A, S 被划分为互不相容的事件 $A_1, A_2, \cdots, A_m$; 按照条件 B, S 被划分为互

不相容的事件 $B_1, B_2, \cdots, B_n$. 样本空间的总概率为 1, 因而有

$$\sum_{i=1}^{m} P(A_i) = 1 = \sum_{j=1}^{n} P(B_j).$$

事件 A_i 的**边沿概率**定义为

$$P(A_i) = \sum_{j=1}^{n} P(A_i \cap B_j); \tag{1.5.1}$$

类似地, 事件 B_j 的边沿概率可表示为

$$P(B_j) = \sum_{i=1}^{m} P(A_i \cap B_j). \tag{1.5.2}$$

我们用具体例子来说明边沿概率的概念.

例 1.6　pp 反应末态的分类

在气泡室中进行质子–质子反应产生奇异粒子的实验. 按所观测到的反应末态带电径迹数, 可分为 $2, 4, 6, 8, \geqslant 10$ 条径迹五种情形, 称为划分 A. 而根据鉴别出的中性奇异粒子, 可分为 $K_s^0, \Lambda, K_s^0K_s^0, K_s^0\Lambda$ 末态四种情况, 称为划分 B. 假定同时属于类别 A_i 和 B_j 的事例概率 $P(A_i \cap B_j)$ 如下表所示, 则末态产物为 K_s^0 的边沿概率可由该表第一行的各项求和得到

$$P(K_s^0) = P(B_1) = \sum_{i=1}^{5} P(A_i \cap B_1) = 0.347.$$

划分 A / 划分 B	2 条径迹	4 条径迹	6 条径迹	8 条径迹	≥10 条径迹
K_s^0	0.117	0.169	0.055	0.006	0
Λ	0.180	0.220	0.092	0.012	0.001
$K_s^0K_s^0$	0.017	0.014	0.002	0	0
$K_s^0\Lambda$	0.055	0.045	0.014	0.001	0

与此相似, 末态产物有 6 个带电径迹的边沿概率可由表的第三列求和得到

$$P(6\text{ 带电径迹}) = P(A_3) = \sum_{j=1}^{4} P(A_3 \cap B_j) = 0.163.$$

全概率公式 —— 设随机试验 E 的样本空间为 $S, B_1, B_2, \cdots, B_n$ 为 S 的一个划分, 则 E 的任一事件 A 的概率 $P(A)$ 可表示为

$$P(A) = \sum_{j=1}^{n} P(A|B_j) \cdot P(B_j). \tag{1.5.3}$$

证明 如图 1.11 所示, 因 $B_1, B_2, \cdots, B_n$ 是 S 的一个划分, 故有

$$A = AS = A(B_1 \cup B_2 \cup \cdots \cup B_n) = AB_1 \cup AB_2 \cup \cdots \cup AB_n.$$

由概率的有限可加性得

$$P(A) = \sum_{j=1}^{n} P(A \cap B_j). \tag{1.5.4}$$

对每一项 $P(A \cap B_j)$ 应用概率乘法定理, 则式 (1.5.3) 得证.

比较式 (1.5.1) 和式 (1.5.4) 可见, 两者形式相似, 这说明边沿概率是全概率公式应用的一种特例.

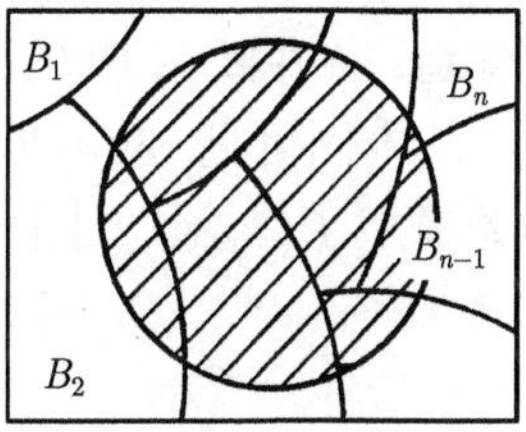

图 1.11 斜线部分表示事件 A

设 $B_1, B_2, \cdots, B_n$ 是随机试验 E 的样本空间 S 的一个划分, 对于 E 的任一事件 A, 由条件概率的定义 (式 (1.3.1)) 和乘法定理 (式 (1.3.3)), 知

$$P(B_i|A) = \frac{P(B_iA)}{P(A)} = \frac{P(A|B_i)P(B_i)}{P(A)}.$$

将分母中的 $P(A)$ 用全概率公式代入, 得

$$P(B_i|A) = \frac{P(A|B_i)P(B_i)}{\sum_{j=1}^{n} P(A|B_j)P(B_j)}. \tag{1.5.5}$$

该式称为贝叶斯公式.

例 1.7 摸钱币试验

有三个相同的钱袋 B_1, B_2, B_3. B_1 内装 2 枚金币, B_2 内装金、银币各一枚, B_3 内装 2 枚银币. 随机地选取一个钱袋并摸出一枚钱币, 设摸到的是一枚金币, 问该钱袋内余下的也是一枚金币的概率为多大?

令第一次摸得金币是事件 A, 因为只有选取的钱袋是 B_1 时余下的才是金币, 所以该问题实际上是要求条件概率 $P(B_1|A)$.

根据已知条件, 从三个钱袋中摸得一枚金币的条件概率分别为

$$P(A|B_1) = 1, \quad P(A|B_2) = \frac{1}{2}, \quad P(A|B_3) = 0.$$

由于钱袋是随机选定的, 选中 B_1, B_2, B_3 的概率相等, 故有

$$P(B_1) = P(B_2) = P(B_3) = \frac{1}{3}.$$

根据贝叶斯公式求出问题的解

$$P(B_1|A) = \frac{P(A|B_1)P(B_1)}{\sum_{i=1}^{3} P(A|B_i)P(B_i)} = \frac{2}{3}.$$

本例中 $P(B_i)$ 是**先验概率**, 它反映的一般是以往经验的总结, 在这次试验之前已经知道. 条件概率 $P(B_1|A)$ 称为**后验概率**, 它是从得到了试验的信息之后推断出来的. 从本例可见, 应用贝叶斯公式可从先验概率 $P(B_i)$ 和条件概率 $P(A|B_i)$ 求得后验概率 $P(B_i|A)$. 上述问题具有一般性, 称为**贝叶斯问题**.

第2章　随机变量及其分布

2.1　随机变量

一个随机试验有多于一种结果, 出现一定结果的可能性大小即为其对应的概率. 为了定量地研究随机试验的结果, 揭示随机试验中客观存在的统计规律性, 需要引入随机变量的概念. 通常随机试验的不同结果可用一组实数来表示, 如扔骰子试验中, 试验结果 "出现 i 点"($i=1,2,\cdots,6$) 这一事件可用数字 i 表示. 这就在随机试验的基本事件 (出现 i 点, $i=1,2,\cdots,6$) 与一组数值 $1,2,\cdots,6$ 之间建立了一一对应的关系. 一般地, 随机试验样本空间的所有元素可用一组实数 $x_1,x_2,x_3,\cdots$ 来表示, 任何一次试验的结果可用一个实数 X 表示, X 取值 $x_1,x_2,x_3,\cdots$ 的概率为 $P(x_1),P(x_2),P(x_3),\cdots,P(x_i)$ 是 x_i 对应的元素在随机试验中出现的概率. 因此, X 是定义在随机试验样本空间上的变量. 下面引入随机变量的定义.

设随机试验 E 的样本空间为 S, 对于 S 中的任一元素 e 存在一个实数 $X(e)$ 与之对应, 得到一个定义在 S 上的单值实函数 $X(e)$, 称为**随机变量**. 与样本空间 S 的所有元素$\{e\}$相对应, $X(e)$ 可取值的全体称为随机变量的**取值域**或**值域**, 一般用符号 Ω 表示 (图 2.1). 以后都简单地以 X 代替 $X(e)$, 但应注意, 随机变量 X 是定义在样本空间 S 上的; 以相应的小写字母表示它的可取值, 如随机变量 X 的取值为 $x_1,x_2,\cdots$.

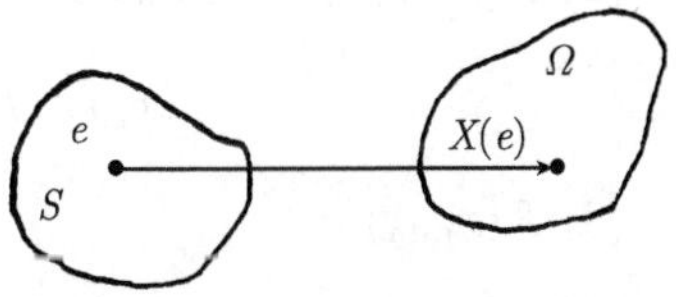

图 2.1　随机变量 $X(e)$ 及其值域 Ω

由以上定义可见, 随机变量 X 与普通的变量有本质的不同. 普通的变量定义在实数轴上, 而随机变量是定义在随机试验样本空间上的函数 (样本空间的元素不一定是实数); 普通变量的值一旦确定便是唯一的. 而随机变量的取值是随机的, 取某一数值的可能性取决于该数值所对应的概率.

引入随机变量后, 随机事件可用随机变量描述, 就能利用数学分析的方法来研究随机试验. 但由于随机变量与普通变量存在着前面所述的差异, 将普通变量的运算规则移用到随机变量的运算中去时要注意它是否适用.

随机变量分为**离散型**和**连续型**两类. 离散随机变量的取值域是有限个或可列无限多个实数, 如扔骰子这一随机试验, 相应的随机变量的取值域是{1, 2, 3, 4, 5, 6}六个数. 连续随机变量的值域则是一个区间中的所有值, 无法一一列出. 如在任何时刻观测时钟上某一指针 (如时针) 的角度, 则该随机变量的值域为 $[0°, 360°]$, 这是一个连续随机变量.

2.2　随机变量的分布

要了解一个随机变量 X, 不但要知道它的全体可取值, 而且要知道它取任一特定值 x 的概率 $P(x)$, 也即它的概率分布特性. 随机变量的概率分布特性可由它的累积分布函数和概率密度函数描述.

设 X 为一随机变量, 其取值域的下限和上限分别记为 $x_{\min}$ 和 $x_{\max}$, 对于任意实数 $x: x_{\min} \leqslant x \leqslant x_{\max}$, 随机变量 X 取值小于等于 x 的概率称为 X 的**累积分布函数**或**分布函数**, 用 $F(x)$ 表示为

$$F(x) = P(X \leqslant x). \tag{2.2.1}$$

累积分布函数有以下性质:

(1) $F(x)$ 是非负函数, 且有

$$0 \leqslant F(x) \leqslant 1. \tag{2.2.2}$$

(2) $F(x)$ 是非减函数, 对于任何 $x_2 > x_1$, 有

$$F(x_2) - F(x_1) = P(x_1 < X \leqslant x_2) \geqslant 0. \tag{2.2.3}$$

(3) $F(x_{\min}) = 0,$ (2.2.4)

$$F(x_{\max}) = 1. \tag{2.2.5}$$

式 (2.2.5) 与随机试验的概率归一性相对应, 也称为随机变量分布函数的归一性, 表示随机变量的取值总落在其值域之内.

对于离散随机变量 X, 它的可取值是分立的实数 $x_i, i = 1, 2, 3, \cdots$, 取值 x_i 的概率记为 $P(X = x_i) = p_i$, 则由概率的定义可知

$$\begin{aligned} & p_i \geqslant 0, \quad i = 1, 2, \cdots, \\ & \sum_i p_i = 1. \end{aligned} \tag{2.2.6}$$

根据分布函数的定义, 离散随机变量的分布函数可表示为

$$F(x) = \sum_{x_i \leqslant x} p_i, \tag{2.2.7}$$

这里求和号表示对所有满足 $x_i \leqslant x$ 的概率 p_i 求和. 任何离散随机变量的分布函数都不连续, 在 $X = x_i (i = 1, 2, \cdots)$ 处出现跳跃点, 是 $[0, 1]$ 之间的阶梯形折线. 如

在扔骰子的随机试验中, 骰子的点数作为随机变量 X, 其分布函数 $F(x)$ 如图 2.2 所示.

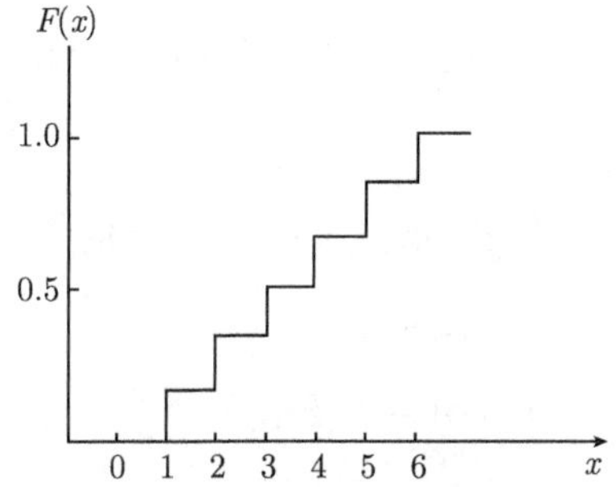

图 2.2 扔骰子随机试验中随机变量的分布函数 $F(x)$

对于离散型随机变量, 知道了它的所有可取值及对应的概率, 就唯一地确定了这个随机变量. 但对连续随机变量, 取任一特定值的概率为 0, 我们需要研究随机变量所取的值落在某个区间内的概率. 按分布函数的定义, 连续随机变量 X 的取值落在区间 $[x_1, x_2]$ 内的概率可由 $F(x_2)$ 与 $F(x_1)$ 之差求得, 因而分布函数完整地描述了随机变量的概率分布性质. 连续随机变量的分布函数为 [0, 1] 之间的单调上升连续曲线, 如 2.1 节中表示时钟指针角度的随机变量, 其分布函数如图 2.3(a) 所示.

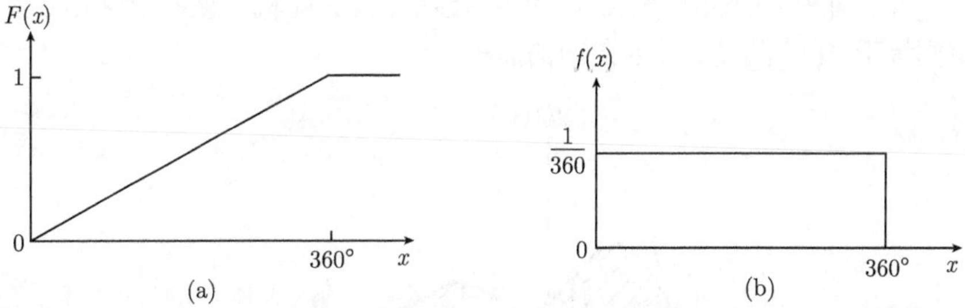

图 2.3 描述时钟指针角度的连续随机变量 X 的分布函数 $F(x)$(a) 和概率密度 $f(x)$(b)

设 X 为连续随机变量, 其值域 Ω 的上、下限分别记为 $x_{\max}$ 和 $x_{\min}$, 若存在非负连续实函数 $f(x)$, 对于任何实数 x 下式成立:

$$F(x) = \int_{x_{\min}}^{x} f(t)\mathrm{d}t, \tag{2.2.8}$$

则 $f(x)$ 称为随机变量 X 的**概率密度函数**或**概率密度**. $f(x)$ 有如下性质:

(1) $f(x)$ 是连续非负函数, $f(x) \geqslant 0$.

(2) $\int_{\Omega} f(x)\mathrm{d}x = F(x_{\max}) = 1$, 该性质也称为概率密度的归一性.

(3) $\int_{x_1}^{x_2} f(x)\mathrm{d}x = F(x_2) - F(x_1)$ 对任意 $x_2 > x_1$ 成立.

(4) $f(x) = F'(x)$.

由于在随机变量值域 $[x_{\min}, x_{\max}]$ 之外的区间 $(-\infty, x_{\min})$ 和 $(x_{\max}, \infty)$ 中, 概率密度 $f(x) = 0$, 所以有

$$\int_{\Omega} f(x)\mathrm{d}x \equiv \int_{-\infty}^{+\infty} f(x)\mathrm{d}x,$$
$$F(-\infty) \equiv F(x_{\min}),$$
$$F(+\infty) \equiv F(x_{\max}).$$

在本书以后各章节中, 概率密度的积分上下限有时写成 $\pm\infty$, 这种表示方式的方便之处在于不需要注明随机变量的特定值域, 因而公式的表述具有一般性. 但在理解这些公式时应当注意, $\pm\infty$ 实际上对应于随机变量值域的上下限.

2.1 节中表示时钟指针角度的随机变量概率密度如图 2.3(b).

有时需要考虑随机变量取值落在无限小区间 $(x, x+\mathrm{d}x]$ 内的概率, 由积分中值定理可证

$$P(x < X \leqslant x + \mathrm{d}x) = \int_{x}^{x+\mathrm{d}x} f(t)\mathrm{d}t \approx f(x)\mathrm{d}x. \tag{2.2.9}$$

当随机变量的概率密度形式已知 (图 2.4), 对任意 x_0, 分布函数 $F(x_0)$ 由 $X = x_0$ 左边 $f(x)$ 曲线下的面积表示, 如图中斜线的区域; 随机变量取值落在 a, b 之间的概率则等于 $f(x)$ 曲线下 a, b 之间的面积.

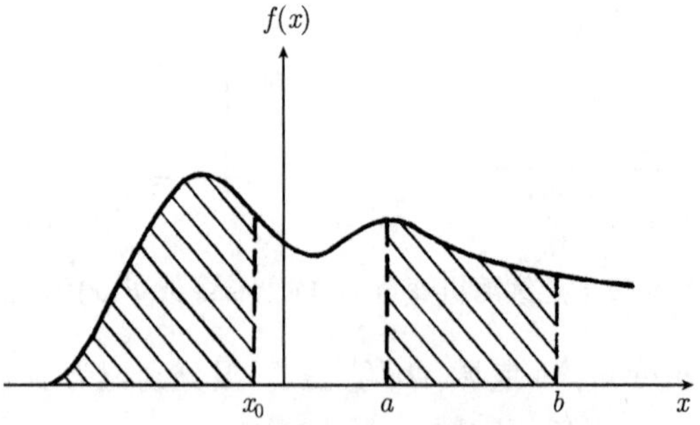

图 2.4

在核物理和基本粒子物理中, 存在着许多随机过程, 与此相对应, 许多物理量都是随机变量, 因而可由其分布函数或概率密度来描述.

例 2.1　$\mathrm{e^+e^-} \to \mu^+\mu^-$ 反应的角分布 (1)

一对方向相反的正负电子对撞产生一对正负 μ 子的反应事例中 (图 2.5), 末态粒子 μ^+ 对于初态粒子 e^+ 的夹角 (θ, φ) 是不确定的, 但对大量这种事例, (θ, φ) 具

有一定的分布, 所以 μ^+ 的飞出方向是随机变量. 在粒子物理中, 这种分布用微分截面 $\dfrac{\mathrm{d}\sigma}{\mathrm{d}\Omega}$ 描写, 它表示 μ^+ 粒子在立体角元 $\mathrm{d}\Omega=\sin\theta\mathrm{d}\theta\mathrm{d}\varphi$ 内飞出的反应截面值, θ 称为极角, φ 是方位角. 总截面为微分截面对全空间的积分

$$\sigma=\int_0^{4\pi}\frac{\mathrm{d}\sigma}{\mathrm{d}\Omega}\mathrm{d}\Omega.$$

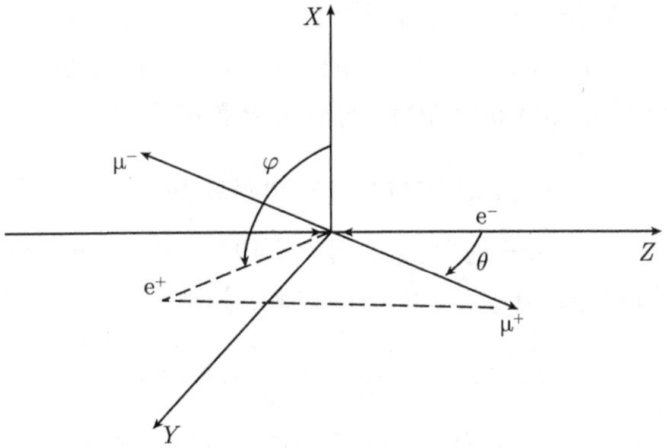

图 2.5 $e^+e^-\to\mu^+\mu^-$ 反应中, μ^+ 与 e^+ 之间的夹角 θ,φ

如果用随机变量来表示, 那么为了满足归一性的要求, 其概率密度应为

$$f(\Omega)=\frac{1}{\sigma}\frac{\mathrm{d}\sigma}{\mathrm{d}\Omega}.$$

$e^+e^-\to\mu^+\mu^-$ 反应的角分布可分解为 φ 和 θ 各自的分布. φ 的概率密度是 $(0,2\pi)$ 区间内的均匀分布, 可表示为

$$f(\varphi)=\frac{1}{2\pi}.$$

θ 的分布可这样表示：令 $x\equiv\cos\theta$, x 的概率密度正比于 $1+x^2(-1\leqslant x\leqslant 1)$, 为满足归一化要求, 概率密度为

$$f(x)=\frac{3}{8}(1+x^2).$$

粒子反应过程往往用各种微分截面来描述, 如反应的角分布、能量分布、动量分布等, 这反映了粒子反应是随机事件, 反应末态粒子的角度、能量、动量是随机变量, 它们的概率密度等于其微分截面函数除以归一化常数.

2.3 随机变量函数的分布

在研究概率统计问题时, 经常会遇到随机变量的某个函数, 该函数值取决于随机变量的随机试验结果, 因此, 它也是随机变量. 这时所面临的问题是怎样从原来的随机变量的分布及给定的函数关系, 找出新的随机变量的分布.

设 X 为一随机变量, Y 是 X 的函数 (变换)

$$Y = Y(X), \tag{2.3.1}$$

现在的问题是怎样求得随机变量 Y 的分布. 我们对 X 为离散和连续随机变量的情形分别讨论.

(1) X 是离散随机变量

首先讨论 Y 与 X 是一一对应的变换的情形. X 取值 $x_1, x_2, \cdots$ 的概率假定为 $p(x_1), p(x_2), \cdots$, 由于 Y 与 X 的一一对应关系, 显然, Y 取值 $y_i = y(x_i)$ 的概率与 X 取值 x_i 的概率相等, 即随机变量 Y 的概率分布可表示为

$$p(y_i) = p(x_i) = p(x(y_i)). \tag{2.3.2}$$

当 Y 与 X 不是一一对应的变换, 对于不同的 x_i 值, 可能得到相同的 y_j 值, 这就需要把相同 y_j 值对应的不同 x_i 的概率求和. 这时, Y 的概率分布为

$$p(y_j) = q_j = \sum\nolimits_{y(x_i)=y_j} p(X = x_i), \tag{2.3.3}$$

其中 q_j 是所有满足 $y(x_i) = y_j$ 的 x_i 对应的概率 $p(x_i)$ 之和.

(2) X 是连续随机变量

对于 Y 与 X 是一一对应的变换的情形, 对于每个变量值 x, 只存在唯一的对应函数值 $y = y(x)$; 反之, 对于每个函数值 y, 只存在唯一的对应变量值 $x = x(y)$, 这里, $x(y)$ 是 y 的反函数, 通过解方程 $y = y(x)$ 求出, 因此, 反函数 $x(y)$ 存在并且唯一.

当 X 为连续随机变量, 其概率密度用 $f(x)$ 表示. 令 Y 的概率密度为 $g(y)$, Y 在区间 a, b 之间的概率是

$$P(a < Y < b) = \int_a^b g(y)\mathrm{d}y,$$

由于 X 与 Y 之间一一对应的关系, 这一概率应与 X 在区间 $x(y = a), x(y = b)$ 内的概率相等

$$\int_a^b g(y)\mathrm{d}y = \left| \int_{x(y=a)}^{x(y=b)} f(x)\mathrm{d}x \right|,$$

等式右边取绝对值是为了保证积分概率的非负性. 将上式右边作 $x \to y$ 的变量代换

$$\mathrm{d}x \to \frac{\mathrm{d}x(y)}{\mathrm{d}y}\mathrm{d}y,$$

得到

$$\int_a^b g(y)\mathrm{d}y = \int_a^b f(x(y)) \left| \frac{\mathrm{d}x(y)}{\mathrm{d}y} \right| \mathrm{d}y.$$

该关系式对于任意 (a,b) 区间成立, 因而可知, 随机变量 Y 的概率密度为

$$g(y)=f(x(y))\left|\frac{\mathrm{d}x(y)}{\mathrm{d}y}\right|. \tag{2.3.4}$$

如果 Y 与 X 不是一一对应的函数, X 的值域可分为 k 个不相重叠的子域, 在每个子域内, X 与 Y 一一对应, 则随机变量 Y 的概率密度可表示为

$$g(y)=\sum_{i=1}^{k}f(x_i(y))\left|\frac{\mathrm{d}x_i(y)}{\mathrm{d}y}\right|. \tag{2.3.5}$$

例 2.2 $Y=X^2$ 的概率分布

设随机变量 X 的概率密度为 $f(x)$, X 的值域为 $(-\infty,+\infty)$. 函数 $Y=X^2$ 不是一一对应的函数, 对于同一个 y,x 可取 $\pm\sqrt{y}$ 两个值. 将 X 值域分成 $(-\infty,0)$ 和 $[0,\infty)$ 两个区间, 每个区间内 Y 与 X 一一对应(图 2.6).

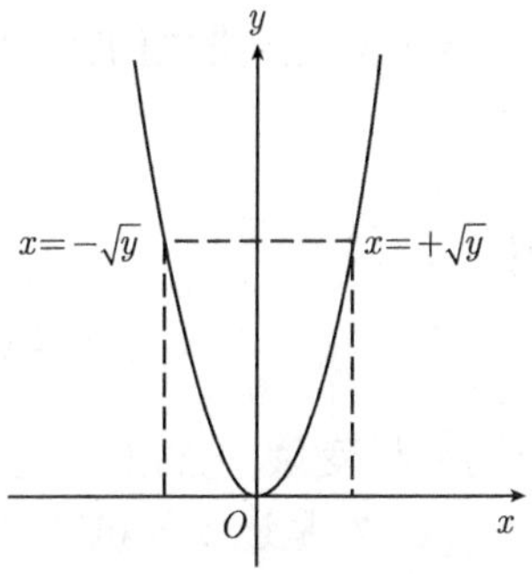

图 2.6

在 $[0,\infty)$ 区间内, $x=\sqrt{y}, f(x)=f\left(\sqrt{y}\right)$,

$$\left|\frac{\mathrm{d}x}{\mathrm{d}y}\right|=\frac{1}{2}y^{-\frac{1}{2}};$$

在 $(-\infty,0)$ 区间内, $x=-\sqrt{y}, f(x)=f\left(-\sqrt{y}\right)$,

$$\left|\frac{\mathrm{d}x}{\mathrm{d}y}\right|=\frac{1}{2}y^{-\frac{1}{2}}.$$

代入式 (2.3.4), 求得 Y 的概率密度

$$g(y)=\frac{1}{2\sqrt{y}}\left[f\left(\sqrt{y}\right)+f\left(-\sqrt{y}\right)\right].$$

由于 $Y=X^2$ 是正值函数, 与 X 值域 $(-\infty,\infty)$ 相对应, 其值域是 $[0,\infty)$.

若 (离散) 随机变量 X 的概率分布为

$$x_i=-2,\ -1,\ 0,\ 1,\ 2,\ 3;$$

$$p\left(x_i\right)=\frac{1}{6},\ \frac{1}{6},\ \frac{1}{6},\ \frac{1}{6},\ \frac{1}{6},\ \frac{1}{6}.$$

则对应于 X 的 6 个可取值, Y 只有 4 个可取值 (0, 1, 4, 9), 于是得到 Y 的概率分布为

$$y_j=0,1,4,9;$$

$$p\left(y_j\right)=\frac{1}{6},\ \frac{1}{3},\ \frac{1}{3},\ \frac{1}{6}.$$

2.4 随机变量的数字特征

分布函数或概率密度完整地描述了随机变量的分布特性. 但在许多实际问题中, 确定随机变量的分布函数或概率密度的具体函数形式相当困难, 或者并不需要确切了解随机变量的分布, 而只希望知道分布的某些特征. 同时, 对某些特定的随机变量, 只要知道了它的一个或几个数字特征, 其分布函数和概率密度就完全确定了. 因此, 随机变量的数字特征在理论和实际上都极为重要. 下面介绍随机变量的数学期望、方差、矩等数字特征.

设 Y 是随机变量 X 的函数 $Y=g(X), g$ 是某个连续实函数:

(1) X 是离散随机变量, 取值 $x_i(i=1,2,\cdots)$ 的概率

$$p(x_i)=P(X=x_i),$$

则

$$E(Y)=E\{g(X)\}=\sum_i g(x_i)p(x_i) \tag{2.4.1}$$

称为随机变量 Y 的期望值;

(2) X 是连续随机变量, 值域为 Ω, 概率密度为 $f(x)$, 则 Y 的期望值为

$$E(Y)=E\{g(X)\}=\int_\Omega g(x)f(x)\mathrm{d}x. \tag{2.4.2}$$

这一定理告诉我们, 为求得随机变量 X 的函数 $Y=g(X)$ 的期望值, 并不需要知道 Y 的分布, 而可利用自变量 X 的概率密度算得.

求期望值的运算 E 是一个线性算子. 设 a_i 是常数, X_i 是随机变量, $i=1,2,\cdots,n$, 则有

$$E\left\{\sum_{i=1}^n a_iX_i\right\}=\sum_{i=1}^n a_iE(X_i). \tag{2.4.3}$$

常数的期望值等于其自身

$$E(C)=\sum_i p(x_i)\cdot C=C\sum_i p(x_i)=C$$

或

$$E(C)=\int_\Omega C\cdot f(x)\mathrm{d}x=C\int_\Omega f(x)\mathrm{d}x=C. \tag{2.4.4}$$

随机变量 X 本身的期望值称为它的**数学期望**或**平均值**、**均值**, 用符号 $E(X)$ 或 μ 表示为

$$\mu=E(X)=\sum_i x_ip(x_i) \qquad 离散型 \tag{2.4.5}$$

$$= \int_{\Omega} x f(x) \mathrm{d}x \qquad \text{连续型}. \tag{2.4.6}$$

应当特别注意, 这里平均值是概率含义上的平均, 而非一般的算术平均.

满足不等式

$$P(X \leqslant x_{1/2}) \geqslant \frac{1}{2}, \quad P(X \geqslant x_{1/2}) \geqslant \frac{1}{2} \tag{2.4.7}$$

的值 $x_{1/2}$ 称为随机变量 X 的**中位数**或**中值**. 当 X 为离散随机变量, 这相当于 (见式 (2.2.7))

$$F(x_{1/2}) \geqslant \frac{1}{2}, \quad 1 - F(x_{1/2}^*) \geqslant \frac{1}{2}. \tag{2.4.8}$$

其中 $x_{1/2}^*$ 是 X 的一个元素值, 它小于而邻近于 $x_{1/2}$.

当 X 为连续随机变量, $x_{1/2}$ 由下式确定:

$$F(x_{1/2}) = \int_{x_{\min}}^{x_{1/2}} f(x) \mathrm{d}x = \frac{1}{2}. \tag{2.4.9}$$

类似地, 称满足不等式

$$P(X \leqslant x_p) \geqslant p, \quad P(X \geqslant x_p) \geqslant 1 - p, \quad 0 < p < 1$$

的值 x_p 为随机变量 X 的 **p 分位数**, 这等价于

$$F(x_p) \geqslant p, \quad 1 - F(x_p^*) \geqslant 1 - p \quad \text{离散型}, \tag{2.4.10}$$

其中 x_p^* 与 x_p 的关系类同于 $x_{1/2}^*$ 与 $x_{1/2}$ 的关系.

$$F(x_p) = \int_{x_{\min}}^{x_p} f(x) \mathrm{d}x = p \quad \text{连续型}. \tag{2.4.11}$$

满足

$$p(x_{\text{pro}}) = \max\{p(x_1), p(x_2), \cdots\} \quad \text{离散型} \tag{2.4.12}$$

或

$$f(x_{\text{pro}}) = \max_{x \in \Omega}\{f(x)\} \quad \text{连续型} \tag{2.4.13}$$

的值 x_{pro} 为随机变量 X 的**最可几值**, 记号 $x \in \Omega$ 表示 X 的值域 Ω 中的所有 x 值.

在式 (2.4.1) 或式 (2.4.2) 中, 如果选择函数

$$g(X) = (X - C)^l,$$

其中 C 为常数, l 为正整数, 则其期望值

$$\alpha_l \equiv E\{(X - C)^l\} \tag{2.4.14}$$

称为随机变量 X 对于点 C 的 **l 阶矩**; 当取 $C=0$, 则称 X 的 **l 阶原点矩**或**代数矩**, 记为

$$\lambda_l \equiv E(X^l). \tag{2.4.15}$$

特别重要的是对于平均值 μ 的 l 阶矩, 称为 X 的 l 阶**中心矩**, 表示为

$$\mu_l \equiv E\{(X-\mu)^l\}. \tag{2.4.16}$$

各阶原点矩和中心矩之间有如下关系:

$$\mu_n = \sum_{k=0}^{n} \begin{pmatrix} n \\ k \end{pmatrix} \lambda_{n-k}(-\mu)^k, \tag{2.4.17}$$

$$\lambda_n = \sum_{k=0}^{n} \begin{pmatrix} n \\ k \end{pmatrix} \mu_{n-k}(\mu)^k. \tag{2.4.18}$$

零阶和一阶中心矩容易求得

$$\mu_0 = \sum_i p(x_i) = 1 \quad (\text{离散随机变量}),$$

$$\mu_0 = \int_\Omega f(x)\mathrm{d}x = 1 \quad (\text{连续随机变量});$$

$$\mu_1 = \sum_i (x_i-\mu)p(x_i) = \sum_i x_i p(x_i) - \mu \sum_i p(x_i) = 0 \quad (\text{离散随机变量}),$$

$$\mu_1 = \int_\Omega (x-\mu)f(x)\mathrm{d}x = 0 \quad (\text{连续随机变量}),$$

随机变量 X 的二阶中心矩为

$$\mu_2 \equiv V(X) \equiv D(X) \equiv \sigma^2(X) \equiv E\{(X-\mu)^2\}, \tag{2.4.19}$$

称为 X 的**方差**; 它的平方根 $\sigma(X)$ 称为**标准差**或**标准离差**, $\sigma(X)$ 表示 X 对于其数学期望 μ 的离散程度的大小. 对于离散和连续随机变量 X, 分别有

$$V(X) = \sum_i (x_i-\mu)^2 p(x_i), \tag{2.4.20}$$

$$V(X) = \int_\Omega (x-\mu)^2 f(x)\mathrm{d}x. \tag{2.4.21}$$

按照式 (2.4.15) 和式 (2.4.16) 可算出零阶、一阶和二阶原点矩、中心矩, 它们在概率统计中经常用到, 我们将它们列于表 2.1 中.

表 2.1 随机变量的低阶原点矩和中心矩

原点矩	中心矩
$\lambda_0 = 1$	$\mu_0 = 1$
$\lambda_1 = \mu$	$\mu_1 = 0$
$\lambda_2 = \sigma^2 + \mu^2$	$\mu_2 = \sigma^2$

方差的概念可以推广到随机变量的函数. 设 $g = g(X)$ 是随机变量 X 的函数, 则 $g(X)$ 的方差定义为

$$V\{g(X)\} \equiv E\{[g(x) - E(g(x))]^2\}. \tag{2.4.22}$$

随机变量 X 方差的计算常用到如下公式:

$$\begin{aligned} V(X) &\equiv E\{(X-\mu)^2\} = E\{X^2 - 2\mu X + \mu^2\} \\ &= E(X^2) - 2\mu E(X) + \mu^2, \\ V(X) &= E(X^2) - \mu^2. \end{aligned} \tag{2.4.23}$$

下面列出方差的几个重要性质:

(1) 常数的方差等于 $0: V(C) = 0, C$ 为常数.

(2) X 为随机变量, 有 $V(CX) = C^2 V(X)$.

(3) 相互独立的随机变量之和的方差等于各随机变量方差之和. 即当 $X_1, X_2, \cdots, X_n$ 各随机变量相互独立, 则有

$$V\left(\sum_{i=1}^{n} X_i\right) = \sum_{i=1}^{n} V(X_i).$$

随机变量相互独立的概念将在 3.1 节中介绍.

在物理实验中, 如被测物理量是随机变量, 测量结果常表示成 $\mu \pm \sigma$ 的形式, μ 和 σ 分别是均值和标准差的估计值, 有时物理学家也称 σ 为**统计误差或随机误差**.

除上述数字特征外, 描述随机变量分布的数字特征还有**偏度 (系数)** γ_1 和**峰度 (系数)** γ_2, 它们的定义分别是

$$\gamma_1 \equiv \frac{\mu_3}{\mu_2^{3/2}} = \frac{E\{(X-\mu)^3\}}{\sigma^3}, \tag{2.4.24}$$

$$\gamma_2 \equiv \frac{\mu_4}{\mu_2^2} - 3 = \frac{E\{(X-\mu)^4\}}{\sigma^4} - 3. \tag{2.4.25}$$

偏度系数 γ_1 表征随机变量概率密度对其平均值的不对称程度或偏斜程度. 若概率密度函数对于平均值为对称, 则所有奇数阶中心矩为 0, 故有 $\mu_3 = 0$, 偏度系数为

0 (注意, 逆推理不成立, 即随机变量 $\gamma_1 = 0$, 概率密度函数对于其平均值不一定对称). γ_1 的绝对值越大, 概率密度越不对称. 如概率密度在右端有长的 "尾巴"(图 2.7), 则 $\gamma_1 > 0$; 反之, 在左端有长尾巴, 则 $\gamma_1 < 0$.

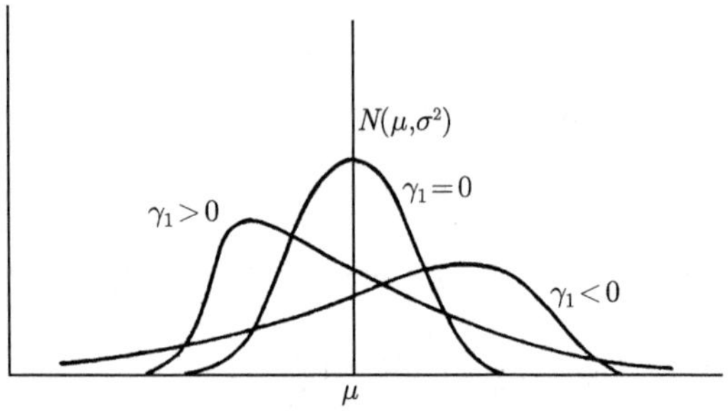

图 2.7　随机变量的偏度系数 γ_1

峰度系数 γ_2 反映了概率密度函数的尖锐程度与正态分布概率密度曲线 (见 4.10 节) 尖锐程度两者之间的对比, 均值 μ 和标准差 σ 的正态分布用 $N(\mu, \sigma)$ 表示, 其峰度系数 $\gamma_2 = 0$. 设随机变量 X 的均值亦为 μ 和 σ, 若其 $\gamma_2 > 0$, 表示 X 的概率密度曲线比 $N(\mu, \sigma)$ 尖锐; 反之, $\gamma_2 < 0$, 则概率密度曲线比 $N(\mu, \sigma)$ 平缓 (图 2.8).

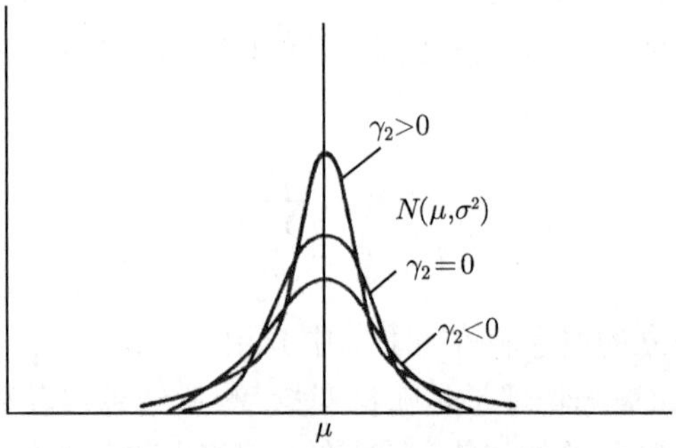

图 2.8　随机变量的峰度系数 γ_2

下面介绍一个在概率统计计算中有广泛应用的重要不等式, 即所谓的**切比雪夫 (Chebyshev) 不等式**.

设随机变量 X 的数学期望和标准差为 μ 和 σ, 则对于任意正数 ε 均有

$$P\{|X - \mu| \geqslant \varepsilon\} \leqslant \frac{\sigma^2}{\varepsilon^2}. \tag{2.4.26}$$

我们就 X 为连续随机变量的情形加以证明

$$P\{|X - \mu| \geqslant \varepsilon\} = P\{(X - \mu) \geqslant \varepsilon\} + P\{(X - \mu) \leqslant -\varepsilon\}$$

$$
\begin{aligned}
&= P\{X \geqslant (\mu+\varepsilon)\} + P\{X \leqslant (\mu-\varepsilon)\} \\
&= \int_{\mu+\varepsilon}^{x_{\max}} f(x)\mathrm{d}x + \int_{x_{\min}}^{\mu-\varepsilon} f(x)\mathrm{d}x,
\end{aligned}
$$

因为 $|X-\mu| \geqslant \varepsilon$, 所以 $(X-\mu)^2\Big/\varepsilon^2 \geqslant 1$, 因此有

$$
\begin{aligned}
P\{|X-\mu| \geqslant \varepsilon\} &\leqslant \int_{\mu+\varepsilon}^{x_{\max}} \frac{(x-\mu)^2}{\varepsilon^2} f(x)\mathrm{d}x + \int_{x_{\min}}^{\mu-\varepsilon} \frac{(x-\mu)^2}{\varepsilon^2} f(x)\mathrm{d}x \\
&\leqslant \frac{1}{\varepsilon^2}\int_{\Omega} (x-\mu)^2 f(x)\mathrm{d}x = \sigma^2/\varepsilon^2.
\end{aligned}
$$

式 (2.4.26) 得证. 该式也可写成

$$
\begin{aligned}
&P\{|X-\mu| \geqslant \varepsilon\sigma\} \leqslant 1/\varepsilon^2 \\
\text{或}\quad &P\{|X-\mu| < \varepsilon\sigma\} \geqslant 1-1/\varepsilon^2.
\end{aligned}
\tag{2.4.27}
$$

当随机变量 X 的概率密度未知时, 切比雪夫不等式给出了 X 的取值与均值 μ 的离差小于特定值 $\varepsilon\sigma$ 的概率的估算方法. 就趋势而言, X 取值偏离 μ 越远, 则出现的概率越小, 特别是

$$P\{|X-\mu| < 3\sigma\} \geqslant 0.888\ 9,$$

$$P\{|X-\mu| < 4\sigma\} \geqslant 0.937\ 5.$$

这表明, 随机变量取值与均值 μ 的离差大于 3σ 的概率已经相当小.

2.5 随机变量的特征函数

数字特征只能反映概率分布的某些性质, 一般不能通过它来完全确定随机变量的分布函数. 本节引入特征函数的概念, 它既能完全决定分布函数, 又具有良好的解析性质.

为了定义特征函数, 需要拓广随机变量的概念, 引进复随机变量. 若 X, Y 是实随机变量, 则称 $Z = X + \mathrm{i}Y$ 为**复随机变量**, 其数学期望是

$$E(Z) = E(X) + \mathrm{i}E(Y).$$

概率密度函数的傅里叶变换称为随机变量的**特征函数**. 设随机变量 X 的概率分布为 $P(X = x_k) = p(x_k)$(X 为离散随机变量), 或其概率密度为 $f(x)$(连续随机变量), 其特征函数定义为

$$\varphi_X(t) \equiv E(\mathrm{e}^{\mathrm{i}tX})$$

$$
\begin{aligned}
&= \sum_k p(x_k)\mathrm{e}^{\mathrm{i}tx_k} \quad (\text{离散型}) \\
&= \int_{-\infty}^{\infty} \mathrm{e}^{\mathrm{i}tx} f(x)\mathrm{d}x \quad (\text{连续型}),
\end{aligned} \tag{2.5.1}
$$

其中, t 是实数, $\mathrm{e}^{\mathrm{i}tX}$ 为

$$
\mathrm{e}^{\mathrm{i}tX} = \cos tX + \mathrm{i}\sin tX.
$$

$\varphi_X(t)$ 是 t 的一个连续函数, 对一切实数 t 都有定义.

从傅里叶变换的反演公式, 可从连续随机变量的特征函数求得其概率密度

$$
f(x) = \frac{1}{2\pi}\int_{-\infty}^{\infty} \varphi_X(t)\mathrm{e}^{-\mathrm{i}xt}\mathrm{d}t; \tag{2.5.2}
$$

而对离散随机变量, 可从特征函数求出累积分布函数之差

$$
F(b) - F(a) = \frac{\mathrm{i}}{2\pi}\int_{-\infty}^{\infty} \frac{1}{t}\left(\mathrm{e}^{-\mathrm{i}tb} - \mathrm{e}^{-\mathrm{i}ta}\right)\varphi_X(t)\mathrm{d}t. \tag{2.5.3}
$$

特征函数具有如下性质:

(1) $\varphi(0) = E(\mathrm{e}^0) = 1$.

(2) $|\varphi(t)| \leqslant 1$.

证明

$$
\begin{aligned}
|\varphi(t)| &= \left|E(\mathrm{e}^{\mathrm{i}tX})\right| \leqslant E\left(\left|\mathrm{e}^{\mathrm{i}tX}\right|\right) \\
&= E\left(|\cos tX + \mathrm{i}\sin tX|\right) = 1.
\end{aligned}
$$

(3) 设 $\varphi_X(t)$ 为随机变量 X 的特征函数, a, b 为常数, 则随机变量 $Y = aX + b$ 的特征函数为

$$
\varphi_Y(t) = \mathrm{e}^{\mathrm{i}bt}\varphi_X(at). \tag{2.5.4}
$$

证明

$$
\varphi_Y(t) = E\{\mathrm{e}^{\mathrm{i}t(aX+b)}\} = E\{\mathrm{e}^{\mathrm{i}tb} \cdot \mathrm{e}^{\mathrm{i}atX}\} = \mathrm{e}^{\mathrm{i}tb}\varphi_X(at).
$$

(4) 设 X 和 Y 是相互独立的随机变量, 其特征函数分别是 $\varphi_X(t)$ 和 $\varphi_Y(t)$, 则随机变量 $Z = X + Y$ 的特征函数为

$$
\varphi_Z(t) = \varphi_X(t) \cdot \varphi_Y(t), \tag{2.5.5}
$$

即相互独立的随机变量之和的特征函数, 等于它们各自的特征函数之积.

证明

$$
\varphi_Z(t) = E\{\mathrm{e}^{\mathrm{i}t(X+Y)}\} = E\{\mathrm{e}^{\mathrm{i}tX} \cdot \mathrm{e}^{\mathrm{i}tY}\},
$$

当 X, Y 相互独立, 由 3.3 节知

$$E(XY)=E(X)E(Y),$$

将此关系式推广到 X, Y 的函数, 则有

$$\varphi_Z(t)=E(\mathrm{e}^{\mathrm{i}tX})\cdot E(\mathrm{e}^{\mathrm{i}tY})=\varphi_X(t)\cdot\varphi_Y(t).$$

式 (2.5.5) 所表示的性质可推广到 N 个相互独立的随机变量之和的情形, 即若 $X_1, X_2, \cdots, X_N$ 相互独立, 且 $Z=\sum\limits_{i=1}^{N}X_i$, 则有

$$\varphi_Z(t)=\prod_{i=1}^{N}\varphi_{X_i}(t). \tag{2.5.6}$$

应用特征函数的这一性质, 处理若干个相互独立的随机变量之和的问题变得较为简单. 设 X, Y 为相互独立的随机变量, 概率密度分别是 $f_X(x)$ 和 $f_Y(y)$. 可以证明, 随机变量 $Z=X+Y$ 的概率密度为一卷积 (见 3.4 节)

$$f_Z(z)=\int_{-\infty}^{\infty}f_X(z-t)f_Y(t)\mathrm{d}t,$$

卷积的计算往往很困难. 如果应用式 (2.5.5) 可方便地从 X 和 Y 的特征函数求出 Z 的特征函数, 再由傅里叶变换反演公式 (2.5.2) 求出其概率密度 $f_Z(z)$.

随机变量的矩与其特征函数有简单的关系. 按照式 (2.5.1) 的定义, 对于连续随机变量 X(离散随机变量的证明相类似, 且有相同的结果), 将 $\varphi_X(t)$ 对 t 求 n 阶导数, 得

$$\varphi_X^{(n)}(t)\equiv\frac{\mathrm{d}^n\varphi_X(t)}{\mathrm{d}t^n}=\mathrm{i}^n\int_{-\infty}^{\infty}x^n\exp(\mathrm{i}tx)f(x)\mathrm{d}x,$$

于是,

$$\varphi_X^{(n)}(0)=\varphi_X^{(n)}(t=0)=\mathrm{i}^n\int_{-\infty}^{\infty}x^nf(x)\mathrm{d}x=\mathrm{i}^nE\{X^n\},$$

由此求出 X 的 n 阶原点矩与其特征函数的关系如下:

$$\lambda_n=E(X^n)=\mathrm{i}^{(-n)}\varphi_X^{(n)}(0)=\mathrm{i}^{-n}\left[\frac{\mathrm{d}^n\varphi_X(t)}{\mathrm{d}t^n}\right]_{t=0}. \tag{2.5.7}$$

为求得特征函数与其 n 阶中心矩的关系式, 引入随机变量 $Y=X-\mu$, μ 是 X 的数学期望, $Y=X-\mu$ 的特征函数由式 (2.5.4) 知

$$\varphi_{X-\mu}(t)=\mathrm{e}^{-\mathrm{i}\mu t}\varphi_X(t),$$

而

$$
\begin{aligned}
\varphi_{X-\mu}^{(n)}(0) &= \left[\frac{\mathrm{d}^n}{\mathrm{d}t^n}\varphi_{X-\mu}(t)\right]_{t=0} = \left\{\frac{\mathrm{d}^n}{\mathrm{d}t^n}\left[\mathrm{e}^{-\mathrm{i}\mu t}\varphi_X(t)\right]\right\}_{t=0} \\
&= \left\{\frac{\mathrm{d}^n}{\mathrm{d}t^n}\left[\mathrm{e}^{-\mathrm{i}\mu t}\int_{-\infty}^{\infty}\mathrm{e}^{\mathrm{i}tx}f(x)\mathrm{d}x\right]\right\}_{t=0} \\
&= \left\{\frac{\mathrm{d}^n}{\mathrm{d}t^n}\int_{-\infty}^{\infty}\mathrm{e}^{\mathrm{i}t(x-\mu)}f(x)\mathrm{d}x\right\}_{t=0} \\
&= \left\{\int_{-\infty}^{\infty}\mathrm{i}^n(x-\mu)^n\mathrm{e}^{\mathrm{i}t(x-\mu)}f(x)\mathrm{d}x\right\}_{t=0} \\
&= \mathrm{i}^n\int_{-\infty}^{\infty}(x-\mu)^n f(x)\mathrm{d}x = \mathrm{i}^n E\{(x-\mu)^n\} = \mathrm{i}^n\cdot\mu_n.
\end{aligned}
$$

故随机变量 X 的 n 阶中心矩 μ_n 可表示为

$$
\mu_n = \mathrm{i}^{(-n)}\varphi_{X-\mu}^{(n)}(0) = \mathrm{i}^{(-n)}\cdot\left\{\frac{\mathrm{d}^n}{\mathrm{d}t^n}\left[\mathrm{e}^{-\mathrm{i}\mu t}\varphi_X(t)\right]\right\}_{t=0}. \tag{2.5.8}
$$

由以上讨论可见, 由随机变量的特征函数可导出其概率密度和任意阶原点矩、中心矩, 因此特征函数唯一地和完整地确定了随机变量的分布. 可以证明, 特征函数与分布函数是相互唯一确定的 [30]①.

举一实例说明特征函数的应用, 求两个相互独立的泊松分布随机变量之和的分布. 泊松分布的形式 (见第 4 章) 为

$$
P(X=k) = \frac{\lambda^k}{k!}\mathrm{e}^{-\lambda}, \quad k=0,1,2,\cdots,
$$

其中 λ 是大于 0 的常数, 也是泊松分布的数学期望. 根据式 (2.5.1) 的定义, 泊松分布随机变量 X 的特征函数为

$$
\begin{aligned}
\varphi_X(t) &= \sum_{k=0}^{\infty}\mathrm{e}^{\mathrm{i}tk}\frac{\lambda^k}{k!}\mathrm{e}^{-\lambda} = \mathrm{e}^{-\lambda}\sum_{k=0}^{\infty}\frac{(\lambda\mathrm{e}^{\mathrm{i}t})^k}{k!} \\
&= \mathrm{e}^{-\lambda}\mathrm{e}^{\lambda\mathrm{e}^{\mathrm{i}t}} = \mathrm{e}^{\lambda(\mathrm{e}^{\mathrm{i}t}-1)}.
\end{aligned} \tag{2.5.9}
$$

根据性质 (式 (2.5.5)), 两个相互独立的、数学期望分别为 λ_1 和 λ_2 的泊松分布随机变量 X_1 和 X_2 之和 Y 的特征函数为

$$
\varphi_Y(t) = \varphi_{X_1}(t)\cdot\varphi_{X_2}(t) = \mathrm{e}^{(\lambda_1+\lambda_2)(\mathrm{e}^{\mathrm{i}t}-1)}.
$$

该式与泊松分布的特征函数式 (2.5.9) 对比, 形式完全相同, 只是 λ 被 $\lambda_1+\lambda_2$ 所代替. 由于特征函数完全确定了随机变量的分布, 因此得出结论: 两个相互独立的泊松变量之和仍为泊松变量, 其数学期望等于两个泊松变量数学期望之和.

① 由于本书末所附参考文献是按书的分类编排的, 所以正文中附注的文献序码未按顺序出现.

2.6 离散随机变量的概率母函数

当研究只取有限个或无限可列个非负整数值的离散型随机变量时, 用概率母函数来代替特征函数较为方便.

如上节所述, 若 X 为离散随机变量, 其特征函数为

$$\varphi_X(t) = \sum_k p(x_k)\mathrm{e}^{\mathrm{i}tx_k} = E(\mathrm{e}^{\mathrm{i}tX}),$$

现令 $Z = \mathrm{e}^{\mathrm{i}t}$, 则可改写为

$$G(Z) \equiv E(Z^X) = \sum_k p(x_k)Z^{x_k}, \tag{2.6.1}$$

这样定义的函数 $G(Z)$ 称为离散随机变量的**概率母函数**.

概率母函数有与特征函数相似的性质 [44]:

(1) $G(1) = E(1) = 1$.

(2) $|G(Z)| \leqslant 1$.

(3) 设 $G_X(Z)$ 为随机变量 X 的概率母函数, a, b 为常数, 则随机变量 $Y = aX+b$ 的概率母函数

$$G_Y(Z) = Z^b G_{aX}(Z).$$

(4) 设随机变量 Y 为相互独立的离散随机变量 $X_i, i = 1, 2, \cdots$ 之和, X_i 的概率母函数为 $G_i(Z)$, 则 Y 的概率母函数 $G_Y(Z)$ 可表示为

$$G_Y(Z) = \prod_i G_i(Z).$$

由于该性质, 概率母函数对研究相互独立的离散随机变量之和的问题十分适用.

利用概率母函数可以方便地求得离散随机变量的数学期望和方差. 对 $G(Z)$ 求一阶和二阶导数

$$G'(Z) = \sum_k x_k Z^{x_k-1} p(x_k),$$

$$G''(Z) = \sum_k x_k(x_k-1) Z^{x_k-2} p(x_k),$$

当 $Z = 1$ 时,

$$G'(Z=1) = \sum_k x_k p(x_k) = E(X),$$

$$G''(Z=1)=\sum_k(x_k^2-x_k)p(x_k)=\sum_k x_k^2p(x_k)-\sum_k x_kp(x_k)$$
$$=E(X^2)-E(X).$$

由此得到离散随机变量数学期望和方差的一般表达式

$$E(X)=G'(1), \tag{2.6.2}$$

$$\sigma^2(X)=G''(1)+G'(1)-[G'(1)]^2, \tag{2.6.3}$$

例如, 服从参数 n, p 的二项分布 (见 4.1 节) 的随机变量 X, 其概率母函数为

$$G(Z)=(Zp+q)^n,$$

其中 $p,q>0,p+q=1,n$ 为正整数. 由上述二式得

$$E(X)=[n(Zp+q)^{n-1}\cdot p]_{Z=1}=np,$$

$$\sigma^2(X)=[n(n-1)(Zp+q)^{n-2}\cdot p^2]_{Z=1}+np-n^2p^2$$
$$=(n^2-n)p^2+np-n^2p^2=np(1-p).$$

这些结果与按照数学期望和方差的定义求出的表达式相同, 但利用概率母函数来计算要简便得多.

与特征函数一样, 离散随机变量的概率分布与其概率母函数是相互唯一确定的, 因而对于概率分布的研究可以化为对其母函数的研究.

如前所述, 离散随机变量 X 母函数定义为

$$G(Z)=\sum_k p(x_k)Z^{x_k},$$

对于只取有限个或无限可列个非负整数的离散随机变量 X, 上式可改写为

$$G(Z)=\sum_k p(x_k)Z^{x_k}=\sum_k p_kZ^k=\sum_{i=0}^{\infty}p_iZ^i,$$

式中, $p_k=p(x_k=k)$; $p_i=0,(i\neq k)$.

将 $G(Z)$ 对 Z 求 k 阶导数, $G(Z)=\sum\limits_{i=0}^{\infty}p_iZ^i$ 中 $i<k$ 的项消失, p_kZ^k 项的 k 阶导数为 $k!p_k$, 因此

$$G^{(k)}(Z)=k!p_k+\sum_{n\geqslant k+1}n(n-1)(n-2)\cdots(n-k+1)p_nZ^{n-k},$$

故有

$$G^{(k)}(Z=0)=k!p_k,$$

因而离散变量的概率分布为

$$p_k=p(X=k)=\frac{1}{k!}G^{(k)}(Z=0). \tag{2.6.4}$$

当离散随机变量的概率母函数为已知, 利用该式求得其概率分布是十分方便的.

例如, 参数 n, p 的二项分布的母函数为 $G(Z)=(Zp+q)^n$，按式 (2.6.4)

$$\begin{aligned}p(X=k)&=\frac{1}{k!}G^{(k)}(Z=0)\\&=n(n-1)\cdots(n-k+1)p^kq^{n-k}=\begin{pmatrix}n\\k\end{pmatrix}p^k(1-p)^{n-k}.\end{aligned}$$

这正是熟知的参数 n, p 的二项分布的概率分布.

又如, 参数 μ 的泊松分布的母函数为

$$G(Z)=\mathrm{e}^{\mu(Z-1)}=\mathrm{e}^{-\mu}\cdot\mathrm{e}^{\mu Z},$$

按式 (2.6.4) 可求得参数 μ 的泊松分布的概率分布：

$$p(X=k)=\frac{1}{k!}G^{(k)}(Z=0)=\frac{\mathrm{e}^{-\mu}}{k!}\mu^k\cdot\mathrm{e}^{\mu Z}|_{Z=0}=\frac{\mathrm{e}^{-\mu}}{k!}\mu^k.$$

第 3 章　多维随机变量及其分布

前一章中的讨论仅限于一个随机变量, 但在许多实际问题中, 随机试验的结果需要用多个随机变量来表示. 例如, 一个粒子穿过某一平面上的位置, 需要用 X, Y 两个坐标值确定, 由于粒子位置的测量存在不确定性, 因此, X, Y 都是随机变量. 可见, 多维随机变量是实际存在的.

设随机试验 E 的样本空间为 $S = \{e\}$, e 表示 S 的所有基本元素, $X_i = X_i(e), i = 1, 2, \cdots, n$ 是定义在 S 上的 n 个随机变量, 它们构成的向量 $X = \{X_1, X_2, \cdots, X_n\}$ 称为 n 维随机变量或 n 维随机向量, $X_1, X_2, \cdots, X_n$ 为它的 n 个分量.

一维随机变量的取值域是数轴上的一定区域, n 维随机变量的取值域 $\varOmega$ 则是 n 维空间中的一定区域, 相应地, 第 i 个分量 X_i 的取值域 $\varOmega_i$ 是第 i 根数轴上的一定区域, $i = 1, 2, \cdots, n$.

多维随机变量与一维随机变量的最大区别在于前者的性质不仅与各个分量有关, 而且依赖于各个分量之间的相互联系, 因此, 必须将它作为一个整体来研究. 为简单起见, 我们先讨论二维随机变量的性质, 然后推广到 n 维的一般情形.

3.1　二维随机变量的分布, 独立性

设 $\{X, Y\}$ 是二维随机变量, 它的分布函数定义为

$$F(x, y) = P(X \leqslant x, Y \leqslant y). \tag{3.1.1}$$

$F(x, y)$ 也称为随机变量 X 和 Y 的联合分布函数, 它有如下性质:

(1) $F(x, y)$ 对于其每一个自变量都是单调非降函数, 即

对任意 x, 有 $F(x, y_2) \geqslant F(x, y_1)$ 当 $y_2 > y_1$;

对任意 y, 有 $F(x_2, y) \geqslant F(x_1, y)$ 当 $x_2 > x_1$.

(2) 对任意 x, y 有

$$\begin{aligned}
&0 \leqslant F(x, y) \leqslant 1,\\
&F(x_{\min}, y) = 0 = F(x, y_{\min}),\\
&F(x_{\min}, y_{\min}) = 0,\\
&F(x_{\max}, y_{\max}) = 1.
\end{aligned}$$

(3) $F(x,y)$ 对其每一个自变量都是右连续的, 即

$$F(x,y)=F(x+0,y),\quad F(x,y)=F(x,y+0).$$

二维随机变量亦有离散型和连续型之分. 如果二维随机变量 $\{X,Y\}$ 的所有可取值为有限对或无限可列多对数值, 则称为离散二维随机变量, 它们对应于 xy 二维空间中相互孤立的点. 如果 $\{X,Y\}$ 的所有可取值为二维空间中的连续区域中所有可能值, 则为连续二维随机变量.

设离散二维随机变量的所有可取值为 $(x_i,y_i),i=1,2,\cdots$, 其对应的概率

$$P(X=x_i,Y=y_j)=p_{ij},\quad i,j=1,2,\cdots, \tag{3.1.2}$$

称为二维随机变量$\{X, Y\}$的**概率分布**, 或 X 和 Y 的**联合概率分布**. 按概率的定义, 有

$$\begin{aligned}&p_{ij}\geqslant 0,\quad i,j=1,2,\cdots,\\&\sum_{i=1}^{\infty}\sum_{j=1}^{\infty}p_{ij}=1.\end{aligned} \tag{3.1.3}$$

离散二维随机变量的概率分布与分布函数的关系是

$$F(x,y)=\sum_{\substack{x_i\leqslant x\\y_j\leqslant y}}p_{ij}, \tag{3.1.4}$$

其中对一切满足 $x_i\leqslant x,y_j\leqslant y$ 的下标 i,j 求和.

与一维随机变量的概率密度的定义类似, 对于连续二维随机变量 $\{X,Y\}$ 的分布函数 $F(x,y)$, 如果存在非负的连续实函数 $f(x,y)$ 使

$$F(x,y)=\int_{y_{\min}}^{y}\int_{x_{\min}}^{x}f(u,v)\mathrm{d}u\mathrm{d}v, \tag{3.1.5}$$

成立, 则称 $f(x,y)$ 是连续二维随机变量 $\{X,Y\}$ 的**概率密度 (函数)**, 它有如下性质:

(1) $f(x,y)$ 是非负函数, $f(x,y)\geqslant 0$.

(2) $\displaystyle\int_{\Omega_y}\int_{\Omega_x}f(x,y)\mathrm{d}x\mathrm{d}y=F(x_{\max},y_{\max})=1$. 即概率密度的归一性.

(3) $$f(x,y)=\frac{\partial^2F(x,y)}{\partial x\partial y}. \tag{3.1.6}$$

(4) 随机变量 $\{X,Y\}$ 落在值域 Ω 的子域 Ω_0 内的概率为

$$P\{(X,Y)\in\Omega_0\}=\iint_{\Omega_0}f(x,y)\mathrm{d}x\mathrm{d}y. \tag{3.1.7}$$

二维随机变量 $\{X,Y\}$ 的每一个分量 X, Y 也是随机变量, 它们也有自己的分布函数. X 的分布函数为

$$F_X(x)=P(X\leqslant x)=P(X\leqslant x,Y\leqslant y_{\max})=F(x,y_{\max}),\tag{3.1.8}$$

类似地, Y 分布函数是

$$F_Y(y)=F(x_{\max},y).\tag{3.1.9}$$

$F_X(x)(F_Y(y))$ 称为随机变量 $\{X,Y\}$ 关于 $X(Y)$ 的**边沿分布 (函数)**.

对于离散二维随机变量, 由式 (3.1.4)、式 (3.1.8) 和式 (3.1.9), 得

$$F_X(x)=\sum_{x_i\leqslant x}\sum_{j=1}^{\infty}p_{ij},$$

与式 (2.2.7) 比较可知, X 的分布为

$$p_{i\cdot}\equiv P(X=x_i)=\sum_{j=1}^{\infty}p_{ij},\quad i=1,2,\cdots.\tag{3.1.10}$$

类似地有

$$p_{\cdot j}\equiv P(Y=y_j)=\sum_{i=1}^{\infty}p_{ij},\quad j=1,2,\cdots.\tag{3.1.11}$$

$p_{i\cdot}$ 和 $p_{\cdot j}$ 称为离散二维随机变量 $\{X,Y\}$ 关于 X 和 Y 的**边沿概率**.

对于连续二维随机变量 $\{X,Y\}$, 由关系式

$$\begin{aligned}F_X(x)=F(x,y_{\max})&=\int_{x_{\min}}^{x}\left[\int_{\Omega_y}f(x,y)\mathrm{d}y\right]\mathrm{d}x\\&=\int_{x_{\min}}^{x}f_X(x)\mathrm{d}x\end{aligned}$$

可知, 随机变量 X 的概率密度是

$$f_X(x)=\int_{\Omega_y}f(x,y)\mathrm{d}y;\tag{3.1.12}$$

同理, 随机变量 Y 的概率密度是

$$f_Y(y)=\int_{\Omega_x}f(x,y)\mathrm{d}x.\tag{3.1.13}$$

$f_X(x)$, $f_Y(y)$ 称为二维随机变量 $\{X,Y\}$ 关于 X 和 Y 的**边沿概率密度**. 显然,

$$\frac{\mathrm{d}}{\mathrm{d}x}F_X(x)=f_X(x),\quad\frac{\mathrm{d}}{\mathrm{d}y}F_Y(y)=f_Y(y).\tag{3.1.14}$$

现在来讨论两个随机变量相互独立的概念, 在第 2 章中我们已经用到过它.

设二维随机变量 $\{X,Y\}$ 的分布函数和边沿分布分别为 $F(x,y)$ 和 $F_X(x), F_Y(y)$, 若

$$F(x,y)=F_X(x)\cdot F_Y(y) \tag{3.1.15}$$

成立, 则称随机变量 X 和 Y **相互独立**.

对离散随机变量, X 和 Y 相互独立的条件 (式 (3.1.15)) 等价于

$$P(X=x_i,Y=y_j)=P(X=x_i)\cdot P(Y=y_j),\quad i,j=1,2,\cdots, \tag{3.1.16}$$

而对连续随机变量, 相互独立的条件等价于

$$f(x,y)=f_X(x)\cdot f_Y(y). \tag{3.1.17}$$

3.2 条件概率分布

由条件概率自然引导我们考虑条件概率分布的概念.

设离散二维随机变量的概率分布为

$$P(X=x_i,Y=y_j)=p_{ij},\quad i,j=1,2,\cdots,$$

X,Y 对于 X 和 Y 的边沿概率由式 (3.1.10), 式 (3.1.11) 表示. 现考察在事件 $Y=y_j$ 已发生的条件下, 事件 $X=x_i$ 发生的概率 $P(X=x_i|Y=y_j)$, 由条件概率公式 (1.3.1), 可得

$$P(X=x_i|Y=y_j)=\frac{P(X=x_i,Y=y_j)}{P(Y=y_j)}=\frac{p_{ij}}{p_{\cdot j}},\quad i=1,2,\cdots. \tag{3.2.1}$$

$P(X=x_i|Y=y_j)$ 称为随机变量 X 在 $Y=y_j$ 条件下的**条件概率分布**; 类似地, 随机变量 Y 在 $X=x_i$ 条件下的条件概率分布为

$$P(Y=y_j|X=x_i)=\frac{p_{ij}}{p_{i\cdot}},\quad j=1,2,\cdots. \tag{3.2.2}$$

连续二维随机变量 $\{X, Y\}$的条件概率分布用极限的方法来定义. 随机变量 X 在条件 $Y=y_j$ 下的**条件分布函数**定义为

$$\begin{aligned}F(x|y)&\equiv P(X\leqslant x|Y=y)\\&=\lim_{\varepsilon\to 0}P\left(X\leqslant x|y-\frac{\varepsilon}{2}<Y\leqslant y+\frac{\varepsilon}{2}\right)\end{aligned}$$

$$= \lim_{\varepsilon \to 0} \frac{P\left\{X \leqslant x, \left(y - \frac{\varepsilon}{2}\right) < Y \leqslant \left(y + \frac{\varepsilon}{2}\right)\right\}}{P\left\{\left(y - \frac{\varepsilon}{2}\right) < Y \leqslant \left(y + \frac{\varepsilon}{2}\right)\right\}}.$$

如果用二维随机变量的分布函数和概率密度来表示, 则有

$$\begin{aligned} F(x|y) &= \lim_{\varepsilon \to 0} \frac{F\left(x, y + \frac{\varepsilon}{2}\right) - F\left(x, y - \frac{\varepsilon}{2}\right)}{F_Y\left(y + \frac{\varepsilon}{2}\right) - F_Y\left(y - \frac{\varepsilon}{2}\right)} \\ &= \frac{\lim\limits_{\varepsilon \to 0} \left\{\left[F\left(x, y + \frac{\varepsilon}{2}\right) - F\left(x, y - \frac{\varepsilon}{2}\right)\right] \Big/ \varepsilon\right\}}{\lim\limits_{\varepsilon \to 0} \left\{\left[F_Y\left(y + \frac{\varepsilon}{2}\right) - F_Y\left(y - \frac{\varepsilon}{2}\right)\right] \Big/ \varepsilon\right\}} \\ &= \frac{\partial F(x, y)}{\partial y} \Big/ \frac{\mathrm{d}}{\mathrm{d}y} F_Y(y) = \int_{x_{\min}}^{x} f(u, y) \mathrm{d}u \Big/ f_Y(y) \\ &= \int_{x_{\min}}^{x} \frac{f(u, y)}{f_Y(y)} \mathrm{d}u. \end{aligned} \tag{3.2.3}$$

由上式可知, 条件 $Y = y$ 下随机变量 X 的**条件概率密度** $f(x|y)$ 为

$$f(x|y) = \frac{f(x, y)}{f_Y(y)}. \tag{3.2.4}$$

通过类似的推导, 求得条件 $X = x$ 下随机变量 Y 的条件概率密度 $f(y|x)$ 为

$$f(y|x) = \frac{f(x, y)}{f_X(x)}. \tag{3.2.5}$$

利用条件概率密度, 可以写出 X 落在小区间 $[x, x + \mathrm{d}x)$ 的条件下随机变量 Y 落在小区间 $[y, y + \mathrm{d}y)$ 内的概率, 以及随机变量 X 的相应表示, 分别为

$$\begin{aligned} &P(y \leqslant Y < y + \mathrm{d}y | x \leqslant X < x + \mathrm{d}x) = f(y|x)\mathrm{d}y, \\ &P(x \leqslant X < x + \mathrm{d}x | y \leqslant Y < y + \mathrm{d}y) = f(x|y)\mathrm{d}x. \end{aligned} \tag{3.2.6}$$

还可以表示随机变量 X, Y 各自的边沿概率密度 $f_X(x)$ 和 $f_Y(y)$ 之间的相互联系

$$\begin{aligned} f_Y(y) &= \int_{\Omega_x} f(x, y)\mathrm{d}x = \int_{\Omega_x} f(y|x) f_X(x)\mathrm{d}x, \\ f_X(x) &= \int_{\Omega_y} f(x, y)\mathrm{d}y = \int_{\Omega_y} f(x|y) f_Y(y)\mathrm{d}y. \end{aligned} \tag{3.2.7}$$

当随机变量 X 和 Y 相互独立, 由式 (3.1.17)、式 (3.2.4) 和式 (3.2.5), 得

$$f(y|x) = f_Y(y), \quad f(x|y) = f_X(x). \tag{3.2.8}$$

这表明, 在相互独立的两个随机变量之间, 对于一个随机变量的约束不影响另一个随机变量的取值概率.

3.3 二维随机变量的数字特征

二维随机变量的数字特征可由一维随机变量数字特征定义的推广得到. 下面就连续二维随机变量进行讨论, 但对离散二维随机变量有相同或对应的结果.

二维随机变量 $\{X,Y\}$ 的函数 $H(X,Y)$ 的期望值定义为

$$E\{H(X,Y)\}=\int_{\Omega_y}\int_{\Omega_x}H(x,y)f(x,y)\mathrm{d}x\mathrm{d}y, \tag{3.3.1}$$

$H(X,Y)$ 的方差为

$$V\{H(X,Y)\}=E\{[H(X,Y)-E(H(X,Y))]^2\}. \tag{3.3.2}$$

当选择 $H=X$ 和 $H=Y$ 时, 得到 $E(X)$ 和 $E(Y)$ 的表达式

$$E(X)=\int_{\Omega_y}\int_{\Omega_x}xf(x,y)\mathrm{d}x\mathrm{d}y, \tag{3.3.3}$$

$$E(Y)=\int_{\Omega_y}\int_{\Omega_x}yf(x,y)\mathrm{d}x\mathrm{d}y. \tag{3.3.4}$$

当 $H(X,Y)=aX+bY, a,b$ 为常数, 代入式 (3.3.1) 有

$$\begin{aligned}E(aX+bY)&=\int_{\Omega_y}\int_{\Omega_x}(ax+by)f(x,y)\mathrm{d}x\mathrm{d}y\\&=aE(X)+bE(Y).\end{aligned}$$

可见, 对于二维随机变量, 求任一随机变量期望值的运算也是线性运算. 这一原理可推广到任意多个随机变量线性组合的情形, 即

$$E\left\{\sum_{i=1}^{n}a_iX_i\right\}=\sum_{i=1}^{n}a_iE(X_i). \tag{3.3.5}$$

选择 $H(X,Y)=X^lY^m, l,m$ 为非负整数, 代入式 (3.3.1), 求得该函数的期望值称为随机变量 (X,Y) 的 $\boldsymbol{l+m}$ **阶原点混合矩**, 记为

$$\lambda_{lm}=E(X^lY^m), \tag{3.3.6}$$

特别有

$$\lambda_{00}=1,\quad \lambda_{10}=E(X),\quad \lambda_{01}=E(Y);$$

$$\lambda_{11}=E(XY)=\int_{\Omega_y}\int_{\Omega_x}xyf(x,y)\mathrm{d}x\mathrm{d}y.$$

若 X, Y 相互独立, 则 $f(x,y) = f_X(x) \cdot f_Y(y)$, 从而

$$\begin{aligned} E(XY) &= \left[\int_{\Omega_x} x f_X(x)\mathrm{d}x\right] \cdot \left[\int_{\Omega_y} y f_Y(y)\mathrm{d}y\right] \\ &= E(X) \cdot E(Y), \end{aligned} \tag{3.3.7}$$

即两个相互独立的随机变量乘积的数学期望等于它们各自的数学期望之积. 这一重要关系式在第 2 章中已经引用过. 该性质可推广到随机变量函数的情形. 设 X, Y 相互独立, 函数 $g(X,Y)$ 具有下面的形式:

$$g(X,Y) = U(X) \cdot V(Y),$$

则

$$\begin{aligned} E\{g(X,Y)\} &= \int_{\Omega_x} u(x) f_X(x)\mathrm{d}x \cdot \int_{\Omega_y} v(y) f_Y(y)\mathrm{d}y \\ &= E[U(X)] \cdot E[V(Y)], \end{aligned} \tag{3.3.8}$$

而且 $U = U(X)$ 与 $V = V(Y)$ 也相互独立.

定义随机变量$\{X, Y\}$对于点 a, b 的 $\boldsymbol{l+m}$ **阶混合矩**为

$$\alpha_{lm} = E\{(X-a)^l (Y-b)^m\}, \tag{3.3.9}$$

其中 a, b 是常数. 特别重要的是随机变量$\{X, Y\}$对于数学期望 $E(X) \equiv \mu_X$ 和 $E(Y) \equiv \mu_Y$ 的矩

$$\mu_{lm} = E\{(X-\mu_X)^l (Y-\mu_Y)^m\}, \tag{3.3.10}$$

称为$\{X, Y\}$的 $\boldsymbol{l+m}$ **阶混合中心矩**. 容易求得

$$\begin{aligned} &\mu_{00} = \lambda_{00} = 1, \quad \mu_{10} = \mu_{01} = 0, \\ &\mu_{11} = E\{(X-\mu_X)(Y-\mu_Y)\} \equiv \mathrm{cov}(X,Y), \\ &\mu_{20} = E\{(X-\mu_X)^2\} = \sigma^2(X) = V(X), \\ &\mu_{02} = E\{(Y-\mu_Y)^2\} = \sigma^2(Y) = V(Y). \end{aligned} \tag{3.3.11}$$

其中 $\mathrm{cov}(X,Y)$ 称为随机变量 X 和 Y 的**协方差**, 写成明显的表达式是

$$\begin{aligned} \mathrm{cov}(X,Y) &\equiv E\{[X-E(X)][Y-E(Y)]\} \\ &= E(XY) - E(X)E(Y) - E(X)E(Y) + E(X)E(Y) \\ &= E(XY) - E(X)E(Y). \end{aligned} \tag{3.3.12}$$

当 X, Y 相互独立, 由式 (3.3.7) 可知

$$\mathrm{cov}(X,Y) = 0. \tag{3.3.13}$$

协方差有以下性质：

(1) $\mathrm{cov}(X,Y) = \mathrm{cov}(Y,X)$.

(2) $\mathrm{cov}(aX,bY) = ab\mathrm{cov}(X,Y), a,b$ 为常数.

(3) $\mathrm{cov}(X_1+X_2,Y) = \mathrm{cov}(X_1,Y) + \mathrm{cov}(X_2,Y)$.

由式 (3.3.12) 随机变量$\{X, Y\}$的协方差的定义可见, 当 $x > E(X), y > E(Y)$ 同时出现和 $x < E(X), y < E(Y)$ 同时出现的概率比较大时, $\mathrm{cov}(X,Y) > 0$; 而当 $x > E(X), y < E(Y)$ 同时出现和 $x < E(X), y > E(Y)$ 同时出现的概率比较大时, $\mathrm{cov}(X,Y) < 0$; 协方差为 0 表示出现上述两种情形的概率大致相等. 图 3.1 直观地反映了这种关系.

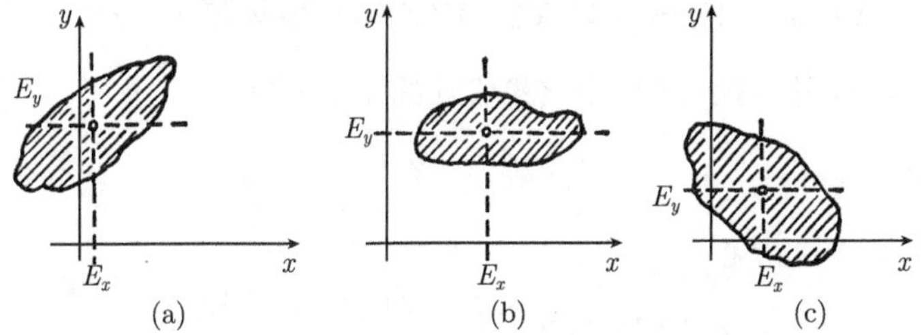

图 3.1 随机变量 X 和 Y 的协方差

(a) $\mathrm{cov}(X, Y) > 0$; (b) $\mathrm{cov}(X, Y) \approx 0$; (c) $\mathrm{cov}(X, Y) < 0$

随机变量 X 和 Y 的方差 $V(X), V(Y)$ 的表达式已由式 (3.3.11) 给出, 现在求 X 和 Y 的线性函数 $aX + bY$ 的方差, 其中 a, b 是常数

$$\begin{aligned} V(aX+bY) &= E\{[(aX+bY) - E(aX+bY)]^2\} \\ &= E\{[a(X-\mu_X) + b(Y-\mu_Y)]^2\} \\ &= E\{a^2(X-\mu_X)^2 + b^2(Y-\mu_Y)^2 \\ &\quad + 2ab(X-\mu_X)(Y-\mu_Y)\}, \end{aligned}$$

将式 (3.3.11) 和式 (3.3.12) 代入, 得

$$V(aX+bY) = a^2V(X) + b^2V(Y) + 2ab\mathrm{cov}(X,Y). \tag{3.3.14}$$

可见, 随机变量线性和的方差, 不仅与系数和各随机变量的方差有关, 而且与它们之间的协方差有关. 当 X, Y 相互独立, 它们之间的协方差为 0, 随机变量线性和的方差有如下的简单形式：

$$V(aX+bY) = a^2V(X) + b^2V(Y). \tag{3.3.15}$$

随机变量 X 和 Y 的**相关系数**或**标准协方差**定义为

$$\rho_{XY} \equiv \frac{\mathrm{cov}(X,Y)}{\sigma(X)\sigma(Y)}, \tag{3.3.16}$$

它是一个无量纲的数值, 具有如下性质:

(1) $|\rho_{XY}| \leqslant 1$.

(2) $|\rho_{XY}| = 1$ 的充分必要条件是 X 与 Y 线性相关, 即可表示为 $Y = aX+b, a, b$ 为常数.

证明 这两个性质证明如下.

设 X, Y 为两个随机变量, 随机变量 $\beta X + Y$ 的方差总是正值, 故据式 (3.3.14), 对任意 β 有

$$V(\beta X + Y) = \beta^2 V(X) + V(Y) + 2\beta \mathrm{cov}(X,Y) \geqslant 0.$$

该式可视为参数 β 的二次方程, 使该式成立的系数判别式为

$$[\mathrm{cov}(X,Y)]^2 - V(X)V(Y) \leqslant 0, \tag{3.3.17}$$

于是有

$$\frac{[\mathrm{cov}(X,Y)]^2}{\sigma^2(X)\sigma^2(Y)} \leqslant 1, \quad \text{即 } |\rho_{XY}| \leqslant 1.$$

式 (3.3.17) 称为**施瓦茨 (Schwarz) 不等式**.

$|\rho_{XY}| = 1$ 对应于 $V(\beta X + Y) = 0$. 由方差的性质知, $V(Z) = 0$ 的充要条件是 Z 为常数, 故有 $\beta X + Y = b, b$ 为常数, 此式可改写为 $Y = aX + b$, 于是性质 (1), (2) 得证.

当 $Y = aX + b$ 中的系数 $a > 0$, 则 $\rho_{XY} = +1$; $a < 0$, 则 $\rho_{XY} = -1$, 它们分别称为随机变量 X 与 Y **完全正相关**和**完全负相关**; 当 $\rho_{XY} = 0, \mathrm{cov}(X,Y) = 0$, 则称 X 和 Y **互不相关**.

两个随机变量的相互独立性和不相关性是两个相互有联系但又不尽相同的概念. 相互独立的两个随机变量必定是互不相关的, 但不相关的随机变量之间不一定相互独立.

我们举例说明这一点. 设随机变量 X 的概率密度 $f(x)$ 对于 $x = 0$ 点为对称分布. 定义随机变量 $Y = X^2$, 显然 Y 与 X 相互不独立, 但相关系数却等于 0.

证明 由 $f(x)$ 对于 0 点为对称可知, $E(X) = 0$, 又

$$E(Y) = \int_{-\infty}^{\infty} x^2 f(x)\mathrm{d}x = V(X),$$

$$E(X^3) = \int_{-\infty}^{\infty} x^3 f(x)\mathrm{d}x = \int_{-\infty}^{0} x^3 f(x)\mathrm{d}x + \int_{0}^{\infty} x^3 f(x)\mathrm{d}x,$$

在等式右边的第一项中作变换 $y = -x$, 并注意由 $f(x)$ 对 0 点的对称性知, $f(y) = f(-y)$, 可得

$$\begin{aligned} E(X^3) &= \int_{\infty}^{0} y^3 f(-y)\mathrm{d}y + \int_{0}^{\infty} x^3 f(x)\mathrm{d}x \\ &= \int_{\infty}^{0} y^3 f(y)\mathrm{d}y + \int_{0}^{\infty} x^3 f(x)\mathrm{d}x = 0. \end{aligned}$$

因此,

$$\begin{aligned} \mathrm{cov}(X,Y) &= E\{(X-E(X))(Y-E(Y))\} \\ &= E\{X[X^2 - V(X)]\} \\ &= E\{X^3 - X\cdot V(X)\} \\ &= E(X^3) - E(X)V(X) = 0. \end{aligned}$$

证毕.

下面引入二维随机变量协方差矩阵的概念. 二维随机变量 $\{X_1, X_2\}$ 共有四个二阶中心矩

$$\begin{aligned} V_{ij} &= \mathrm{cov}(X_i, X_j) \\ &= E\{[X_i - E(X_i)][(X_j - E(X_j)]\}, \quad i,j = 1,2, \end{aligned} \tag{3.3.18}$$

排成矩阵的形式为

$$\underset{\sim}{V} = \begin{pmatrix} V_{11} & V_{12} \\ V_{21} & V_{22} \end{pmatrix}. \tag{3.3.19}$$

称为二维随机变量 $\{X_1, X_2\}$ 的**协方差矩阵**, 其对角元素 V_{ii} 是第 i 个分量的方差

$$V_{ii} = \mathrm{cov}(X_i, X_i) = V(X_i).$$

由协方差 $\mathrm{cov}(X_1, X_2)$ 的对称性可知

$$V_{ij} = V_{ji},$$

故二维随机变量的协方差矩阵是 2×2 对称矩阵.

从物理测量的观点来看, 随机变量 X_i 通常代表某个被测的物理量, $(V_{ii})^{1/2} = \sigma(X_i)$ 是该物理量的 (标准) 误差, 所以协方差矩阵也称为**误差矩阵**.

3.4 二维随机变量的函数的分布

关于二维随机变量的函数的分布, 可以提出两类问题:

问题 1: 二维随机变量的函数的分布

设 X, Y 为随机变量, $U = g(x, y)$ 是 xoy 平面上的连续函数, 则随机变量 $U = g(X, Y)$ 为随机变量 X, Y 的函数. 怎样由$\{X, Y\}$的联合分布函数求得 $U = g(X, Y)$ 的分布.

问题 2：二维随机向量分布的变换

二维随机变量$\{U, V\}$是$\{X, Y\}$的连续函数：

$$U = U(X, Y), \quad V = V(X, Y).$$

怎样由随机向量$\{X, Y\}$的联合分布函数求得随机向量$\{U, V\}$的联合分布.
可以看到, 问题 1 只是问题 2 的特殊情况. 我们首先来阐述问题 2 的求解.

(1) 二维随机向量分布的变换

令二维随机变量$\{U, V\}$是$\{X, Y\}$的连续函数：

$$U = U(X, Y), \quad V = V(X, Y). \tag{3.4.1}$$

首先讨论$\{X, Y\}$为二维离散随机变量的情形. 设其分布律为

$$P(X = x_i, Y = y_j) = p_{ij}, \quad i, j = 1, 2, \cdots, \tag{3.4.2}$$

则$\{U, V\}$的联合分布函数为

$$F(u, v) = F(U \leqslant u, V \leqslant v) = \sum_{(i,j)\in D} p_{ij} \tag{3.4.3}$$

其中 D 为满足不等式

$$U\left(x_i, y_j\right) \leqslant u, \quad V\left(x_i, y_j\right) \leqslant v \tag{3.4.4}$$

的所有 (i, j) 值.

对于$\{X, Y\}$为二维连续随机变量的情形, 其概率密度设为 $f(x, y)$. 如果$\{U, V\}$是$\{X, Y\}$的一一对应的变换, 且$\{U, V\}$的反函数及其偏导数

$$x = x(u, v), \quad y = y(u, v), \quad \frac{\partial x}{\partial u}, \frac{\partial y}{\partial u}, \frac{\partial x}{\partial v}, \frac{\partial y}{\partial v}$$

存在并且唯一, 且雅可比行列式不等于 0：

$$J\left(\frac{x, y}{u, v}\right) = \frac{\partial(x, y)}{\partial(u, v)} = \begin{vmatrix} \dfrac{\partial x}{\partial u} & \dfrac{\partial y}{\partial u} \\ \dfrac{\partial x}{\partial v} & \dfrac{\partial y}{\partial v} \end{vmatrix} \neq 0, \tag{3.4.5}$$

则$\{U, V\}$的概率密度为

$$g(u, v) = f(x, y)\left|J\left(\frac{x, y}{u, v}\right)\right|. \tag{3.4.6}$$

雅可比行列式取绝对值是为了保证概率密度的非负性.

根据随机变量分布函数的归一性可知

$$\iint_{\Omega} f(x,y)\mathrm{d}x\mathrm{d}y = 1,$$

$$\iint_{\Omega'} g(u,v)\mathrm{d}u\mathrm{d}v = \iint_{\Omega'} f(x,y)\left|J\left(\frac{x,y}{u,v}\right)\right|\mathrm{d}u\mathrm{d}v = 1,$$

其中 Ω 是随机变量$\{X, Y\}$的值域, Ω' 是 Ω 在 u,v 空间的映射, 亦即$\{U, V\}$的值域.

若二维随机变量$\{U, V\}$不是$\{X, Y\}$的一一对应的函数, 对应于不同的 x_k, y_k, $k=1,2,\cdots$, 可能有相同的 (u,v) 值, 即方程组 (3.4.1) $U=U(X,Y), V=V(X,Y)$ 有多组解 $x_k(u,v), y_k(u,v), k=1,2,\cdots$, 则二维随机变量$\{U, V\}$的分布函数需对各组解求和:

$$g(u,v) = \sum_i f(x_i,y_i)\left|J\left(\frac{x_i,y_i}{u,v}\right)\right|. \tag{3.4.7}$$

(2) 二维随机变量的函数的分布

设 X, Y 为随机变量, $U=g(x,y)$ 是 xoy 平面上的连续函数, 则随机变量 $U=g(X,Y)$ 为随机变量 X, Y 的函数. 有两种方法可求得 U 的概率密度. ① 直接法: 先求 U 的分布函数 $F_U(u)$(二重积分), 再通过求导数 $f_U(u)=\mathrm{d}F_U(u)/\mathrm{d}u$ 求得 U 的概率密度. ② 增补变量变换法: 引入新变量 $V=h(X,Y)$, 先求$\{U, V\}$的联合密度, 再求关于 U 的边沿分布密度, 即是问题的解.

例如, 用直接法求 $Z=g(x,y)$ 的概率分布. 若 X, Y 为离散随机变量, 其分布律为式 (3.4.2) 所示的 $P(X=x_i, Y=y_j)=p_{ij}$, 则 $Z=g(X,Y)$ 的分布律为

$$P(Z=z_k)=q_k, \quad k=1,2,\cdots, \tag{3.4.8}$$

其中 z_k 为 $g(x_i,y_j)$ 的所有不同的函数值, q_k 是满足 $g(x_i,y_j)=z_k$ 的 $(X=x_i, Y=y_j)$ 的概率 p_{ij} 之和, 即

$$q_k = \sum_{g(x_i,y_j)=z_k} P(X=x_i, Y=y_j). \tag{3.4.9}$$

因此, Z 的分布函数为

$$F_Z(z) = P(Z\leqslant z) = \sum_{z_k\leqslant z} q_k. \tag{3.4.10}$$

若 X, Y 为连续随机变量, 其概率密度为 $f(x,y)$, 则 $Z=g(X, Y)$ 的分布函数

$$F_Z(z) = P(Z\leqslant z) = P(g(X,Y)\leqslant z) = \iint_{g(x,y)\leqslant z} f(x,y)\mathrm{d}x\mathrm{d}y, \tag{3.4.11}$$

Z 的概率密度为

$$f_Z(z)=\frac{\mathrm{d}F_Z(z)}{\mathrm{d}z}=\frac{\mathrm{d}}{\mathrm{d}z}\iint\limits_{g(x,y)\leqslant z} f(x,y)\mathrm{d}x\mathrm{d}y. \tag{3.4.12}$$

下面讨论几种常见的函数的分布.

(1) $Z=X+Y$ (**两个随机变量之和的分布**)

实验中测定的量往往是两个随机变量之和. 例如, 用粒子位置探测器测量粒子反应中某种末态粒子的角分布, 实际测定的是两个随机变量之和的分布, 一个是描写粒子角分布的随机变量, 一个是描写粒子位置探测器测定误差的随机变量. 又如测量某种粒子反应或衰变中产生的末态电子的能量, 实际测定的是描写电子能谱的随机变量和描写仪器的能量测定误差的随机变量两者之和的分布.

当随机变量 X, Y 为离散型, $Z=X+Y$ 亦为离散随机变量, Z 的分布为

$$\begin{aligned}P_Z\left(z_k\right)&=\sum_i P\left(x_i, z_k-x_i\right)\\&=\sum_j P\left(z_k-y_j, y_j\right),\end{aligned} \tag{3.4.13}$$

求和范围是 X 的所有可能值 x_i, $i=1,2,\cdots$. 当对应的 z_k-x_i 不是 Y 的可能值时, $P\left(x_i, z_k-x_i\right)$ 等于 0. 对 Y 的情况类似.

当 X 与 Y 相互独立时, 有

$$\begin{aligned}P_Z\left(z_k\right)&=\sum_i P_X\left(x_i\right) P_Y\left(z_k-x_i\right)\\&=\sum_j P_X\left(z_k-y_j\right) P_Y\left(y_j\right),\end{aligned} \tag{3.4.14}$$

当随机变量 X, Y 连续, 设随机变量$\{X, Y\}$的概率密度为 $f(x,y)$, 则随机变量 $Z=X+Y$ 的分布函数为

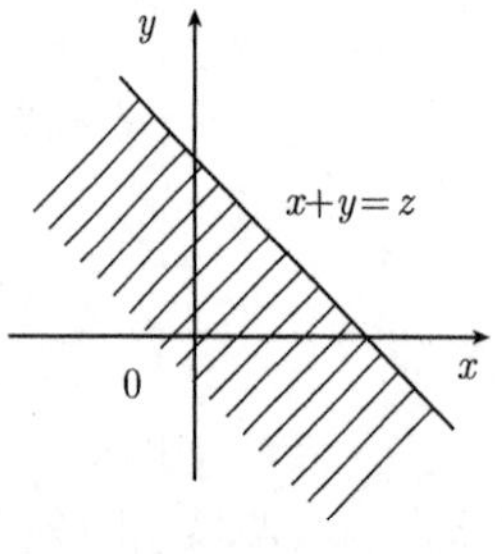

图 3.2

$$F_Z(z)=P(Z\leqslant z)=\iint\limits_{x+y\leqslant z} f(x,y)\mathrm{d}x\mathrm{d}y,$$

这里积分区域是直线 $x+y=z$ 左边的半平面, 如图 3.2 所示, 所以有

$$F_Z(z)=\int_{\Omega_y}\left[\int_{x_{\min}}^{z-y} f(x,y)\mathrm{d}x\right]\mathrm{d}y,$$

求 $F_Z(z)$ 对于 z 的导数, 得到 Z 的概率密度

$$f_Z(z)=\frac{\mathrm{d}F_Z(z)}{\mathrm{d}z}=\int_{\Omega_y} f(z-y,y)\mathrm{d}y; \tag{3.4.15}$$

由 X, Y 的对称性, 立即可得

$$f_Z(z) = \int_{\Omega_x} f(x, z-x)\mathrm{d}x. \tag{3.4.16}$$

特别当 X, Y 相互独立时, 由式 (3.1.17) ($f(x,y) = f_X(x) \cdot f_Y(y)$) 知

$$\begin{aligned} f_Z(z) &= \int_{\Omega_y} f_X(z-y) f_Y(y)\mathrm{d}y \\ &= \int_{\Omega_x} f_X(x) f_Y(z-x)\mathrm{d}x. \end{aligned} \tag{3.4.17}$$

该公式称为**卷积公式**, 在实验测量的数据处理中经常用到.

用增补变量法可得到同样的结果. 设

$$\begin{cases} Z = X + \bar{Y}, \\ V = Y, \end{cases}$$

则由式 (3.4.5) 易得 $J = 1$, 由式 (3.4.6) 立即有

$$q(z,v) = f(x(z,v), y(z,v))|J| = f(z-v, v) = f(z-y, y).$$

故 $Z = X + Y$ 的概率密度为

$$f_Z(z) = \int f(z-y, y)\mathrm{d}y.$$

与式 (3.4.15) 相同.

下面就 X, Y 的不同取值域给出相应的便于计算的公式.

(a) $0 \leqslant X < \infty$, $-\infty < Y < \infty$.

因为 $Y = Z - X$, 当 $X = x_{\min} = 0$ 时, $Y = y_{\max} = z$, 故由式 (3.4.17) 得

$$f_Z(z) = \int_{-\infty}^{z} f_X(z-y) f_Y(y)\mathrm{d}y. \tag{3.4.18}$$

(b) $0 \leqslant X < \infty$, $0 \leqslant Y < \infty$, 得

$$f_Z(z) = \int_0^z f_X(z-y) f_Y(y)\mathrm{d}y = \int_0^z f_X(x) f_Y(z-x)\mathrm{d}x. \tag{3.4.19}$$

(c) $x_{\min} \leqslant X < x_{\max}, -\infty < Y < \infty$, 得

$$f_Z(z) = \int_{x_{\min}}^{x_{\max}} f_X(x) f_Y(z-x)\mathrm{d}x. \tag{3.4.20}$$

(d) $x_{\min} \leqslant X < x_{\max}, y_{\min} \leqslant Y < y_{\max}$, 得

$$f_Z(z) = \int_{x'_{\min}}^{x'_{\max}} f_X(x) f_Y(z-x)\mathrm{d}x, \tag{3.4.21}$$

或

$$f_Z(z) = \int_{y'_{\min}}^{y'_{\max}} f_X(z-y) f_Y(y) \mathrm{d}y, \tag{3.4.22}$$

其中,

$$\begin{aligned} x'_{\min} &= \max\{x_{\min}, z - y_{\max}\}, \\ x'_{\max} &= \min\{x_{\max}, z - y_{\min}\}; \end{aligned} \tag{3.4.23}$$

$$\begin{aligned} y'_{\min} &= \max\{y_{\min}, z - x_{\max}\}, \\ y'_{\max} &= \min\{y_{\max}, z - x_{\min}\}. \end{aligned} \tag{3.4.24}$$

我们来证明其中的式 (3.4.21). 由卷积公式知, 在 $f_X(x) = 0$ 或 $f_Y(z-x) = 0$ 的区域对 $f_Z(z)$ 没有贡献,

$$\begin{aligned} &f_X(x) \neq 0 &&\text{当 } X \text{ 在区间 } [x_{\min}, x_{\max}] \text{ 内;} \\ &f_Y(z-x) \neq 0 &&\text{当 } Y = Z - X \text{ 在区间 } [y_{\min}, y_{\max}] \text{ 内;} \\ & &&\text{即 } X \text{ 在区间 } [z - y_{\max}, z - y_{\min}] \text{ 内.} \end{aligned}$$

因此, $f_X(x) \cdot f_Y(z-x)$ 不为 0 的区间为 $[x'_{\min}, x'_{\max}]$, $x'_{\min}$, $x'_{\max}$ 如前面的表达式所示. 类似地, 可导出式 (3.4.22) 的结果.

例 3.1　两个相互独立的 [0, 1] 区间均匀分布的卷积

设 X, Y 是两个相互独立的 [0, 1] 区间内的均匀分布随机变量, 它们的概率密度函数为 (见 4.7 节)

$$f_X(x) = f_Y(y) = 1, \quad 0 \leqslant x, y \leqslant 1,$$

$$f_X(x) = f_Y(y) = 0, \quad \text{其他}.$$

要求的是 $Z = X + Y$ 的概率分布. 显然, Z 的值域为 [0, 2]. 由式 (3.4.21) 知

$$f_Z(z) = \int_{x'_{\min}}^{x'_{\max}} f_X(x) f_Y(z-x) \mathrm{d}x,$$

这一积分应分两个区间进行:

(a) $0 \leqslant z < 1$.

在这一区域中, 按式 (3.4.23), 积分上下限分别是

$$x'_{\min} = \max\{x_{\min}, z - y_{\max}\} = \max\{0, z-1\} = 0,$$

$$x'_{\max} = \min\{x_{\max}, z - y_{\min}\} = \min\{1, z-0\} = z,$$

所以 Z 的概率密度

$$f_Z(z) = \int_0^z f_Y(z-x)\mathrm{d}x,$$

作变量代换 $v = z - x$, 则有

$$f_Z(z) = -\int_z^0 f_Y(v)\mathrm{d}v = \int_0^z \mathrm{d}v = z.$$

(b) $1 \leqslant z < 2$.

$$x'_{\min} = \max\{x_{\min}, z - y_{\max}\} = \max\{0, z-1\} = z - 1,$$
$$x'_{\max} = \min\{x_{\max}, z - y_{\min}\} = \min\{1, z\} = 1,$$

$$\begin{aligned} f_Z(z) &= \int_{z-1}^1 f_Y(z-x)\mathrm{d}x = \int_{z-1}^1 f_Y(v)\mathrm{d}v \\ &= \int_{z-1}^1 \mathrm{d}v = 2 - z. \end{aligned}$$

所以 $Z = X + Y$ 的概率密度是

$$f_Z(z) = \begin{cases} z, & 0 \leqslant z < 1, \\ 2 - z, & 1 \leqslant z < 2, \\ 0, & \text{其余}. \end{cases} \tag{3.4.25}$$

该函数分布呈三角形, 如图 3.3 所示. 类似的推导可求得三个 [0, 1] 区间均匀分布随机变量之和的概率密度

$$f_Z(z) = \begin{cases} \dfrac{z^2}{2}, & 0 \leqslant z < 1, \\ \dfrac{(-2z^2 + 6z - 3)}{2}, & 1 \leqslant z < 2, \\ \dfrac{(z-3)^2}{2}, & 2 \leqslant z < 3, \\ 0, & \text{其余}. \end{cases} \tag{3.4.26}$$

它的图形也画在图 3.3 中.

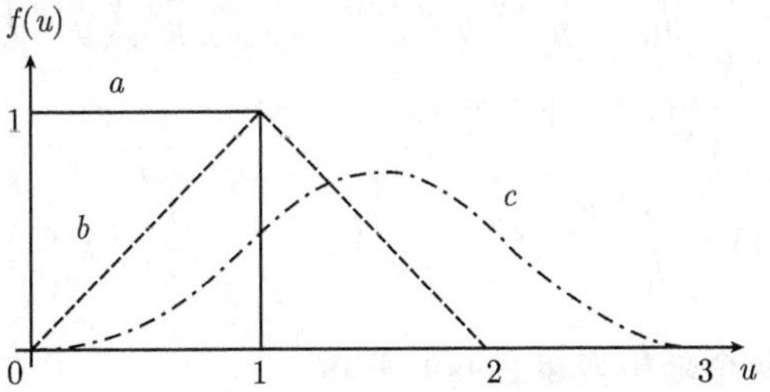

图 3.3 均匀分布的卷积

a: Z; b: $Z + Z$; c: $Z + Z + Z$

(2) $Z=X-Y$ (**两个随机变量之差的分布**)

设
$$\begin{cases} Z=X-Y \\ V=Y \end{cases},$$
则由式 (3.4.5) 易得 $J=1$, 由式 (3.4.6) 立即有

$$q(z,v)=f(x(z,v),y(z,v))|J|=f(z+y,y).$$

故 $Z=X-Y$ 的概率密度为

$$f_Z(z)=\int f(z+y,y)\mathrm{d}y, \tag{3.4.27}$$

当 X,Y 相互独立时,

$$f_Z(z)=\int f_X(z+y)f_Y(y)\mathrm{d}y. \tag{3.2.28}$$

(3) $Z=XY$ (**两个随机变量之积的分布**)

设
$$\begin{cases} Z=XY, \\ V=Y, \end{cases}$$
则

$$J^{-1}=\begin{vmatrix} \dfrac{\partial z}{\partial x} & \dfrac{\partial z}{\partial y} \\ \dfrac{\partial v}{\partial x} & \dfrac{\partial v}{\partial y} \end{vmatrix}=\begin{vmatrix} y & x \\ 0 & 1 \end{vmatrix}=y=v,$$

$$q(z,v)=f(x(z,v),y(z,v))|J|=f\left(\frac{z}{y},y\right)\frac{1}{|y|}.$$

故 $Z=XY$ 的概率密度为

$$\begin{aligned} f_Z(z)&=\int f\left(\frac{z}{y},y\right)\frac{1}{|y|}\mathrm{d}y \\ &=\int_0^{+\infty}\frac{1}{y}f\left(\frac{z}{y},y\right)\mathrm{d}y-\int_{-\infty}^0\frac{1}{y}f\left(\frac{z}{y},y\right)\mathrm{d}y. \end{aligned} \tag{3.4.29}$$

由 X,Y 在 $Z=XY$ 中的对称性立即有

$$f_Z(z)=\int_0^{+\infty}\frac{1}{x}f\left(x,\frac{z}{x}\right)\mathrm{d}x-\int_{-\infty}^0\frac{1}{x}f\left(x,\frac{z}{x}\right)\mathrm{d}x. \tag{3.4.30}$$

(4) $Z=X/Y$ (**两个随机变量之商的分布**)

设
$$\begin{cases} Z=X/Y, \\ V=Y, \end{cases}$$

则

$$J^{-1}=\begin{vmatrix}\dfrac{\partial z}{\partial x} & \dfrac{\partial z}{\partial y}\\ \dfrac{\partial v}{\partial x} & \dfrac{\partial v}{\partial y}\end{vmatrix}=\begin{vmatrix}\dfrac{1}{y} & -\dfrac{x}{y^2}\\ 0 & 1\end{vmatrix}=\frac{1}{y}=\frac{1}{v},$$

$$q(z,v)=f(x(z,v),y(z,v))|J|=f(zv,v)|v|=f(zy,y)|y|.$$

故 $Z=X/Y$ 的概率密度为

$$f_Z(z)=\int|y|f(zy,y)\,\mathrm{d}y. \tag{3.4.31}$$

当 X,Y 相互独立时,

$$f_Z(z)=\int|y|f_X(zy)f_Y(y)\mathrm{d}y. \tag{3.4.32}$$

(5) $Z=X^2+Y^2$ (**两个随机变量平方和的分布**)

$$F_Z(z)=\left.\begin{matrix}\displaystyle\int_0^{2\pi}\mathrm{d}\varphi\int_0^{\sqrt{z}}f(r\cos\varphi,r\sin\varphi)r\mathrm{d}r, & z>0\\ 0, & z\leqslant 0\end{matrix}\right\}$$

$$f_Z(z)=\left.\begin{matrix}\displaystyle\frac{1}{2}\int_0^{2\pi}f(\sqrt{z}\cos\varphi,\sqrt{z}\sin\varphi)\mathrm{d}\varphi, & z>0\\ 0, & z\leqslant 0\end{matrix}\right\} \tag{3.4.33}$$

当 X,Y 相互独立时

$$f_Z(z)=\left.\begin{matrix}\displaystyle\frac{1}{2}\int_0^{2\pi}f_X(\sqrt{z}\cos\varphi)f_Y(\sqrt{z}\sin\varphi)\mathrm{d}\varphi, & z>0\\ 0, & z\leqslant 0\end{matrix}\right\} \tag{3.4.34}$$

(6) $M=\max\{X,Y\}$, $N=\min\{X,Y\}$ (**两个随机变量的极值分布**)

当 X,Y 相互独立时, 极大值 M 的分布函数为

$$F_M(z)=F_X(z)\cdot F_Y(z), \tag{3.4.35}$$

极小值 N 的分布函数为

$$F_N(z)=1-(1-F_X(z))\cdot(1-F_Y(z)). \tag{3.4.36}$$

这些结果可推广到 n 个相互独立的随机变量的情形, 即随机变量 $M=\max\{X_1,\cdots,X_n\}, N=\min\{X_1,\cdots,X_n\}$ 的分布函数分别为

$$F_M(z)=F_{X_1}(z)\cdots F_{X_n}(z), \tag{3.4.37}$$

$$F_N(z)=1-(1-F_{X_1}(z))\cdots(1-F_{X_n}(z)). \tag{3.4.38}$$

3.5 多维随机变量, 向量和矩阵记号

二维随机变量的许多性质都可以推广到 n 维随机变量的一般情形. 下面主要讨论连续型的多维随机变量, 离散的多维随机变量有相同或对应的结果.

n 维随机变量 $\{X_1, X_2, \cdots, X_n\}$ 的**(联合) 分布函数**定义为

$$F(x_1, x_2, \cdots, x_n) = P(X_1 \leqslant x_1, X_2 \leqslant x_2, \cdots, X_n \leqslant x_n). \tag{3.5.1}$$

它有以下性质:

(1) $F(x_1, x_2, \cdots, x_n)$ 对于其每一个分量 X_i 都是单调非降函数, 即

$$F(x_1, \cdots, x_i^{(2)}, \cdots, x_n) \geqslant F(x_1, \cdots, x_i^{(1)}, \cdots, x_n)$$

$$\text{当 } x_i^{(2)} > x_i^{(1)}, i = 1, 2, \cdots, n.$$

(2) 对于任意 $x_1, x_2, \cdots, x_n$, 有

$$0 \leqslant F(x_1, x_2, \cdots, x_n) \leqslant 1,$$

而且

$$\begin{matrix} F(-\infty, -\infty, \cdots, -\infty) = 0, \\ F(\infty, \infty, \cdots, \infty) = 1, \end{matrix} \qquad i = 1, 2, \cdots, n.$$

如 2.2 节中所述, 这里 $\pm\infty$ 实际上表示 n 维随机变量各分量值域 Ω_{x_i} 的上、下界 $x_{i\max}$ 和 $x_{i\min}$.

(3) $F(x_1, x_2, \cdots, x_n)$ 对其每一个分量 X_i 都是右连续的, 即

$$F(x_1, \cdots, x_i, \cdots, x_n) = F(x_1, \cdots, x_i + 0, \cdots, x_n), \quad i = 1, 2, \cdots, n.$$

对于分布函数 $F(x_1, x_2, \cdots, x_n)$, 如果存在非负的连续实函数 $f(x_1, x_2, \cdots, x_n)$ 使下式成立:

$$F(x_1, x_2, \cdots, x_n) = \int_{-\infty}^{x_1} \int_{-\infty}^{x_2} \cdots \int_{-\infty}^{x_n} f(x_1, x_2, \cdots, x_n) \mathrm{d}x_1 \mathrm{d}x_2 \cdots \mathrm{d}x_n, \tag{3.5.2}$$

则 $f(x_1, x_2, \cdots, x_n)$ 称为 n 维随机变量 $X_1, X_2, \cdots, X_n$ 的概率密度函数. 它具有如下性质:

(a) 对于任意一组 $x_1, x_2, \cdots, x_n$ 值, $f(x_1, x_2, \cdots, x_n) \geqslant 0$, 即它是非负函数.

(b) $\displaystyle\int_{-\infty}^{\infty} \int_{-\infty}^{\infty} \cdots \int_{-\infty}^{\infty} f(x_1, x_2, \cdots, x_n) \mathrm{d}x_1 \mathrm{d}x_2 \cdots \mathrm{d}x_n = F(\infty, \infty, \cdots, \infty) = 1.$

(c) $$f(x_1,x_2,\cdots,x_n)=\frac{\partial^n F(x_1,x_2,\cdots,x_n)}{\partial x_1\partial x_2\cdots\partial x_n}. \tag{3.5.3}$$

(d) 随机变量 $\{X_1,X_2,\cdots,X_n\}$ 落在其值域 Ω 中的子域 Ω_0 内的概率为

$$P\{(X_1,X_2,\cdots,X_n)\in\Omega_0\}=\iint_{\Omega_0}\cdots\int f(x_1,x_2,\cdots,x_n)\mathrm{d}x_1\mathrm{d}x_2\cdots\mathrm{d}x_n. \tag{3.5.4}$$

n 维随机变量的每个分量 $X_i,\ i=1,2,\cdots,n$ 的分布函数, 即**边沿分布函数**定义为

$$\begin{aligned}F_i(x_i)&\equiv P(X_i\leqslant x_i)=F(\infty,\infty,\cdots,x_i,\infty,\cdots,\infty)\\&=\int_{-\infty}^{x_i}\int_{-\infty}^{\infty}\cdots\int_{-\infty}^{\infty}f(x_1,x_2,\cdots,x_n)\mathrm{d}x_1\cdots\mathrm{d}x_{i-1}\mathrm{d}x_{i+1}\cdots\mathrm{d}x_n\mathrm{d}x_i.\end{aligned} \tag{3.5.5}$$

相应的**边沿概率密度**为

$$\begin{aligned}f_i(x_i)&=\frac{\mathrm{d}}{\mathrm{d}x_i}F_i(x_i)\\&=\underbrace{\int_{-\infty}^{\infty}\cdots\int_{-\infty}^{\infty}}_{(n-1)重}f(x_1,x_2,\cdots,x_n)\mathrm{d}x_1\cdots\mathrm{d}x_{i-1}\mathrm{d}x_{i+1}\cdots\mathrm{d}x_n.\end{aligned} \tag{3.5.6}$$

与此相仿, 二维随机变量 $\{X_i,X_j\},i\neq j,i,j=1,2,\cdots,n$ 的联合分布函数也称为 $\{X_i,X_j\}$ 的边沿分布函数, 定义为

$$\begin{aligned}F_{ij}(x_i,x_j)&=P(X_i\leqslant x_i,Y_i\leqslant y_i)\\&=\int_{-\infty}^{x_i}\int_{-\infty}^{x_j}\int_{-\infty}^{\infty}\cdots\int_{-\infty}^{\infty}f(x_1,x_2,\cdots,x_n)\\&\quad\cdot\mathrm{d}x_1\cdots\mathrm{d}x_{i-1}\mathrm{d}x_{i+1}\cdots\mathrm{d}x_{j-1}\mathrm{d}x_{j+1}\cdots\mathrm{d}x_n\mathrm{d}x_j\mathrm{d}x_i,\end{aligned} \tag{3.5.7}$$

$\{X_i,X_j\}$ 的边沿概率密度则为

$$f_{ij}(x_i,x_j)=\frac{\partial^2}{\partial x_i\partial x_j}F_{ij}(x_i,x_j). \tag{3.5.8}$$

随机变量 $X_1,X_2,\cdots,X_n$ 之间相互独立的条件是

$$F(x_1,x_2,\cdots,x_n)=F_1(x_1)F_2(x_2)\cdots F_n(x_n) \tag{3.5.9}$$

或

$$f(x_1,x_2,\cdots,x_n)=f_1(x_1)f_2(x_2)\cdots f_n(x_n),$$

其中 $f_i(x_i),i=1,2,\cdots,n$ 是式 (3.5.6) 所示的边沿概率密度.

若 $X_1,X_2,\cdots,X_n$ 之间相互独立, 则由式 (3.5.7)~ 式 (3.5.9) 求得

$$f_{ij}(x_i,x_j)=f_i(x_i)\cdot f_j(x_j),\quad i,j=1,2,\cdots,n. \tag{3.5.10}$$

即相互独立的随机变量 $X_1, X_2, \cdots, X_n$ 之间两两相互独立.

与二维随机变量条件概率密度的定义式 (3.2.3) 和式 (3.2.4) 相仿, 在条件 $X_i = x_i$ 下, n 维随机变量 $\{X_1, X_2, \cdots, X_n\}$ 的条件概率密度定义为

$$f(x_1, \cdots, x_{i-1}, x_{i+1}, \cdots, x_n|x_i) = \frac{f(x_1, x_2, \cdots, x_n)}{f_i(x_i)}, \quad i = 1, 2, \cdots, n, \tag{3.5.11}$$

这里 x_i 是一个固定值, 故 $f(x_1, \cdots, x_{i-1}, x_{i+1}, \cdots, x_n|x_i)$ 是其余变量 $x_{j\neq i}, j = 1, 2, \cdots, n$ 的函数.

现在讨论 n 维随机变量的数字特征.

设 $H(X_1, X_2, \cdots, X_n)$ 是随机变量 $X_1, X_2, \cdots, X_n$ 的函数, 则 H 的期望值和方差分别为

$$E\{H(X_1, \cdots, X_n)\} = \int_{-\infty}^{\infty} \cdots \int_{-\infty}^{\infty} H(x_1, \cdots, x_n) f(x_1, \cdots, x_n) \mathrm{d}x_1 \cdots \mathrm{d}x_n, \tag{3.5.12}$$

$$\begin{aligned} V\{H(X_1, \cdots, X_n)\} = \int_{-\infty}^{\infty} \cdots \int_{-\infty}^{\infty} &\{H(x_1, \cdots, x_n) \\ &- E[H(X_1, \cdots, X_n)]\}^2 \cdot f(x_1, \cdots, x_n) \mathrm{d}x_1 \cdots \mathrm{d}x_n. \end{aligned} \tag{3.5.13}$$

利用条件概率的定义, 还可定义条件期望值, 如令

$$U = U(X_1, \cdots, X_n),$$

在 $X_i = x_i$ 条件下, 函数 U 的条件期望值表示为

$$\begin{aligned} &E\{U(X_1, \cdots, X_{i-1}, X_{i+1}, \cdots, X_n|X_i)\} \\ &= \underbrace{\int_{-\infty}^{\infty} \cdots \int_{-\infty}^{\infty}}_{(n-1)\text{重}} u(x_1, \cdots, x_{i-1}, x_{i+1}, \cdots, x_n|x_i) f(x_1, \cdots, x_{i-1}, \\ &\quad x_{i+1}, \cdots, x_n|x_i) \mathrm{d}x_1 \cdots \mathrm{d}x_{i-1} \mathrm{d}x_{i+1} \cdots \mathrm{d}x_n. \end{aligned} \tag{3.5.14}$$

当 $H = X_i$ 时, 由式 (3.5.12) 得随机变量 X_i 的数学期望为

$$\mu_i = E(X_i) = \int_{-\infty}^{\infty} \cdots \int_{-\infty}^{\infty} x_i f(x_1, \cdots, x_n) \mathrm{d}x_1 \cdots \mathrm{d}x_n, \quad i = 1, 2, \cdots, n. \tag{3.5.15}$$

当 $H = X_1^{l_1} X_2^{l_2} \cdots X_n^{l_n}$ 时, $l_1, l_2, \cdots, l_n$ 为正整数, H 的期望值

$$E\{x_1^{l_1} x_2^{l_2} \cdots x_n^{l_n}\} \equiv \lambda_{l_1 l_2 \cdots l_n} \tag{3.5.16}$$

称为随机变量 $\{X_1, X_2, \cdots, X_n\}$ 的 $l_1 + l_2 + \cdots + l_n$ 阶原点矩, 各分量的数学期望可表示为

$$\lambda_{100\cdots 0} = E(X_1) = \mu_1,$$

$$\lambda_{010\cdots0} = E(X_2) = \mu_2,$$
$$\vdots$$
$$\lambda_{000\cdots1} = E(X_n) = \mu_n. \tag{3.5.17}$$

对于 $(\mu_1, \mu_2, \cdots, \mu_n)$ 的 $l_1 + l_2 + \cdots + l_n$ 阶中心矩定义为

$$\mu_{l_1 l_2 \cdots l_n} = E\{(X_1 - \mu_1)^{l_1}(X_2 - \mu_2)^{l_2} \cdots (X_n - \mu_n)^{l_n}\}, \tag{3.5.18}$$

随机变量 $X_1, X_2, \cdots, X_n$ 各分量的方差可表示为

$$\mu_{200\cdots0} = E\{(X_1 - \mu_1)^2\} = V(X_1),$$
$$\mu_{020\cdots0} = E\{(X_2 - \mu_2)^2\} = V(X_2),$$
$$\vdots$$
$$\mu_{000\cdots2} = E\{(X_n - \mu_n)^2\} = V(X_n). \tag{3.5.19}$$

$V(X_i)$ 有如下的计算式：

$$V(X_i) = E(X_i^2) - [E(X_i)]^2. \tag{3.5.20}$$

对于多维随机变量, 求期望值的运算也是线性运算, 即下述关系式成立：

$$E\left(\sum_{i=1}^{n} a_i X_i\right) = \sum_{i=1}^{n} a_i E(X_i), \quad i = 1, 2, \cdots, n, \tag{3.5.21}$$

其中 a_i 为常数. 随机变量各分量的线性组合 $\sum\limits_{i=1}^{n} a_i X_i$ 的方差公式为

$$V\left(\sum_{i=1}^{n} a_i X_i\right) = \sum_{i=1}^{n} a_i^2 V(X_i) + 2\sum_{i=1}^{n-1}\sum_{j=i+1}^{n} a_i a_j \mathrm{cov}(X_i, X_j), \tag{3.5.22}$$

其中,

$$\begin{aligned} \mathrm{cov}(X_i, X_j) &\equiv E\{(X_i - \mu_i)(X_j - \mu_j)\} \\ &= E(X_i, X_j) - E(X_i)E(X_j), \\ &\quad i \neq j,\ i, j = 1, 2, \cdots, n, \end{aligned} \tag{3.5.23}$$

称为随机变量 X_i 和 X_j 的协方差. 式 (3.5.22) 的证明如下：

$$V\left(\sum_{i=1}^{n} a_i X_i\right) = E\left\{\left[\sum_{i=1}^{n} a_i X_i - E\left(\sum_{i=1}^{n} a_i X_i\right)\right]^2\right\}$$

$$
\begin{aligned}
&= E\left\{\left(\sum_{i=1}^{n} a_i X_i - \sum_{i=1}^{n} a_i \mu_i\right)^2\right\} = E\left\{\left[\sum_{i=1}^{n} a_i (X_i - \mu_i)\right]^2\right\} \\
&= E\left\{\sum_{i=1}^{n} a_i^2 (X_i - \mu_i)^2 + \sum_{i \neq j} a_i a_j (X_i - \mu_i)(X_j - \mu_j)\right\} \\
&= \sum_{i} a_i^2 E\left\{(X_i - \mu_i)^2\right\} + \sum_{i \neq j} a_i a_j E\{(X_i - \mu_i)(X_j - \mu_j)\} \\
&= \sum_{i} a_i^2 V(X_i) + \sum_{i \neq j} a_i a_j \mathrm{cov}(X_i, X_j).
\end{aligned}
$$

注意到 $\mathrm{cov}(X_i, X_j) = \mathrm{cov}(X_j, X_i)$, 故有

$$
V\left(\sum_{i=1}^{n} a_i X_i\right) = \sum_{i=1}^{n} a_i^2 V(X_i) + 2\sum_{i=1}^{n-1} \sum_{j=i+1}^{n} a_i a_j \mathrm{cov}(X_i, X_j).
$$

证毕.

当各随机变量 $X_1, X_2, \cdots, X_n$ 之间两两互不相关, 方差公式简化为

$$
V\left(\sum_{i=1}^{n} a_i X_i\right) = \sum_{i=1}^{n} a_i^2 V(X_i), \tag{3.5.24}
$$

该性质称为**方差加法定理**.

与二维随机变量的情形相似, 相关系数定义为

$$
\rho_{ij} \equiv \rho_{ji} \equiv \rho(X_i, X_j) \equiv \frac{\mathrm{cov}(X_i, X_j)}{\sigma_i \sigma_j}, \quad i, j = 1, 2, \cdots, n, \tag{3.5.25}
$$

其中 $\sigma_i = [V(X_i)]^{1/2}$. 相关系数满足 $-1 \leqslant \rho_{ij} \leqslant 1$; 当 $\rho_{ij} = +1(-1)$ 时, 称随机变量 X_i 和 X_j 完全正 (负) 相关; $\rho_{ij} = 0$ 时, 则 X_i, X_j 互不相关.

利用向量和矩阵记号, n 维随机变量的诸关系式可得到简练的表述. n 维随机变量 $\{X_1, X_2, \cdots, X_n\}$ 用 n 维空间中的向量记号 $\boldsymbol{X}$ 表示, $X_1, X_2, \cdots, X_n$ 是它的 n 个分量, $\boldsymbol{X}$ 的分布函数可写成

$$
F(x_1, x_2, \cdots, x_n) \equiv F(\boldsymbol{x}),
$$

相应地, 概率密度是

$$
f(\boldsymbol{x}) = \frac{\partial}{\partial \boldsymbol{x}} F(\boldsymbol{x}). \tag{3.5.26}
$$

函数 $H(X_1, X_2, \cdots, X_n) \equiv H(\boldsymbol{X})$ 的期望值及方差分别为

$$
E\{H(\boldsymbol{X})\} = \int H(\boldsymbol{x}) f(\boldsymbol{x}) \mathrm{d}\boldsymbol{x}, \tag{3.5.27}
$$

$$V\{H(\boldsymbol{X})\} = \int \{H(\boldsymbol{x}) - E[H(\boldsymbol{x})]\}^2 f(\boldsymbol{x})\mathrm{d}\boldsymbol{x}. \tag{3.5.28}$$

各分量的数学期望也可表示成向量形式

$$\begin{pmatrix} \mu_1 \\ \mu_2 \\ \vdots \\ \mu_n \end{pmatrix} = \boldsymbol{\mu}, \tag{3.5.29}$$

方差和协方差则表示成 $n \times n$ 矩阵, 称为协方差矩阵

$$\underset{\sim}{V} = \begin{pmatrix} V_{11} & V_{12} & \cdots & V_{1n} \\ V_{21} & V_{22} & \cdots & V_{2n} \\ \vdots & \vdots & & \vdots \\ V_{n1} & V_{n2} & \cdots & V_{nn}, \end{pmatrix}, \tag{3.5.30}$$

其中对角元素 V_{ii} 是 $\boldsymbol{X}$ 的第 i 个分量 X_i 的方差 $V(X_i), i = 1, 2, \cdots, n, V_{ij} \equiv V_{ji} \equiv \mathrm{cov}(X_i, X_j)$ 由式 (3.5.23) 计算, 显然, 协方差矩阵是对称矩阵. 引入行向量和列向量的概念:

行向量

$$\boldsymbol{X}^{\mathrm{T}} = (X_1, X_2, \cdots, X_n),$$

列向量

$$\boldsymbol{X} = \begin{pmatrix} X_1 \\ X_2 \\ \vdots \\ X_n \end{pmatrix},$$

则协方差矩阵可表示为

$$\underset{\sim}{V} = E\{(\boldsymbol{X} - \boldsymbol{\mu})(\boldsymbol{X} - \boldsymbol{\mu})^{\mathrm{T}}\}. \tag{3.5.31}$$

3.6 多维随机变量的联合特征函数

与一维随机变量的特征函数相类似, 对多维随机变量可引入联合概率密度 $f(x_1, x_2, \cdots, x_n)$ 的联合特征函数 $\varphi(t_1, t_2, \cdots, t_n)$, 其定义是

$$\varphi(t_1, t_2, \cdots, t_n) \equiv E\left[\mathrm{e}^{\mathrm{i}\sum\limits_{j=1}^{n} t_j X_j}\right]$$

$$=\int_{-\infty}^{\infty}\int_{-\infty}^{\infty}\cdots\int_{-\infty}^{\infty}\mathrm{e}^{\mathrm{i}\sum\limits_{j=1}^{n}t_jx_j}f(x_1,x_2,\cdots,x_n)\mathrm{d}x_1\mathrm{d}x_2\cdots\mathrm{d}x_n. \tag{3.6.1}$$

随机向量的联合特征函数有与一维随机变量特征函数相似的性质:

(1) $\varphi(0,0,\cdots,0)=E(\mathrm{e}^0)=1$.

(2) $|\varphi(t_1,t_2,\cdots,t_n)|\leqslant 1$.

(3) 随机变量 $Y=\sum\limits_{j=1}^{n}a_jX_j(a_j$ 为常数) 的特征函数为

$$\varphi_Y(t_1,t_2,\cdots,t_n)=E\left[\mathrm{e}^{\mathrm{i}\sum\limits_{j=1}^{n}a_jt_jX_j}\right]=\varphi(a_1t_1,a_2t_2,\cdots,a_nt_n). \tag{3.6.2}$$

(4) 随机向量 $\{a_1X_1+b_1,a_2X_2+b_2,\cdots,a_nX_n+b_n\}(a_j,b_j$ 为常数) 的特征函数为

$$\mathrm{e}^{\mathrm{i}\sum\limits_{j=1}^{n}b_jt_j}\cdot\varphi(a_1t_1,a_2t_2,\cdots,a_nt_n). \tag{3.6.3}$$

(5) 若随机变量 $X_1,X_2,\cdots,X_n$ 相互独立, 它们的特征函数为 $\varphi(t_1),\varphi(t_2),\cdots,\varphi(t_n)$, 则 $\boldsymbol{X}=(X_1,X_2,\cdots,X_n)^{\mathrm{T}}$ 的联合特征函数为

$$\varphi(t_1,t_2,\cdots,t_n)=\varphi(t_1)\varphi(t_2)\cdots\varphi(t_n), \tag{3.6.4}$$

即等于各分量特征函数之乘积. 反之, 若式 (3.6.4) 成立, 则各分量 $X_1,X_2,\cdots,X_n$ 之间相互独立. 因此, 该式是各随机变量之间相互独立的充要条件.

利用联合特征函数容易求得随机向量各个分量的任意阶原点矩和中心矩, 其步骤与一维随机变量相类似 (见 2.5 节). 为简单起见, 以二维随机变量为例, 它的特征函数依定义为

$$\varphi(t_1,t_2)=\int_{-\infty}^{\infty}\int_{-\infty}^{\infty}\mathrm{e}^{\mathrm{i}(t_1x_1+t_2x_2)}f(x_1,x_2)\mathrm{d}x_1\mathrm{d}x_2,$$

对 t_1 求导数, 得

$$-i\frac{\partial\varphi(t_1,t_2)}{\partial t_1}=\int_{-\infty}^{\infty}\int_{-\infty}^{\infty}x_1\mathrm{e}^{\mathrm{i}(t_1x_1+t_2x_2)}f(x_1,x_2)\mathrm{d}x_1\mathrm{d}x_2,$$

上式中令 $t_1=t_2=0$, 即得到 X_1 的数学期望

$$E(X_1)=-\mathrm{i}\left.\frac{\partial\varphi(t_1,t_2)}{\partial t_1}\right|_{t_1=t_2=0}.$$

对 t_1 求二阶导数, 得 X_1^2 的期望值

$$E(X_1^2)=(-\mathrm{i})^2\left.\frac{\partial^2\varphi(t_1,t_2)}{\partial t_1^2}\right|_{t_1=t_2=0}.$$

以此类推, 导出 X_1 和 X_2 的各阶原点矩的一般表达式

$$\lambda_n^{(1)} \equiv E(X_1^n) = (-\mathrm{i})^n \left.\frac{\partial^n \varphi(t_1,t_2)}{\partial t_1^n}\right|_{t_1=t_2=0},$$

$$\lambda_n^{(2)} \equiv E(X_2^n) = (-\mathrm{i})^n \left.\frac{\partial^n \varphi(t_1,t_2)}{\partial t_2^n}\right|_{t_1=t_2=0}. \tag{3.6.5}$$

对 t_1, t_2 求混合偏导数, 可得混合原点矩

$$E(X_1X_2) = (-\mathrm{i})\cdot(-\mathrm{i}) \left.\frac{\partial^2 \varphi(t_1,t_2)}{\partial t_1 \partial t_2}\right|_{t_1=t_2=0},$$

$$E(X_1^r X_2^s) = (-\mathrm{i})^{r+s} \left.\frac{\partial^{r+s} \varphi(t_1,t_2)}{\partial t_1^r \partial t_2^s}\right|_{t_1=t_2=0}. \tag{3.6.6}$$

引入随机变量 $Y_1 = X_1 - \mu_1$, 其中 μ_1 是 X_1 的数学期望, 由特征函数性质 (式 (3.6.3)) 知

$$\varphi_{X_1-\mu_1}(t_1,t_2) = \mathrm{e}^{-\mathrm{i}\mu_1 t_1}\varphi(t_1,t_2),$$

因此随机变量 X_1 和 X_2 的 n 阶中心矩可表示为

$$\mu_n^{(1)} \equiv E\{(X_1-\mu_1)^n\} = \mathrm{i}^{-n}\left\{\frac{\partial^n}{\partial t_1^n}\left[\mathrm{e}^{-\mathrm{i}\mu_1 t_1}\varphi(t_1,t_2)\right]\right\}_{t_1=t_2=0},$$

$$\mu_n^{(2)} \equiv E\{(X_2-\mu_2)^n\} = \mathrm{i}^{-n}\left\{\frac{\partial^n}{\partial t_2^n}\left[\mathrm{e}^{-\mathrm{i}\mu_2 t_2}\varphi(t_1,t_2)\right]\right\}_{t_1=t_2=0}. \tag{3.6.7}$$

以上这些关系式可直接推广到 n 维随机变量的情形.

3.7 多维随机变量的函数的分布

第 2 章中已经提到, 一维随机变量的连续实函数也是随机变量, 并导出了从连续随机变量 X 的概率密度 $f(x)$ 求随机变量 $Y = Y(X)$ 概率密度 $g(y)$ 的公式. 本章 3.4 节中也给出了二维随机变量函数组 $U = U(X,Y)$, $V = V(X,Y)$ 的分布. 现在推广到多维随机变量的一般情形.

令随机向量 $\boldsymbol{Y} = (Y_1, Y_2, \cdots, Y_n)^{\mathrm{T}}$ 是随机向量 $\boldsymbol{X} = (X_1, X_2, \cdots, X_n)^{\mathrm{T}}$ 的连续函数, 即

$$Y_1 = Y_1(X_1, X_2, \cdots, X_n),$$

$$Y_2 = Y_2(X_1, X_2, \cdots, X_n),$$

$$\vdots$$

$$Y_n = Y_n(X_1, X_2, \cdots, X_n). \tag{3.7.1}$$

首先讨论 $\boldsymbol{X}$ 为 n 维离散随机变量的情形. 设其分布律为

$$P(\boldsymbol{X} = \boldsymbol{x}) = p_x, \tag{3.7.2}$$

则 $\boldsymbol{Y} = (Y_1, Y_2, \cdots, Y_n)^{\mathrm{T}}$ 的联合分布函数为

$$F(\boldsymbol{Y}) = F(Y_1 \leqslant y_1, \cdots, Y_n \leqslant y_n) = \sum_{x \in D} p_x \tag{3.7.3}$$

其中 D 为满足不等式

$$Y_1(\boldsymbol{x}) \leqslant y_1, \cdots, Y_n(\boldsymbol{x}) \leqslant y_n \tag{3.7.4}$$

的所有 $\boldsymbol{x} = (x_1, \cdots, x_n)^{\mathrm{T}}$ 值.

当 $\boldsymbol{X}$ 为 n 维连续随机变量, 且其概率密度为 $f(\boldsymbol{x})$, 则 $\boldsymbol{Y}$ 的概率密度 $g(y)$ 可表示为

$$g(y) = \sum f(x) \left| J\left(\frac{x}{y}\right) \right|, \tag{3.7.5}$$

其中符号 Σ 表示对方程组 (3.7.1) 的解

$$\begin{aligned} x_1 &= x_1(y_1, y_2, \cdots, y_n), \\ x_2 &= x_2(y_1, y_2, \cdots, y_n), \\ &\vdots \\ x_n &= x_n(y_1, y_2, \cdots, y_n) \end{aligned}$$

的所有可能组合求和, 雅可比行列式为

$$J\left(\frac{\boldsymbol{x}}{\boldsymbol{y}}\right) = J\left(\frac{x_1, x_2, \cdots, x_n}{y_1, y_2, \cdots, y_n}\right) = \begin{vmatrix} \dfrac{\partial x_1}{\partial y_1} & \dfrac{\partial x_2}{\partial y_1} & \cdots & \dfrac{\partial x_n}{\partial y_1} \\ \dfrac{\partial x_1}{\partial y_2} & \dfrac{\partial x_2}{\partial y_2} & \cdots & \dfrac{\partial x_n}{\partial y_2} \\ \vdots & \vdots & & \vdots \\ \dfrac{\partial x_1}{\partial y_n} & \dfrac{\partial x_2}{\partial y_n} & \cdots & \dfrac{\partial x_n}{\partial y_n} \end{vmatrix} \tag{3.7.6}$$

例 3.2 达里兹图

考虑处于静止状态的粒子 A (质量 m) 的三粒子衰变,

$$\mathrm{A} \to 1 + 2 + 3.$$

各粒子的四动量分别记为 p_A, p_1, p_2, p_3. 粒子四动量定义为一个四维矢量 $p = (E, \mathrm{i}\boldsymbol{p})$, E 为粒子能量, $\boldsymbol{p}$ 为粒子的动量. 粒子物理告诉我们, 若干个粒子的四动量之和的平方称为这些粒子的不变质量 (或有效质量) 平方,

$$M^2 \equiv \left(\sum_j p_j\right)^2 = \left(\sum_j E_j\right)^2 - \left(\sum_j \boldsymbol{p}_j\right)^2. \tag{3.7.7}$$

它是洛伦兹变换下的不变量, 即在不同的惯性系中 M^2 值不变. 利用不变质量平方可以描述三粒子衰变中各粒子能量、动量之间的关系,

$$M_{12}^2 \equiv (p_1+p_2)^2 = m^2 + m_3^2 - 2mE_3,$$

$$M_{23}^2 \equiv (p_2+p_3)^2 = m^2 + m_1^2 - 2mE_1,$$

$$M_{13}^2 \equiv (p_1+p_3)^2 = m^2 + m_2^2 - 2mE_2. \qquad (3.7.8)$$

衰变的 M_{12}^2, M_{13}^2 可以用图形表示, 以 M_{12}^2 和 M_{13}^2 作为两个坐标轴, 平面上的每一个点表示一个衰变事例, 如图 3.4 所示, 这样的图形称为达里兹图 (Dalitz plot), 衰变事例总是局限于一定区域 ω 之内, 区域 ω 内的事例数的密度分布状况和区域 ω 的大小决定了衰变产物粒子 1, 2, 3 的能量、动量值及其相互关系. 在核物理和粒子物理中, 达里兹图是描述粒子衰变或反应各运动学变量之间关系的常用方法.

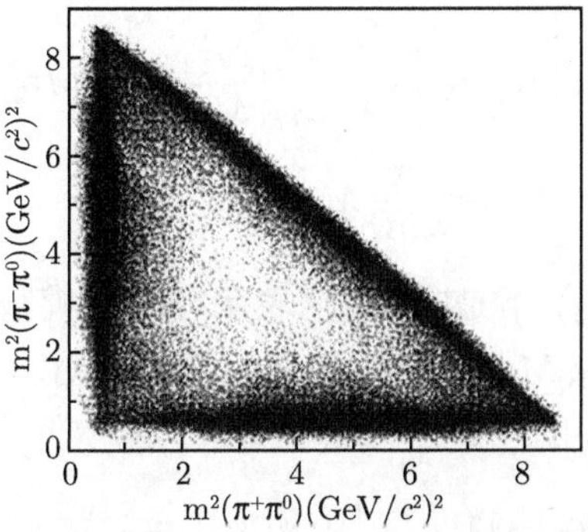

图 3.4 $J/\psi \to \pi^+\pi^-\pi^0$ 的达里兹图

如果 A 不通过中间亚稳态直接衰变为粒子 1, 2, 3, 反应仅由能量和动量守恒决定, 描述这类反应的理论称为相空间模型, 它预期在区域 ω 内事例数密度分布为一常数

$$f(M_{12}^2, M_{13}^2) = \pi^2/4m^2, \qquad (3.7.9)$$

这种情形下, 运动学变量 M_{12}^2, M_{13}^2 是随机变量.

粒子物理学预期, 如果 A 衰变为粒子 1, 2, 3 通过某个中间亚稳态, 即

$$A \longrightarrow B+3, \quad B \longrightarrow 1+2$$

那么区域 ω 内事例数的密度分布是不均匀的, 在某个 M_{12}^2 值附近出现密集区, 该 M_{12}^2 与中间态 B 的质量相对应, 利用这种方法很容易找到短寿命的粒子共振态.

例如, 图 3.4 是 $J/\psi \to \pi^+\pi^-\pi^0$ 事例的达里兹图. 如果通过 $J/\psi \to \pi^+\pi^-\pi^0$ 产生 (均匀相空间), 事例为均匀分布. 但实际数据在 $M_{12}^2 = M_{13}^2 = M_{23}^2 = 0.60\text{GeV}^2$

处点子很多, 表明存在 $M_{12}=M_{13}=M_{23}=0.77\text{GeV}$ 的共振态 $\rho^{\pm},\rho^0$:

$$J/\psi\to\rho^{\pm}\pi^{\mp},\ \rho^{\pm}\to\pi^{\pm}\pi^0,$$

$$J/\psi\to\rho^0\pi^0,\ \rho^0\to\pi^+\pi^-.$$

也可以选择另外一对运动学变量作为随机变量, 如 M_{12} 和 M_{13}. 根据式 (3.7.6), 雅可比行列式为

$$J\left(\frac{M_{12}^2,M_{13}^2}{M_{12},M_{13}}\right)=\begin{vmatrix}\dfrac{\partial M_{12}^2}{\partial M_{12}} & \dfrac{\partial M_{13}^2}{\partial M_{12}}\\ \dfrac{\partial M_{12}^2}{\partial M_{13}} & \dfrac{\partial M_{13}^2}{\partial M_{13}}\end{vmatrix}=\begin{vmatrix}2M_{12} & 0\\ 0 & 2M_{13}\end{vmatrix}=4M_{12}M_{13},$$

以 M_{12},M_{13} 为随机变量的概率密度, 由式 (3.7.5) 知

$$\begin{aligned}g(M_{12},M_{13})&=\left|J\left(\frac{M_{12}^2,M_{13}^2}{M_{12},M_{13}}\right)\right|f(M_{12}^2,M_{13}^2)\\&=\frac{\pi^2}{m^2}M_{12}M_{13}.\end{aligned}$$

可见概率密度 $g(M_{12},M_{13})$ 不是常数, 这表示相空间模型预期的结果用 M_{12}^2,M_{13}^2 作坐标轴来标绘比用 M_{12},M_{13} 作坐标轴来标绘要简明.

也可用末态粒子 2, 3 的能量作为随机变量, 这时雅可比行列式为

$$J\left(\frac{M_{12}^2,M_{13}^2}{E_2,E_3}\right)=\begin{vmatrix}0 & -2m\\ -2m & 0\end{vmatrix}=-4m^2,$$

相应的概率密度为

$$h(E_2,E_3)=|J|\cdot f(M_{12}^2,M_{13}^2)=\pi^2.$$

因此, 用 E_2, E_3 作为坐标轴, 相空间模型预期的事例数密度是常数.

3.8　线性变换和正交变换

我们经常遇到随机变量的线性函数, 或称线性变换. 其原因首先是由于线性函数特别简单且易于处理; 其次, 许多其他变换可以用线性函数的泰勒展开作为近似, 从而用线性函数来处理.

设随机向量 $\boldsymbol{Y}=(Y_1,Y_2,\cdots,Y_r)^{\mathrm{T}}$ 是随机向量 $\boldsymbol{X}=(X_1,X_2,\cdots,X_n)^{\mathrm{T}}$ 的线性函数,

$$Y_1=t_{11}X_1+t_{12}X_2+\cdots+t_{1n}X_n+a_1,$$

$$Y_2 = t_{21}X_1 + t_{22}X_2 + \cdots + t_{2n}X_n + a_2,$$
$$\vdots$$
$$Y_r = t_{r1}X_1 + t_{r2}X_2 + \cdots + t_{rn}X_n + a_r. \tag{3.8.1}$$

用矩阵的记号可写成

$$\boldsymbol{Y} = \underset{\sim}{T}\boldsymbol{X} + \boldsymbol{a}, \tag{3.8.2}$$

其中 $\boldsymbol{Y}$, $\boldsymbol{a}$ 是 r 个元素的列向量, $\boldsymbol{X}$ 是 n 个元素的列向量, $\underset{\sim}{T}$ 是 $r \times n$ 矩阵 (变换矩阵).

$$\boldsymbol{Y} = \begin{pmatrix} Y_1 \\ Y_2 \\ \vdots \\ Y_r \end{pmatrix}, \quad \boldsymbol{a} = \begin{pmatrix} a_1 \\ a_2 \\ \vdots \\ a_r \end{pmatrix}, \quad \boldsymbol{X} = \begin{pmatrix} X_1 \\ X_2 \\ \vdots \\ X_n \end{pmatrix},$$

$$\underset{\sim}{T} = \begin{pmatrix} t_{11} & t_{12} & \cdots & t_{1n} \\ t_{21} & t_{22} & \cdots & t_{2n} \\ \vdots & \vdots & & \vdots \\ t_{r1} & t_{r2} & \cdots & t_{rn} \end{pmatrix}. \tag{3.8.3}$$

由于求期望值的运算是线性运算 (见式 (3.5.21)), 故 $\boldsymbol{Y}$ 的数学期望为

$$E(\boldsymbol{Y}) = \boldsymbol{\mu}(\boldsymbol{Y}) = \underset{\sim}{T}\boldsymbol{\mu}(\boldsymbol{X}) + \boldsymbol{a}. \tag{3.8.4}$$

$\boldsymbol{Y}$ 的协方差矩阵根据式 (3.5.31) 有

$$\begin{aligned} \underset{\sim}{V}(\boldsymbol{Y}) &= E\{[\boldsymbol{Y} - \boldsymbol{\mu}(\boldsymbol{Y})][\boldsymbol{Y} - \boldsymbol{\mu}(\boldsymbol{Y})]^{\mathrm{T}}\} \\ &= E\{[\underset{\sim}{T}\boldsymbol{X} + \boldsymbol{a} - \underset{\sim}{T}\boldsymbol{\mu}(\boldsymbol{X}) - \boldsymbol{a}][\underset{\sim}{T}\boldsymbol{X} + \boldsymbol{a} - \underset{\sim}{T}\boldsymbol{\mu}(\boldsymbol{x}) - \boldsymbol{a}]^{\mathrm{T}}\} \\ &= E\{\underset{\sim}{T}[\boldsymbol{X} - \boldsymbol{\mu}(\boldsymbol{X})][\boldsymbol{X} - \boldsymbol{\mu}(\boldsymbol{X})]^{\mathrm{T}}\underset{\sim}{T}^{\mathrm{T}}\} \\ &= \underset{\sim}{T}E\{[\boldsymbol{X} - \boldsymbol{\mu}(\boldsymbol{X})][\boldsymbol{X} - \boldsymbol{\mu}(\boldsymbol{X})]^{\mathrm{T}}\}\underset{\sim}{T}^{\mathrm{T}}, \end{aligned}$$

注意到 $E\{(\boldsymbol{X} - \boldsymbol{\mu}(\boldsymbol{X}))(\boldsymbol{X} - \boldsymbol{\mu}(\boldsymbol{X}))^{\mathrm{T}}\}$ 恰好是随机向量 $\boldsymbol{X}$ 的协方差矩阵, 因此,

$$\underset{\sim}{V}(\boldsymbol{Y}) = \underset{\sim}{T}\underset{\sim}{V}(\boldsymbol{X})\underset{\sim}{T}^{\mathrm{T}}. \tag{3.8.5}$$

$\underset{\sim}{V}(\boldsymbol{Y})$ 是一个 $r \times r$ 对称矩阵, 它的元素

$$V_{kl}(\boldsymbol{Y}) = \mathrm{cov}(Y_k, Y_l), \quad k, l = 1, 2, \cdots, r$$

是随机向量 $\boldsymbol{Y}$ 的第 k 和第 l 个分量之间的协方差, 写成明显的表达式

$$V_{kl}(\boldsymbol{Y})=\sum_{i=1}^{n}\sum_{j=1}^{n}t_{ki}t_{lj}V_{ij}(\boldsymbol{X}),\quad k,l=1,2,\cdots,r,\tag{3.8.6}$$

其中 $V_{ij}(\boldsymbol{X})$ 是随机向量 $\boldsymbol{X}$ 的协方差矩阵的 i 行 j 列元素. 注意到 $\underset{\sim}{V}(\boldsymbol{X})$ 的对称性, 上式可改写为

$$V_{kl}(\boldsymbol{Y})=\sum_{i=1}^{n}t_{ki}^2V_{ii}(\boldsymbol{X})+2\sum_{i<j,j=2}^{n}t_{ki}t_{lj}V_{ij}(\boldsymbol{X}),\quad k,l=1,2,\cdots,r.\tag{3.8.7}$$

随机向量 $\boldsymbol{Y}$ 的各分量 $Y_1,Y_2,\cdots,Y_r$ 的方差等于协方差矩阵 $\underset{\sim}{V}(\boldsymbol{Y})$ 的各对角项 $V_{kk}(\boldsymbol{Y}),k=1,2,\cdots,r$. 一般情况下, 对角项 $V_{kk}(\boldsymbol{Y})$ 将包含变量 $\boldsymbol{X}$ 的协方差项 $V_{ij}(\boldsymbol{X})$,

$$V_{kk}(\boldsymbol{Y})=\sum_{i=1}^{n}\sum_{j=1}^{n}t_{ki}t_{kj}V_{ij}(\boldsymbol{X}),$$

或

$$V_{kk}(\boldsymbol{Y})=\sum_{i=1}^{n}t_{ki}^2V_{ii}(\boldsymbol{X})+2\sum_{i<j,j=2}^{n}t_{ki}t_{kj}V_{ij}(\boldsymbol{X}),\quad k=1,2,\cdots,r.\tag{3.8.8}$$

如果 $X_1,X_2,\cdots,X_n$ 相互独立, 则上式简化为

$$V_{kk}(\boldsymbol{Y})=\sum_{i=1}^{n}t_{ki}^2V_{ii}(\boldsymbol{X}),\quad k=1,2,\cdots,r.\tag{3.8.9}$$

应当强调, 在 $X_1,X_2,\cdots,X_n$ 相互独立的情况下, 函数 $\boldsymbol{Y}$ 的协方差矩阵 $\underset{\sim}{V}(\boldsymbol{Y})$ 仍然有不等于 0 的非对角项.

现在讨论一种特殊的线性变换. 考虑 n 维随机向量 $\boldsymbol{X}$ 的如下变换:

$$\begin{cases}Y_1=r_{11}X_1+r_{12}X_2+\cdots+r_{1n}X_n,\\ Y_2=r_{21}X_1+r_{22}X_2+\cdots+r_{2n}X_n,\\ \qquad\vdots\\ Y_n=r_{n1}X_1+r_{n2}X_2+\cdots+r_{nn}X_n,\end{cases}$$

写成矩阵形式为

$$\boldsymbol{Y}=\underset{\sim}{R}\boldsymbol{X},\tag{3.8.10}$$

其中 $\underset{\sim}{R}$ 是 $n\times n$ 方阵. 进一步设上述变换使随机向量 $\boldsymbol{X}$ 的模不变, 即

$$\boldsymbol{Y}^2=\sum_{i=1}^{n}Y_i^2=\boldsymbol{X}^2=\sum_{i=1}^{n}X_i^2,\tag{3.8.11}$$

利用矩阵运算上式, 可写为

$$\boldsymbol{Y}^{\mathrm{T}}\boldsymbol{Y} = (\underset{\sim}{R}\boldsymbol{X})^{\mathrm{T}}(\underset{\sim}{R}\boldsymbol{X}) = \boldsymbol{X}^{\mathrm{T}}\underset{\sim}{R}^{\mathrm{T}}\underset{\sim}{R}\boldsymbol{X} = \boldsymbol{X}^{\mathrm{T}}\boldsymbol{X},$$

这就要求

$$\underset{\sim}{R}^{\mathrm{T}}\underset{\sim}{R} = \underset{\sim}{I}, \tag{3.8.12}$$

$\underset{\sim}{I}$ 是 $n \times n$ 单位矩阵. 写成分量的形式, 上式等价于

$$\sum_{i=1}^{n} r_{ik} r_{il} = \delta_{kl} = \begin{cases} 0, & \text{当 } l \neq k \\ 1, & \text{当 } l = k. \end{cases} \tag{3.8.13}$$

满足上述条件的变换 $\underset{\sim}{R}$ 称为**正交变换**.

考察变换 $\underset{\sim}{R}$ 的行列式

$$D = \begin{vmatrix} r_{11} & r_{12} & \cdots & r_{1n} \\ r_{21} & r_{22} & \cdots & r_{2n} \\ \vdots & \vdots & & \vdots \\ r_{n1} & r_{n2} & \cdots & r_{nn} \end{vmatrix},$$

利用式 (3.8.13) 的关系, 得到

$$D^2 = \begin{vmatrix} 1 & 0 & 0 & \cdots & 0 \\ 0 & 1 & 0 & & \vdots \\ 0 & 0 & 1 & & \\ & & & \ddots & \\ 0 & & & \cdots & 1 \end{vmatrix},$$

即 $D = \pm 1$. D 就是变换式 (3.8.10) 的雅可比行列式,

$$J\left(\frac{\boldsymbol{Y}}{\boldsymbol{X}}\right) = \pm 1. \tag{3.8.14}$$

将等式 (3.8.10) 两边左乘 $\underset{\sim}{R}^{\mathrm{T}}$, 则得

$$\underset{\sim}{R}^{\mathrm{T}}\boldsymbol{Y} = \underset{\sim}{R}^{\mathrm{T}}\underset{\sim}{R}\boldsymbol{X} - \boldsymbol{X}, \tag{3.8.15}$$

而由式 (3.8.10) 有 $\boldsymbol{X} = \underset{\sim}{R}^{-1}\boldsymbol{Y}, \underset{\sim}{R}^{-1}$ 是 $\underset{\sim}{R}$ 的逆变换, 比较以上两式, 即知

$$\underset{\sim}{R}^{-1} = \underset{\sim}{R}^{\mathrm{T}}, \tag{3.8.16}$$

即正交变换的逆变换矩阵等于变换矩阵的转置 $\underset{\sim}{R}^{\mathrm{T}}$.

3.9 误差传播公式

我们从比较简单的情形开始讨论. 设 n 个直接测定值可由 n 维随机向量 $\boldsymbol{X} = (X_1, X_2, \cdots, X_n)^{\mathrm{T}}$ 的各个分量表示, 其测量误差则由 $\boldsymbol{X}$ 的协方差矩阵 $\underset{\sim}{V}(\boldsymbol{X})$ 表示. 现在要求 $\boldsymbol{X}$ 的函数 $Y = Y(X)$(间接测定量) 的方差.

假定 $\boldsymbol{X} = (X_1, X_2, \cdots, X_n)^{\mathrm{T}}$ 的测定误差是小量, 这时近似地有

$$E\{Y(\boldsymbol{X})\} \approx Y(\boldsymbol{\mu}), \tag{3.9.1}$$

其中 $\boldsymbol{\mu} = (\mu_1, \mu_2, \cdots, \mu_n)^{\mathrm{T}}$, μ_i 是 X_i 的期望值. 利用式 (2.4.22) 可求出 Y 的方差

$$V(Y) = E\{[Y(\boldsymbol{X}) - E(Y(\boldsymbol{X}))]^2\} \approx E\{[Y(\boldsymbol{X}) - Y(\boldsymbol{\mu})]^2\}. \tag{3.9.2}$$

将函数 $Y(\boldsymbol{X})$ 在 $\boldsymbol{\mu}$ 附近作泰勒展开

$$Y(\boldsymbol{X}) \approx Y(\boldsymbol{\mu}) + \sum_{i=1}^{n} (X_i - \mu_i) \left.\frac{\partial Y}{\partial X_i}\right|_{X=\mu} + \text{ 高次项}, \tag{3.9.3}$$

略去高次项, 代入式 (3.9.2), 得

$$\begin{aligned} V[Y(\boldsymbol{X})] &\approx \sum_{i=1}^{n} \sum_{j=1}^{n} \left(\frac{\partial Y}{\partial X_i} \cdot \frac{\partial Y}{\partial X_j}\right)_{\boldsymbol{X}=\boldsymbol{\mu}} \cdot E[(X_i - \mu_i)(X_j - \mu_j)] \\ &= \sum_{i=1}^{n} \sum_{j=1}^{n} \left(\frac{\partial Y}{\partial X_i} \cdot \frac{\partial Y}{\partial X_j}\right)_{\boldsymbol{X}=\boldsymbol{\mu}} \cdot V_{ij}(\boldsymbol{X}). \end{aligned} \tag{3.9.4}$$

由于协方差矩阵 $\underset{\sim}{V}(\boldsymbol{X})$ 是对称矩阵, 上式也可写成

$$\begin{aligned} V[Y(\boldsymbol{X})] \approx &\sum_{i=1}^{n} \left(\frac{\partial Y}{\partial X_i}\right)^2_{\boldsymbol{X}=\boldsymbol{\mu}} \cdot V_{ii}(\boldsymbol{X}) \\ &+ 2 \sum_{i<j, j=2}^{n} \left(\frac{\partial Y}{\partial X_i} \cdot \frac{\partial Y}{\partial X_j}\right)_{\boldsymbol{X}=\boldsymbol{\mu}} \cdot V_{ij}(\boldsymbol{X}). \end{aligned} \tag{3.9.5}$$

式 (3.9.4) 和式 (3.9.5) 就是误差传播公式. 一般情形下, 它只是近似地正确, 因为在推导过程中略去了高次项, 但当 Y 是 $\boldsymbol{X}$ 的线性函数时, 泰勒展开式中一阶以上的导数都为 0, 故误差传播公式是严格正确的.

如果 $X_1, X_2, \cdots, X_n$ 相互独立, 那么 $\underset{\sim}{V}(\boldsymbol{X})$ 中的所有非对角项等于, 于是式 (3.9.5) 变成

$$V(Y) \approx \sum_{i=1}^{n} \left(\frac{\partial Y}{\partial X_i}\right)^2_{\boldsymbol{X}=\boldsymbol{\mu}} V_{ii}(\boldsymbol{X}) = \sum_{i=1}^{n} \left(\frac{\partial Y}{\partial X_i}\right)^2_{\boldsymbol{X}=\boldsymbol{\mu}} \sigma_i^2(X_i), \tag{3.9.6}$$

即函数 $Y(\boldsymbol{X})$ 的方差等于各变量 X_i 的方差的线性和.

现在讨论更一般的情况: 设 m 个间接测定量可用直接测定值矢量 $\boldsymbol{X}$ 的函数 $\boldsymbol{Y}=(Y_1,Y_2,\cdots,Y_m)^{\mathrm{T}}$ 表示

$$Y_k=Y_k(X_1,X_2,\cdots,X_n)=Y_k(\boldsymbol{X}),\quad k=1,2,\cdots,m. \tag{3.9.7}$$

在 $\boldsymbol{X}$ 的数学期望 $\boldsymbol{\mu}$ 附近对 Y_k 作泰勒展开

$$Y_k(\boldsymbol{X})=Y_k(\boldsymbol{\mu})+\sum_{i=1}^{n}(X_i-\mu_i)\left.\frac{\partial Y_k}{\partial X_i}\right|_{\boldsymbol{X}=\boldsymbol{\mu}}+\text{高次项},\quad k=1,2,\cdots,m, \tag{3.9.8}$$

当 $\boldsymbol{X}$ 的测定误差是小量时, 则有

$$E(Y_k(\boldsymbol{X}))\approx Y_k(\boldsymbol{\mu}). \tag{3.9.9}$$

利用协方差的定义 (3.5.23) 知, $Y_k(\boldsymbol{X})$ 与 $Y_l(\boldsymbol{X})$ 之间的协方差为

$$V_{kl}(\boldsymbol{Y})=E\{(Y_k(\boldsymbol{X})-E[Y_k(\boldsymbol{X})])(Y_l(\boldsymbol{X})-E[Y_l(\boldsymbol{X})])\},$$

将式 (3.9.8) 略去高次项后代入上式, 得

$$\begin{aligned}V_{kl}(\boldsymbol{Y})&\approx\sum_{i=1}^{n}\sum_{j=1}^{n}\left(\frac{\partial Y_k}{\partial X_i}\cdot\frac{\partial Y_l}{\partial X_j}\right)_{\boldsymbol{X}=\boldsymbol{\mu}}E[(X_i-\mu_i)(X_j-\mu_j)]\\&=\sum_{i=1}^{n}\sum_{j=1}^{n}\left(\frac{\partial Y_k}{\partial X_i}\cdot\frac{\partial Y_l}{\partial X_j}\right)_{\boldsymbol{X}=\boldsymbol{\mu}}V_{ij}(\boldsymbol{X}),\quad k,l-1,2,\cdots,m.\end{aligned} \tag{3.9.10}$$

注意到 $\underset{\sim}{V}(\boldsymbol{X})$ 是一对称矩阵, 上式也可改写为

$$\begin{aligned}Y_{kl}(\boldsymbol{Y})\approx&\sum_{i=1}^{n}\left(\frac{\partial Y_k}{\partial X_i}\frac{\partial Y_l}{\partial X_i}\right)_{\boldsymbol{X}=\boldsymbol{\mu}}V_{ii}(X)\\&+2\sum_{i<j,j=2}^{n}\left(\frac{\partial Y_k}{\partial X_i}\cdot\frac{\partial Y_l}{\partial X_j}\right)_{\boldsymbol{X}=\boldsymbol{\mu}}V_{ij}(\boldsymbol{X}),\quad k,l=1,2,\cdots,m.\end{aligned} \tag{3.9.11}$$

$V_{kl}(\boldsymbol{Y})$ 确定了函数 $\boldsymbol{Y}$ 的协方差矩阵 $\underset{\sim}{V}(\boldsymbol{Y})$. 式 (3.9.10) 和式 (3.9.11) 是**一般形式的误差传播公式**, 是数据处理中误差计算的基本关系式. $\boldsymbol{Y}=\{Y_1,Y_2,\cdots,Y_m\}$ 各分量 Y_k 的方差等于 $\underset{\sim}{V}(\boldsymbol{Y})$ 的各对角项 $V_{kk}(\boldsymbol{Y})$. 一般情况下, 对角项 $V_{kk}(\boldsymbol{Y})$ 将包含变量 $\boldsymbol{X}$ 的协方差项 $V_{ij}(\boldsymbol{X})$.

$$V_{kk}(\boldsymbol{Y})\approx\sum_{i=1}^{n}\sum_{j=1}^{n}\left(\frac{\partial Y_k}{\partial X_i}\cdot\frac{\partial Y_k}{\partial X_j}\right)_{\boldsymbol{X}=\boldsymbol{\mu}}V_{ij}(\boldsymbol{X})$$

$$
\begin{aligned}
&= \sum_{i=1}^{n} \left(\frac{\partial Y_k}{\partial X_i}\right)^2_{\boldsymbol{X}=\boldsymbol{\mu}} V_{ii}(\boldsymbol{X}) \\
&\quad + 2 \sum_{i<j,j=2}^{n} \left(\frac{\partial Y_k}{\partial X_i} \cdot \frac{\partial Y_k}{\partial X_j}\right)_{\boldsymbol{X}=\boldsymbol{\mu}} V_{ij}(\boldsymbol{X}), \quad k = 1, 2, \cdots, m. \qquad (3.9.12)
\end{aligned}
$$

如果 $X_1, X_2, \cdots, X_n$ 相互独立, 则上式简化为

$$
V_{kk}(\boldsymbol{Y}) = \sum_{i=1}^{n} \left(\frac{\partial Y_k}{\partial X_i}\right)^2_{\boldsymbol{X}=\boldsymbol{\mu}} V_{ii}(\boldsymbol{X}) = \sum_{i=1}^{n} \left(\frac{\partial Y_k}{\partial X_i}\right)^2_{\boldsymbol{X}=\boldsymbol{\mu}} \sigma_i^2(X_i), \quad k = 1, 2, \cdots, m. \tag{3.9.13}
$$

但即使 $X_1, X_2, \cdots, X_n$ 相互独立, 函数 $\boldsymbol{Y}(\boldsymbol{X})$ 的协方差矩阵 $\underset{\sim}{V}(\boldsymbol{Y})$ 仍有非 0 的非对角项.

协方差矩阵 $\underset{\sim}{V}(\boldsymbol{Y})$ 可写成简明的矩阵形式. 令 $m \times n$ 阶偏导数矩阵 S 为

$$
\underset{\sim}{S} = \begin{pmatrix}
\dfrac{\partial Y_1}{\partial X_1} & \dfrac{\partial Y_1}{\partial X_2} & \cdots & \dfrac{\partial Y_1}{\partial X_n} \\
\dfrac{\partial Y_2}{\partial X_1} & \dfrac{\partial Y_2}{\partial X_2} & \cdots & \dfrac{\partial Y_2}{\partial X_n} \\
\vdots & \vdots & & \vdots \\
\dfrac{\partial Y_m}{\partial X_1} & \dfrac{\partial Y_m}{\partial X_2} & \cdots & \dfrac{\partial Y_m}{\partial X_n}
\end{pmatrix}_{\boldsymbol{X}=\boldsymbol{\mu}}, \tag{3.9.14}
$$

即矩阵元素为

$$
S_{ki} = \left(\frac{\partial Y_k}{\partial X_i}\right)_{X=\mu}, \quad k = 1, 2, \cdots, m, \quad i = 1, 2, \cdots, n,
$$

则式 (3.9.10) 成为

$$
V_{kl}(Y) \approx \sum_{i=1}^{n} \sum_{j=1}^{n} S_{ki} V_{ij}(\boldsymbol{X}) S_{lj},
$$

或

$$
\underset{\sim}{V}(\boldsymbol{Y}) = \underset{\sim}{S}\underset{\sim}{V}(\boldsymbol{X})\underset{\sim}{S}^{\mathrm{T}}, \tag{3.9.15}
$$

其中 $\underset{\sim}{V}(\boldsymbol{Y})$ 是 $m \times m$ 阶方阵, $\underset{\sim}{V}(\boldsymbol{X})$ 是 $n \times n$ 阶方阵.

应当强调指出, 计算协方差矩阵 $\underset{\sim}{V}(Y)$ 的所有公式都应取 $\boldsymbol{X} = \boldsymbol{\mu}$($\boldsymbol{\mu}$ 为 $\boldsymbol{X}$ 的期望值) 处的值. 从实验测量的角度而言, $\boldsymbol{\mu}$ 是未知的, 实际计算时可用 $\boldsymbol{X}$ 的某组实际测量值 $(x_1, x_2, \cdots, x_n)^{\mathrm{T}}$ 或 $\boldsymbol{X}$ 的估计值作为近似.

下面列出几种经常遇到的变量变换下的误差传播公式. 下面各式中, a, b 为正常数, x 和 y 是随机变量 X 和 Y 的测量值, U 是 X, Y 的函数 $U = U(X, Y), u = u(x, y)$.

(1) 加减 $U=aX\pm bY$,

$$\sigma^2(U)=a^2\sigma_X^2+b^2\sigma_Y^2\pm 2ab\mathrm{cov}(X,Y).$$

(2) 乘除 $U=\pm aXY$,

$$\frac{\sigma^2(U)}{u^2}=\frac{\sigma_X^2}{x^2}+\frac{\sigma_Y^2}{y^2}+\frac{2\mathrm{cov}(X,Y)}{xy}.$$

$$U=\pm\frac{aX}{Y},\quad \frac{\sigma^2(U)}{u^2}=\frac{\sigma_X^2}{x^2}+\frac{\sigma_Y^2}{y^2}-\frac{2\mathrm{cov}(X,Y)}{xy}.$$

(3) 乘幂 $U=aX^{\pm b},\sigma(U)/u=b\sigma_X/x$.

(4) 指数 $U=a\mathrm{e}^{\pm bX},\sigma(U)/u=b\sigma_X$;

$$U=a^{\pm bX},\text{ 可改写为 } U=(\mathrm{e}^{\ln a})^{\pm bX}=\mathrm{e}^{\pm(b\ln a)X},$$

与上式对比, 得

$$\sigma(U)/u=(b\ln a)\sigma_X.$$

(5) 对数 $U=a\ln(\pm bX),\sigma(U)=a\sigma_X/X$.

例 3.3 放射性测量的误差

设一放射源在时刻 t 的衰变率为 $A_t=A_0\mathrm{e}^{-t/\tau},A_0$ 是 $t=0$ 时的衰变率, 平均寿命 $\tau=5$ 天, $A_0=1000$ 计数/秒. $t=20$ 天时, $A_t=A_0\mathrm{e}^{-t/\tau}\approx 18.3$ 计数/秒. 问:

(1) t 的测定误差 $\sigma_t=1$ 小时, 求 $A(t)$ 的误差 (A_0 的测定误差可以忽略);

(2) 求衰变率下降到 $A_t'=10$ 计数/秒的时刻 t', 如果衰变率的容许误差为 $\sigma_{At^1}=1$ 计数/秒, 对应的容许时间误差多大?

解 (1) 根据第 (4) 种情形

$$\begin{aligned}\sigma_{At}&=A_t\cdot\frac{1}{\tau}\sigma_t=18.3\text{ 计数/秒 }\times 1\text{ 小时/5 天}\\&=0.15\text{ 计数/秒}.\end{aligned}$$

(2) 由 $A_t'=A_0\mathrm{e}^{-t'/\tau}$ 求得

$$t'=-\tau\ln(A_t'/A_0)=-5\text{ 天 }\times\ln\left(\frac{10}{1000}\right)\approx 23\text{ 天}.$$

对应的时间误差由第 (5) 种情况的公式求得

$$\sigma_t'=\frac{\tau\sigma_{A_t'}}{A_t'}=\frac{5\text{ 天 }\times 1\text{ 计数/秒}}{10\text{计数/秒}}=0.5\text{天}.$$

例 3.4 直角坐标测定值和极坐标测定值间的误差转换

在极坐标系中, 平面上任一点的位置由半径和极角表示. 假定用某种仪器独立地测量平面上某个点 P 的半径 r 和极角 φ, 测量的标准误差分别为 σ_r 和 σ_φ, 用概率的语言, 这等价于用 R, $\varPhi$ 两个相互独立的随机变量描述测量结果.

极坐标值可以方便地转换为直角坐标值

$$X = R\cos\varPhi, \quad Y = R\sin\varPhi.$$

显然, X, Y 也是随机变量. 由$\{X, Y\}$构成的随机向量 $\boldsymbol{Z}$ 和 $\{R, \varPhi\}$ 构成的随机向量 $\boldsymbol{U}$ 的协方差矩阵之间的关系由误差传播公式给出

$$\underset{\sim}{V}(\boldsymbol{Z}) = \begin{pmatrix} V_{xx} & V_{xy} \\ V_{yx} & V_{yy} \end{pmatrix} = \underset{\sim}{S}\underset{\sim}{V}(\boldsymbol{U})\underset{\sim}{S}^{\mathrm{T}},$$

其中,

$$\underset{\sim}{V}(\boldsymbol{U}) = \begin{pmatrix} \sigma_r^2 & 0 \\ 0 & \sigma_\varphi^2 \end{pmatrix},$$

$$\underset{\sim}{S} = \begin{pmatrix} \dfrac{\partial x}{\partial r} & \dfrac{\partial x}{\partial \varphi} \\ \dfrac{\partial y}{\partial r} & \dfrac{\partial y}{\partial \varphi} \end{pmatrix} = \begin{pmatrix} \cos\varphi & -r\sin\varphi \\ \sin\varphi & r\cos\varphi \end{pmatrix}.$$

容易求得

$$\begin{cases} V_{xx} = \sigma_r^2\cos^2\varphi + \sigma_\varphi^2 r^2\sin^2\varphi, \\ V_{yy} = \sigma_r^2\sin^2\varphi + \sigma_\varphi^2 r^2\cos^2\varphi, \\ V_{xy} = V_{yx} = (\sigma_r^2 - \sigma_\varphi^2 r^2)\sin\varphi\cos\varphi. \end{cases}$$

由于 $\underset{\sim}{V}(\boldsymbol{Z})$ 的非对角项不等于 0, 随机变量 X, Y 不是相互独立的.

反之, 当对 P 点的 x, y 坐标作相互独立的测量时, 测量标准误差为 σ_x, σ_y, 用类似的步骤可求出相应的矩阵 $\underset{\sim}{S}'$ 和极坐标 r, φ 的协方差,

$$\begin{cases} V_{rr} = \left(x^2\sigma_x^2 + y^2\sigma_y^2\right) / \left(x^2 + y^2\right), \\ V_{\varphi\varphi} = \left(y^2\sigma_x^2 + x^2\sigma_y^2\right) / \left(x^2 + y^2\right)^2, \\ V_{r\varphi} = V_{\varphi r} = \left(\sigma_y^2 - \sigma_x^2\right) \cdot \dfrac{xy}{\left(x^2 + y^2\right)^{3/2}}; \end{cases}$$

$$\begin{cases} r = \left(x^2 + y^2\right)^{1/2}, \varphi = \arctan(y/x); \\ \underset{\sim}{S}' = \begin{pmatrix} \dfrac{\partial r}{\partial x} & \dfrac{\partial r}{\partial y} \\ \dfrac{\partial \varphi}{\partial x} & \dfrac{\partial \varphi}{\partial y} \end{pmatrix} = \begin{pmatrix} \dfrac{x}{r} & \dfrac{y}{r} \\ \dfrac{-y}{r^2} & \dfrac{x}{r^2} \end{pmatrix}. \end{cases}$$

第 4 章　一些重要的概率分布

第 2、第 3 两章我们讨论了随机变量及其分布的一般性质, 它们普遍适用而不依赖于分布的特定形式. 本章将讨论在概率统计计算和实验数据的整理、分析中经常用到的一些重要的概率分布, 以及它们各自特有的性质. 前六节介绍几种离散分布, 然后讨论重要的连续分布. 在实验测量中测到的 "实验分布" 往往与理想的概率分布相接近, 但又存在一些差别, 本章最后一节将论述处理这类实验分布的一些方法.

4.1　伯努利分布和二项分布

设随机试验可能的结果只有两种: A 表示 "成功"; $\overline{A}$ 表示 "失败". 出现事件 A 和 $\overline{A}$ 的概率分别为 $P(A)=p, P(\overline{A})=1-p\equiv q$, 这样的一次随机试验称为**伯努利试验**.

用随机变量 X 表示伯努利实验的结果, $X=1$ 表示成功, $X=0$ 表示失败, 于是 X 的概率分布为

$$P(X=1)=p,\quad P(X=0)=1-p,\quad 0<p<1,$$

或记为

$$P(X=r)=p^r(1-p)^{1-r},\quad r=0,\ 0<p<1. \tag{4.1.1}$$

称随机变量 X 服从**伯努利分布或(0, 1) 分布**. 显然, 式 (4.1.1) 满足离散随机变量概率分布的定义式 (2.2.6).

根据定义, 伯努利分布的均值和方差为

$$E(X)=\sum_{i=1}^{2}x_ip_i=1\cdot p+0\cdot(1-p)=p, \tag{4.1.2}$$

$$V(X)=\sum_{i=1}^{2}[x_i-E(X)]^2p_i=(1-p)^2\cdot p+(-p)^2\cdot(1-p)=p(1-p). \tag{4.1.3}$$

伯努利分布是最简单的离散分布, 它可以描写样本空间只包含两个元素的任何随机试验, 如前面多次提到的投硬币试验.

独立地进行 n 次伯努利试验 (称为 n 重伯努利试验), 事件 A 的发生次数 r 可为 0 到 n 之间的任一个正整数, 因此, r 是一个随机变量, 它可以视为 n 个伯努利分布随机变量之和

$$r = X_1 + X_2 + \cdots + X_n. \tag{4.1.4}$$

计算表明, 事件 A 发生 r 次 $(0 \leqslant r \leqslant n)$ 的概率等于

$$B(r;n,p) = \begin{pmatrix} n \\ r \end{pmatrix} p^r (1-p)^{n-r}, \quad r = 0, 1, \cdots, n. \tag{4.1.5}$$

其中 p 是一次伯努利试验中出现事件 A 的概率. 由于 $B(r;n,p)$ 的表达式恰好是二项式 $(q+p)^n$ 的展开式

$$\begin{aligned}(q+p)^n &= \begin{pmatrix} n \\ 0 \end{pmatrix} q^n + \begin{pmatrix} n \\ 1 \end{pmatrix} pq^{n-1} + \begin{pmatrix} n \\ 2 \end{pmatrix} p^2 q^{n-2} + \cdots + \begin{pmatrix} n \\ n \end{pmatrix} p^n \\ &= B(0;n,p) + B(1;n,p) + B(2;n,p) + \cdots + B(n;n,p)\end{aligned}$$

中的第 $r+1$ 项, 故上述概率分布称为参数 n, p 的**二项分布**. 当 $n=1$, 二项分布的概率表达式简化为

$$B(r;1,p) = p^r (1-p)^{1-r}, \quad r = 0, 1,$$

这正是伯努利分布.

根据式 (4.1.5), 显然有

$$B(r;n,p) \geqslant 0, \quad r = 0, 1, 2, \cdots, n,$$

$$\sum_{r=0}^{n} B(r;n,p) = \sum_{r=0}^{n} \begin{pmatrix} n \\ r \end{pmatrix} p^r (1-p)^{n-r} = [p + (1-p)]^n = 1,$$

即满足离散随机变量概率分布的定义式 (2.2.6).

二项分布有性质

$$B(r;n,p) = B(n-r;n,1-p). \tag{4.1.6}$$

证明　因为

$$\begin{pmatrix} n \\ n-r \end{pmatrix} = \frac{n!}{r!(n-r)!} = \begin{pmatrix} n \\ r \end{pmatrix},$$

故有

$$B(n-r;n,1-p) = \begin{pmatrix} n \\ n-r \end{pmatrix} (1-p)^{n-r} [1-(1-p)]^{n-(n-r)}$$

$$= \binom{n}{r}(1-p)^{n-r}p^r = B(r;n,p).$$

式 (4.1.6) 得证.

现在考察二项分布 $B(r;n,p)$ 随 r 变化的情况. 由于

$$\begin{aligned} &B(0;n,p) = q^n, \\ &\frac{B(r;n,p)}{B(r-1;n,p)} = \frac{n-r+1}{r} \cdot \frac{p}{q} = 1 + \frac{(n+1)p-r}{rq}, \end{aligned} \tag{4.1.7}$$

故当

$$r < (n+1)p\text{时}, \quad B(r;n,p) > B(r-1;n,p);$$

$$r = (n+1)p\text{时}, \quad B(r;n,p) = B(r-1;n,p);$$

$$r > (n+1)p\text{时}, \quad B(r;n,p) < B(r-1;n,p).$$

由于 r 只取 0 或正整数, 而 $(n+1)p$ 不一定是正整数, 所以存在正整数 m, 满足

$$(n+1)p - 1 < m \leqslant (n+1)p.$$

这时, $r = 0 \to m$ 时 $B(r;n,p)$ 单调上升, $r = m$ 时达到极大, 然后单调下降; 若 $(n+1)p = m$, 则 $B(m;n,p) = B(m-1;n,p)$, 同时达到概率分布的极大值.

根据递推关系式 (4.1.7) 很容易从某个已知的二项概率值 $B(r,n,p)$ 计算大于 r 的二项概率值, 这通常比直接从式 (4.1.5) 计算要简单.

累积二项分布定义为

$$F(x;n,p) = \sum_{r=0}^{x} B(r;n,p), \quad x = 0, 1, \cdots, n. \tag{4.1.8}$$

它有下述性质:

$$F(x;n,p) = 1 - F(n-x-1;n,1-p), \quad 0 \leqslant x \leqslant n-1. \tag{4.1.9}$$

因为

$$\begin{aligned} F(x;n,p) &= \sum_{r=0}^{x} B(r;n,p) = \sum_{r=0}^{x} B(n-r;n,1-p) \\ &= \sum_{n-r=n-x}^{n} B(n-r;n,1-p) \\ &= \sum_{n-r=0}^{n} B(n-r;n,1-p) - \sum_{n-r=0}^{n-x-1} B(n-r;n,1-p) \end{aligned}$$

$$= 1 - F(n - x - 1; n, 1 - p),$$

上式得证.

本书下册附表 1 给出 p 从 0.01 到 0.50 的 11 种不同值, $n = 1, 2, \cdots, 20, 25, 30$ 对应的二项分布概率, 附表 2 则给出相应的累积二项分布的数值. 对于 $p > 0.5$ 的情形, 二项分布和累积二项分布可由式 (4.1.6) 和式 (4.1.9) 并查阅附表 1, 附表 2 得到.

当 $p = q = 0.5$ 时, 二项分布是对称的; 否则是不对称的. 图 4.1 是 $p = 0.2, 0.5$; $n = 5, 10, 20$ 的二项分布的图形. 当 n 增大时, 图形变得较为对称.

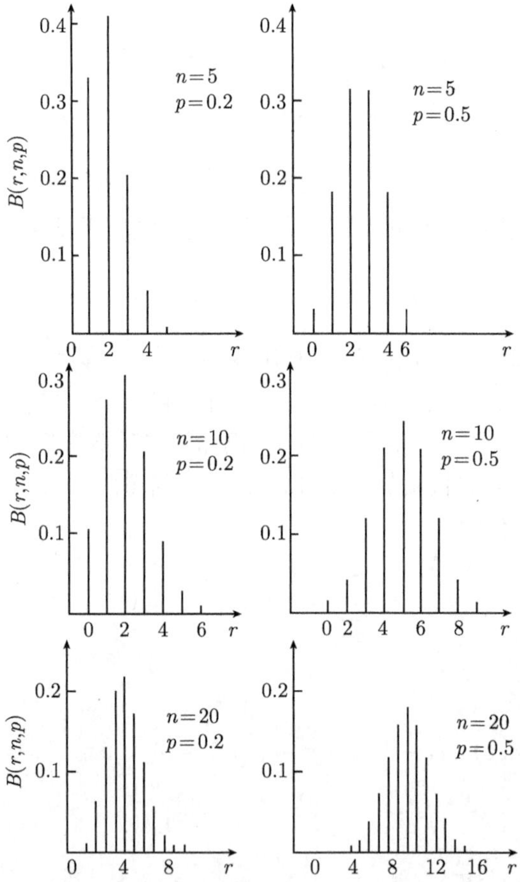

图 4.1　不同参数值 n, p 的二项分布

现在来求二项分布的数字特征. 由于二项分布随机变量是 n 个独立的伯努利分布之和, 由后者的均值和方差以及独立随机变量和的均值和方差公式 (见 2.4 节), 立即有

$$\mu \equiv E(r) = np, \quad V(r) = np(1 - p). \tag{4.1.10}$$

二项分布的偏度系数和峰度系数按定义式 (2.4.24) 和式 (2.4.25), 可得

$$\gamma_1 = \frac{1-2p}{[np(1-p)]^{\frac{1}{2}}}, \quad \gamma_2 = \frac{1-6p(1-p)}{np(1-p)}.$$

从 γ_1 和 γ_2 的表达式可见, 当 $p = 0.5$ 时, $\gamma_1 = 0$, 即分布对于极大值为对称; 当 $p < 0.5$ 时, $\gamma_1 > 0$, 这表示二项分布的图形在右端有长的 "尾巴"(见 2.4 节的讨论); 反之, 若 $p > 0.5$, 二项分布的左端有长的尾巴. 当 $n \to \infty, \gamma_1, \gamma_2 \to 0$ 时, 这表示在 $n \to \infty$ 的极限情形下, 二项分布趋近于正态分布, 均值 np, 方差 npq(见 4.10 节).

二项分布的概率母函数按定义式 (2.6.1) 为

$$G(Z) = \sum_r Z^r \begin{pmatrix} n \\ r \end{pmatrix} p^r q^{n-r} = (Zp+q)^n. \tag{4.1.11}$$

在 n 次独立的伯努利试验中, 量 r/n 表示试验 "成功" 的相对比例, 显然, 它也是随机变量, 其均值和方差分别是

$$\begin{aligned} E\left(\frac{r}{n}\right) &= \frac{1}{n}E(r) = p, \\ V\left(\frac{r}{n}\right) &= \frac{1}{n^2}V(r) = p(1-p)/n. \end{aligned} \tag{4.1.12}$$

二项分布中的参数 p(一次伯努利试验中出现事件 A 的概率) 往往是未知的, 须由实验来确定. 当试验次数 n 足够大, 事件出现次数为 r 时, 事件出现的频率近似于事件的概率, 即

$$\frac{r}{n} \approx p \quad 或 \quad r \approx np. \tag{4.1.13}$$

r 的方差由式 (4.1.10) 知

$$V(r) = np(1-p) \approx r\left(1-\frac{r}{n}\right).$$

下面通过几个具体例子来说明二项分布的应用.

例 4.1 探测器的探测效率

有一类实验只测定一定种类的事例的出现概率, 实验结果只有两种: 或者是出现这类事例 (成功), 或者是不出现这类事例 (失败). 实验只是对成功次数作计数, 称为计数实验, 显然, 成功次数服从二项分布. 例如, 用探测器对粒子作计数, 当一个粒子穿过探测器时, 测量结果只可能是记到一次计数, 或者没记到计数, 没有其他可能. 这样, n 个粒子穿过探测器时, 探测器记到 r 次计数的概率由二项分布描述.

一个粒子穿过探测器时得到一次计数的概率称为探测效率 ε, 显然它就等于二项分布的参数 p. 事实上 ε 是依靠有限次测量确定的, 即 $\varepsilon = r/n$. 当 n 足够大, $\varepsilon \approx p$. 有限次测量确定的 ε 是有误差的, 由式 (4.1.12) 知 ε 的方差为

$$V(\varepsilon) = V\left(\frac{r}{n}\right) = \frac{p(1-p)}{n} \approx \frac{\varepsilon(1-\varepsilon)}{n},$$

所以探测效率的误差 (标准偏差) 为

$$\sigma_\varepsilon \approx \sqrt{\frac{\varepsilon(1-\varepsilon)}{n}} = \sqrt{\frac{r}{n^2}\left(1-\frac{r}{n}\right)}.$$

σ_ε 有如下性质：$\varepsilon = 0.5$ 时, σ_ε 达到极大值 $0.5/\sqrt{n}$;　σ_ε 对于 $\varepsilon = 0.5$ 为对称分布; 当 ε 接近 0 或 1 时, σ_ε 达到极小. 为了能实验地测定 ε, 探测器计数 r 最小需等于 1, 即 $\varepsilon_{\min} = 1/n$, 此时

$$\sigma_{\varepsilon_{\min}} = \sigma_{\varepsilon=\frac{1}{n}} \approx \frac{1}{n}.$$

探测效率的相对误差则为

$$R = \frac{\sigma_\varepsilon}{\varepsilon} = \frac{1}{\sqrt{n}}\sqrt{\frac{1-\varepsilon}{\varepsilon}}.$$

当 $\varepsilon = \varepsilon_{\min} \approx 1/n, R = R_{\max} \approx 1$; 随着 ε 的增大 R 迅速下降.

图 4.2 显示了探测效率 ε 与其误差 σ_ε 和测量次数 n 之间的函数关系, 以及探测效率的相对误差 R 与探测效率 ε 和测量次数 n 之间的函数关系.

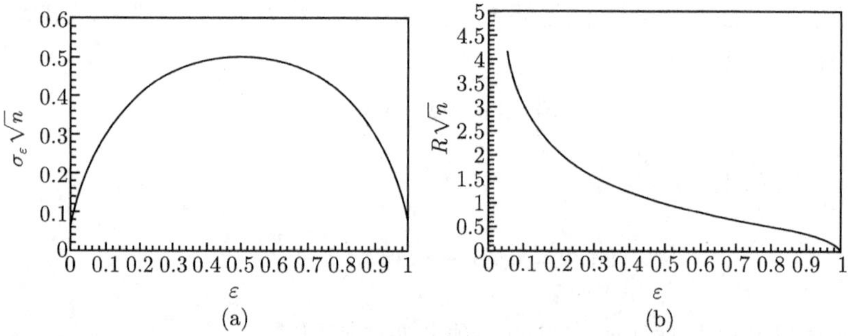

图 4.2　$\sigma_\varepsilon\sqrt{n}$ (a) 和 $R\sqrt{n}$ (b) 与探测效率 ε 间的关系

例 4.2　粒子反应产物的前后不对称性 (1)

一对相对飞行的高能正负电子对撞时, 产生下述粒子反应：

$$\mathrm{e}^+ + \mathrm{e}^- \to \mu^+ + \mu^-.$$

末态 $\mu^+\mu^-$ 粒子方向相反, μ^+ 与 e^+ 之间的夹角 θ(称为极角) 是一随机变量. θ 落在 $(0, \pi/2)$ 区间内的事例称为前向事例, 落在 $(\pi/2, \pi)$ 区间内称为后向事例 (图 4.3).

设共测量了 N 个 $e^+e^- \to \mu^+\mu^-$ 事例, 其中前向事例数和后向事例数分别记为 F 和 $B, F+B=N$, 前后不对称性 r 定义为

$$r=\frac{F-B}{F+B},$$

求 r 的数学期望和方差.

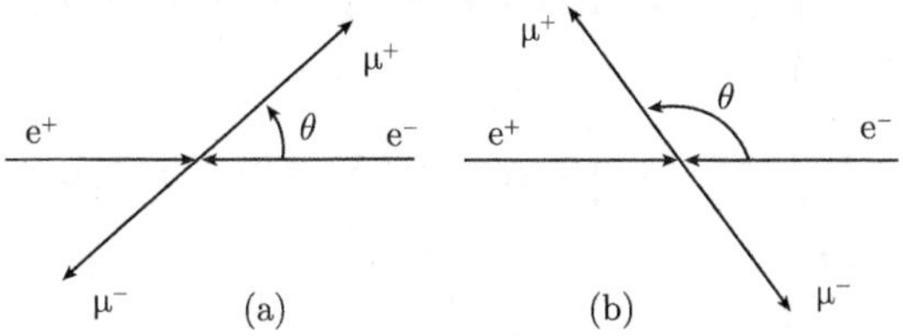

图 4.3 $e^+e^- \to \mu^+\mu^-$ 反应中的前向事例 (a) 和后向事例 (b)

$e^+e^- \to \mu^+\mu^-$ 反应中前向事例和后向事例数之间的比例是由该反应的物理规律 (反应截面的角分布) 确定的, 但对于单个事例, 究竟是前向事例还是后向事例却是随机的. 由于事例只有两种可能结果, 又作了 N 次独立的测量, 所以前向事例数 F 服从参数 N, p 的二项分布, p 为一次 $e^+e^- \to \mu^+\mu^-$ 事例是前向事例的概率, 在 N 个 $e^+e^- \to \mu^+\mu^-$ 事例中出现 F 次前向事例的概率为

$$\begin{pmatrix} N \\ F \end{pmatrix} p^F (1-p)^B, \quad B=N-F.$$

于是不对称性 $r=\dfrac{F-B}{F+B}=\dfrac{F-(N-F)}{N}=\dfrac{2}{N}F-1$. 显然 r 也是一个随机变量, 它的数学期望和方差等于

$$\begin{aligned} E(r) &= E\left(\frac{2}{N}F\right)-E(1)=\frac{2}{N}\cdot Np-1=2p-1; \\ V(r) &= V\left(\frac{2}{N}F-1\right)=V\left(\frac{2}{N}F\right) \\ &= \frac{4}{N^2}V(F)=\frac{4p(1-p)}{N}. \end{aligned}$$

当测量事例数 N 足够大, 一次试验中前向事例的出现概率 p 可用频率 F/N 作为近似, 所以

$$\begin{aligned} E(r) &\approx \frac{2}{N}F-1=\frac{F-B}{F+B}, \\ V(r) &\approx \frac{1}{N}\cdot\frac{4F}{N}\cdot\frac{B}{N}=\frac{4FB}{N^3}, \\ \sigma(r) &\approx \frac{2}{N}\sqrt{\frac{FB}{N}}. \end{aligned}$$

$\sigma(r)$ 是随机变量 r 的标准差. 由 $\sigma(r)$ 的表达式可以求得 $\sigma(r)$ 达到一定精度所要求收集的事例数; 或者反过来, 由收集到的事例数求出前后不对称性的标准误差.

例 4.3 试验次数的确定

在一次随机试验中, 事例 A 出现的概率为 p, 为了使事例 A 至少出现一次的概率等于 α, 问至少需作多少次这样的随机试验?

设 X 是 N 次试验中事例 A 出现的次数, 则 X 服从参数 N, p 的二项分布. 本例的问题归结为找到一个 N 值, 使 $P(X \geqslant 1) \geqslant \alpha$, 亦即

$$1 - P(X=0) \geqslant \alpha, \quad P(X=0) \leqslant 1-\alpha.$$

由二项分布的概率可知

$$P(X=0) = \begin{pmatrix} N \\ 0 \end{pmatrix} p^0 (1-p)^N = (1-p)^N,$$

所以应有 $(1-p)^N \leqslant 1-\alpha$, 考虑到 $(1-p) < 1$, 故问题的解为

$$N \geqslant \frac{\lg(1-\alpha)}{\lg(1-p)}.$$

满足上式的 N 即是所要求的试验次数.

例 4.4 扫描效率 (2)

我们进一步讨论 1.4 节中例 1.5 的扫描效率问题. 设两次独立扫描的效率分别为 ε_1 和 ε_2, 则总的扫描效率为 $\varepsilon = \varepsilon_1 + \varepsilon_2 - \varepsilon_1\varepsilon_2$(在 1.4 节中, $\varepsilon_1, \varepsilon_2$ 和 ε 分别用 $P(1), P(2)$ 和 $P(1 \cup 2)$ 表示). 试求 $\varepsilon_1, \varepsilon_2$ 和 ε 的统计误差 (即标准差).

在扫描过程中, 一个有效事例或者被扫描者记录, 或者不被记录, 只有这两种可能性. 因此, N 个有效事例被找出 $N_{12}+N_1$(第一次扫描) 和 $N_{12}+N_2$(第二次扫描) 个事例的概率可以用二项分布来求得. 根据本节的讨论, $\dfrac{N_{12}+N_1}{N} = \varepsilon_1$ 和 $\dfrac{N_{12}+N_2}{N} = \varepsilon_2$ 也是随机变量, 且其方差为 (见式 (4.1.12))

$$V(\varepsilon_1) = \frac{p_1(1-p_1)}{N}, \quad V(\varepsilon_2) = \frac{p_2(1-p_2)}{N}.$$

当 N 充分大, p_1 和 p_2 可用频率 $\dfrac{N_{12}+N_1}{N} = \varepsilon_1$ 和 $\dfrac{N_{12}+N_2}{N} = \varepsilon_2$ 代替, 于是求得扫描效率 ε_i 的标准差

$$\sigma(\varepsilon_i) = \left[\frac{\varepsilon_i(1-\varepsilon_i)}{N}\right]^{1/2}, \quad i = 1, 2.$$

由于两次扫描是相互独立的, 故由 $\varepsilon = \varepsilon_1 + \varepsilon_2 - \varepsilon_1\varepsilon_2$, 应用误差传播公式, 可求出 ε 的方差

$$V(\varepsilon) = \left(\frac{\partial \varepsilon}{\partial \varepsilon_1}\right)^2 V(\varepsilon_1) + \left(\frac{\partial \varepsilon}{\partial \varepsilon_2}\right)^2 V(\varepsilon_2),$$

结果

$$\sigma(\varepsilon)=\left[\frac{(1-\varepsilon_1)(1-\varepsilon_2)(\varepsilon_1+\varepsilon_2-2\varepsilon_1\varepsilon_2)}{N}\right]^{1/2},$$

其中 N 为有效事例的实际数目, 例 1.5 中已给出它的表达式.

例 4.5 粒子径迹探测效率

一条粒子径迹一般需用多层探测器来探测. 设一粒子径迹穿过 n 层探测器, 每层包含 m 个子层, 当每一层中至少有 k 个子层探测器有击中信号, 就认为探测到了该粒子径迹. 求该粒子探测系统的粒子径迹探测效率及其误差 $\varepsilon_t\pm\sigma_t$.

(1) 各子探测器探测效率及其误差均不相等.

设第 i 层第 j 子层探测器效率为 ε_{ij}, 其误差为 σ_{ij}. 第 i 层的 m 个子层至少有 k 个探测器有击中信号的概率表示为 $P_i(r\geqslant k)$, 则径迹探测效率为

$$\varepsilon_t=\prod_{i=1}^{n}P_i(r\geqslant k), \tag{4.1.14}$$

对其求导则有

$$\frac{\partial\varepsilon_t}{\partial\varepsilon_{ij}}=\frac{\partial P_i(r\geqslant k)}{\partial\varepsilon_{ij}}\prod_{l=1,l\neq i}^{n}P_l(r\geqslant k). \tag{4.1.15}$$

据误差传播公式 (3.9.6), 考虑到 ε_{ij} 的独立性, 径迹探测效率 ε_t 的误差为

$$\sigma_t^2=\sum_{i=1}^{n}\sum_{j=1}^{m}\left(\frac{\partial\varepsilon_t}{\partial\varepsilon_{ij}}\right)^2\sigma_{ij}^2. \tag{4.1.16}$$

根据具体的 m,k 值, 容易写出 $P_i(r\geqslant k)$ 的具体表达式, 例如, 当 $m=3,k=2$, 有

$$\begin{aligned}P_i(r\geqslant 2)=&\varepsilon_{i1}\varepsilon_{i2}\varepsilon_{i3}+\varepsilon_{i1}\varepsilon_{i2}(1-\varepsilon_{i3})\\&+\varepsilon_{i1}\varepsilon_{i3}(1-\varepsilon_{i2})+\varepsilon_{i2}\varepsilon_{i3}(1-\varepsilon_{i1}),\quad i=1,\cdots,n.\end{aligned} \tag{4.1.17}$$

据此可按照式 (4.1.14)~ 式 (4.1.17) 计算粒子径迹探测效率及其误差 $\varepsilon_t\pm\sigma_t$.

(2) 各子探测器探测效率及其误差相等, 即 $\varepsilon_{ij}=\varepsilon,\sigma_{ij}=\sigma$.

这种情形下, 每层内有 r 个子探测器成功探测 (有击中信号) 的概率服从参数 m,ε 的二项分布, 故每层内至少有 k 个子探测器成功探测的概率为

$$P_i(r\geqslant k)=P(r\geqslant k)=\sum_{r=k}^{m}C_m^r\varepsilon^r(1-\varepsilon)^{m-r}, \tag{4.1.18}$$

径迹探测效率为

$$\varepsilon_t=[P(r\geqslant k)]^n=\left[\sum_{r=k}^{m}C_m^r\varepsilon^r(1-\varepsilon)^{m-r}\right]^n. \tag{4.1.19}$$

式 (4.1.15) 变为

$$\frac{\partial \varepsilon_t}{\partial \varepsilon_{ij}} = P^{n-1}(r \geqslant k)\frac{\partial P_i(r \geqslant k)}{\partial \varepsilon_{ij}},$$

式 (4.1.16) 变为

$$\sigma_t^2 = \sum_{i=1}^{n}\sum_{j=1}^{m}\left(\frac{\partial \varepsilon_t}{\partial \varepsilon_{ij}}\right)^2 \sigma_{ij}^2 = \sigma^2 P^{2(n-1)}(r \geqslant k)\sum_{i=1}^{n}\sum_{j=1}^{m}\left(\frac{\partial P_i(r \geqslant k)}{\partial \varepsilon_{ij}}\right)^2.$$

而

$$\frac{\partial P_i(r \geqslant k)}{\partial \varepsilon_{ij}} = C_{m-1}^{k-1}\varepsilon^{k-1}(1-\varepsilon)^{m-k},$$

故得到

$$\sigma_t = \sigma\sqrt{nm}P^{(n-1)}(r \geqslant k)C_{m-1}^{k-1}\varepsilon^{k-1}(1-\varepsilon)^{m-k}. \tag{4.1.20}$$

例如取 $n = 3, m = 3, k = 2, \varepsilon = 0.95$, 代入以上公式可得

$$P(r \geqslant 2) = 0.992\,75, \quad \varepsilon_t = [P(r \geqslant 2)]^3 = 0.978\,4,$$

$$\sigma_t = \sigma \times 3 \times 0.992\,75^2 \times 2 \times 0.95 \times 0.05 = 0.281\sigma.$$

可见径迹探测效率达到 97.84%, 其误差仅为子探测器探测效率误差 σ 的 28%.

如果各子探测器探测效率及其误差均不相等, 但相互之间差别不大, 一种近似的简单做法是将加权平均 $\bar{\varepsilon}, \bar{\sigma}$ 代替式 (4.1.19)~ 式 (4.1.20) 中的 ε, σ 即可求得 ε_t, σ_t:

$$\omega_{ij} = \frac{1}{\sigma_{ij}^2}, \quad \bar{\varepsilon} = \frac{\displaystyle\sum_{i=1}^{n}\sum_{j=1}^{m}\omega_{ij}\varepsilon_{ij}}{\displaystyle\sum_{i=1}^{n}\sum_{j=1}^{m}\omega_{ij}}, \quad \bar{\sigma} = \frac{1}{\sqrt{\displaystyle\sum_{i=1}^{n}\sum_{j=1}^{m}\omega_{ij}}}. \tag{4.1.21}$$

4.2 多项分布

在二项分布中, 一次随机试验的结果只有两种. 一般地, 设一次随机试验的结果有 l 种, 即

$$E = A_1 + A_2 + \cdots + A_l,$$

一次试验中出现事件 A_j 的概率为

$$P(A_j) = p_j, \quad j = 1, 2, \cdots, l,$$

显然应满足

$$\sum_{j=1}^{l} p_j = 1.$$

作 n 次独立的随机试验 E, 事件 A_j 出现 r_j 次, $j=1,2,\cdots,l$ 的概率分布可表示为

$$M(\boldsymbol{r};n,\boldsymbol{p}) = \frac{n!}{r_1!r_2!\cdots r_l!}p_1^{r_1}p_2^{r_2}\cdots p_l^{r_l}. \tag{4.2.1}$$

上式是 $(p_1+p_2+\cdots+p_l)^n$ 展开式的一般项, 它称为随机变量 $\boldsymbol{r}=(r_1,r_2,\cdots,r_l)$ 的参数 n 和 $\boldsymbol{p}=(p_1,p_2,\cdots,p_l)$ 的**多项分布**. 这 l 个 r_j 值并不全都独立, 它们必须满足下述条件:

$$\sum_{j=1}^{l} r_j = n. \tag{4.2.2}$$

显而易见, 二项分布是 $l=2$ 的多项分布之特例.

多项分布的一些性质列举如下:

均值

$$E(r_j) = np_j, \quad j=1,2,\cdots,l,$$

方差

$$V(r_j) = np_j(1-p_j), \quad j=1,2,\cdots,l,$$

协方差

$$\left.\begin{aligned} \mathrm{cov}(r_i,r_j) &= -np_ip_j \\ \rho_{ij} \equiv \frac{\mathrm{cov}(r_i,r_j)}{\sigma(r_i)\sigma(r_j)} &= -\sqrt{\frac{p_ip_j}{(1-p_i)(1-p_j)}} \end{aligned}\right\} \quad \begin{aligned} &i\neq j, \\ &i,j=1,2,\cdots,l, \end{aligned} \tag{4.2.3}$$

概率母函数

$$G(Z_2,Z_3,\cdots,Z_l) = (p_1+p_2Z_2+\cdots+P_lZ_l)^n.$$

r_j 的均值和方差的表达式容易证明.

证明 设每次试验中出现事件 A_j 的概率为 p_j, 出现其他事件的概率为 $(1-p_j)$, 于是 r_j 服从参数 n,p_j 的二项分布, 应用二项分布的均值和方差的表达式即得证.

现在证明协方差项的公式. n 次试验中事件 A_i 出现 r_i 次, 事件 A_j 出现 r_j 次而其余事件出现 $n-r_i-r_j$ 次的概率为

$$\frac{n!}{r_i!r_j!(n-r_i-r_j)!}p_i^{r_i}p_j^{r_j}(1-p_i-p_j)^{n-r_i-r_j},$$

于是当概率分布如式 (4.2.1) 所示时, 乘积 r_ir_j 的期望值等于

$$E(r_ir_j) = n(n-1)p_ip_j.$$

根据协方差的定义 (式 (3.5.23)),

$$\begin{aligned}\text{cov}(r_i, r_j) &= E(r_ir_j) - E(r_i)E(r_j) \\ &= n(n-1)p_ip_j - np_inp_j = -np_ip_j.\end{aligned}$$

代入 $\sigma(r_i) = \sqrt{V(r_i)}$ 和 $\sigma(r_j) = \sqrt{V(r_j)}$, 立即得到相关系数 ρ_{ij} 的表达式, 证毕.

与二项分布中的情形相类似, 在多项分布中, 一次试验中出现事件 $A_j(j = 1, 2, \cdots, l)$ 的概率 p_j 往往是未知的, 须由实验测量结果确定. 当试验次数 n 充分大, 事件 A_j 的出现频率接近于它的概率

$$\frac{r_j}{n} \approx p_j \quad \text{或} \quad r_j \approx np_j, \tag{4.2.4}$$

该近似概率的归一性要求即 $\sum\limits_{j=1}^{l} p_j = 1$ 已由条件 $\sum\limits_{j=1}^{l} r_j = n$ 自动满足, r_j 的方差由式 (4.2.3) 可知

$$V(r_j) \approx r_j\left(1 - \frac{r_j}{n}\right).$$

当事件 A_j 的出现概率 p_j 很小即 $p_j \ll 1$ 时, 近似地有

$$\sigma(r_j) \approx \sqrt{r_j}. \tag{4.2.5}$$

这些结果与二项分布中的相应结果相同.

当对任意 j 有 $p_j \ll 1$ 时, 由 ρ_{ij} 的表达式可见, $\rho_{ij} \sim 0$, 即任意两个 r_i, r_j 之间关联很弱.

例 4.6 事例直方图 (1)

许多实验测量的结果可用直方图来表示. 例如, 图 4.4 是某粒子反应中末态粒子的角分布直方图, 飞出极角 θ 的余弦 $\cos\theta$ 被分成 18 等份, 落在各区间内的粒子数 $n_j(j = 1, 2, \cdots, 18)$ 用高度表示, 共记录了 $n = \sum\limits_{j=1}^{18} n_j$ 个末态粒子的角度. 这时, 第 j 个区间内出现 n_j 个粒子的概率 $(j = 1, 2, \cdots, 18)$ 服从参数 n 和 $\boldsymbol{p} = (p_1, p_2, \cdots, p_{18})$ 的多项分布. 这时, $\boldsymbol{p}$ 是未知的, 可用式 (4.2.4) 来估计

$$p_j \approx n_j/n, \quad j = 1, 2, \cdots, 18,$$

n_j 的标准误差由式 (4.2.5) 可知约为 $\sqrt{n_j}$.

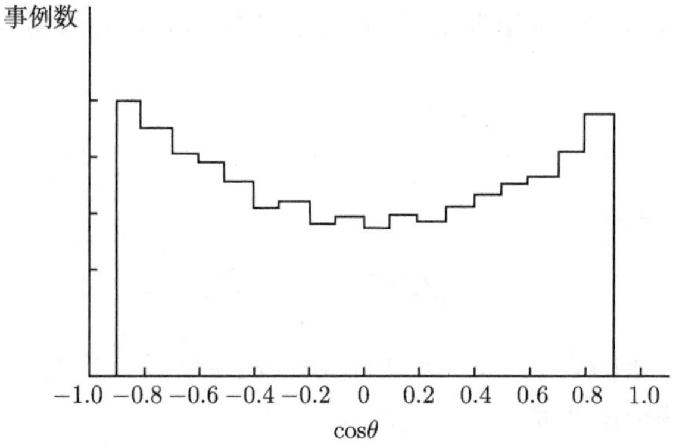

图 4.4 事例直方图

应当强调指出, 事例总数 n 必须为常数; 若 n 是随机变量, 则多项分布不再适用 (见例 4.13).

4.3 泊松分布, 泊松过程

设随机变量 r 的可取值为 $r=0,1,2,\cdots$, 取值 r 的概率为

$$P(r;\mu)=\frac{1}{r!}\mu^r \mathrm{e}^{-\mu},\quad r=0,1,2,\cdots, \tag{4.3.1}$$

其中 $\mu>0$ 是常数, 称 r 服从参数 μ 的**泊松分布**. 上式符合离散随机变量概率分布的非负性和归一性要求 (见式 (2.2.6)), 因为显然

$$P(r;\mu)\geqslant 0,\quad r=0,1,2,\cdots,$$

并且 $\sum\limits_{r=0}^{\infty}P(r;\mu)=\sum\limits_{r=0}^{\infty}\frac{\mu^r\mathrm{e}^{-\mu}}{r!}=\mathrm{e}^{-\mu}\sum\limits_{r=0}^{\infty}\frac{\mu^r}{r!}=\mathrm{e}^{-\mu}\cdot\mathrm{e}^{\mu}=1$. 泊松分布的概率母函数依定义为

$$\begin{aligned}G(Z)\equiv E(Z^r)&=\sum_{r=0}^{\infty}Z^r\frac{1}{r!}\mu^r\mathrm{e}^{-\mu}\\&=\sum_{r=0}^{\infty}\frac{1}{r!}(\mu Z)^r\mathrm{e}^{-\mu}=\mathrm{e}^{\mu(Z-1)}.\end{aligned} \tag{4.3.2}$$

由母函数 $G(Z)$ 以及式 (2.6.2), 式 (2.6.3), 即得数学期望和方差

$$E(r)=G'(1)=\mu,$$

$$V(r)=G''(1)+G'(1)-[G'(1)]^2=\mu.$$

由此得到泊松分布的一个极重要的性质, 即它的均值和方差相等, 且等于参数值 μ

$$E(r)=V(r)=\mu. \tag{4.3.3}$$

如果一个物理量服从泊松分布, 它的某个测定值为 n, 则 n 可作为数学期望的估计值, 这时它的标准误差为

$$\sigma(n)=\sqrt{V(n)}\approx\sqrt{V(r)}\approx\sqrt{n}. \tag{4.3.4}$$

这一结果与多项分布的式 (4.2.5) 相似, 在实验测量中有广泛的应用.

泊松分布的特征函数是

$$\varphi(t)=\mathrm{e}^{\mu(\mathrm{e}^{\mathrm{i}t}-1)}, \tag{4.3.5}$$

由 $\varphi(t)$ 可算出其偏度和峰度系数以及各阶原点矩之间的关系为

$$\gamma_1=\frac{1}{\sqrt{\mu}},\quad \gamma_2=\frac{1}{\mu}, \tag{4.3.6}$$

$$\lambda_{k+1}=\mu\left(\lambda_k+\frac{\mathrm{d}\lambda_k}{\mathrm{d}\mu}\right).$$

可以看到, 泊松分布的数字特征都与参数 μ 相关, 事实上, 参数 μ 唯一地确定了泊松分布.

图 4.5 是参数 μ 取不同数值时的泊松分布图形. 当 μ 值小时, 图形很不对称, 在均值的右方有较长的 "尾巴". 随着 μ 的增大, 由 γ_1 的表达式知偏度逐渐减小, 图形趋向对称. 当 $\mu\to\infty$ 时, $\gamma_1,\gamma_2\to 0$, 泊松分布趋近于正态分布.

由泊松分布的概率公式 (4.3.1) 可见到它有如下性质:

$$P(r;\mu)=P(r-1;\mu)\cdot\frac{\mu}{r}. \tag{4.3.7}$$

因此, 当 $r<\mu$ 时, 随着 r 的增加, 概率 $P(r;\mu)$ 也增加, 在 $r=[\mu]_{整数}$ 处达到概率的极大, 如果 μ 本身为整数, 则

$$P(\mu;\mu)=P(\mu-1;\mu),$$

即 $r=\mu-1$ 和 $r=\mu$ 的概率相等, 且都是极大概率值.

附表 3 列出了参数 $\mu=0.1\to 20$ 的泊松概率分布值, 附表 4 则是对应的累积泊松分布概率值

$$F(x;\mu)\equiv\sum_{r=0}^{x}P(r;\mu). \tag{4.3.8}$$

泊松分布是二项分布的一种极限情形, 当 $n\to\infty, np=\mu$ 保持为常数 (p 很小) 时, 二项分布趋向于泊松分布, 这就是著名的泊松定理.

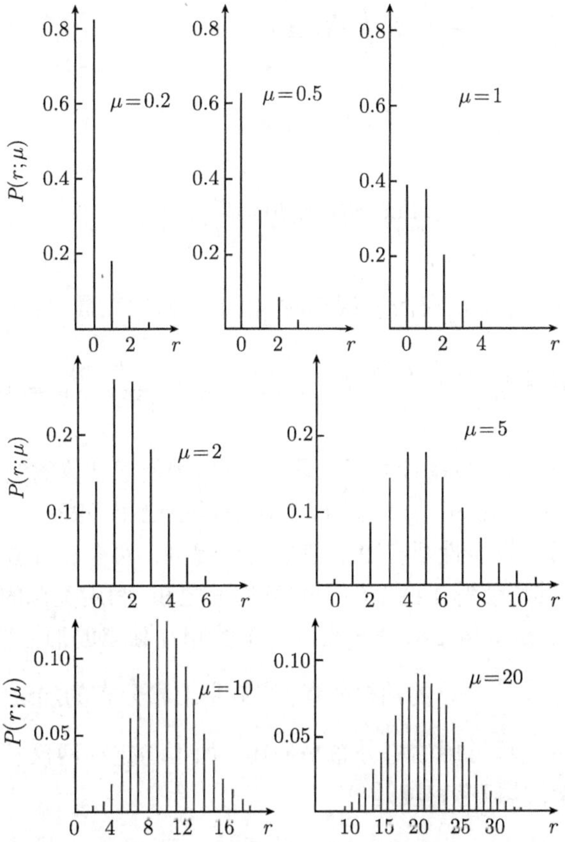

图 4.5 不同均值 μ 的泊松分布图形

证明 在 $np=\mu$ 的条件下, 二项分布的概率分布为

$$
\begin{aligned}
B(r;n,p) &= \frac{n!}{r!(n-r)!}p^r(1-p)^{n-r} \\
&= \frac{n!}{r!(n-r)!}\left(\frac{\mu}{n}\right)^r \frac{\left(1-\frac{\mu}{n}\right)^n}{\left(1-\frac{\mu}{n}\right)^r} \\
&= \frac{\mu^r}{r!}\cdot\frac{n(n-1)(n-2)\cdots(n-r+1)}{n^r}\cdot\frac{\left(1-\frac{\mu}{n}\right)^n}{\left(1-\frac{\mu}{n}\right)^r} \\
&= \frac{\mu^r}{r!}\left(1-\frac{\mu}{n}\right)^n \frac{\left(1-\frac{1}{n}\right)\left(1-\frac{2}{n}\right)\cdots\left(1-\frac{r-1}{n}\right)}{\left(1-\frac{\mu}{n}\right)^r},
\end{aligned}
$$

当 $n \to \infty$ 时, $\frac{1}{n}, \frac{2}{n}, \cdots, \frac{r-1}{n}$ 和 $\frac{\mu}{n}$ 都趋于 0, 而

$$\lim_{n\to\infty}\left(1-\frac{\mu}{n}\right)^n = \mathrm{e}^{-\mu},$$

所以有

$$\lim_{n\to\infty} B(r;n,p) = \frac{\mu^r}{r!}\mathrm{e}^{-\mu}.$$

证毕.

泊松定理表明, 当 n 很大而 p 很小时, 以下近似关系成立:

$$B(r;n,p) = \begin{pmatrix} n \\ r \end{pmatrix} p^r(1-p)^{n-r} \approx \frac{\mu^r \mathrm{e}^{-\mu}}{r!}, \quad \mu = np. \tag{4.3.9}$$

当 n 很大时, 二项分布的概率计算相当繁复, 可以用便于计算的泊松概率作为近似. 在实际应用中, 当 $n \geqslant 10, p \leqslant 0.1$, 式 (4.3.9) 的近似已相当好.

泊松变量的另一重要性质在 2.5 节中已经提到: 两个相互独立的泊松变量之和仍是泊松变量, 其均值等于两个泊松变量均值之和. 利用类似的推导可推广到更一般的情形: 若 r_i 是均值 $\mu_i(i=1,2,\cdots,l)$ 的相互独立的泊松变量, 则随机变量 $r=\sum_{i=1}^{l} r_i$ 是均值 $\mu=\sum_{i=1}^{l}\mu_i$ 的泊松变量, 这就是**泊松分布的加法定理**.

自然界中许多过程可用泊松分布来描述. 如不稳定核两次相继衰变的时间间隔 t 是一随机变量, 其概率密度是

$$f(t) = \frac{1}{\tau}\mathrm{e}^{-t/\tau}$$

(见 4.8 节). 通常实验测定的是在一定时间间隔内核衰变的计数. 设 n_0 为 $t=0$ 时刻的不稳定核的个数, 1mg 放射性物质包含原子核数 $\sim 10^{19}$ 量级, 所以 n_0 总是很大. 如记录 $t \to t+\Delta t$ 内核的衰变数, 当 $\Delta t \ll \tau$(τ 是不稳定核的平均寿命), 一个核在 Δt 内衰变的概率为 $f(t)\Delta t = \mathrm{e}^{-t/\tau}\cdot\frac{\Delta t}{\tau} \ll 1$. 由于一个不稳定核在 Δt 内或是衰变, 或是不衰变, 所以 n_0 个核在 Δt 内衰变次数为 r 的概率分布由参数 $n_0, p(=f(t)\Delta t)$ 的二项分布描述. 由于 n_0 很大, $p \ll 1$, 由泊松定理可知, r 近似地服从泊松分布. 又如在利用粒子加速器轰击靶子产生粒子反应的实验中, 粒子束流强度往往高达 10^{13} 粒子/秒; 而探测器记录反应产生的粒子数一般小于 10^5 计数/秒, 这时, 在一定时间间隔内测量的粒子数也可用泊松分布来描述. 这类实验中事例总数 n_0 和概率 p 一般都是未知的, 即使 n_0 已知也因数值过大而实际上无法用二项分布进行计算, 泊松分布却提供了合适的数学工具.

事实上, 泊松分布与时间或空间尺度上事件随机出现的随机过程相对应, 它们具有以下性质:

(1) 在一定时间或空间间隔内出现的事件数与此间隔外出现的事件数无关, 即不相重叠的间隔中的事件相互独立;

(2) 在非常小的时间或空间间隔 Δt 内, 出现一个事件的概率正比于 Δt, 即 $P(\Delta t)=\lambda\cdot\Delta t$, 而 λ 为一常数;

(3) 在间隔 Δt 内, 出现多于一个事件的概率小到可以忽略不计.

以上三个条件称为**泊松假设**. 满足泊松假设的随机过程称为**泊松过程**. 泊松过程中, 一定时间或空间间隔中出现的事件数是一随机变量, 称为**泊松变量**, 它服从泊松分布.

下面介绍几个实际的泊松过程.

例 4.7 泡室中粒子径迹的气泡数目的分布

带电粒子在气泡室中沿其运动路径会形成微小的气泡. 假定气泡的大小可以忽略, 单位径迹长度内的平均气泡数目 (称为径迹密度) 为一常数 g. 适当选择径迹段的长度 Δl 使泊松假设得以满足, 即

(1) 对任意 l, 径迹段 $(l, l+\Delta l]$ 内最多产生一个气泡;

(2) 该径迹段内产生一个气泡的概率等于 $g\Delta l$;

(3) 该径迹段内产生气泡与别的径迹段内产生气泡是互相独立的.

由假定 (1), (2) 可知, 在 $(l, l+\Delta l]$ 内产生一个气泡的概率是

$$P_1(\Delta l)=g\Delta l,$$

而该径迹段内不产生气泡的概率是

$$P_0(\Delta l)=1-P_1(\Delta l)=1-g\Delta l.$$

假定 (3) 表示在 $(l, l+\Delta l]$ 内不产生气泡的概率与 $[0, l]$ 内不产生气泡的概率是无关的, 因此, 在 $[0, l+\Delta l]$ 内不产生气泡的概率是

$$P_0(l+\Delta l)=P_0(l)\cdot P_0(\Delta l),$$

合并以上两式, 得到

$$\frac{P_0(l+\Delta l)-P_0(l)}{\Delta l}=-gP_0(l),$$

当 $\Delta l\to 0$, 上式左边是 $P_0(l)$ 对 l 的导数, 即

$$\frac{\mathrm{d}P_0(l)}{\mathrm{d}l}=-gP_0(l).$$

该微分方程的不定解为

$$P_0(l)=\mathrm{e}^{-gl}+C.$$

当径迹长度 $l=0$ 时, 显然不可能产生气泡, 于是有 $P_0(l=0)=1$, 由这一条件得到定解

$$P_0(l)=\mathrm{e}^{-gl},$$

这一公式给出在长度为 l 的径迹中不产生任何气泡的概率.

下面讨论在长度l的径迹内产生 n 个气泡的概率$P_n(l)$. 因为在径迹元 $(l,l+\Delta l]$ 内至多只能产生一个气泡, 故有

$$P_n(l+\Delta l)=p_n(l)\cdot P_0(\Delta l)+P_{n-1}(l)\cdot P_1(\Delta l).$$

上式右边第一项表示所有 n 个气泡落在 $[0,l]$ 中的概率, 第二项表示 $n-1$ 个气泡落在 $[0,l]$ 中, 而另一个气泡落在 $(l,l+\Delta l]$ 中的概率. 将 $P_0(\Delta l)$ 和 $P_1(\Delta l)$ 的值代入, 得

$$\frac{P_n(l+\Delta l)-P_n(l)}{\Delta l}=-gP_n(l)+gP_{n-1}(l),$$

当 $\Delta l\to 0$, 上式左边是 $P_n(l)$ 对 l 的导数, 由此得到微分方程

$$\frac{\mathrm{d}P_n(l)}{\mathrm{d}l}=-gP_n(l)+gP_{n-1}(l),\tag{4.3.10}$$

它的解是

$$P_n(l)=\frac{1}{n!}(gl)^n\mathrm{e}^{-gl}.\tag{4.3.11}$$

这就是在长度 l 的径迹内产生 n 个气泡的概率. 与式 (4.3.1) 对照可知, 这正是参数为 gl 的泊松分布. 对于 $n=0$(在 $[0,l]$ 中不产生气泡) 的特殊情形, 其概率是

$$P_0(l)=\mathrm{e}^{-gl}.\tag{4.3.12}$$

例 4.8　放射性衰变规律

与上例距离标尺上的随机过程相仿, 放射性衰变是时间标尺上的随机过程. 其对应的泊松假设是:

(1) 对任意时刻 t, 在时间元 $(t,t+\Delta t]$ 内至多只发生一次核衰变;

(2) 在该时间元内发生一次核衰变的概率等于 $\lambda\cdot\Delta t$, λ 是单位时间内核衰变的平均次数, 它是一常数;

(3) 该时间元内发生核衰变与其他时间间隔内发生核衰变是相互独立的.

在这些假定下, 若 $P_0(t)$ 和 $P_n(t)$ 分别表示在时间 $[0,t]$ 内不发生任何核衰变的概率和发生 n 次核衰变的概率, 按照例 4.7 类似的推导可知

$$\frac{\mathrm{d}P_n(t)}{\mathrm{d}t}=-\lambda P_n(t)+\lambda P_{n-1}(t),\tag{4.3.13}$$

该微分方程的解是

$$P_n(t) = \frac{1}{n!}(\lambda t)^n \mathrm{e}^{-\lambda t}, \tag{4.3.14}$$

即在 $[0,t]$ 内发生 n 次核衰变的概率服从参数 λt 的泊松分布. 对于 $n=0$ 的特殊情况 (在 $[0,t]$ 内不发生核衰变的概率) 有

$$P_0(t) = \mathrm{e}^{-\lambda t}. \tag{4.3.15}$$

例 4.9 放射源和本底辐射的叠加

设用探测器记录放射源辐射的粒子计数, 在给定时间间隔 t 记录到的粒子数 r_x 服从均值 $\lambda_x t$ 的泊松分布, 即单位时间内粒子的平均计数为 λ_x. 探测器置于具有本底辐射的环境中, 间隔 t 内记到的本底辐射粒子数 r_b 服从均值 $\lambda_b t$ 的泊松分布. 因此, 探测器实际记录的是放射源和本底辐射的叠加, 设在 t 内的粒子计数为 r, 则变量 r 的分布应是

$$\begin{aligned}
P(r;\lambda_x t,\lambda_b t) &= \sum_{r_b=0}^{r} P(r-r_b;\lambda_x t)\cdot P(r_b;\lambda_b t) \\
&= \sum_{r_b=0}^{r}\left[\frac{1}{(r-r_b)!}(\lambda_x t)^{r-r_b}\mathrm{e}^{-\lambda_x t}\right]\left[\frac{1}{r_b!}(\lambda_b t)^{r_b}\mathrm{e}^{-\lambda_b t}\right] \\
&= \frac{1}{r!}\sum_{r_b=0}^{r}\frac{r!}{(r-r_b)!r_b!}(\lambda_x t)^{r-r_b}(\lambda_b t)^{r_b}\mathrm{e}^{-(\lambda_x+\lambda_b)t} \\
&= \frac{1}{r!}-t^r\mathrm{e}^{-(\lambda x+\lambda_b)t}\sum_{r_b=0}^{r}\frac{r!}{(r-r_b)!r_b!}\lambda_x^{r-r_b}\lambda_b^{r_b}
\end{aligned}$$

注意上式中的求和项等于 $(\lambda_x+\lambda_b)^r$, 故有

$$\begin{aligned}
P(r;\lambda_x t,\lambda_b t) &= \frac{1}{r!}\left[(\lambda_x+\lambda_b)\,t\right]^r\mathrm{e}^{-(\lambda_x+\lambda_b)t} \\
&\equiv P(r;(\lambda_x+\lambda_b)t),
\end{aligned}$$

即 r 服从均值 $(\lambda_x+\lambda_b)t$ 的泊松分布.

实际上, 这一结果可应用泊松加法定理直接导出. 由于 r_x 和 r_b 是相互独立的泊松变量, 而 r 是 r_x 和 r_b 之和, 根据泊松加法定理, r 仍是泊松变量, 且其均值为 r_x, r_b 均值之和 $(\lambda_x+\lambda_b)t$.

4.4 泊松分布与其他分布的相互联系

泊松分布与其他分布之间的相互联系, 特别是与二项分布、多项分布之间的联系对于解许多物理问题是十分有用的. 本节通过一些物理问题的实例进行研究.

例 4.10 粒子探测器计数的分布

用探测器测量某种带电粒子, 探测效率 (即一个粒子穿过探测器时产生一个计数信号的概率) 为一常数 $p < 1$, 假定在给定的时间间隔 t 内穿过该探测器的粒子数服从参数 μ 的泊松分布, 要求时间间隔 t 内探测器记录到的粒子计数 r 的分布.

显然, 当至少有 r 个粒子穿过探测器时才有可能记录到 r 个计数. 当有 $n(\geqslant r)$ 个粒子穿过探测器, 得到 r 个计数的概率由二项分布 $B(r;n,p)$ 表示; 而穿过探测器的粒子数为 n 的概率由泊松分布 $P(n,\mu)$ 表示. 这样, 探测器记录到粒子计数为 r 的概率可由 $n=r,r+1,\cdots,\infty$ 个粒子穿过探测器而计数为 r 的概率之和求出.

$$\begin{aligned}P(r) &= \sum_{n=r}^{\infty} B(r;n,p)\cdot P(n;\mu)\\&= \sum_{n=r}^{\infty}\frac{n!}{r!(n-r)!}p^r(1-p)^{n-r}\cdot\frac{1}{n!}\mu^n\mathrm{e}^{-\mu}\\&= \frac{1}{r!}(p\mu)^r\mathrm{e}^{-\mu}\sum_{n=r}^{\infty}\frac{1}{(n-r)!}\left[(1-p)\mu\right]^{n-r}\\&= \frac{1}{r!}(p\mu)^r\mathrm{e}^{-\mu}\mathrm{e}^{(1-p)\mu},\end{aligned}$$

即

$$P(r) = \frac{1}{r!}(p\mu)^r\mathrm{e}^{-p\mu},\quad r=0,1,\cdots. \tag{4.4.1}$$

这正是参数为 $p\mu$ 的泊松分布. 因此, 在时间间隔 t 内, 探测器的计数 r 服从均值 $p\mu$ 的泊松分布.

本例表明, 对于探测效率小于 1 的探测器, 穿过的粒子数服从泊松分布 (总体), 探测器选出的随机子样 (粒子计数) 也服从泊松分布. 反之, 当随机子样是泊松型的, 其总体也只可能是泊松型的. 总体和随机子样的概念见第六章.

例 4.11 计数时间间隔的细分

假定一探测器记录时间间隔 T 内的粒子数, 所得计数 n 服从均值 $v=\lambda T$ 的泊松分布. 求时间间隔 $t<T$ 中计数 r 的分布.

由上述假定可知, 计数率 (单位时间内的计数) 的平均值为 λ. 由于不相重叠的时间间隔内出现的事例是相互独立的, 故在时间间隔 t 内有 r 次计数, 余下的 $T-t$ 内有 $n-r$ 次计数的概率等于两个泊松概率之积

$$P(r) = P(r;\lambda t)\cdot P[n-r;\lambda(T-t)].$$

本问题相应于求解在给定时间 T 内计数为 n 的条件下, 时间 t 内有 r 次计数、余下的 $T-t$ 内有 $n-r$ 次计数的概率. 该条件概率可由 $P(r)$ 除以时间 T 内得到 n

次计数的泊松概率得出

$$P(r, n-r|n) = \frac{P(r;\lambda t)\cdot P(n-r;\lambda(T-t))}{P(n;\lambda T)}.$$

将泊松分布的表达式代入并经整理后, 有

$$\begin{aligned} P(r, n-r|n) &= \frac{n!}{r!(n-r)!}\left(\frac{t}{T}\right)^r\left(1-\frac{t}{T}\right)^{n-r} \\ &\equiv B\left(r; n, \frac{t}{T}\right). \end{aligned} \tag{4.4.2}$$

因此, 时间 t 内计数 r 服从参数为 $n, p=t/T$ 的二项分布.

上述结果也可从另一途径导出. 对于时间 T 内的任一次计数, 可将时间 t 内有一次计数这一事件看作随机试验的 "成功", 而在余下的时间 $T-t$ 内有一次计数看作试验 "失败", 总计数 n 作为独立的随机试验的次数. 显然, 每一次试验可用伯努利分布描述, 因为时间间隔 T 内的一次计数或者在 t 内发生, 或者在余下的 $T-t$ 内发生, 不可能有其他结果. 由于平均计数率为 n/T, 故时间 t 内得到一次计数的概率, 即成功率为 $p=\frac{1}{n}(n/T)\cdot t = t/T$. 根据 4.1 节二项分布的讨论可知, (时间 T 内)n 次独立试验中成功 r 次 (时间 t 内有 r 次计数), 失败 $n-r$ 次 (时间 $T-t$ 内有 $n-r$ 次计数) 的概率由二项分布表示

$$P(r, n-r|n) = B(r;n,p) = B(r;n,t/T).$$

这与式 (4.4.2) 的结果相同.

例 4.12 粒子反应产物的前后不对称性 (2)

我们进一步研究 4.1 节中讨论的反应产物前后不对称性的问题. 设粒子反应

$$e^+ + e^- \to \mu^+ + \mu^-$$

中事例总数 n 服从均值 λ 的泊松分布, 对于给定的 n 值, 前向事例数 f 和后向事例数 b 由二项分布给出

$$B(f;n,p) = \frac{n!}{f!b!}p^f q^b, \quad f+b=n, p+q=1,$$

p 是一个事例为前向事例的概率. 于是事例数为 n, 其中前向事例数为 f 的概率可表示为

$$\begin{aligned} P(f,b,n) &= B(f;n,p)\cdot P(n;\lambda) = \frac{n!}{f!b!}p^f q^b\cdot\frac{1}{n!}\lambda^n e^{-\lambda} \\ &= \left[\frac{1}{f!}(\lambda p)^f e^{-\lambda p}\right]\cdot\left[\frac{1}{b!}(\lambda q)^b e^{-\lambda q}\right]. \end{aligned}$$

该式是对于变量 f(均值 λp) 和变量 b(均值 λq) 的两个泊松概率的乘积

$$P(f,b,n)=P(f;\lambda p)\cdot P(b;\lambda q). \tag{4.4.3}$$

如果假定 f 和 b 是两个相互独立的泊松变量, 则立即可得出式 (4.4.3) 的概率表达式. 于是"n 为泊松变量和 f 服从二项分布"等价于"f 和 b 为两个独立的泊松变量".

当将 f 和 b 考虑为相互独立的泊松变量, 应用误差传播公式, 可立即求得前后不对称性 $r\equiv\dfrac{f-b}{f+b}$ 的方差为

$$V(r)\approx\frac{4fb}{(f+b)^3},$$

这一表达式与例 4.2 中 n 为常数时 $V(r)$ 的近似表达式相一致.

例 4.13　事例直方图 (2)

在 4.2 节中我们已经说明, 当 n 个事例落在直方图的 l 个子区间中, 则第 j 个区间内事例数为 r_j 的概率 $(j=1,2,\cdots,l)$ 服从式 (4.2.1) 的多项分布.

现在假定事例总数 n 不是常数, 而是服从参数 λ 的泊松分布的随机变量, 求第 j 个区间出现 r_j 个事例的概率.

在这种情形下, 事例总数为 n, 第 j 个区间出现 r_j 个事例 $(j=1,2,\cdots,l)$ 的联合分布等于多项分布概率和泊松分布概率的乘积

$$\begin{aligned}P(r_1,r_2,\cdots,r_l,n)&=M(\boldsymbol{r};n,\boldsymbol{p})\cdot P(n;\lambda)\\&=\frac{n!}{r_1!r_2!\cdots r_l!}p_1^{r_1}p_2^{r_2}\cdots p_l^{r_l}\cdot\frac{1}{n!}\lambda^n\mathrm{e}^{-\lambda}.\end{aligned}$$

由于 $\sum\limits_{j=1}^{l}p_j=1,\sum\limits_{j=1}^{l}r_j=n$, 上式可改写为

$$\begin{aligned}P(r_1,r_2,\cdots,r_l,n)=&\left[\frac{1}{r_1!}(\lambda p_1)^{r_1}\mathrm{e}^{-\lambda p_1}\right]\\&\cdot\left[\frac{1}{r_2!}(\lambda p_2)^{r_2}\mathrm{e}^{-\lambda p_2}\right]\cdots\left[\frac{1}{r_l!}(\lambda p_l)^{r_l}\mathrm{e}^{-\lambda p_l}\right]\\=&P(r_1;\lambda p_1)\cdot P(r_2;\lambda p_2)\cdots P(r_l;\lambda p_l),\end{aligned} \tag{4.4.4}$$

即联合分布等于 l 个泊松分布的乘积. 上式表明, 在包含 l 个子区间的直方图中, 如果总的事例数 n 不是常数而是一个泊松变量, 则每一子区间中的事例数 $r_j,j=1,2,\cdots,l$ 可认为是相互独立的泊松变量. 于是在每个子区间中有

$$E(r_j)=V(r_j)=\lambda p_j\approx r_j,\quad j=1,2,\cdots,l.$$

这一结果与式 (4.2.5) 相同.

由上述推导可知, 当 l 个变量 $r_1, r_2, \cdots, r_l$ 服从多项分布, 而 $\sum_{j=1}^{l} r_j$ 是均值为 λ 的泊松变量时, 这 l 个变量是互相独立的泊松变量, 其均值为 $\lambda p_j, j=1,2,\cdots,l$.

4.5 复合泊松分布

设 $r_1, r_2, \cdots, r_n$ 是 n 个独立的泊松变量, 它们的均值都等于 μ; 进一步假定 n 服从均值 $\nu=\lambda t$ 的泊松分布, 要求随机变量

$$r=\sum_{i=1}^{n} r_i \tag{4.5.1}$$

的分布.

根据上述假设知

$$P(r_i;\mu)=\frac{\mu^{r_i}\mathrm{e}^{-\mu}}{r_i!}, \quad P(n;\nu)=\frac{\nu^n \mathrm{e}^{-\nu}}{n!}.$$

利用全概率公式得

$$P(r)=\sum_{n=0}^{\infty} P\left(r=\sum_{i=1}^{n} r_i;\mu\right)\cdot P(n;\nu).$$

n 个独立的泊松变量之和仍是泊松变量, 其均值等于各泊松变量均值之和, 即 $P\left[r=\sum_{i=1}^{n} r_i;\mu\right]=P(r;n\mu)$, 由此得出随机变量 r 的概率表达式, 称为**复合泊松分布**.

$$P(r)=\sum_{n=0}^{\infty}\left[\frac{1}{r!}(n\mu)^r \mathrm{e}^{-n\mu}\right]\left(\frac{1}{n!}\nu^n \mathrm{e}^{-\nu}\right), \quad r=0,1,\cdots. \tag{4.5.2}$$

该分布的性质列举如下：

均值

$$E(r)=\nu\mu,$$

方差

$$V(r)=\nu\mu(1+\mu), \tag{4.5.3}$$

概率母函数

$$G(Z,t)=\exp(\lambda t\mathrm{e}^{-\mu+\mu Z}-\lambda t) \tag{4.5.4}$$

复合泊松分布可作进一步的推广. 设 $r_1, r_2, \cdots, r_n$ 是 n 个独立的同分布随机变量, 均值都等于 μ; 而 n 服从均值 $\nu = \lambda t$ 的泊松分布, 则随机变量 $r = \sum_{i=1}^{n} r_i$ 服从**推广的复合泊松分布**, 其概率表示为

$$P(r) = \sum_{n=0}^{\infty} P\left(r = \sum_{i=1}^{n} r_i; \mu\right) \cdot \left[\frac{1}{n!}(\lambda t)^n \mathrm{e}^{-\lambda t}\right], \quad r = 0, 1, \cdots, \tag{4.5.5}$$

其中 $P\left(r = \sum_{i=1}^{n} r_{i;\mu}\right)$ 是给定 n 值时 $r_1, r_2, \cdots, r_n$ 的联合概率分布. 它的概率母函数 (令 r_i 的概率母函数为 $g(Z)$)

$$G(Z, t) = \exp\left[\lambda t g(Z) - \lambda t\right], \tag{4.5.6}$$

式 (4.5.4) 和式 (4.5.6) 所示的函数具有因子化性质

$$G(Z, t_1 + t_2) = G(Z, t_1) \cdot G(Z, t_2). \tag{4.5.7}$$

$G(Z, t)$ 中的变量 t 标志着泊松过程中的时间或空间间隔, $G(Z, t)$ 对应的随机变量表示泊松过程在间隔 t 中的概率贡献. 因此, 复合泊松分布概率母函数的因子化性质表示, 非重叠的区间 t_1, t_2 对概率的贡献是相互独立的 (见 2.6 节).

复合泊松分布在核物理、遗传学、生态学和排队论中有广泛的应用, 它描述的是一种链式的随机过程: 第一代随机过程的产物本身又能导致新一代的随机过程, 核物理中的链式反应是一个典型的例子.

例 4.14　云室中沿粒子径迹液滴数的分布

带电粒子与云室中液体的相互作用使得沿粒子运动路径形成一连串的小液滴. 对液滴形成机制的研究表明[27], 带电粒子在运动过程中发生一连串的 "基本散射" 事件, 事件数服从泊松分布.

在每一基本散射事件中形成的液滴数目亦服从泊松分布. 假定在给定径迹长度 l 中, 基本散射事件数的均值为 μ, 而每一散射事件形成的液滴数均值为 ν, 则在长度 l 中观测到 r 个液滴的概率由复合泊松分布给出

$$P(r) = \sum_{n=0}^{\infty} \left[\frac{1}{r!}(n\mu)^r \mathrm{e}^{-n\mu}\right] \left(\frac{\nu^n \mathrm{e}^{-\nu}}{n!}\right), \quad r = 1, 2, \cdots.$$

若将该径迹长度 l 分成互不重叠的两段 l_1 和 $l_2, l = l_1 + l_2$, 由概率母函数的因子化性质立即知道, 在 l_1 和 l_2 中的液滴 r_1 和 r_2 都服从复合泊松分布, 而且相互独立, 只是均值 μ 用 $\mu_i = \mu \cdot l_i / l, i = 1, 2$ 代替而已.

4.6 几何分布, 负二项分布, 超几何分布

本节简略地介绍在概率统计中占有重要地位的其他一些离散分布 —— 几何分布、负二项分布和超几何分布.

(1) 几何分布

设在一次伯努利试验中事件 A 出现的概率等于 p, 作一系列独立的伯努利试验, 事件 A 首次出现的试验次数记为 r, 则 r 为随机变量, 它所服从的分布称为**几何分布**. 其性质列举如下:

$$
\begin{aligned}
&\text{分布概率} && g(r;p)=p(1-p)^{r-1}, \qquad 0\leqslant p\leqslant 1, r=1,2,\cdots,\\
&\text{均值} && E(r)=p^{-1},\\
&\text{方差} && V(r)=(1-p)/p^2,\\
&\text{偏度} && \gamma_1=(2-p)/(1-p)^{1/2},\\
&\text{峰度} && \gamma_2=(p^2-6p+6)/(1-p),\\
&\text{概率母函数} && G(Z)=\frac{pZ}{1-(1-p)Z}.
\end{aligned}
\tag{4.6.1}
$$

$p=0.2,0.4,0.6$ 的几何分布如图 4.6 中 $k=1$ 的图形所示.

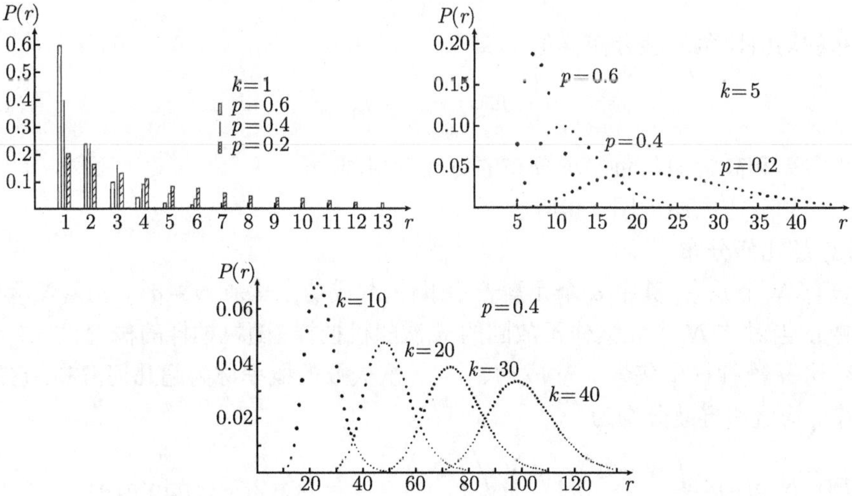

图 4.6 不同 k,p 值的负二项分布, $k=1$ 相应于几何分布

几何分布还具有**无记忆性**的特殊性质. 假定在前 m 次伯努利试验中没有出现事件 A, 那么在此后的伯努利试验中, 事件 A 首次出现的试验次数仍然服从几何分布, 与前面的试验次数 m 无关. 形象地说, 好像把过去的经历完全 “遗忘” 了.

(2) 负二项分布

负二项分布也称为**帕斯卡 (Pascal) 分布**. 考虑重复的独立伯努利试验, 在第 r 次试验中事件 A 出现第 k 次, 则随机变量 r 服从**负二项分布**. 其性质列举如下：

$$\begin{aligned}
&\text{分布概率} && P_k(r;p)=\binom{r-1}{k-1}p^k(1-p)^{r-k},\quad 0\leqslant p\leqslant 1, r=k,k+1,\cdots,\\
&\text{均值} && E(r)=k/p,\\
&\text{方差} && V(r)=k(1-p)/p^2,\\
&\text{偏度} && \gamma_1=(2-p)/\sqrt{k(1-p)},\\
&\text{峰度} && \gamma_2=(p^2-6p+6)/k(1-p),\\
&\text{概率母函数} && G(Z)=\left[\frac{pZ}{1-(1-p)Z}\right]^k.
\end{aligned}\tag{4.6.2}$$

将上式与式 (4.6.1) 对比可见, $k=1$ 的负二项分布即是几何分布, 它可以视为几何分布的一种推广.

若在一系列独立的伯努利试验中出现了第 k 次成功 (即事件 A), 其中失败的次数记为 s, 则 s 亦是随机变量. 可以证明, s 服从的概率分布为

$$P_k(s;p)=\binom{s+k-1}{s}p^k(1-p)^s,\quad 0\leqslant p\leqslant 1, s=1,2,\cdots.\tag{4.6.3}$$

该分布的均值比负二项分布均值小 k

$$E(s)=\frac{k}{p}-k,\tag{4.6.4}$$

而方差和高阶矩与负二项分布的对应量相同.

负二项分布的图如图 4.6 所示.

(3) 超几何分布

设有 N 个元素, 其中 a 个元素表示事件 A(成功), 其余 $N-a$ 个元素表示事件 $\overline{A}$(失败). 当对这 N 个元素作不放回的 n 次随机抽样 (随机抽样的概念见 6.1 节的讨论), 这 n 次抽样中包含 r 次成功、$n-r$ 次失败的概率称为**超几何分布**. 它的分布概率、均值和方差分别为

$$\begin{gathered}
P(r;N,n,a)=\binom{N-a}{n-r}\binom{a}{r}\Big/\binom{N}{n},\quad r=0,1,2,\cdots,\min(a,n),\\
E(r)=\frac{na}{N},\quad V(r)=\frac{N-n}{N-1}\cdot\frac{na}{N}\left(1-\frac{a}{N}\right).
\end{gathered}\tag{4.6.5}$$

超几何分布与二项分布相比较, 其基本区别之一在于前者是不放回抽样而后者是放回抽样, 在抽样结果只有成功和失败两种这一点上是一致的. 当抽样次数

$n \ll N$ 时, 这 n 次抽样的结果对总体 N 个元素的分布改变很少, 这样超几何分布可用二项分布作为近似, 二项分布的参数为 n 和 $p = a/N$.

$$\begin{aligned} &P(r; N, n, a) \approx B(r; n, p), \\ &n \ll N, \quad p = \frac{a}{N}, \end{aligned} \tag{4.6.6}$$

其均值根据二项分布的公式为

$$\begin{aligned} &E(r) = np = \frac{na}{N}, \\ &V(r) \approx np(1-p) = \frac{na}{N}\left(1 - \frac{a}{N}\right). \end{aligned} \tag{4.6.7}$$

与超几何分布的均值、方差公式 (4.6.5) 相比, 均值表达式相同, 方差只差一个因子 $(N-n)/(N-1)$, 当 $N \gg n$ 时, 显然接近于 1.

在实际抽样时, 大多运用不放回抽样. 只要满足 $n \ll N$ 的条件, 就可利用二项分布作为近似, 以避免超几何概率分布的繁复计算.

超几何分布可作进一步推广. 设 N 个元素可分为 k 种事件 A_i, 属于事件 A_i 的元素有 a_i 个, $i = 1, 2, \cdots, k, \sum_{i=1}^{k} a_i = N$. 对这 N 个元素作 n 次不放回的随机抽样, 事件 A_i 出现的次数 $r_i (i = 1, 2, \cdots, k)$ 是随机变量, 它服从**推广的超几何分布**

$$\begin{aligned} &P(\boldsymbol{r}; N, n; \boldsymbol{a}) = \prod_{i=1}^{k} \binom{a_i}{r_i} \Big/ \binom{N}{n}, \quad r_i = 0, 1, \cdots, \min(a_i, n), \\ &\sum_{i=1}^{k} r_i = n, \quad \sum_{i=1}^{k} a_i = N. \end{aligned} \tag{4.6.8}$$

当 $n \ll N$, 推广的超几何分布近似于 $p_i = \dfrac{a_i}{N}$ 的多项分布.

举一个推广的超几何分布应用的例子. 设对 10 个人的血型检验的结果是 O 型 3 人, A 型 4 人, B 型 3 人. 从中随机地抽取 5 个人的血液, 问得到 O 型 1 人, A 型、B 型各 2 人的概率多大.

本例中 $N = 10, n = 5, r_1 = 1, r_2 = 2, r_3 = 2, a_1 = 3, a_2 = 4, a_3 = 3$. 将这些数字代入式 (4.6.8) 得

$$P(1, 2, 2; 10, 5; 3, 4, 3) = \frac{\binom{3}{1}\binom{4}{2}\binom{3}{2}}{\binom{10}{5}} = \frac{3}{14}.$$

4.7 均匀分布

从本节开始将讨论几种重要的连续分布.

设随机变量 X 的概率密度可表示为

$$f(x)=\begin{cases}\dfrac{1}{b-a}, & a\leqslant X\leqslant b,\\ 0, & \text{其他},\end{cases} \tag{4.7.1}$$

则称 X 服从 $[a,b]$ 区间内的均匀分布. 它的累积分布函数为

$$F(x)=\begin{cases}0, & X<a,\\ \dfrac{x-a}{b-a}, & a\leqslant X\leqslant b,\\ 1, & X>b.\end{cases} \tag{4.7.2}$$

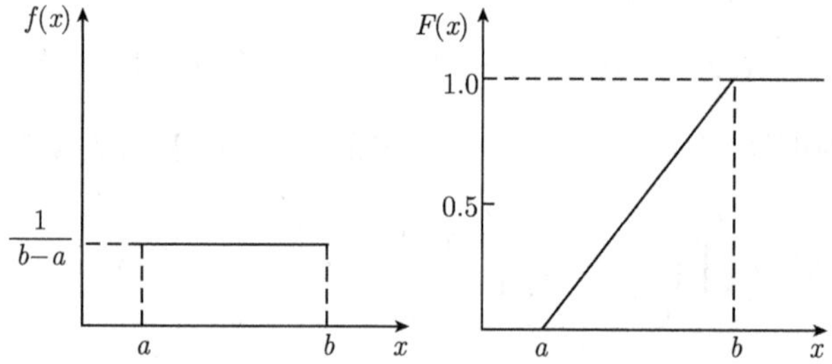

图 4.7　均匀分布的概率密度 $f(x)$ 和累积分布函数 $F(x)$

$f(x)$ 和 $F(x)$ 的形状如图 4.7 所示. 容易算出均匀分布的数字特征

$$E(X)=\int_a^b xf(x)\mathrm{d}x=\frac{a+b}{2},$$

$$V(X)=\int_a^b [x-E(X)]^2 f(x)\mathrm{d}x=\frac{(b-a)^2}{12},$$

$$\gamma_1=0,\quad \gamma_2=-1.2. \tag{4.7.3}$$

$f(x)$ 对于均值 $E(X)$ 是对称的, 因而所有奇数阶中心矩等于 0, 偶数阶中心矩

$$\begin{aligned}\mu_{2k}&=\int_a^b [x-E(X)]^{2k} f(x)\mathrm{d}x\\ &=\frac{1}{2k+1}\left(\frac{b-a}{2}\right)^{2k},\quad k=0,1,\cdots.\end{aligned} \tag{4.7.4}$$

均匀分布的特征函数

$$\varphi(t)=\frac{\mathrm{e}^{\mathrm{i}tb}-\mathrm{e}^{\mathrm{i}ta}}{\mathrm{i}t(b-a)}. \tag{4.7.5}$$

均匀分布是最简单的连续随机变量，它表示在区间 $[a,b]$ 内任意等长度区间内事件出现的概率相同这样一种分布. 数字计算中的舍入误差、时钟任一指针的角度值都是均匀分布的例子. 它的计算极其简单，但是如下的一个重要性质使得均匀分布具有广泛的应用：任何连续随机变量的概率密度经过适当的变换都可转变为 [0, 1] 区间的均匀分布.

设任意连续随机变量 Y 的概率密度为 $g(y)$，令

$$x=G(y)=\int_{-\infty}^{y}g(t)\,\mathrm{d}t, \tag{4.7.6}$$

即 x 为随机变量 Y 的累积分布函数. x 可考虑为一随机变量，它是 y 的函数，根据随机变量的函数的概率密度公式 (2.3.3)，x 的概率密度为

$$f(x)=g(y)\left|\frac{\mathrm{d}y}{\mathrm{d}x}\right|=g(y)\left|\left(\frac{\mathrm{d}G}{\mathrm{d}y}\right)^{-1}\right|=1.$$

$f(x)=1$ 正是 [0, 1] 区间均匀分布的概率密度，因此，x(即任意连续随机变量的累积分布函数) 服从 [0, 1] 区间的均匀分布. 这一性质广泛运用于蒙特卡罗计算 (见第 14 章).

例 4.15 多丝室的空间分辨

带电粒子穿过多丝室，靠近的两根丝感应出电信号 (如图 4.8). 设丝距为 d，问空间分辨为多大?

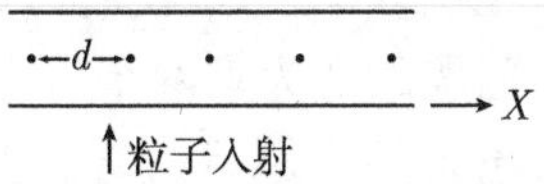

图 4.8 粒子入射多丝室

空间分辨，即多丝室在 X 方向上的定位能力. 直观的的想法，空间分辨应该为 d 或 $d/2$，实际上不然.

当两根丝感应出电信号，可以判断粒子入射位置在此两根丝之间. 在没有其他知识的情况下，认为入射位置为 $0\rightarrow d$ 间的均匀分布是合理的假定. 于是，概率密度为

$$f(x)=1/d,\quad x\in[0,d].$$

该分布的标准差可视为空间分辨，故有

$$\sigma=\frac{d}{2}\cdot\frac{1}{\sqrt{3}}.$$

空间分辨比直观的 d 或 $d/2$ 都要小.

4.8 指数分布

设随机变量 X 的概率密度为

$$f(x;\lambda)=\begin{cases}\lambda \mathrm{e}^{-\lambda x}, & x\geqslant 0,\\ 0, & x<0,\end{cases} \tag{4.8.1}$$

其中 λ 是大于 0 的常数, 于是称 X 为服从参数 λ 的指数分布. 它的其他性质为：

$$\begin{aligned}
&\text{累积分布} && F(x)=1-\mathrm{e}^{-\lambda x},\\
&\text{均值} && E(X)=\frac{1}{\lambda},\\
&\text{方差} && V(X)=\frac{1}{\lambda^2}\\
&\text{偏度} && \gamma_1=2,\\
&\text{峰度} && \gamma_2=6,\\
&k\text{阶中心矩} && \mu_k=E[x-E(X)]^k=\frac{k!}{\lambda^k}\sum_{i=0}^{k}(-1)^{k-i}\cdot\frac{1}{(k-i)!},\\
&\text{特征函数} && \varphi(t)=\left(1-\frac{\mathrm{i}t}{\lambda}\right)^{-1}.
\end{aligned} \tag{4.8.2}$$

指数分布可以描述许多物理现象, 特别是它与泊松过程有紧密的联系, 泊松过程中两次相继发生的事件之间的 (时间、空间) 间隔服从指数分布.

例 4.16　泡室中粒子径迹气泡间的距离分布

在例 4.6 7 中, 我们讨论了泡室中长度 l 的粒子径迹产生 n 个气泡的概率. 现在将问题改变为求两个气泡之间的距离等于 l 时的概率表达式.

给定某一原点位置, 考虑距离该点 l 处出现第一个气泡的概率. 因为在间隔 $[l,l+\Delta l]$ 内出现第一个气泡等价于在 [0, l] 内不出现气泡而 $[l,l+\Delta l]$ 内出现一个气泡, 根据泊松假设 (见 4.3 节), 这两个事件相互独立, 故此两个独立事件同时出现的联合概率是独立事件概率的乘积, 它等于 $g\Delta l\cdot \mathrm{e}^{-gl}$(见例 4.7). 因此, 在位置 l 处单位长度内出现第一个气泡的概率 (即概率密度) 为

$$f(l)=g\mathrm{e}^{-gl},\quad 0\leqslant l<\infty, \tag{4.8.3}$$

其中 g 是单位径迹长度内的平均气泡数目.

位置原点的选择是任意的, 可以把任意一个气泡出现的位置作为下一个气泡出现位置的原点, 相邻两个气泡间距离分布仍然是式 (4.8.3) 所示的指数分布, 该性质称为指数分布的无记忆性. 这时, 式 (4.8.3) 应解释为粒子径迹上两个相邻气泡间距离等于 l 的概率密度函数, 这就是我们要解的问题.

两个相邻气泡间距离 $\leqslant l$ 的概率由累积分布函数给出

$$F(l)=\int_0^l f(x)\mathrm{d}x=1-\mathrm{e}^{-gl}; \tag{4.8.4}$$

两相邻气泡间距离 $>l$ 的概率显然是

$$1-F(l)=\mathrm{e}^{-gl}; \tag{4.8.5}$$

两相邻气泡间的平均距离则为

$$E(l)=\int_0^\infty lf(l)\mathrm{d}l=\int_0^\infty gl\mathrm{e}^{-gl}\mathrm{d}l=\frac{1}{g}, \tag{4.8.6}$$

该结果与问题的原假设相一致：单位距离内的气泡平均数等于 g.

以上结论是在假定气泡大小可以忽略的情况下导出的. 若气泡大小不可忽略，但可认为是直径同为 d 的小球，则相邻两个气泡间的间隙 $x=l-d$ 的分布也可用指数分布表示

$$f(x)=g\mathrm{e}^{-gx},\quad 0\leqslant x<\infty.$$

例 4.17 两次相继的核衰变之间时间间隔的分布

由例 4.7、例 4.8 的讨论知道，两次相继的核衰变之间时间间隔的分布与上例中相邻气泡间距离分布的推导是一致的. 上例中的距离间隔 l 相应于时间间隔 t，单位距离内的气泡平均数 g 相应于单位时间内的核衰变平均次数 λ—核物理中称为衰变常数. 于是对核衰变现象，相继的两次衰变间时间间隔 t 的概率密度函数为

$$f(t)=\lambda\mathrm{e}^{-\lambda t},\quad 0\leqslant t<\infty, \tag{4.8.7}$$

t 的平均值 (称为核的平均寿命 τ) 等于

$$\tau\equiv E(t)=\frac{1}{\lambda}. \tag{4.8.8}$$

两次衰变间时间间隔 $>t$(即在 t 内不发生任何衰变) 的概率是

$$1-F(t)=\mathrm{e}^{-\lambda t}. \tag{4.8.9}$$

这些公式同样反映了指数分布的无记忆性，即分布概率的表达式与时间原点的选择无关. 这一性质在实际问题中极为重要，它使得我们能够在任何时刻测量不稳定核的平均寿命 τ. 假定在时刻 T_1 有 $N_1(T_1)$ 个不稳定核，若 N_1 充分大，在时刻 $T_2(>T_1)$ 由式 (4.8.9) 立即知道不稳定核个数 $N_2(T_2)$ 为

$$N_2(T_2)=N_1(T_1)\mathrm{e}^{-\lambda(T_2-T_1)},$$

将 N_1, N_2 对时间求导数, 移项后, 得

$$\frac{\mathrm{d}N_2/\mathrm{d}t}{\mathrm{d}N_1/\mathrm{d}t} = \mathrm{e}^{-\lambda(T_2-T_1)}.$$

于是得到平均寿命 τ 的表达式

$$\lambda = \tau^{-1} = \frac{1}{T_2 - T_1}\ln\left(\frac{\mathrm{d}N_1/\mathrm{d}t}{\mathrm{d}N_2/\mathrm{d}t}\right).$$

$\mathrm{d}N/\mathrm{d}t$ 为单位时间内核衰变的次数, 称为核衰变率. 因此, 用核探测器测量任意两时刻 T_1, T_2 的核衰变率, 即可求出核的平均寿命.

4.9 伽 马 分 布

设随机变量 X 的概率密度函数可表示为

$$f(x;\alpha,\beta) = \frac{\beta^\alpha}{\Gamma(\alpha)}x^{\alpha-1}\mathrm{e}^{-\beta x}, \quad \alpha,\beta > 0,\ 0 \leqslant x < \infty, \tag{4.9.1}$$

α, β 为正常数, 则称 X 服从参数 α, β 的**伽马分布**(Gamma distribution). 它的其他性质列举如下:

$$\begin{aligned}
&\text{均值} && E(X) = \alpha/\beta,\\
&\text{方差} && V(X) = \alpha/\beta^2,\\
&\text{偏度} && \gamma_1 = \frac{2}{\sqrt{\alpha}},\\
&\text{峰度} && \gamma_2 = \frac{6}{\alpha},\\
&\text{特征函数} && \varphi(t) = (1 - \mathrm{i}t/\beta)^{-\alpha}.
\end{aligned} \tag{4.9.2}$$

式 (4.9.1) 中的 $\Gamma(\alpha)$ 是伽马函数, 伽马分布的名称即来源于此. 它的显著表达式为

$$\Gamma(\alpha) \equiv \int_0^\infty y^{\alpha-1}\mathrm{e}^{-y}\mathrm{d}y, \quad \alpha > 0,$$

它有以下性质:

$$\Gamma(1) = 1, \quad \Gamma(1/2) = \sqrt{\pi},$$

$$\Gamma(\alpha) = (\alpha - 1)\Gamma(\alpha - 1),$$

$$\Gamma(n) = (n-1)!, \quad n\text{为正整数}$$

$$\Gamma\left(n + \frac{1}{2}\right) = \frac{(2n-1)!!}{2^n}\sqrt{\pi}. \tag{4.9.3}$$

伽马分布的概率密度函数见图 4.9. 当 $\alpha \leqslant 1$, 函数单调下降; 当 $\alpha > 1$, 概率密度为单峰函数, 极大值在 $x = (\alpha - 1)/\beta$ 处.

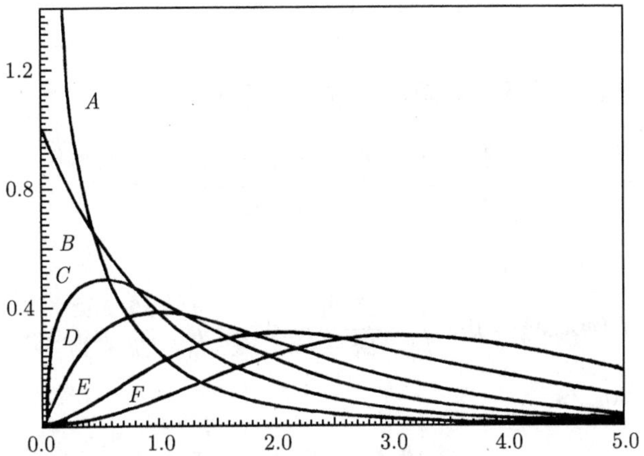

图 4.9 伽马分布的概率密度函数 (β=1), 曲线 A, B, C, D, E, F 分别对应于 α 值 0.5, 1, 1.5, 2, 3, 4

指数分布是伽马分布 ($\alpha = 1$) 的特例; 参数 $\beta = 1/2, \alpha = \nu/2$($\nu$ 为正整数) 的伽马分布即为自由度为 ν 的 χ^2 分布, 后者将在 4.14 节进行讨论. α 等于正整数的伽马分布称为**厄兰分布**(Erlangian distribution), 它的概率密度由式 (4.9.1) 和式 (4.9.3) 求得 (令 $\lambda = \beta$)

$$f(t; k, \lambda) = \frac{\lambda^k}{(k-1)!} t^{k-1} \mathrm{e}^{-\lambda t}, \quad \lambda > 0, k = 1, 2, \cdots, 0 \leqslant t < \infty. \tag{4.9.4}$$

这种分布可以从泊松假设推导出来, 因而可描述泊松随机过程.

为确定起见, 我们考虑描述时间上随机发生的过程, 设事件的发生服从泊松假设, λ 为单位时间内发生的事件 (如核衰变) 平均数, 于是时间间隔 t 内发生 r 个事件的概率服从泊松分布

$$P_r(t; \lambda) = \frac{1}{r!} (\lambda t)^r \mathrm{e}^{-\lambda t}.$$

这里 r 是个随机变量. 现在我们要求出现 k 个事例 (k 是某个正整数常数) 的时间间隔 t 的规律, 也就是说, 用 t 表示泊松过程中出现 k 个事件的时间间隔, 求随机变量 t 的分布. 在泊松过程中, 在 t 内出现 $0, 1, \cdots, k-1$ 个事件的总概率是

$$\sum_{r=0}^{k-1} P_r(t; \lambda) = \sum_{r=0}^{k-1} \frac{(\lambda t)^r \mathrm{e}^{-\lambda t}}{r!},$$

因而在 t 内出现 $\geqslant k$ 个事例的概率为

$$F(t;k,\lambda)=1-\sum_{r=0}^{k-1}\frac{(\lambda t)^r\mathrm{e}^{-\lambda t}}{r!},$$

通过数学推导, 上式右边的求和项可写成积分形式

$$\sum_{r=0}^{k-1}\frac{(\lambda t)^r\mathrm{e}^{-\lambda t}}{r!}=\int_{\lambda t}^{\infty}\frac{z^{k-1}\mathrm{e}^{-z}}{(k-1)!}\mathrm{d}z,$$

于是有

$$F(t;k,\lambda)=1-\int_{\lambda t}^{\infty}\frac{z^{k-1}\mathrm{e}^{-z}}{(k-1)!}\mathrm{d}z=\int_{0}^{\lambda t}\frac{z^{k-1}\mathrm{e}^{-z}}{(k-1)!}\mathrm{d}z,$$

作变量代换 $z=\lambda y$, 得

$$F(t;k,\lambda)=\int_0^t\frac{\lambda^k y^{k-1}\mathrm{e}^{-\lambda y}}{(k-1)!}\mathrm{d}y=\int_0^t f(y;k,\lambda)\mathrm{d}y. \tag{4.9.5}$$

可见, $F(t;k,\lambda)$ 正是厄兰累积分布函数. 因此, $f(t;k,\lambda)$ 表示了在 t 内出现 k 个事件的概率密度函数. 考虑到泊松过程中时间 (或空间) 原点的选择是任意的, 所以 $f(t;k,\lambda)$ 实际上表示第 i 个事件与第 $k+i$ 个事件 (相隔 k 个事件) 之间的时间 (或空间) 间隔的分布. 厄兰分布的均值和方差容易求出

$$E(t)=k\lambda^{-1},\quad V(t)=k\lambda^{-2}. \tag{4.9.6}$$

与式 (4.88) 比较可知, 它的均值恰好是泊松过程中两相继事件间的时间间隔 λ^{-1} 的 k 倍.

例 4.18 成批数据的计算机在线处理

当前的许多物理实验常常需要长时间连续运行, 研究不断出现的感兴趣事例, 而每个事例通常包含一批实验数据. 例如, 利用加速器粒子流轰击靶产生某种粒子反应, 该反应需要用各种信息 (末态粒子种类、个数、动量、能量、飞行方向等) 来描述, 即用一组固定的物理量数据描述该事例. 这种大数据量、长期运行的实验数据获取和处理要用在线计算机来完成. 其工作方式如此：一批批数据首先储存在计算机的缓冲器中, 然后再转移到中央处理器 (CPU) 进行处理. 如果缓冲器已被前面事例的数据占满, 同时又有新事例的数据等待输入, 那么缓冲器被清零 (缓冲器内数据丢失), 重新输入新的数据. 现在要问, 在实验长期运行时如何计算丢失事例的比例.

本问题的三个要素是事例 (数据) 产生速率, 计算机运算速度和缓冲器容量. 设各事例的产生符合泊松假设, 事例产生的平均速率是每秒 λ 个, 缓冲器容量等于 k

个事例的数据量, 计算机在 T 秒内能处理 k 个事例. 进一步假定缓冲器的清零时间和数据从缓冲器到中央处理器的转移时间可以忽略.

在这些假定下, 缓冲器内包含 j 个事例数据的时间间隔 t 的分布由厄兰分布给出. 被丢失的事例的比例 $F(T)$ 相当于在时间间隔 T 内缓冲器包含 $\geqslant k$ 个事例数据的概率, 即

$$F(T) = \int_0^T f(t;k,\lambda)\mathrm{d}t = \int_0^T \frac{\lambda^k t^{k-1}}{(k-1)!}\mathrm{e}^{-\lambda t}\mathrm{d}t$$

(见式 (4.9.5) 的推导过程). 给定事例平均产生率 $\lambda = 0.5/\mathrm{s}$, 缓冲器容量 $k = 10$, 计算机每秒可处理一个事例即 $T = 10\mathrm{s}$. 这时厄兰分布等同于自由度 $v = 2k = 20$ 的 χ^2 分布, 从累积 χ^2 分布 (图 4.23) 可以查到 $F(T) \approx 0.03$, 即约 3%的事例将被丢失.

4.10 贝 塔 分 布

设随机变量 X 的概率密度函数可表示为

$$f(X) = \frac{\Gamma(m+n)}{\Gamma(m)\Gamma(n)}X^{m-1}(1-X)^{n-1}, \quad 0 \leqslant X \leqslant 1 \tag{4.10.1}$$

m, n 为正整数, 则称 X 服从参数 m, n 的**贝塔分布**(Beta distribution). 它的其他性质列举如下:

$$\begin{aligned}
&\text{均值} && E(X) = \frac{m}{m+n}, \\
&\text{方差} && V(X) = \frac{mn}{(m+n)^2(m+n+1)}, \\
&\text{偏度} && \gamma_1 = \frac{2(n-m)\sqrt{m+n+1}}{(m+n+2)\sqrt{mn}}, \\
&\text{峰度} && \gamma_2 = \frac{3(m+n+1)\left[2(m+n)^2 + mn(m+n-6)\right]}{mn(m+n+2)(m+n+3)} - 3, \\
&\text{特征函数} && \varphi(t) = \frac{\Gamma(m+n)}{\Gamma(m)}\sum_{k=0}^{\infty}\frac{\Gamma(m+n)(it)^k}{\Gamma(m+n+k)\Gamma(k+1)}.
\end{aligned} \tag{4.10.2}$$

贝塔分布的概率密度函数如图 4.10.

贝塔分布是统计学中对于两边皆有边界 (例如 $0 \leqslant X \leqslant 1$) 的变量的一种基本分布.

当 $X_1 \sim \Gamma(m,\beta), X_2 \sim \Gamma(n,\beta)$, 且 X_1, X_2 相互独立, 则 $X_1/(X_1+X_2)$ 服从参数 m, n 的**贝塔分布**.

当 $X \sim F(n,m)$, 则 $(1+X)^{-1}$ 服从参数 $m/2, n/2$ 的**贝塔分布**.

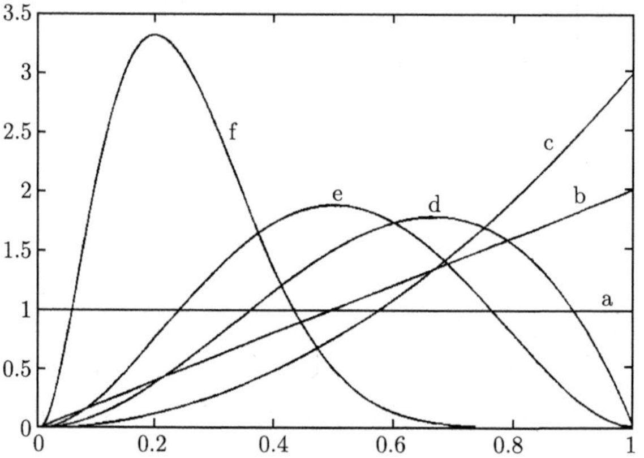

图 4.10 贝塔分布的概率密度函数

(a) $n=1, m=1$; (b) $n=1, m=2$; (c) $n=1, m=3$;

(d) $n=2, m=3$; (e) $n=3, m=3$; (f) $n=9, m=3$

4.11 正 态 分 布

设随机变量 X 的概率密度为

$$f(x) \equiv N(\mu, \sigma^2) = \frac{1}{\sqrt{2\pi}\sigma} e^{-\frac{(x-\mu)^2}{2\sigma^2}}, \quad -\infty < x < \infty, \tag{4.11.1}$$

其中 μ 为实数, σ 为大于 0 的实数, 称 X 服从参数 μ, σ 的**正态分布**或**高斯分布**. 下面列出正态分布的分布函数、特征函数和数字特征:

$$F(x) = \frac{1}{\sqrt{2\pi}\sigma} \int_{-\infty}^{x} e^{-\frac{(t-\mu)^2}{2\sigma^2}} dt, \tag{4.11.2}$$

$$\varphi(t) = \exp\left(it\mu - \frac{1}{2}t^2\sigma^2\right), \tag{4.11.3}$$

$$E(X) = \mu, \tag{4.11.4}$$

$$V(X) = \sigma^2, \tag{4.11.5}$$

$$\gamma_1 = \gamma_2 = 0. \tag{4.11.6}$$

奇数阶和偶数阶中心矩为

$$\left.\begin{aligned} \mu_{2k+1} &= 0 \\ \mu_{2k} &= \frac{(2k)!}{2^k \cdot k!}\sigma^{2k} \end{aligned}\right\} \quad k = 0, 1, 2, \cdots. \tag{4.11.7}$$

利用特征函数可以证明, 正态分布的原点矩 λ_k 和中心矩 μ_k 之间有下述递推关系:

$$\left.\begin{aligned}\mu_{2k+2} &= \sigma^2\mu_{2k} + \sigma^3\frac{\mathrm{d}\mu_{2k}}{\mathrm{d}\sigma}\\ \lambda_{k+2} &= 2\mu\lambda_{k+1} + \left(\sigma^2-\mu^2\right)\lambda_k + \sigma^3\frac{\mathrm{d}\lambda_k}{\mathrm{d}\sigma}\end{aligned}\right\}\quad k=0,1,\cdots. \tag{4.11.8}$$

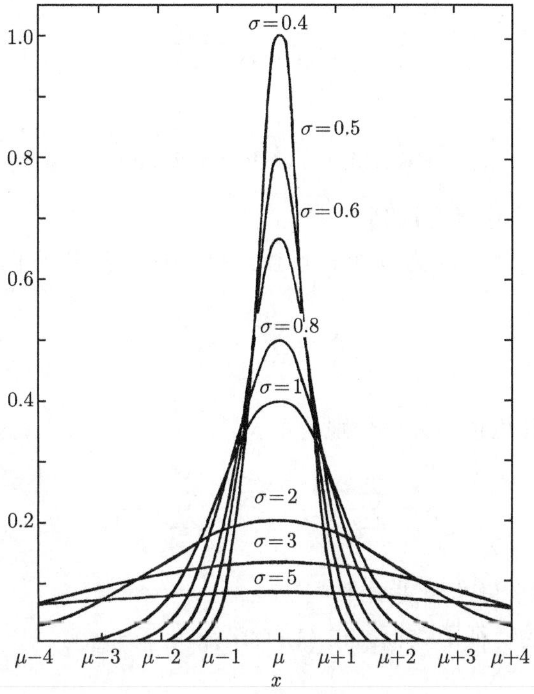

图 4.11　正态分布概率密度 $N(\mu,\sigma^2)$

图 4.11 是正态分布的图形, 不同的曲线对应于不同的标准差 σ 值. 正态概率密度对于其均值 $x=\mu$ 为对称, 且在该点概率密度达到极大

$$f(x=\mu)=\frac{1}{\sqrt{2\pi}\sigma}; \tag{4.11.9}$$

偏离 μ 越远, 概率密度越小. 正态曲线在 $x=\mu\pm\sigma$ 处有拐点.

如果固定 σ 而改变 μ, 则 $f(x)$ 曲线沿 x 轴平移但形状不变, 所以概率密度曲线的位置完全由均值 μ 决定; 反之, 若固定 μ 改变 σ, 则曲线对称中心不变而形状发生变化, σ 越小曲线越尖锐, σ 越大则图形越平缓, 可见曲线的尖锐程度完全由标准差 σ 决定.

实验测量中常用到分布曲线的**半峰宽度**(full width at half maximum, FWHM) 概念, 它指的是分布曲线峰值一半的两点间的宽度. 若分布曲线是正态曲线, 半峰

值位于 $x = x_{\frac{1}{2}}$, 则有

$$f\left(x_{\frac{1}{2}}\right) = \frac{1}{\sqrt{2\pi}\sigma}\exp\left\{\frac{-\left(x_{\frac{1}{2}}-\mu\right)^2}{2\sigma^2}\right\} = \frac{1}{\sqrt{2\pi}\sigma}\cdot\frac{1}{2},$$

解得

$$x_{\frac{1}{2}} = \mu \pm \sigma\sqrt{2\ln 2},$$

故有

$$\mathrm{FWHM} = \sigma\sqrt{8\ln 2} \approx 2.355\sigma. \tag{4.11.10}$$

这一关系在实验测量中经常用到.

设 $X_i, (i = 1, 2, \cdots, n)$ 为 n 个相互独立的正态变量, 则它们的线性和

$$X = \sum_{i=1}^{n} a_i X_i$$

也服从正态分布, 其均值和方差分别是

$$\mu = \sum_{i=1}^{n} a_i\mu_i, \quad \sigma^2 = \sum_{i=1}^{n} a_i^2\sigma_i^2. \tag{4.11.11}$$

这一性质称为正态变量的加法定理.

证明 $a_i X_i$ 的特征函数根据式 (4.11.2) 知

$$\varphi_{a_i X_i}(t) = \exp\left[\mathrm{i}t\mu_i a_i - \frac{1}{2}t^2 a_i^2\sigma_i^2\right],$$

由于 $X_1, X_2, \cdots, X_n$ 相互独立, 故 X 的特征函数为

$$\begin{aligned}\varphi_X(t) &= \prod_{i=1}^{n}\varphi_{a_i X_i}(t) = \prod_{i=1}^{n}\exp\left[\mathrm{i}ta_i\mu_i - \frac{1}{2}t^2 a_i^2\sigma_i^2\right]\\ &= \exp\left[\mathrm{i}t\sum_{i=1}^{n}a_i\mu_i - \frac{1}{2}t^2\sum_{i=1}^{n}a_i^2\sigma_i^2\right].\end{aligned}$$

与式 (4.11.2) 对比立即可知, X 服从正态分布 $N\left(\mu, \sigma^2\right), \mu, \sigma^2$ 如式 (4.11.11) 所示. 定理得证.

$\mu = 0, \sigma = 1$ 的正态分布 $N(0,1)$ 称为**标准正态分布**, 其概率密度和累积分布函数为

$$\phi(x) = \frac{1}{\sqrt{2\pi}}\mathrm{e}^{-x^2/2}, \tag{4.11.12}$$

$$\Phi(x) = \frac{1}{\sqrt{2\pi}} \int_{-\infty}^{x} \mathrm{e}^{-t^2/2} \mathrm{d}t. \tag{4.11.13}$$

对任意正态随机变量 $X \sim N(\mu, \sigma^2)$ 作变换

$$Y = \frac{X - \mu}{\sigma}, \tag{4.11.14}$$

Y 就成为标准正态随机变量. 图 4.12 是标准正态分布的 $\phi(x)$ 和 $\Phi(x)$ 的曲线, 它们的数值分别见附表 5 和附表 6.

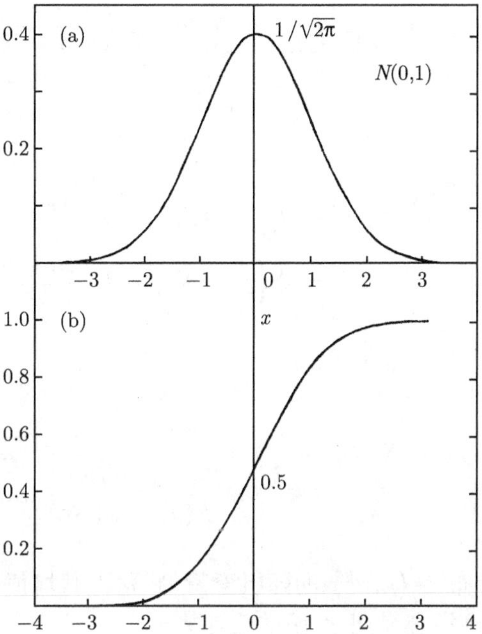

图 4.12 标准正态分布的概率密度 $\phi(x)$ 和累积分布函数 $\Phi(x)$

(a) $\phi(x) = \frac{1}{\sqrt{2\pi}} \exp\left(-\frac{x^2}{2}\right)$; (b) $\Phi(x) = \int_{-\infty}^{x} \frac{1}{\sqrt{2\pi}} \exp\left(-\frac{y^2}{2}\right) \mathrm{d}y$

分布函数 $\Phi(x)$ 表示标准正态变量 X 取值小于 x 的概率

$$P(X \leqslant x) = \Phi(x),$$

所以 X 落在任意区域 (x_1, x_2) 内的概率为

$$P(x_1 < X \leqslant x_2) = \int_{x_1}^{x_2} \phi(x) \mathrm{d}x = \Phi(x_2) - \Phi(x_1). \tag{4.11.15}$$

由概率密度 $\phi(x)$ 的对称性得知

$$\Phi(-x) + \Phi(x) = 1, \tag{4.11.16}$$

因此, 对 $x>0$ 有

$$P(|X|\leqslant x)=\int_{-x}^{x}\phi(t)\mathrm{d}t=2\varPhi(x)-1. \tag{4.11.17}$$

对于一般的正态随机变量 $X\sim N(\mu,\sigma^2)$, 作式 (4.11.14) 的变量代换, 得

$$\begin{aligned}F(x)&=\frac{1}{\sqrt{2\pi}\sigma}\int_{-\infty}^{x}\mathrm{e}^{-\frac{(t-\mu)^2}{2\sigma^2}}\mathrm{d}t\\&=\frac{1}{\sqrt{2\pi}}\int_{-\infty}^{\frac{x-\mu}{\sigma}}\mathrm{e}^{-\frac{y^2}{2}}\mathrm{d}y=\varPhi\left(\frac{x-\mu}{\sigma}\right).\end{aligned} \tag{4.11.18}$$

于是有

$$\begin{aligned}P(x_1<X\leqslant x_2)&=\int_{x_1}^{x_2}\frac{1}{\sqrt{2\pi}\sigma}\mathrm{e}^{-\frac{(x-\mu)^2}{2\sigma^2}}\mathrm{d}x\\&=\varPhi\left(\frac{x_2-\mu}{\sigma}\right)-\varPhi\left(\frac{x_1-\mu}{\sigma}\right).\end{aligned} \tag{4.11.19}$$

如令 $x_2=\mu+n\sigma, x_1=\mu-n\sigma$, 则有

$$\begin{aligned}P(\mu-n\sigma<X\leqslant\mu+n\sigma)&=\int_{\mu-n\sigma}^{\mu+n\sigma}\frac{1}{\sqrt{2\pi}\sigma}\mathrm{e}^{-\frac{(x-\mu)^2}{2\sigma^2}}\mathrm{d}x\\&=\varPhi(n)-\varPhi(-n).\end{aligned} \tag{4.11.20}$$

上式表示服从正态分布 $N(\mu,\sigma^2)$ 的随机变量 X 落入其均值 μ 左右 $\pm n\sigma$(n 个标准离差) 区域内的概率很容易用 $\varPhi$ 函数值计算出来.

第 5 章我们将指明, 在大量实际测量中, 测量值对于真值的偏离服从或近似地服从正态分布, 测量的平均值接近于真值 (正态分布的数学期望). 因此, 正态分布的标准差通常用来表示测量的误差. 正态变量落在 $\mu\pm n\sigma$ 区域内的概率便有了实际的重要性, 特别是

$$\begin{aligned}&P\{\mu-\sigma<X\leqslant\mu+\sigma\}\approx 68.3\%,\\&P\{\mu-2\sigma<X\leqslant\mu+2\sigma\}\approx 95.5\%,\\&P\{\mu-3\sigma<X\leqslant\mu+3\sigma\}\approx 99.7\%,\end{aligned} \tag{4.11.21}$$

可见, 随机变量落在 $\mu\pm 3\sigma$ 区域内的概率几乎达到 100%, 这表明, 如果被测的实验量服从正态分布, 则几乎可以肯定, 它的真值落在 $\mu\pm 3\sigma$ 区域之内. 这就是实验物理中普遍使用的**3σ 规则**(图 4.13).

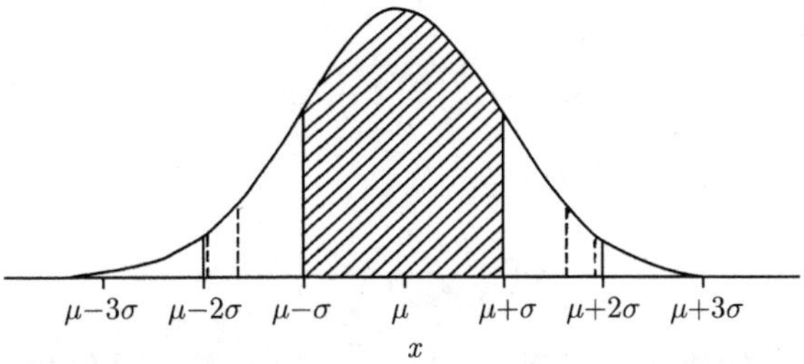

图 4.13 正态随机变量取值落在区间 $\mu \pm \sigma, \mu \pm 2\sigma, \mu \pm 3\sigma$ 的概率

虚线表示概率等于 0.90 和 0.95 相应的区间, 对于均值 μ 为对称

在 2.4 节中我们已经提到, 若对随机变量的分布不了解时, 可用切比雪夫不等式来估计随机变量的取值与其均值的离差小于 $n\sigma$ 的概率, 特别是

$$P\{\mu - 2\sigma < X \leqslant \mu + 2\sigma\} \geqslant 75\%,$$
$$P\{\mu - 3\sigma < X \leqslant \mu + 3\sigma\} \geqslant 88.9\%,$$
$$P\{\mu - 4\sigma < X \leqslant \mu + 4\sigma\} \geqslant 93.8\%.$$

与式 (4.11.21) 对比, 显然切比雪夫不等式对于真值 μ 的限定要粗糙得多. 因此, 若已知测量值的分布服从正态分布, 利用式 (4.11.21) 能给出真值的较精确的表述.

下面引入标准正态函数的上侧 α 分位数和双侧 α 分位数的概念. 设 $X \sim N(0,1)$, 称满足

$$P(X > z_\alpha) = \alpha, \quad 0 < \alpha < 1 \tag{4.11.22}$$

的点 z_α 为标准正态分布的**上侧 α 分位数**, 满足

$$\text{或} \quad \left.\begin{array}{l} P(|X| > z_{\alpha/2}) = \alpha \\ P(-z_{\alpha/2} \leqslant X \leqslant z_{\alpha/2}) = 1 - \alpha \end{array}\right\} \quad 0 < \alpha < 1 \tag{4.11.23}$$

的点 $z_{\alpha/2}$ 为**双侧 α 分位数**(图 4.14). 由于

$$P(X > z_\alpha) = 1 - P(X \leqslant z_\alpha) = 1 - \Phi(z_\alpha),$$

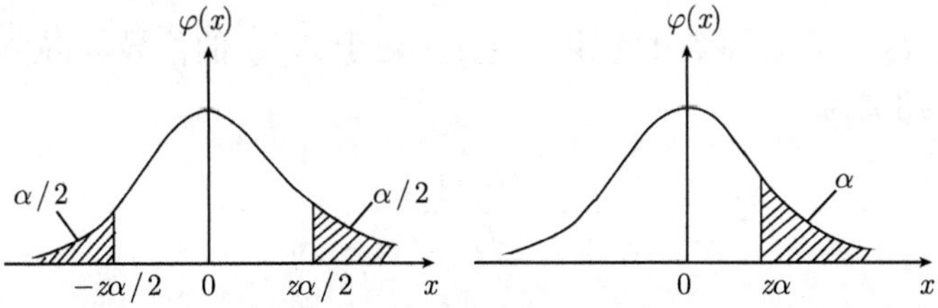

图 4.14 标准正态分布的上侧 α 分位数 z_α 和双侧 α 分位数 $z_{\alpha/2}$

故式 (4.11.22) 相当于

$$\Phi(z_\alpha) = 1 - \alpha; \tag{4.11.24}$$

双侧 α 分位数的对应表达式则为

$$\Phi(z_{\alpha/2}) = 1 - \frac{\alpha}{2}. \tag{4.11.25}$$

查阅附表 6 中 $\Phi(x)$ 的值即可得到 z_α 和 $z_{\alpha/2}$. 如上侧 α 分位数

$$z_{\alpha=0.01} = 2.33, \quad z_{\alpha=0.001} = 3.09;$$

双侧 α 分位数

$$z_{\frac{\alpha}{2}=\frac{0.01}{2}} = 2.58, \quad z_{\frac{\alpha}{2}=\frac{0.001}{2}} = 3.29.$$

4.12 二维正态分布

设二维随机变量 $\{X_1, X_2\}$ 的联合概率密度为

$$\begin{aligned} f(x_1, x_2) &= \frac{1}{2\pi\sigma_1\sigma_2\sqrt{1-\rho^2}} \mathrm{e}^{-Q/2}, \\ Q &= \frac{1}{(1-\rho^2)}\left[\left(\frac{x_1-\mu_1}{\sigma_1}\right)^2 + \left(\frac{x_2-\mu_2}{\sigma_2}\right)^2 \right. \\ &\quad \left. -2\rho\left(\frac{x_1-\mu_1}{\sigma_1}\right)\left(\frac{x_2-\mu_2}{\sigma_2}\right)\right], \end{aligned} \tag{4.12.1}$$

其中 $\sigma_1, \sigma_2 > 0, |\rho| < 1, -\infty < x_1, x_2 < \infty$, 则称变量 $\{X_1, X_2\}$ 服从二维正态分布.

根据多维随机变量特征函数的定义式 (3.6.1), 二维正态分布的联合特征函数为

$$\begin{aligned} \varphi(t_1, t_2) = \exp\Big\{ &\mathrm{i}t_1\mu_1 + \mathrm{i}t_2\mu_2 + \frac{1}{2}\Big[(\mathrm{i}t_1)^2\sigma_1^2 \\ &+ (\mathrm{i}t_2)^2\sigma_2^2 + (\mathrm{i}t_1)(\mathrm{i}t_2)2\rho\sigma_1\sigma_2\Big]\Big\} \end{aligned} \tag{4.12.2}$$

随机变量 X_1, X_2 的各阶原点矩可由 $\varphi(t_1, t_2)$ 对于 t_1, t_2 的偏导数得到 (见 3.6 节). 如 X_1 的数学期望为

$$E(X_1) = -\mathrm{i}\frac{\partial\varphi(t_1, t_2)}{\partial t_1}\bigg|_{t_1=t_2=0} = \mu_1,$$

同样

$$E(X_2) = -\mathrm{i}\frac{\partial\varphi(t_1, t_2)}{\partial t_2}\bigg|_{t_1=t_2=0} = \mu_2.$$

对于 X_1, X_2 的混合原点矩有

$$E(X_1, X_2) = (-\mathrm{i})^2 \frac{\partial^2 \varphi(t_1, t_2)}{\partial t_1 \partial t_2}\bigg|_{t_1=t_2=0} = \mu_1\mu_2 + \rho\sigma_1\sigma_2.$$

二维正态随机变量的协方差为

$$\mathrm{cov}(X_1, X_2) = E(X_1X_2) - E(X_1)E(X_2) = \rho\sigma_1\sigma_2. \tag{4.12.3}$$

现在求 $\{X_1, X_2\}$ 的边沿概率密度, 按定义式 (3.5.6),

$$\begin{aligned}f_{X_1}(x_1) &= \int_{-\infty}^{\infty} f(x_1, x_2)\mathrm{d}x_2 \\ &= \frac{1}{2\pi\sigma_1\sigma_2\sqrt{1-\rho^2}} \int_{-\infty}^{\infty} \mathrm{d}x_2 \cdot \exp\left\{\frac{-1}{2(1-\rho^2)}\right. \\ &\quad \left.\cdot\left[\left(\frac{x_1-\mu_1}{\sigma_1}\right)^2 + \left(\frac{x_2-\mu_2}{\sigma_2}\right)^2 - \frac{2\rho(x_1-\mu_1)(x_2-\mu_2)}{\sigma_1\sigma_2}\right]\right\},\end{aligned}$$

由于

$$\frac{(x_2-\mu_2)^2}{\sigma_2^2} - 2\rho\frac{(x_1-\mu_1)(x_2-\mu_2)}{\sigma_1\sigma_2} = \left(\frac{x_2-\mu_2}{\sigma_2} - \rho\frac{x_1-\mu_1}{\sigma_1}\right)^2 - \rho^2\frac{(x_1-\mu_1)^2}{\sigma_1^2},$$

于是

$$\begin{aligned}f_{X_1}(x_1) &= \frac{1}{2\pi\sigma_1\sigma_2\sqrt{1-\rho^2}} \mathrm{e}^{-\frac{(x_1-\mu_1)^2}{2\sigma_1^2}} \\ &\quad \cdot \int_{-\infty}^{\infty} \exp\left\{\frac{-1}{2(1-\rho^2)}\left[\frac{x_2-\mu_2}{\sigma_2} - \rho\frac{x_1-\mu_1}{\sigma_1}\right]^2\right\}\mathrm{d}x_2.\end{aligned}$$

令 $t = \dfrac{1}{\sqrt{1-\rho^2}}\left(\dfrac{x_2-\mu_2}{\sigma_2} - \rho\dfrac{x_1-\mu_1}{\sigma_1}\right)$, 并代入上式, 则

$$\begin{aligned}f_{X_1}(x_1) &= \frac{1}{2\pi\sigma_1}\mathrm{e}^{\frac{-(x_1-\mu_1)^2}{2\sigma_1^2}} \int_{-\infty}^{\infty} \mathrm{e}^{-t^2/2}\mathrm{d}t \\ &= \frac{1}{\sqrt{2\pi}\sigma_1}\mathrm{e}^{\frac{-(x_1-\mu_1)^2}{2\sigma_1^2}} = N\left(\mu_1, \sigma_1^2\right).\end{aligned} \tag{4.12.4}$$

同理,

$$f_{X_2}(x_2) = N(\mu_2, \sigma_2^2). \tag{4.12.5}$$

由此得出结论, 二维正态变量的每一个分量的边沿分布都是一维正态变量, 其数学期望和标准差由式 (4.12.1) 中的 μ_1, μ_2 和 σ_1, σ_2 表示.

将 $V(X_1)=\sigma_1^2$ 和 $V(X_2)=\sigma_2^2$ 代入相关系数的表达式

$$\rho_{X_1X_2}=\frac{\operatorname{cov}(X_1,X_2)}{\sqrt{V(X_1)\cdot V(X_2)}}=\frac{\rho\sigma_1\sigma_2}{\sigma_1\sigma_2}=\rho,$$

可见式 (4.12.1) 中的 ρ 即为相关系数. 于是可写出二维正态随机变量的**协方差矩阵**$\underset{\sim}{V}$ 及其逆矩阵 $\underset{\sim}{V}^{-1}$

$$\underset{\sim}{V}=\begin{bmatrix}\sigma_1^2 & \rho\sigma_1\sigma_2\\ \rho\sigma_1\sigma_2 & \sigma_2^2\end{bmatrix},$$

$$\underset{\sim}{V}^{-1}=\frac{1}{\sigma_1^2\sigma_2^2(1-\rho^2)}\begin{bmatrix}\sigma_2^2 & -\rho\sigma_1\sigma_2\\ -\rho\sigma_1\sigma_2 & \sigma_1^2\end{bmatrix}. \tag{4.12.6}$$

这样, 利用矩阵的符号, 式 (4.12.1) 可改写为

$$f(x_1,x_2)=\frac{1}{2\pi|\underset{\sim}{V}|^{1/2}}\exp\left[-\frac{1}{2}(\boldsymbol{x}-\boldsymbol{\mu})^{\mathrm{T}}\underset{\sim}{V}^{-1}(\boldsymbol{x}-\boldsymbol{\mu})\right], \tag{4.12.7}$$

其中 $\boldsymbol{x}=\begin{pmatrix}x_1\\x_2\end{pmatrix},\boldsymbol{\mu}=\begin{pmatrix}\mu_1\\\mu_2\end{pmatrix},|\underset{\sim}{V}|$ 为矩阵 $\underset{\sim}{V}$ 的行列式.

二维正态分布的条件概率密度按定义式 (3.2.4) 可由联合概率密度与边沿概率密度之比求出, 如条件 $X_1=x_1$ 下随机变量 X_2 的条件概率密度是

$$f(x_2|x_1)=\frac{f(x_1,x_2)}{f_{X_1}(x_1)}=N\left(\mu_2+\frac{\sigma_2}{\sigma_1}\rho(x_1-\mu_1),\sigma_2^2(1-\rho^2)\right). \tag{4.12.8}$$

类似地, $X_2=x_2$ 条件下 X_1 的条件概率密度为

$$f(x_1|x_2)=N\left(\mu_1+\frac{\sigma_1}{\sigma_2}\rho(x_2-\mu_2),\sigma_1^2(1-\rho^2)\right). \tag{4.12.9}$$

因此, 条件概率密度都是正态函数.

当相关系数 $\rho=0$, 式 (4.12.1) 和式 (4.12.2) 简化为

$$f(x_1,x_2)=N(\mu_1,\sigma_1^2)\cdot N(\mu_2,\sigma_2^2)=f_{X_1}(x_1)\cdot f_{X_2}(x_2), \tag{4.12.10}$$

$$\varphi(t_1,t_2)=\left[\mathrm{e}^{\mathrm{i}t_1\mu_1+\frac{1}{2}(\mathrm{i}t_1)^2\sigma_1^2}\right]\cdot\left[\mathrm{e}^{\mathrm{i}t_2\mu_2+\frac{1}{2}(\mathrm{i}t_2)^2\sigma_2^2}\right]. \tag{4.12.11}$$

二维正态变量的概率密度和特征函数等于两个一维正态变量的概率密度和特征函数的乘积, 这恰恰是两个分量 X_1,X_2 相互独立的条件 (见式 (3.1.17)), 因而对正态分布而言, 两个随机变量互不相关等价于相互独立. 这一性质是正态分布所特有的. 对于一般的分布, 两个随机变量相关系数为 0 并不一定相互独立.

当 $\rho=0$, 协方差矩阵及其逆矩阵有非常简单的形式

$$\underset{\sim}{V}=\begin{bmatrix}\sigma_1^2 & 0\\ 0 & \sigma_2^2\end{bmatrix},\qquad \underset{\sim}{V}^{-1}=\begin{bmatrix}1/\sigma_1^2 & 0\\ 0 & 1/\sigma_2^2\end{bmatrix}. \tag{4.12.12}$$

条件概率化简为

$$f(x_2|x_1)=N(\mu_2,\sigma_2^2),\quad f(x_1|x_2)=N(\mu_1,\sigma_1^2).$$

这是 X_1,X_2 互相独立的自然结果.

由二维正态概率密度的表达式 (4.12.1) 可知, 当

$$Q=\frac{1}{1-\rho^2}\left[\frac{(x_1-\mu_1)^2}{\sigma_1^2}+\frac{(x_2-\mu_2)^2}{\sigma_2^2}-\frac{2\rho(x_1-\mu_1)(x_2-\mu_2)}{\sigma_1\sigma_2}\right]=C(\text{常数}) \tag{4.12.13}$$

概率密度是常数, 该式是 x_1, x_2 构成的直角坐标系中的一个椭圆方程, 中心在 $x_1=\mu_1$, $x_2=\mu_2$, 这就形成了一个**等概率椭圆**. 对应于不同的常数值 C, 形成的等概率椭圆的概率值不相同, 但椭圆中心仍在 (μ_1,μ_2) 点. 这一族同心椭圆称为二维正态变量的等概率椭圆族, 它们有共同的主轴方向. 因此概率密度 $f(x_1,x_2)$ 可表示为 $x_1,x_2,f(x_1,x_2)$ 构成的三维空间中的一个表面, 如图 4.15 所示. 表面上每一点的高度即为 $X_1=x_1,X_2=x_2$ 对应的概率密度值; 该表面与平面 $f(x_1,x_2)=A$(常数) 的截线是等概率椭圆. 平面 $X_1=\mu_1,X_2=\mu_2$ 相交构成的直线 $O'P$ 为同心椭圆的主轴, 它与概率密度表面 $f(x_1,x_2)$ 的交点 P 是概率密度的极大值

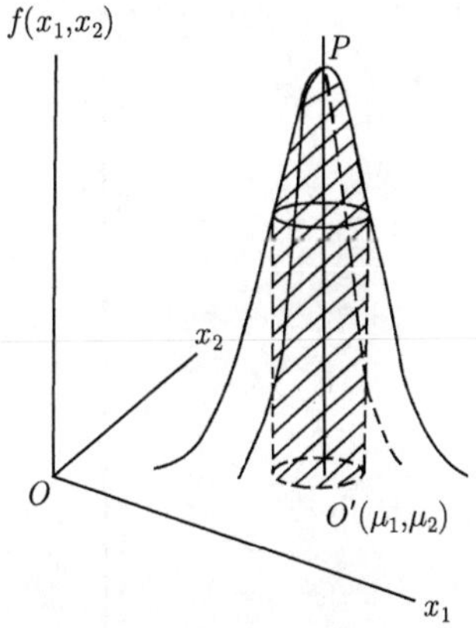

图 4.15 二维正态变量的概率密度

$$f(x_1,x_2)_{\max}=f(\mu_1,\mu_2)=\frac{1}{2\pi\sigma_1\sigma_2\sqrt{1-\rho^2}}. \tag{4.12.14}$$

包含直线 $O'P$ 的任一平面与该表面的截线都是正态曲线. $x_1=$ 常数的平面与概率表面的截线相当于 $X_1=x_1$ 条件下 X_2 的条件概率, 由式 (4.12.8) 可知是正态曲线, 它的均值与常数值 x_1 有关, 但其方差与 x_1 值没有联系. 同样, $x_2=$ 常数的平面与概率表面的截线也是正态曲线, 由式 (4.12.9) 表示.

式 (4.12.13) 中常数 C 取为 $C=1$, 此时有

$$Q=\frac{1}{1-\rho^2}\left[\left(\frac{x_1-\mu_1}{\sigma_1}\right)^2+\left(\frac{x_2-\mu_2}{\sigma_2}\right)^2-2\rho\frac{x_1-\mu_1}{\sigma_1}\frac{x_2-\mu_2}{\sigma_2}\right]=1. \tag{4.12.15}$$

所对应的等概率椭圆称为**协方差椭圆**, 它的主轴与坐标轴之间的夹角 α 可由下式求得:

$$\tan 2\alpha=\frac{2\rho\sigma_1\sigma_2}{\sigma_1^2-\sigma_2^2}, \tag{4.12.16}$$

半长轴和半短轴的长度为

$$\begin{aligned} p_1^2&=\frac{\sigma_1^2\sigma_2^2(1-\rho^2)}{\sigma_2^2\cos^2\alpha-2\rho\sigma_1\sigma_2\sin\alpha\cos\alpha+\sigma_1^2\sin^2\alpha}, \\ p_2^2&=\frac{\sigma_1^2\sigma_2^2(1-\rho^2)}{\sigma_2^2\sin^2\alpha+2\rho\sigma_1\sigma_2\sin\alpha\cos\alpha+\sigma_1^2\cos^2\alpha}. \end{aligned} \tag{4.12.17}$$

图 4.16 是 $\sigma_1=1,\sigma_2=\sqrt{2}$ 时, $\rho=0.7,-0.3,0$ 的协方差椭圆. 对应于不同 ρ 值的协方差椭圆都落在中心点 (μ_1,μ_2), 边长 $2\sigma_1,2\sigma_2$ 的长方形之内, 椭圆与长方形有四个点相切. 在 $\rho=\pm1$ 的情形下, 椭圆退化成长方形的两条对角线.

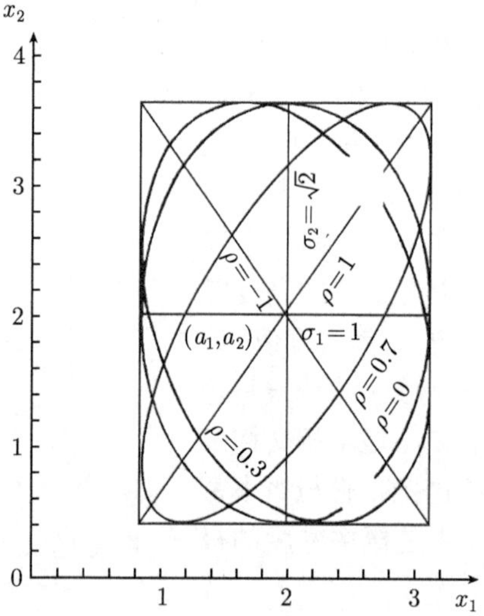

图 4.16 协方差椭圆

随机变量 $\{X_1,X_2\}$ 的值落入等概率椭圆区域之内的概率可由积分

$$\int_A f(x_1,x_2)\mathrm{d}x_1\mathrm{d}x_2$$

表示, 其中 A 表示等概率椭圆内的区域, 该积分值等于图 4.15 中二维正态分布密度曲面下阴影部分的体积.

设 $\{X_1, X_2\}$ 为二维正态变量, 令随机变量 Y 为 X_1, X_2 的线性函数, 即

$$Y \equiv \boldsymbol{a}^{\mathrm{T}}\boldsymbol{X} = a_1X_1 + a_2X_2,$$

Y 的特征函数 $\varphi_Y(t)$ 可利用性质 (式 (3.6.2)) 求得, 立即可知, Y 为一正态变量

$$Y \sim N(a_1\mu_1 + a_2\mu_2, a_1^2\sigma_1^2 + a_2^2\sigma_2^2 + 2a_1a_2\rho\sigma_1\sigma_2) = N(\boldsymbol{a}^{\mathrm{T}}\boldsymbol{\mu}, \boldsymbol{a}^{\mathrm{T}}\underset{\sim}{V}\boldsymbol{a}), \tag{4.12.18}$$

其中 $\underset{\sim}{V}$ 为 $\boldsymbol{X}$ 的协方差矩阵, $\boldsymbol{\mu}$ 是 $\boldsymbol{X}$ 的均值,

$$\boldsymbol{a} = \begin{pmatrix} a_1 \\ a_2 \end{pmatrix}, \quad \boldsymbol{\mu} = \begin{pmatrix} \mu_1 \\ \mu_2 \end{pmatrix}.$$

若令 $Y_1 = a_1X_1 + a_2X_2, Y_2 = b_1X_1 + b_2X_2$, 则随机向量 $\boldsymbol{Y} = \{Y_1, Y_2\}$ 亦构成二维正态随机变量, 且其边沿概率密度为

$$\begin{aligned} f_{Y_1}(y_1) &= N(\boldsymbol{a}^{\mathrm{T}}\boldsymbol{\mu}, \boldsymbol{a}^{\mathrm{T}}\underset{\sim}{V}\boldsymbol{a}), \\ f_{Y_2}(y_2) &= N(\boldsymbol{b}^{\mathrm{T}}\boldsymbol{\mu}, \boldsymbol{b}^{\mathrm{T}}\underset{\sim}{V}\boldsymbol{b}), \end{aligned} \tag{4.12.19}$$

Y_1 与 Y_2 的协方差

$$\mathrm{cov}(Y_1, Y_2) = \boldsymbol{a}^{\mathrm{T}}\underset{\sim}{V}\boldsymbol{b}. \tag{4.12.20}$$

显然, 当 $\boldsymbol{a}^{\mathrm{T}}\underset{\sim}{V}\boldsymbol{b} = 0$ 时, Y_1, Y_2 相互独立.

特别当对 X_1, X_2 作正交变换

$$\begin{aligned} Y_1 &= \frac{1}{\sqrt{2}}\left(\frac{X_1 - \mu_1}{\sigma_1} + \frac{X_2 - \mu_2}{\sigma_2}\right), \\ Y_2 &= \frac{1}{\sqrt{2}}\left(\frac{X_1 - \mu_1}{\sigma_1} - \frac{X_2 - \mu_2}{\sigma_2}\right) \end{aligned}$$

时, 二维正态随机变量 $\boldsymbol{Y} = \{Y_1, Y_2\}$ 的联合概率密度等于

$$\begin{aligned} g(y_1, y_2) &= \frac{1}{2\pi\sqrt{1-\rho^2}} \exp\left[-\frac{1}{2}\left(\frac{y_1^2}{1+\rho} + \frac{y_2^2}{1-\rho}\right)\right] \\ &= \left(\frac{1}{\sqrt{2\pi}\sqrt{1+\rho}}\mathrm{e}^{-\frac{y_1^2}{2(1+\rho)}}\right) \cdot \left(\frac{1}{\sqrt{2\pi}\sqrt{1-\rho}}\mathrm{e}^{-\frac{y_2^2}{2(1-\rho)}}\right), \end{aligned}$$

这表明, Y_1, Y_2 是相互独立的正态变量.

作进一步的变换 $Z_1 = Y_1/\sqrt{1+\rho}, Z_2 = Y_2/\sqrt{1-\rho}$, 即

$$\begin{aligned} Z_1 &= \frac{1}{\sqrt{2}\sqrt{1+\rho}}\left(\frac{X_1 - \mu_1}{\sigma_1} + \frac{X_2 - \mu_2}{\sigma_2}\right), \\ Z_2 &= \frac{1}{\sqrt{2}\sqrt{1-\rho}}\left(\frac{X_1 - \mu_1}{\sigma_1} - \frac{X_2 - \mu_2}{\sigma_2}\right), \end{aligned} \tag{4.12.21}$$

则二维正态随机变量 $\boldsymbol{Z}=\{Z_1,Z_2\}$ 的联合概率密度 $h(z_1,\ z_2)$ 等于

$$h(z_1,z_2)=\left(\frac{1}{\sqrt{2\pi}}e^{-z_1^2/2}\right)\left(\frac{1}{\sqrt{2\pi}}e^{-z_2^2/2}\right) \tag{4.12.22}$$

可见, Z_1,Z_2 是相互独立的标准正态变量. 这时, 式 (4.12.1) 中的 Q 化为

$$Q(z_1,z_2)=z_1^2+z_2^2.$$

由 4.17 节知, Q 是自由度为 2 的 χ^2 变量.

上述变换性质可用来计算二维正态变量在等概率椭圆包围的区域内的概率量

$$P(Q<C)=\iint\limits_{Q<C} f(x_1,x_2)\mathrm{d}x_1\mathrm{d}x_2. \tag{4.12.23}$$

利用变换式 (4.12.21), 上式化为

$$P\left(Q<C\right)=\iint\limits_{Q'<C} h(z_1,z_2)\mathrm{d}z_1,\mathrm{d}z_2, \tag{4.12.24}$$

其中 $Q'=z_1^2+z_2^2$. 将上式与式 (4.17.14), 式 (4.17.15) 比较可知, 它等于自由度 2 的 χ^2 累积分布函数

$$P(Q<C)=F(C;2). \tag{4.12.25}$$

这一事实可表述如下：在二维正态分布中, Q 服从自由度为 2 的 χ^2 分布, $Q=C$ 等概率椭圆区域内的概率量等于 $\chi^2(2)$ 分布的累积分布函数 $F(C;2)$.

当常数 C 取为 1, 4, 9, $P(Q<C)$ 的值分别为 0.393, 0.865, 0.989 (图 4.23). 其中 $C=1$ 对应于协方差椭圆.

4.13　多维正态分布

二维正态分布的许多性质可直接推广到 n 维正态随机向量的一般情形. 若随机向量 $\boldsymbol{X}=\{X_1,X_2,\cdots,X_n\}$ 的联合概率密度为

$$f(\boldsymbol{x})\equiv f(x_1,x_2.\cdots,x_n)=\frac{1}{(2\pi)^{n/2}|\underset{\sim}{V}|^{1/2}}e^{-Q/2},$$

$$Q=(\boldsymbol{x}-\boldsymbol{\mu})^{\mathrm{T}}\underset{\sim}{V}^{-1}(\boldsymbol{x}-\boldsymbol{\mu})=\sum_{i=1}^{n}\sum_{j=1}^{n}V_{ij}^{-1}(x_i-\mu_i)(x_j-\mu_j),$$

$$-\infty<x_1,x_2,\cdots,x_n<\infty, \tag{4.13.1}$$

则称 $\boldsymbol{X}$ 服从 $\boldsymbol{n}$ **维正态分布**. 上式中

$$\boldsymbol{\mu}=\begin{pmatrix}\mu_1\\\mu_2\\\vdots\\\mu_n\end{pmatrix},\qquad \boldsymbol{x}=\begin{pmatrix}x_1\\x_2\\\vdots\\x_n\end{pmatrix},$$

$$\begin{aligned}\underset{\sim}{V}&=E\{(\boldsymbol{X}-\boldsymbol{\mu})(\boldsymbol{X}-\boldsymbol{\mu})^{\mathrm{T}}\}\\&=\begin{bmatrix}\sigma_1^2 & \rho_{12}\sigma_1\sigma_2 & \cdots & \rho_{1n}\sigma_1\sigma_n\\ \rho_{12}\sigma_1\sigma_2 & \sigma_2^2 & & \\ \vdots & \vdots & & \vdots\\ \rho_{1n}\sigma_1\sigma_n & \cdots & & \sigma_n^2\end{bmatrix}.\end{aligned}\tag{4.13.2}$$

$\underset{\sim}{V}$ 是 $n\times n$ 阶对称协方差矩阵, 其中 ρ_{ij} 是随机变量 X_i,X_j 之间的相关系数

$$\rho_{ij}=E[(X_i-\mu_i)(X_j-\mu_j)]/\sigma_i\sigma_j.\tag{4.13.3}$$

$|\underset{\sim}{V}|$ 表示 $\underset{\sim}{V}$ 的行列式. 显然 $|\underset{\sim}{V}|$ 必须不为 0. 为了使式 (4.13.1) 的概率密度具有归一性, 即

$$\int_{-\infty}^{\infty}f(\boldsymbol{x})\mathrm{d}\boldsymbol{x}=1,$$

协方差矩阵 $\underset{\sim}{V}$(以及 $\underset{\sim}{V}^{-1}$) 必须是**正定矩阵**①.

n 维正态随机向量的特征函数是

$$\varphi(\boldsymbol{t})=\exp\left(\mathrm{i}\boldsymbol{t}^{\mathrm{T}}\boldsymbol{\mu}-\frac{1}{2}\boldsymbol{t}^{\mathrm{T}}\underset{\sim}{V}\boldsymbol{t}\right),\tag{4.13.4}$$

由此容易求得各阶原点矩和混合原点矩, 例如,

$$E(X_r)=(-\mathrm{i})\left.\frac{\partial\varphi}{\partial t_r}\right|_{\boldsymbol{t}=0}=\mu_r,$$

$$E(X_rX_s)=(-\mathrm{i})(-\mathrm{i})\left.\frac{\partial^2\varphi}{\partial t_r\partial t_s}\right|_{\boldsymbol{t}=0}=\mu_r\mu_s+V_{rs},\quad r,s=1,2,\cdots,n.\tag{4.13.5}$$

若协方差矩阵为对角矩阵, 即

$$\underset{\sim}{V}=\begin{bmatrix}\sigma_1^2 & & & 0\\ & \sigma_2^2 & & \\ & & \ddots & \\ 0 & & & \sigma_n^2\end{bmatrix},\tag{4.13.6}$$

① 所谓矩阵 $\underset{\sim}{A}$ 为正定矩阵, 是指对于任何不为 0 的矢量 $\boldsymbol{x}\neq\boldsymbol{0}$ 总有 $\boldsymbol{x}^{\mathrm{T}}\underset{\sim}{A}\boldsymbol{x}>0$.

这时对 $i \neq j, i, j = 1, 2, \cdots, n$, 有 $\rho_{ij} = 0$, 即随机向量 $\boldsymbol{X}$ 的所有分量之间两两互不相关, 则联合概率密度简化为

$$\begin{aligned} f(\boldsymbol{x}) &= \frac{1}{(2\pi)^{n/2}\sigma_1 \cdots \sigma_n} \exp\left\{-\frac{1}{2}\sum_{i=1}^{n}\left(\frac{x_i - \mu_i}{\sigma_i}\right)^2\right\} \\ &= N(\mu_1, \sigma_1) \cdot N(\mu_2, \sigma_2) \cdots N(\mu_n, \sigma_n), \end{aligned} \tag{4.13.7}$$

即等于 n 个正态变量 $X_i, i = 1, 2, \cdots, n$ 的概率密度的乘积, 这表明, 这 n 个正态随机变量相互独立. 因此, 协方差矩阵为对角矩阵是 n 维正态随机向量各分量相互独立的充要条件. 在这种情形下, 协方差矩阵的逆阵有简单的形式

$$\underset{\sim}{V}^{-1} = \begin{bmatrix} \sigma_1^{-2} & & & 0 \\ & \sigma_2^{-2} & & \\ & & \ddots & \\ 0 & & & \sigma_n^{-2} \end{bmatrix}. \tag{4.13.8}$$

n 维正态随机向量中, 任意 $r(< n)$ 个分量 $\{X_i, X_j, X_k, \cdots\}$ 的边沿分布是 r 维正态变量, 将式 (4.13.2)$\underset{\sim}{V}$ 的表达式中不等于 $i, j, k, \cdots$ 的各行各列去除即得到它的协方差矩阵. 特别是, n 维正态随机向量任一分量的边沿分布是一维正态分布 $N_i(\mu_i, \sigma_i^2)$, 概率密度是

$$\begin{aligned} f_{X_i}(x_i) &= \iint_{j \neq i} \cdots \int f(x_1, x_2, \cdots, x_n) \mathrm{d}x_1 \cdots \mathrm{d}x_{i-1} \mathrm{d}x_{i+1} \cdots \mathrm{d}x_n \\ &= N_i(\mu_i, \sigma_i^2). \end{aligned}$$

n 维正态随机向量的任一分量 X_i 等于常数时的条件概率密度服从 $n-1$ 维正态分布, 其协方差矩阵可由式 (4.13.2)$\underset{\sim}{V}$ 的逆矩阵中去除第 i 行、i 列再求逆阵得到. 类似地, l 个分量等于常数时的条件概率密度服从 $n-l$ 维正态分布, 其协方差矩阵由 $\underset{\sim}{V}^{-1}$ 中去除相应的 l 行、l 列元素后求逆阵得到.

设 Y 是 n 维正态随机向量 $\boldsymbol{X} = \{X_1, X_2, \cdots, X_n\}$ 各分量的线性函数, 即

$$Y = \sum_{i=1}^{n} a_i X_i = \boldsymbol{a}^{\mathrm{T}} \boldsymbol{X},$$

则 Y 是正态变量

$$Y \sim N(\boldsymbol{a}^{\mathrm{T}} \boldsymbol{\mu}, \boldsymbol{a}^{\mathrm{T}} \underset{\sim}{V} \boldsymbol{a}).$$

$X_1, X_2, \cdots, X_n$ 的一组线性函数构成一个多维正态分布. 设

$$\begin{aligned}
Y_1 &= S_{11}X_1 + S_{12}X_2 + \cdots + S_{1n}X_n,\\
Y_2 &= S_{21}X_1 + S_{22}X_2 + \cdots + S_{2n}X_n,\\
&\vdots\\
Y_m &= S_{m1}X_1 + S_{m2}X_2 + \cdots + S_{mn}X_n
\end{aligned}$$

或写成矩阵形式

$$\boldsymbol{Y} = \underset{\sim}{S}\boldsymbol{X}, \tag{4.13.9}$$

其中 $\underset{\sim}{S}$ 是 $m \times n$ 阶变换矩阵 $(m \leqslant n)$, 则 $\boldsymbol{Y} = \{Y_1, Y_2, \cdots, Y_m\}$ 是 m 维正态随机向量, 其数学期望为 $\underset{\sim}{S}\boldsymbol{\mu}$, 协方差矩阵

$$\underset{\sim}{V}_{\boldsymbol{Y}} = \underset{\sim}{S}\,\underset{\sim}{V}\,\underset{\sim}{S}^{\mathrm{T}}, \tag{4.13.10}$$

其中 $\underset{\sim}{V}$ 是 $\boldsymbol{X}$ 的协方差矩阵.

与二维正态分布中的讨论类似, 对 $\boldsymbol{X}$ 作适当的正交变换 $\underset{\sim}{U}$,

$$\boldsymbol{Y} = \underset{\sim}{U}\boldsymbol{X},$$

$\underset{\sim}{U}$ 是 $n\times n$ 阶变换矩阵, 可使随机向量 $\boldsymbol{Y}$ 为 n 维正态随机向量, 且各分量 $Y_1, Y_2, \cdots, Y_n$ 为相互独立的一维正态分布; 它的数学期望为 $\underset{\sim}{U}\boldsymbol{\mu}$, 协方差矩阵是对角矩阵

$$\underset{\sim}{V}_{\boldsymbol{Y}} = \underset{\sim}{U}\,\underset{\sim}{V}\,\underset{\sim}{U}^{\mathrm{T}} \equiv D = \begin{pmatrix} d_1 & & & 0\\ & d_2 & & \\ & & \ddots & \\ 0 & & & d_n \end{pmatrix},$$

其中 $d_i, i = 1, 2, \cdots, n$ 是矩阵 $\underset{\sim}{V}$ 的本征值. 这一性质容易由矩阵论得证. 这时, 式 (4.13.1) 中的 Q 可表示成

$$Q = \sum_{i=1}^{n} y_i^2/\sigma_{yi}^2 = \sum_{i=1}^{n} y_i^2/d_i.$$

作进一步的变换,

$$Z_i = Y_i/\sqrt{d_i},$$

则 n 维随机向量 $\boldsymbol{Z} = \{Z_1, Z_2, \cdots, Z_n\}$ 中的各分量是相互独立的标准正态分布, 协方差矩阵 $\underset{\sim}{V}_Z$ 成为单位矩阵 $\boldsymbol{I}_n, Q$ 可表示成 n 个标准正态变量的平方和

$$Q = \sum_{i=1}^{n} z_i^2. \tag{4.13.11}$$

Q 称为 **n维正态分布的二次型**, n 称为**二次型的秩**. 由 4.17 节的讨论可知, Q 服从 $\chi^2(n)$ 分布. 二次型 $Q = C$(常数) 形成 n 维正态分布的**等概率 n 维椭球**, 特别是当 $Q = 1$ 时形成**协方差 n 维椭球**. 式 (4.13.1) 表示的 n 维正态随机向量 $\boldsymbol{X} = \{X_1, X_2, \cdots, X_n\}$ 落在等概率椭球 $Q = C$ 区域内的概率可由 $\chi^2(n)$ 的累积分布函数求得

$$P(Q < C) = F(C; n), \tag{4.13.12}$$

其中自由度 n 即为二次型 Q 的秩 (见式 (4.12.25)).

4.14　对数正态分布

设随机变量 X 的概率密度为

$$f(x) = \begin{cases} \dfrac{1}{\sqrt{2\pi}\sigma} \cdot \dfrac{1}{x} \mathrm{e}^{-\frac{(\ln x - \mu)^2}{2\sigma^2}}, & x \geqslant 0, \\ 0, & x < 0. \end{cases} \tag{4.14.1}$$

其中 μ 为实数, σ 为大于 0 的实数, 则称 X 为服从参数 μ, σ 的对数正态分布. 几种不同 μ, σ 值的对数正态分布的概率密度示于图 4.17.

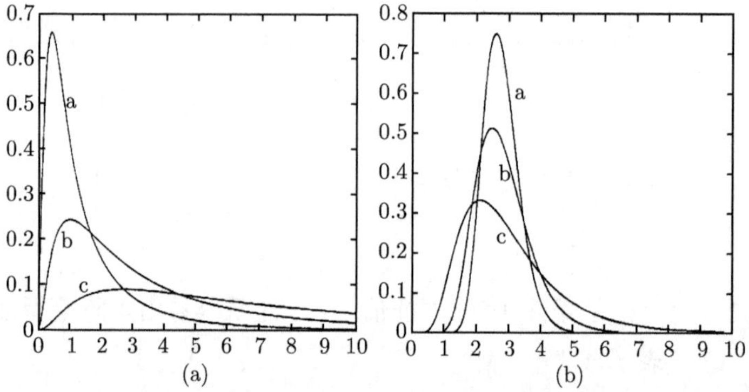

图 4.17　(a) $\sigma = 1, \mu = 1, 2, 3$ 的对数正态分布的概率密度分别由曲线 a, b, c 表示; (b) $\sigma = 0.2, 0.3, 0.5, \mu = 1$ 的对数正态分布概率密度分别由曲线 a, b, c 表示

对数正态分布的其他性质为

均值　$$E(X) = \mathrm{e}^{(\mu + \sigma^2/2)}, \tag{4.14.2}$$

方差　$$V(X) = \mathrm{e}^{(2\mu + \sigma^2)} \left(\mathrm{e}^{\sigma^2} - 1\right), \tag{4.14.3}$$

最可几值　$$X_{prob} = \mathrm{e}^{(\mu - \sigma^2)}, \tag{4.14.4}$$

偏度　$$\gamma_1 = \sqrt{\mathrm{e}^{\sigma^2} - 1} \left(\mathrm{e}^{\sigma^2} + 2\right). \tag{4.14.5}$$

峰度 $$\gamma_2 = \left(e^{\sigma^2} - 1\right)\left(e^{3\sigma^2} + 3e^{2\sigma^2} + 6e^{\sigma^2} + 6\right). \tag{4.14.6}$$

对数正态分布对应于这样的随机变量：它的对数是服从正态分布的随机变量. 即令 $y = \ln x$, 则 y 服从正态分布：$y \sim N(\mu, \sigma^2)$.

证明 $x \in (0, \infty)$, 则有 $y \in (-\infty, \infty)$.

$$\mathrm{d}y = \frac{1}{x}\mathrm{d}x \to \frac{\mathrm{d}x}{\mathrm{d}y} = x,$$

$$g(y) = f(x(y))\left|\frac{\mathrm{d}x(y)}{\mathrm{d}y}\right| = \frac{1}{\sqrt{2\pi}\sigma x}e^{-\frac{(\ln x - \mu)^2}{2\sigma^2}} \cdot x = \frac{1}{\sqrt{2\pi}\sigma}e^{-\frac{(y-\mu)^2}{2\sigma^2}}.$$

4.15 柯 西 分 布

若随机变量 X 的概率密度为

$$f(x) = \frac{1}{\pi} \cdot \frac{1}{1 + x^2}, \quad -\infty < x < \infty, \tag{4.15.1}$$

称 X 服从**柯西分布或布雷特–维格纳 (Breit-Wigner) 分布**. 它的特征函数为

$$\varphi(t) = e^{-|t|}. \tag{4.15.2}$$

从严格的数学意义上, 柯西分布的各阶矩都是发散的, 因为极限值

$$\lim_{\substack{L \to \infty \\ L' \to \infty}} \int_{-L}^{L'} x^k \frac{1}{\pi} \cdot \frac{1}{1 + x^2}\mathrm{d}x$$

不存在. 因此, 柯西分布的数学期望和方差都无定义.

在实际测定的任何分布中, 它的值域总是有限的. 因此, 可以将随机变量 X 的值域取为有限区间 $[-L, L]$, 在这一区间内, “柯西分布” 的归一化概率密度可表示为

$$f'(x) = \frac{1}{2\arctan L} \cdot \frac{1}{1 + x^2}, \quad -L \leqslant x \leqslant L, \tag{4.15.3}$$

从分布的对称性立即可知道, $f'(x)$ 的所有奇次阶原点矩等于 0, 特别是 $E(X) = 0$, 其方差为

$$V(X) = \frac{L}{\arctan L} - 1. \tag{4.15.4}$$

柯西分布的图形如图 4.18. 图中还画出了标准正态曲线作为对照. 柯西分布亦为钟形的对称曲线, 但峰值较标准正态曲线低, 当 $|x|$ 增大时, 概率密度下降的速度较慢. 表 4.1 给出了柯西分布 (BW) 和标准正态分布 ($N(0, 1)$) 在区间 $(-x, x)$ 内的

积分概率的对比, 显然柯西分布概率密度下降的速度比标准正态曲线要慢得多. 此外, 柯西分布的 FWHM(半峰宽度) 等于 2, 而标准正态分布的 FWHM 等于

$$\sqrt{8\ln 2} = 2.355$$

(见式 (4.11.10)).

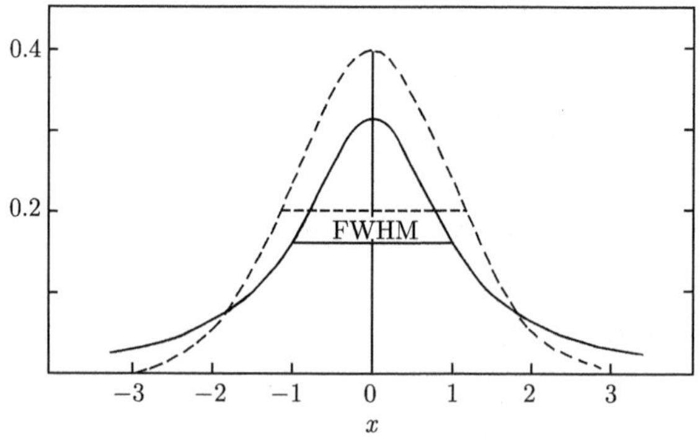

图 4.18　柯西分布 (实线) 与标准正态分布的比较

表 4.1　柯西分布 (BW) 和标准正态分布 ($N(0, 1)$)

在区间 $(-x, x)$ 内的积分概率的对比

	BW				$N(0, 1)$		
X	1	6.31	12.71	63.7	1	2	3
$P(-x, x)$	0.5	0.9	0.95	0.99	0.683	0.955	0.997

在粒子物理和核物理中, 布雷特–维格纳公式用来描述核的共振能级和粒子的共振态. 例如, 中心值为 M_0, 半宽度 (=FWHM/2) 为 Γ 的共振曲线可表示为

$$f(M; M_0, \Gamma) = \frac{\Gamma}{\pi} \cdot \frac{1}{(M - M_0)^2 + \Gamma^2}. \tag{4.15.5}$$

显然, 若作变换

$$X = \frac{1}{\Gamma}(M - M_0), \tag{4.15.6}$$

$f(M; M_0, \Gamma)$ 立即化为柯西分布的形式, 因此, 柯西分布在核物理和基本粒子物理中有重要的作用.

如果将 M 作为随机变量, 则有 $M = \Gamma X + M_0$. 根据特征函数的性质,

$$\varphi_M(t) = \mathrm{e}^{\mathrm{i}M_0 t}\varphi_X(\Gamma t) = \mathrm{e}^{\mathrm{i}M_0 t - \Gamma|t|},$$

它对应的概率密度如式 (4.15.5) 所示, 表示中心值 M_0, 半宽度 Γ 的共振曲线. 如果 M_1, M_2 表示两个相互独立的随机变量, 则

$$M^* = M_1 + M_2$$

的特征函数为

$$\varphi_{M^*}(t)=\varphi_{M_1}(t)\cdot\varphi_{M_2}(t)=\mathrm{e}^{\mathrm{i}(M_{01}+M_{02})t-(\Gamma_1+\Gamma_2)|t|}.$$

显然, M^* 也服从布雷特–维格纳分布, 而且它的中心值为

$$M_0^*=M_{01}+M_{02},$$

半宽度为

$$\Gamma^*=\Gamma_1+\Gamma_2.$$

这一性质可推广到若干个相互独立的柯西变量之和的情形, 称为柯西分布的加法定理.

布雷特–维格纳分布是无界的且概率密度下降很慢, 它只是物理过程 (反应的共振截面或粒子共振态质量分布) 的近似描述, 在尾部, 它与实际分布有偏离. 因此在实际使用时, 往往利用截断分布 (参见 4.20.2 小节的讨论). 例如对于粒子共振态, 其质量不能小于其衰变粒子的静质量之和, 不能大于产生该粒子共振态反应的质心能量.

4.16 朗道分布

核和粒子物理中经常用到朗道分布 $f(\Delta;\beta)$[57], 它表示速度 $\beta=v/c$ 的重带电粒子 (电荷 ze) 穿过厚度 d 的介质层时的电离能量损失 Δ 的分布.

$$f(\Delta;\beta)=\frac{1}{\xi}\phi(\lambda),\quad 0\leqslant\Delta<\infty, \tag{4.16.1}$$

式中, ξ 是与介质性质和 β 相关的参数:

$$\xi=\frac{2\pi N_A e^4 z^2\rho\Sigma Z}{m_e c^2\Sigma A}\frac{d}{\beta^2}, \tag{4.16.2}$$

λ 是一个无量纲的随机变量, 与 ξ,Δ 相关:

$$\lambda=\frac{1}{\xi}\left[\Delta-\xi\left(\log\frac{\xi}{\varepsilon'}+1-\gamma_E\right)\right]. \tag{4.16.3}$$

$$\varepsilon'=\frac{I^2\exp(\beta^2)}{2m_e c^2\beta^2\gamma^2}.$$

上面这些式子中的有关物理量列举如下:

ΣZ和ΣA	介质分子的原子序和原子量
ρ, d	介质的密度和厚度
z	带电粒子电荷
γ	$=1/\sqrt{1-\beta^2}$
γ_E	$=0.5772$ 欧拉常数
$I=I_0Z$	$I_0\approx 13.5\,\mathrm{eV}$ 介质的电离位

$\phi(\lambda)$ 是 λ 的概率密度函数：

$$\phi(\lambda)=\frac{1}{2\pi\mathrm{i}}\int_{\sigma-i\infty}^{\sigma+i\infty}\exp(u\log u+\lambda u)\mathrm{d}u,$$

其中 σ 是一个正无穷小量. 经变量变换后, 该式可写为

$$\phi(\lambda)=\frac{1}{\pi}\int_0^{\infty}\exp(-u\log u-\lambda u)\sin\pi u\mathrm{d}u. \tag{4.16.4}$$

该积分需数值计算 (例如利用 CERN 程序库[128] 的子程序 G110, LANDAU)

图 4.19 (a) 所示为 4mm 厚氩气 (标准温度和气压下), 不同 β 值对应的 $f(\Delta;\beta)$ 曲线, 其突出特点是有高端 (大 Δ 值) 处的长尾巴. 图 4.19(b) 所示为 $f(\Delta;\beta)$ 的峰值 (最可几值)Δ_{mp} 与 $\beta\gamma$ 的函数关系.

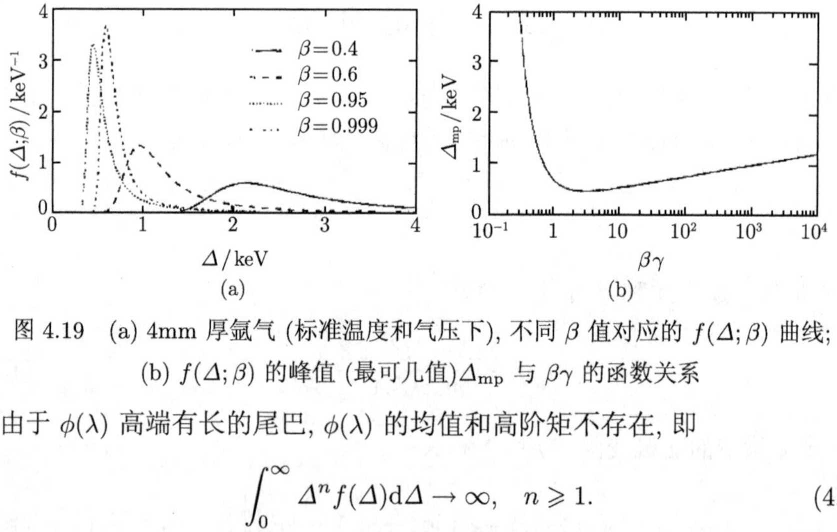

图 4.19 (a) 4mm 厚氩气 (标准温度和气压下), 不同 β 值对应的 $f(\Delta;\beta)$ 曲线; (b) $f(\Delta;\beta)$ 的峰值 (最可几值)Δ_{mp} 与 $\beta\gamma$ 的函数关系

由于 $\phi(\lambda)$ 高端有长的尾巴, $\phi(\lambda)$ 的均值和高阶矩不存在, 即

$$\int_0^{\infty}\Delta^n f(\Delta)\mathrm{d}\Delta\to\infty,\quad n\geqslant 1. \tag{4.16.5}$$

最可几电离能损 Δ_{mp} 与 $\beta\gamma$ 有确定的关系, 但与粒子质量 (即种类) 无关. 经数值计算, 得到下述描述最可几电离能损 Δ_{mp} 的 Bethe-Bloch 公式：

$$\Delta_{\mathrm{mp}}=\xi\left[\log\left(\frac{\xi}{\varepsilon'}\right)+0.198\right], \tag{4.16.6}$$

它是粒子物理实验中带电粒子鉴别的基础. 测量带电粒子通过磁场中的偏转量可得到粒子的动量, 不同质量的粒子在相同动量下的最可几电离能损 $\Delta_{\rm mp}$ 不同 (如图 4.20), 用此效应可确定粒子的种类 (即粒子质量).

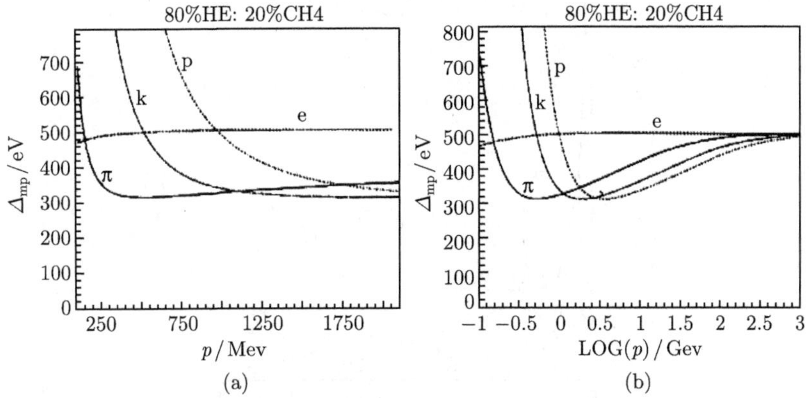

图 4.20 最可几电离能损 $\Delta_{\rm mp}$ 与粒子动量的函数关系

(a) 横坐标为动量值; (b) 横坐标为动量值的对数

朗道分布的均值和高阶矩不存在, 这与柯西分布类似. 这是由于这些分布是无界的且密度下降很慢, 而描写实际物理过程的分布总是有界的. 问题出在这些分布只是物理过程的近似描述, 在尾部, 它们与实际分布有偏离. 因此, 实际使用中可利用截断分布 (参见 4.20.2 小节的讨论). 例如, 对于电离能损, Δ 不应超过入射粒子的初能量.

4.17 χ^2 分 布

本节和 4.18 节, 4.19 节中将讨论的 χ^2 分布、t 分布和 F 分布在子样分布、参数估计、假设检验 (见第 6 到 11 章) 问题中经常遇到, 因而在数理统计中极为重要.

设随机变量 Y 的概率密度为

$$f(y;n)=\frac{1}{\Gamma\left(\frac{n}{2}\right)2^{n/2}}y^{\frac{n}{2}-1}\mathrm{e}^{-\frac{y}{2}},\quad y\geqslant 0, \tag{4.17.1}$$

其中 n 为正整常数, 则称 Y 服从**自由度 n 的 χ^2 分布**, 记为 $Y\sim\chi^2(n)$. 它的累积分布函数是

$$F(y;n)=\frac{1}{\Gamma\left(\frac{n}{2}\right)2^{n/2}}\int_0^y u^{\frac{n}{2}-1}\mathrm{e}^{-\frac{u}{2}}\mathrm{d}u. \tag{4.17.2}$$

不同自由度 n 值的 $f(y;n)$ 曲线如图 4.21. 当 $n=1$ 时, $f(y=0;1)$ 趋于无穷大; $n=2$, $f(y=0;2)=0.5$. 随着 y 的增大, $n=1,2$ 的概率密度曲线都单调下降. 但对 $n\geqslant 3, f(y=0;n)$ 都等于 0, 而且概率密度曲线呈偏斜的钟形, 在 $y=n-2$ 处为概率密度的极大值; n 越大, 概率密度曲线越趋向于对称.

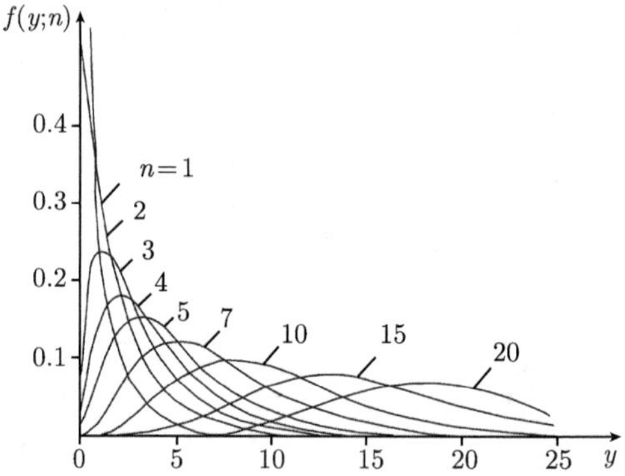

图 4.21 $\chi^2(n)$ 分布的概率密度

$\chi^2(n)$ 分布的特征函数为

$$\varphi(t)=(1-2\mathrm{i}t)^{-n/2}. \tag{4.17.3}$$

证明 由式 (4.17.1) 和特征函数的定义

$$\varphi(t)=E\left(\mathrm{e}^{\mathrm{i}tY}\right)=\int_0^{\infty}\frac{1}{\Gamma\left(\dfrac{n}{2}\right)2^{n/2}}y^{\frac{n}{2}-1}\exp\left(-\frac{y}{2}+\mathrm{i}ty\right)\mathrm{d}y,$$

作变量代换 $v=\left(\dfrac{1}{2}-\mathrm{i}t\right)y$, 则有

$$\begin{aligned}\varphi(t)&=\frac{1}{\Gamma\left(\dfrac{n}{2}\right)2^{n/2}}\cdot 2^{n/2}(1-2\mathrm{i}t)^{-n/2}\int_0^{\infty}v^{\frac{n}{2}-1}\mathrm{e}^{-v}\mathrm{d}v\\&=\frac{(1-2\mathrm{i}t)^{-n/2}}{\Gamma\left(\dfrac{n}{2}\right)}\cdot\Gamma\left(\frac{n}{2}\right)=(1-2\mathrm{i}t)^{-n/2}.\end{aligned}$$

式 (4.17.3) 得证.

利用特征函数容易求得 $\chi^2(n)$ 变量的各阶原点矩, 特别是

$$E(Y)=(-\mathrm{i})\frac{\mathrm{d}\varphi(t)}{\mathrm{d}t}\bigg|_{t=0}=(-\mathrm{i})\left(-\frac{n}{2}\right)(-2\mathrm{i})=n, \tag{4.17.4}$$

即 $\chi^2(n)$ 分布的数学期望等于其自由度.

$$E(Y^2)=(-\mathrm{i})^2\frac{\mathrm{d}^2\varphi(t)}{\mathrm{d}t^2}\bigg|_{t=0}=n^2+2n,$$

故 $\chi^2(n)$ 分布的方差

$$V(Y) = E(Y^2) - [E(Y)]^2 = n^2 + 2n - n^2 = 2n, \tag{4.17.5}$$

即方差等于自由度的两倍, 一般地, $\chi^2(n)$ 分布的 k 阶原点矩为

$$\begin{aligned}\lambda_k = E(Y^k) &= (-\mathrm{i})^k \left.\frac{\mathrm{d}^k \varphi(t)}{\mathrm{d}t^k}\right|_{t=0} \\ &= n(n+2)\cdots[n+2(k-1)] \\ &= 2^k \frac{\Gamma\left(\dfrac{n}{2}+k\right)}{\Gamma\left(\dfrac{n}{2}\right)}.\end{aligned} \tag{4.17.6}$$

由式 (2.5.8) 便可求得任意阶中心矩, 特别有

$$\mu_3 = 8n, \quad \mu_4 = 48 + 12n^2.$$

根据偏度系数和峰度系数的定义, 求得 $\chi^2(n)$ 分布的偏度系数 γ_1 和峰度系数 γ_2

$$\gamma_1 = \frac{\mu_3}{(\mu_2)^{3/2}} = 2\sqrt{\frac{2}{n}}, \quad \gamma_2 = \frac{\mu_4}{\mu_2^2} - 3 = \frac{12}{n}. \tag{4.17.7}$$

由 γ_1, γ_2 的表达式可知, 随着 n 的增大, 偏度系数 γ_1 逐渐减小, 故 $\chi^2(n)$ 的概率密度随 n 的增大而趋向对称; 当 $n \to \infty, \gamma_1, \gamma_2 \to 0, \chi^2$ 分布趋向于正态分布. 这一点可通过特征函数加以证明. 令

$$Z = \frac{Y-n}{\sqrt{2n}}, \tag{4.17.8}$$

则随机变量 Z 的特征函数为

$$\begin{aligned}\varphi_Z(t) &= E(\mathrm{e}^{\mathrm{i}tz}) = E\left[\exp\left(\mathrm{i}t\frac{Y-n}{\sqrt{2n}}\right)\right] \\ &= \exp\left(\frac{-\mathrm{i}tn}{\sqrt{2n}}\right) E\left[\exp\left(\frac{\mathrm{i}tY}{\sqrt{2n}}\right)\right],\end{aligned}$$

考虑到 $Y[\chi^2(n)]$ 的特征函数是 $\varphi(t) = E(\mathrm{e}^{\mathrm{i}tY}) = (1-2\mathrm{i}t)^{-n/2}$, 上式可改写为

$$\begin{aligned}\varphi_Z(t) &= \exp\left(\frac{-\mathrm{i}tn}{\sqrt{2n}}\right) \varphi\left(\frac{t}{\sqrt{2n}}\right) \\ &= \exp\left(\frac{-\mathrm{i}tn}{\sqrt{2n}}\right) \cdot \left(1 - \frac{2\mathrm{i}t}{\sqrt{2n}}\right)^{-n/2},\end{aligned}$$

对等式两边取对数并将末一项作级数展开, 得到

$$\begin{aligned}\ln\varphi_Z(t) &= \frac{-\mathrm{i}tn}{\sqrt{2n}} - \frac{n}{2}\left[\left(\frac{-2\mathrm{i}t}{\sqrt{2n}}\right) - \frac{1}{2}\left(\frac{-2\mathrm{i}t}{\sqrt{2n}}\right)^2 + \frac{1}{3}\left(\frac{-2\mathrm{i}t}{\sqrt{2n}}\right)^3 - \cdots\right] \\ &= \frac{-t^2}{2} + o\left(n^{-1/2}\right) - \cdots,\end{aligned}$$

当 $n \to \infty, o(n^{-1/2})$ 以及高级小量趋于 0, 即 $\varphi_Z(t) \to \mathrm{e}^{-t^2/2}$, 故 Z 服从标准正态分布. 由此可知, 随机变量 Y 服从 $\chi^2(n)$ 分布在 $n \to \infty$ 的极限情形下服从数学期望 $\mu = n$、方差 $V = 2n$ 的正态分布.

随机变量 $Z = (Y - n)/\sqrt{2n}$ 逼近 $N(0,1)$ 的收敛速度是比较慢的 $o(n^{-1/2})$; 可以证明随机变量

$$Z_1 = \sqrt{2Y} - \sqrt{2n-1} \tag{4.17.9}$$

以 $o(n^{-3/2})$ 的速度向 $N(0,1)$ 逼近, 因而是对标准正态分布更好的近似.

χ^2 分布具有可加性, 即若随机变量 $Y_1 \sim \chi^2(n_1), Y_2 \sim \chi^2(n_2), Y_1$ 与 Y_2 相互独立, 则随机变量 $Y = Y_1 + Y_2$ 服从自由度 $n_1 + n_2$ 的 χ^2 分布. 这由特征函数容易证明

$$\varphi_Y(t) = \varphi_{Y_1}(t) \cdot \varphi_{Y_2}(t) = (1 - 2\mathrm{i}t)^{-\frac{n_1+n_2}{2}},$$

这正是 $\chi^2(n_1 + n_2)$ 的特征函数. 这一定理显然可直接推广到任意多个相互独立的 χ^2 分布之和的情形, 因此有 χ^2 分布的**加法定理**.

$$\chi^2\left(\sum_i n_i\right) = \sum_i \chi^2(n_i). \tag{4.17.10}$$

对于给定正数 $\alpha(0 < \alpha < 1)$, 称满足条件

$$\int_{\chi^2_\alpha(n)}^{\infty} f(y;n)\mathrm{d}y = \alpha \tag{4.17.11}$$

的点 $\chi^2_\alpha(n)$ 为 $\chi^2(n)$ 分布的**上侧 $\boldsymbol{\alpha}$ 分位数**, 它表示随机变量 $\chi^2(n)$ 取值超过 $\chi^2_\alpha(n)$ 的概率等于 α(图 4.22). 利用 $\chi^2(n)$ 的累积分布函数, 该式可改写为

$$\alpha = 1 - F(\chi^2_\alpha; n). \tag{4.17.12}$$

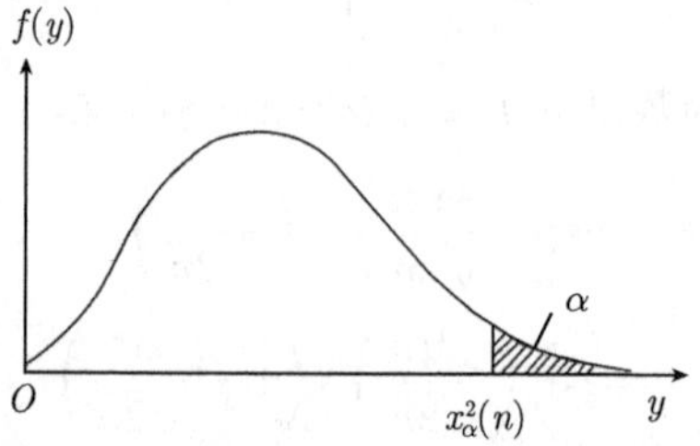

图 4.22 $\chi^2(n)$ 分布的上侧 α 分位数 $\chi^2_\alpha(n)$

对于给定的 α, 可从累积分布函数求出相应的 $\chi^2_\alpha(n)$ 值. 对于不同的自由度, 图 4.23 给出了 α 与 $\chi^2_\alpha(n)$ 的关系曲线, 可以方便地查出与 α 对应的上侧 α 分位数 $\chi^2_\alpha(n)$ 值. 此外, 书末附表 7 列出了 χ^2 分布的上侧 α 分位数 χ^2_α.

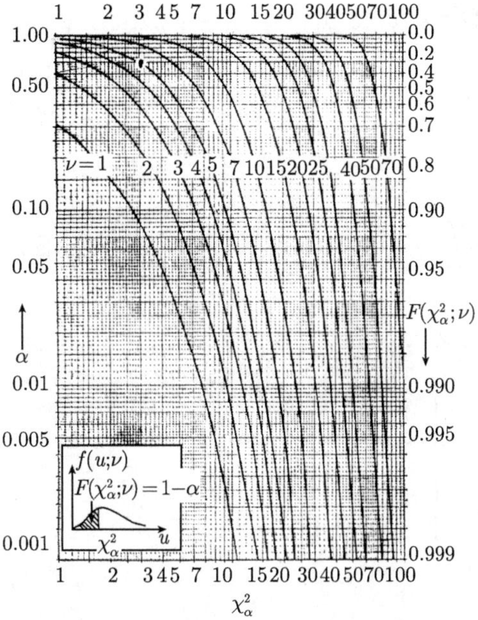

图 4.23 $\chi^2(\nu)$ 分布上侧 α 分位数 $\chi^2_\alpha(\nu)$ 与 α 和累积分布函数 $F(\chi^2_\alpha;\nu)$ 的关系曲线

由于当 $n\to\infty$ 时, $\chi^2(n)$ 分布趋近于正态分布, 因此, 当 n 很大 (如 $n>30$) 时 $\chi^2_\alpha(n)$ 可由标准正态分布的上侧 α 分位数 Z_α 逼近. 由式 (4.17.9) 可知

$$Z_\alpha\approx\sqrt{2\chi^2_\alpha(n)}-\sqrt{2n-1},$$

故得

$$\chi^2_\alpha(n)\approx\frac{1}{2}(Z_\alpha+\sqrt{2n-1})^2. \tag{4.17.13}$$

Z_α 可由附表 6 查出.

下面我们来证明一个重要的定理. 设 $X_i, i=1,2,\cdots,n$ 服从标准正态分布, 且各 X_i 之间相互独立, 定义随机变量

$$\chi^2_n\equiv\sum_{i=1}^{n}X_i^2, \tag{4.17.14}$$

则 χ^2_n 服从自由度 n 的 χ^2 分布, 即 n 个独立的标准正态变量的平方和服从 $\chi^2(n)$ 分布. 证明如下: 先计算 χ^2_n 的分布函数 $F(x)$,

$$F(x)=P\left\{\chi^2_n<x\right\}=P\left\{\sum_{i=1}^{n}X_i^2<x\right\},\quad x>0. \tag{4.17.15}$$

$X_1, X_2, \cdots, X_n$ 的联合概率密度为

$$f_n(x_1, x_2, \cdots, x_n) = \frac{1}{(2\pi)^{n/2}} \exp\left(-\frac{1}{2}\sum_{i=1}^{n} x_i^2\right),$$

所以对 $x > 0$,

$$F(x) = \frac{1}{(2\pi)^{n/2}} \int_{\sum\limits_{i=1}^{n} x_i^2 < x} \cdots \int \exp\left(-\frac{1}{2}\sum_{i=1}^{n} x_i^2\right) \mathrm{d}x_1 \mathrm{d}x_2 \cdots \mathrm{d}x_n. \tag{4.17.16}$$

为了计算该积分, 作变换

$$\begin{cases} x_1 = \rho\cos\vartheta_1\cos\vartheta_2\cdots\cos\vartheta_{n-1}, \\ x_2 = \rho\cos\vartheta_1\cos\vartheta_2\cdots\sin\vartheta_{n-1}, \\ \qquad\vdots \\ x_n = \rho\sin\vartheta_1, \end{cases} \tag{4.17.17}$$

该变换的行列式为

$$J = \frac{\partial(x_1, x_2, \cdots, x_n)}{\partial(\rho, \vartheta_1, \cdots, \vartheta_{n-1})} = \rho^{n-1} D(\vartheta_1, \vartheta_2, \cdots, \vartheta_{n-1}),$$

其中 $D(\vartheta_1, \vartheta_2, \cdots, \vartheta_{n-1})$ 不包含变量 ρ. 代入式 (4.17.16), 得

$$\begin{aligned} F(x) &= \frac{1}{(2\pi)^{n/2}} \int_0^{\sqrt{x}} \int_{-\frac{\pi}{2}}^{\frac{\pi}{2}} \cdots \int_{-\frac{\pi}{2}}^{\frac{\pi}{2}} \int_{-\pi}^{\pi} \mathrm{e}^{-\rho^2/2} \rho^{n-1} \mathrm{d}\rho D(\vartheta_1, \vartheta_2, \cdots, \vartheta_{n-1}) \\ &\quad \cdot \mathrm{d}\vartheta_1 \mathrm{d}\vartheta_2 \cdots \mathrm{d}\vartheta_{n-1} \\ &\equiv C_n \int_0^{\sqrt{x}} \mathrm{e}^{-\rho^2/2} \rho^{n-1} \mathrm{d}\rho, \end{aligned}$$

其中 C_n 是某个常数. 令 $y = \rho^2$, 则上式变成

$$F(x) = \frac{C_n}{2} \int_0^x \mathrm{e}^{-\frac{y}{2}} y^{\frac{n}{2}-1} \mathrm{d}y, \tag{4.17.18}$$

利用累积分布函数的归一性

$$F(+\infty) = 1 = \frac{C_n}{2} \int_0^\infty \mathrm{e}^{-\frac{y}{2}} y^{\frac{n}{2}-1} \mathrm{d}y,$$

由于

$$\Gamma\left(\frac{n}{2}\right) = \int_0^\infty \mathrm{e}^{-y} y^{\frac{n}{2}-1} \mathrm{d}y,$$

求出

$$C_n = \frac{1}{2^{\frac{n}{2}-1}\Gamma\left(\frac{n}{2}\right)}.$$

代入式 (4.17.18), 得到 χ_n^2 的累积分布函数表达式

$$F(x) = \frac{1}{2^{\frac{n}{2}} \Gamma\left(\frac{n}{2}\right)} \int_0^x \mathrm{e}^{-\frac{y}{2}} y^{\frac{n}{2}-1} \mathrm{d}y. \tag{4.17.19}$$

与式 (4.17.2) 对照即知, χ_n^2 服从自由度 n 的 χ^2 分布. 定理得证.

若 n 个随机变量 $X_1, X_2, \cdots, X_n$ 相互独立, 而且 $X_i \sim N(\mu, \sigma^2), i = 1, 2, \cdots, n$, 由于随机变量 $(X_i - \mu)/\sigma$ 是标准正态变量, 立即得到上述定理的一个推论

$$\chi_n^2 \equiv \sum_{i=1}^n \left(\frac{X_i - \mu}{\sigma}\right)^2 \sim \chi^2(n). \tag{4.17.20}$$

更一般地, 若 $X_1, X_2, \cdots, X_n$ 相互独立而且 $X_i \sim N(\mu_i, \sigma_i^2)$, 则有

$$\chi_n^2 \equiv \sum_{i=1}^n \left(\frac{X_i - \mu_i}{\sigma_i}\right)^2 \sim \chi^2(n). \tag{4.17.21}$$

关于 χ^2 分布与均匀分布之间的联系, 我们有如下的定理. 设 $X_i, i = 1, 2, \cdots, n$ 是 n 个相互独立的 [0, 1] 区间均匀分布随机变量, 则

$$Z = -2\sum_{i=1}^n \ln X_i \tag{4.17.22}$$

服从自由度 $2n$ 的 χ^2 分布. 证明如下：令

$$Y = -2\ln X, \tag{4.17.23}$$

X 为 [0, 1] 均匀分布的随机变量, 则 Y 的概率密度为

$$g(y) = f(x)\left|\frac{\mathrm{d}x}{\mathrm{d}y}\right| = \frac{1}{2}\mathrm{e}^{-y/2}. \tag{4.17.24}$$

与式 (4.17.1) 对比知, $Y \sim \chi^2(2)$. 因此, Z 是 n 个相互独立的 $\chi^2(2)$ 之和, 由 χ^2 分布的加法定理可知, $Z \sim \chi^2(2n)$. 证毕.

如果 $X_1, X_2, \cdots, X_n$ 是 n 个相互独立的正态随机变量, 而且 $X_i \sim N(\mu_i, 1)$, 则随机变量

$$Y = \sum_{i=1}^n X_i^2$$

服从**自由度 $\boldsymbol{n}$、非中心参数 $\boldsymbol{\lambda}$ 的非中心 $\boldsymbol{\chi^2}$ 分布**, 记为

$$Y = \sum_{i=1}^n X_i^2 \sim \chi'^2(n, \lambda), \tag{4.17.25}$$

其中,

$$\lambda = \sum_{i=1}^{n} \mu_i^2.$$

它的特征函数为

$$\varphi(t) = (1 - 2\mathrm{i}t)^{-n/2} \exp\left(\frac{\mathrm{i}t\lambda}{1 - 2\mathrm{i}t}\right), \tag{4.17.26}$$

其数学期望和方差分别为

$$\begin{aligned} &E\left\{\chi'^2(n,\lambda)\right\} = n + \lambda, \\ &V\left\{\chi'^2(n,\lambda)\right\} = 2n + 4\lambda; \end{aligned} \tag{4.17.27}$$

概率密度

$$f(y;n,\lambda) = \frac{1}{2^{n/2}\Gamma\left(\frac{1}{2}\right)} y^{\frac{n}{2}-1} \mathrm{e}^{-\frac{n+\lambda}{2}} \sum_{r=0}^{\infty} \frac{(\lambda y)^r}{(2r)!} \cdot \frac{\Gamma\left(\frac{1}{2}+r\right)}{\Gamma\left(\frac{n}{2}+r\right)}, \quad y \geqslant 0. \tag{4.17.28}$$

显然, 当 $\mu_i = 0, i = 1, 2, \cdots, n$, 则非中心参数 $\lambda = 0$, 上述非中心 χ^2 分布的公式都简化为 (中心)χ^2 分布的相应公式.

可以证明, 若 $Y \sim \chi'^2(n,\lambda)$, 则变量

$$\frac{Y}{\left(\dfrac{n+2\lambda}{n+\lambda}\right)} = \frac{Y}{\left(1 + \dfrac{\lambda}{n+\lambda}\right)} \tag{4.17.29}$$

近似地服从自由度 $\nu' = (n+\lambda)^2/(n+2\lambda)$ 的 χ^2 分布, 这里 ν' 一般是分数. 利用该关系式并通过 χ^2 分布的图表作内插, 可计算非中心 χ^2 变量的概率.

4.18 t 分布

设随机变量 t 的概率密度为

$$f(t;n) = \frac{\Gamma\left(\frac{n+1}{2}\right)}{\sqrt{n\pi}\,\Gamma\left(\frac{n}{2}\right)} \left(1 + \frac{t^2}{n}\right)^{-\frac{n+1}{2}}, \quad -\infty < t < \infty, \tag{4.18.1}$$

n 为正整常数, 则称 t**服从自由度 n 的 t 分布**, 记为 $t \sim t(n)$.

对于四种不同的 n 值, t 分布概率密度曲线如图 4.24 所示. 概率密度 $f(t;n)$ 有如下性质:

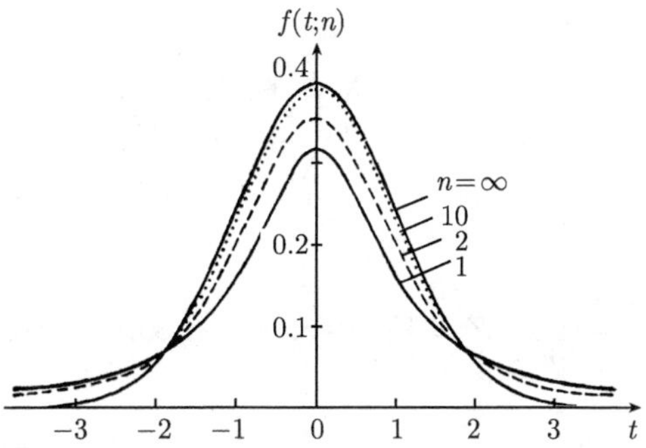

图 4.24 t 分布的概率密度, $n=1$ 和 $n=\infty$ 分别对应于柯西分布和标准正态分布

(1) $f(t;n)$ 是对于 $t=0$ 对称的单峰函数, 在 $t=0$ 处达到极大.

(2) 自由度为 1 的 t 分布即为柯西分布, 即

$$f(t;1)=\frac{1}{\pi}\cdot\frac{1}{1+t^2}. \tag{4.18.2}$$

(3) $n\to\infty$ 的极限情形下, t 分布趋向于标准正态分布

$$f(t;n\to\infty)\to\frac{1}{\sqrt{2\pi}}\mathrm{e}^{-t^2/2}.$$

(4) 当 t 分布的自由度 n 从 1 逐渐增大时, $f(t;n)$ 由柯西分布曲线向标准正态曲线逐渐变化.

t 分布的数字特征列举如下:

$$\begin{aligned}
&E(t)=0,\quad V(t)=\frac{n}{n-2},\quad n>2,\\
&\gamma_1=0,\quad \gamma_2=\frac{6}{n-4},\quad n>4,\\
&\mu_{2r}=\frac{n^r\Gamma\left(r+\frac{1}{2}\right)\Gamma\left(\frac{n}{2}-r\right)}{\Gamma\left(\frac{1}{2}\right)\Gamma\left(\frac{n}{2}\right)}\quad 2r<n,\\
&\mu_{2r+1}=0,\quad 2r+1<n
\end{aligned} \tag{4.18.3}$$

t 分布只存在阶数 $m<n$ 的矩, $m\geqslant n$ 阶矩无定义.

若随机变量 $X\sim N(0,1), Y\sim\chi^2(n)$, 并且 X 与 Y 相互独立, 则随机变量

$$t=\frac{X}{\sqrt{Y/n}} \tag{4.18.4}$$

服从自由度 n 的 t 分布. 证明如下: 由于 X 和 Y 相互独立, 它们的联合概率密度为

$$f(x,y;n)=\left(\frac{1}{\sqrt{2\pi}}\mathrm{e}^{-x^2/2}\right)\left(\frac{1}{2^{n/2}\Gamma\left(\frac{n}{2}\right)}y^{\frac{n}{2}-1}\mathrm{e}^{-y/2}\right).$$

对 X,Y 作下列变换:

$$t=\frac{X}{\sqrt{Y/n}},\quad Z=Y,\quad -\infty<t<\infty,0<z<\infty,$$

该变换的雅可比行列式为

$$J\left(\frac{x,y}{t,z}\right)=\begin{vmatrix}\dfrac{\partial x}{\partial t} & \dfrac{\partial x}{\partial z}\\ \dfrac{\partial y}{\partial t} & \dfrac{\partial y}{\partial z}\end{vmatrix}=\begin{vmatrix}\sqrt{y/n} & 0\\ 0 & 1\end{vmatrix}=\sqrt{\frac{z}{n}},$$

根据式 (3.7.3), 随机变量 $\{t,Z\}$ 的概率密度为

$$\begin{aligned}f(t,z;n)&=f(x,y;n)\cdot|J|\\&=\frac{1}{\sqrt{\pi n}\Gamma\left(\frac{n}{2}\right)2^{\frac{n+1}{2}}}z^{\frac{n+1}{2}-1}\mathrm{e}^{-\frac{z}{2}\left(1+\frac{t^2}{n}\right)}.\end{aligned}$$

因为我们要求变量 t 的概率密度, 故对 z 求积分

$$\begin{aligned}f(t;n)&=\int_0^{\infty}f(t,z;n)\mathrm{d}z\\&=\frac{1}{\sqrt{\pi n}\Gamma\left(\frac{n}{2}\right)2^{\frac{n+1}{2}}}\int_0^{\infty}z^{\frac{n+1}{2}-1}\mathrm{e}^{-\frac{z}{2}\left(1+\frac{t^2}{n}\right)}\mathrm{d}z\\&=\frac{\Gamma\left(\frac{n+1}{2}\right)}{\sqrt{n\pi}\Gamma\left(\frac{n}{2}\right)}\left(1+\frac{t^2}{n}\right)^{-\frac{n+1}{2}},\end{aligned}$$

即为式 (4.18.1) 的概率密度表达式. 证毕.

t 分布的**上侧 $\boldsymbol{\alpha}$ 分位数**$t_\alpha(n)$ 表示满足

$$\int_{t_\alpha(n)}^{\infty}f(t;n)\mathrm{d}t=\alpha=1-F(t_\alpha;n),\quad 0<\alpha<1 \tag{4.18.5}$$

的点 $t_\alpha(n)$, 式中 $F(t_\alpha;n)$ 是 t 分布的累积分布函数在 $t=t_\alpha(n)$ 处的值. 式 (4.18.5) 表示随机变量 $t(n)$ 超过给定值 $t_\alpha(n)$ 的概率等于 α(图 4.25). 类似地, 称满足

$$P\left\{|t|>t_{\frac{\alpha}{2}}(n)\right\}=\alpha \tag{4.18.6}$$

的点 $t_{\frac{\alpha}{2}}(n)$ 为 $t(n)$ 分布的**双侧 $\boldsymbol{\alpha}$ 分位数**. 由 $f(t;n)$ 对于 t=0 的对称性立即有

$$P\left\{|t| > t_{\frac{\alpha}{2}}(n)\right\} = 2\int_{t_{\frac{\alpha}{2}}(n)}^{\infty} f(t;n)\mathrm{d}t = 2\left\{1 - F\left(t_{\frac{\alpha}{2}};n\right)\right\} = \alpha,$$

故得

$$F\left(t_{\frac{\alpha}{2}};n\right) = 1 - \frac{\alpha}{2}. \tag{4.18.7}$$

对于给定的 $\alpha, t_\alpha(n)$ 和 $t_{\frac{\alpha}{2}}(n)$ 可由书末附表 8 查到. 此外, 由 t 分布的性质 (3) 可知, 当 n 很大时, $N(0, 1)$ 可作为 $t(n)$ 的近似, 于是有

$$t_\alpha(n) \approx z_\alpha, \quad t_{\frac{\alpha}{2}}(n) \approx z_{\frac{\alpha}{2}}. \tag{4.18.8}$$

z_α 和 $z_{\frac{\alpha}{2}}$ 是标准正态分布的上侧和双侧 α 分位数.

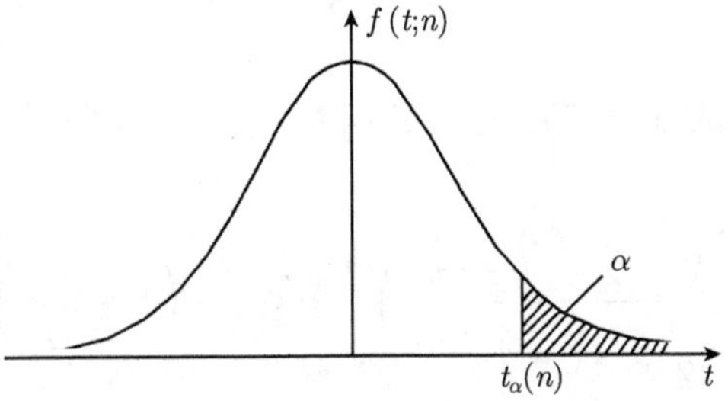

图 4.25 t 分布的上侧 α 分位数 $t_\alpha(n)$

现在简要叙述非中心 t 分布. 若式 (4.18.4) 中标准正态分布 $X \sim N(0,1)$ 代之以均值不为 0 的正态分布 $X' \sim N(\mu,1), \mu \neq 0$, 则随机变量

$$t' = \frac{X'}{\sqrt{Y/n}} \tag{4.18.9}$$

服从**自由度 $\boldsymbol{n}$, 非中心参数 $\boldsymbol{\lambda}$ 的非中心 $\boldsymbol{t}$ 分布**, 记为 $t' \sim t'(n,\lambda)$. 它的概率密度为

$$f(t';n,\lambda) = \mathrm{e}^{-\frac{\lambda}{2}}\sum_{r=0}^{\infty}\frac{1}{r!}\left(\frac{\lambda}{2}\right)^r \frac{\Gamma\left(\dfrac{n+1}{2}+r\right)}{\Gamma\left(\dfrac{n+1}{2}\right)\Gamma\left(\dfrac{n}{2}\right)} \times \left(\frac{1}{n}\right)^{\frac{1}{2}+r}\left(1+\frac{t'^2}{n}\right)^{-\left(\frac{n+1}{2}+r\right)}, \tag{4.18.10}$$

其中 $\lambda = \mu^2$, 它的均值和方差分别为

$$E(t') = \mu\frac{\Gamma\left(\dfrac{n-1}{2}\right)}{\Gamma\left(\dfrac{n}{2}\right)}\sqrt{\frac{n}{2}}, \quad n > 1, \tag{4.18.11}$$

$$V(t')=\frac{n(1+\lambda)}{n-2}-\frac{n\lambda}{2}\left[\frac{\Gamma\left(\dfrac{n-1}{2}\right)}{\Gamma\left(\dfrac{n}{2}\right)}\right]^2,\quad n>2. \tag{4.18.12}$$

当 $\mu=0$, 非中心 t 分布简化为一般的 (中心)t 分布.

4.19 F 分布

设 U_1 和 U_2 分别为自由度 n_1 和 n_2 的 χ^2 变量: $U_1\sim\chi^2(n_1), U_2\sim\chi^2(n_2)$, 并且 U_1, U_2 相互独立, 则称随机变量

$$Y\equiv\frac{U_1/n_1}{U_2/n_2},\quad y\geqslant 0 \tag{4.19.1}$$

服从**自由度 $(\boldsymbol{n}_1,\boldsymbol{n}_2)$ 的 $\boldsymbol{F}$ 分布**, 记为 $Y\sim F(n_1,n_2)$, 其概率密度为

$$f(y;n_1,n_2)=\begin{cases}\dfrac{\Gamma\left(\dfrac{n_1+n_2}{2}\right)}{\Gamma\left(\dfrac{n_1}{2}\right)\Gamma\left(\dfrac{n_2}{2}\right)}\left(\dfrac{n_1}{n_2}\right)^{\frac{n_1}{2}}y^{\frac{n_1}{2}-1}\cdot\left(1+\dfrac{n_1}{n_2}y\right)^{-\frac{n_1+n_2}{2}}, & y\geqslant 0,\\ 0, & y<0.\end{cases} \tag{4.19.2}$$

证明　由于 U_1 和 U_2 相互独立, 故 $\{U_1,U_2\}$ 的联合概率密度是

$$f(u_1,u_2)=\frac{1}{2^{\frac{n_1+n_2}{2}}\Gamma\left(\dfrac{n_1}{2}\right)\Gamma\left(\dfrac{n_2}{2}\right)}\mathrm{e}^{-\frac{u_1+u_2}{2}}u_1^{\frac{n_1}{2}-1}u_2^{\frac{n_2}{2}-1},\quad u_1>0,u_2>0.$$

对 U_1,U_2 作如下变换:

$$\begin{cases}X=U_1+U_2, & X>0,\\ Y=\dfrac{U_1/n_1}{U_2/n_2}, & Y>0.\end{cases}$$

该变换的雅可比行列式为 (式 (3.7.3))

$$J\left(\frac{u_1,u_2}{x,y}\right)=\begin{vmatrix}\dfrac{\partial u_1}{\partial x} & \dfrac{\partial u_1}{\partial y}\\ \dfrac{\partial u_2}{\partial x} & \dfrac{\partial u_2}{\partial y}\end{vmatrix}=\frac{-x\cdot\dfrac{n_2}{n_1}}{\left(y+\dfrac{n_2}{n_1}\right)}=\frac{-x\cdots\dfrac{n_1}{n_2}}{\left(1+\dfrac{n_1}{n_2}y\right)^2}.$$

故 $\{X, Y\}$ 的联合分布密度函数是

$$\begin{aligned} f_1(x,y) = & \frac{1}{2^{\frac{n_1+n_2}{2}}\Gamma\left(\frac{n_1}{2}\right)\Gamma\left(\frac{n_2}{2}\right)} \mathrm{e}^{-\frac{x}{2}} \cdot x^{\frac{n_1+n_2}{2}-2}\left(\frac{n_1}{n_2}\right)^{\frac{n_1}{2}-1} \\ & \cdot \frac{y^{\frac{n_1}{2}-1}}{\left(1+\frac{n_1}{n_2}y\right)^{\frac{n_1+n_2}{2}-2}} \cdot \frac{n_1}{n_2} \cdot \frac{x}{\left(1+\frac{n_1}{n_2}y\right)^2} \\ = & \frac{1}{2^{\frac{n_1+n_2}{2}}\Gamma\left(\frac{n_1+n_2}{2}\right)} \mathrm{e}^{-\frac{x}{2}} x^{\frac{n_1+n_2}{2}-1} \\ & \cdot \frac{\Gamma\left(\frac{n_1+n_2}{2}\right)\left(\frac{n_1}{n_2}\right)^{n_{1/2}}}{\Gamma\left(\frac{n_1}{2}\right)\Gamma\left(\frac{n_2}{2}\right)} \cdot \frac{y^{\frac{n_1}{2}-1}}{\left(1+\frac{n_1}{n_2}y\right)^{\frac{n_1+n_2}{2}}} \\ = & g(x) \cdot g(y), \end{aligned}$$

其中,

$$g(x) = \frac{1}{2^{\frac{n_1+n_2}{2}}\Gamma\left(\frac{n_1+n_2}{2}\right)} \mathrm{e}^{-\frac{x}{2}} x^{\frac{n_1+n_2}{2}-1}$$

是 X 的概率密度, 恰好是自由度 $n_1 + n_2$ 的 χ^2 分布 (式 (4.17.1));

$$g(y) = \frac{\Gamma\left(\frac{n_1+n_2}{2}\right)\left(\frac{n_1}{n_2}\right)^{n_{1/2}}}{\Gamma\left(\frac{n_1}{2}\right)\Gamma\left(\frac{n_2}{2}\right)} \cdot \frac{y^{\frac{n_1}{2}-1}}{\left(1+\frac{n_1}{n_2}y\right)^{\frac{n_1+n_2}{2}}}$$

是 $Y = \dfrac{U_1/n_1}{U_2/n_2}$ 的概率密度, 与式 (4.19.2) 一致, 而且 X 与 Y 是相互独立的. 证毕.

图 4.26 是 $F(n_1, n_2)$ 的图形. F 分布有如下性质:

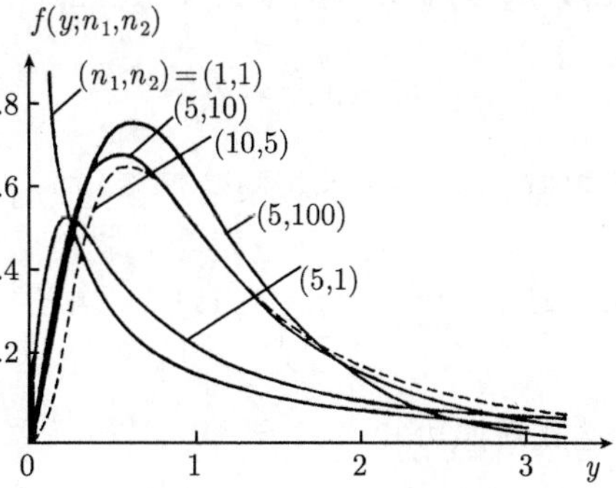

图 4.26 F 分布概率密度 $f(y; n_1, n_2)$

(1) 当 $n_1 \leqslant 2, f(y;n_1,n_2)$ 是单调下降函数; 而 $n_1 > 2$ 时, 为一单峰函数, 概率密度极大值对应的变量值为

$$y_m = \frac{n_1-2}{n_1}\frac{n_2}{n_2+2}, \quad n_1 > 2. \tag{4.19.3}$$

由式 (4.19.3) 可知, $y_m < 1$.

(2) 均值和方差

$$E(Y) = \frac{n_2}{n_2-2}, \quad n_2 > 2,$$

$$V(Y) = \frac{2n_2^2(n_1+n_2-2)}{n_1(n_2-2)^2(n_2-4)}, \quad n_2 > 4. \tag{4.19.4}$$

由式 (4.19.4) 可知, $E(Y)$ 恒大于 1.

(3) F 分布只存在 $k < \dfrac{n_2}{2}$ 阶原点矩, 其表达式是

$$\lambda_k = \left(\frac{n_2}{n_1}\right)^k \frac{\Gamma\left(\frac{n_1}{2}+k\right)}{\Gamma\left(\frac{n_1}{2}\right)}\frac{\Gamma\left(\frac{n_2}{2}-k\right)}{\Gamma\left(\frac{n_2}{2}\right)}, \quad k < \frac{n_2}{2}. \tag{4.19.5}$$

(4) 由 F 分布的定义式 (4.19.1) 可知, 随机变量 $Z = Y^{-1}$ 服从自由度 n_2, n_1 的 F 分布

$$Z = Y^{-1} = \frac{U_2/n_2}{U_1/n_1} \sim F(n_2, n_1). \tag{4.19.6}$$

(5) 当 $n_1 = 1, F$ 分布简化为

$$f(y;1,n_2) = \frac{\Gamma\left(\frac{n_2+1}{2}\right)}{\sqrt{\pi n_2}\,\Gamma\left(\frac{n_2}{2}\right)}\frac{y^{-\frac{1}{2}}}{\left(1+\frac{y}{n_2}\right)^{\frac{n_2+1}{2}}},$$

令 $t^2 = y$, 上式正是自由度 n_2 的 t 分布概率密度, 因此,

$$[F(1,n)]^{1/2} \sim t(n). \tag{4.19.7}$$

(6) 当 n_1 为某个固定值, $n_2 \to \infty$ 的极限情形下, $F(n_1,n_2)$ 的概率密度

$$f(y;n_1,n_2) \to \frac{1}{2^{\frac{n_1}{2}}\Gamma\left(\frac{n_1}{2}\right)}(n_1 y)^{\frac{n_1}{2}-1}\mathrm{e}^{-\frac{n_1 y}{2}} \cdot \frac{1}{n_1},$$

与 $\chi^2(n)$ 的概率密度表达式对照可知

$$[n_1 F(n_1,n_2)]_{n_2\to\infty} \sim \chi^2(n_1). \tag{4.19.8}$$

(7) 当 $n_1, n_2 \to \infty$ 时, F 分布趋近于正态分布.

F 分布的**上侧 $\boldsymbol{\alpha}$ 分位数**$f_\alpha(n_1, n_2)$ 是指满足关系式

$$\int_{f_\alpha}^{\infty} f(y; n_1, n_2)\mathrm{d}y = \alpha, \quad 0 < \alpha < 1 \tag{4.19.9}$$

的点 f_α, 其中 α 是 F 分布的随机变量取值大于 f_α 的概率. 利用 F 分布的累积分布函数 $F(x; n_1, n_2)$, 式 (4.19.9) 可写成

$$F(f_\alpha; n_1, n_2) = 1 - \alpha. \tag{4.19.10}$$

书末附表 9 列出了 $\alpha = 0.001 - 0.1$ 时的 f_α 值. 对于

$$\alpha = 0.9 - 0.999$$

的 f_α 值, 可利用关系式

$$f_{1-\alpha}(n_2, n_1) = \frac{1}{f_\alpha(n_1, n_2)}. \tag{4.19.11}$$

该式证明如下：设随机变量 Y 服从自由度 n_1, n_2 的 F 分布, 由式 (4.19.6) 可知

$$Z = Y^{-1} \sim F(n_2, n_1).$$

对随机变量 Z, 根据上侧分位数的定义 (4.19.9), 有

$$\int_{f_{1-\alpha}}^{\infty} f(z; n_2, n_1)\mathrm{d}z = 1 - \alpha,$$

该式可改写为

$$P\left\{z = \frac{1}{y} > f_{1-\alpha}(n_2, n_1)\right\} = 1 - \alpha, \quad P\left\{y < \frac{1}{f_{1-\alpha}(n_2, n_1)}\right\} = 1 - \alpha,$$

因此

$$P\left\{y > \frac{1}{f_{1-\alpha}(n_2, n_1)}\right\} = \alpha.$$

而对于随机变量 $Y \sim F(n_1, n_2)$, 应用式 (4.19.9),

$$\int_{f_\alpha}^{\infty} f(y; n_1, n_2)\mathrm{d}y = \alpha, \quad P\{y > f_\alpha(n_1, n_2)\} = \alpha.$$

与前一式比较, 式 (4.19.11) 得证.

举一实际数值例子, 从表 9 可查到

$$f_{0.05}(15, 10) = 2.85,$$

据此, 我们可算得表中无法查得的 $f_{0.95}(10,15)$,

$$f_{0.95}(10,15)=1/f_{0.05}(15,10)=1/2.85\approx 0.351.$$

现在我们简要地介绍一下非中心 F 分布. 在 F 分布的定义式 (4.19.1) 中, 若 U_1 用 U_1' 代替, U_1' 服从自由度 n_1, 非中心参数 λ 的 χ^2 分布 $U_1'\sim\chi'^2(n,\lambda)$, 则随机变量

$$Y'=\frac{U_1'/n_1}{U_2/n_2} \tag{4.19.12}$$

服从**自由度 $\boldsymbol{n_1,n_2}$, 非中心参数 $\boldsymbol{\lambda}$ 的非中心 $\boldsymbol{F}$ 分布**, 记为 $Y'\sim F'(n_1,n_2,\lambda)$. 它的概率密度为

$$\begin{aligned}f(y';n_1,n_2,\lambda)=&\ \mathrm{e}^{-\frac{\lambda}{2}}\sum_{r=0}^{\infty}\frac{1}{r!}\left(\frac{\lambda}{2}\right)^r\frac{\varGamma\left(\dfrac{n_1+n_2}{2}+r\right)}{\varGamma\left(\dfrac{n_1}{2}+r\right)\varGamma\left(\dfrac{n_2}{2}\right)}\\&\times\left(\frac{n_1}{n_2}\right)^{\frac{n_1}{2}+r}\frac{(y')^{\frac{n_1}{2}-1+r}}{\left(1+\dfrac{n_1}{n_2}y'\right)^{\frac{n_1+n_2}{2}+r}},\end{aligned} \tag{4.19.13}$$

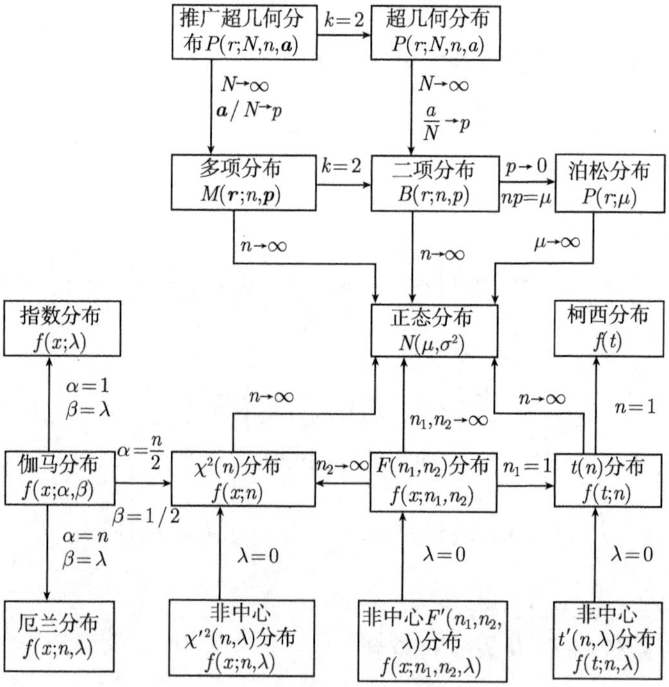

图 4.27　各种分布间的相互关系

均值和方差

$$E(Y') = \frac{n_2(n_1+\lambda)}{n_1(n_2-2)}, \quad n_2 > 2, \tag{4.19.14}$$

$$V(Y') = \frac{2n_2^2}{n_1^2(n_2-2)^2(n_2-4)}[(n_1+\lambda)^2+(n_2-2)(n_1+2\lambda)], \quad n_2 > 4. \tag{4.19.15}$$

当 $\lambda = 0$, 非中心 F 分布简化为一般的 (中心)F 分布.

作为本节的结束, 现将本章讨论过的离散分布和连续分布间的相互联系和极限性质示于图 4.27, 其中正态分布占有中心地位.

4.20 实 验 分 布

设用某种仪器或装置测量某个物理量, 且该物理量是个随机变量, 它所服从的分布称为原分布. 由于实验测量存在测量误差, 或测量装置对该物理量的探测效率(本节后面将讨论这一概念) 不等于 1, 或者其他影响测量的因素, 实验测到的数据不能直接反映原分布的行为. 只有考虑导致原分布发生畸变的诸因素, 对原分布作适当的修正得到"**实验分布**", 才能与测量数据进行比较. 因此, 实验分布是原分布和导致测量畸变诸因素的分布的某种叠加. 本节将简要讨论测量数据与实验分布的比较和拟合.

但是就物理观测的目的而言, 我们更希望由测量数据导出原分布, 即实验测量的物理量所服从的分布, 因为这种分布才反映被测物理量所服从的物理规律. 这一重要问题我们留到第 15 章 "去弥散" 专门阐述.

4.20.1 实验分辨函数

原分布畸变的重要来源之一是测量误差. 由于测量误差的存在, 对于物理量的真值 x, 测定值 x' 可能与 x 不同. 我们用**实验分辨函数**$r(x,x')$ 描述测量误差, 它表示待测量真值为 x 而得到测定值为 x' 的概率. $r(x,x')$ 是归一化的, 即对于任意 x 满足

$$\int_{\Omega_{x'}} r(x,x')\mathrm{d}x' = 1, \tag{4.20.1}$$

其中 $\Omega_{x'}$ 表示 x' 的值域. 当实验测量的物理量是一随机变量 X, 它的概率密度 (原分布) 为 $f(x)$, 那么实验测定值对应的概率密度 (实验分布) 为

$$g(x') = \int_{\Omega_x} r(x,x')f(x)\mathrm{d}x, \tag{4.20.2}$$

其中 Ω_x 是随机变量 X 的值域. 由于实验分辨函数 (测量误差) 的存在, 原分布概率密度等于零的区域, 实验分布 $g(x')$ 却可以是有限值, 这表明实验测定值 x' 可以出现在真值 x 根本不可能出现的区域.

δ 函数是一种行为奇特的函数. 当原分布 $f(x)$ 或实验分辨函数 $r(x,x')$ 可用 δ 函数描述时, 实验分布 $g(x')$ 具有简单的形式. 当实验分辨函数为 δ 函数时, $r(x,x')=\delta(x-x')$, 则有

$$g(x')=\int_{\Omega_x}\delta(x-x')f(x)\mathrm{d}x=f(x').$$

即实验分布与原分布相同. 如果实验分辨函数与原分布相比非常之窄, 即对量 X 的测定误差比 X 的标准差小很多, 分辨函数 $r(x,x')$ 可近似地用 δ 函数描述, 这时实验分布与原分布非常接近. 反之, 若对量 X 的测定误差比 X 的标准差大得多, 那么原分布可近似地视为 δ 函数：$f(x)=\delta(x-x_0)$, 这时有

$$g(x')=\int_{\Omega_x}\delta(x-x_0)r(x,x')\mathrm{d}x=r(x_0,x'),$$

即实验分布就是实验分辨函数本身, 测量值不能给出原分布的任何信息.

在第 5 章中我们将阐明, 根据中心极限定理, 实验测量误差往往服从正态分布. 这时实验分辨函数可写成

$$r(x,x')=\frac{1}{\sqrt{2\pi}R}\exp\left[-\frac{(x-x')^2}{2R^2}\right], \tag{4.20.3}$$

实验测量值 x' 的数学期望是真值 x, 标准差是由测量仪器的精度决定的常数 R. 实验分布于是为

$$g(x')=\int_{\Omega_x}\frac{1}{\sqrt{2\pi}R}\exp\left[-\frac{(x-x')^2}{2R^2}\right]\cdot f(x)\mathrm{d}x, \tag{4.20.4}$$

与式 (3.4.11) 对比可知, $g(x')$ 正是原分布与正态分布的卷积.

下面讨论实验中经常遇到的几种原分布、实验分辨函数形成的实验分布.

(1) 指数原分布和正态实验分辨函数

例如, 不稳定粒子衰变时间的原分布服从指数律

$$f(t)=\lambda\mathrm{e}^{-\lambda t},\quad 0\leqslant t<\infty.$$

假定时间 t 的测量误差为正态分布 (式 (4.20.3) 中 $x,x'\to t,t'$), 作变换 $\tau=t'-t$, 则实验分布为

$$\begin{aligned}g(t')&=\int_0^\infty\lambda\mathrm{e}^{-\lambda t}\frac{1}{\sqrt{2\pi}R}\mathrm{e}^{-\frac{(t'-t)^2}{2R^2}}\mathrm{d}t=\int_{-\infty}^{t'}\frac{\lambda\mathrm{e}^{-\lambda t'}}{\sqrt{2\pi}R}\mathrm{e}^{-\frac{(\tau^2-2R^2\lambda\tau)}{2R^2}}\mathrm{d}\tau\\&=\lambda\exp\left[\frac{R^2\lambda^2}{2}-\lambda t'\right]\int_{-\infty}^{t'}\frac{1}{\sqrt{2\pi}R}\cdot\exp\left[-\frac{\left(\tau-R^2\lambda\right)^2}{2R^2}\right]\mathrm{d}\tau\\&=\lambda\exp\left[\frac{R^2\lambda^2}{2}-\lambda t'\right]\varPhi\left(\frac{t'}{R}-\lambda R\right),\quad 0\leqslant t'<\infty,\end{aligned} \tag{4.20.5}$$

其中, Φ 是累积标准正态函数. 当 $R \to 0, g(t') \to \lambda \exp(-\lambda t')$, 即实验分布与原分布一致. 而当 t' 很大时, 满足

$$\frac{t'}{R} - \lambda R > 3,$$

则有 $\Phi\left(\frac{t'}{R} - \lambda R\right) \approx 1$, 故

$$g(t') \approx \lambda \exp\left[\frac{R^2\lambda^2}{2} - \lambda t'\right],$$

等式两边取对数

$$\ln g(t') = \ln\left(\lambda e^{-\lambda t'} \cdot e^{\frac{R^2\lambda^2}{2}}\right) = \ln f(t') + \frac{R^2\lambda^2}{2} = a - \lambda t', \tag{4.20.6}$$

其中 a 是某个常数. 因此, 对数坐标上, 在

$$\frac{t'}{R} - \lambda R > 3$$

处, 原分布 $f(t)$ 和实验分布 $g(t')$ 是平行的直线. 这一性质可用来从实验分布 (实验数据) 直接确定指数原分布的参数 λ(如不稳定粒子的衰变常数). 图 4.28 画出了 $\lambda = 1, 2$ 的指数原分布 (R=0) 和不同 R 值的实验分布.

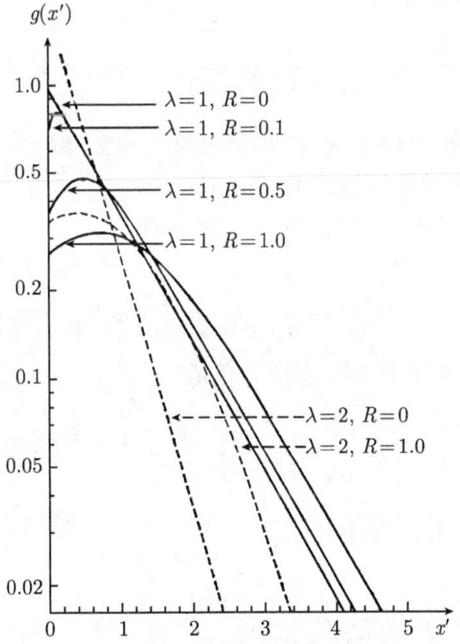

图 4.28 指数原分布 ($R = 0$) 和正态实验分辨函数形成的实验分布 ($R \neq 0$)

R 是正态实验分辨函数的标准差

(2) 正态原分布和正态实验分辨函数

设待测量 X 的原分布为均值 x_0, 标准差 σ_0 的正态分布

$$f(x)=\frac{1}{\sqrt{2\pi}\sigma_0}\mathrm{e}^{-\frac{(x-x_0)^2}{2\sigma_0^2}},\quad -\infty<x<\infty,$$

分辨函数由式 (4.20.3) 表示. 实验分布经推导, 得

$$g(x')=\frac{1}{\sqrt{2\pi\left(\sigma_0^2+R^2\right)}}\mathrm{e}^{-\frac{(x'-x_0)^2}{2(\sigma_0^2+R^2)}},\quad -\infty<x'<\infty, \tag{4.20.7}$$

即实验分布亦为正态函数, 数学期望与原分布相同, 方差等于原分布和分辨函数方差之和.

(3) 原分布和分辨函数均为布雷特–维格纳分布

原分布和实验分辨函数的形式为

$$f(x)=\frac{\Gamma}{\pi}\frac{1}{(x-x_0)^2+\Gamma^2},\quad -\infty<x<\infty;$$
$$r\left(x,x'\right)=\frac{R}{\pi}\frac{1}{(x-x')^2+R^2},\quad -\infty<x'<\infty.$$

由式 (4.20.2) 求出实验分布为

$$g(x')=\frac{\Gamma+R}{\pi}\frac{1}{(x'-x_0)^2+(\Gamma+R)^2},\quad -\infty<x'<\infty. \tag{4.20.8}$$

即实验分布仍为布雷特–维格纳曲线, 峰值位置与原分布峰值位置 x_0 相同, 但峰宽度为原分布和实验分辨函数宽度之和 $\Gamma+R$.

(4) 原分布为均匀分布, 分辨函数为正态分布

原分布形式是

$$f(x)=\frac{1}{b-a},\quad a\leqslant x\leqslant b,$$

实验分辨函数如式 (4.20.3) 所示. 实验分布是

$$g(x')=\frac{1}{\sqrt{2\pi}R(b-a)}\int_a^b\mathrm{e}^{-\frac{(x'-x)^2}{2R^2}}\mathrm{d}x,$$

作变量代换 $u=(x-x')/R$, 则有

$$\begin{aligned}g(x')&=\frac{1}{\sqrt{2\pi}(b-a)}\int_{\frac{a-x'}{R}}^{\frac{b-x'}{R}}\mathrm{e}^{-\frac{u^2}{2}}\mathrm{d}u\\&=\frac{1}{b-a}\left\{\Phi\left(\frac{b-x'}{R}\right)-\Phi\left(\frac{a-x'}{R}\right)\right\}.\end{aligned} \tag{4.20.9}$$

$g(x')$ 对于 $x' = x'_m \equiv \dfrac{a+b}{2}$ 为对称, 且在此点达到极大

$$\begin{aligned} g(x'_m) &= \frac{1}{b-a}\left\{\varPhi\left(\frac{b-x'_m}{R}\right) - \varPhi\left(\frac{a-x'_m}{R}\right)\right\} \\ &= \frac{1}{b-a}\left\{\varPhi\left(\frac{b-a}{2R}\right) - \varPhi\left(\frac{a-b}{2R}\right)\right\} \\ &= \frac{1}{b-a}\left\{2\varPhi\left(\frac{b-a}{2R}\right) - 1\right\}. \end{aligned} \tag{4.20.10}$$

当 $\dfrac{(b-a)}{2R} > 3, \varPhi\left(\dfrac{b-a}{2R}\right) \approx 1$, 则 $g(x'_m) \approx \dfrac{1}{(b-a)}$. 图 4.29 是 $a=0, b=6, R=1$ 时的原分布 $f(x)$ 和实验分布 $g(x')$ 的图形.

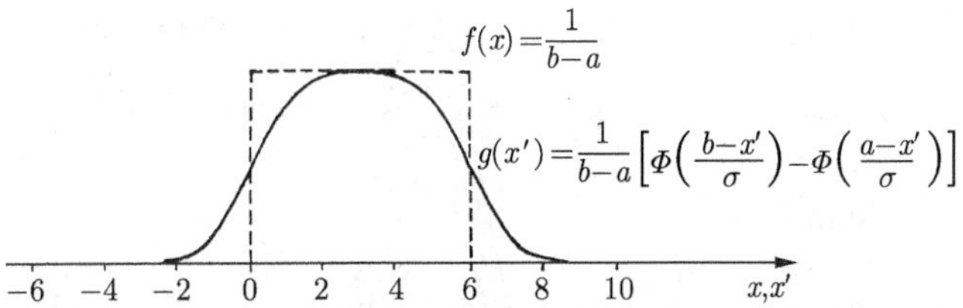

图 4.29 均匀原分布 $f(x)$ 和正态实验分辨函数形成的实验分布 $g(x')$

(5) 布雷特–维格纳原分布和正态实验分辨函数

根据式 (4.20.2), 此时归一化实验分布为

$$g(x') = \frac{\varGamma}{\sqrt{2\pi^3}R}\int_{-\infty}^{\infty}\exp\left[-\frac{(x-x')^2}{2R^2}\right]\cdot\frac{1}{(x-x_0)+\varGamma^2}\mathrm{d}x.$$

作变量代换:

$$t = \frac{x'-x}{\sqrt{2}R}, \quad p = \frac{x'-x_0}{\sqrt{2}R}, \quad q = \frac{\varGamma}{\sqrt{2}R}, \tag{4.20.11}$$

立即有

$$g(x') \equiv V(x') = \frac{1}{\sqrt{2\pi}R}\cdot\frac{q}{\pi}\int_{-\infty}^{\infty}\frac{\mathrm{e}^{-t^2}}{(p-t)^2+q^2}\mathrm{d}t \equiv \frac{H(p,q)}{\sqrt{2\pi}R}, \tag{4.20.12}$$

$g(x') \equiv V(x')$ 称为归一化 Voigt 谱线 (Voigt line profile), 函数 $H(p,q)$ 称为 Voigt 函数或谱形加宽函数 (line broadening function). 当式 (4.20.12) 量 p 中的 x_0 等于 0, 称为中心 Voigt 函数; x_0 不等于 0 则称为非中心 Voigt 函数. Voigt 函数可由复变量 $z = p + \mathrm{i}q$ 的误差函数 (complex error function)$w(z)$ 的实部求得, $w(z)$ 定义为

$$w(z) \equiv \mathrm{e}^{-z^2}\mathrm{erfc}(-\mathrm{i}z) = \mathrm{e}^{-z^2}[1+\mathrm{i}\,\mathrm{erfi}(z)]. \tag{4.20.13}$$

因此有

$$g(x') = \frac{1}{R\sqrt{2\pi}}\mathrm{Re}w(z), \tag{4.20.14}$$

复变量误差函数 $w(z)$ 可由现成的数学程序包计算, 例如西欧核子中心 (CERN) 计算机程序库[130] 的子程序 C335: CWERF.

几种不同 R 和 Γ 值的函数 $g(x')$ 的图形见图 4.30. 图中曲线 1 对应于 R=1.53 的正态实验分辨函数, 曲线 4 对应于 $\Gamma = 1.80$ 的布雷特–维格纳原分布. 曲线 2 对应于 $R = 1.30, \Gamma = 0.50$ 的实验分布. 曲线 3 对应于 $R = 1.00, \Gamma = 1.00$ 的实验分布.

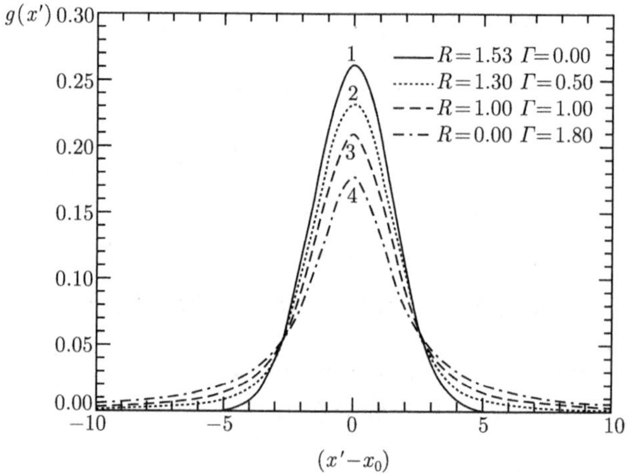

图 4.30 布雷特–维格纳原分布和正态实验分辨函数形成的实验分布 $g(x')$

Voigt 函数的半高宽 (FWHM)W_{V} 与正态函数半高宽 $W_{\mathrm{G}} = 2R\sqrt{2\ln 2}$ 和布雷特–维格纳函数半高宽 $W_{\mathrm{BW}} = 2\Gamma$ 有如下的近似关系 (精确到相对误差小于 0.02%)[184]:

$$W_{\mathrm{V}} = 0.5346W_{\mathrm{BW}} + \sqrt{0.2166W_{\mathrm{BW}}^2 + W_{\mathrm{G}}^2}. \tag{4.20.15}$$

当 Voigt 函数为纯正态分布 ($W_{\mathrm{BW}} = 0$), 该式计算的宽度无误差; 当 Voigt 函数为纯布雷特–维格纳分布 ($W_{\mathrm{G}} = 0$), 该式计算的宽度相对误差仅为 3.05×10^{-6}. 这样, 当我们已知正态分辨函数的半高宽 W_{G} 和实验分布 $g(x')$ 的半高宽 W_{V}, 便可由式 (4.20.15) 求得原分布布雷特–维格纳函数的半高宽 W_{BW}:

$$\begin{aligned} &W_{\mathrm{BW}} = \frac{1}{a^2 - b}\left\{aW_{\mathrm{V}} - \sqrt{(a^2 - b)\,W_{\mathrm{G}}^2 + bW_{\mathrm{V}}^2}\right\}, \\ &a = 0.5346, \quad b = 0.2166. \end{aligned} \tag{4.20.16}$$

布雷特–维格纳原分布和正态实验分辨函数构成的实验分布在原子物理、核物理和粒子物理中有重要的应用. 例如实验中观测到的粒子共振态的质量分布往往是这样的实验分布, 因为粒子共振态的本征质量分布 (原分布) 用布雷特–维格纳分布描述, 而共振态的质量测量分辨通常用正态分辨函数描述.

有许多工作试图用比较简单的函数形式作为 Voigt 谱线的近似以简化其计算, 例如文献 [185] 利用归一化的高斯函数和布雷特–维格纳函数的线性组合作为归一化 Voigt 谱线的经验近似:

$$V'(x) \simeq S[rG(x) + (1-r)BW(x)], \tag{4.20.17}$$

其中 S 是 Voigt 谱线下的面积, 其真值为 1; $r \in [0,1]$ 是比例系数, 描述高斯函数和布雷特–维格纳函数对于 Voigt 谱线的贡献的相对比例. 需要特别指出的是, 除了 $r=0(V'(x)$ 为纯高斯函数) 和 $r=1(V'(x)$ 为纯布雷特–维格纳函数) 这两种极端情形之外, 这里的高斯函数和布雷特–维格纳函数只是拟合 Voigt 谱线的两个 "虚拟" 成分, 并不代表真实的布雷特–维格纳原分布和正态实验分辨函数.

利用上述经验近似 $V'(x)$ 和最小二乘拟合 (见第 9 章) 很容易求得特定 Voigt 谱线的 S, r, R, Γ 拟合值. 例如图 4.31 是利用最小二乘拟合求得的 Voigt 谱线的 S 近似值的相对残差与 Voigt 参数 $a = W_{\mathrm{BW}}/W_{\mathrm{G}}$ 的关系曲线. 可见用式 (4.20.17) 描述 Voigt 谱线其面积的相对误差小于 0.72%. 用这种方法来确定实验中观测到的粒子共振态的质量分布下的面积 (即事例数) 十分简便且有相当好的精度. 例如对于实验观察到的质量为 m_0 的共振态的不变质量谱 f, 可以写为

$$f(m) = S_0 \left\{ r\frac{1}{\sqrt{2\pi}R} \exp\left[-\frac{(m-m_0)^2}{2R^2}\right] + (1-r)\frac{\Gamma}{\pi}\frac{1}{(m-m_0)^2+\Gamma^2} \right\},$$

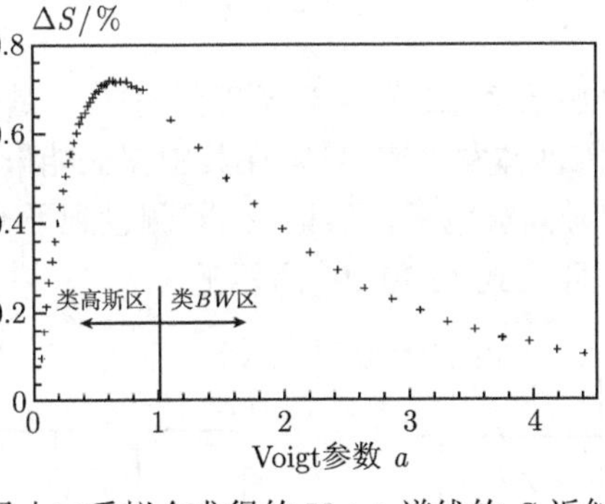

图 4.31 利用最小二乘拟合求得的 Voigt 谱线的 S 近似值的残差 ΔS (即相对误差) 与 Voigt 参数 $a = W_{\mathrm{BW}}/W_{\mathrm{G}}$ 的关系曲线

图中类高斯区表示 Voigt 谱线的形状比较接近高斯曲线,

类 BW 区表示 Voigt 谱线的形状比较接近布雷特–维格纳曲线

其中 S_0, r, R, Γ 为待拟合参数, 拟合得到的 S_0 值即是不变质量谱 f 下的面积.

文献 [186] 对于 Voigt 函数的数值近似的形式为

$$H(p,q) \simeq \sum_{i=1}^{4} \frac{C_i(q-A_i)+D_i(p-B_i)}{(q-A_i)^2+(p-B_i)^2}, \tag{4.20.18}$$

式中 A_i, B_i, C_i, D_i 是 4 组 16 个常数, 其数值列于表 4.2. 该近似对于 Voigt 参数 $a = W_{\mathrm{BW}}/W_{\mathrm{G}} \in [0.1, 10]$ 的情形下, 当高斯分辨函数归一化而布雷特–维格纳函数的峰值取为 1, $W_{\mathrm{BW}} = 1$ 时, 在 $p \in [-10, 10]$ 范围内的绝对误差在 $10^{-4} \sim 10^{-5}$ 量级, 在更边缘处则绝对误差在 10^{-3} 量级. 其精度好于 Voigt 函数的高斯函数和布雷特–维格纳函数的线性组合近似[187].

表 4.2　Voigt 函数数值近似中的参数

i	A_i	B_i	C_i	D_i
1	−1.215 0	1.235 9	−0.308 5	0.021 0
2	−1.350 9	0.378 6	0.590 6	−1.185 8
3	−1.215 0	−1.235 9	−0.308 5	−0.021 0
4	−1.350 9	−0.378 6	0.590 6	1.185 8

4.20.2　探测效率

利用某测量仪器记录某种事件, 对于一个已经实际发生的这类事件, 仪器可能记录到, 也可能没有记录到. 仪器记录到一个真实事件的概率通常称为它的探测效率. 例如, 用闪烁计数器测量某放射源辐射的 γ 光子 (图 4.32), 当 γ 光子穿过闪烁体时, γ 光子与闪烁体发生作用的概率由核物理的知识得知为

$$\varepsilon = 1 - \mathrm{e}^{-\mu l}, \tag{4.20.19}$$

其中 μ 是闪烁体的线性吸收系数, 与 γ 光子能量有关, l 是该 γ 光子在闪烁体内飞过的距离. 当 γ 光子与闪烁体发生作用, 则在其中损失能量, 使闪烁体产生荧光, 被光电倍增管转化为电信号而被电子仪器记录, 即测量到了一个 γ 光子. 因此, 该装置对 γ 光子的探测效率即为式 (4.20.19) 所示的 ε.

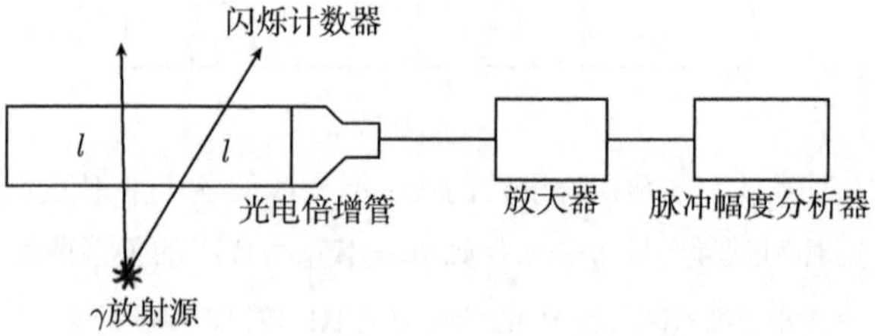

图 4.32　闪烁计数器测量 γ 光子的探测效率

由这一例子可以知道探测效率有两个特点. 首先, 仪器对测量对象的探测效率总是小于等于 1; 其次, 探测效率往往是个变量, 比如上例中 ε 是 μ 和 l 的函数. 一般地, 探测效率往往依赖于所测物理量 X(随机变量) 以及其他变量 Y. 当 X 取不同值时, 探测效率也不同, 因此, 实验测量中仪器的探测效率对原分布会造成畸变. 对于探测效率造成的畸变一般有两种不同的处理方式:

(1) 严格方法. 考虑探测效率对于原分布的修正得到实验分布, 与测量数据直接比较.

(2) 近似方法. 将测量数据乘上权因子, 使之适应原分布, 与原分布比较.

首先讨论第一种方法. 令被测物理量 X(随机变量) 的值域为 Ω_x, 在 $X=x$ 处的探测效率用 $\varepsilon(x,y)$ 表示, y 是与探测效率有关的其他变量. 按照探测效率的定义, 有

$$0\leqslant\varepsilon(x,y)\leqslant1,\quad x\in\Omega_x, \tag{4.20.20}$$

令 Ω_y 是 y 的取值域, 实验分布可表示为

$$g(x)=\frac{\displaystyle\int_{\Omega_y}f(x)\varepsilon(x,y)P(y|x)\mathrm{d}y}{\displaystyle\int_{\Omega_x}\int_{\Omega_y}f(x)\varepsilon(x,y)P(y|x)\mathrm{d}y\mathrm{d}x}, \tag{4.20.21}$$

其中 $P(y|x)$ 是 $X=x$ 的条件下变量 Y 取值 y 的条件概率. 当 X 与 Y 相互独立时, 式 (4.20.21) 简化为

$$g(x)=\frac{\displaystyle\int_{\Omega_y}f(x)f(y)\varepsilon(x,y)\mathrm{d}y}{\displaystyle\int_{\Omega_x}\int_{\Omega_y}f(x)f(y)\varepsilon(x,y)\mathrm{d}y\mathrm{d}x}; \tag{4.20.22}$$

如果探测效率仅与 X 有关, 则进一步简化为

$$g(x)=\frac{f(x)\varepsilon(x)}{\displaystyle\int_{\Omega_x}f(x)\varepsilon(x)\mathrm{d}x}. \tag{4.20.23}$$

实验分布 $g(x)$ 的上述三个表达式中的分母都是为了满足归一化条件

$$\int_{\Omega_x}g(x)\mathrm{d}x=1.$$

某些原分布 (正态分布, 指数分布, 柯西分布等) 是无界或半无界的, 而实验分布的一个特征是任何测量值只可能是有限值. 设被测的物理量 (随机变量) 的概率密度为 $f(x),-\infty<x<\infty$, 实验测量 x 的上下界为 A 和 B. 这可以看成探测效率

的一种特殊情形, 即 $\varepsilon(x > A) = \varepsilon(x < B) = 0$, 这样的实验分布是**截断分布**. 根据式 (4.20.23), 实验分布可表示为

$$g(x) = \frac{f(x)}{\displaystyle\int_B^A f(x)\mathrm{d}x} = \frac{f(x)}{F(A) - F(B)}, \quad B \leqslant x \leqslant A. \tag{4.20.24}$$

它的累积分布函数为

$$G(x) = \int_B^x g(t)\mathrm{d}t = \frac{F(x) - F(B)}{F(A) - F(B)}.$$

显然, 这个实验分布函数是归一的, 因为

$$G(A) = \int_B^A g(x)\mathrm{d}x = 1.$$

在 4.15 节中已经讨论过柯西分布的截断分布. 在核物理和粒子物理中观测有限区间内的共振曲线要用到这种截断柯西分布. 另一个常见的例子是不稳定粒子的衰变时间, 原则上它服从 $0 \leqslant t < \infty$ 的指数分布

$$f(t) = \lambda \mathrm{e}^{-\lambda t}.$$

实际测量中只能测到某个最大值 t_m, 于是实验分布为一截断分布

$$g(t) = \frac{\lambda \mathrm{e}^{-\lambda t}}{\displaystyle\int_0^{t_m} \lambda \mathrm{e}^{-\lambda t}\mathrm{d}t} = \frac{\lambda \mathrm{e}^{-\lambda t}}{1 - \mathrm{e}^{-\lambda t_m}}.$$

第二种途径即近似方法的主要想法如下. 如果在被测物理量 X(随机变量) 取值 x_i 处观测到一个事件, 由于在该处的探测效率是 $\varepsilon(x_i, y_i)$, 那么当探测效率等于 1(这时观测值反映 X 的原分布) 时, 实际上应当存在

$$w_i = \frac{1}{\varepsilon(x_i, y_i)} \tag{4.20.25}$$

个事件, w_i 称为**权因子**. 可见, 当在 $x_i (i = 1, 2, \cdots)$ 各观测到一个事件, 那么对应的 $w_i (i = 1, 2, \cdots)$ 应当是原分布的较好的描述. 这种方法只是近似地正确, 但由于它比较简单, 实际中也经常使用.

4.20.3 复合概率密度

实验测量的物理量可能是若干个物理过程的共同贡献. 若这些物理过程都是随机过程, 则可用随机变量描述并有相应的概率密度. 在这种情形下, 实验分布显

然是描述各随机过程的概率密度的某种叠加, 称为**复合概率密度**. 设第 j 过程的概率密度记为 $f_j(x;\vartheta_j), j=1,2,\cdots, X$ 为所测的物理量 (随机变量), ϑ_j 是只与第 j 个过程有关的一个或几个参量, 则 X 的概率密度可表示为

$$f(x;\boldsymbol{\alpha},\boldsymbol{\vartheta})=\sum_j \alpha_j f_j(x;\vartheta_j), \tag{4.20.26}$$

其中 α_j 表示第 j 个过程对待测物理量贡献的相对权因子, 其取值应使 $f(x;\boldsymbol{\alpha},\boldsymbol{\vartheta})$ 满足归一化条件

$$\int_{\Omega_x} f(x;\boldsymbol{\alpha},\boldsymbol{\vartheta})\mathrm{d}x=1. \tag{4.20.27}$$

在许多物理问题中, 虽然测出的物理量涉及多种物理过程, 但实验者只对其中的一种过程感兴趣, 其余过程的贡献仅仅是感兴趣的有用 "信号" 的背景或称为本底. 由 $f(x;\boldsymbol{\alpha},\boldsymbol{\vartheta})$ 的表达式可以看到, 为了对感兴趣的过程进行研究, 必须对各种本底的分布亦有清楚的了解. 但实际上, 这一点往往是很难或无法做到的. 在这种情况下, 通常的做法是适当设计实验装置和实验数据的选取方法, 使本底的贡献比有用事例的贡献小得多, 再加上对本底分布的大致估计, 可减小本底对实验结果的误差.

例 4.19 包含共振峰的不变质量谱

在粒子反应 $\pi^+\mathrm{p}\to\pi^+\mathrm{p}\pi^+\pi^-\pi^0$ 中可产生共振态 $\eta(549)$ 和 $\omega(783)$, 也就是说, 其中包含下述事例:

$$\pi^+\mathrm{p}\to\pi^+\mathrm{p}\eta \quad (\eta\to\pi^+\pi^-\pi^0), \qquad \pi^+\mathrm{p}\to\pi^+\mathrm{p}\omega \quad (\omega\to\pi^+\pi^-\pi^0).$$

由于 η,ω 的寿命极短, 在实验中, 仪器观测到的只是末态粒子 $\pi^+\mathrm{p}\to\pi^+\mathrm{p}\pi^+\pi^-\pi^0$. 如果测量总电荷为 0 的三个 π 介子系统的不变质量谱, 由于 η,ω 的产生, 在它们的质量

$$M_\eta=549\mathrm{MeV},\quad M_\omega=783\mathrm{MeV}$$

附近出现明显的峰, 而在其他质量值附近则是相对平坦的本底 (图 4.33). 因此, 中性 3π 系统不变质量 M 的概率密度由三部分组成: 描述 η 共振和 ω 共振的两个布雷特–维格纳函数 BW_η 和 BW_ω, 描述本底的函数 B,

$$f(M;\boldsymbol{\alpha})=\alpha_\eta BW_\eta(M;M_\eta,\Gamma_\eta)+\alpha_\omega BW_\omega(M;M_\omega,\Gamma_\omega)+\alpha_B B(M).$$

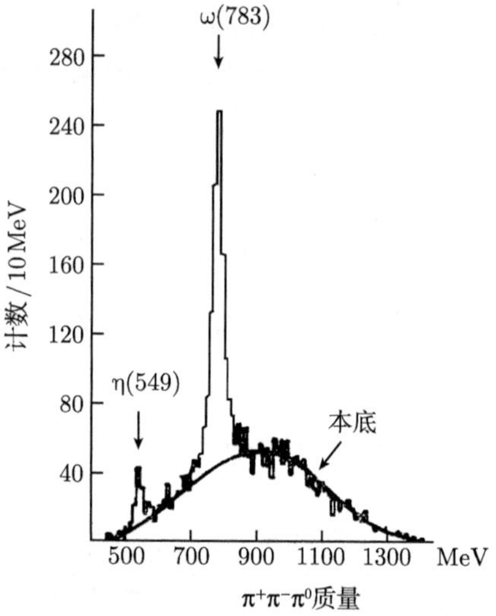

图 4.33　$\pi^+\pi^-\pi^0$ 不变质量谱

如果实验测量只在有限的质量区间 (M_A, M_B) 内进行, 实验装置对于质量测量的分辨函数为 $r(M, M')$, 则实验测量得到的实验分布为

$$g(M';\boldsymbol{\alpha}) = \int_{M_A}^{M_B} f(M;\boldsymbol{\alpha})r(M,M')\mathrm{d}M \bigg/ \int_{M_A}^{M_B}\int_{M_A}^{M_B} f(M;\boldsymbol{\alpha})r(M,M')\mathrm{d}M\mathrm{d}M'.$$

在许多情形下, 复合分布对于测量装置的分辨函数的描述亦是有用的. 虽然测量装置的分辨函数往往用正态分布描述, 但是实际测量到的实验分辨函数常常不能用单个正态分布很好地描述, 而用两个正态函数的叠加却能很好地描述实验分辨函数. 更一般地, 假定实验分辨函数可表示为复合分布

$$f(x) = \sum_{i=1}^{n} \alpha_i f_i(x; m_i, \sigma_i^2), \tag{4.20.28}$$

其中 α_i 为成分 i 的权因子, $\sum\limits_i \alpha_i = 1$, $f_i(x)$ 为成分 i 的概率密度, m_i, σ_i 为相应的均值和标准差. 令实验分辨函数 $f(x)$ 的均值和方差为 m, σ^2. 注意到

$$m_i = \int x f_i(x)\mathrm{d}x, \quad \sigma_i^2 = \int (x - m_i)^2 f_i(x)\mathrm{d}x,$$

故有

$$m = \int x f(x)\mathrm{d}x = \sum_{i=1}^{n} \alpha_i \int x f_i(x)\mathrm{d}x = \sum_{i=1}^{n} \alpha_i m_i. \tag{4.20.29}$$

$$\begin{aligned}\sigma^2 &= \int (x-m)^2 f(x)\mathrm{d}x = \int (x^2+m^2-2xm) f(x)\mathrm{d}x \\ &= \int x^2 f(x)\mathrm{d}x + m^2 - 2m\int x f(x)\mathrm{d}x \\ &= \sum_{i=1}^{n} \alpha_i \int x^2 f_i(x)\mathrm{d}x - m^2,\end{aligned}$$

可得

$$\sigma^2 = \sum_{i=1}^{n} \alpha_i \left[\sigma_i^2 + m_i^2\right] - m^2. \tag{4.20.30}$$

于是实验分辨函数 $f(x)$ 的均值和方差可由各成分的均值和方差 m_i, σ_i^2 及权因子 α_i 求得.

第 5 章　大数定律和中心极限定理

概率论和数理统计是研究随机现象的统计规律性的科学, 但随机现象的统计规律性只有在大量重复的随机试验中才显示出来. 所谓随机试验中某种事件发生的频率具有稳定性, 是指当试验次数无限增大时, 事件的频率逼近某一常数. 同样, 所谓随机试验可能发生的各种结果的频率分布近似于某一分布 (如测量误差的分布近似于正态分布), 也是指试验次数无限增大时的极限性质. 这就引导到极限定理的研究. 极限定理的内容很广泛, 其中最重要的是大数定律和中心极限定理. 本章介绍几种常用的大数定律和中心极限定理.

5.1　大 数 定 律

大数定律说明随机变量序列的平均结果具有稳定性; 大量重复随机试验中事件发生的频率也具有稳定性, 并且与事件的概率有确定的对应关系.

为了阐明大数定律, 首先介绍依概率收敛的含义. 设 $\{X_i\}, i=1,2,\cdots$ 为随机变量序列, 若对任意 $\varepsilon>0$, 有

$$\lim_{n\to\infty} P\{|X_i-a|\geqslant\varepsilon\}=0, \tag{5.1.1}$$

则称随机变量序列 $\{X_i\}, i=1,2,\cdots$ **依概率收敛于** $\boldsymbol{a}$, 式中 a 是某个常数. 显然, 式 (5.1.1) 等价于

$$\lim_{n\to\infty} P\{|X_i-a|<\varepsilon\}=1. \tag{5.1.2}$$

(1) 切比雪夫大数定律

设 $\{X_i\}, i=1,2,\cdots$ 为相互独立的随机变量序列, 它们有有限的数学期望和方差

$$E(X_i)=\mu_i,\quad V(X_i)=\sigma_i^2,\quad i=1,2,\cdots$$

并且方差有公共上界

$$\sigma_i^2\leqslant C,\quad i=1,2,\cdots$$

则对任意的 $\varepsilon > 0$,

$$\lim_{n\to\infty} P\left\{\left|\frac{1}{n}\sum_{i=1}^{n} X_i - \frac{1}{n}\sum_{i=1}^{n}\mu_i\right| < \varepsilon\right\} = 1 . \tag{5.1.3}$$

该定理证明如下：因 $\{X_i\}, i = 1, 2, \cdots$ 相互独立, 故

$$V\left(\frac{1}{n}\sum_{i=1}^{n} X_i\right) = \frac{1}{n^2}\sum_{i=1}^{n} V(X_i) \leqslant \frac{C}{n},$$

利用切比雪夫不等式 (2.4.26),

$$P\left\{\left|\frac{1}{n}\sum_{i=1}^{n} X_i - \frac{1}{n}\sum_{i=1}^{n}\mu_i\right| < \varepsilon\right\} \geqslant 1 - \frac{V\left(\frac{1}{n}\sum_{i=1}^{n} X_i\right)}{\varepsilon^2} \geqslant 1 - \frac{C}{n\varepsilon^2},$$

概率值不可能大于 1, 故有

$$1 \geqslant P\left\{\left|\frac{1}{n}\sum_{i=1}^{n} X_i - \frac{1}{n}\sum_{i=1}^{n}\mu_i\right| < \varepsilon\right\} \geqslant 1 - \frac{C}{n\varepsilon^2},$$

令 $n \to \infty$, 定理得证.

对于 $\{X_i\}, i = 1, 2, \cdots$ 具有相同的数学期望和方差的特殊情形, 式 (5.1.3) 简化为

$$\lim_{n\to\infty} P\left\{\left|\frac{1}{n}\sum_{i=1}^{n} X_i - \mu\right| < \varepsilon\right\} = 1. \tag{5.1.4}$$

这表明, 当 n 充分大时, $X_1, X_2, \cdots, X_n$ 的算术平均接近于它们的数学期望 $\mu = \mu_1 = \mu_2 = \cdots = \mu_n$.

(2) 辛钦大数定律

设相互独立的同分布随机变量序列 $X_1, X_2, \cdots$ 有相同的有限数学期望

$$E(X_i) = \mu, \quad i = 1, 2, \ldots,$$

则对任意 $\varepsilon > 0$, 有

$$\lim_{n\to\infty} P\left\{\left|\frac{1}{n}\sum_{i=1}^{n} X_i - \mu\right| < \varepsilon\right\} = 1. \tag{5.1.5}$$

证明从略.

辛钦大数定律表明, 只要随机变量独立同分布, 即使不存在有限方差, 其数学期望仍可由 n 个随机变量的算术平均值作为近似 (n 充分大).

(3) 伯努利大数定律

设 m 是 n 次独立随机试验中事件 A 发生的次数, 每次随机试验中事件 A 发生的概率是 p, 则对任意的 $\varepsilon > 0$, 有

$$\lim_{n\to\infty} P\left\{\left|\frac{m}{n} - p\right| < \varepsilon\right\} = 1, \tag{5.1.6}$$

即当 n 无限增加时, 事件 A 的出现频率 m/n 依概率收敛于事件 A 的概率.

证明 设用随机变量 X_i 描述第 i 次试验, 当事件 A 发生, X_i 取值为 1, 否则为 0. 故 X_i 服从伯努利分布, 显然, n 次试验中事件 A 的发生次数 $m = \sum_{i=1}^{n} X_i$, 由试验的独立性可知, $X_1, X_2, \cdots$ 相互独立, 且其数学期望 $E(X_i) = p$ 应用式 (5.1.4) 得

$$\lim_{n\to\infty} P\left\{\left|\frac{1}{n}\sum_{i=1}^{n} X_i - p\right| < \varepsilon\right\} = \lim_{n\to\infty} P\left\{\left|\frac{m}{n} - p\right| < \varepsilon\right\} = 1.$$

证毕.

伯努利定律在数学上严格地表述了频率的稳定性, 即事件的频率以概率收敛于事件的概率. 当随机试验的次数 n 很大时, 事件出现的频率与其概率十分接近, 出现大的偏差的可能性很小. 因此, 在实际应用时, 当试验次数 n 充分大时, 便可用事件出现的频率作为事件发生的概率的很好近似. 这一点 1.2 节中讨论概率的定义时已经指出.

伯努利定律的证明过程说明, 它是切比雪夫大数定律的特例.

(4) 泊松大数定律

设在一个独立随机试验的序列中, 事件 A 在第 i 次试验中出现的概率为 p_i, 记前 n 次试验中事件 A 出现的次数为 m, 则对任意 $\varepsilon > 0$, 有

$$\lim_{n\to\infty} P\left\{\left|\frac{m}{n} - \frac{p_1 + p_2 + \cdots + p_n}{n}\right| < \varepsilon\right\} = 1. \tag{5.1.7}$$

证明 每次试验可用一随机变量 X_i 描述, X_i 服从伯努利分布, 即

$$E(X_i) = p_i, \quad V(X_i) = p_i(1 - p_i) \leqslant \frac{1}{4}.$$

显然, 前 n 次试验中事件 A 出现的次数 m 可由 $m = \sum_{i=1}^{n} X_i$ 求出. 随机变量 $\frac{1}{n}\sum_{i=1}^{n} X_i$ 的数学期望和方差为

$$E\left(\frac{1}{n}\sum_{i=1}^{n} X_i\right) = \frac{1}{n}\sum_{i=1}^{n} p_i,$$

$$V\left(\frac{1}{n}\sum_{i=1}^{n} X_i\right) = \frac{1}{n^2}\sum_{i=1}^{n} V(X_i) \leqslant \frac{1}{4n},$$

对随机变量 $\frac{1}{n}\sum_{i=1}^{n} X_i$ 应用切比雪夫不等式, 得

$$P\left\{\left|\frac{1}{n}\sum_{i=1}^{n} X_i - \frac{1}{n}\sum_{i=1}^{n} p_i\right| < \varepsilon\right\} \geqslant 1 - \frac{1}{4n\varepsilon^2}.$$

注意到 $m = \sum_{i=1}^{n} X_i$, 当 $n \to \infty$, 式 (5.1.7) 得证.

5.2 中心极限定理

在客观实际中, 许多随机变量是大量相互独立的随机因素综合影响的结果, 而其中每一个别因素所起的作用都很微小, 这种随机变量往往近似地服从正态分布. 例如, 射手打靶, 影响射手击中点到靶心距离的因素是多方面的: 瞄准点对靶心的偏离, 风力的变化, 子弹重量的差异, 上升气流的大小, 都是相互独立的随机变量, 其总的效果是大量弹着点近似地服从正态分布. 又如单能电子束射入碘化钠晶体 (NaI(Tl)), 用光电倍增管测量晶体中的闪烁荧光, 光电倍增管的输出电信号经过放大器等电子学线路, 最后测量出脉冲幅度谱. 这一测量中涉及一系列相互独立的随机过程, 如电子在晶体中的电离损失; 光在晶体中的传输, 晶体表面的反射折射; 光子在光电倍增管阴极上产生光电子的效率, 电子的倍增过程 因此, 最后测到的脉冲幅度近似于正态分布. 后一个例子是对于一个完全确定的物理量 (电子能量) 进行测定, 由于测量过程涉及许多随机过程, 因而测量的结果呈现正态分布, 该分布的标准差就成为测量误差. 这种情形在大量的测量问题中是具代表性的, 是中心极限定理的客观表现, 而这就是正态分布在概率统计理论和实际测量问题中具有重要意义的依据. 中心极限定理是大样本统计推断的理论基础.

(1) 同分布的中心极限定理

设相互独立的随机变量序列 $X_1, X_2, \cdots$ 服从同分布, 且有有限的数学期望和方差

$$E(X_j) = \mu, \sigma^2(X_j) = \sigma^2, \quad -\infty < \mu < \infty, 0 < \sigma^2 < \infty,$$

则随机变量

$$Y = \frac{\sum_{j=1}^{n} X_j - n\mu}{\sqrt{n}\sigma} \tag{5.2.1}$$

的分布函数 $F(y)$ 对于任意 y 值满足

$$\lim_{n\to\infty} F(y) = \lim_{n\to\infty} P(Y \leqslant y) = \int_{-\infty}^{y} \frac{1}{\sqrt{2\pi}} \mathrm{e}^{-t^2/2} \mathrm{d}t,$$

即当 $n \to \infty$, 随机变量 Y 依概率收敛于标准正态函数 $N(0, 1)$, 或随机变量 $\sum_{i=1}^{n} X_i$ 依概率收敛于正态函数 $N(n\mu, n\sigma^2)$.

证明　随机变量 X 的特征函数为

$$\begin{aligned}\varphi_X(t) = E(\mathrm{e}^{\mathrm{i}tX}) &= \int_{-\infty}^{\infty} \mathrm{e}^{\mathrm{i}tx} f(x)\mathrm{d}x \\ &= \int_{-\infty}^{\infty} \left[1 + \mathrm{i}tx + \frac{\mathrm{i}^2 t^2 x^2}{2} + O(t^3 x^3)\right] f(x)\mathrm{d}x \\ &= 1 + \mathrm{i}t\mu + \frac{\sigma^2 + \mu^2}{2}(\mathrm{i}t)^2 + O(t^3) + \cdots.\end{aligned}$$

根据特征函数的性质 (见 2.5 节) 可知, Y 的特征函数为

$$\begin{aligned}\varphi_Y(t) &= \left[\varphi_X\left(\frac{t}{\sqrt{n}\sigma}\right)\right]^n \mathrm{e}^{-\mathrm{i}t\sqrt{n}\mu/\sigma}, \\ \ln\varphi_Y(t) &= n\ln\varphi_X\left(\frac{t}{\sqrt{n}\sigma}\right) - \frac{\mathrm{i}t\sqrt{n}\mu}{\sigma} \\ &= -\frac{\mathrm{i}t\sqrt{n}\mu}{\sigma} + n\ln\left\{1 + \frac{\mathrm{i}t\mu}{\sigma\sqrt{n}} + \frac{(\mathrm{i}t)^2(\sigma^2+\mu^2)}{2\sigma^2 n} + O\left(\frac{t^3}{n^{3/2}}\right) + \cdots\right\},\end{aligned}$$

利用关系式

$$\ln(1+x) = x - \frac{1}{2}x^2 + \cdots,$$

得

$$\begin{aligned}\ln\varphi_Y(t) &= -\frac{\mathrm{i}t\sqrt{n}\mu}{\sigma} + \frac{\mathrm{i}t\sqrt{n}\mu}{\sigma} + \frac{(\mathrm{i}t)^2(\sigma^2+\mu^2)}{2\sigma^2} - \frac{(\mathrm{i}t)^2\mu^2}{2\sigma^2} + O\left(\frac{1}{\sqrt{n}}\right) + \cdots \\ &= \frac{(\mathrm{i}t)^2}{2} + O\left(\frac{1}{\sqrt{n}}\right) + \cdots,\end{aligned}$$

当 $n \to \infty$,

$$\lim_{n\to\infty} \ln\varphi_Y(t) = \frac{(\mathrm{i}t)^2}{2},$$

即

$$\lim_{n\to\infty} \varphi_Y(t) = \mathrm{e}^{-t^2/2}.$$

这正是标准正态分布的特征函数. 证毕.

随机变量独立同分布在许多情形下是很苛刻的要求. 事实上, 当相互独立的随机变量序列 $\{X_i\}, i = 1, 2, \cdots$ 具有有限但不相同的数学期望和方差时, $Y = \sum_{i=1}^{n} X_i (n \to \infty)$ 仍服从正态分布. 故有更一般的中心极限定理如下.

(2) 李雅普诺夫定理

设相互独立的随机变量序列 $X_1, X_2, \cdots$ 有有限的数学期望和方差

$$E(X_i) = \mu_i, V(X_i) = \sigma_i^2, \quad 0 < \mu_i, \sigma_i^2 < \infty, i = 1, 2 \cdots.$$

记 $B_n^2 = \sum_{i=1}^{n} \sigma_i^2$, 若存在 $\delta > 0$, 使

$$\lim_{n \to \infty} \frac{1}{B_n^{2+\delta}} \sum_{i=1}^{n} E|X_i - \mu_i|^{2+\delta} = 0,$$

则随机变量

$$Y = \frac{\sum_{i=1}^{n} X_i - \sum_{i=1}^{n} \mu_i}{B_n} \tag{5.2.2}$$

的分布函数 $F(y)$ 对于任意 y 满足

$$\lim_{n \to \infty} F(y) = \lim_{n \to \infty} P\left\{ \frac{\sum_{i=1}^{n} X_i - \sum_{i=1}^{n} \mu_i}{B_n} \leqslant y \right\} = \int_{-\infty}^{y} \frac{1}{\sqrt{2\pi}} \mathrm{e}^{-\frac{t^2}{2}} \mathrm{d}t.$$

即当 $n \to \infty, F(y)$ 依概率收敛于累积标准正态函数, $Y \sim N(0,1)$ 或 $\sum_{i=1}^{n} X_i \sim N\left(\sum_{i=1}^{n} \mu_i, \sum_{i=1}^{n} \sigma_i^2\right)$. 证明从略.

李雅普诺夫 (Lyapunov) 定理表明, 无论各随机变量 X_i 具有怎样的分布, 只要满足定理的条件, 则当 n 很大时, 随机变量 $\sum_{i=1}^{n} X_i$ 就近似地服从正态分布. 在许多物理量测量中, 测量误差是由许多相互独立的随机因素合成的, 根据该定理可知, 测量误差近似地服从正态分布.

定理 (1), (2) 并没有规定随机变量的类型, 它们对离散型和连续型均适用. 所谓 n 很大, 在实际使用时, $n = 10$ 的随机变量 $\sum_{i=1}^{n} X_i$ 已与正态分布相当接近.

例 5.1　正态随机数的产生

在蒙特卡罗方法中, 经常需要产生服从正态分布的随机数, 但一般计算机只备有 [0, 1] 区间均匀分布的随机数. 利用同分布中心极限定理, 是通过 [0, 1] 随机数产生正态随机数的途径之一.

设 $r_i, i = 1, 2, \cdots$ 是相互独立的 [0, 1] 区间均匀分布随机变量, 其数学期望为 $\mu = 1/2$, 方差 $\sigma^2 = 1/12$. 根据式 (5.2.1) 定义随机变量

$$g \equiv \frac{\sum_{i=1}^{n} r_i - n\mu}{\sqrt{n}\sigma} = \frac{\sqrt{12}}{\sqrt{n}}\left(\sum_{i=1}^{n} r_i - \frac{n}{2}\right), \tag{5.2.3}$$

当 $n \to \infty$ 时, g 收敛于 $N(0, 1)$. 实际上, 当 $n = 12$ 时, g 已与 $N(0, 1)$ 十分接近, 此时, g 有简单的形式

$$g = \sum_{i=1}^{12} r_i - 6. \tag{5.2.4}$$

g 的分布与 $N(0, 1)$ 的最大偏离出现在分布的两侧尾部, 因为 $N(0, 1)$ 的值域是 $(-\infty, \infty)$, 而 g 的值域是有限的

$$-\sqrt{3n} \leqslant g \leqslant \sqrt{3n},$$

当 $n = 12$ 时, 则有

$$-6 \leqslant g \leqslant 6,$$

即出现最大偏差的区域在 ± 6 个标准差之外, 在那里, $N(0, 1)$ 的概率密度值小于 10^{-8}, 对于大多数实际应用的精度要求而言, 这样的差别可以忽略. 所以式 (5.2.4) 是正态分布的很好近似. 因此, 只要独立地产生 12 个 [0, 1] 区间均匀分布随机数 r_i, 依照式 (5.2.4) 就可得出一个标准正态随机数 g.

(3) 棣莫弗–拉普拉斯 (De Moivre-Laplace) 定理

设随机变量序列 $\{Y_n\}, n = 1, 2, \cdots$ 具有参数 $n, p(0 < p < 1)$ 的二项分布, 则对任意 $a < b$, 有

$$\lim_{n\to\infty} P\left\{a < \frac{Y_n - np}{\sqrt{np(1-p)}} \leqslant b\right\} = \int_a^b \frac{1}{\sqrt{2\pi}} \mathrm{e}^{-\frac{t^2}{2}} \mathrm{d}t,$$

即当 $n \to \infty$ 时, 随机变量

$$\frac{Y_n - np}{\sqrt{np(1-p)}} \tag{5.2.5}$$

逼近标准正态分布, 或 Y_n(参数 n, p 的二项分布) 逼近数学期望和方差分别为 np 和 $np(1-p)$ 的正态分布. 证明如下:

由 4.1 节知, 二项分布可看成 n 个相互独立的伯努利分布随机变量 $X_i, i = 1, 2, \cdots, n$ 之和

$$Y_n = \sum_{i=1}^{n} X_i.$$

其数学期望和方差分别为

$$E(X_i) = p, V(X_i) = p(1-p), \quad i = 1, 2, \cdots, n.$$

应用式 (5.2.1), 即得

$$\lim_{n\to\infty} P\left\{\frac{Y_n - np}{\sqrt{np(1-p)}} \leqslant a\right\} = \int_{-\infty}^{a} \frac{1}{\sqrt{2\pi}} \mathrm{e}^{-t^2/2} \mathrm{d}t = \varPhi(a),$$

于是对任意 $a < b$, 有

$$\lim_{n\to\infty} P\left\{a < \frac{Y_n - np}{\sqrt{np(1-p)}} \leqslant b\right\} = \varPhi(b) - \varPhi(a)$$
$$= \int_{a}^{b} \frac{1}{\sqrt{2\pi}} \mathrm{e}^{-t^2/2} \mathrm{d}t.$$

定理得证. 由证明过程可知, 本定理是定理 (1) 的特殊情形.

$n \to \infty$ 时, 二项分布逼近正态分布这一结论在 4.1 节中已经指出. 这一定理提供了一种计算二项分布若干项求和的近似方法. 例如, 欲求二项分布 $B(k; n, p) = \begin{pmatrix} n \\ k \end{pmatrix} p^k (1-p)^k$ 中 $k = k_1 \to k_2$ 各项之和

$$\sum_{k=k_1}^{k_2} B(k; n, p),$$

直接逐步求和是十分烦琐的, 但只要 n 充分大, 应用式 (5.2.5), 有

$$\sum_{k=k_1}^{k_2} B(k; n, p) \approx \varPhi(b) - \varPhi(a), \tag{5.2.6}$$

$$b = \frac{k_2 - np}{\sqrt{np(1-p)}}, \quad a = \frac{k_1 - np}{\sqrt{np(1-p)}}. \tag{5.2.7}$$

$\varPhi(b)$ 和 $\varPhi(a)$ 可由附表 6 查出. 对于 n 很大时的二项分布的概率计算问题, 利用正态近似可方便地解出.

第 6 章　子样及其分布

从本章开始介绍数理统计的部分内容. 数理统计是以概率论为基础, 根据研究对象的有限次观测或测量, 对它的全体元素的性质作出合理的估计和推断. 数理统计是实验数据进行整理分析的理论基础和数学工具. 本章介绍总体、随机子样、统计量等数理统计中的重要概念, 以及常用的统计量和抽样分布. 以下各章陆续讨论参数估计、假设检验等数理统计问题.

6.1　随机子样, 子样分布函数

我们从一个具体例子来引入数理统计中的基本概念. 设想有一批晶体二极管, 规定反向击穿电压小于 V_0 为废品, 问如何来确定废品率. 即使严格控制二极管的制作工艺, 各二极管的反向电压 V 也不尽相同, 而是服从某种分布. 因此, 上述问题归结为求二极管反向电压 V, 这一随机变量取值小于 V_0 的概率

$$P(V < V_0) = F(V_0),$$

F 为 V 的累计分布. 简单的做法是将所有的二极管的反向击穿电压测量出来, 就可求出废品率.

但是在实际问题中, 要直接、逐一地来测量事实上是不可行的. 因为测量本身具有破坏性, 例如, 二极管测量反向击穿电压后, 二极管就损坏了; 并且产品数量很大, 例如, 用同样的工艺生产的二极管成十万、百万计, 它们的一些性能的测量相当复杂, 耗费大量的人力、物资和时间, 逐一测试是不经济或实际上不可行的. 因此, 合理的做法是选出一部分二极管 (个体) 进行测试, 根据这些个体的测试数据来推断这样生产出的所有二极管 (整体) 的有关性能. 这类问题在实验和生产中经常遇到, 是典型的统计推断问题.

从数理统计的观点来看, 这类问题中的研究对象是一个随机变量, 例如, 上例中的反向击穿电压 V. 研究对象的全体元素, 即随机变量取值的全体称为**总体**(或**母体**); 组成总体的每个元素, 即随机变量的每一个可取值称为**个体**; 表征总体的随机变量的分布函数称为**总体的分布**. 从总体中选取一个个体 (元素) 叫做**抽样**. 从有限次抽样选出的元素来推断总体的性质, 如总体分布函数或数字特征等, 这类问题称为**统计推断**. 为了达到这样的目的, 抽样的方法就不能是随意的. 可以想象, 倘若对总体的各次抽样相互独立地进行, 总体中任何元素有均等的机会被抽取, 那么

有限次抽样得到的元素能够反映总体的分布特征. 这样的抽样称为**简单随机抽样**, 抽取的一组元素称为**子样观测值或样本观测值**. 显然, 简单随机抽样实质上就是相互独立地作有限次重复的随机试验.

所研究的总体的元素 (即随机变量的取值) 可能是无限多个, 称为**无限总体**. 对无限总体作有限次抽样后, 总体的成分并不发生变化, 所以被抽取的元素是否放回总体对以后的抽样没有影响. 所以无限总体的简单随机抽样可以是**不放回抽样**. 但对于有限总体, 一次抽样后必须把被抽取的元素放回总体, 才能保证下一次抽样时总体成分不变. 所以有限总体的简单随机抽样必定是**放回抽样**. 但是, 如果被抽取的元素个数 n 远小于总体的元素个数 N, 即使**不放回抽样**, 总体也可近似地视为不变, 即不放回抽样仍近似于简单随机抽样. 以后若不特别说明, 抽样都指简单随机抽样.

设总体 X 的分布函数为 $F(x)$, 作 n 次抽样得到一组子样观测值 $x_1, x_2, \cdots, x_n$. 由于每次抽样是一次随机试验, 故每次抽样的结果可用一个随机变量 $X_i(i=1,2,\cdots,n)$ 来描述; 又据抽样的随机性与独立性可知, $X_i(i=1,2,\cdots,n)$ 相互独立且与总体 X 有相同的分布, 而 $x_i, i=1,2,\cdots,n$ 是它们的一组观测值. 我们称 $X_1, X_2, \cdots, X_n$ 为总体 X 的**容量 $\boldsymbol{n}$ 的简单随机子样或随机样本**, 简称**子样或样本**, $X_1, X_2, \cdots, X_n$ 可能取值的全体称为**子样空间**; 观测值 $x_1, x_2, \cdots, x_n$ 为子样观测值或子样的一个实现, 它是子样空间中的一个点, 是随机子样抽定后的一组具体数字.

由于子样 $X_1, X_2, \cdots, X_n$ 是相互独立又与总体 X 同分布的随机向量, 据式 (3.5.9) 可知, 它们的联合分布函数和联合概率密度分别为

$$F(x_1, x_2, \cdots, x_n)=\prod_{i=1}^{n} F(x_i), \tag{6.1.1}$$

$$f(x_1, x_2, \cdots, x_n)=\prod_{i=1}^{n} f(x_i). \tag{6.1.2}$$

统计推断问题要求子样能很好地反映总体的性质, 为此, 我们引入**子样分布函数**的概念. 设对总体 X 作 n 次抽样, 得到容量 n 的子样的一组观测值, 将它们按数值从小到大的递增次序排列

$$x_1^* \leqslant x_2^* \leqslant \cdots \leqslant x_n^*. \tag{6.1.3}$$

令 k 是小于等于 x_k^* 的观测值个数, 则在这 n 次试验中, 事件 $X \leqslant x$ 的频率为

$$F_n^*(x)=\begin{cases} 0, & x<x_1^*, \\ k/n, & x_k^* \leqslant x<x_{k+1}^*, \quad k=1,\cdots,n-1, \\ 1, & x \geqslant x_n^*. \end{cases} \tag{6.1.4}$$

$F_n^*(x)$ 是在 [0, 1] 区间中的非减阶梯函数, 它具备分布函数所要求的性质, 称为**子样分布函数或经验分布函数**.

定义

$$D_n = \max_{-\infty<x<\infty} |F_n^*(x) - F(x)|, \tag{6.1.5}$$

其中 $F(x)$ 为总体 X 的分布函数, D_n 是 x 的所有可取值中子样分布函数与总体分布函数之差 (绝对值) 的极大值, D_n 也是一个随机变量. **格利汶科定理**证明了当 $n \to \infty$ 时, D_n 以概率 1 收敛于 0.

$$P\left\{\lim_{n\to\infty} D_n = 0\right\} = 1. \tag{6.1.6}$$

因此, 当子样容量 n 充分大, 子样分布函数 $F_n^*(x)$ 近似地等于总体的分布函数 $F(x)$, 这是利用子样对总体性质作统计推断的依据. 图 6.1 是子样分布函数及其对应的总体分布函数的图示.

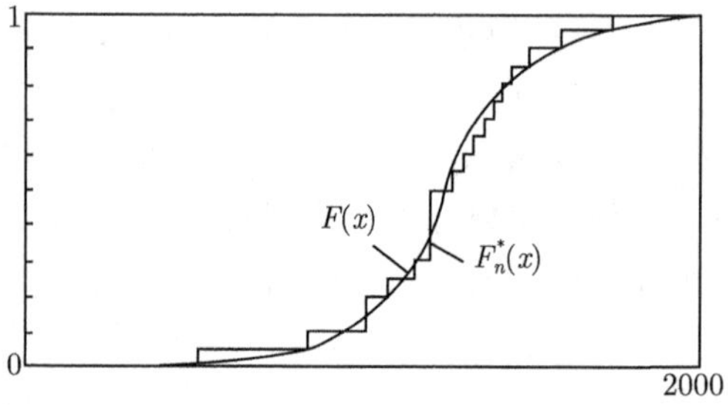

图 6.1 子样分布函数 $F_n^*(x)$ 和总体分布函数 $F(x)$

6.2 统计量及其数字特征

子样是总体的 “代表” 或反映. 在抽取子样之后, 为了推断总体的性质, 需要对子样进行 “加工”、“提炼”, 把子样中包含的有关总体的信息反映出来. 这在数学上便是针对不同的问题构造出子样的某种函数, 来推断总体的有关性质. 因为子样是我们关于总体信息的唯一来源, 所以这些函数除了子样观测值外不应包含其他未知参数. 这种函数一般称为统计量, 其定义如下：

设 $X_1, X_2, \cdots, X_n$ 是总体 X 的一个子样, $g(X_1, X_2, \cdots, X_n)$ 是子样的连续函数, 如果 g 不包含任何未知参数, 则 $g(X_1, X_2, \cdots, X_n)$ 称为随机变量 X 子样的**统计量**. 如 $x_1, x_2, \cdots, x_n$ 是子样 $X_1, X_2, \cdots, X_n$ 的观测值, 则 $g(x_1, x_2, \cdots, x_n)$ 是统计量 $g(X_1, X_2, \cdots, X_n)$ 的一个观测值.

由于随机变量的函数也是随机变量, 显然统计量本身是随机变量, 它有自己的分布函数、数字特征等.

下面介绍几种重要的统计量.

设 $X_1, X_2, \cdots, X_n$ 是总体 X 的容量 n 的子样, $x_1, x_2, \cdots, x_n$ 是子样的任意一组观测值, 将观测值按从小到大递增的次序排列

$$x_1^* \leqslant x_2^* \leqslant \cdots \leqslant x_n^*,$$

定义一组随机变量 $X_1^{(n)}, X_2^{(n)}, \cdots, X_n^{(n)}$, 它们是子样 $X_1, X_2, \cdots, X_n$ 的函数, 而且 $X_k^{(n)}$ 取值 $x_k^*, k = 1, 2, \cdots, n$. $X_1^{(n)}, X_2^{(n)}, \cdots, X_n^{(n)}$ 称为子样 $X_1, X_2, \cdots, X_n$ 的**顺序统计量**. 由 6.1 节的讨论知道, 子样分布函数是从顺序统计量得到的, 并由此可推断出近似的总体分布函数.

经常用到的统计量有子样平均值、子样方差和子样矩等. **子样平均值**定义为

$$\bar{X} = \frac{1}{n}\sum_{i=1}^{n} X_i. \tag{6.2.1}$$

子样方差

$$S^2 = \frac{1}{n-1}\sum_{i=1}^{n}(X_i - \bar{X})^2 = \frac{1}{n-1}\left(\sum_{i=1}^{n} X_i^2 - n\bar{X}^2\right), \tag{6.2.2}$$

该定义中的第二个等式更易于计算, 推导如下:

$$\begin{aligned}
S^2 &= \frac{1}{n-1}\sum_{i=1}^{n}(X_i - \bar{X})^2 = \frac{1}{n-1}\sum_{i=1}^{n}(X_i^2 - 2\bar{X}X_i + \bar{X}^2) \\
&= \frac{1}{n-1}\left\{\sum_{i=1}^{n} X_i^2 - 2\bar{X}\sum_{i=1}^{n} X_i + n\bar{X}^2\right\} \\
&= \frac{1}{n-1}\left\{\sum_{i=1}^{n} X_i^2 - 2n\bar{X}^2 + n\bar{X}^2\right\} \\
&= \frac{1}{n-1}\left(\sum_{i=1}^{n} X_i^2 - n\bar{X}^2\right).
\end{aligned}$$

证毕. **子样标准差**S 定义为 S^2 平方根的正值.

子样的 k 阶原点矩

$$A_k = \frac{1}{n}\sum_{i=1}^{n} X_i^k, \quad k = 1, 2, \cdots, \tag{6.2.3}$$

子样的 k 阶中心矩

$$M_k = \frac{1}{n}\sum_{i=1}^{n}(X_i - \bar{X})^k, \quad k = 1, 2, \cdots. \tag{6.2.4}$$

可以证明, 子样的 k 阶矩依概率收敛于总体的 k 阶矩. 还可以证明, 中心矩和原点矩之间有如下关系:

$$\begin{aligned}
&M_1 = 0,\\
&M_2 = \Lambda_2 - \Lambda_1^2,\\
&M_3 = \Lambda_3 - 3\Lambda_2\Lambda_1 + 2\Lambda_1^3,\\
&M_4 = \Lambda_4 - 4\Lambda_3\Lambda_1 + 6\Lambda_2\Lambda_1^2 - 3\Lambda_1^4,\\
&\quad\vdots
\end{aligned} \tag{6.2.5}$$

这些子样的统计量的观测值是将子样 $X_1, X_2, \cdots, X_n$ 用其观测值代入, 得到

$$\bar{x} = \frac{1}{n}\sum_{i=1}^{n} x_i, \qquad s^2 = \frac{1}{n-1}\sum_{i=1}^{n}(x_i - \bar{x})^2,$$
$$\lambda_k = \frac{1}{n}\sum_{i=1}^{n} x_i^k, \quad m_k = \frac{1}{n}\sum_{i=1}^{n}(x_i - \bar{x})^k, \quad k = 1, 2, \cdots, n.$$

仍称为子样平均值, 子样方差, 子样原点矩和子样中心矩, 它们是相应统计量的一个观测值或一个实现. 对于其他的统计量也有类似的情形.

与随机变量的偏度系数和峰度系数的定义相类似, 我们定义**子样偏度 (系数)**g_1 和**子样峰度 (系数)**g_2

$$g_1 = \frac{M_3}{(M_2)^{3/2}}, \tag{6.2.6}$$

$$g_2 = \frac{M_4}{M_2^2} - 3. \tag{6.2.7}$$

g_1 反映子样的频率分布对于子样平均 $\bar{X}$ 的对称程度. 若频率分布对于 $\bar{X}$ 对称, 则 $g_1 = 0$; g_1 绝对值越大, 频率分布的对称性越差. 子样峰度 g_2 则反映子样频率分布的形状, 即分布比较平缓还是变化比较剧烈. 子样频率分布的概念将在 6.4 节叙述.

如果总体是二维随机变量 $\{X, Y\}$, 抽取容量 n 的子样, 得到 n 对子样观测值

$$(x_1, y_1), (x_2, y_2), \cdots, (x_n, y_n),$$

这时, 随机变量 X 和 Y 各自的子样平均值是

$$\bar{X} = \frac{1}{n}\sum_{i=1}^{n} X_i, \quad \bar{Y} = \frac{1}{n}\sum_{i=1}^{n} Y_i, \tag{6.2.8}$$

子样方差

$$\begin{aligned}
S_X^2 &= \frac{1}{n-1}\sum_{i=1}^{n}(X_i - \bar{X})^2 = \frac{1}{n-1}\left(\sum_{i=1}^{n} X_i^2 - n\bar{X}^2\right),\\
S_Y^2 &= \frac{1}{n-1}\sum_{i=1}^{n}(Y_i - \bar{Y})^2 = \frac{1}{n-1}\left(\sum_{i=1}^{n} Y_i^2 - n\bar{Y}^2\right).
\end{aligned} \tag{6.2.9}$$

这些公式与一维随机变量相同. X 与 Y 之间的**子样协方差**S_{XY} 定义为

$$S_{XY}=\frac{1}{n-1}\sum_{i=1}^{n}(X_i-\bar{X})(Y_i-\bar{Y}). \tag{6.2.10}$$

S_{XY} 可写成更便于计算的形式

$$\begin{aligned}S_{XY}&=\frac{1}{n-1}\sum_{i=1}^{n}(X_i-\bar{X})(Y_i-\bar{Y})\\&=\frac{1}{n-1}\left\{\sum_{i=1}^{n}(X_iY_i-X_i\bar{Y}-\bar{X}Y_i+\bar{X}\bar{Y})\right\}\\&=\frac{1}{n-1}\left\{\sum_{i=1}^{n}X_iY_i-\sum_{i=1}^{n}X_i\bar{Y}-\sum_{i=1}^{n}\bar{X}Y_i+n\bar{X}\bar{Y}\right\}\\&=\frac{1}{n-1}\left\{\sum_{i=1}^{n}X_iY_i-n\bar{X}\bar{Y}-n\bar{X}\bar{Y}+n\bar{X}\bar{Y}\right\},\end{aligned}$$

所以

$$S_{XY}=\frac{1}{n-1}\left(\sum_{i=1}^{n}X_iY_i-n\bar{X}\bar{Y}\right). \tag{6.2.11}$$

子样相关系数 $\boldsymbol{r}$定义为

$$\begin{aligned}r=\frac{S_{XY}}{S_XS_Y}&=\frac{\sum_{i=1}^{n}(X_i-\bar{X})(Y_i-\bar{Y})}{\left[\sum_{i=1}^{n}(X_i-\bar{X})^2\sum_{i=1}^{n}(Y_i-\bar{Y})^2\right]^{1/2}}\\&=\frac{\sum_{i=1}^{n}X_iY_i-n\bar{X}\bar{Y}}{\left(\sum_{i=1}^{n}X_i^2-n\bar{X}^2\right)^{1/2}\left(\sum_{i=1}^{n}Y_i^2-n\bar{Y}^2\right)^{1/2}}\end{aligned} \tag{6.2.12}$$

子样相关系数 r 与随机变量 $\{X,Y\}$ 的相关系数 ρ 有许多相似之处, 它反映了子样中 $\{X_1,X_2,\cdots,X_n\}$ 与 $\{Y_1,Y_2,\cdots,Y_n\}$ 之间的相关程度. 事实上, 当 n 充分大, r 是 ρ 的恰当估计. 可以证明, 子样相关系数满足 $-1\leqslant r\leqslant 1$. $r>0$ 称为正相关, $r<0$ 为负相关; $r=1$ 称为完全正相关, $r=-1$ 称为完全负相关. 以横轴表示随机变量 X 的子样观测值, 纵轴表示 Y 的子样观测值, 容量 n 的子样观测值在该二维图上是 n 个点. 当 $r=+1$, 所有的点落在斜率为正值的一条直线上, $r=-1$, 则落在斜率为负值的一条直线上 (图 6.2). 当 $r>0$, X 与 Y 正相关, 子样观测值 x_i 与

y_i 取值有相同的趋势, x_i 大则 y_i 也大, 反之亦然; $r<0$, X 与 Y 负相关时, x_i 与 y_i 取值有相反的趋势, 一个值大, 另一个值小; 当 $r\approx 0$, 表示相关很弱. 如图 6.3.

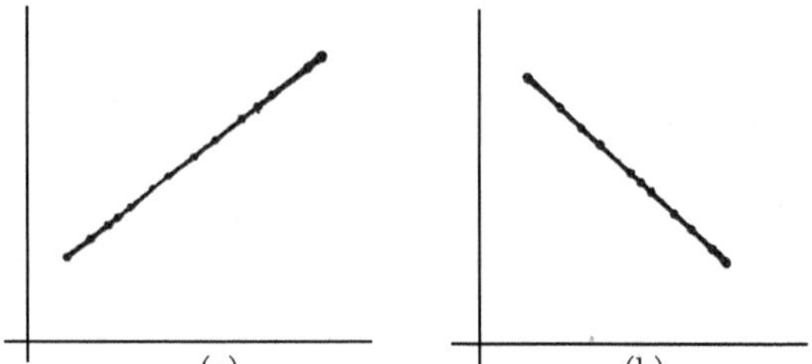

(a) (b)

图 6.2 直线相关

(a) $r=1$; (b) $r=-1$

(a) (b) (c)

图 6.3 子样相关系数 r 的不同情形

(a) $r>0$; (b) $r<0$; (c) $r\approx 0$

下面我们求子样平均值、子样方差这两个常用统计量的某些数字特征.

子样平均值 $\bar{X}$ 的数学期望 $\hat{X}$ 可表示为

$$\hat{X}=E(\bar{X})=E\left\{\frac{1}{n}\left(\sum_{i=1}^{n}X_i\right)\right\},$$

由于 X_i 与总体 X 有相同的分布：$E(X_i)=E(X)$, 故有

$$\hat{X}=E(\bar{X})=E(X), \tag{6.2.13}$$

即子样平均与总体有相同的数学期望.

子样平均值 $\bar{X}$ 的特征函数 $\varphi_{\bar{X}}(t)$ 与总体特征函数 $\varphi_X(t)$ 有如下关系：

$$\varphi_{\bar{X}}(t)=\frac{1}{n}\{\varphi_X(t)\}^n=\left\{\varphi_X\left(\frac{t}{n}\right)\right\}^n. \tag{6.2.14}$$

子样平均值的方差 $V(\bar{X})$ 为

$$
\begin{aligned}
V(\bar{X}) &= E\left\{\left[\bar{X}-E(\bar{X})\right]^2\right\} \\
&= E\left\{\left(\frac{X_1+X_2+\cdots+X_n}{n}-\hat{X}\right)^2\right\} \\
&= \frac{1}{n^2}E\left\{\left[\left(X_1-\hat{X}\right)+\left(X_2-\hat{X}\right)+\cdots+\left(X_n-\hat{X}\right)\right]^2\right\},
\end{aligned}
$$

考虑到各 $X_i, i=1,2,\cdots,n$ 之间相互独立, 故协方差

$$E\{(X_i-\hat{X})(X_j-\hat{X})\}=0, \quad i\neq j,$$

代入上式, 可得

$$V(\bar{X})=\frac{1}{n}V(X), \tag{6.2.15}$$

即子样平均值 $\bar{X}$ 的方差等于总体方差的 $1/n$.

现在求子样方差 S^2 的期望值. 由 S^2 的定义

$$
\begin{aligned}
S^2 &= \frac{1}{n-1}\sum_{i=1}^{n}(X_i-\bar{X})^2=\frac{1}{n-1}\sum_{i=1}^{n}\left[\left(X_i-\hat{X}\right)-\left(\bar{X}-\hat{X}\right)\right]^2 \\
&= \frac{1}{n-1}\sum_{i=1}^{n}\left[\left(X_i-\hat{X}\right)-\frac{1}{n}\sum_{j=1}^{n}\left(X_j-\hat{X}\right)\right]^2,
\end{aligned}
$$

当 $i\neq j$ 时, X_i, X_j 相互独立, 即 $E\left\{\left(X_i-\hat{X}\right)\left(X_j-\hat{X}\right)\right\}=0$, 故

$$
\begin{aligned}
E(S^2) &= E\left[\frac{1}{n-1}\sum_{i=1}^{n}(X_i-\hat{X})^2\right]-E\left[\frac{1}{n(n-1)}\sum_{j=1}^{n}(X_j-\hat{X})^2\right] \\
&= \frac{1}{n-1}\sum_{i=1}^{n}E\left[(X_i-\hat{X})^2\right]-\frac{1}{n(n-1)}\sum_{j=1}^{n}E\left[(X_j-\hat{X})^2\right] \\
&= \frac{1}{n-1}nV(X)-\frac{1}{n(n-1)}nV(X),
\end{aligned}
$$

因此, 子样方差 S^2 的数学期望等于总体的方差

$$E(S^2)=V(X). \tag{6.2.16}$$

对于总体是 k 维随机变量 $\{X_1,\cdots,X_k\}$ 的情形, 抽取容量 n 的子样, 得到 n 组子样观测值

$$(x_{11},\cdots,x_{1k}),(x_{21},\cdots,x_{2k}),\cdots,(x_{n1},\cdots,x_{nk})$$

于是子样值可表示为如表 6.1 所示的形式

表 6.1 k 维随机变量子样值的矩阵表示

子样 \ 变量	$\boldsymbol{x}_1$	$\boldsymbol{x}_2$	$\cdots$	$\boldsymbol{x}_j$	$\cdots$	$\boldsymbol{x}_k$
$\boldsymbol{x}_{(1)}^{\boldsymbol{T}}$	x_{11}	x_{12}	$\cdots$	x_{1j}	$\cdots$	x_{1k}
$\boldsymbol{x}_{(2)}^{\boldsymbol{T}}$	x_{21}	x_{22}	$\cdots$	x_{2j}	$\cdots$	x_{2k}
$\cdots$	$\cdots$	$\cdots$	$\cdots$	$\cdots$	$\cdots$	$\cdots$
$\boldsymbol{x}_{(i)}^{\boldsymbol{T}}$	x_{i1}	x_{i2}	$\cdots$	x_{ij}	$\cdots$	x_{ik}
$\cdots$	$\cdots$	$\cdots$	$\cdots$	$\cdots$	$\cdots$	$\cdots$
$\boldsymbol{x}_{(n)}^{\boldsymbol{T}}$	x_{n1}	x_{n2}	$\cdots$	x_{nj}	$\cdots$	x_{nk}

或表示为矩阵形式

$$\boldsymbol{X}_{n\times k}=\begin{pmatrix} x_{11} & x_{12} & \cdots & x_{1k} \\ x_{21} & x_{22} & \cdots & x_{2k} \\ \vdots & \vdots & & \vdots \\ x_{n1} & x_{n2} & \cdots & x_{nk} \end{pmatrix}_{n\times k}=\begin{pmatrix} \boldsymbol{x}_{(1)}^{\boldsymbol{T}} \\ \boldsymbol{x}_{(2)}^{\boldsymbol{T}} \\ \vdots \\ \boldsymbol{x}_{(n)}^{\boldsymbol{T}} \end{pmatrix}=(\boldsymbol{x}_1,\boldsymbol{x}_2,\cdots,\boldsymbol{x}_k). \quad (6.2.17)$$

矩阵中的第 i 行

$$\boldsymbol{x}_{(i)}^{\mathrm{T}}=(x_{i1},x_{i2},\cdots,x_{ik}),\quad i=1,2,\cdots,n, \quad (6.2.18)$$

表示第 i 个子样的 k 维随机变量各分量的子样测量值.

数据矩阵的第 j 列描述一个变量 $\boldsymbol{x_j}$,

$$\boldsymbol{x}_j=(x_{1j},x_{2j},\cdots,x_{nj})^T,\quad j=1,2,\cdots,k. \quad (6.2.19)$$

它表示 k 维随机变量第 j 分量的 n 个子样测量值. 它是一个随机变量, 因此有其统计特征, 如均值 (或期望值), 方差, 协方差, 相关系数等. 可以用子样统计量来估计随机变量的数字特征.

变量 $\boldsymbol{x_j}$(第 j 个分量) 的均值 $\bar{x}_j$

$$\bar{x}_j=\frac{1}{n}\sum_{i=1}^{n}x_{ij},\quad j=1,2,\cdots,k \quad (6.2.20)$$

方差 s_j^2

$$s_j^2=\frac{1}{n-1}\sum_{i=1}^{n}(x_{ij}-\bar{x}_j)^2,\quad j=1,2,\cdots,k \quad (6.2.21)$$

变量 $\boldsymbol{x_j}$ 与变量 $\boldsymbol{x_l}$ 的协方差 s_{jl}

$$s_{jl}=\frac{1}{n-1}\sum_{i=1}^{n}(x_{ij}-\bar{x}_j)(x_{il}-\bar{x}_l),\quad j,l=1,2,\cdots,k \quad (6.2.22)$$

它用于测度变量 $\boldsymbol{x}_j$ 与 $\boldsymbol{x}_l$ 的相关性. 写成矩阵形式

$$\underset{\sim}{S}=\begin{pmatrix} s_{11} & s_{12} & \cdots & s_{1k} \\ s_{21} & s_{22} & \cdots & s_{2k} \\ \vdots & \vdots & & \vdots \\ s_{k1} & s_{k2} & \cdots & s_{kk} \end{pmatrix}, \tag{6.2.23}$$

称为子样的协方差矩阵. 相关系数 r_{jl}

$$r_{jl}=\frac{s_{jl}}{s_j s_l}, \quad j,l=1,2,\cdots,k \tag{6.2.24}$$

它满足 $-1\leqslant r_{jl}\leqslant 1, r_{jl}$ 无量纲, 可更准确地表征两个变量间的相关性. 写成矩阵的形式

$$\underset{\sim}{R}=\begin{pmatrix} 1 & r_{12} & \cdots & r_{1k} \\ r_{21} & 1 & \cdots & r_{2k} \\ \vdots & \vdots & & \vdots \\ r_{k1} & r_{k2} & \cdots & 1 \end{pmatrix}, \tag{6.2.25}$$

称为子样的相关系数矩阵.

6.3 抽样分布

统计量是随机变量, 所以有自己的分布. 统计量的分布称为**抽样分布**, 该分布的标准差称为统计量的标准误差. 由于统计量是子样的函数, 子样与总体有相同的分布, 故抽样分布与总体的分布有一定的联系. 本节介绍几种重要的抽样分布.

6.3.1 子样平均值的分布

(1) 泊松总体子样平均值的分布

设总体 X 服从参数 μ 的泊松分布, $X_1,X_2,\cdots,X_n$ 是它的容量 n 的子样. 由于 $X_1,X_2,\cdots,X_n$ 相互独立并与 X 同分布, 应用泊松分布加法定理可知, 随机变量 $Y=\sum\limits_{i=1}^{n}X_i$ 服从参数 $n\mu$ 的泊松分布, 故子样平均 $\bar{X}=\frac{1}{n}\sum\limits_{i=1}^{n}X_i=Y/n$ 与 Y 一一对应, Y 取值 k 的概率与 $\bar{X}$ 取值 k/n 的概率相同, 故有

$$P\left(\bar{X}=\frac{k}{n}\right)\sim P(k;n\mu), \quad k=0,1,2,\cdots. \tag{6.3.1}$$

(2) 正态总体子样平均值的分布

设总体 $X \sim N(\mu, \sigma^2), X_1, X_2, \cdots, X_n$ 为其子样. 正态分布 X 的特征函数是

$$\varphi_X(t) = \exp\left(\mathrm{i}t\mu - \frac{1}{2}\sigma^2 t^2\right),$$

由特征函数的性质式 (2.5.4) 和式 (2.5.6) 求得子样平均 $\bar{X} = \frac{1}{n}\sum_{i=1}^{n} X_i$ 的特征函数为

$$\varphi_{\bar{X}}(t) = \left\{\exp\left[\frac{\mathrm{i}t\mu}{n} - \frac{\sigma^2}{2}\left(\frac{t}{n}\right)^2\right]\right\}^n = \exp\left[\mathrm{i}t\mu - \frac{1}{2}\frac{\sigma^2}{n}t^2\right],$$

可见 $\bar{X}$ 也服从正态分布, 其数学期望和方差分别是 μ 和 σ^2/n

$$\bar{X} \sim N\left(\mu, \frac{\sigma^2}{n}\right), \tag{6.3.2}$$

即子样平均值的数学期望与总体相同, 但方差为总体方差的 $1/n$. 显然立即有

$$\frac{\bar{X} - \mu}{\sigma/\sqrt{n}} \sim N(0, 1).$$

(3) 任意总体子样平均值的分布

设总体 X 是有有限数学期望和方差 μ, σ^2 的任一随机变量. 由于它的子样 $X_1, X_2, \cdots, X_n$ 相互独立而且有相同的分布, 根据同分布的中心极限定理, 当 $n \to \infty$ 时, $\sum_{i=1}^{n} X_i$ 服从正态分布 $N(n\mu, n\sigma^2)$, 故当 n 很大时, 子样平均 $\frac{1}{n}\sum_{i=1}^{n} X_i$ 近似地服从均值 μ, 方差 $\frac{\sigma^2}{n}$ 的正态分布

$$\bar{X} \sim N(\mu, \sigma^2/n). \tag{6.3.3}$$

(4) 两个正态总体的子样平均值之差的分布

自两个不同的正态总体 $N(\mu_1, \sigma_1^2)$ 和 $N(\mu_2, \sigma_2^2)$ 各自独立地抽取容量 n_1 和 n_2 的随机子样, 子样平均用 $\bar{X}_1$ 和 $\bar{X}_2$ 表示. 则两个子样平均之差 $\bar{X}_1 - \bar{X}_2$ 也是正态变量, 且其数学期望和方差分别为

$$E(\bar{X}_1 - \bar{X}_2) = \mu_1 - \mu_2, \quad \sigma^2(\bar{X}_1 - \bar{X}_2) = \frac{\sigma_1^2}{n_1} + \frac{\sigma_2^2}{n_2}. \tag{6.3.4}$$

证明 由 (2) 知

$$\bar{X}_1 \sim N(\mu_1, \sigma_1^2/n_1), \quad \bar{X}_2 \sim N(\mu_2, \sigma_2^2/n_2),$$

故有

$$E(\bar{X}_1 - \bar{X}_2) = E(\bar{X}_1) - E(\bar{X}_2) = \mu_1 - \mu_2.$$

由于 $\bar{X}_1$ 和 $\bar{X}_2$ 相互独立, 由方差的性质可知

$$V(\bar{X}_1 - \bar{X}_2) = V(\bar{X}_1) + V(\bar{X}_2) = \frac{\sigma_1^2}{n_1} + \frac{\sigma_2^2}{n_2}.$$

证毕. 这一性质可推广到任意多个相互独立的正态总体子样平均值之差的分布.

对于相互独立的正态总体的子样平均值之和的分布, 显然式 (6.3.4) 中方差的表达式相同而数学期望应为 $\mu_1 + \mu_2$.

6.3.2 服从 χ^2 分布的统计量, 自由度

(1) 标准正态总体的子样平方和的分布

设总体 $X \sim N(0,1), X_1, X_2, \cdots, X_n$ 为容量 n 的一个子样, 并记统计量

$$\chi_n^2 \equiv \sum_{i=1}^{n} X_i^2, \tag{6.3.5}$$

则 χ_n^2 服从自由度 n 的 χ^2 分布: $\chi_n^2 \sim \chi^2(n)$. 由于 $X_1, X_2, \cdots, X_n$ 相互独立, 而且与总体 X 有相同分布, 由式 (4.14.14) 立即得出上述结果.

由此立即得到一个推论. 若随机变量 $X \sim N(\mu, \sigma^2)$, 且 $X_1, \cdots, X_n$ 为其子样, 则统计量

$$\sum_{i=1}^{n} \frac{(X_i - \mu)^2}{\sigma^2} \sim \chi^2(n). \tag{6.3.6}$$

考虑到随机变量 $\dfrac{X_i - \mu}{\sigma}$ 服从标准正态分布, 立即知本推论的正确性.

(2) 正态总体的子样方差的分布

设 $X_1, X_2, \cdots, X_n$ 是正态总体 $X \sim N(\mu, \sigma^2)$ 的容量 n 的子样, 子样方差 (式 (6.2.2)) 为

$$S^2 = \frac{1}{n-1} \sum_{i=1}^{n} (X_i - \bar{X})^2,$$

统计量

$$\frac{n-1}{\sigma^2} S^2 \equiv \sum_{i=1}^{n} \left(\frac{X_i - \bar{X}}{\sigma} \right)^2 \tag{6.3.7}$$

服从自由度 $n-1$ 的 χ^2 分布, 即 $\chi^2(n-1)$.

证明　对随机变量 $X_1, X_2, \cdots, X_n$ 作正交变换

$$
\begin{aligned}
Y_1 &= \frac{1}{\sqrt{1\cdot 2}}(X_1 - X_2),\\
Y_2 &= \frac{1}{\sqrt{2\cdot 3}}(X_1 + X_2 - 2X_3),\\
&\vdots\\
Y_{n-1} &= \frac{1}{\sqrt{(n-1)n}}(X_1 + X_2 + \cdots + X_{n-1} - (n-1)X_n),\\
Y_n &= \frac{1}{\sqrt{n}}(X_1 + X_2 + \cdots + X_n) = \sqrt{n}\,\bar{X},
\end{aligned}
$$

通过计算可知, 满足 $\sum\limits_{i=1}^{n} X_i^2 = \sum\limits_{i=1}^{n} Y_i^2$. 由于 $X_1, X_2, \cdots, X_n$ 为相互独立的同分布正态变量, $Y_1, Y_2, \cdots, Y_n$ 是 X_i 的线性函数, 可以证明[31], $Y_i, i = 1, 2, \cdots, n$ 也是正态变量, 且相互独立, 其数学期望为 0, 方差为 σ^2, 即

$$
Y_i \sim N(0, \sigma^2), \quad i = 1, 2, \cdots, n.
$$

又

$$
\begin{aligned}
(n-1)S^2 &= \sum_{i=1}^{n}(X_i - \bar{X})^2 = \sum_{i=1}^{n} X_i^2 - 2\bar{X}\sum_{i=1}^{n} X_i + n\bar{X}^2\\
&= \sum_{i=1}^{n} X_i^2 - n\bar{X}^2 = \sum_{i=1}^{n} Y_i^2 - Y_n^2 = \sum_{i=1}^{n-1} Y_i^2,
\end{aligned}
$$

故

$$
\frac{n-1}{\sigma^2}S^2 = \frac{1}{\sigma^2}\sum_{i=1}^{n-1} Y_i^2,
$$

注意到 $Y_i \sim N(0, \sigma)$, 由式 (6.3.6) 知, $\dfrac{n-1}{\sigma^2}S^2$ 服从自由度 $(n-1)$ 的 χ^2 分布.

现在来解释 χ^2 分布中自由度的含意.

自由度是与变量之间的约束相联系的概念. 对于一组变量 $Y_1, Y_2, \cdots, Y_n$, 存在一组不全为 0 的常数 $C_1, C_2, \cdots, C_n$, 使得约束方程

$$
\sum_{j=1}^{n} C_j Y_j = 0
$$

成立, 则称变量 $Y_1, Y_2, \cdots, Y_n$ 之间存在一个线性约束条件. 如果存在 k 个约束方程

$$
\sum_{j=1}^{n} C_{ij} Y_j = 0, \quad i = 1, 2, \cdots, k,
$$

其中对任何 i, C_{ij} 不全为 0, 系数 C_{ij} 组成的矩阵 $(C_{ij})_{kn}$ 的秩为 k, 则称变量 Y_1, $Y_2, \cdots, Y_n$ 之间存在 k 个独立的线性约束条件. 这时, 由线性代数可知, $Y_1, Y_2, \cdots, Y_n$ 这 n 个变量中, 由于存在 k 个独立的约束, 只有 $n-k$ 个独立变量. 这一结果十分有用. 包含 n 个变量的函数 $g(Y_1, Y_2, \cdots, Y_n)$, 其中只有 $n-k$ 个独立变量, 则称自由度为 $n-k$.

统计量 $\dfrac{n-1}{\sigma^2}S^2$ 的表达式中, 包含 $X_1, X_2, \cdots, X_n$ 共 n 个变量, 但存在一个线性约束方程

$$\sum_{i=1}^{n}(X_i - \bar{X}) = 0,$$

所以自由度为 $n-1$. 而在 χ_n^2 的表达式 (6.3.5) 中, n 个变量 $X_i^2 (i=1,2,\cdots,n)$ 相互独立, 不存在约束条件, 所以自由度为 n.

正态总体的子样平均值和子样方差 $\bar{X}$ 和 S^2 是相互独立的, 这是正态总体特有的重要性质, 证明如下.

通过简单的代数运算, 下述等式独立:

$$\sum_{i=1}^{n}\left(\frac{X_i - \mu}{\sigma}\right)^2 = \frac{(n-1)S^2}{\sigma^2} + \left(\frac{\bar{X} - \mu}{\sigma/\sqrt{n}}\right)^2.$$

等式右边第一项服从自由度 $n-1$ 的 χ^2 分布 (式 (6.3.7)), 其特征函数为 $(1-2\mathrm{i}t)^{-\frac{n-1}{2}}$. 随机变量 $\bar{X}$ 服从数学期望和方差 $\mu, \sigma^2/n$ 的正态分布 (式 (6.3.2)), 故有

$$\frac{\bar{X} - \mu}{\sigma/\sqrt{n}} \sim N(0,1),$$

由式 (4.14.14) 知, $\left(\dfrac{\bar{X} - \mu}{\sigma/\sqrt{n}}\right)^2 \sim \chi^2(1)$, 其特征函数为

$$(1-2\mathrm{i}t)^{-1/2}.$$

由于 $\dfrac{X_i - \mu}{\sigma} \sim N(0,1)$, 立即有

$$\sum_{i=1}^{n}\left(\frac{X_i - \mu}{\sigma}\right)^2 \sim \chi^2(n),$$

其特征函数为 $(1-2\mathrm{i}t)^{-n/2}$.

由 2.5 节的讨论可知, 若随机变量 $Z = X + Y$, 且有 $\varphi_Z(t) = \varphi_X(t) \cdot \varphi_Y(t)$, 则 X, Y 相互独立. 显然在这里有

$$(1-2\mathrm{i}t)^{-n/2} = (1-2\mathrm{i}t)^{-\frac{n-1}{2}} \cdot (1-2\mathrm{i}t)^{-1/2}.$$

故知 $\left(\dfrac{\bar{X} - \mu}{\sigma/\sqrt{n}}\right)^2$ 与 $\dfrac{(n-1)S^2}{\sigma^2}$ 相互独立, 因此, S^2 与 $\bar{X}$ 也相互独立.

6.3.3 服从 t 分布和 F 分布的统计量

(1) 设正态总体 $X \sim (N\mu、\sigma^2)$ 的子样平均值和子样方差为 $\bar{X}$ 和 S^2, 子样容量为 n, 则统计量

$$\frac{(\bar{X}-\mu)\sqrt{n}}{S} \sim t(n-1). \tag{6.3.8}$$

证明　由 6.3.3 节已知

$$\frac{\bar{X}-\mu}{\sigma/\sqrt{n}} \sim N(0,1), \quad \frac{n-1}{\sigma^2}S^2 \sim \chi^2(n-1),$$

而且它们互相独立. 由式 (4.15.4) 立即有

$$\frac{\dfrac{\bar{X}-\mu}{\sigma/\sqrt{n}}}{\left(\dfrac{n-1}{\sigma^2}S^2\Big/(n-1)\right)^{1/2}} = \frac{(\bar{X}-\mu)\sqrt{n}}{S} \sim t(n-1).$$

(2) 设 $X_1, X_2, \cdots, X_{n1}$ 和 $Y_1, Y_2, \cdots, Y_{n2}$ 分别是从方差相同的两个正态总体 $N(\mu_1, \sigma^2), N(\mu_2\sigma^2)$ 独立地抽取的容量 n_1 和 n_2 的子样, 子样平均值和子样方差分别用 $\bar{X}, \bar{Y}$ 和 S_1^2, S_2^2 表示, 则统计量

$$\frac{(\bar{X}-\bar{Y})-(\mu_1-\mu_2)}{S_w\sqrt{\dfrac{1}{n_1}+\dfrac{1}{n_2}}} \sim t(n_1+n_2-2), \tag{6.3.9}$$

其中,

$$S_w^2 = \frac{(n_1-1)S_1^2+(n_2-1)S_2^2}{n_1+n_2-2}.$$

证明　因为 $\bar{X} \sim N(\mu_1, \sigma^2/n_1), \bar{Y} \sim N(\mu_2, \sigma^2/n_2)$,

$$\bar{X}-\bar{Y} \sim N\left(\mu_1-\mu_2, \frac{\sigma^2}{n_1}+\frac{\sigma^2}{n_2}\right),$$

故

$$U \equiv \frac{(\bar{X}-\bar{Y})-(\mu_1-\mu_2)}{\sigma\sqrt{\dfrac{1}{n_1}+\dfrac{1}{n_2}}} \sim N(0,1).$$

又

$$\frac{n_1-1}{\sigma^2}S_1^2 \sim \chi^2(n_1-1), \quad \frac{n_2-1}{\sigma^2}S_2^2 \sim \chi^2(n_2-1),$$

并且它们之间相互独立, 由 χ^2 分布的可加性知

$$V \equiv \frac{n_1-1}{\sigma^2}S_1^2+\frac{n_2-1}{\sigma^2}S_2^2 \sim \chi^2(n_1+n_2-2).$$

由式 (4.15.4) 立即有

$$\frac{U}{\sqrt{V/(n_1+n_2-2)}}=\frac{(\bar{X}-\bar{Y})-(\mu_1-\mu_2)}{S_w\sqrt{\dfrac{1}{n_1}+\dfrac{1}{n_2}}}\sim t(n_1+n_2-2).$$

证毕.

对于两个子样容量相同的特殊情况, $n_1=n_2=n$, 上式可简化为

$$\frac{(\bar{X}-\bar{Y})-(\mu_1-\mu_2)}{\sqrt{S_1^2+S_2^2}/\sqrt{n}}\sim t(2n-2). \tag{6.3.10}$$

(3) 设从两个正态总体 $N(\mu_1,\sigma_1^2)$ 和 $N(\mu_2,\sigma_2^2)$ 分别独立地抽取容量 n_1 和 n_2 的子样, 子样方差用 S_1^2 和 S_2^2 表示, 则统计量

$$\frac{S_1^2/\sigma_1^2}{S_2^2/\sigma_2^2}\sim F(n_1-1,n_2-1). \tag{6.3.11}$$

证明 由 6.3.2 节知

$$\frac{n_1-1}{\sigma_1^2}S_1^2\sim\chi^2(n_1-1),\quad \frac{n_2-1}{\sigma_2^2}S_2^2\sim\chi^2(n_2-1),$$

而且两者相互独立, 由 4.16 节的讨论知

$$\frac{\dfrac{n_1-1}{\sigma_1^2}S_1^2/(n_1-1)}{\dfrac{n_2-1}{\sigma_2^2}S_2^2/(n_2-1)}=\frac{S_1^2/\sigma_1^2}{S_2^2/\sigma_2^2}\sim F(n_1-1,n_2-1)$$

6.3.4 正态总体子样偏度、子样峰度、子样相关系数的分布

我们不加证明地给出正态总体的子样偏度、子样峰度、子样相关系数的分布.

设 g_1 和 g_2 (定义见式 (6.2.6) 和式 (6.2.7)) 分别是正态总体容量 n 的子样的偏度系数和峰度系数, 则 g_1,g_2 近似地服从正态分布[62]

$$g_1\sim N\left(0,\frac{6(n-2)}{(n+1)(n+3)}\right), \tag{6.3.12}$$

$$g_2\sim N\left(\frac{-6}{n+1},\frac{24n(n-2)(n-3)}{(n+1)^2(n+3)(n+5)}\right). \tag{6.3.13}$$

子样容量 n 越大, 近似程度越好.

若总体 (X,Y) 为二维正态分布, r 为容量 n 的子样的相关系数 (定义见式 (6.2.12)). 定义统计量

$$Z\equiv\frac{1}{2}\ln\frac{1+r}{1-r}\equiv \operatorname{arth} r,$$

当 n 充分大时, 近似地有

$$Z \sim N\left(\frac{1}{2}\ln\frac{1+\rho}{1-\rho}+\frac{\rho}{2(n-1)}, \frac{1}{n-3}\right), \tag{6.3.14}$$

其中 ρ 是总体随机变量 X 和 Y 的相关系数. n 越大, 近似程度越好, 实际使用中, 当 $n \geqslant 10$, Z 的分布与正态分布已相当接近.

对 $\rho = 0$ 的特殊情形, 统计量

$$\frac{r}{\sqrt{1-r^2}}\sqrt{n-2} \sim t(n-2). \tag{6.3.15}$$

6.4 抽样数据的图形表示, 频率分布

设我们对一个具有随机分布的物理量作 n 次测量, 得到 n 个测定数据. 从数理统计的观点来看, 这就是对于描述该物理量的随机变量作 n 次随机抽样, n 个测定数据是容量 n 的随机子样的测定值. 显然, 直接从这 n 个数值很难看出总体的性质, 有必要对它们作适当的统计整理, 以使测量的结果能反映总体的特征. 一种重要而方便的方法是将测定数据用图形来表示.

6.4.1 一维散点图和直方图, 频率分布

一维随机变量子样测定值最简单的图形表示方法是, 子样每一测定值 $x_1, x_2, \cdots, x_n$ 用 x 轴的相应数值处的一根短竖线表示, 这样的图称为**一维散点图**. 核物理中低能电子射入闪烁计数器, 通过电子学放大后得到一定幅度的输出脉冲. 由于电子探测过程是随机过程, 相同能量的电子射入探测器, 输出脉冲幅度不可能严格相同, 而呈现一定的分布. 图 6.4(a) 是所测到的 100 个脉冲幅度的一维散点图. 这种图形表示虽然包含了子样的全部信息, 但很难反映总体分布的特征.

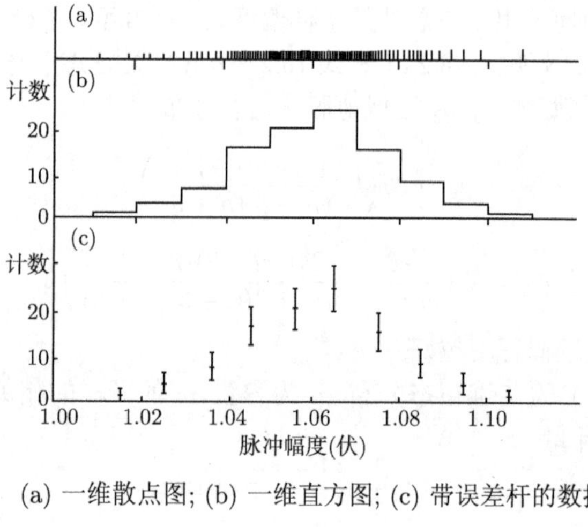

图 6.4　(a) 一维散点图; (b) 一维直方图; (c) 带误差杆的数据点图

比较好地反映总体分布的图形表示是**一维直方图**. 其构成方法如下. 选择上限和下限为

$$x_{\min} \lesssim \min(x_1, x_2, \cdots, x_n), \quad x_{\max} \gtrsim \max(x_1, x_2, \cdots, x_n). \tag{6.4.1}$$

将 $[x_{\min}, x_{\max}]$ 划分为若干个互不相交但首尾相接的子区间, 最通常的划分法是分成 r 个等间隔子区间

$$\begin{aligned} &x_j = x_{j-1} + \Delta x, \quad j = 1, 2, \cdots, r, \\ &x_0 = x_{\min}, \qquad \Delta x = \frac{x_{\max} - x_{\min}}{r}. \end{aligned} \tag{6.4.2}$$

落在第 j 个子区间内的子样测定值 x_i 满足

$$x_{j-1} \leqslant x_i \leqslant x_j, \quad j = 1, 2, \cdots, r, i = 1, 2, \cdots, n. \tag{6.4.3}$$

落在第 j 个子区间内的子样测定值个数 $n_j (j = 1, 2, \cdots, r)$ 称为**频数**, n_j/n 称为**相对频数**. 可以看到, 相对频数与第 1 章中讨论概率时引入的频率概念是相似的, 相对频数是随机变量 X 的取值 X_i 取值满足式 (6.4.3) 这一事件的频率. 在直角坐标系上横轴 x 表示子样测定值, 用纵坐标等于 n_j, 横坐标从 $x_{j-1} \to x_j$(长度 Δx) 的平行于 x 轴的短横线代表第 j 个子区间内的子样测定值频数, 各短横线端点之间用竖直线连接起来, 就构成一维直方图. 脉冲幅度测定值的直方图如图 6.4(b) 所示.

在一维直方图中, 每一子区间内短横线下的面积是 $n_j \Delta x$, 所以折线下的总面积为

$$S = \sum_{j=1}^{r} n_j \cdot \Delta x = n \cdot \Delta x. \tag{6.4.4}$$

将一维直方图的纵坐标值除以 S, 所得到的分布图称为**子样频率分布**. 它有如下性质:

(1) 每个子区间内的面积大于等于 0.

(2) 子样测定值落在任一子区间内的频率等于该子区间的面积.

(3) 所有子区间的面积之和等于 1.

这些特性与第 2 章随机变量的概率密度 $f(x)$ 的性质相类似, 可见子样频率分布与随机变量概率密度是相似的. 可以想象, 若大大增加子样容量 n, 并将子区间间隔 Δx 取得很小, 则子样频率分布依概率趋近于总体的概率密度曲线. 由此可见, 子样测定值的一维直方图或频率分布较之一维散点图更能反映总体的性质.

当子样容量 n 为一确定值, 由 4.2 节例 4.4 的讨论可知, 一维直方图中落入第 j 个子区间的子样测定值的频数 $n_j (j = 1, 2, \cdots, r)$ 是一随机变量, 它服从多项分布. 如果子样容量 n 足够大, 则 n_j 的标准差 (统计误差) 为 $\sigma(n_j) \approx \sqrt{n_j}$, 所以对子样

测定值的另一种图形表示为带误差杆的数据点图, 这是物理学家普遍采用的数据图形表示方法. 对于前面脉冲幅度测定值的例子, 带误差杆的数据点图示于图 6.4(c). 它的构成方法是在横坐标为第 j 个子区间的中心值为 $x_j - \dfrac{\Delta x}{2}$、纵坐标为 n_j 的地方画一圆点, 表示该区间频数 n_j, 用通过该圆点的短竖线表示 n_j 的统计误差, 圆点上下的线段长度都等于 $\sqrt{n_j}$. 这种图的优点在于同时描述了子样的频数分布和误差.

为了使一维直方图或带误差杆的数据点图能正确地反映总体的分布, 选择适当的子区间宽度 Δx(等价于选择适当的子区间数目 r) 是十分重要的. Δx 过大, 无法反映总体分布的细致结构; Δx 过小, 落在每一子区间内的频数 n_j 过小, 则相对统计误差

$$\sigma(n_j)/n_j \approx 1/\sqrt{n_j} \tag{6.4.5}$$

增大, 直方图的形状与总体分布的形状会产生较大的偏离. 一般要求所有子区间内的频数 $n_j > 5(j = 1, 2, \cdots, n)$. 这一要求的统计学上的含义见 9.5 节和 12.4.2 节的讨论.

利用直方图数据, 可以求得子样平均值和子样方差的近似值, 定义直方图数据平均值 $\hat{x}$ 和方差 $\hat{s}^2$ 为

$$\hat{x} = \frac{1}{n}\sum_{j=1}^{r} x_{j0}\cdot n_j, \quad x_{j0} = x_j - \frac{\Delta x}{2}, \tag{6.4.6}$$

$$\hat{s}^2 = \frac{1}{n-1}\sum_{j=1}^{r} n_j(x_{j0} - \hat{x})^2. \tag{6.4.7}$$

与子样平均值 $\bar{X}$ 和子样方差 S^2 的式 (6.2.1), 式 (6.2.2) 对比, 差别在于用第 j 个子区间内的中点值 x_{j0} 代替了落在该区间内 n_j 个实际上数值不等的子样测定值, 因此, $\hat{x}, \hat{s}^2$ 只是 $\bar{X}, S^2$ 的近似. $\hat{s}^2$ 可进一步化为更易于计算的形式

$$\begin{aligned}\hat{s}^2 &= \frac{1}{n-1}\sum_{j=1}^{r} n_j(x_{j0} - \hat{x})^2\\ &= \frac{1}{n-1}\left\{\sum_{j=1}^{r} n_j x_{j0}^2 - \sum_{j=1}^{r} 2n_j x_{j0}\hat{x} + \sum_{j=1}^{r} n_j \hat{x}^2\right\}\\ &= \frac{1}{n-1}\left\{\sum_{j=1}^{r} n_j x_{j0}^2 - 2n\hat{x}^2 + n\hat{x}^2\right\},\end{aligned}$$

所以

$$\hat{s}^2 = \frac{1}{n-1}\left\{\sum_{j=1}^{r} n_j x_{j0}^2 - n\hat{x}^2\right\}. \tag{6.4.8}$$

对于直方图数据, 子样原点矩和子样中心矩 Λ_k, M_k(见式 (6.2.3) 和式 (6.2.4)) 的近似计算式是

$$\Lambda_k \approx \frac{1}{n}\sum_{j=1}^{r} n_j x_{j0}^k, \qquad k=1,2,\cdots, \tag{6.4.9}$$

$$M_k \approx \frac{1}{n}\sum_{j=1}^{r} n_j (x_{j0}-\hat{x})^k, \quad k=1,2,\cdots. \tag{6.4.10}$$

6.4.2 二维散点图和直方图

对于总体为二维随机变量 $\{X,Y\}$ 的情形, 设测得容量 n 的子样测定值

$$(x_i, y_i), \quad i=1,2,\cdots,n.$$

最简单的图形表示方法是将直角坐标的 x 轴作为 X 测定值, y 轴作为 Y 测定值, n 对测定值是该坐标系中的 n 个点, 这样的图称为**二维散点图**, 如图 6.5(a) 所示. 从二维散点图可以大致判断子样分布的某些性质, 如子样平均值 $\bar{X}, \bar{Y}$ 的大致位置, X 与 Y 的相关系数的符号等. 但从二维散点图很难得到总体分布的数字特征的具体数值.

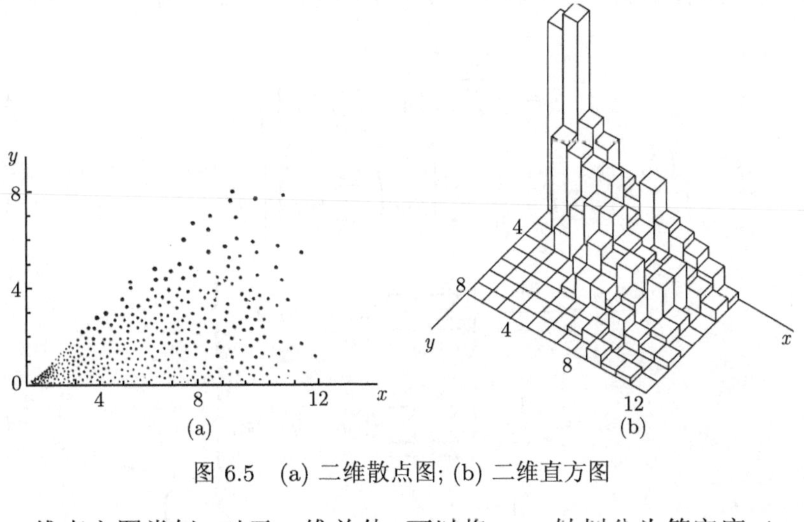

图 6.5 (a) 二维散点图; (b) 二维直方图

与一维直方图类似, 对于二维总体, 可以将 x, y 轴划分为等宽度 $\Delta x, \Delta y$ 的 n_x, n_y 个子间隔, 这样, $x-y$ 平面被划分为 $n=n_x \cdot n_y$ 个矩形面积元, 落在每个面积元内的频数 $n_{ij}(i=1,2,\cdots,n_x; j=1,2,\cdots,n_y)$ 作为第三个坐标值, 这就构成了**二维直方图**, 如图 6.5(b) 所示. 二维直方图也可以用平面图的方式表示, 即把频数值 n_{ij} 标在对应的面积元内, 如图 6.6 所示. 图中还画出了二维直方图的一维投影, 这两个一维直方图表示子样的边沿频数分布, 反映变量 $\{X,Y\}$ 关于 X 和 Y 的边

沿概率密度 $f_X(x)$ 和 $f_Y(y)$ 的分布特性. 显然, 二维直方图能比较完整地反映总体 $\{X, Y\}$ 的分布特性.

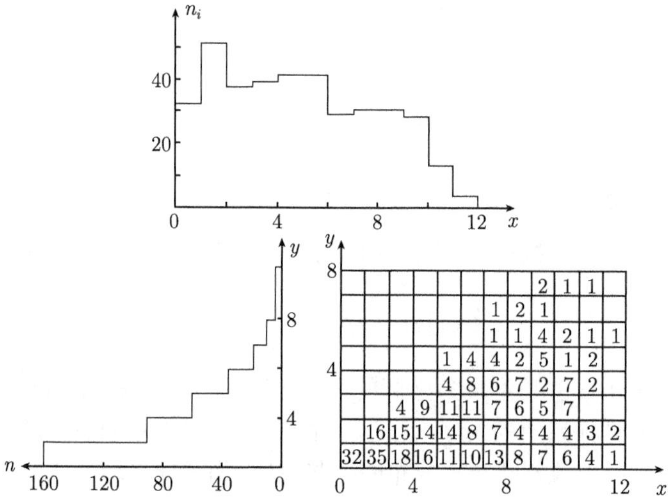

图 6.6　二维直方图的平面表示及其一维投影

从二维直方图数据计算平均值 $\hat{x}, \hat{y}$, 方差 $\hat{s}_x, \hat{s}_y$, 协方差 $\hat{s}_{xy}$, 相关系数 $\hat{r}$, 其定义如下：

$$\hat{x} = \frac{1}{n} \sum_{i=1}^{n_x} \left[x_{i0} \left(\sum_{j=1}^{n_y} n_{ij} \right) \right], \tag{6.4.11}$$

$$\hat{y} = \frac{1}{n} \sum_{j=1}^{n_y} \left[y_{j0} \left(\sum_{i=1}^{n_x} n_{ij} \right) \right], \tag{6.4.12}$$

$$\hat{s}_x^2 = \frac{1}{n-1} \left\{ \sum_{i=1}^{n_x} \sum_{j=1}^{n_y} (x_{i0} - \hat{x})^2 n_{ij} \right\}, \tag{6.4.13}$$

$$\hat{s}_y^2 = \frac{1}{n-1} \left\{ \sum_{i=1}^{n_x} \sum_{j=1}^{n_y} (y_{j0} - \hat{y})^2 n_{ij} \right\}, \tag{6.4.14}$$

$$\hat{s}_{xy} = \frac{1}{n-1} \left\{ \sum_{i=1}^{n_x} \sum_{j=1}^{n_y} (x_{i0} - \hat{x})(y_{j0} - \hat{y}) n_{ij} \right\}, \tag{6.4.15}$$

$$\hat{r} = \frac{\hat{s}_{xy}}{\hat{s}_x \hat{s}_y}, \tag{6.4.16}$$

其中,

$$x_{i0} = x_i - \frac{\Delta x}{2}, \quad y_{j0} = y_j - \frac{\Delta y}{2}.$$

与二维随机变量 $\{X,Y\}$ 的子样平均值 $\bar{X},\bar{Y}$, 子样方差 S_X^2,S_Y^2, 子样协方差 S_{XY} 和子样相关系数 R 的表达式 (6.2.8)~ 式 (6.2.12) 对比可知, 两者的差别在于将第 (i,j) 面积元中 n_{ij} 对不同的 $\{x_i,y_j\}$ 值都用中心值 $\{x_{i0},y_{j0}\}$ 代替. 当 $\Delta x,\Delta y$ 足够小, $\hat{x},\hat{y},\hat{s}_x^2,\hat{s}_y^2,\hat{s}_{xy},\hat{r}$ 分别是子样的 $\bar{X},\bar{Y},S_X^2,S_Y^2,S_{XY},R$ 的近似值.

$\hat{s}_x^2,\hat{s}_y^2,\hat{s}_{xy}$ 可写成较为易于计算的形式. 例如,

$$\begin{aligned}\hat{s}_x^2&=\frac{1}{n-1}\left\{\sum_{i=1}^{n_x}\sum_{j=1}^{n_y}(x_{i0}-\hat{x})^2n_{ij}\right\}\\&=\frac{1}{n-1}\sum_{i=1}^{n_x}\sum_{j=1}^{n_y}n_{ij}\left(x_{i0}^2+\hat{x}^2-2x_{i0}\hat{x}\right)\\&=\frac{1}{n-1}\left\{\sum_{i=1}^{n_x}x_{i0}^2\sum_{j=1}^{n_y}n_{ij}+n\hat{x}^2-2\hat{x}\sum_{i=1}^{n_x}x_{i0}\sum_{j=1}^{n_y}n_{ij}\right\}\\&=\frac{1}{n-1}\left\{\sum_{i=1}^{n_x}x_{i0}^2\sum_{j=1}^{n_y}n_{ij}+n\hat{x}^2-2\hat{x}\cdot n\hat{x}\right\},\end{aligned}$$

所以有

$$\hat{s}_x^2=\frac{1}{n-1}\left\{\sum_{i=1}^{n_x}x_{i0}^2\left(\sum_{j=1}^{n_y}n_{ij}\right)-n\hat{x}^2\right\};\tag{6.4.17}$$

类似地

$$\hat{s}_y^2=\frac{1}{n-1}\left\{\sum_{j=1}^{n_y}y_{j0}^2\left(\sum_{i=1}^{n_x}n_{ij}\right)-n\hat{y}^2\right\},\tag{6.4.18}$$

而对 $\hat{s}_{xy}$ 则有

$$\begin{aligned}\hat{s}_{xy}&=\frac{1}{n-1}\sum_{i=1}^{n_x}\sum_{j=1}^{n_y}(x_{i0}-\hat{x})(y_{j0}-\hat{y})n_{ij}\\&=\frac{1}{n-1}\sum_{i=1}^{n_x}\sum_{j=1}^{n_y}n_{ij}\left(x_{i0}y_{j0}-\hat{x}y_{j0}-\hat{y}x_{i0}+\hat{x}\hat{y}\right)\\&=\frac{1}{n-1}\left\{\sum_{i=1}^{n_x}\sum_{j=1}^{n_y}n_{ij}x_{i0}y_{j0}-\hat{x}\sum_{i=1}^{n_x}\sum_{j=1}^{n_y}n_{ij}y_{j0}-\hat{y}\sum_{i=1}^{n_x}\sum_{j=1}^{n_y}n_{ij}x_{i0}+n\hat{x}\hat{y}\right\}\\&=\frac{1}{n-1}\left\{\sum_{i=1}^{n_x}\sum_{j=1}^{n_y}n_{ij}x_{i0}y_{j0}-\hat{x}n\hat{y}-\hat{y}n\hat{x}+n\hat{x}\hat{y}\right\},\end{aligned}$$

所以

$$\hat{s}_{xy} = \frac{1}{n-1}\left\{\sum_{i=1}^{n_x}\sum_{j=1}^{n_y} n_{ij}x_{i0}y_{j0} - n\hat{x}\hat{y}\right\}. \tag{6.4.19}$$

将 $\hat{s}_x^2, \hat{s}_y^2, \hat{s}_{xy}$ 的上述表达式代入式 (6.4.16), 得

$$\hat{r} = \frac{\displaystyle\sum_{i=1}^{n_x}\sum_{j=1}^{n_y} n_{ij}x_{i0}y_{j0} - n\hat{x}\hat{y}}{\left\{\displaystyle\sum_{i=1}^{n_x} x_{i0}^2\left(\sum_{j=1}^{n_y} n_{ij}\right) - n\hat{x}^2\right\}^{1/2}\left\{\displaystyle\sum_{j=1}^{n_y} y_{j0}^2\left(\sum_{j=1}^{n_x} n_{ij}\right) - n\hat{y}^2\right\}^{1/2}}. \tag{6.4.20}$$

将二维直方图中每一面积元内的频数 n_{ij} 除以 s, 得

$$s = n \cdot \Delta x \cdot \Delta y,$$

所得到的分布称为**二维总体的子样频率分布**. 与 6.4.1 节对一维子样频率分布的讨论相类似, 它近似地表征了二维总体的概率密度. 当子样容量 n 无限增大, $\Delta x, \Delta y$ 取得很小, 二维子样频率分布趋近于总体概率密度; 它的两个一维投影趋近于总体两个分量 X, Y 的边沿概率密度 $f_X(x), f_Y(y)$; $\hat{x}, \hat{y}, \hat{s}_x^2, \hat{s}_y^2, \hat{r}$ 趋近于它们的对应量 $\overline{X}, \overline{Y}, S_X^2, S_Y^2, R$.

对于二维以上的总体, 虽然无法用这种图形来直观地表示测量数据, 但可以用多维数组来表示测量数据. 总体各分量的平均值、方差, 各分量相互间的相关系数的近似值的求法是类似的. 当子样容量 n 趋于无限大时, 它们趋近于总体的对应量. 以后我们用**直方图数据**和**直方图方法**来称呼一维或多维随机变量子样测定值的这种表达和处理方法.

第7章　参数估计

设总体分布的函数形式为已知, 但它与一个或几个未知参数有关, 比如总体服从正态分布, 但其均值和方差是未知参数. 如果对总体进行有限次观测而得到子样的一组观测值, 很自然会想到利用这组数据来确定这些未知参数的数值 (**点估计**), 或者确定包含参数真值的某个区间 (**区间估计**). 这样的问题称为**参数估计**, 它是统计推断的基本问题之一.

本章讨论参数估计中的一般性问题, 如未知参数的最优点估计量应有的性质, 区间估计的一般概念和方法. 有关参数估计的不同方法 (极大似然法、最小二乘法、矩法) 将在后面各章详加讨论.

7.1　估计量, 似然函数

设 ϑ 是某个随机变量总体 X 的未知参数 (对多个未知参数, 用参数向量 $\boldsymbol{\vartheta}$ 表示), 它的估计值用 $\hat{\vartheta}$ 表示, $\hat{\vartheta}$ 的所有可能值构成了**参数空间**. 实验测定的是子样观测值, 因此, 要根据总体的子样来估计参数 ϑ 或 ϑ 的某个函数, 也就是要构造子样的某个函数来估计 ϑ 或 ϑ 的函数. 显然用以估计 ϑ 的子样函数应只与子样 $X_1, X_2, \cdots, X_n$ 有关而不能直接包含参数 ϑ. 根据 6.2 节的讨论可知, 这样的函数就是子样的统计量. 当用子样的某个统计量

$$T = T(X_1, X_2, \cdots, X_n)$$

估计参数 ϑ(或 ϑ 的函数), 称 T 是 ϑ(或 ϑ 的函数) 的**估计量**, 对应于子样的一组观测值, 估计量的值 $T(x_1, x_2, \ldots, x_n)$ 称为 ϑ(或 ϑ 的函数) 的**估计值**. 有时, 估计量和估计值这两个名词不强调它们的区别而通称**估计**. 因此, 点估计就是寻找未知参数 ϑ 的适当估计量 $T(X_1, X_2, \cdots, X_n)$ 的问题. 一组实际的观测值 $x_1, x_2, \cdots, x_n$ 是相互独立的、与总体同分布的随机子样 $X_1, X_2, \cdots, X_n$ 的一个实现, 或者说一组现实值. 作多次重复观测, 得到子样 $X_1, X_2, \cdots, X_n$ 的不同观测值, 于是从未知参数 ϑ 的同一个估计量 $T(X_1, X_2, \cdots, X_n)$ 产生不同的估计值 $\hat{\vartheta}$, 换言之, 将产生估计值 $\hat{\vartheta}$ 的一个分布. 估计值 $\hat{\vartheta}$ 的分布反映了估计量的性质, 可以由 $\hat{\vartheta}$ 的分布来判断估计量 $T(X_1, X_2, \cdots, X_n)$ 的优劣.

显然, 未知参数 ϑ 的一个好的估计量, 当进行多次重复的观测, 用不同的子样观测值代入时所求得不同的估计值 $\hat{\vartheta}$, 应当与参数的真值没有系统的偏差, 并且估

计值 $\hat{\vartheta}$ 与真值的差异应当随着观测次数的增多而改善. 通常对于同一个未知参数, 存在着满足上述要求的多个估计量. 在这种情形下, 哪一个估计量的估计值分布的方差较小, 就认为它对参数的真值接近程度更好, 比其他估计量更为优良.

下面几节讨论一个最优估计量应有的性质: 相合性、无偏性、最小方差、有效性和充分性. 但同时具有这些性质的参数估计量往往很难求得, 有时则根本不存在; 因此, 必须依照实际问题的需要来决定, 其中哪些要求可以放松以至舍弃, 以求得问题的合理解.

在进一步讨论之前, 首先引入参数估计中的一个重要概念: 似然函数.

设某个连续或离散总体 X 的概率密度用 $f(x,\vartheta)$ 表示 (对离散型总体, $f(x,\vartheta)$ 表示概率 $P(X=x;\vartheta)$), 其中 ϑ 是待估计的未知参数 (或未知参数向量, 下同). 对于一个特定的 ϑ 值, 容量 n 的子样 $X_1,X_2,\cdots,X_n$ 的联合概率密度为

$$L=L(X_1,X_2,\cdots,X_n|\vartheta)=\prod_{i=1}^{n}f(X_i|\vartheta)\equiv \boldsymbol{L}(\boldsymbol{X}|\vartheta). \tag{7.1.1}$$

它是未知参数 ϑ 的函数, 称为**似然函数**. 考虑到观测值 $x_1,x_2,\cdots,x_n$ 是随机子样 $X_1,X_2,\cdots,X_n$ 的一组现实值, 对于随机子样的不同实现, $X_1,X_2,\cdots,X_n$ 可取不同的数值, 因此, 记

$$L=L(x_1,x_2,\cdots,x_n|\vartheta)=L(\boldsymbol{x}|\vartheta), \tag{7.1.2}$$

称为**似然函数值**. 似然函数值是似然函数的一个实现. 在以后的讨论中, 一般对这两者不加区别.

式 (7.1.1) 所定义的似然函数, **一般适用于**子样容量 n 为常数的情形. 在某些情形下, n 为一泊松变量. 例如 4.3 节中提到, 实验测量一定时间间隔 Δt 内核衰变的计数, 设 n_0 为 $t=0$ 时刻的不稳定核的个数, 当 $\Delta t\ll\tau$(τ 是不稳定核的平均寿命), n_0 个核在 Δt 内衰变次数为 n 的概率分布近似地服从泊松分布. 也就是说, n 为一泊松变量. 类似地, 在 e^+e^- 对撞实验中, 若质心能量 $E_{\rm cm}$ 处产生某种反应末态 f 的截面为 $\sigma_f(E_{\rm cm})$, 积分亮度为 $L_{\rm int}$ 情形下, 那么质心能量 $E_{\rm cm}$ 处产生反应末态 f 的事例数 n 为一均值 $\nu=L_{\rm int}\sigma_f(E_{\rm cm})$ 的泊松变量. 这种情形在粒子物理和核物理实验中具有典型性. 当子样容量 n 为均值 ν 的泊松变量时, 观测到 n 个事例且其值为 $X_1,\cdots,X_n$ 的联合概率密度 (即似然函数) 为

$$L\left(\boldsymbol{X}|\nu,\vartheta\right)=\frac{\nu^n}{n!}\mathrm{e}^{-\nu}\prod_{i=1}^{n}f\left(X_i|\vartheta\right)=\frac{\mathrm{e}^{-\nu}}{n!}\prod_{i=1}^{n}\nu f\left(X_i|\vartheta\right) \tag{7.1.3}$$

称为**广义似然函数**(extended or generalized likelihood function). 一般情形下, 仅当 ν 已知或能够精确计算时使用广义似然函数才是有帮助的.

7.2 估计量的相合性

未知参数估计量的一个应有性质是, 当观测次数增大时, 它的估计值收敛到参数的真值. 用概率的语言来表达即是, 设 $T(X_1, X_2, \cdots, X_n)$ 是参数 ϑ 的估计量, 若 T 依概率收敛于 ϑ, 则称 T 是参数 ϑ 的**相合估计量**. 这表示, 对于一组观测值 $x_1, x_2, \cdots, x_n$, 由估计量 T 求得 ϑ 的估计值

$$\hat{\vartheta}_n = T(x_1, x_2, \cdots, x_n),$$

对于任意给定正数ε, η, 总存在某个正整数 N, 当 $n > N$ 时, 有

$$P\left(\left|\hat{\vartheta}_n - \vartheta\right| > \varepsilon\right) < \eta. \tag{7.2.1}$$

其含义是, 给定一个任意小量 ε, 总可以找到一个正整数 N, 当子样容量 $n > N$ 时, 估计值 $\hat{\vartheta}_n$ 与参数真值的差别大于 ε 的概率可以任意小地接近于零.

作为例子, 我们来证明, 总体的子样平均值是总体数学期望的相合估计量. 在 6.2 节中已经证明, 子样平均值的数学期望与总体数学期望相同, 方差为 $\sigma^2/n, \sigma^2$ 是总体方差, n 是子样容量, 对子样平均值 $\dfrac{1}{n}\sum\limits_{i=1}^{n} X_i$ 应用切比雪夫不等式 (式 (2.4.26)), 则有

$$P\left\{\left|\frac{1}{n}\sum_{i=1}^{n} X_i - \mu\right| > \varepsilon\right\} \leqslant \sigma^2/n\varepsilon^2,$$

与式 (7.2.1) 对比, 取子样平均为 μ 的估计量, 并取

$$n > \sigma^2/\eta\varepsilon^2,$$

则定理得证.

相合性是当子样容量 $n \to \infty$ 时逐渐逼近的性质, 即使估计量具有相合性, 当 n 增大时, 估计值 $\hat{\vartheta}_n$ 与参数真值的差别总的趋势是减小, 但并非单调减小, 大体如图 7.1 所示.

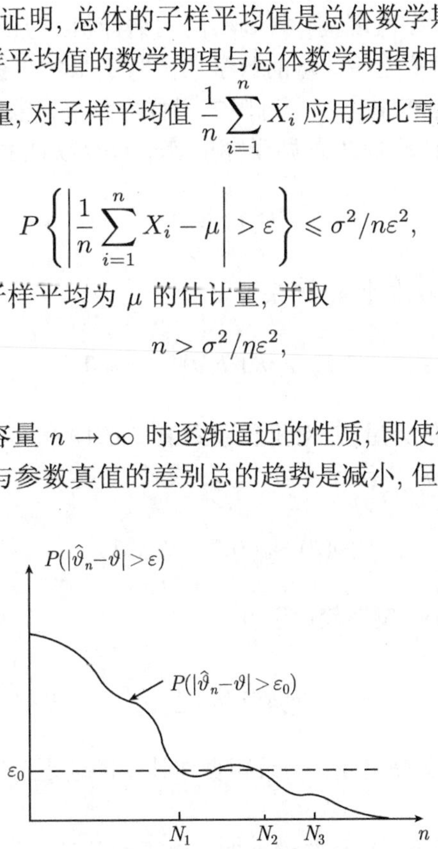

图 7.1 估计量 $\hat{\vartheta}_n$ 的相合性

7.3 估计量的无偏性

估计量的相合性是子样容量 n 趋于无穷时的极限性质, 但 n 为有限值时, 估计量的特性没有给出任何信息. 例如, 我们已经见到子样平均值 $\bar{X}=\frac{1}{n}\sum_{i=1}^{n}X_i$ 是总体数学期望 μ 的相合估计量. 但我们也可以构作估计量 $\bar{X}'$,

$$\bar{X}'=\frac{1}{n-a}\sum_{i=1}^{n}X_i,\quad a=\text{常数},$$

$\bar{X}'$ 也是 μ 的相合估计量, 即有 $\lim\limits_{n\to\infty}\bar{X}'=\mu$. 但是我们宁愿选择 $\bar{X}$ 作为 μ 的估计量, 原因在于必须考虑估计量的无偏性.

无偏性是估计量在子样容量 n 为有限值时的性质. 由于估计量是随机变量, 对于子样的不同实现 (多次观测) 得到不同的估计值. 我们希望估计值在未知参数的真值附近徘徊, 即希望估计量的数学期望等于未知参数真值, 这就是**无偏性**的概念. 用概率的语言来讲, 对于有限的子样容量 n, 未知参数 ϑ 的估计量为 $T(X_1,X_2,\cdots,X_n)$, 若估计量 T 的数学期望等于参数 ϑ 的真值

$$E(T)=\vartheta, \tag{7.3.1}$$

则称 T 为参数 ϑ 的**无偏估计量**. 如果

$$E(T)=\vartheta+b(\vartheta),\quad b\neq 0, \tag{7.3.2}$$

则 T 为参数 ϑ 的**有偏估计量**, T 对于参数真值 ϑ 的偏差为 $b(\vartheta)$. 参数 ϑ 的任何合理的估计量 T, 偏差 $b(\vartheta)$ 应当比 ϑ 小得多, 或者

$$b(\vartheta)\sim 1/n^k,\quad k>1.$$

这样, 当子样容量很大时, 偏差趋近于 0.

如果下式成立:

$$\lim_{n\to\infty}E(T)=\vartheta, \tag{7.3.3}$$

则称 T 为 ϑ 的**渐近无偏估计量**. 如果相合估计量的渐近分布具有有限的均值, 则该估计量是渐近无偏的.

应当指出, 如果统计量 T 是参数 ϑ 的一个无偏估计, 且 $f(\vartheta)$ 是 ϑ 的任一函数, 我们不能推得 $f(T)$ 是 $f(\vartheta)$ 的无偏估计的结论.

容易看到, 子样平均 $\bar{X}=\frac{1}{n}\sum_{i=1}^{n}X_i$ 是总体数学期望 μ 的无偏估计量, 而 $\bar{X}'=\frac{1}{n-a}\sum_{i=1}^{n}X_i$ 则是 μ 的有偏估计量, 但它是渐近无偏的.

相合性和无偏性是估计量的两个相互独立的性质, 互相并不关联. 一般认为相合性比无偏性更为重要, 因为只要有偏估计量的偏差可以求得, 则可对它进行修正.

例 7.1 总体均值已知时, 其方差的无偏估计量

设总体均值和方差记为 μ 和 σ^2, μ 为已知而 σ^2 为待估计参数. 试求 σ^2 的无偏估计量. 因为

$$\begin{aligned}E\left\{\frac{1}{n}\sum_{i=1}^{n}(X_i-\mu)^2\right\}&=E\left\{\frac{1}{n}\sum_{i=1}^{n}X_i^2-\frac{2\mu}{n}\sum_{i=1}^{n}X_i+\frac{1}{n}\sum_{i=1}^{n}\mu^2\right\}\\&=E\left(\frac{1}{n}\sum_{i=1}^{n}X_i^2\right)-2\mu^2+\mu^2\\&=\frac{1}{n}E\left(\sum_{i=1}^{n}X_i^2\right)-\mu^2,\end{aligned}$$

注意各 X_i 相互独立, 且与总体 X 有相同的分布, 故有

$$E\left\{\frac{1}{n}\sum_{i=1}^{n}(X_i-\mu)^2\right\}=E\left(X^2\right)-\mu^2=\sigma^2(X),$$

即总体方差 σ^2 的无偏估计量是 $\frac{1}{n}\sum_{i=1}^{n}(X_i-\mu)^2$.

例 7.2 总体均值未知时, 其方差的无偏估计量

我们在 6.2 节中已经证明, 总体的子样方差 S^2 的数学期望等于总体方差 (式 (6.2.16))

$$E(S^2)=\sigma^2(X).$$

因此, 子样方差是总体方差的无偏估计. 可见 S^2 定义中的因子 $1/(n-1)$ 保证了它的无偏性. 直觉上可能会取因子 $1/n$, 即以子样的二阶中心矩作为 σ^2 的估计量

$$S^{2'}=\frac{1}{n}\sum_{i=1}^{n}\left(X_i-\bar{X}\right)^2,$$

但

$$E(S^{2'})=E\left(\frac{n-1}{n}S^2\right)=\left(1-\frac{1}{n}\right)\sigma^2\neq\sigma^2,$$

可见, $S^{2'}$ 是 σ^2 的有偏估计量, 其偏差是

$$b(\sigma^2)=-\frac{1}{n}\sigma^2,$$

但它是 σ^2 的渐近无偏估计量.

例 7.3 三阶中心矩的无偏估计量

通过本例可以表明, 如何从直觉的猜测来构造无偏估计量的正确形式.

为了构造三阶中心矩的估计量, 按照例 7.1 的思路, 我们考虑 $(X_i-\bar{X})^3$ 的求和

$$\begin{aligned}\sum_{i=1}^{n}\left(X_i-\bar{X}\right)^3=&\sum_{i=1}^{n}\left[(X_i-\mu)-\left(\bar{X}-\mu\right)\right]^3\\=&\sum_{i=1}^{n}\left(X_i-\mu\right)^3-3\sum_{i=1}^{n}\left(X_i-\mu\right)^2\left(\bar{X}-\mu\right)\\&+3\sum_{i=1}^{n}\left(X_i-\mu\right)\left(\bar{X}-\mu\right)^2-\sum_{i=1}^{n}\left(\bar{X}-\mu\right)^3.\end{aligned}$$

考虑到三阶中心矩的定义 $\mu_3=E[(X-\mu)^3]$, 并注意不同的 X_i 之间的相互独立性, 上式右边的四项的期望值可分别写成

$$\begin{aligned}&E\left[\sum_{i=1}^{n}\left(X_i-\mu\right)^3\right]\\=&\sum_{i=1}^{n}E\left[\left(X_i-\mu\right)^3\right]=n\mu_3,\\&E\left[-3\sum_{i=1}^{n}\left(X_i-\mu\right)^2\left(\bar{X}-\mu\right)\right]\\=&-3E\left[\left(\sum_{i=1}^{n}\left(X_i-\mu\right)^2\right)\left(\frac{1}{n}\sum_{j=1}^{n}\left(X_j-\mu\right)\right)\right]=-3\mu_3,\\&E\left[3\sum_{i=1}^{n}\left(X_i-\mu\right)\left(\bar{X}-\mu\right)^2\right]\\=&3E\left[\left(\sum_{i=1}^{n}\left(X_i-\mu\right)\right)\left(\frac{1}{n}\sum_{j=1}^{n}\left(X_j-\mu\right)\right)\left(\frac{1}{n}\sum_{k=1}^{n}\left(X_k-\mu\right)\right)\right]\\=&\frac{3}{n}\mu_3,\\&E\left[-\sum_{i=1}^{n}\left(\bar{X}-\mu\right)^3\right]\\=&-E\left\{\sum_{i=1}^{n}\left[\frac{1}{n}\sum_{j=1}^{n}\left(X_j-\mu\right)\right]\left[\frac{1}{n}\sum_{k=1}^{n}\left(X_k-\mu\right)\right]\cdot\left[\frac{1}{n}\sum_{l=1}^{n}\left(X_l-\mu\right)\right]\right\}\end{aligned}$$

$$= -\frac{1}{n}\mu_3.$$

因此有

$$E\left[\sum_{i=1}^{n}\left(X_i-\bar{X}\right)^3\right] = \mu_3\left(n-3+\frac{3}{n}-\frac{1}{n}\right) = \frac{(n-1)(n-2)}{n}\mu_3.$$

故 μ_3 的无偏估计量为

$$T = \frac{n}{(n-1)(n-2)}\sum_{i=1}^{n}\left(X_i-\bar{X}\right)^3.$$

7.4 估计量的有效性和最小方差

相合性和无偏性的要求并不能唯一地确定如何去选择一个好的估计量. 例如, 对于正态总体而言, 子样平均和子样中位数都是数学期望 μ 的相合、无偏估计量. 所谓**子样中位数**$\tilde{X}$, 定义为容量为 n 的子样 $X_1, X_2, \cdots, X_n$ 的函数, 如 $X_1^{(n)}, X_2^{(n)}, \cdots, X_n^{(n)}$ 为子样的顺序统计量 (6.2 节), 则有

$$\begin{aligned} &\tilde{X} = X_{k+1}^{(n)}, && n = 2k+1, \\ &\tilde{X} = X_k^{(n)} \text{ 和 } X_{k+1}^{(n)}, && n = 2k. \end{aligned} \tag{7.4.1}$$

但在这两个相合、无偏估计量中, 可以证明, 子样平均的方差比子样中位数的方差要小, 即利用子样平均计算得到的 μ 的估计值比 μ 真值的离散程度小. 因此, 对于不同的无偏估计量而言, 方差的大小可以作为它们的有效性的尺度.

一般地说, 设 T_1, T_2 是参数 ϑ 的两个无偏估计量, 若

$$V(T_1) < V(T_2), \tag{7.4.2}$$

则称 T_1 较 T_2 为**有效**.

当总体满足**正规条件**, 参数的估计量的方差存在一个最小的下界, 称为**方差下界**. 所谓正规条件是指:

(1) 对于未知参数 ϑ 的所有可能值, 总体的概率密度函数对于 ϑ 的一阶和二阶导数存在, 也即总体子样 $X_1, X_2, \cdots, X_n$ 的联合概率密度 (似然函数)$L(\boldsymbol{X}|\vartheta)$ 对于 ϑ 的一阶、二阶导数存在.

(2) 总体 X 的值域与参数无关, 亦即子样 $X_1, X_2, \cdots, X_n$ 的取值域 (子样空间) 与参数 ϑ 无关. 这样, 似然函数对于 ϑ 的求导与对 $X_1, X_2, \cdots, X_n$ 的求积次序可

以交换, 即有

$$\begin{aligned}&\frac{\partial}{\partial\vartheta}\int_{-\infty}^{\infty}\cdots\int_{-\infty}^{\infty}\prod_{i=1}^{n}f(x_i;\vartheta)\mathrm{d}x_1\cdots\mathrm{d}x_n\\&=\int_{-\infty}^{\infty}\cdots\int_{-\infty}^{\infty}\frac{\partial}{\partial\vartheta}\left[\prod_{i=1}^{n}f(x_i;\vartheta)\right]\mathrm{d}x_1\cdots\mathrm{d}x_n.\end{aligned}\tag{7.4.3}$$

我们来证明方差下界的存在及其表示式. 令 T 是参数 ϑ 的某个函数 $\tau(\vartheta)$ 的有偏估计量, 其偏差为 $b(\vartheta)$(式 (7.3.2)), 故有

$$\begin{aligned}E(T)&=\int\cdots\int T(X_1,\cdots,X_n)L(X_1,\cdots,X_n|\vartheta)\mathrm{d}X_1\cdots\mathrm{d}X_n\\&=\tau(\vartheta)+b(\vartheta).\end{aligned}$$

将上式两边对参数 ϑ 求导, 并注意$\boldsymbol{X}$的取值区间与 ϑ 无关, 有

$$\begin{aligned}\int\cdots\int T\frac{\partial L}{\partial\vartheta}\mathrm{d}\boldsymbol{X}&=\int\cdots\int T\frac{\partial\ln L}{\partial\vartheta}\cdot L\mathrm{d}\boldsymbol{X}\\&=\frac{\partial\tau}{\partial\vartheta}+\frac{\partial b}{\partial\vartheta},\end{aligned}\tag{7.4.4}$$

因为 L 是 n 次观测的联合概率密度, 由概率密度的归一性, 应有

$$\int\cdots\int L\mathrm{d}\boldsymbol{X}=1,$$

将上式两边对 ϑ 求导, 得

$$\int\cdots\int\frac{\partial L}{\partial\vartheta}\mathrm{d}\boldsymbol{X}=\int\cdots\int\frac{\partial\ln L}{\partial\vartheta}L\mathrm{d}\boldsymbol{X}=0.\tag{7.4.5}$$

从式 (7.4.4) 减去式 (7.4.5) 与 $\tau(\vartheta)$ 的乘积, 有

$$\int\cdots\int[T-\tau(\vartheta)]\frac{\partial\ln L}{\partial\vartheta}L\mathrm{d}\boldsymbol{X}=\frac{\partial\tau}{\partial\vartheta}+\frac{\partial b}{\partial\vartheta},$$

利用施瓦茨不等式 (式 (3.3.17))

$$V(X)\cdot V(Y)\geqslant[\mathrm{cov}\,(X,Y)]^2.$$

将上式中的 $T-\tau(\vartheta)$ 看作随机变量 X, $\dfrac{\partial\ln L}{\partial\vartheta}$ 看作随机变量 Y, 可得

$$\int\cdots\int[T-(\tau(\vartheta)+b(\vartheta))]^2L\mathrm{d}\boldsymbol{X}\cdot\int\cdots\int\left(\frac{\partial\ln L}{\partial\vartheta}\right)^2L\mathrm{d}\boldsymbol{X}\geqslant\left(\frac{\partial\tau}{\partial\vartheta}+\frac{\partial b}{\partial\vartheta}\right)^2.$$

上式左边第一项乘子是估计量 T 的方差, 第二项乘子是 $\left(\frac{\partial \ln L}{\partial \vartheta}\right)^2$ 的期望值, 于是有

$$V(T) \geqslant \frac{\left(\frac{\partial \tau}{\partial \vartheta}+\frac{\partial b}{\partial \vartheta}\right)^2}{E\left[\left(\frac{\partial \ln L}{\partial \vartheta}\right)^2\right]}. \tag{7.4.6}$$

这个关于估计量方差的不等式称为**克拉美–罗 (Cramer-Rao) 不等式**.

将式 (7.4.5) 对 ϑ 求导, 并注意正规条件, 有

$$\begin{aligned}
0 &= \frac{\partial}{\partial \vartheta}\int\cdots\int \frac{\partial \ln L}{\partial \vartheta} L\mathrm{d}\boldsymbol{X} = \int\cdots\int \frac{\partial}{\partial \vartheta}\left(\frac{\partial \ln L}{\partial \vartheta}\cdot L\right)\mathrm{d}\boldsymbol{X} \\
&= \int\cdots\int\left[\frac{\partial^2 \ln L}{\partial \vartheta^2}\cdot L+\frac{\partial L}{\partial \vartheta}\frac{\partial \ln L}{\partial \vartheta}\right]\mathrm{d}\boldsymbol{X} \\
&= \int\cdots\int\left[\frac{\partial^2 \ln L}{\partial \vartheta^2}+\left(\frac{\partial \ln L}{\partial \vartheta}\right)^2\right]L\mathrm{d}\boldsymbol{X} \\
&= E\left(\frac{\partial^2 \ln L}{\partial \vartheta^2}\right)+E\left[\left(\frac{\partial \ln L}{\partial \vartheta}\right)^2\right],
\end{aligned}$$

所以在满足正规条件时, 有等式

$$E\left[-\frac{\partial^2 \ln L}{\partial \vartheta^2}\right] = E\left[\left(\frac{\partial \ln L}{\partial \vartheta}\right)^2\right], \tag{7.4.7}$$

于是克拉美–罗不等式可写成较易于计算的形式

$$V(T) \geqslant \frac{\left(\frac{\partial \tau}{\partial \vartheta}+\frac{\partial b}{\partial \vartheta}\right)^2}{E\left[-\frac{\partial^2 \ln L}{\partial \vartheta^2}\right]}. \tag{7.4.8}$$

显然, 当式 (7.4.6) 或式 (7.4.8) 取等号时, 估计量 T 的方差达到极小, 称为**最小方差界**或**方差下界**, 用符号 MVB 表示. 达到方差下界的估计量称为**最小方差估计量**, 或**有效估计量**.

未知参数 ϑ 的函数 $\tau(\vartheta)$ 的估计量 T 达到方差下界的充要条件是似然函数 L 满足以下条件:

$$\frac{\partial \ln L}{\partial \vartheta} = A(\vartheta)\left[T-\tau(\vartheta)-b(\vartheta)\right], \tag{7.4.9}$$

其中 $A(\vartheta)$ 是参数 ϑ 的任意函数. 这时, 有

$$\frac{\partial^2 \ln L}{\partial \vartheta^2} = \frac{\partial A(\vartheta)}{\partial \vartheta}\left[T-\tau(\vartheta)-b(\vartheta)\right]-A(\vartheta)\left[\frac{\partial \tau(\vartheta)}{\partial \vartheta}+\frac{\partial b(\vartheta)}{\partial \vartheta}\right].$$

对上式的两边求期望值, 考虑到

$$E(T) = \tau(\vartheta) + b(\vartheta)$$

(见式 (7.3.2)), 所以右边第一项的期望值为 0, 故

$$\begin{aligned} E\left(-\frac{\partial^2 \ln L}{\partial \vartheta^2}\right) &= E\left[A(\vartheta) \cdot \left(\frac{\partial \tau}{\partial \vartheta} + \frac{\partial b}{\partial \vartheta}\right)\right] \\ &= A(\vartheta)\left(\frac{\partial \tau}{\partial \vartheta} + \frac{\partial b}{\partial \vartheta}\right). \end{aligned}$$

将该结果代入式 (7.4.8) 得到最小方差界的一个简单公式

$$\mathrm{MVB} \equiv \min[V(T)] = \frac{\dfrac{\partial \tau}{\partial \vartheta} + \dfrac{\partial b}{\partial \vartheta}}{A(\vartheta)}. \tag{7.4.10}$$

仅当似然函数满足式 (7.4.9) 时才存在有效估计量, 否则估计量的方差将大于最小方差界. 在这种情形下, 将估计量的 MVB 与实际方差之比定义为估计量的**有效率**$e(T)$,

$$e(T) = \frac{\mathrm{MVB}}{V(T)} \leqslant 1. \tag{7.4.11}$$

显然, 当 $e(T)$=1 时, $V(T)$ 达到方差下界. 如果当子样容量 n 趋于无穷时, 有

$$\lim_{n\to\infty} e(T) = 1, \tag{7.4.12}$$

则称 T 为**渐近有效估计量**.

应当强调指出, 仅当总体满足正规条件时才存在估计量的方差下界. 如果不满足正规条件, 估计量的最小可达到的方差既可能大于, 也可能小于最小方差界.

当统计量 T 是参数 ϑ 本身的估计量时, 有 $\dfrac{\partial \tau}{\partial \vartheta} = 1$, 于是一系列的公式得以简化. 克拉美–罗不等式 (7.4.6), 式 (7.4.8) 变成

$$V(T) \geqslant \frac{\left(1 + \dfrac{\partial b}{\partial \vartheta}\right)^2}{E\left[\left(\dfrac{\partial \ln L}{\partial \vartheta}\right)^2\right]} \tag{7.4.13}$$

或

$$V(T) \geqslant \frac{\left(1 + \dfrac{\partial b}{\partial \vartheta}\right)^2}{E\left[-\dfrac{\partial^2 \ln L}{\partial \vartheta^2}\right]}. \tag{7.4.14}$$

存在有效估计量 (即存在方差下界) 的充要条件式 (7.4.9) 变成

$$\frac{\partial \ln L}{\partial \vartheta} = A(\vartheta)[T - \vartheta - b(\vartheta)]. \tag{7.4.15}$$

最小方差界式 (7.4.10) 简化为

$$\mathrm{MVB} = \frac{1 + \dfrac{\partial b}{\partial \vartheta}}{A(\vartheta)}. \tag{7.4.16}$$

因此, 若总体满足正规条件, 并且能写出似然函数对未知参数 ϑ 导数 $\partial \ln L/\partial\vartheta$ 的显著表达式, 与式 (7.4.9) 或式 (7.4.15) 对比, 便可知道参数 ϑ 或它的函数 $\tau(\vartheta)$ 是否存在有效估计量, 如果存在的话, 可从式 (7.4.10) 或式 (7.4.16) 求出该估计量的方差 (方差下界).

例 7.4 二项分布总体参数的有效无偏估计量

设总体服从参数 m, p 的二项分布, p 为未知, 现在要求从容量 n 的子样 $\boldsymbol{X} = \{X_1, X_2, \cdots X_n\}$ 来估计未知参数 p.

二项分布的概率分布 (取值 x 的概率) 为

$$f(x,p) = \begin{pmatrix} m \\ x \end{pmatrix} p^x (1-p)^{m-x}, \quad x = 0, 1, \cdots, m.$$

它满足正规条件, 即 $f(x,p)$ 对 p 的一阶、二阶导数存在, 且 X 的值域与参数 p 无关. 这时似然函数为

$$L\left(X_1, X_2, \cdots, X_n|p\right) = \prod_{i=1}^{n} \begin{pmatrix} m \\ X_i \end{pmatrix} p^{X_i}(1-p)^{m-X_i}.$$

对似然函数取对数并求导

$$\begin{aligned}
\frac{\partial \ln L}{\partial p} =& \frac{\partial}{\partial p}\sum_{i=1}^{n} \ln\left\{\begin{pmatrix} m \\ X_i \end{pmatrix} p^{X_i}(1-p)^{m-X_i}\right\} \\
=& \sum_{i=1}^{n}\left\{p^{X_i}(1-p)^{m-X_i}\right\}^{-1} \\
& \times \left\{X_i p^{X_i-1}(1-p)^{m-X_i} - p^{X_i}(m-X_i)(1-p)^{m-X_i-1}\right\} \\
=& \sum_{i=1}^{n}\left(\frac{X_i}{p} - \frac{m-X_i}{1-p}\right) = \frac{1}{p(1-p)}\left(\sum_{i=1}^{n} X_i - nmp\right) \\
=& \frac{nm}{p(1-p)}\left(\frac{\bar{X}}{m} - p\right),
\end{aligned}$$

其中 $\bar{X}$ 是子样平均值. 与式 (7.4.15) 对比, 立即可知, $T = \bar{X}/m$ 是参数 p 的有效无偏估计量, 而且 $A(p) = mn/p(1-p)$, 代入式 (7.4.16), 求出该估计量的方差 (方差下界)

$$V(T) = \frac{1}{A(p)} = \frac{p(1-p)}{nm}. \tag{7.4.17}$$

例 7.5 泊松总体均值的有效无偏估计量

设总体服从泊松分布, 但它的均值为待估计的未知参数 ϑ. 总体的概率分布 (取值 x 的概率) 为

$$f(x;\vartheta) = \frac{1}{x!}\vartheta^x \mathrm{e}^{-\vartheta}, \quad x = 1, 2, \cdots.$$

容易看出, 该概率分布 $f(x;\vartheta)$ 满足正规条件. 对于容量 n 的子样 $X_1, X_2, \cdots, X_n$, 其似然函数是

$$L(X_1, X_2, \cdots, X_n|\vartheta) = \prod_{i=1}^{n} \frac{1}{X_i!}\vartheta^{X_i}\mathrm{e}^{-\vartheta}.$$

对似然函数取对数并求导

$$\frac{\partial \ln L}{\partial \vartheta} = \frac{\partial}{\partial \vartheta}\sum_{i=1}^{n} \ln\left(\frac{1}{X_i!}\vartheta^{X_i}\mathrm{e}^{-\vartheta}\right) = \sum_{i=1}^{n}\left(\frac{X_i}{\vartheta} - 1\right),$$

由于子样平均 $\bar{X} = \frac{1}{n}\sum_{i=1}^{n} X_i$, 上式可改写成

$$\frac{\partial \ln L}{\partial \vartheta} = \frac{n}{\vartheta}\left(\bar{X} - \vartheta\right).$$

与式 (7.4.15) 对比, 立即知道, $\bar{X}$ 是参数 ϑ 的有效无偏估计量, 且 $A(\vartheta) = n/\vartheta$, 由式 (7.4.16) 求得估计量 $T = \bar{X}$ 的方差 (方差下界)

$$V(T) = \mathrm{MVB} = \vartheta/n. \tag{7.4.18}$$

例 7.6 正态总体均值的估计量

设正态总体 $N(\mu, \sigma^2)$ 中均值 μ 为未知参数, σ^2 为已知, 试求 μ 的估计量.

正态概率密度

$$f(x;\mu) = \frac{1}{\sqrt{2\pi}\sigma}\exp\frac{-(x-\mu)^2}{2\sigma^2}, \quad -\infty < x < \infty,$$

x 的值域与参数 μ 无关, 且 $f(x;\mu)$ 对未知参数 μ 的一阶、二阶导数存在, 故符合正规条件, 存在方差下界.

对于容量 n 的子样 $X_1, X_2, \cdots, X_n$ 似然函数为

$$L\left(X_1, X_2, \cdots, X_n|\mu\right)=\prod_{i=1}^{n}\frac{1}{\sqrt{2\pi}\sigma}\exp\left[\frac{-\left(X_i-\mu\right)^2}{2\sigma^2}\right],$$

与上面例子的步骤相似, 有

$$\begin{aligned}\frac{\partial}{\partial\mu}\ln L&=\frac{\partial}{\partial\mu}\ln\left\{\prod_{i=1}^{n}\frac{1}{\sqrt{2\pi}\sigma}\exp\left[\frac{-\left(X_i-\mu\right)^2}{2\sigma^2}\right]\right\}\\&=\frac{n}{\sigma^2}\left(\bar{X}-\mu\right).\end{aligned}$$

于是 $\bar{X}$ 是总体均值 μ 的有效无偏估计量, 估计量的方差等于方差下界

$$V\left(\bar{X}\right)=\text{MVB}=\frac{\sigma^2}{n}=\frac{V(X)}{n}. \tag{7.4.19}$$

这一结果与式 (6.3.2) 一致.

本节开头提到, 子样中位数是 μ 的相合无偏估计量. 可以证明[30], 当子样容量很大时, 子样中位数 $\tilde{X}$ 近似地服从正态分布

$$\tilde{X}\sim N\left(\mu, \pi\sigma^2/2n\right).$$

因此, 利用 $\tilde{X}$ 作为 μ 的估计量时, 其方差为

$$V\left(\tilde{X}\right)=\pi\sigma^2/2n,$$

依估计量有效率的定义式 (7.4.11), $\tilde{X}$ 的有效率

$$e\left(\tilde{X}\right)=\frac{\sigma^2/n}{\pi\sigma^2/2n}=\frac{2}{\pi}\approx 0.64.$$

而且易见, $\tilde{X}$ 作为 μ 的估计量不是渐近有效的, 因此, X 不是 μ 的好估计量. 但子样中位数的求得不需要进行什么计算, 所以使用比较方便.

例 7.7 *正态总体方差和标准差的估计量*

设总体服从均值为 0, 方差为 σ^2 的正态分布, σ^2 为未知待估计参数. 按照与上述各例相同的步骤可得

$$\begin{aligned}\frac{\partial}{\partial\sigma^2}\ln L&=\frac{\partial}{\partial\sigma^2}\ln\left[\prod_{i=1}^{n}\frac{1}{\sqrt{2\pi\sigma^2}}\exp\left(\frac{-X_i^2}{2\sigma^2}\right)\right]\\&=\frac{n}{2\sigma^4}\left(\frac{1}{n}\sum_{i=1}^{n}X_i^2-\sigma^2\right),\end{aligned}$$

与式 (7.4.15) 对比, 统计量

$$T=\frac{1}{n}\sum_{i=1}^{n}X_i^2$$

是 σ^2 的有效无偏估计量, 方差达到方差下界

$$V(T)=\text{MVB}=2\sigma^4/n.$$

若以 σ 作为待估计参数, 则有

$$\frac{\partial}{\partial\sigma}\ln L=\frac{n}{\sigma^3}\left(\frac{1}{n}\sum_{i=1}^{n}X_i^2-\sigma^2\right).$$

该式与式 (7.4.15) 的形式不同, 因而正态总体 $N(0,\sigma^2)$ 不存在标准差 σ 的有效估计量; 但上式可与式 (7.4.9) 对比, 其中 σ^2 是未知参数 σ 的函数 $\tau(\sigma)$, 它的有效无偏估计量是 $T=\frac{1}{n}\sum_{i=1}^{n}X_i^2$, 并可由式 (7.4.10) 求出 T 的方差 (方差下界)

$$V(T)=\frac{\partial\sigma^2}{\partial\sigma}\bigg/\frac{n}{\sigma^3}=\frac{2\sigma^4}{n}, \tag{7.4.20}$$

与前面的结果完全相同.

上述讨论完全适用于总体为 $N(\mu,\sigma^2)$ 的情形, 只要将上述结果中的 X_i 用 $X_i-\mu$(μ 已知) 代替即可

$$T=\frac{1}{n}\sum_{i=1}^{n}(X_i-\mu)^2,$$

估计量 T 的方差仍为式 (7.4.20) 所表示.

在例 7.2 中已经证明, 子样方差 S^2 是正态总体方差 σ^2 的无偏估计, 我们来证明它又是渐近有效估计. 因为在 6.3.2 节中已证明 $Y\equiv\frac{n-1}{\sigma^2}S^2$ 服从自由度 $n-1$ 的 χ^2 分布, 故随机变量 Y 的方差为 $2(n-1)$, 于是

$$V(S^2)=\left(\frac{\sigma^2}{n-1}\right)^2V(Y)=\frac{\sigma^4}{(n-1)^2}\cdot 2(n-1)=\frac{2\sigma^4}{n-1}.$$

估计量 S^2 的有效率据定义 (式 (7.4.11)), 有

$$e(S^2)=\frac{\text{MVB}}{V(S^2)}=\frac{2\sigma^4/n}{2\sigma^4/(n-1)}=\frac{n-1}{n}=1-\frac{1}{n},$$

$$\lim_{n\to\infty}e(S^2)=1-\frac{1}{n}=1.$$

证毕.

7.5 估计量的充分性, 信息

7.5.1 充分统计量

由前面各节的讨论可以看到, 为了估计总体的未知参数 ϑ, 总要利用容量 n 的随机子样 $X_1, X_2, \cdots, X_n$ 来构造一个统计量 T 作为参数 ϑ 的估计量. 例如, 子样平均 $\bar{X} = \dfrac{1}{n}\sum_{i=1}^{n} X_i$ 可作为总体数学期望 $E(X)$ 的估计量, 这样做的后果是对子样的 n 个值 $X_1, X_2, \cdots, X_n$ 进行了精简和压缩. 问题在于这种精简和压缩是否合理, 即估计量 $\bar{X}$ 是否包含了子样 $X_1, X_2, \cdots, X_n$ 关于待估计参数 $E(X)$ 的全部信息. 一般地说, 如果统计量 $T(X_1, X_2, \cdots, X_n)$ 利用了子样 $X_1, X_2, \cdots, X_n$ 关于参数 ϑ 的全部信息, 则称 T 是参数 ϑ 的充分统计量.

无疑, 这样的叙述不具有数学上的严格性, 而且实际上无法确定某个统计量是不是参数的充分统计量. 为此, 我们引入下述定义.

设总体 X 的概率密度为 $f(x;\vartheta), \vartheta$ 为未知参数, $X_1, X_2, \cdots, X_n$ 为总体容量 n 的子样, 给定统计量 $T(X_1, X_2, \cdots, X_n)$, 若子样 $(X_1, X_2, \cdots, X_n)$ 的条件概率密度

$$f(X_1, X_2, \cdots, X_n|T)$$

与参数 ϑ 无关, 则称 T 为 ϑ 的**充分统计量**. 当利用 ϑ 的充分统计量 $T(X_1, X_2, \cdots, X_n)$ 对参数 ϑ 作估计, T 称为 ϑ 的**充分估计量**. 对于离散型总体, 只需用概率分布和条件概率分布 $P(x;\vartheta), P(X_1, X_2, \cdots, X_n|T)$, 定义同样适用.

充分统计量的含义可以这样解释: 子样中包含未知参数 ϑ 的信息, 是因为子样的联合分布与 ϑ 有关. 如果在给定统计量 T 的条件下, 子样的条件分布与 ϑ 无关, 就意味着子样中除了 T 包含的信息之外的剩余信息不再含有**参数 $\boldsymbol{\vartheta}$** 的信息, 因此, 对于 ϑ 的统计推断只需要利用统计量 T 就可以了. 这就是 "充分统计量" 概念中 "充分" 这一词的含义.

如果 T 是参数 ϑ 的充分统计量, 则 T 的任意单值可逆函数也是 ϑ 的充分统计量. 因此, 充分统计量不是唯一的. 为了在这些充分统计量之间决定哪一个比较优良, 必须检验它们的相合性、无偏性和有效性.

在实际进行参数估计时, 需要解决的问题是, 怎样从似然函数或总体分布的形式来判断是否存在充分统计量; 如果存在, 它的表达式如何求得.

费希尔–奈曼 (Fisher-Neyman) 准则告诉我们, 记总体的未知参数为 ϑ, 概率密度 $f(x;\vartheta), X_1, X_2, \cdots, X_n$ 为其容量 n 的子样, 则统计量 $T(X_1, X_2, \cdots, X_n)$ 为参数 ϑ 充分统计量的充要条件是, 子样的联合概率密度 (似然函数) 可表为下述因子

化形式[35]:

$$
\begin{aligned}
L(X_1, X_2, \cdots, X_n|\vartheta) &= \prod_{i=1}^{n} f(X_i;\vartheta) \\
&= G(T|\vartheta)H(X_1, X_2, \cdots, X_n),
\end{aligned} \tag{7.5.1}
$$

其中, $H(X_1, X_2, \cdots, X_n)$ 是子样的非负函数且与参数 ϑ 无关, $G(T|\vartheta)$ 是非负函数, 与 ϑ 有关且仅通过统计量 $T(X_1, X_2, \cdots, X_n)$ 与子样发生联系, 特别是, $G(T|\vartheta)$ 是给定 ϑ 时统计量 T 的条件概率密度函数.

如果从总体分布来考虑问题, 可以证明[35], 当总体概率密度 $f(x;\vartheta)$ 具有**指数族**形式, 即

$$
f(x;\vartheta) = \exp\left[\alpha(x)a(\vartheta) + \beta(x) + c(\vartheta)\right] \tag{7.5.2}
$$

才存在充分统计量. 该准则称为**达莫斯 (Darmois) 原理**.

对于满足指数族形式的总体概率密度, 式 (7.5.1) 的因子化条件意味着参数的一个充分统计量 $T(X_1, X_2, \cdots, X_n)$ 必定具有下述形式:

$$
T(X_1, X_2, \cdots, X_n) = \sum_{i=1}^{n} \alpha(X_i). \tag{7.5.3}
$$

因为当 $f(x;\vartheta)$ 为指数族类型, 似然函数为

$$
\begin{aligned}
&L(X_1, X_2, \cdots, X_n|\vartheta) \\
&= \exp\left[\sum_{i=1}^{n} \alpha(X_i)a(\vartheta) + \sum_{i=1}^{n} \beta(X_i) + nc(\vartheta)\right] \\
&= \exp\left[nc(\vartheta)\right] \cdot \exp\left[\sum_{i=1}^{n} \alpha(X_i)a(\vartheta)\right] \cdot \exp\left[\sum_{i=1}^{n} \beta(X_i)\right],
\end{aligned} \tag{7.5.4}
$$

与式 (7.5.1) 对比, 知

$$
G(T|\vartheta) = \exp\left[nc(\vartheta)\right] \cdot \exp\left[\sum_{i=1}^{n} \alpha(X_i)a(\vartheta)\right].
$$

因 $G(T|\vartheta)$ 仅通过统计量 T 与子样 $X_1, X_2, \cdots, X_n$ 发生联系, 所以必定有

$$
T = \sum_{i=1}^{n} \alpha(X_i).
$$

证毕.

下面我们来证明, 参数 ϑ 的有效估计量总是 ϑ 的充分估计量. 对式 (7.5.1) 两边取对数, 并对 ϑ 求导, 得

$$\frac{\partial \ln L}{\partial \vartheta} = \frac{\partial \ln G}{\partial \vartheta}.$$

可以看到, 有效性条件 (式 (7.4.9)) 相当于同时满足充分性条件 (式 (7.5.1)) 和条件

$$\frac{\partial \ln G}{\partial \vartheta} = A(\vartheta)\left[T - \tau(\vartheta) - b(\vartheta)\right]. \tag{7.5.5}$$

所以有效估计量总是充分估计量.

当总体满足正规条件, 必定存在有效估计量. 若总体概率密度具有式 (7.5.2) 的指数族形式, 则存在参数 ϑ 的充分统计量, 但这些充分统计量中只有一个满足式 (7.5.5), 即只存在参数 ϑ 的某个函数 $\tau(\vartheta)$ 的一个有效估计量. 函数 $\tau(\vartheta)$ 的形式为

$$\tau(\vartheta) = -\frac{\left(\dfrac{\mathrm{d}c}{\mathrm{d}\vartheta}\right)}{\left(\dfrac{\mathrm{d}a}{\mathrm{d}\vartheta}\right)}, \tag{7.5.6}$$

它的充分、有效、无偏估计量是

$$T = \frac{1}{n}\sum_{i=1}^{n} \alpha(X_i), \tag{7.5.7}$$

估计量的方差

$$V(T) = \frac{\left(\dfrac{\partial \tau}{\partial \vartheta}\right)}{n\left(\dfrac{\mathrm{d}a}{\mathrm{d}\vartheta}\right)}. \tag{7.5.8}$$

这就提供了从总体概率密度构造未知参数 ϑ 的某个函数的最优估计量的途径. 下面我们来证明这一点. 当总体概率密度具有指数族形式, 子样 $X_1, X_2, \cdots, X_n$ 的似然函数如式 (7.5.4) 所表示. 等式两边取对数, 并对 ϑ 求导,

$$\begin{aligned}
\frac{\partial \ln L}{\partial \vartheta} &= n\frac{\mathrm{d}c}{\mathrm{d}\vartheta} + \sum_{i=1}^{n} \alpha(X_i)\frac{\mathrm{d}a}{\mathrm{d}\vartheta} \\
&= n\frac{\mathrm{d}a}{\mathrm{d}\vartheta}\left[\frac{1}{n}\sum_{i=1}^{n} \alpha(X_i) + \frac{\left(\dfrac{\mathrm{d}c}{\mathrm{d}\vartheta}\right)}{\left(\dfrac{\mathrm{d}a}{\mathrm{d}\vartheta}\right)}\right] \\
&\equiv n\frac{\mathrm{d}a}{\mathrm{d}\vartheta}\left[\frac{1}{n}\sum_{i=1}^{n} \alpha(X_i) - \tau(\vartheta)\right].
\end{aligned}$$

与式 (7.4.9), 式 (7.4.10) 对照, 即得 $\tau(\vartheta), T(\tau)$ 和 $V(T)$ 的以上表达式. 证毕.

以上所讨论的仅适用于总体只含一个待估计参数的情形, 但容易推广到更普遍的场合: 总体分布含有 k 个未知参数 $\vartheta_1, \vartheta_2, \cdots, \vartheta_k$. 如果似然函数可表为下述因子化形式:

$$L(\boldsymbol{X}|\boldsymbol{\vartheta}) = G(\boldsymbol{T}|\boldsymbol{\vartheta}) H(\boldsymbol{X}), \tag{7.5.9}$$

其中,
$$\boldsymbol{X} = \{X_1, X_2, \cdots, X_n\},$$

$$\boldsymbol{T} = \boldsymbol{T}(\boldsymbol{X}) = \{T_1(\boldsymbol{X}), T_2(\boldsymbol{X}), \cdots, T_r(\boldsymbol{X})\},$$

r 小于、等于子样容量 n, 但可以大于、等于或小于 k, $H(\boldsymbol{X})$ 是子样的非负函数且与参数 $\boldsymbol{\vartheta}$ 无关, $G(\boldsymbol{T}|\boldsymbol{\vartheta})$ 是非负函数且仅通过统计量 $\boldsymbol{T}(\boldsymbol{X})$ 与子样发生联系. 这种条件下存在一组 r 个联合充分统计量 $T_1, T_2 \cdots, T_r$. 单个参数的因子化形式似然函数式 (7.5.1) 可视为本式的特殊情形.

如果从总体概率密度来考虑, 则 k 个未知参数存在一组 k 个充分统计量的充要条件是总体概率密度属指数族, 即有

$$f(x;\boldsymbol{\vartheta}) = \exp\left\{\sum_{j=1}^{k} \alpha_j(x) a_j(\boldsymbol{\vartheta}) + \beta(x) + c(\boldsymbol{\vartheta})\right\}, \tag{7.5.10}$$

其中, $\boldsymbol{\vartheta} = \{\vartheta_1, \vartheta_2, \cdots, \vartheta_k\}$. 本式是式 (7.5.2) 的推广. 对于这样的总体, 因子化条件 (式 (7.5.9)) 意味着, k 个参数的 k 个联合充分统计量必可表示为

$$T_j = \sum_{i=1}^{n} \alpha_j(X_i), \quad j = 1, 2, \cdots, k. \tag{7.5.11}$$

将式 (7.5.10) 代入似然函数, 并与因子化条件 (式 (7.5.9)) 对照, 立即得到上述结论.

例 7.8 柯西分布总体中参数不存在有效估计量和充分估计量

为了得到上述结论, 只需证明总体的概率密度和似然函数不具有式 (7.5.2) 和式 (7.4.9) 的形式即可. 该分布的概率密度写成指数形式

$$\begin{aligned} f(x;\vartheta) &= \frac{1}{\pi} \cdot \frac{1}{1 + (x-\vartheta)^2} \\ &= \exp\left\{-\ln \pi - \ln\left[1 + (x-\vartheta)^2\right]\right\}, \end{aligned}$$

不满足存在充分统计量的式 (7.5.2). 对于容量 n 的子样 $X_1, X_2, \cdots, X_n$, 似然函数

为

$$L=\prod_{i=1}^{n}\left\{\frac{1}{\pi}\frac{1}{1+\left(X_i-\vartheta\right)^2}\right\}=\frac{1}{\pi^n}\prod_{i=1}^{n}\frac{1}{1+\left(X_i-\vartheta\right)^2},$$

$$\ln L=-n\ln\pi-\sum_{i=1}^{n}\ln\left[1+\left(X_i-\vartheta\right)^2\right],$$

$$\frac{\partial\ln L}{\partial\vartheta}=\sum_{i=1}^{n}\frac{2\left(X_i-\vartheta\right)}{1+\left(X_i-\vartheta\right)^2},$$

它不符合有效性条件 (式 (7.4.9)). 因此, 参数 ϑ 不存在充分估计量和有效估计量.

例 7.9 泊松总体中参数的充分、有效估计量

将泊松总体的概率分布化成指数形式

$$\begin{aligned}P(x;\vartheta)&=\frac{1}{x!}\cdot\vartheta^x\mathrm{e}^{-\vartheta}\\&=\exp\left\{-\ln\left[x(x-1)\cdots1\right]\right\}\exp\left(\ln\vartheta^x\right)\cdot\mathrm{e}^{-\vartheta}\\&=\exp\left\{x\ln\vartheta-\sum_{k=1}^{x}\ln k-\vartheta\right\},\end{aligned}$$

与充分性条件 (式 (7.5.2)) 对照, 取

$$\alpha(x)=x,\qquad\beta(x)=-\sum_{k=1}^{x}\ln k,$$

$$a(\vartheta)=\ln\vartheta,\qquad c(\vartheta)=-\vartheta,$$

则两者相符, 故 ϑ 存在充分统计量.

将上述 $a(\vartheta)$, $c(\vartheta)$ 的表达式代入式 (7.5.6), 知

$$\tau(\vartheta)=-\frac{\left(\dfrac{\mathrm{d}c}{\mathrm{d}\vartheta}\right)}{\left(\dfrac{\mathrm{d}a}{\mathrm{d}\vartheta}\right)}=\vartheta$$

的有效无偏估计量是

$$T=\frac{1}{n}\sum_{i=1}^{n}\alpha\left(X_i\right)=\frac{1}{n}\sum_{i=1}^{n}X_i=\bar{X},$$

该估计量的方差由式 (7.5.8) 求得

$$V(T)=\frac{\left(\dfrac{\partial\tau}{\partial\vartheta}\right)}{n\left(\dfrac{\mathrm{d}a}{\mathrm{d}\vartheta}\right)}=\frac{\vartheta}{n}.$$

这些结果与例 7.4 通过似然函数得到的结论完全一致.

例 7.10　正态总体参数的充分统计量

在 7.4 节中已证明子样平均 $\bar{X}$ 是正态总体均值 μ 的有效估计量. 按照本节的讨论, 它也必定是 μ 的充分估计量, 我们来直接证明这一点. 因为

$$\begin{aligned}\sum_{i=1}^{n}(X_i-\mu)^2&=\sum_{i=1}^{n}\left[(\bar{X}-\mu)+(X_i-\bar{X})\right]^2\\&=\sum_{i=1}^{n}\left(\bar{X}-\mu\right)+2\left(\bar{X}-\mu\right)\sum_{i=1}^{n}\left(X_i-\bar{X}\right)+\sum_{i=1}^{n}\left(X_i-\bar{X}\right)^2\\&=n\left(\bar{X}-\mu\right)^2+\sum_{i=1}^{n}\left(X_i-\bar{X}\right)^2,\end{aligned}$$

所以当 σ^2 已知时, 对未知参数 μ 的似然函数可写成

$$\begin{aligned}L\left(\boldsymbol{X};\sigma^2|\mu\right)&=\prod_{i=1}^{n}\frac{1}{\sqrt{2\pi}\sigma}\exp\left[-\frac{(X_i-\mu)^2}{2\sigma^2}\right]\\&=\left\{\frac{1}{\sqrt{2\pi}\sigma/\sqrt{n}}\exp\left[-\frac{1}{2}\left(\frac{\bar{X}-\mu}{\sigma/\sqrt{n}}\right)^2\right]\right\}\\&\quad\times\left\{\frac{n^{-1/2}}{\left(\sqrt{2\pi}\sigma\right)^{n-1}}\exp\left[-\frac{1}{2}\sum_{i=1}^{n}\left(\frac{X_i-\bar{X}}{\sigma}\right)^2\right]\right\}.\end{aligned}$$

该式正是式 (7.5.1) 的因子化形式, 其中第一个大括号表示 $G\left(\bar{X}|\mu\right)$, 它表明随机变量 $\bar{X}$ 的概率密度为 $N(\mu\sigma^2/n)$, 由于 G 仅通过统计量与子样发生联系, 所以 $\bar{X}$ 是充分统计量. 第二个大括号只与子样值有关, 对应于 $H(X_1,\cdots,X_n)$. 所以从似然函数的因子化形式证明了 $\bar{X}$ 是参数 μ 的充分统计量.

还可以直接从总体概率密度来确证充分统计量的存在. 当 μ 作为未知参数时, 正态概率密度可写成

$$N(\mu,\sigma^2)=\exp\left[\frac{\mu}{\sigma^2}X-\frac{\mu^2}{2\sigma^2}-\frac{X^2}{2\sigma^2}-\frac{1}{2}\ln\left(2\pi\sigma^2\right)\right],$$

与充分性条件 (式 (7.5.2)) 对比, 取

$$\begin{aligned}&\alpha(X)=X, &&a(\mu)=\frac{\mu}{\sigma^2},\\&\beta(X)=-\frac{X^2}{2\sigma^2}-\frac{1}{2}\ln(2\pi\sigma^2), &&c(\mu)=-\frac{\mu^2}{2\sigma^2},\end{aligned}$$

则两者相符, 所以充分统计量存在; 并由式 (7.5.6), 式 (7.5.7) 可知

$$T\equiv\frac{1}{n}\sum_{i=1}^{n}\alpha\left(X_i\right)=\frac{1}{n}\sum_{i=1}^{n}X_i=\bar{X}$$

是
$$\tau(\mu)=-\frac{\left(\dfrac{\mathrm{d}c}{\mathrm{d}\mu}\right)}{\left(\dfrac{\mathrm{d}a}{\mathrm{d}\mu}\right)}=\mu$$

的有效无偏估计量, 方差由式 (7.5.8) 给定
$$V(T)=\frac{\left(\dfrac{\partial\tau}{\partial\mu}\right)}{\left(n\dfrac{\mathrm{d}a}{\mathrm{d}\mu}\right)}=\frac{\sigma^2}{n}.$$

这些结果与例 7.6 完全吻合.

现在再看正态总体方差 σ^2 作为未知参数的情形. 似然函数可写成
$$\begin{aligned}L\left(\boldsymbol{X};\mu|\sigma^2\right)&=\prod_{i=1}^{n}\frac{1}{\sqrt{2\pi}\sigma}\exp\left[-\frac{1}{2}\left(\frac{X_i-\mu}{\sigma}\right)^2\right]\\&=\left\{\left(\frac{1}{\sigma^2}\right)^{\frac{n}{2}}\exp\left[-\frac{1}{2}\sum_{i=1}^{n}\left(X_i-\mu\right)^2\cdot\frac{1}{\sigma^2}\right]\right\}\left\{(2\pi)^{-\frac{1}{2}n}\right\}.\end{aligned}$$

这仍然是式 (7.5.1) 的因子化形式, 其中第一个大括号项与参数 σ^2 有关, 并仅通过量 $\sum_{i=1}^{n}(X_i-\mu)^2$ 与子样发生关系, 因而表明 $\sum_{i=1}^{n}(X_i-\mu)^2$ 是 σ^2 的充分统计量. 第一个大括号内的表达式乘上适当的因子, 可看成是随机变量 $\sum_{i=1}^{n}(X_i-\mu)^2\Big/\sigma^2$ 的自由度 n 的 χ^2 概率密度函数.

也可以直接从总体概率密度来确证充分统计量的存在. 当 σ^2 为未知参数时, 正态概率密度可写成
$$N(\mu,\sigma^2)=\exp\left[(X-\mu)^2\cdot\frac{-1}{2\sigma^2}-\frac{1}{2}\ln\left(2\pi\sigma^2\right)\right],$$

当取
$$\alpha(X)=(X-\mu)^2,\qquad a(\sigma^2)=\frac{-1}{2\sigma^2},$$
$$\beta(X)=0,\qquad c(\sigma^2)=-\frac{1}{2}\ln(2\pi\sigma^2)$$

时, 与充分性条件 (7.5.2) 一致, 所以充分统计量存在. 进一步利用式 (7.5.7), 式 (7.5.6) 可知
$$T\equiv\frac{1}{n}\sum_{i=1}^{n}\alpha\left(X_i\right)=\frac{1}{n}\sum_{i=1}^{n}\left(X_i-\mu\right)^2$$

是
$$\tau(\sigma^2) = -\frac{\left(\dfrac{\mathrm{d}c}{\mathrm{d}\sigma^2}\right)}{\left(\dfrac{\mathrm{d}a}{\mathrm{d}\sigma^2}\right)} = \sigma^2$$

的有效无偏估计量, 方差由式 (7.5.8) 确定

$$V(T) = \frac{\left(\dfrac{\partial\tau}{\partial\sigma^2}\right)}{\left(n\dfrac{\mathrm{d}a}{\mathrm{d}\sigma^2}\right)} = \frac{2\sigma^4}{n}.$$

这些结果与例 7.7 完全一致.

例 7.11　正态总体 $N(\mu,\sigma^2)$ 的 μ, σ^2 联合充分统计量

为了证明正态总体存在 μ 和 σ^2 的一对联合充分统计量, 只要证明 $N(\mu,\sigma^2)$ 可写成式 (7.5.10) 的指数族类型就可以了, 而

$$N(\mu,\sigma^2) = \exp\left\{\frac{\mu}{\sigma^2}X - \frac{1}{2\sigma^2}X^2 - \frac{\mu^2}{2\sigma^2} - \frac{1}{2}\ln(2\pi\sigma^2)\right\},$$

取

$$a_1(\mu,\sigma^2) = \frac{\mu}{\sigma^2}, \qquad \alpha_1(X) = X,$$
$$a_2(\mu,\sigma^2) = \frac{-1}{2\sigma^2}, \qquad \alpha_2(X) = X^2,$$
$$\beta(X) = 0, \quad c(\mu,\sigma^2) = -\frac{\mu^2}{2\sigma^2} - \frac{1}{2}\ln(2\pi\sigma^2),$$

则与充分性条件 (式 (7.5.10)) 相符, 由式 (7.5.11) 知道, μ 和 σ^2 的一对联合充分统计量是

$$t_1 = \prod_{i=1}^{n}\alpha_1(X_i) = \sum_{i=1}^{n}X_i, \quad t_2 = \prod_{i=1}^{n}\alpha_2(X_i) = \sum_{i=1}^{n}X_i^2.$$

这一对充分统计量既不是无偏的, 又不是相合的. 考虑 t_1 和 t_2 的变换 Z_1 和 Z_2, 其定义是

$$Z_1 = \frac{1}{n}t_1 = \frac{1}{n}\sum_{i=1}^{n}X_i = \bar{X},$$
$$Z_2 = \frac{1}{n-1}\left(t_2 - \frac{1}{n}t_1^2\right) = \frac{1}{n-1}\sum_{i=1}^{n}\left(X_i - \bar{X}\right)^2 = S^2,$$

即 Z_1, Z_2 为子样平均值和子样方差. 可以看到, Z_1, Z_2 与 t_1, t_2 是一一对应的, 而且 $Z_1(\bar{X})$ 和 $Z_2(S^2)$ 除子样值外不包含任何未知参数, 所以 Z_1, Z_2 也是 μ, σ^2 的一组联合充分估计量. 在 6.2 节中已经证明 (见式 (6.2.13) 和式 (6.2.16))

$$E\left(\bar{X}\right) = E\left(X\right) = \mu, \quad E\left(S^2\right) = V(X) = \sigma^2,$$

所以它们是正态总体参数 μ,σ^2 的无偏估计量.

7.5.2 充分性与信息

我们已经指出, 一个关于参数 ϑ 的充分统计量 T 包含了观测值 $X_1, \cdots, X_n$ 关于 ϑ 的全部信息. 因此, 如果能够找到一个充分统计量, 就能够实现无信息损失的数据约简. 如果概率密度函数不具有式 (7.5.2) 的指数族形式, 就不可能找到充分统计量. 那么将数据约简为一组固定数量的、与观测值个数无关的统计量, 会不可避免地导致某种程度的信息损失.

直到现在, 我们关于 "信息" 一词的使用停留在直观的意义上. 对于统计计算, 显然必须有信息的严格定义.

对于总体 X 的容量 n 的样本观测值 $X_1, \cdots, X_n$ 关于参数 ϑ 的**信息**(量), 费歇尔 (Fisher) 有如下定义:

$$I(\vartheta) = E\left\{\left[\frac{\partial \ln L(\boldsymbol{X}|\vartheta)}{\partial \vartheta}\right]^2\right\} = \int \left[\frac{\partial \ln L(\boldsymbol{X}|\vartheta)}{\partial \vartheta}\right]^2 L(\boldsymbol{X}|\vartheta) d\boldsymbol{X}, \tag{7.5.12}$$

式中 $\boldsymbol{X} = (X_1, \cdots, X_n)^T$ 是总体 X 的容量 n 的样本观测值. 对于参数 $\boldsymbol{\vartheta}$ 为 k 维矢量的情形, $I(\boldsymbol{\vartheta})$ 是 $k \times k$**信息矩阵**, 其矩阵元为

$$\begin{aligned}[I(\boldsymbol{\vartheta})]_{ij} &= E\left\{\frac{\partial \ln L(\boldsymbol{X}|\boldsymbol{\vartheta})}{\partial \vartheta_i} \cdot \frac{\partial \ln L(\boldsymbol{X}|\boldsymbol{\vartheta})}{\partial \vartheta_j}\right\} \\ &= \int \left[\frac{\partial \ln L(\boldsymbol{X}|\boldsymbol{\vartheta})}{\partial \vartheta_i} \cdot \frac{\partial \ln L(\boldsymbol{X}|\boldsymbol{\vartheta})}{\partial \vartheta_j}\right] L(\boldsymbol{X}|\boldsymbol{\vartheta}) d\boldsymbol{X}, \end{aligned} \tag{7.5.13}$$

$|I(\boldsymbol{\vartheta})|^{1/2}$ 表示矩阵 $I(\boldsymbol{\vartheta})$ 行列式的平方根.

对于总体 X 容量 n 的样本 $\boldsymbol{X} = (X_1, \cdots, X_n)^T$ 的信息量, 由于 $X_i, i = 1, \cdots, n$ 是独立同分布的随机变量, 信息量有可加性[91], 即

$$I(\boldsymbol{\vartheta}) = nI_1(\boldsymbol{\vartheta}), \tag{7.5.14}$$

式中 $I(\boldsymbol{\vartheta})$ 是式 (7.5.12) 或式 (7.5.13) 定义的样本 $\boldsymbol{X} = (X_1, \cdots, X_n)^T$ 的信息量, $I_1(\boldsymbol{\vartheta})$ 定义为总体 X 的一个样本值的信息量

$$I_1(\vartheta) = E\left\{\left[\frac{\partial \ln f(X|\vartheta)}{\partial \vartheta}\right]^2\right\} = \int \left[\frac{\partial \ln f(X|\vartheta)}{\partial \vartheta}\right]^2 f(X|\vartheta) \mathrm{d}X, \tag{7.5.15}$$

或

$$\begin{aligned}[I_1(\boldsymbol{\vartheta})]_{ij} &= E\left\{\frac{\partial \ln f(X|\boldsymbol{\vartheta})}{\partial \vartheta_i} \cdot \frac{\partial \ln f(X|\boldsymbol{\vartheta})}{\partial \vartheta_j}\right\} \\ &= \int \left[\frac{\partial \ln f(X|\boldsymbol{\vartheta})}{\partial \vartheta_i} \cdot \frac{\partial \ln f(X|\boldsymbol{\vartheta})}{\partial \vartheta_j}\right] f(X|\boldsymbol{\vartheta}) \mathrm{d}X, \end{aligned} \tag{7.5.16}$$

在满足总体 X 的取值空间与参数 $\boldsymbol{\vartheta}$ 无关, 且其样本的似然函数 $L(\boldsymbol{X}|\boldsymbol{\vartheta})$ 的导数运算 $\partial^2/\partial\vartheta_i\partial\vartheta_j$ 和在样本空间中的积分运算 $\int d\boldsymbol{X}$ 可以互易的条件下, 容易证明式 (7.5.12)、式 (7.5.13) 可以改写为

$$I(\vartheta) = -E\left\{\frac{\partial^2[\ln L(\boldsymbol{X}|\vartheta)]}{\partial\vartheta^2}\right\}, \tag{7.5.17}$$

$$[I(\boldsymbol{\vartheta})]_{ij} = -E\left\{\frac{\partial^2[\ln L(\boldsymbol{X}|\boldsymbol{\vartheta})]}{\partial\vartheta_i\partial\vartheta_j}\right\}. \tag{7.5.18}$$

相应地, 对于总体 X 的一个样本值的信息量, 我们有

$$I_1(\vartheta) = -E\left\{\frac{\partial^2 \ln f(X|\vartheta)}{\partial\vartheta^2}\right\} = -\int \frac{\partial^2 \ln f(X|\vartheta)}{\partial\vartheta^2}\cdot f(X|\vartheta)\mathrm{d}X, \tag{7.5.19}$$

$$[I_1(\boldsymbol{\vartheta})]_{ij} = -E\left\{\frac{\partial^2 \ln f(X|\boldsymbol{\vartheta})}{\partial\vartheta_i\partial\vartheta_j}\right\} = -\int \frac{\partial^2 \ln f(X|\boldsymbol{\vartheta})}{\partial\vartheta_i\partial\vartheta_j}\cdot f(X|\boldsymbol{\vartheta})\mathrm{d}X. \tag{7.5.20}$$

值得指出, 关于估计量方差下界的克拉美–罗不等式可以用信息来表示. 若 T 是参数 ϑ 的某个函数 $\tau(\vartheta)$ 的估计量, 则根据式 (7.4.6) 和信息的定义式 (7.5.12), 估计量 T 的方差的克拉美–罗不等式可表示为

$$V(T) \geqslant \frac{\left(\dfrac{\partial\tau}{\partial\vartheta} + \dfrac{\partial b}{\partial\vartheta}\right)^2}{I(\vartheta)}. \tag{7.5.21}$$

当 T 是参数 ϑ 的估计量, 估计量 T 的方差的克拉美–罗不等式为

$$V(T) \geqslant \frac{\left(1 + \dfrac{\partial b}{\partial\vartheta}\right)^2}{I(\vartheta)}. \tag{7.5.22}$$

以上两式中的 $b = b(\vartheta)$ 为估计量 T 的偏差, 若 $b = 0$ 或 b 与 ϑ 无关, 则 $\partial b/\partial\vartheta$ 项消失.

如果概率密度函数不具有式 (7.5.2) 的指数族形式, 就不可能找到充分统计量. 这时我们只能在若干个非充分统计量中进行选择, 那就倾向于选择信息 $I_T(\vartheta)$ 最大的那个统计量 T. 显然 $I_T(\vartheta)$ 的上界为 $I(\vartheta)$, 后者是 X 的容量 n 的样本观测值包含的关于 ϑ 的总信息:

$$I_T(\vartheta) \leqslant I(\vartheta). \tag{7.5.23}$$

我们来证明这一关系. 将 $L(\boldsymbol{X}|\vartheta)$ 因子化为

$$L(\boldsymbol{X}|\vartheta) = G(T|\vartheta)\, h(\boldsymbol{X}, \vartheta), \tag{7.5.24}$$

这种因子化总是可能的, 因为这里 h 也是 ϑ 的显式函数; 这里 $G(T|\theta)$ 是给定 ϑ 时 T 的条件分布. 将上式与统计量 T 为参数 ϑ 的充分统计量的因子化条件式 (7.5.1)$L(\boldsymbol{X}|\vartheta) = G(T|\vartheta)H(\boldsymbol{X})$ 对比, 两者的区别在于 H 与参数 ϑ 无关, 而 h 是 ϑ 的函数. 将式 (7.5.24) 代入式 (7.5.12) 得到

$$\begin{aligned} I(\vartheta) &= E\left\{\left[\frac{\partial}{\partial\vartheta}\ln G(T|\vartheta)\right]^2\right\} + E\left\{\left[\frac{\partial}{\partial\vartheta}\ln h(\boldsymbol{X},\vartheta)\right]^2\right\} \\ &= I_T(\vartheta) + E\left\{\left[\frac{\partial}{\partial\vartheta}\ln h(\boldsymbol{X},\vartheta)\right]^2\right\}. \end{aligned} \tag{7.5.25}$$

上式右边第二项必定为正, 从而式 (7.5.23) 得到证明. 显然式 (7.5.23) 中的等号仅当 h 不依赖于 ϑ 才成立, 于是根据式 (7.5.1) 的定义, 这时 T 为充分统计量.

式 (7.5.23) 可以推广到 $\boldsymbol{\vartheta}$ 为 k 个参数的情形, 我们有

$$\boldsymbol{u}^T \underset{\sim}{I}_T \boldsymbol{u} \leqslant \boldsymbol{u}^T \underset{\sim}{I}\,\boldsymbol{u}, \tag{7.5.26}$$

其中 $\underset{\sim}{I}_T = \underset{\sim}{I}_T(\boldsymbol{\vartheta})$ 和 $\underset{\sim}{I} = \underset{\sim}{I}(\boldsymbol{\vartheta})$ 为 $k \times k$ 矩阵, $\boldsymbol{u}$ 为任意 k 维向量.

该结果十分重要. 它表明, 如果通过么正变换将 $\underset{\sim}{I}_T$ 对角化, 则 $\underset{\sim}{I}_T$ 的每个对角元素将小于 (非对角) 矩阵 $\underset{\sim}{I}$ 的相应对角元素. 一般而言, 如果找到一组统计量 $\boldsymbol{T}$, 它包含的关于 k 个参数 $\boldsymbol{\vartheta}$ 的信息量为 $\underset{\sim}{I}_T(\boldsymbol{\vartheta})$, 则该组统计量所包含的关于参数 $\boldsymbol{\vartheta}$ 的任意 k 个线性组合的信息量亦为 $\underset{\sim}{I}_T(\boldsymbol{\vartheta})$.

7.6 区间估计

本章前面各节所讨论的是从子样值估计未知参数的数值, 属于点估计问题. 在实际问题中, 对于未知参数常常不以得出参数估计值 $\hat{\vartheta}$ 为满足, 还希望找出可能包含参数真值的一个区间, 以及该区间包含参数真值的可信程度. 这种估计问题称为**区间估计**. 为了处理区间估计问题, 首先引入置信区间及有关的概念.

设某一总体分布含有未知参数 ϑ, $X_1, \cdots, X_n$ 为容量 n 的一个子样, 希望从子样对参数 ϑ 作区间估计. 对于给定值 $\gamma(0 < \gamma < 1)$, 由子样确定的两个统计量 $\vartheta_a(X_1, \cdots, X_n)$ 和 $\vartheta_b(X_1, \cdots, X_n)$ 满足

$$\gamma = P(\vartheta_a \leqslant \vartheta \leqslant \vartheta_b), \tag{7.6.1}$$

则称随机区间 $[\vartheta_a, \vartheta_b]$ 为参数 ϑ 的**概率量γ的置信区间**. γ 也称为**置信水平**或**置信概率**, $1-\gamma$**称为显著性 (水平)**, ϑ_b, ϑ_a 称为**上, 下置信限**. 对于总体包含多个未知参

数 $\boldsymbol{\vartheta} = \{\vartheta_1, \vartheta_2, \cdots, \vartheta_k\}$ 的情形, 只需将 ϑ_a, ϑ_b 改为随机向量 $\boldsymbol{\vartheta}_a(X_1, X_2, \cdots, X_n)$ 和 $\boldsymbol{\vartheta}_b(X_1, X_2, \cdots, X_n)$ 即可, $[\boldsymbol{\vartheta}_a, \boldsymbol{\vartheta}_b]$ 为参数 $\boldsymbol{\vartheta}$ 的置信水平 γ 的**置信域**.

应当强调指出, 式 (7.6.1) 中参数 ϑ(真值) 是某个固定的常数, 置信区间长度及其上下限 ϑ_a, ϑ_b 才是随机变量. 因此, 必须严格区别置信区间及它的观测值. 前者是一个随机区域; 而它的某一观测值则是一个确定的区间, 它包含参数 ϑ 真值的概率只可能是 0 或 1.

参数 ϑ 的区间估计的意义可说明如下：若对总体作 N 次抽样, 每次抽样得到一组 n 个观测值, 代入统计量 $\vartheta_a(X_1, X_2, \cdots, X_n)$ 和 $\vartheta_b(X_1, X_2, \cdots, X_n)$ 得到 N 个区间. 每个这样的区间有两种可能性, 或者包含参数 ϑ 的真值, 或者不包含 ϑ 的真值. 按伯努利大数定律, 当抽样次数 N 很大时, 这 N 个区间中包含 ϑ 真值的区间个数除以 N(频率) 约为 $100\gamma\%$, 不包含 ϑ 真值的区间数频率约为 $100(1-\gamma)\%$. 也就是说, 随机区间

$$[\vartheta_a(X_1, X_2, \cdots, X_n), \vartheta_b(X_1, X_2, \cdots, X_n)] \tag{7.6.2}$$

包含参数 ϑ 真值的概率为 γ. 在这种情形下, 如果我们认为 "区间 $[\vartheta_a, \vartheta_b]$ 包含着参数 ϑ 的真值", 那么这种说法犯错误的概率是

$$\alpha = 1 - \gamma.$$

在对参数 ϑ 作区间估计时, 如果选择高的置信概率 γ, 即要求区间 $[\vartheta_a, \vartheta_b]$ 包含参数真值的概率值高, 那么区间 $[\vartheta_a, \vartheta_b]$ 长度必然相应地大, 故我们对参数值本身的了解比较粗糙; 相反, 给定一个小的置信区间 (置信水平较低) 意味着对参数值本身有比较精确的表达, 但这种表述的置信概率较小, 即可靠性比较差. 所以这是一个两难问题. 置信水平的确定取决于实际问题的特定要求, 但一般倾向于选取较高的置信水平, 以使置信区间以较大的概率包含参数的真值, 常取的值如 $\gamma = 0.90, 0.95, 0.99$.

区间估计的一般问题可以归结为：给定置信水平 γ, 要求从总体的子样 $\{X_1, X_2, \cdots, X_n\}$ 给出未知参数 ϑ 的置信区间 $[\vartheta_a(X_1, X_2, \cdots, X_n),\ \vartheta_b(X_1, X_2, \cdots, X_n)]$; 或者反过来, 已知置信区间的上下限 $\vartheta_a(X_1, X_2, \cdots, X_n), \vartheta_b(X_1, X_2, \cdots, X_n)$, 要求区间 $[\vartheta_a, \vartheta_b]$ 包含参数真值的概率 γ.

7.6.1　枢轴变量法

求解区间估计问题的一般方法称为枢轴变量法[35], 其基本原理如下：设有一个总体随机子样 $X_1, X_2, \cdots, X_n$ 和未知参数 ϑ 的函数 t

$$t = t(X_1, X_2, \cdots, X_n; \vartheta). \tag{7.6.3}$$

它是 ϑ 的单调 (增加或减少) 函数, 与 ϑ 一一对应. t 的概率密度 $g(t)$ 为已知, 且与参数 ϑ 无关, 因此 t 是子样统计量. 当参数 ϑ 取值 $\vartheta_a(X_1, X_2, \cdots, X_n)$ 和 $\vartheta_b(X_1, X_2, \cdots, X_n)$ 时, 函数 t 有对应值

$$t_a = t\left(\vartheta_a\right), \quad t_b = t\left(\vartheta_b\right),$$

因此, 事件 $\{\vartheta_a \leqslant \vartheta \leqslant \vartheta_b\}$ 与事件 $\{t_a \leqslant t(\vartheta) \leqslant t_b\}$ 等价, 两者有相同的概率. 与参数 ϑ 置信水平为 γ 的定义式 (7.6.1)

$$\gamma = P\left(\vartheta_a \leqslant \vartheta \leqslant \vartheta_b\right)$$

相对应, 有

$$\gamma = P\left(t_a \leqslant t(\vartheta) \leqslant t_b\right). \tag{7.6.4}$$

当 t 为 ϑ 的单调增加函数,

$$\begin{aligned} \gamma &= \int_{t_a}^{t_b} g(t)\mathrm{d}t, \qquad g(t)\text{连续分布}, \\ &= \sum_{t_a \leqslant t_k \leqslant t_b} g(t_k), \quad g(t_k)\text{离散分布}; \end{aligned} \tag{7.6.5}$$

当 t 为 ϑ 的单调减少函数,

$$\begin{aligned} \gamma &= \int_{t_b}^{t_a} g(l)\mathrm{d}l, \qquad g(t)\text{连续分布}, \\ &= \sum_{t_b \leqslant t_k \leqslant t_a} g(t_k), \quad g(t_k)\text{离散分布}. \end{aligned} \tag{7.6.6}$$

这样, 当给定置信水平 γ, 由式 (7.6.4) 可确定 t_a, t_b, 并通过 $t-\vartheta$ 之间的变换可求得参数 ϑ 的置信区间 $[\vartheta_a, \vartheta_b]$; 或者反过来, 当给定置信区间 $[\vartheta_a, \vartheta_b]$, 由式 (7.6.3) 和式 (7.6.4) 立即得到置信概率 γ.

由以上的讨论可见, 区间估计上述方法的核心问题是要构造一个概率密度函数 $g(t)$ 已知的、适当的函数 (子样统计量)$t = t(X_1, X_2, \cdots, X_n; \vartheta)$, t 是 ϑ 的单调 (增加或减少) 函数, 与 ϑ 一一对应, 其概率密度 $g(t)$ 与参数 ϑ 无关. 这样的子样统计量 t 称为关于参数 ϑ 的**枢轴变量**. 其余的步骤利用枢轴变量的概率密度 $g(t)$ 十分容易处理.

当区间估计问题是从已知置信区间 $[\vartheta_a, \vartheta_b]$ 计算置信概率 γ 时, 由于 t 与 ϑ 一一对应, 故由式 (7.6.4) 求得的解是唯一的. 对于给定置信水平 γ 求置信区间 $[\vartheta_a, \vartheta_b]$ 的问题, 则解有无穷多组. 通常采用如下几种置信区间的解:

(1) 最短置信区间

对于给定的置信概率 γ, 使置信区间长度最短的解 $[\vartheta_a, \vartheta_b]$. 在 7.7 节中我们将说明, 如果总体符合正规条件, 待估计参数存在有效估计量, 则在所有可能的置信区间中, 从有效估计量得到的置信区间最短.

(2) 中心置信区间

给定置信概率 γ, 使置信区间 $[\vartheta_a, \vartheta_b]$ 对应的 $[t_a, t_b]$ 满足 (假定 t 是 ϑ 的增加函数)

$$\frac{\alpha}{2} \equiv \frac{1-\gamma}{2} = P\left(-\infty < t \leqslant t_a\right) = P\left(t_b \leqslant t < \infty\right), \tag{7.6.7}$$

即

$$\frac{\alpha}{2} \equiv \frac{1-\gamma}{2} = \int_{-\infty}^{t_a} g(t)\mathrm{d}t = \int_{t_b}^{\infty} g(t)\mathrm{d}t, \quad \text{连续分布},$$

或

$$\frac{\alpha}{2} \equiv \frac{1-\gamma}{2} = \sum_{-\infty < t_k \leqslant t_a} g(t_k) = \sum_{t_b \leqslant t_k < \infty} g(t_k), \quad \text{离散分布}.$$

当 t 是 ϑ 的减少函数时, 有相应的公式 (图 7.2(a)).

中心置信区间是最常用的区间估计值.

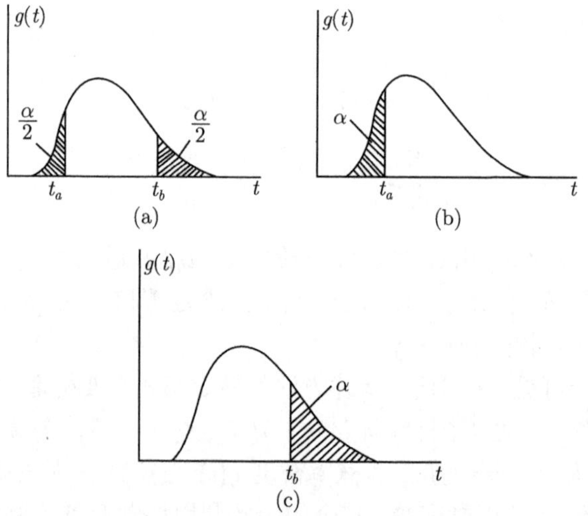

图 7.2　置信区间的确定

(3) 单侧置信区间

对于给定的置信概率 γ, 选择置信区间为 $[\vartheta_a, \infty)$, 使得满足

$$P(\vartheta \geqslant \vartheta_a) = \gamma, \tag{7.6.8}$$

相应地有

$$P(t \geqslant t_a) = \gamma. \tag{7.6.9}$$

这样确定的是置信水平 γ 的**上侧置信区间**, ϑ_a 是置信区间的下限.

或者选择**下侧置信区间**$(-\infty, \vartheta_b]$, 满足

$$P(\vartheta \leqslant \vartheta_b) = \gamma, \tag{7.6.10}$$

相应地有

$$P(t \leqslant t_b) = \gamma. \tag{7.6.11}$$

ϑ_b 是下侧置信区间的上限 (图 7.2(b), (c)).

最后一种方法确定的是单侧置信限, 其余两种方法一般确定的是双侧置信限. 利用哪一种方法取决于实际问题的要求.

例 7.12 指数分布参数的置信区间

设对指数分布总体

$$f(x; \lambda) = \lambda \mathrm{e}^{-\lambda x}$$

的参数 λ 求置信水平 γ 的置信区间.

假定 $X_1, X_2, \cdots, X_n$ 是总体的随机子样, 故它们相互独立且都服从指数分布. 令

$$Y = \sum_{j=1}^{n} Y_j \equiv \sum_{j=1}^{n} 2\lambda X_j,$$

由于指数分布的特征函数为

$$\varphi_X(t) = \left(1 - \frac{\mathrm{i}t}{\lambda}\right)^{-1},$$

因此随机变量 Y 的特征函数为

$$\varphi_Y(t) = \prod_{j=1}^{n} \varphi_{Y_j}(t) = \prod_{j=1}^{n} \varphi_{X_j}(2\lambda t) = (1 - 2\mathrm{i}t)^{-n},$$

与 χ^2 分布的特征函数式 (4.14.3) 对比可知, 随机变量 Y 服从自由度 $2n$ 的 χ^2 分布.

因此, 本例中的 $Y = \sum_{j=1}^{n} 2\lambda X_j$ 就是符合式 (7.6.3) 要求的函数 t, 它的概率密度已知且与参数 λ 无关, Y 是参数 λ 的单调一一对应的函数. 从书末附表 7 可以查到 $\chi^2(2n)$ 的分位数 $\chi^2_{\alpha/2}$ 和 $\chi^2_{1-\alpha/2}$, 使得下式满足:

$$P\left\{\chi^2_{\alpha/2} \geqslant Y \geqslant \chi^2_{1-\alpha/2}\right\} = 1 - \alpha \equiv \gamma,$$

该概率表述等同于

$$P\left\{\frac{\chi^2_{\alpha/2}}{2\sum\limits_{j=1}^{n}X_j}\geqslant\lambda\geqslant\frac{\chi^2_{1-\alpha/2}}{2\sum\limits_{j=1}^{n}X_j}\right\}=1-\alpha\equiv\gamma.$$

因此, 对于给定的置信水平 $\gamma\equiv1-\alpha$, 参数 λ 的中心置信区间是

$$\left[\frac{\chi^2_{\alpha/2}}{2n\bar{X}},\frac{\chi^2_{1-\alpha/2}}{2n\bar{X}}\right].$$

作为指数分布参数区间估计的具体例子, 假定某种电子仪器的有效使用期服从指数分布. 用 10 台仪器独立地进行测试, 观测到有效使用期分别为 607.5, 1947.0, 37.6, 129.9, 409.5, 529.5, 109.0, 582.4, 499.0, 188.1 小时. 试估计未知参数 λ 的置信水平 $\gamma=1-\alpha$=0.90 的中心置信区间.

容易求出

$$\sum_{i=1}^{10}x_i=5\,039.5,$$

对于自由度 $2n=20$ 的 χ^2 分布,

$$\chi^2_{0.05}=31.41,\quad\chi^2_{0.95}=10.85,$$

故 λ 的置信水平 90%的中心置信区间是

$$\left[\frac{10.85}{2(503\,9.5)},\frac{31.4}{2(503\,9.5)}\right]=[0.001\,076,0.003\,116];$$

而仪器平均有效使用期 $1/\lambda$ 的相应中心置信区间等于

$$\left[\frac{1}{0.003\,116},\frac{1}{0.001\,076}\right]=[320.9,929.4]\text{小时}.$$

7.6.2　大样本法

前面已经提到, 区间估计的核心问题是要构造一个概率密度函数 $g(t)$ 已知的、称为枢轴变量的子样统计量 $t=t(X_1,X_2,\cdots,X_n;\vartheta)$, 但在许多实际问题中, 枢轴变量的寻找是相当困难的. 区间估计的大样本法就是利用极限分布, 主要是中心极限定理, 以建立枢轴变量来进行参数的区间估计. 其必要条件是子样容量 n 充分大, 使得极限分布的近似性足够好.

一般地, 设 $X_1,\cdots,X_n$ 是某总体容量 n 的随机子样, 总体均值和方差为 μ,σ^2. 希望从子样 $X_1,\cdots,X_n$ 对总体参数进行区间估计.

当 n 充分大, 根据独立同分布中心极限定理知

$$\bar{X} \sim N\left(\mu, \sigma^2/n\right) \tag{7.6.12}$$

$$Y \equiv \frac{\bar{X}-\mu}{\sigma/\sqrt{n}} \sim N(0,1) \tag{7.6.13}$$

式中 $\bar{X}$ 为子样均值.

对于只有一个参数的总体 (伯努利分布, 泊松分布, 指数分布, χ^2 分布, t 分布等), 总体均值和 (或) 方差等于其参数或者参数的简单函数, 因此区间估计归结为总体单个参数的区间估计问题. 对于总体均值和方差相互独立的任意总体, 则由式 (7.6.12) 知, 其区间估计问题等同于正态总体参数的区间估计问题, 这将在 7.7 节～7.9 节详加讨论.

下面我们来讨论几种特定总体的参数的区间估计问题.

(1) 伯努利总体参数 p 的区间估计.

设 $X_1, \cdots, X_n$ 是服从伯努利分布的容量 n 的随机子样, 希望从子样 $X_1, \cdots, X_n$ 对总体参数 p 进行区间估计. 当子样容量 n 充分大, 根据棣莫弗–拉普拉斯定理知

$$Y \equiv \frac{Y_n - np}{\sqrt{np(1-p)}} \sim N(0,1),$$

式中 $Y_n \equiv X_1 + \cdots + X_n = n\bar{X}$ 是事件成功的次数, 即参数 n, p 的二项分布随机变量. 于是 Y 可作为枢轴变量进行区间估计. 由

$$P\left\{-z_{\alpha/2} \leqslant \frac{Y_n - np}{\sqrt{np(1-p)}} \leqslant z_{\alpha/2}\right\} \cong 1-\alpha,$$

可改写为

$$P\left\{p_L \leqslant p \leqslant p_U\right\} \cong 1-\alpha,$$

其中 p_L, p_U 是二次方程

$$\frac{(Y_n - np)^2}{np(1-p)} = z_{\alpha/2}^2$$

的两个根, 即

$$p_L, p_U = \frac{n}{n+z_{\alpha/2}^2}\left[\hat{p} + \frac{z_{\alpha/2}^2}{2n} \pm z_{\alpha/2}\sqrt{\frac{\hat{p}(1-\hat{p})}{n} + \frac{z_{\alpha/2}^2}{4n^2}}\right],$$

p_L, p_U 分别取负号和正号, $\hat{p} = Y_n/n = \bar{X}$. 因此伯努利总体参数 p 的显著性水平 α 的中心置信区间为 $[p_L, p_U]$. 利用枢轴变量 Y 很容易对参数 p 进行单侧置信区间的估计.

(2) 泊松总体参数 μ 的区间估计.

设 $X_1, \cdots, X_n$ 是泊松总体容量 n 的随机子样, 希望对总体均值 μ 进行区间估计. 当子样容量 n 充分大, 记 $Y_n = X_1 + \cdots + X_n$, 根据独立同分布中心极限定理知

$$Y \equiv \frac{\bar{X} - \mu}{\sqrt{\mu/n}} \sim N(0,1),$$

于是 Y 可作为枢轴变量进行区间估计. 按与前述类似的步骤, μ 的置信水平 α 的置信区间为二次方程

$$\left(\bar{X} - \mu\right)^2 = \frac{\mu}{n} z_{\alpha/2}^2$$

的两个根, 即

$$\mu_L, \mu_U = \bar{X} + \frac{z_{\alpha/2}^2}{2n} \pm z_{\alpha/2}\sqrt{\frac{z_{\alpha/2}^2}{4n^2} + \frac{\bar{X}}{n}},$$

μ_L, μ_U 分别取负号和正号. 因此泊松总体参数 μ 的显著性水平 α 的中心置信区间为 $[\mu_L, \mu_U]$.

表 7.1 列出了几种常用总体的大样本近似, 以及参数区间估计所用的枢轴量. 利用这些枢轴量, 很容易对这些总体的参数进行区间估计.

表 7.1 几种常用分布的参数的大样本近似, 以及区间估计所用的枢轴量

总体	期望值	方差	大样本近似	枢轴量及分布
伯努利分布	p	$p(1-p)$	$\xrightarrow[n\to\infty]{} N(p, p(1-p))$	$Y \equiv \frac{\bar{X}-p}{\sqrt{p(1-p)/n}} \sim N(0,1)$
泊松分布	μ	μ	$\xrightarrow[n\to\infty]{} N(\mu, \mu)$	$Y \equiv \frac{\bar{X}-\mu}{\sqrt{\mu/n}} \sim N(0,1)$
指数分布	τ	τ^2	$\xrightarrow[n\to\infty]{} N(\tau, \tau^2)$	$Y \equiv \frac{\bar{X}-\tau}{\sqrt{\tau^2/n}} \sim N(0,1)$
$\chi^2(m)$	m	$2m$	$\chi^2(m) \xrightarrow[m\ \ or\ \ n\to\infty]{} N(m, 2m)$	$Y \equiv \frac{\bar{X}-m}{\sqrt{2m/n}} \sim N(0,1)$
$t(m)$	0	$\frac{m}{m-2}$	$t(m) \xrightarrow[m\ \ or\ \ n\to\infty]{} N(0,1)$	$Y \equiv \bar{X}\sqrt{\frac{n(m-2)}{m}} \sim N(0,1)$
任意总体	μ	σ^2	$\xrightarrow[n\to\infty]{} N(\mu, \sigma^2)$	$Y \equiv \frac{\bar{X}-\mu}{\sqrt{\sigma^2/n}} \sim N(0,1)$

其中 n 为子样容量, $\bar{X}$ 为子样均值

大样本法的优点在于对总体的分布没有知识的情形下可进行参数的区间估计, 并且适用于任意分布的随机变量的区间估计; 同时, 由于利用极限分布, 枢轴变量的建立十分简单. 缺点是这种估计仅当样本容量充分大时才能使用, 其结果近似性的好坏取决于样本容量的大小. 与此相对应的是, 枢轴变量法是小样本方法, 对于任意样本容量都适用, 但枢轴变量的寻找比较困难.

7.7 正态总体均值的置信区间

从中心极限定理可知, 客观实际中许多测定量的分布为正态分布, 因此, 正态总体特征参数, 尤其是均值和方差的区间估计具有重要的实际意义. 本节介绍均值区间估计的方法, 方差的置信区间在下节叙述.

(1) σ^2 已知, 求均值 μ 的置信区间.

设 $X_1, \cdots, X_n$ 是正态总体 $N(\mu, \sigma^2)$ 的容量 n 的随机子样, 给定置信水平 γ, 要求从子样对未知参数 μ 作统计推断求出置信区间.

我们知道, 子样平均 $\bar{X} = \dfrac{1}{n}\sum\limits_{i=1}^{n} X_i$ 的分布是 $N(\mu, \sigma^2/n)$(见式 (6.3.2)). 定义随机变量

$$Y = \frac{\bar{X} - \mu}{\sigma/\sqrt{n}}, \tag{7.7.1}$$

它的分布为标准正态函数 $N(0, 1)$. Y 是子样 $X_1, \cdots, X_n$ 和未知参数 μ 的函数, 它的概率分布 $N(0, 1)$ 与参数 μ 无关而且已知, Y 与参数 μ 是一一对应的关系, 这正符合式 (7.6.3) 统计量

$$t = t\left(X_1, \cdots, X_n; \vartheta\right)$$

的条件. 因此, 对于给定的置信概率 $\gamma \equiv 1 - \alpha$, 按照式 (7.6.4) 可求出中心区间的上下置信限

$$P\left(-z_{\alpha/2} \leqslant Y \leqslant z_{\alpha/2}\right) = \int_{-z_{\alpha/2}}^{z_{\alpha/2}} g(y)\mathrm{d}y = \gamma = 1 - \alpha, \tag{7.7.2}$$

这里 $g(y)$ 是 Y 的概率密度 (标准正态函数), $z_{\alpha/2}$ 是标准正态分布的双侧 α 分位数 (见 4.10 节). 为了求得参数 μ 的置信区间, 通过变量 Y 与 μ 之间的变换, 将式 (7.7.2) 改写为

$$P\left(\bar{X} - z_{\alpha/2}\frac{\sigma}{\sqrt{n}} \leqslant \mu \leqslant \bar{X} + z_{\alpha/2}\frac{\sigma}{\sqrt{n}}\right) = \gamma = 1 - \alpha. \tag{7.7.3}$$

这样, 随机区间

$$\left[\bar{X} - z_{\alpha/2}\frac{\sigma}{\sqrt{n}}, \bar{X} + z_{\alpha/2}\frac{\sigma}{\sqrt{n}}\right]$$

构成了置信水平 γ 的置信区间, 该区间包含未知参数 μ 的真值的概率为 γ. 显然, 当 σ 已知并有一组容量 n 的子样的情形下, 置信限都是统计量, 不包含任何未知参数, 符合上节中对置信区间所下的定义.

在例 7.6 中已经提到, 子样中位数 $\tilde{X}$ 是正态总体均值 μ 的相合无偏估计量. 当子样容量 n 很大时, $\tilde{X}$ 近似地为正态分布

$$\tilde{X} \sim N\left(\mu, \frac{\pi\sigma^2}{2n}\right).$$

略去该分布的渐近性质所引起的误差, 给定置信水平 γ, 正态总体均值 μ 的中心置信区间可由下法求出. 令

$$Z=\frac{\tilde{X}-\mu}{\sqrt{\pi\sigma^2/2n}},$$

Z 服从正态分布 $Z\sim N(0,1)$, 因此有

$$P(-z_{\alpha/2}\leqslant Z\leqslant z_{\alpha/2})=\gamma\equiv 1-\alpha,$$

$z_{\alpha/2}$ 是标准正态分布的双侧 α 分位数. 该概率表达式可改写为

$$\left\{\tilde{X}-z_{\alpha/2}\sqrt{\frac{\pi\sigma^2}{2n}}\leqslant\mu\leqslant\tilde{X}+z_{\alpha/2}\sqrt{\frac{\pi\sigma^2}{2n}}\right\}=\gamma,$$

即置信区间是

$$\left[\tilde{X}-z_{\alpha/2}\sqrt{\frac{\pi\sigma^2}{2n}},\ \tilde{X}+z_{\alpha/2}\sqrt{\frac{\pi\sigma^2}{2n}}\right],$$

区间长度

$$l_{\tilde{X}}=\sqrt{\frac{2\pi\sigma^2}{n}}z_{\alpha/2}.$$

而由式 (7.7.3) 知, 当利用子样平均 $\overline{X}$ 对均值 μ 作区间估计时, 对于同样的置信水平 γ, 其置信区间的长度为

$$l_{\overline{X}}=\frac{2\sigma}{\sqrt{n}}z_{\alpha/2},$$

因此

$$\frac{l_{\tilde{X}}}{l_{\bar{X}}}=\frac{\sqrt{2\pi}\sigma/\sqrt{n}}{2\sigma/\sqrt{n}}=\sqrt{\frac{\pi}{2}}>1,$$

即 $l_{\tilde{X}}>l_{\bar{X}}$. 记得 $\tilde{X}$ 的有效率为 $e_{\tilde{X}}=2/\pi$, 而 $\bar{X}$ 的有效率等于 1, 故在本例中, $l_{\tilde{X}}/l_{\bar{X}}$ 正好等于 $e_{\tilde{X}}/e_{\bar{X}}$ 的平方根的倒数.

一般地, 给定置信水平 γ, 置信区间的长度与所使用的估计量的有效率存在必然的联系. 未知参数估计量的有效率愈高, 相应的置信区间就愈短. 对于符合正规条件的总体, 存在最小方差界, 有效估计量的有效率 1 达到极大值, 因此, 它所对应的置信区间较之用其他估计量得到的置信区间而言必定为最短.

对于非中心区间的一般情形, 可以写

$$P(a\leqslant Y\leqslant b)=\int_a^b g(y)\mathrm{d}y=\gamma,$$

通过 Y 与 $\bar{X}$ 的变量代换, 有

$$P\left(\bar{X}-\frac{b\sigma}{\sqrt{n}}\leqslant\mu\leqslant\bar{X}-\frac{a\sigma}{\sqrt{n}}\right)=\gamma. \tag{7.7.4}$$

对于给定的 γ, 积分限 a, b 的值可从附表 6 查出, 从而定出 μ 的信置区间

$$\left[\bar{X}-\frac{b\sigma}{\sqrt{n}}, \bar{X}-\frac{a\sigma}{\sqrt{n}}\right].$$

从上面的推导可以清楚地看到, 正态总体方差 σ^2 为已知是一个重要条件, 否则置信限 $\bar{X}-\dfrac{b\sigma}{\sqrt{n}}$ 和 $\bar{X}-\dfrac{a\sigma}{\sqrt{n}}$ 就无法算出. 在实际问题中, 总体方差常常并不严格地知道. 但若子样容量 n 充分大, 由于子样方差的数学期望等于总体方差 (式 (6.2.16)), 故 σ^2 可用子样方差 S^2 作为近似, 仍可用以上步骤求出 μ 的置信区间. 如果 σ^2 未知而子样容量又较小 (如 $n \lesssim 20$), 则应采用下述方法.

(2) σ^2 未知, 求均值 μ 的置信区间.

与问题 (1) 相同, $X_1, X_2, \cdots, X_n$ 为正态总体 $N(\mu, \sigma^2)$ 的容量 n 的随机子样, 但现在 σ^2 未知, 给定置信水平 γ 要从子样值估计未知参数 μ 的置信区间.

在 6.3.3 节中已经证明 (式 (6.3.8)), 统计量

$$\frac{(\bar{X}-\mu)\sqrt{n}}{S} \sim t(n-1),$$

其中 S^2 是子样方差. 该统计量是子样 (通过 $\bar{X}$ 和 S) 和未知参数 μ 的函数, 但它的分布为已知且不依赖于参数 μ, 作为 μ 的函数, 它与参数值 μ 一一对应, 因此, 该统计量符合式 (7.6.3) 中函数 t 的条件.

于是可写出以下概率表述 (见式 (7.6.4)):

$$P\left(a \leqslant \frac{\bar{X}-\mu}{S/\sqrt{n}} \leqslant b\right)=\int_a^b f(t;\ n-1)\mathrm{d}t=\gamma,$$

其中 $f(t;n-1)$ 是自由度 $n-1$ 的 t 分布的概率密度函数, 于是对于未知参数 μ 的概率表述为

$$P\left(\bar{X}-\frac{bS}{\sqrt{n}} \leqslant \mu \leqslant \bar{X}-\frac{aS}{\sqrt{n}}\right)=\gamma. \tag{7.7.5}$$

a, b 值可从附表 8 查出. μ 的置信区间则为

$$\left[\bar{X}-\frac{bS}{\sqrt{n}}, \bar{X}-\frac{aS}{\sqrt{n}}\right].$$

由于 t 分布是关于 t=0 对称的, 因而容易求得中心区间

$$P\left(-b \leqslant \frac{\bar{X}-\mu}{S/\sqrt{n}} \leqslant b\right)=\int_{-b}^b f(t;\ n-1)\mathrm{d}t=\gamma,$$

其中 b 等于 $t(n-1)$ 的双侧 α 分位数 $t_{\alpha/2}(n-1)$(见 4.15 节), 对于一定的 n 值和 $\gamma=1-\alpha$ 可从附表 8 查出. 于是参数 μ 的概率表述为

$$P\left(\bar{X}-\frac{bS}{\sqrt{n}} \leqslant \mu \leqslant \bar{X}+\frac{bS}{\sqrt{n}}\right)=\gamma, \tag{7.7.6}$$

相应的置信水平 γ 的随机区间为

$$\left[\bar{X}-\frac{bS}{\sqrt{n}},\bar{X}+\frac{bS}{\sqrt{n}}\right].$$

例 7.13 束流动量的置信区间

单能带电粒子束流通过磁场, 利用磁场中粒子径迹的偏转程度可测定粒子动量, 测得的十个数值 (单位 GeV/c)

$$18.87, 19.55, 19.32, 18.70, 19.41, 19.37, 18.84, 19.40, 18.78, 18.76.$$

假定它们产生于正态总体, 求以下两种情形下置信水平 95%的置信区间：(1) 测量误差 (标准差)$\sigma = 0.3\text{GeV/c}$; (2) 测量误差未知.

解 (1) 总体方差已知 (即测量误差已知), 子样平均

$$\bar{X}=\frac{1}{10}\sum_{i=1}^{10}X_i=19.10,$$
$$\frac{\alpha}{2}=\frac{(1-\gamma)}{2}=\frac{(1-0.95)}{2}=0.025.$$

双侧 α 分位数 $z_{\alpha/2}$ 由附表 6 查得为 1.96. 由式 (7.7.3) 求得置信区间

$$\begin{aligned}&\left[\bar{X}-z_{\alpha/2}\frac{\sigma}{\sqrt{n}},\bar{X}+z_{\alpha/2}\frac{\sigma}{\sqrt{n}}\right]\\ =&\left[19.10-\frac{1.96\cdot 0.3}{\sqrt{10}},19.10+\frac{1.96\cdot 0.3}{\sqrt{10}}\right]\\ =&[18.91, 19.29].\end{aligned}$$

(2) 总体方差未知,

$$S=\left[\frac{1}{10-1}\sum_{i=1}^{10}\left(x_i-\bar{X}\right)^2\right]^{1/2}=0.3347.$$

由附表 8 可查得自由度 $n-1=9$ 时的双侧 α 分位数

$$t_{\alpha/2}(9)=2.262.$$

由式 (7.7.6) 求得置信区间

$$\begin{aligned}&\left[\bar{X}-\frac{t_{\alpha/2}S}{\sqrt{n}},\bar{X}+\frac{t_{\alpha/2}S}{\sqrt{n}}\right]\\ =&\left[19.10-\frac{2.262\cdot 0.3347}{\sqrt{10}},19.10+\frac{2.262\cdot 0.3347}{\sqrt{10}}\right]\\ =&[18.86, 19.34].\end{aligned}$$

这一区间比总体方差已知情况下确定的区间 [18.91, 19.29] 要大.

7.8 正态总体方差的置信区间

设 $X_1, X_2, \cdots, X_n$ 是正态总体 $N(\mu, \sigma^2)$ 的容量 n 的随机子样, 利用 $X_1, X_2, \cdots, X_n$ 对方差 σ^2 的置信区间进行统计推断. 以下分别就总体均值 μ 为已知和未知两种情况进行讨论.

(1) 均值 μ 已知时正态总体方差的置信区间

从 6.3.2 节所述已经知道, 若总体 $X \sim N(\mu, \sigma^2)$, 则统计量

$$\sum_{i=1}^{n} \frac{(X_i - \mu)^2}{\sigma^2} \sim \chi^2(n)$$

(见式 (6.3.6)). 该统计量是子样 $X_1, X_2, \cdots, X_n$ 和未知参数 σ^2 的函数, 它的分布为已知, 且与参数 σ^2 无关, 因此可用来对参数 σ^2 进行区间估计. 对于给定的置信水平 $\gamma, 0 \leqslant \gamma \leqslant 1$, 可以找到上下限 b, a, 使得下式成立:

$$P\left[a \leqslant \sum_{i=1}^{n}\left(\frac{X_i - \mu}{\sigma}\right)^2 \leqslant b\right] = \int_a^b f(u; n)\mathrm{d}u = \gamma, \tag{7.8.1}$$

其中 $f(u; n)$ 是 $\chi^2(n)$ 分布的概率密度函数. 因而总体方差的置信区间的概率表述可写成

$$P\left[\frac{\sum\limits_{i=1}^{n}(X_i - \mu)^2}{b} \leqslant \sigma^2 \leqslant \frac{\sum\limits_{i=1}^{n}(X_i - \mu)^2}{a}\right] = \gamma. \tag{7.8.2}$$

对于一个给定的 γ 值, 从式 (7.8.1) 可确定的积分限 a 和 b 存在无限多对. 如果取中心区间, 则有

$$\int_{-\infty}^{a} f(u; n)\mathrm{d}u = \int_b^{\infty} f(u; n)\mathrm{d}u = \frac{1}{2}(1 - \gamma) \equiv \frac{\alpha}{2}.$$

由 4.14 节知, 积分限可由 $\chi^2(n)$ 的上侧分位数表示

$$a = \chi^2_{1-\alpha/2}(n), \quad b = \chi^2_{\alpha/2}(n),$$

它们可从附表 7 查出, 从而确定置信水平为 γ 时 σ^2 的置信区间

$$\left[\frac{\sum\limits_{i=1}^{n}(X_i - \mu)^2}{b}, \frac{\sum\limits_{i=1}^{n}(X_i - \mu)^2}{a}\right].$$

均值 μ 已知时, 正态总体方差的区间估计问题相当于利用误差未知的测量装置对一已知量做重复测量. 例如, 为了对一台测量长度的仪器的测量误差作出鉴定, 可利用该仪器对一已知长度作重复测量, 假定测量值是正态总体的子样测定值, 可利用上述方法对测量误差 (总体标准差) 作出推断.

(2) 均值 μ 未知时正态总体方差的置信区间

由于 μ 是未知量, 所以统计量 $\sum\limits_{i=1}^{n}\dfrac{(X_i-\mu)^2}{\sigma^2}$ 包含有未知参数, 不能再用作区间估计的统计量. 由式 (6.3.7) 有

$$\frac{n-1}{\sigma^2}S^2\equiv\sum_{i=1}^{n}\left(\frac{X_i-\bar{X}}{\sigma}\right)^2\sim\chi^2(n-1).$$

该统计量仅是子样 $X_1,X_2,\cdots,X_n$ 和未知参数 σ^2 的函数, 不含其他未知量, 它的分布为已知又与参数 σ^2 无关, 故可用来对 σ^2 作区间估计. 利用与 (1) 完全相同的步骤, 对于给定的置信水平 γ, 有

$$P\left[a\leqslant\sum_{i=1}^{n}\left(\frac{X_i-\bar{X}}{\sigma}\right)^2\leqslant b\right]=\int_a^b f(u;n-1)\mathrm{d}u=\gamma\equiv1-\alpha,\tag{7.8.3}$$

$$P\left[\frac{\sum\limits_{i=1}^{n}\left(X_i-\bar{X}\right)^2}{b}\leqslant\sigma^2\leqslant\frac{\sum\limits_{i=1}^{n}\left(X_i-\bar{X}\right)^2}{a}\right]=\gamma,\tag{7.8.4}$$

其中, $a=\chi^2_{1-\alpha/2}(n-1),b=\chi^2_{\alpha/2}(n-1)$. 利用附表 7 可查出 a, b 的值, 从而求出置信水平 γ 时 σ^2 的置信区间

$$\left[\frac{1}{b}\sum_{i=1}^{n}\left(X_i-\bar{X}\right)^2,\frac{1}{a}\sum_{i=1}^{n}\left(X_i-\bar{X}\right)^2\right].$$

下面用一具体例子来说明以上公式的应用. 为鉴定一台长度测定仪的测量精度, 对一物体的长度做 10 次独立测量, 设测量服从正态分布, 测定值为

$$1002,1000,997,1001,1001,999,998,999,1000,1003.$$

求下述两种情形下置信水平 95%的置信区间：(1) 物体长度已知为 1000; (2) 物体长度未知.

解 (1) 已知物体长度 (正态总体均值 μ 已知)μ=1000, 子样容量 $n=10$, $\alpha=1-\gamma=0.05$. 由附表 7 查出

$$a=\chi^2_{1-\alpha/2}(n)=3.247,\quad b=\chi^2_{\alpha/2}(n)=20.483.$$

表 7.2 正态总体均值和方差的区间估计

估计参数	条件	枢轴量及分布	置信水平 $\gamma=1-\alpha$ 中心置信区间	编号
μ	σ^2 已知	$\dfrac{\bar{X}-\mu}{\sigma/\sqrt{n}} \sim N(0,1)$	$\left[\bar{X}-\dfrac{\sigma}{\sqrt{n}}z_{\frac{\alpha}{2}},\bar{X}+\dfrac{\sigma}{\sqrt{n}}z_{\frac{\alpha}{2}}\right]$	1
	σ^2 未知	$\dfrac{\bar{X}-\mu}{S/\sqrt{n}} \sim t(n-1)$	$\left[\bar{X}-\dfrac{S}{\sqrt{n}}t_{\frac{\alpha}{2}}(n-1),\bar{X}+\dfrac{S}{\sqrt{n}}t_{\frac{\alpha}{2}}(n-1)\right]$	2
$\delta=(\mu_X\pm\mu_Y)$	$\sigma_X^2=\sigma_Y^2=\sigma^2$ σ^2已知	$\dfrac{(\bar{X}\pm\bar{Y})-\delta}{\sigma\sqrt{\dfrac{1}{n_X}+\dfrac{1}{n_Y}}} \sim N(0,1)$	$\left[(\bar{X}\pm\bar{Y})-\sigma\sqrt{\dfrac{1}{n_X}+\dfrac{1}{n_Y}}z_{\frac{\alpha}{2}},(\bar{X}\pm\bar{Y})+\sigma\sqrt{\dfrac{1}{n_X}+\dfrac{1}{n_Y}}z_{\frac{\alpha}{2}}\right]$	3
	$\sigma_X^2\neq\sigma_Y^2$ σ_X^2,σ_Y^2已知	$\dfrac{(\bar{X}\pm\bar{Y})-\delta}{\sqrt{\dfrac{\sigma_X^2}{n_X}+\dfrac{\sigma_Y^2}{n_Y}}} \sim N(0,1)$	$\left[(\bar{X}\pm\bar{Y})-\sqrt{\dfrac{\sigma_X^2}{n_X}+\dfrac{\sigma_Y^2}{n_Y}}z_{\frac{\alpha}{2}},(\bar{X}\pm\bar{Y})+\sqrt{\dfrac{\sigma_X^2}{n_X}+\dfrac{\sigma_Y^2}{n_Y}}z_{\frac{\alpha}{2}}\right]$	4
	$\sigma_X^2=\sigma_Y^2=\sigma^2$ σ^2未知	$\dfrac{(\bar{X}\pm\bar{Y})-\delta}{S_W\sqrt{\dfrac{1}{n_X}+\dfrac{1}{n_Y}}} \sim t(n_X+n_Y-2)$ $S_W^2\equiv\dfrac{[(n_X-1)S_X^2+(n_Y-1)S_Y^2]}{n_X+n_Y-2}$	$\left[(\bar{X}\pm\bar{Y})-S_W\sqrt{\dfrac{1}{n_X}+\dfrac{1}{n_Y}}t_{\frac{\alpha}{2}}(n_X+n_Y-2),\right.$ $\left.(\bar{X}\pm\bar{Y})+S_W\sqrt{\dfrac{1}{n_X}+\dfrac{1}{n_Y}}t_{\frac{\alpha}{2}}(n_X+n_Y-2)\right]$	5
	$\sigma_X^2\neq\sigma_Y^2$ σ_X^2,σ_Y^2未知 n_X,n_Y充分大	$\dfrac{(\bar{X}\pm\bar{Y})-\delta}{\sqrt{\dfrac{S_X^2}{n_X}+\dfrac{S_Y^2}{n_Y}}} \sim N(0,1)$	$\left[(\bar{X}\pm\bar{Y})-\sqrt{\dfrac{S_X^2}{n_X}+\dfrac{S_Y^2}{n_Y}}z_{\frac{\alpha}{2}},(\bar{X}\pm\bar{Y})+\sqrt{\dfrac{S_X^2}{n_X}+\dfrac{S_Y^2}{n_Y}}z_{\frac{\alpha}{2}}\right]$	6

续表

估计参数	条件	枢轴量及分布	置信水平 $\gamma = 1-\alpha$ 中心置信区间	编号
σ^2	μ 已知	$\sum_{i=1}^{n}\frac{(X_i-\mu)^2}{\sigma^2} \sim \chi^2(n)$	$\left[\frac{\sum_{i=1}^{n}(X_i-\mu)^2}{\chi^2_{\frac{\alpha}{2}}(n)}, \frac{\sum_{i=1}^{n}(X_i-\mu)^2}{\chi^2_{1-\frac{\alpha}{2}}(n)}\right]$	7
	μ 未知	$\frac{(n-1)S^2}{\sigma^2} = \sum_{i=1}^{n}\left(\frac{X_i-\bar{X}}{\sigma}\right)^2 \sim \chi^2(n-1)$	$\left[\frac{\sum_{i=1}^{n}(X_i-\bar{X})^2}{\chi^2_{\frac{\alpha}{2}}(n-1)}, \frac{\sum_{i=1}^{n}(X_i-\bar{X})^2}{\chi^2_{1-\frac{\alpha}{2}}(n-1)}\right]$	8
$\frac{\sigma_X^2}{\sigma_Y^2}$	μ_X, μ_Y 已知	$\frac{\sum_{i=1}^{n_Y}(Y_i-\mu_Y)^2/n_Y}{\sum_{i=1}^{n_X}(X_i-\mu_X)^2/n_X}\cdot\frac{\sigma_X^2}{\sigma_Y^2} \sim F(n_Y, n_X)$	$\left[QF_{1-\frac{\alpha}{2}}(n_Y, n_X), QF_{\frac{\alpha}{2}}(n_Y, n_X)\right]$, $Q = \frac{\sum_{i=1}^{n_Y}(Y_i-\mu_Y)^2/n_Y}{\sum_{i=1}^{n_X}(X_i-\mu_X)^2/n_X}$	9
	μ_X, μ_Y 未知	$\frac{S_Y^2}{S_X^2}\cdot\frac{\sigma_X^2}{\sigma_Y^2} \sim F(n_Y-1, n_X-1)$	$\left[\frac{S_Y^2}{S_X^2}F_{1-\frac{\alpha}{2}}(n_Y-1, n_X-1), \frac{S_Y^2}{S_X^2}F_{\frac{\alpha}{2}}(n_Y-1, n_X-1)\right]$	10

由式 (7.8.2) 可知, 置信水平 95%的置信区间为

$$\left[\frac{1}{20.483}\sum_{i=1}^{10}(x_i-\mu)^2, \frac{1}{3.247}\sum_{i=1}^{10}(x_i-\mu)^2\right]=[1.46, 9.23].$$

(2) 物体长度 μ 未知, 对于 α=0.05, $n-1=9$ 可查出

$$a=\chi^2_{1-\alpha/2}(9)=2.700, \quad b=\chi^2_{\alpha/2}(9)=19.023.$$

根据式 (7.8.4), 置信水平 95%的置信区间为

$$\left[\frac{1}{19.023}\sum_{i=1}^{10}\left(X_i-\bar{X}\right)^2, \frac{1}{2.700}\sum_{i=1}^{10}\left(X_i-\bar{X}\right)^2\right]=[1.58, 11.11].$$

这一区间比 μ 已知时的置信区间要宽, 说明 μ 未知时对于 σ^2 的了解将比较不精确.

总结 7.7 节 ~7.8 节正态总体参数的区间估计问题, 并推广到两个相互独立的正态总体均值之和（差）$\delta=(\mu_X\pm\mu_Y)$ 的区间估计和方差比值的区间估计, 有关结论汇总于表 7.2.

7.9 正态总体均值和方差的联合置信域

设 $X_1, X_2, \cdots, X_n$ 是正态总体 $N(\mu, \sigma^2)$ 的容量 n 的随机子样, μ, σ^2 均为未知参数. 希望从子样 $X_1, X_2, \cdots, X_n$ 对总体均值和方差的联合置信域进行统计推断.

从例 7.11 的讨论中可知, 子样平均 $\bar{X}$ 和子样方差 S^2 是正态总体 $N(\mu, \sigma^2)$ 的一对联合无偏估计量, 并由 6.3.2 节知 $\bar{X}$ 与 S^2 相互独立, 也即

$$\frac{\bar{X}-\mu}{\sigma/\sqrt{n}}, \quad \frac{n-1}{\sigma^2}S^2\equiv\sum_{i=1}^{n}\left(\frac{X_i-\bar{X}}{\sigma}\right)^2$$

相互独立, 它们的联合概率密度等于各自概率密度的乘积. 已知 (见式 (6.3.2) 和式 (6.3.7))

$$\frac{\bar{X}-\mu}{\sigma/\sqrt{n}}\sim N(0,1), \quad \sum_{i=1}^{n}\left(\frac{X_i-\bar{X}}{\sigma}\right)^2\sim\chi^2(n-1).$$

这两个统计量的分布与未知参数 μ, σ^2 无关, 而它们又是子样 $X_1, \cdots, X_n$ 和未知参数 μ, σ^2 的函数, 因此可用来作区间估计.

对于给定的联合置信水平 γ, 可写出两个概率表达式

$$P\left(-a\leqslant\frac{\bar{X}-\mu}{\sigma/\sqrt{n}}\leqslant a\right)=\sqrt{\gamma},$$

$$P\left(b \leqslant \sum_{i=1}^{n}\left(\frac{X_i-\bar{X}}{\sigma}\right)^2 \leqslant b'\right)=\sqrt{\gamma}, \tag{7.9.1}$$

a 可从标准正态分布附表 6 确定, b 和 b' 从 $\chi^2(n-1)$ 的累积分布附表 7 确定. 由于这两个统计量的独立性, 立即有

$$P\left(-a \leqslant \frac{\bar{X}-\mu}{\sigma/\sqrt{n}} \leqslant a, b \leqslant \sum_{i=1}^{n}\left(\frac{X_i-\bar{X}}{\sigma}\right)^2 \leqslant b'\right)=\gamma. \tag{7.9.2}$$

该式左面括号中的两个不等式确定了参数 μ, σ^2 空间中的一个域, 它由两条直线

$$\sigma^2=\frac{\sum_{i=1}^{n}\left(X_i-\bar{X}\right)^2}{b'}, \quad \sigma^2=\frac{\sum_{i=1}^{n}\left(X_i-\bar{X}\right)^2}{b}$$

和表示 σ^2 与 μ 之间函数关系的抛物线

$$\sigma^2=n\left(\mu-\bar{X}\right)^2/a^2$$

所围成, 如图 7.3 中阴线的面积所示.

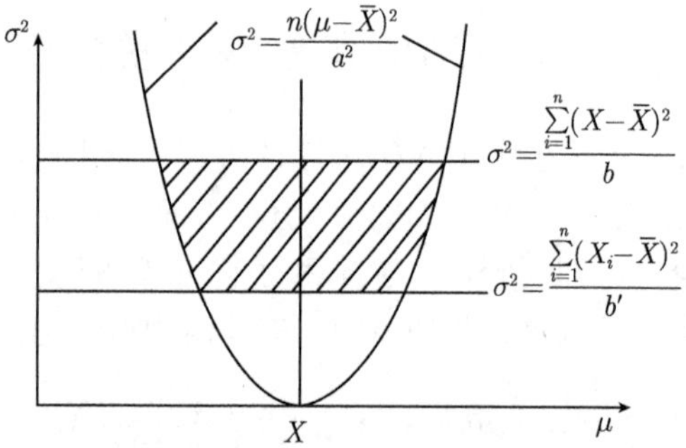

图 7.3 正态总体 $N(\mu,\sigma^2)$ 的 μ,σ^2 联合置信域

第 8 章 极大似然法

在参数估计方法中, 费歇尔引入的极大似然法占有重要地位. 第七章中已叙述了未知参数的一个好的估计量应有相合性、无偏性、有效性和充分性. 极大似然估计量往往具有大部分的这些性质; 同时在子样容量 $n \to \infty$ 的极限下, 极大似然估计量服从正态分布. 因此, 在子样容量 n 很大的所谓**大样问题中**, 可以利用正态近似, 十分方便地确定极大似然估计量的方差.

8.1 极大似然原理

设连续总体 X 的概率密度或离散总体的概率分布 $f(x|\vartheta)$ 函数形式为已知, ϑ 是待估计的未知参数, 待求解的问题是从容量 n 的子样 $X_1, \cdots, X_n$ 对参数作估计. 在以下的讨论中, X_i 可以是一组变量, 代表对事件 $i(i=1,2,\cdots,n)$ 的一组测量: 例如, X_i 可以是描述空间方向的两个变量: 方位角 φ_i 和极角 ϑ_i.

如 7.1 节所述, 子样 $X_1, X_2, \cdots, X_n$ 的联合概率密度由似然函数给出

$$L(\boldsymbol{X}|\vartheta) = L(X_1, \cdots, X_n|\vartheta) = \prod_{i=1}^{n} f(X_i|\vartheta). \tag{8.1.1}$$

因为 $f(X_i|\vartheta)$ 是归一化的概率密度函数, 将似然函数视为 X_i 的函数, 对于任何 ϑ 值在整个子样空间 Ω_X 作积分, 应有

$$\int_{\Omega_X} L(\boldsymbol{X}|\vartheta)\mathrm{d}\boldsymbol{X} = 1. \tag{8.1.2}$$

设 $(x_1, x_2, \cdots, x_n)$ 是子样 $X_1, X_2, \cdots, X_n$ 的一个观测值, 那么子样落在子样空间中点 $(x_1, x_2, \cdots, x_n)$ 的邻域里的概率为

$$L(\boldsymbol{x}|\vartheta)\mathrm{d}\boldsymbol{x} = \prod_{i=1}^{n} f(x_i|\vartheta)\mathrm{d}x_i.$$

参数 ϑ 的取值不同, 这个概率的值也不同, 因而似然函数是参数 ϑ 的函数. 按照**极大似然原理**, 在参数 ϑ 的空间内, 应当选择使似然函数 $L(\boldsymbol{x}|\vartheta)$ 达到极大的参数值 $\hat{\vartheta}$ 作为未知参数的估计值, 即

$$L(x|\hat{\vartheta}) \geqslant L(x|\vartheta). \tag{8.1.3}$$

由于 $\hat{\vartheta}$ 是观测值 $(x_1,\cdots,x_n)$ 的函数, 对于子样 $X_1,X_2,\cdots,X_n$ 的不同实现, 得到不同的估计值, 所以 $\hat{\vartheta}$ 可表示成子样 $X_1,X_2,\cdots,X_n$ 的函数

$$\hat{\vartheta}=\hat{\vartheta}(x_1,\cdots,x_n)$$

称为**极大似然估计量**.

如果似然函数 L 对 ϑ 的二阶导数存在, 极大似然估计量 $\hat{\vartheta}$ 可通过求解下列方程组得到:

$$\left\{\begin{aligned}&\frac{\partial L(\boldsymbol{X}|\vartheta)}{\partial\vartheta}=\frac{\partial}{\partial\vartheta}\prod_{i=1}^{n}f(X_i|\vartheta)=0, &(8.1.4)\\&\left.\frac{\partial^2 L(\boldsymbol{X}|\vartheta)}{\partial\vartheta^2}\right|_{\vartheta=\hat{\vartheta}}=\frac{\partial^2}{\partial\vartheta^2}\prod_{j=1}^{n}f(X_i|\vartheta)_{\vartheta=\hat{\vartheta}}<0. &(8.1.5)\end{aligned}\right.$$

如果该方程组只有一个解, 那么参数 ϑ 的估计值 $\hat{\vartheta}$ 就唯一地确定了; 如果存在多个极大值, 则应根据问题的具体要求从中选出合理的解来.

由于 $\ln y$ 是 y 的单调上升函数, 故 $\ln L$ 与 L 有相同的极大值点. 上述方程组可改写成

$$\left\{\begin{aligned}&\frac{\partial}{\partial\vartheta}\ln L(\boldsymbol{X}|\vartheta)=\frac{\partial}{\partial\vartheta}\sum_{i=1}^{n}\ln f(X_i|\vartheta)=0, &(8.1.6)\\&\left.\frac{\partial^2}{\partial\vartheta^2}\ln L(\boldsymbol{X}|\vartheta)\right|_{\vartheta=\hat{\vartheta}}=\left.\frac{\partial^2}{\partial\vartheta^2}\sum_{i=1}^{n}\ln f(X_i|\vartheta)\right|_{\vartheta=\hat{\vartheta}}<0. &(8.1.7)\end{aligned}\right.$$

其中式 (8.1.6) 称为**似然方程**, 利用似然方程求解极大似然估计量 $\hat{\vartheta}$ 比处理式 (8.1.4) 的乘积要容易得多.

以上论述可直接推广到总体 X 的概率密度函数包含多个未知参数的一般情形. 记 k 个未知参数为 $\boldsymbol{\vartheta}=\{\vartheta_1,\vartheta_2,\cdots,\vartheta_k\}$, 子样 $\boldsymbol{X}=\{X_1,X_2,\cdots,X_n\}$ 的似然函数为

$$L(\boldsymbol{X}|\boldsymbol{\vartheta})=\prod_{i=1}^{n}f(X_i|\boldsymbol{\vartheta}).$$

这时, 必须解一组 k 个似然方程

$$\frac{\partial}{\partial\vartheta_j}\ln L(\boldsymbol{X}|\boldsymbol{\vartheta})=\frac{\partial}{\partial\vartheta_j}\sum_{i=1}^{n}\ln f(X_i|\boldsymbol{\vartheta})=0,\quad j=1,\cdots,k \tag{8.1.8}$$

来找到极大似然估计量 $\hat{\boldsymbol{\vartheta}}=\{\hat{\vartheta}_1,\hat{\vartheta}_2,\cdots,\hat{\vartheta}_k\}$. 由式 (8.1.8) 求得的解使似然函数为极大值的充分条件是二次矩阵 $\underset{\sim}{U}(\hat{\boldsymbol{\vartheta}})$ 必须是负定的.① $\underset{\sim}{U}(\hat{\boldsymbol{\vartheta}})$ 的元素为

$$U_{ij}(\hat{\boldsymbol{\vartheta}})=\left.\frac{\partial^2\ln L}{\partial\vartheta_i\partial\vartheta_j}\right|_{\vartheta=\hat{\vartheta}}. \tag{8.1.9}$$

① 设矩阵 $\underset{\sim}{A}$ 为 $n\times n$ 矩阵, 对于任何含 n 个元素的向量 x 总有 $x^{\mathrm{T}}\underset{\sim}{A}x<0$, 称矩阵 $\underset{\sim}{A}$ 为负定的.

在许多实际问题中, 方程式 (8.1.6) 和式 (8.1.8) 无法用解析方法求出, 只能求助于数值方法.

对于子样容量 n 不是常数而是均值 ν 的泊松变量的情形, 需要用式 (7.1.3) 的广义似然函数来构建似然方程:

$$L(\boldsymbol{X}|\nu,\vartheta)=\frac{\nu^n}{n!}e^{-\nu}\prod_{i=1}^{n}f(X_i|\vartheta)=\frac{e^{-\nu}}{n!}\prod_{i=1}^{n}\nu f(X_i|\vartheta).$$

这时似然方程的形式取决于均值 ν 与参数 ϑ 的依赖关系.

(1) ν 不是 ϑ 的函数

广义似然函数中包含 ν 的因子对于参数 ϑ 的确定不起作用, 似然方程仍具有式 (8.1.6) 的形式, 即利用广义似然函数求得的极大似然估计量 $\hat{\vartheta}$ 与一般的极大似然估计相同.

(2) ν 是 ϑ 的函数

只考虑与待估计参数 ϑ 有关的项时, 有

$$\begin{aligned}\ln L(\boldsymbol{X}|\vartheta)&=n\ln\nu(\vartheta)-\nu(\vartheta)+\sum_{i=1}^{n}\ln f(X_i|\vartheta)\\&=-\nu(\vartheta)+\sum_{i=1}^{n}\ln\left[\nu(\vartheta)f(X_i|\vartheta)\right]\end{aligned}$$

似然方程为

$$\frac{\partial\ln L(\boldsymbol{X}|\vartheta)}{\partial\vartheta}=\frac{\partial}{\partial\vartheta}\sum_{i=1}^{n}\ln\left[\nu(\vartheta)f(X_i|\vartheta)\right]-\frac{\partial\nu(\vartheta)}{\partial\vartheta}=0. \tag{8.1.10}$$

当 ν 已知或能够精确计算时, 由于利用了更多的信息, 式 (8.1.10) 的似然方程求得的估计量 $\hat{\vartheta}$ 的方差一般比式 (8.1.6) 的似然方程的估计量的方差小 (参见 8.4 节关于极大似然估计量方差的讨论) .

例 8.1 不稳定粒子平均寿命的估计值

设在一无限大的探测器中观测不稳定粒子的产生和衰变. 令粒子的平均寿命为 τ 则粒子从产生点到衰变点之间的飞行时间 t 服从指数分布, 其概率密度为

$$f(t|\tau)=\frac{1}{\tau}\mathrm{e}^{-t/\tau},\quad 0\leqslant t<\infty.$$

每个事例中粒子的飞行时间 t_i 可由粒子产生点到衰变点之间的距离和粒子动量确定. 设观测了 n 个事例, 得到 n 个飞行时间值 $t_i, i=1,2,\cdots,n$. 试求粒子平均寿命的极大似然估计值.

按似然函数的定义, 有

$$L(t|\tau) = \prod_{i=1}^{n} \frac{1}{\tau} \mathrm{e}^{-t_i/\tau},$$

似然方程为

$$\frac{\partial \ln L}{\partial \tau} = \frac{\partial}{\partial \tau} \sum_{i=1}^{n} \left(-\ln \tau - \frac{t_i}{\tau} \right) = \sum_{i=1}^{n} \left(-\frac{1}{\tau} + \frac{t_i}{\tau^2} \right) = 0,$$

由该方程求得平均寿命的估计值

$$\hat{\tau} = \frac{1}{n} \sum_{i=1}^{n} t_i = \bar{t}.$$

因为

$$\left. \frac{\partial^2 \ln L}{\partial \tau^2} \right|_{\tau=\hat{\tau}} = \frac{-n}{\hat{\tau}^2} < 0,$$

故知 $\hat{\tau} = \bar{t}$ 对应于似然函数的极大值. 可见, 平均寿命的极大似然估计值 $\hat{\tau}$ 等于所观测到的 n 个飞行时间值的算术平均.

由 4.8 节可知, τ 是指数 (总体) 分布的数学期望, 极大似然估计量 $\hat{\tau} = \bar{t}$ 为子样平均, 与总体有相同的数学期望 (见式 (6.2.13)), 因而平均寿命 τ 的极大似然估计量是无偏估计量.

平均寿命的倒数 $\lambda = 1/\tau$ 称为粒子的衰变常数, 也可将 λ 作为待估计的未知参数. 这时概率密度为 $f(t|\lambda) = \lambda \mathrm{e}^{-\lambda t}$, 似然函数为

$$L(t|\lambda) = \prod_{i=1}^{n} \lambda \mathrm{e}^{-\lambda t_i}.$$

由似然方程得到

$$\frac{\partial \ln L}{\partial \lambda} = \frac{\partial}{\partial \lambda} \sum_{i=1}^{n} (\ln \lambda - \lambda t_i) = \sum_{i=1}^{n} \left(\frac{1}{\lambda} - t_i \right) = \frac{n}{\lambda} - \sum_{i=1}^{n} t_i = 0.$$

于是 λ 的极大似然估计为

$$\hat{\lambda} = (\bar{t})^{-1} = 1/\hat{\tau}.$$

在实际的实验中, 测量粒子寿命的探测器尺寸只能是有限的, 因此, 最大可测量的粒子飞行时间 T 为一有限值. 这样, 飞行时间的概率密度应为 (见 4.17.2 节)

$$f(t; T|\tau) = \frac{1}{\tau} \mathrm{e}^{-t_i/\tau} / (1 - \mathrm{e}^{-T/\tau}), \quad 0 \leqslant t \leqslant T.$$

按照相似的步骤容易求得 τ 的极大似然估计为

$$\hat{\tau}=\bar{t}+\frac{1}{n}\sum_{i=1}^{n}T_i\mathrm{e}^{-T_i/\tau}/(1-\mathrm{e}^{-T_i/\tau}),$$

其中 T_i 是第 i 个事例中最大可测量的粒子飞行时间, 它取决于不稳定粒子在体积有限的探测器中的产生位置和粒子飞行方向. 可以看到, 未知参数 τ 出现于等式的两边, 在这种情形下 τ 可用迭代法求解, 而以 $\bar{t}$ 作为初始迭代值.

例 8.2 柯西分布中参数的估计

设 $X_1,X_2,\cdots,X_n$ 为柯西分布

$$f(x|\vartheta)=\frac{1}{\pi}\frac{1}{1+(x-\vartheta)^2}$$

的容量 n 的子样, ϑ 为待估计参数.

显然, 似然函数为

$$L(\boldsymbol{X}|\vartheta)=\prod_{i=1}^{n}\frac{1}{\pi}\frac{1}{1+(X_i-\vartheta)^2},$$

根据似然方程, 得到

$$\frac{\partial\ln L}{\partial\vartheta}=\sum_{i-1}^{n}\frac{2(X_i-\vartheta)}{1+(X_i-\vartheta)^2}=0.$$

该方程有 $(2n-1)$ 个不同的解, 其中 n 个解对应于似然函数的局部极大值, 而对应于似然函数的全域极大值的最佳参数值近似于子样中位数. 因而可以将子样中位数作为迭代过程的初值, 利用最优化方法寻找似然函数的极大值, 从而稳定 ϑ 的极大似然估计量. 最优化方法见第 12 章.

例 8.3 泊松分布中参数的估计

设 $X_1,X_2,\cdots,X_n$ 是服从泊松分布的容量 n 的子样, 总体概率分布为

$$p(x|\lambda)=\frac{\lambda^x}{x!}\mathrm{e}^{-\lambda},\quad \lambda>0.$$

试求参数 λ 的极大似然估计量.

按似然函数的定义式 (8.1.1), 有

$$L(\lambda)=\prod_{i=1}^{n}\left[\frac{\lambda^{X_i}}{X_i!}\mathrm{e}^{-\lambda}\right]=\mathrm{e}^{-n\lambda}\frac{(\lambda)^{\sum\limits_{i=1}^{n}X_i}}{\prod\limits_{i=1}^{n}(X_i!)}.$$

由似然方程得

$$\frac{\partial \ln L(\lambda)}{\partial \lambda} = -n + \frac{1}{\lambda}\sum_{i=1}^{n} X_i = 0,$$

$$\hat{\lambda} = \frac{1}{n}\sum_{i=1}^{n} X_i = \bar{X},$$

即子样平均是参数 λ 的极大似然估计量. 由 7.1 节 ~7.5 节的讨论得知, $\bar{X}$ 是 λ 的有效、充分、相合、无偏估计量, 其方差为 $V(\hat{\lambda}) = \lambda/n$.

例 8.4　(0, 1) 分布中的参数估计

假定 $X_1, X_2, \cdots, X_n$ 是 (0, 1) 分布的容量 n 的子样, (0, 1) 分布的概率分布

$$P(x|p) = p^x q^{1-x}, \quad x = 0, 1, \quad 0 \leqslant p \leqslant 1, \quad q = 1 - p.$$

试求参数 p 的极大似然估计量.

似然函数为

$$L(p) = \prod_{i=1}^{n} p^{X_i} q^{1-X_i} = p^{\Sigma X_i} q^{n-\Sigma X_i},$$

令

$$Y = \sum_{i=1}^{n} X_i,$$

得

$$\ln L(p) = Y \ln p + (n - Y) \ln q,$$

$$\frac{\partial \ln L(p)}{\partial p} = \frac{Y}{p} - \frac{n - Y}{1 - p}.$$

由似然方程解出

$$\hat{p} = Y/n = \frac{1}{n}\sum_{i=1}^{n} X_i = \bar{X}.$$

故参数 p 的极大似然估计量即为子样平均.

在 7.4 节的例子中已经证明, 参数 m, p 的二项分布中 p 的无偏、有效估计量为 $\bar{X}/m$. 因 (0, 1) 分布即为 m=1 的二项分布, 因此, (0, 1) 分布的极大似然估计量即是无偏有效估计量.

例 8.5　均匀分布中的参数估计

设总体 X 为区间 $[\alpha, \beta]$ 的均匀分布, 抽取容量 n 的子样 $X_1, X_2, \cdots, X_n$. 试从子样求参数 α, β 的极大似然估计量.

由于总体概率密度是

$$f(x|\alpha, \beta) = \begin{cases} \dfrac{1}{\beta - \alpha}, & \alpha \leqslant x \leqslant \beta, \\ 0, & \text{其他}, \end{cases}$$

故似然函数为

$$L(\alpha,\beta)=\begin{cases}\dfrac{1}{(\beta-\alpha)^n}, & \alpha\leqslant X_i\leqslant\beta,\\ 0, & \text{其他},\end{cases}$$

似然方程

$$\frac{\partial\ln L}{\partial\alpha}=\frac{-n}{\beta-\alpha}=0,\quad \frac{\partial\ln L}{\partial\beta}=\frac{+n}{\beta-\alpha}=0.$$

虽然, 从该似然方程无法求出 α,β 的极大似然估计量, 我们转而从似然函数的定义来求解. 从似然函数 $L(\alpha,\beta)$ 的表式可以看到, 当 $\beta-\alpha$ 越小, 则似然函数值越大. 定义

$$X_1^*=\min(X_1,X_2,\cdots,X_n),$$
$$X_n^*=\max(X_1,X_2,\cdots,X_n).$$

为使似然函数 $L(\alpha,\beta)$ 不等于零, 必须有

$$\alpha\leqslant X_1^*,\quad \beta\geqslant X_n^*.$$

因此, $\beta-\alpha$ 的最小可能值是 $X_n^*-X_1^*$, 即极大似然估计量为

$$\hat{\alpha}=X_1^*,\quad \hat{\beta}=X_n^*.$$

8.2 正态总体参数的极大似然估计

(1) 均值 μ 的极大似然估计

设一个实验对同一个未知量 μ 作 n 次独立的观测得到观测值 $x_1,x_2,\cdots,x_n$, 各次测量的误差相同并且已知为 σ, 要求 μ 的估计值. 根据中心极限定理, 在相当普遍的场合下, 可以认为测量服从正态分布, 故 $x_1,\ x_2,\cdots,x_n$ 可以看成是正态分布 $N(\mu,\sigma^2)$ 容量 n 的子样观测值. 因此, 这类问题属于正态总体的均值估计.

利用极大似然法, 似然函数为

$$L\left(\boldsymbol{X};\sigma|\mu\right)=\prod_{i=1}^{n}\frac{1}{\sqrt{2\pi}\sigma}\exp\left[-\frac{1}{2}\left(\frac{X_i-\mu}{\sigma}\right)^2\right],$$

据似然方程式 (8.1.6), 有

$$\frac{\partial\ln L}{\partial\mu}=\frac{\partial}{\partial\mu}\sum_{i=1}^{n}\left[-\frac{1}{2}\ln(2\pi\sigma^2)-\frac{1}{2}\left(\frac{X_i-\mu}{\sigma}\right)^2\right]=0,$$

方程的解是

$$\hat{\mu}=\frac{1}{n}\sum_{i=1}^{n}X_i=\bar{X}. \tag{8.2.1}$$

可见, 正态总体均值的极大似然估计量等于子样平均值, 由 7.1 节 ~7.5 节知, $\hat{\mu}$ 是参数 μ 的相合、无偏、有效、充分估计量, 其方差为 $V(\hat{\mu})=\dfrac{\sigma^2}{n}$.

如果对同一未知量 μ 作 n 次独立观测, 但每次观测具有不相等的已知误差 σ_i, 这时观测值 x_i 可看作是服从正态总体 $N(\mu,\sigma_i^2)$ 的一个观测值. 这种情况相应于不同的实验组用不同的仪器对同一物理量以不同的测量精度作测量, 怎样根据各自的测量结果来报导 "合并" 的测量结果. 现在, 似然函数为

$$L(X_1,\cdots,X_n;\sigma_1,\cdots,\sigma_n|\mu)=\prod_{i=1}^{n}\frac{1}{\sqrt{2\pi}\sigma_i}\exp\left[-\frac{1}{2}\left(\frac{X_i-\mu}{\sigma_i}\right)^2\right],$$

由似然方程可求出 μ 的极大似然估计量为

$$\hat{\mu}=\frac{\displaystyle\sum_{i=1}^{n}\frac{X_i}{\sigma_i^2}}{\displaystyle\sum_{i=1}^{n}\frac{1}{\sigma_i^2}}=\frac{\displaystyle\sum_{i=1}^{n}w_iX_i}{\displaystyle\sum_{i=1}^{n}w_i},\tag{8.2.2}$$

称为观测的**加权平均**, 每个观测值的加权因子 w_i 反比于观测误差的平方, 即

$$w_i=\frac{1}{\sigma_i^2}.\tag{8.2.3}$$

显然, 当各次测量的误差相同, 式 (8.2.2) 简化为式 (8.2.1). 在 8.3.4 节中将推导式 (8.2.2) 对 μ 的估计量 $\hat{\mu}$ 的方差为

$$V(\hat{\mu})=\frac{1}{\displaystyle\sum_{i=1}^{n}\frac{1}{\sigma_i^2}}=\frac{1}{\displaystyle\sum_{i=1}^{n}w_i}.\tag{8.2.4}$$

(2) 方差 σ^2 的极大似然估计

设 $X_1,X_2,\cdots,X_n$ 是正态总体容量 n 的子样, 总体均值 μ 为已知, 方差 σ^2 为未知的待估计参数. 则似然方程可表示为

$$\frac{\partial\ln L}{\partial(\sigma^2)}=\sum_{i=1}^{n}\left[-\frac{1}{2\sigma^2}+\frac{1}{2\sigma^4}(X_i-\mu)^2\right]=0.$$

解得

$$\hat{\sigma}^2=\frac{1}{n}\sum_{i=1}^{n}(X_i-\mu)^2,\tag{8.2.5}$$

即 $\hat{\sigma}^2$ 是参数 σ^2 的极大似然估计量. 由 7.1 节 ~7.5 节的讨论可知, $\hat{\sigma}^2$ 是 σ^2 的有效、充分、无偏估计量, 方差为

$$V(\hat{\sigma}^2)=\frac{2\sigma^4}{n}.$$

(3) μ, σ^2 的同时估计

若各次观测的误差虽然相同但都未知, 则需要根据一组 n 个观测对均值和方差同时作极大似然估计. 这时似然函数为

$$L(\boldsymbol{X}|\mu,\sigma^2)=\prod_{i=1}^{n}\frac{1}{\sqrt{2\pi\sigma^2}}\exp\left[-\frac{1}{2}\left(\frac{X_i-\mu}{\sigma}\right)^2\right],$$

μ, σ^2 均为待估计参数. 根据式 (8.1.8) 应当求两个方程的解

$$\begin{aligned}\frac{\partial \ln L}{\partial \mu}&=\sum_{i=1}^{n}\frac{X_i-\mu}{\sigma^2}=0,\\ \frac{\partial \ln L}{\partial(\sigma^2)}&=\sum_{i=1}^{n}\left[-\frac{1}{2\sigma^3}+\frac{1}{2\sigma^4}(X_i-\mu)^2\right]=0.\end{aligned}$$

由第一个式子求出 μ 的极大似然估计量

$$\hat{\mu}=\frac{1}{n}\sum_{i=1}^{n}X_i=\bar{X}.$$

将该结果代入后一式子, 求得 σ^2 的估计量

$$\hat{\sigma}^2=\frac{1}{n}\sum_{i=1}^{n}(X_i-\bar{X})^2.$$

可以看出, μ 的估计量与式 (8.2.1) 相同, $\hat{\mu}$ 是相合、无偏、有效、充分估计量; 但 σ^2 的极大似然估计量是有偏的. 总体方差的无偏估计量应是

$$S^2=\frac{1}{n-1}\sum_{i=1}^{n}(X_i-\bar{X})^2=\frac{n}{n-1}\hat{\sigma}^2.$$

(见 7.3 节) 当 n 很大时, $\hat{\sigma}^2\sim S^2$, 但对子样容量不大的**小样问题**, 两者有明显的不同.

μ, σ^2 的联合极大似然估计量 $\hat{\mu}, \hat{\sigma}^2$ 的方差将在 8.4.2 节中推导.

8.3 极大似然估计量的性质

在本章开头指出, 极大似然估计量具有一个好的估计量应有的大部分性质; 在 8.1 节和 8.2 节中, 我们求解了一些特定总体的参数的极大似然估计量, 并指明了这些估计量的最优性质如无偏性、相合性、充分性、有效性等. 本节讨论任意总体参数的极大似然估计量具有的一般性质.

8.3.1 参数变换下的不变性

在实际问题中, 往往存在一些等价的物理量, 它们之间存在一一对应的关系, 并且仅仅通过一些常数或已知量联系起来. 例如, 粒子的平均寿命与衰变常数是等价的, 它们互为倒数; 粒子的速度、动量和能量是等价的 (假定粒子质量已知), 它们之间由常数联系起来. 在这些等价的物理量之中, 哪一个作为待估计参数具有任意性, 如例 8.1, 粒子平均寿命的确定, 不论 τ 还是 $\lambda = 1/\tau$ 都可作为待估计参数, 该例子表明这两者有相同的结果.

一般, 设待估计参数为 ϑ, 其极大似然估计量为 $\hat{\vartheta}$, 若选择 ϑ 的任意单值函数 $g(\vartheta)$ 作为待估计参数, 其极大似然估计量令为 $\hat{g}(\vartheta)$. 显然希望下式成立:

$$\hat{g}(\vartheta) = g(\hat{\vartheta}), \tag{8.3.1}$$

这样, 选择 ϑ 的任意单值函数 (包括 ϑ 自身) 作为待估计参数都能得到 ϑ 的相同估计值 $\hat{\vartheta}$. 这种性质称为**参数变换下 (估计量) 的不变性**.

极大似然估计量恰好具有这种不变性. 因为对于任意 ϑ, 有

$$\frac{\partial L}{\partial \vartheta} = \frac{\partial L}{\partial g}\frac{\partial g}{\partial \vartheta},$$

由似然方程知

$$\left.\frac{\partial L}{\partial \vartheta}\right|_{\vartheta=\hat{\vartheta}} = 0,$$

故当 $\dfrac{\partial g}{\partial \vartheta} \neq 0$ 时, $\left.\dfrac{\partial L}{\partial \vartheta}\right|_{\vartheta=\hat{\vartheta}} = 0$ 成立, 从而必定有

$$\hat{g}(\vartheta) = g(\hat{\vartheta}).$$

例 8.1 就是这种不变性的实例.

8.3.2 相合性和无偏性

可以证明, 当似然函数满足正规条件时 (参见 7.4 节), 极大似然估计量是相合估计量[1], 即子样容量 n 趋于无穷时, 极大似然估计量将收敛于待估计参数的真值. 这一结论对于一个或多个待估计未知参数的场合都正确. 当似然函数存在多个极大值, 其中必有一个极大值对应的解是相合估计量. 例如, 8.1 节中柯西分布的例子.

有限次观测 (子样容量 n 为有限值) 求得的极大似然估计量一般不是无偏估计量. 如 8.2 节中已述, 对于参数 μ, σ^2 未知的正态总体, 方差 σ^2 的极大似然估计量 $\hat{\sigma}^2$ 不是无偏估计量, 但一般能够把它修正为无偏估计量. 例如, $\dfrac{n\hat{\sigma}^2}{(n-1)}$ 是无偏的. 对于容量 n 趋于无穷的极限情形, 所有的极大似然估计量都是无偏的.

由极大似然估计量参数变换下的不变性可知, 若 $g(\vartheta)$ 是参数 ϑ 的一一对应函数, 有

$$\hat{g}(\vartheta) = g(\hat{\vartheta}),$$

但对 $g(\vartheta)$ 的期望值, 一般地

$$E[g(\vartheta)] \neq g[E(\vartheta)]. \tag{8.3.2}$$

因此, 即使 $\hat{\vartheta}$ 是参数 ϑ 的无偏估计, $\hat{g}(\vartheta)$ 却不一定是 $g(\vartheta)$ 的无偏估计.

8.3.3 充分性

在 7.6 节中已经介绍, 如果似然函数可以表示成因子化形式

$$L(\boldsymbol{X}|\vartheta) = G(T|\vartheta)H(\boldsymbol{X}), \tag{8.3.3}$$

其中 T 是子样的统计量 $T = T(X_1, X_2, \cdots, X_n)$, 那么 T 就是参数 ϑ 的一个充分统计量, 它包含了子样 $X_1, X_2, \cdots, X_n$ 关于参数 ϑ 的全部信息; 函数 $G(T|\vartheta)$ 仅通过统计量 T 与子样发生联系. 充分统计量存在的条件是总体概率密度可表示成指数族形式 (见式 (7.5.2)).

从式 (8.3.3) 可见, 由于 $H(\boldsymbol{X})$ 与参数 ϑ 无关, 故由 $L(\boldsymbol{X}|\vartheta)$ 来估计 ϑ 和由 $G(T|\vartheta)$ 来估计 ϑ 是等价的, 似然函数 L 关于 ϑ 的极大化等同于 $G(T|\vartheta)$ 关于 ϑ 的极大化

$$\frac{\partial L(\boldsymbol{X}|\vartheta)}{\partial\vartheta} = 0 = \frac{\partial G(T|\vartheta)}{\partial\vartheta}.$$

因此, 若 ϑ 存在充分统计量 (即式 (8.3.3) 成立), 由上式可知, 极大似然估计量 $\hat{\vartheta}$ 必是充分统计量 T 的函数, 即 $\hat{\vartheta}$ 是一个充分估计量.

可以证明, 不论是否存在方差下界 (即不论是否存在参数 ϑ 的有效估计量), 如果存在参数 ϑ 的充分统计量, 则极大似然估计量 (充分估计量) 有最小的方差. 这一性质使得极大似然法被广泛地利用. 这一结论也适用于总体包含多个未知参数的情形. 当有 k 个未知参数, $r(r \leqslant k)$ 个极大似然估计量 $t_1, t_2, \cdots, t_r$, 同时具有它们各自的可能最小方差.

利用本节的方法来处理例 8.1 的问题, 似然函数可写成

$$L(t|\tau) = \prod_{i=1}^{n} \frac{1}{\tau}\mathrm{e}^{-t_i/\tau} = \left(\frac{1}{\tau}\right)^n \mathrm{e}^{-\sum\limits_{i=1}^{n} t_i/\tau} = \left(\frac{1}{\tau}\right)^n \mathrm{e}^{-n\bar{t}/\tau},$$

这恰好是式 (8.3.3) 的形式, 其中,

$$H(\boldsymbol{X}) = 1, \quad G(\bar{t}|\tau) = \left(\frac{1}{\tau}\right)^n \mathrm{e}^{-n\bar{t}/\tau}.$$

因此, 统计量 $\bar{t}$ 或 $\bar{t}$ 的函数是参数 τ 的充分统计量. 例 8.1 已经证明 τ 的极大似然估计量正是 $\bar{t}$, 即为充分估计量.

8.3.4 有效性

7.4 节的讨论告诉我们, 参数 ϑ 存在有效估计量 T 的充分必要条件是似然函数满足

$$\frac{\partial \ln L}{\partial \vartheta} = A(\vartheta)[T - \vartheta - b(\vartheta)],$$

其中 $b(\vartheta)$ 是估计量的偏差. 故当 ϑ 存在有效估计量时, 似然方程的形式为

$$\frac{\partial \ln L}{\partial \vartheta} = A(\vartheta)[T - \vartheta - b(\vartheta)] = 0. \tag{8.3.4}$$

上式中唯有 $T = T(X_1, X_2, \cdots, X_n)$ 是待估计参数的统计量, 由该方程求得的极大似然估计量必为

$$\hat{g}(X_1, X_2, \cdots, X_n) = T(X_1, X_2, \cdots, X_n) = \vartheta + b(\vartheta).$$

由此得出结论, 若参数存在有效估计量, 则必定是极大似然估计量, 该估计量的方差由式 (7.4.13)、式 (7.4.14) 和式 (7.4.16) 得出

$$V(\hat{\vartheta}) = \frac{\left(1 + \dfrac{\partial b}{\partial \vartheta}\right)^2}{E\left[\left(\dfrac{\partial \ln L}{\partial \vartheta}\right)^2\right]} = \frac{\left(1 + \dfrac{\partial b}{\partial \vartheta}\right)^2}{E\left(-\dfrac{\partial^2 \ln L}{\partial \vartheta^2}\right)} = \frac{\left(1 + \dfrac{\partial b}{\partial \vartheta}\right)}{A(\vartheta)}. \tag{8.3.5}$$

例如, 设总体概率密度是指数分布

$$f(t|\tau) = \frac{1}{\tau} \mathrm{e}^{-t/\tau},$$

τ 为未知参数. 若 τ 存在有效估计量 $\hat{\tau}$, 则似然函数应能写成如下形式:

$$\frac{\partial \ln L}{\partial \tau} = A(\tau)[\hat{\tau}(t_1, t_2, \cdots, t_n) - \tau - b(\tau)],$$

其中 $t_1, t_2, \cdots, t_n$ 是子样. 事实上, 在例 8.1 中我们看到,

$$\frac{\partial \ln L}{\partial \tau} = \sum_{j=1}^{n} \left(-\frac{1}{\tau} + \frac{t_i}{\tau^2}\right) = \frac{n}{\tau^2}(\bar{t} - \tau),$$

与上式比较, 有

$$A(\tau) = \frac{n}{\tau^2}, \quad \hat{\tau} = \bar{t},$$

因此, 参数 τ 的极大似然估计量 $\bar{t}$ 是无偏、有效估计量, 其方差由式 (8.3.5) 求出

$$V(\bar{t}) = 1/A(\tau) = \tau^2/n. \tag{8.3.6}$$

如果以 $\lambda \equiv 1/\tau$ 作为待估计的未知参数, 则概率密度函数的形式为 $f(t|\lambda) = \lambda \mathrm{e}^{-\lambda t}$, 相应的似然函数是

$$L(t_1, t_2, \cdots, t_n|\lambda) = \prod_{i=1}^{n} \lambda \mathrm{e}^{-\lambda t_i},$$

从而有

$$\frac{\partial \ln L}{\partial \lambda} = \frac{n}{\lambda} - \sum_{i=1}^{n} t_i = -n\left(\bar{t} - \frac{1}{\lambda}\right).$$

与式 (8.3.4) 对比得知, 只有 $1/\lambda = \tau$ 存在有效估计量, 而 λ 不存在有效估计量.

又如, 设 X_1, $X_2, \cdots, X_n$ 是正态总体 $N(\mu, \sigma_i^2), i = 1, 2, \cdots,\ n$ 的子样, μ 为待估计的未知参数. 似然函数为

$$L(X_1, \cdots, X_n; \sigma_1, \cdots, \sigma_n|\mu) = \prod_{i=1}^{n} \frac{1}{\sqrt{2\pi}\sigma_i} \cdot \exp\left[-\frac{1}{2}\left(\frac{X_i - \mu}{\sigma_i}\right)^2\right],$$

$$\ln L = \sum_{i=1}^{n}\left[-\frac{1}{2}\ln 2\pi\sigma_i^2 - \frac{1}{2}\left(\frac{X_i - \mu}{\sigma_i}\right)^2\right].$$

似然方程

$$\frac{\partial \ln L}{\partial \mu} = \sum_{i=1}^{n} \frac{X_i - \mu}{\sigma_i^2} = \sum_{i=1}^{n} \frac{1}{\sigma_i^2}\left[\frac{\sum\limits_{i=1}^{n} \dfrac{X_i}{\sigma_i^2}}{\sum\limits_{i=1}^{n} \dfrac{1}{\sigma_i^2}} - \mu\right]$$

$$\equiv \sum_{i=1}^{n} \frac{1}{\sigma_i^2}[\hat{\mu} - \mu] = 0.$$

与式 (8.3.4) 对比知, 极大似然估计量

$$\hat{\mu} = \frac{\sum\limits_{i=1}^{n} \dfrac{X_i}{\sigma_i^2}}{\sum\limits_{i=1}^{n} \dfrac{1}{\sigma_i^2}}$$

是参数 μ 的有效无偏估计量, 由式 (8.3.5) 求出 $\hat{\mu}$ 的方差

$$V(\hat{\mu}) = \frac{1}{A(\mu)} = \left(\sum_{i=1}^{n} \frac{1}{\sigma_i^2}\right)^{-1},$$

这些结果已在 8.2 节 (1) 中指出.

有时, 参数 ϑ 本身不存在有效估计量, 但它的某个函数 $\tau(\vartheta)$ 存在有效估计量. 根据式 (7.4.9), 这时似然方程必可写成

$$\frac{\partial \ln L}{\partial \vartheta} = A(\vartheta)[T(X_1, X_2, \cdots, X_n) - \tau(\vartheta) - b(\vartheta)] = 0, \tag{8.3.7}$$

极大似然估计量

$$\tau(X_1, X_2, \cdots, X_n) = T(X_1, X_2, \cdots, X_n) = \tau(\vartheta) + b(\vartheta)$$

是 $\tau(\vartheta)$ 的有效估计量 (偏差 $b(\vartheta)$), 其方差由式 (7.4.10) 给出

$$V(T) = \frac{\left(\dfrac{\partial \tau}{\partial \vartheta} + \dfrac{\partial b}{\partial \vartheta}\right)^2}{E\left[\left(\dfrac{\partial \ln L}{\partial \vartheta}\right)^2\right]} = \frac{\left(\dfrac{\partial \tau}{\partial \vartheta} + \dfrac{\partial b}{\partial \vartheta}\right)^2}{E\left[-\dfrac{\partial^2 \ln L}{\partial \vartheta^2}\right]} = \frac{\dfrac{\partial \tau}{\partial \vartheta} + \dfrac{\partial b}{\partial \vartheta}}{A(\vartheta)}. \tag{8.3.8}$$

例如, 在 7.4 节中关于正态总体参数的估计量的例子中已经证明, 总体标准差 σ 不存在有效估计量, 而总体方差 σ^2 存在有效估计量, 可由似然方程解出.

总体 X 的概率密度若属于指数族

$$f(x|\vartheta) = \exp[\alpha(x)a(\vartheta) + \beta(x) + c(\vartheta)],$$

则其参数 ϑ 存在充分统计量, 而且充分统计量 $\dfrac{1}{n}\sum\limits_{i=1}^{n}\alpha(X_i)$ 是参数的函数

$$\tau(\vartheta) = \frac{-(\mathrm{d}c/\mathrm{d}\vartheta)}{(\mathrm{d}a/\mathrm{d}\vartheta)}$$

的有效无偏估计量 (见 7.5 节). 我们来证明, 若参数存在充分统计量, 则极大似然法求得的解必是 $\tau(\vartheta)$ 的有效估计量. 因为在这种情形下, 似然函数的对数为

$$\begin{aligned}\ln L(\boldsymbol{X}|\vartheta) &= \ln \prod_{i=1}^{n} f(X_i|\vartheta) \\ &= \sum_{i=1}^{n} [\alpha(X_i)a(\vartheta) + \beta(X_i) + c(\vartheta)],\end{aligned}$$

似然方程为

$$\frac{\partial \ln L(\boldsymbol{X}|\vartheta)}{\partial \vartheta} = \sum_{i=1}^{n} \alpha(X_i) \cdot \frac{\mathrm{d}a(\vartheta)}{\mathrm{d}\vartheta} + n\frac{\mathrm{d}c(\vartheta)}{\mathrm{d}\vartheta} = 0,$$

其解为

$$\tau(\hat{\vartheta}) \equiv \left.\frac{-\left(\dfrac{\mathrm{d}c}{\mathrm{d}\vartheta}\right)}{\left(\dfrac{\mathrm{d}a}{\mathrm{d}\vartheta}\right)}\right|_{\vartheta=\hat{\vartheta}} = \frac{1}{n}\sum_{i=1}^{n} \alpha(X_i). \tag{8.3.9}$$

由参数变换下的不变性 $\hat{\tau}(\vartheta)=\tau(\hat{\vartheta})$ 可知, 极大似然法求出的解正是 $\tau(\vartheta)$ 的有效估计量, 其方差 (见式 (7.5.8)) 为

$$V(\hat{\tau})=\left(\frac{\partial\tau}{\partial\vartheta}\right)\Big/\left(n\frac{\mathrm{d}a}{\mathrm{d}\vartheta}\right). \tag{8.3.10}$$

以指数分布总体为例, 概率密度可写成

$$f(t|\lambda)=\lambda\mathrm{e}^{-\lambda t}=\exp[-\lambda t+\ln\lambda],$$

其中待估计参数是 λ. 由上述推导可知

$$\tau(\lambda)=\frac{-\dfrac{\mathrm{d}\ln\lambda}{\mathrm{d}\lambda}}{\dfrac{\mathrm{d}(-\lambda)}{\mathrm{d}\lambda}}=\frac{1}{\lambda}$$

的有效估计量 (极大似然估计量) 为

$$\frac{1}{n}\sum_{i=1}^{n}\alpha(t_i)=\frac{1}{n}\sum_{i=1}^{n}t_i=\bar{t},$$

这一结果与例 8.1 完全一致; 其方差为

$$V\left(\frac{1}{\lambda}\right)=\frac{\dfrac{\partial\lambda^{-1}}{\partial\lambda}}{n\dfrac{\mathrm{d}(-\lambda)}{\mathrm{d}\lambda}}=\frac{1}{n\lambda^2}.$$

8.3.5 唯一性

如果参数 ϑ 的某个函数 $\tau(\vartheta)$ 存在有效估计量, 那么极大似然估计 $\hat{\vartheta}$ 有唯一解. 我们来证明这一性质.

设 T 为 $\tau(\vartheta)$ 的有效估计量, 则应有 (见式 (7.4.9))

$$\frac{\partial\ln L}{\partial\vartheta}=A(\vartheta)[T-\tau(\vartheta)-b(\vartheta)].$$

在 $\vartheta=\hat{\vartheta}$ 处对等式两边求导

$$\begin{aligned}\left.\frac{\partial^2\ln L}{\partial\vartheta^2}\right|_{\vartheta=\hat{\vartheta}}=&\left[\frac{\partial A(\vartheta)}{\partial\vartheta}(T-\tau(\vartheta)-b(\vartheta))\right]_{\vartheta=\hat{\vartheta}}\\&-A(\hat{\vartheta})\left[\frac{\partial\tau}{\partial\vartheta}+\frac{\partial b}{\partial\vartheta}\right]_{\vartheta=\hat{\vartheta}}.\end{aligned}$$

上式右边第一项为 0. 据式 (7.4.10), 有

$$\frac{\partial\tau}{\partial\vartheta}+\frac{\partial b}{\partial\vartheta}=A(\vartheta)V(T),$$

因此

$$\left.\frac{\partial^2 \ln L}{\partial \vartheta^2}\right|_{\vartheta=\hat{\vartheta}} = -V(T)[A(\hat{\vartheta})]^2 < 0.$$

可见, 似然方程 $\dfrac{\partial \ln L}{\partial \vartheta} = 0$的每一个解都对应于似然函数的极大值. 对于正规的函数, 两个极大值之间必然存在一个极小值, 该极小值也应当是似然方程的解. 但现在条件下不存在极小解, 因此不可能有一个以上的极大值. 可见极大似然解 $\hat{\vartheta}$ 是唯一的.

事实上, 只要存在参数 ϑ 的充分统计量, 且似然函数满足正规条件, 极大似然估计 $\hat{\vartheta}$ 就是唯一的; 如果充分统计量不存在, 则极大似然估计不一定有唯一解. 推广到总体含有 k 个未知参数的一般情形, 若存在一组 k 个联合充分统计量, 且似然函数满足正规条件, 则似然方程组有唯一的一组解.

8.3.6　渐近正态性

设总体的概率分布为 $f(x|\vartheta), \vartheta$ 为未知参数, $X_1, X_2, \cdots, X_n$ 为容量 n 的子样, 似然函数用 $L(\boldsymbol{X}|\vartheta)$ 表示. 若似然函数满足正规条件, 当子样容量 n 很大时, 则参数 ϑ 的极大似然估计 $\hat{\vartheta}$ 的分布渐近地服从正态分布, 它的均值等于参数的真值 ϑ_0, 方差为最小方差界.

我们来证明极大似然估计量的这一渐近正态性质. 将 $\left.\dfrac{\partial \ln L}{\partial \vartheta}\right|_{\hat{\vartheta}}$ (ϑ 等于极大似然估计量 $\hat{\vartheta}$ 处的 $\dfrac{\partial \ln L}{\partial \vartheta}$ 值) 在参数真值 $\vartheta = \vartheta_0$ 的邻域作泰勒展开

$$\left.\frac{\partial \ln L}{\partial \vartheta}\right|_{\hat{\vartheta}} = \left.\frac{\partial \ln L}{\partial \vartheta}\right|_{\vartheta_0} + (\hat{\vartheta} - \vartheta_0)\left.\frac{\partial^2 \ln L}{\partial \vartheta^2}\right|_{\vartheta^*} = 0, \tag{8.3.11}$$

其中 ϑ^* 是 $\hat{\vartheta}$ 与 ϑ_0 之间的某个值.

已经阐明, 似然函数满足

$$\int \cdots \int \frac{\partial \ln L}{\partial \vartheta} L\mathrm{d}\boldsymbol{X} = E\left(\frac{\partial \ln L}{\partial \vartheta}\right) = 0$$

(见式 (7.4.5)), 而 $\partial \ln L/\partial \vartheta$ 的方差为

$$\begin{aligned} V\left(\frac{\partial \ln L}{\partial \vartheta}\right)_{\hat{\vartheta}} &= E\left[\left(\frac{\partial \ln L}{\partial \vartheta}\right)^2\right] - \left[E\left(\frac{\partial \ln L}{\partial \vartheta}\right)\right]^2 \\ &= E\left[\left(\frac{\partial \ln L}{\partial \vartheta}\right)^2\right], \end{aligned}$$

当似然函数满足正规条件, 则有 (见式 (7.4.7))

$$V\left(\frac{\partial \ln L}{\partial \vartheta}\right) = E\left[\left(\frac{\partial \ln L}{\partial \vartheta}\right)^2\right] = E\left(-\frac{\partial^2 \ln L}{\partial \vartheta^2}\right). \tag{8.3.12}$$

记

$$\left.\frac{\partial \ln L}{\partial \vartheta}\right|_{\vartheta_0} = \sum_{i=1}^{n} \left.\frac{\partial \ln f(X_i|\vartheta)}{\partial \vartheta}\right|_{\vartheta_0}, \tag{8.3.13}$$

式 (8.3.13) 右边是 n 个相互独立变量 $\dfrac{\partial \ln f(X_i|\vartheta)}{\partial \vartheta}$ 求和, 该求和量均值为 0, 方差由式 (8.3.12) 表示. 根据中心极限定理, 随机变量

$$u = \frac{\partial \ln L}{\partial \vartheta} \Bigg/ \left[E\left(-\frac{\partial^2 \ln L}{\partial \vartheta^2}\right)\right]^{\frac{1}{2}} \tag{8.3.14}$$

在 $\vartheta = \vartheta_0$ 处渐近地服从标准正态分布 $N(0, 1)$. 记

$$v = -\left.\frac{\partial^2 \ln L}{\partial \vartheta^2}\right|_{\vartheta^*} = -\sum_{i=1}^{n} \left(\frac{\partial^2 \ln f}{\partial \vartheta^2}\right)_{\vartheta^*}. \tag{8.3.15}$$

因为 ϑ^* 位于 $\hat{\vartheta}$ 和 ϑ_0 之间, 由于极大似然估计量 $\hat{\vartheta}$ 是相合估计量 (见 8.3.2 节), 故当 $n \to \infty$ 时, $\hat{\vartheta}$ 收敛于 ϑ_0. 因此有

$$v \to E\left(-\frac{\partial^2 \ln L}{\partial \vartheta^2}\right), \quad \text{当} n \to \infty. \tag{8.3.16}$$

将 v 的渐近表式代入式 (8.3.11), 得

$$(\hat{\vartheta} - \vartheta_0)\left[E\left(-\frac{\partial^2 \ln L}{\partial \vartheta^2}\right)\right]^{\frac{1}{2}} = \frac{\partial \ln L}{\partial \vartheta} \Bigg/ \left[E\left(-\frac{\partial^2 \ln L}{\partial \vartheta^2}\right)\right]^{\frac{1}{2}}, \tag{8.3.17}$$

其中各项都应在 $\vartheta = \vartheta_0$ 处计算. 该式右边正是 u 的表达式, 它渐近地服从 $N(0, 1)$ 分布. 因此, 从式 (8.3.17) 可知, 极大似然估计 $\hat{\vartheta}$ 服从正态分布

$$\hat{\vartheta} \sim N(\vartheta_0, \quad V(\hat{\vartheta})),$$

$$V(\hat{\vartheta}) = \left[E\left(-\frac{\partial^2 \ln L(\boldsymbol{X}|\vartheta)}{\partial \vartheta^2}\right)\right]^{-1}, \tag{8.3.18}$$

即极大似然估计量 $\hat{\vartheta}$ 的数学期望为参数真值, 其方差如式 (8.3.18) 所表示, 该式在 $\vartheta = \vartheta_0$ 处计算, 由于参数真值 ϑ_0 未知, 可用极大似然估计量 $\vartheta = \hat{\vartheta}$ 处的值作为近似. 与式 (7.4.8) 对比知道, $V(\hat{\vartheta})$ 等于 $\dfrac{\partial b}{\partial \vartheta} = 0$ 条件下的最小方差界.

对于总体含有 k 个未知参数 $\vartheta_1, \cdots, \vartheta_k$ 的一般情形, 可以证明, 极大似然估计 $\hat{\vartheta}_1, \cdots, \hat{\vartheta}_k$ 也是渐近地多维正态分布的, 数学期望是参数的真值 $\vartheta_{10}, \vartheta_{20}, \cdots, \vartheta_{k0}$, 协方差可表示为

$$V_{ij}^{-1}(\hat{\boldsymbol{\vartheta}}) = E\left(-\frac{\partial^2 \ln L(\boldsymbol{X}|\boldsymbol{\vartheta})}{\partial \vartheta_i \partial \vartheta_j}\right), \quad i, j = 1, 2, \cdots, k. \tag{8.3.19}$$

该式在 $\boldsymbol{\vartheta}$ 真值处计算, 或用估计量 $\bar{\boldsymbol{\vartheta}}$ 处的值作为近似.

例 8.6　粒子平均寿命的极大似然估计量的渐近正态性质

在本章前面各节中我们已经看到, 总体概率密度 $f(t|\tau)=\dfrac{1}{\tau}\mathrm{e}^{-t/\tau}$ 中的未知参数 (粒子平均寿命)τ 的极大似然估计量 $\hat{\tau}=\bar{t}$ 有极其优良的性质, 它是相合、无偏、充分、有效和唯一的估计量, 并且在变换为衰变常数 $\lambda=1/\tau$ 时具有不变性. τ 的极大似然估计量比 λ 的极大似然估计量要优越, 因为后者不是有效估计量.

现在我们来直接证明, 对于大子样容量 (n 值很大), τ 的极大似然估计 $\hat{\tau}=\bar{t}$ 渐近地服从正态分布, 其均值为 τ 的真值, 方差达到最小方差界.

显然, 总体概率密度 $f(t|\tau)=\dfrac{1}{\tau}\mathrm{e}^{-t/\tau}$ 对于参数 τ 的二阶导数存在, 而且变量 t 的取值域 (子样空间) 与参数 τ 无关, 所以满足渐近正态所要求的正规条件. 为陈述方便起见, 暂时将变量 t 用 X 代替. 概率密度 $f(X|\tau)$ 的特征函数 $\varphi_X(t)$ 为

$$\varphi_X(t)\equiv E(\mathrm{e}^{\mathrm{i}tX})=(1-\mathrm{i}t\tau)^{-1}.$$

而随机变量 $\hat{\tau}=\bar{X}=\dfrac{1}{n}\sum_{i=1}^{n}X_i$ 的特征函数为

$$\varphi_{\bar{X}}(t)=\prod_{i=1}^{n}E\left[\exp\left(\mathrm{i}\frac{t}{n}X_i\right)\right]=\left[\varphi_X\left(\frac{t}{n}\right)\right]^n=\left(1-\frac{\mathrm{i}t\tau}{n}\right)^{-n}.$$

显然, 当 $n\to\infty$ 时, $\varphi_{\bar{X}(t)}\to\exp(\mathrm{i}t\tau)$, 这正是均值为 τ、方差为 0 的正态变量的特征函数 (见 4.10 节). 因此, 极大似然估计 $\hat{\tau}=\bar{X}$ 当 $n\to\infty$ 的渐近分布是参数 τ 的真值处无限尖锐的峰.

当子样容量 n 很大但为有限值的情形, 我们来考察 $\varphi_{\bar{X}}(t)$ 的展开式

$$\varphi_{\bar{X}}(t)=\left(1-\frac{\mathrm{i}t\tau}{n}\right)^{-n}=1+\mathrm{i}t\tau+\frac{1}{2}(\mathrm{i}t)^2(\tau^2+\tau^2/n)+\cdots,$$

与正态变量 $N(\mu,\sigma^2)$ 的特征函数

$$\exp\left(\mathrm{i}t\mu+\frac{1}{2}(\mathrm{i}t)^2\sigma^2\right)=1+\mathrm{i}t\mu+\frac{1}{2}(\mathrm{i}t)^2(\mu^2+\sigma^2)+\cdots$$

对比可见, $\hat{\tau}=\bar{X}$ 服从 $N(\tau,\tau^2/n)$ 分布, 其方差为 $V(\hat{\tau})=\tau^2/n$, 正是最小方差界 (见式 (8.3.6)). 因此, 当子样容量 n 很大时, 有

$$u\equiv\frac{\hat{\tau}-\tau}{\hat{\tau}/\sqrt{n}}\sim N(0,1).$$

8.4　极大似然估计量的方差

通过实验测量给出未知参数的数值只完成了事情的一半, 求出估计值的误差 (未知参数的方差) 往往具有同样的重要性. 如果未知参数估计值的方差很大, 即使

参数估计值极其精确也没有任何实际意义. 极大似然估计量方差的最佳确定方法取决于总体概率密度的性质和实验子样容量 n 的大小. 本节将介绍在什么条件下使用哪种方法来确定方差是最适当的.

确定方差的公式可以分为两类. 一类是**大样公式**, 它仅当 $n \to \infty$ 时才是严格正确的, 但当 n 为充分大的有限值时, 它们提供了方差的很好的近似表达式. 另一类公式对于任意 $n \geqslant 1$ 的子样容量皆为正确, 称为**小样公式**.

如果概率密度函数仅仅描写随机性物理量本身的分布, 那么所估计的误差显然只反映统计不确定性; 如果构成似然函数的概率密度是物理量本身的概率分布与测量仪器的实验分辨函数的适当叠加 (见 4.17 节的讨论), 则从似然函数计算得到的误差将同时包含统计不确定性和实验测量的不确定性. 实验测量得到的数据一般总是包含测量误差的. 由这些数据进行误差估计 (如 8.5 节中将介绍的图像法) 显然同时包含了实验测量和统计的不确定性.

8.4.1　方差估计的一般方法

对于总体概率密度包含 k 个未知参数 $\boldsymbol{\vartheta} = \{\vartheta_1, \vartheta_2 \cdots, \vartheta_k\}$ 的一般情形, 似然函数

$$L(\boldsymbol{X}|\boldsymbol{\vartheta}) = \prod_{i=1}^{n} f(X_i|\boldsymbol{\vartheta})$$

可考虑为包含 k 个未知参数, n 个变量 $\boldsymbol{X} = X_1, \cdots, X_n$ 的联合概率密度. 如果参数的极大似然估计可表示成子样 $X_1, X_2, \cdots, X_n$ 的显著函数

$$\hat{\vartheta}_i = \hat{\vartheta}_i(X_1, \cdots, X_n), \quad i = 1, 2, \cdots, k,$$

则参数 $\hat{\vartheta}_i$ 和 $\hat{\vartheta}_j$ 之间的协方差为

$$V_{ij}(\hat{\boldsymbol{\vartheta}}) = \int_{\Omega(X)} (\hat{\vartheta}_i - \vartheta_i)(\hat{\vartheta}_j - \vartheta_j) L(\boldsymbol{X}|\boldsymbol{\vartheta}) \mathrm{d}\boldsymbol{X}, \quad i, j = 1, 2, \cdots, k, \tag{8.4.1}$$

其中 $\boldsymbol{\vartheta} = \{\vartheta_1, \vartheta_2, \cdots, \vartheta_k\}$ 表示参数的真值, 积分对所有的变量 $X_1, X_2, \cdots, X_n$ 施行. 每个参数估计值 $\hat{\vartheta}_i$ 的方差可由 $V_{ii}(\hat{\boldsymbol{\vartheta}})$ 得到.

通过对式 (8.4.1) 作变换, 还可导出对参数估计量 $\hat{\vartheta}$ 作积分来表示的协方差计算公式. n 个变量 $\{X_1, \cdots, X_n\}$ 的联合概率密度 $L(\boldsymbol{X}|\boldsymbol{\vartheta})\mathrm{d}\boldsymbol{X}$ 利用雅可比行列式变换为 k 个变量 $\{\vartheta_1, \cdots, \vartheta_k\}$ 的联合概率 $L'(\hat{\boldsymbol{\vartheta}}|\boldsymbol{\vartheta})\mathrm{d}\hat{\boldsymbol{\vartheta}}$, 其中 $L'(\hat{\boldsymbol{\vartheta}}|\boldsymbol{\vartheta})$ 包含 $\hat{\boldsymbol{\vartheta}}$ 与 $\boldsymbol{X}$ 的变换行列式 (见 3.7 节). 于是式 (8.4.1) 变换为

$$V_{ij}(\hat{\boldsymbol{\vartheta}}) = \int_{\Omega(\hat{\vartheta})} (\hat{\vartheta}_i - \vartheta_i)(\hat{\vartheta}_j - \vartheta_j) L'(\hat{\boldsymbol{\vartheta}}|\boldsymbol{\vartheta}) \mathrm{d}\boldsymbol{\vartheta}. \tag{8.4.2}$$

从变量$\boldsymbol{X}$变换到 $\hat{\boldsymbol{\vartheta}}$ 通常相当复杂, 因此, 由式 (8.4.1) 求协方差比较容易. 一般说来, 式 (8.4.1) 和式 (8.4.2) 的积分只对比较简单的似然函数才可能积出, 求得的协方差表达式是参数真值的函数.

现在将似然函数 $L(\boldsymbol{X}|\boldsymbol{\vartheta})$ 考虑为给定$\boldsymbol{X}$下变量 $\boldsymbol{\vartheta}=\{\vartheta_1,\cdots,\vartheta_k\}$ 的函数. 似然函数 $L(\boldsymbol{X}|\boldsymbol{\vartheta})$ 对于子样空间 $\Omega(\boldsymbol{X})$ 是归一化的, 但对参数空间 $\Omega(\boldsymbol{\vartheta})$ 一般却不是归一化的, 因此, 协方差的计算公式为

$$V_{ij}(\hat{\boldsymbol{\vartheta}})=\frac{\displaystyle\int_{\Omega(\vartheta)}(\vartheta_i-\hat{\vartheta}_i)(\vartheta_j-\hat{\vartheta}_j)L(\boldsymbol{X}|\boldsymbol{\vartheta})\mathrm{d}\boldsymbol{\vartheta}}{\displaystyle\int_{\Omega(\boldsymbol{\vartheta})}L(\boldsymbol{X}|\boldsymbol{\vartheta})\mathrm{d}\boldsymbol{\vartheta}},\tag{8.4.3}$$

积分在 k 个参数 $\{\vartheta_1,\cdots,\vartheta_k\}$ 的参数空间内施行, 分母是为了归一化. 在无法求出该积分的解析表达式时, 可用数值方法求得协方差的近似值

$$V_{ij}(\boldsymbol{\vartheta})=\frac{1}{N}\sum_{\Delta\vartheta_1}\cdots\sum_{\Delta\vartheta_k}(\vartheta_i-\hat{\vartheta}_i)(\vartheta_j-\hat{\vartheta}_j)L(\boldsymbol{X}|\boldsymbol{\vartheta})\Delta\vartheta_1\cdots\Delta\vartheta_k,$$
$$i,j=1,2,\cdots,k,$$

$$N=\sum_{\Delta\vartheta_1}\cdots\sum_{\Delta\vartheta_k}L(\boldsymbol{X}|\boldsymbol{\vartheta})\Delta\vartheta_1\cdots\Delta\vartheta_k,\tag{8.4.4}$$

其中 $\Delta\vartheta_s(s=1,\cdots,k)$ 是参数 ϑ_s 的子区间宽度, N 是归一化因子.

在式 (8.4.3) 或式 (8.4.4) 中, 如果某几个参数固定于它的估计值而不作积分或求和运算, 求出的协方差将是条件协方差, 显然, 后者比一般的协方差的值小.

例 8.7　粒子平均寿命极大似然估计量的方差

例 8.1 已求出粒子平均寿命 τ 的极大似然估计为

$$\hat{\tau}=\frac{1}{n}\sum_{i=1}^{n}t_i.$$

根据式 (8.4.1), $\hat{\tau}$ 的方差为

$$\begin{aligned}V(\hat{\tau})&=\int_0^\infty\cdots\int_0^\infty(\hat{\tau}-\tau)^2\prod_{i=1}^{n}\frac{1}{\tau}\mathrm{e}^{-t_i/\tau}\mathrm{d}t_i\\&=\int_0^\infty\cdots\int_0^\infty\left(\frac{1}{n}\sum_{k=1}^{n}t_k\right)\left(\frac{1}{n}\sum_{j=1}^{n}t_j\right)\prod_{i=1}^{n}\frac{1}{\tau}\mathrm{e}^{-t_i/\tau}\mathrm{d}t_i\\&\quad-2\tau\int_0^\infty\cdots\int_0^\infty\left(\frac{1}{n}\sum_{k=1}^{n}t_k\right)\prod_{i=1}^{n}\frac{1}{\tau}\mathrm{e}^{-t_i/\tau}\mathrm{d}t_i\end{aligned}$$

$$+\tau^2\int_0^{\infty}\cdots\int_0^{\infty}\prod_{i=1}^{n}\frac{1}{\tau}\mathrm{e}^{-t_i/\tau}\mathrm{d}t_i.$$

对 $t_i, i=1,2,\cdots,n$, 取值区间 $0\to\infty$. 通过直接计算, 得到

$$V(\hat{\tau})=\left(\frac{2}{n}\tau^2+\frac{n-1}{n}\tau^2\right)-2\tau^2+\tau^2=\frac{\tau^2}{n}.$$

这一公式给出的 $\hat{\tau}$ 的方差正是有效估计量的最小方差界 (见式 (8.3.6)).

也可以利用式 (8.4.3) 计算 $\hat{\tau}$ 的方差, 这时,

$$V(\hat{\tau})=\frac{\displaystyle\int_0^{\infty}(\hat{\tau}-\tau)^2\left(\prod_{i=1}^{n}\frac{1}{\tau}\mathrm{e}^{-t_i/\tau}\right)\mathrm{d}\tau}{\displaystyle\int_0^{\infty}\left(\prod_{i=1}^{n}\frac{1}{\tau}\mathrm{e}^{-t_i/\tau}\right)\mathrm{d}\tau},$$

直接计算的结果是

$$V(\hat{\tau})=\frac{\hat{\tau}^2}{n}\frac{1+\dfrac{6}{n}}{\left(1-\dfrac{2}{n}\right)\left(1-\dfrac{3}{n}\right)}.$$

仅当 $n\to\infty$ 极限情形下, 式 (8.4.1) 与式 (8.4.3) 的结果才互相一致.

8.4.2 充分和有效估计量的方差公式

8.4.1 节给出的方差计算公式对于任何极大似然估计量都是正确的, 而且与子样容量 n 无关. 在某些特定情形下, 可以推导出计算方差更为方便的公式.

我们考虑参数 ϑ 的极大似然估计量为有效估计量的特殊情形, 这时似然方程必有式 (8.3.4) 的形式

$$\frac{\partial\ln L}{\partial\vartheta}=A(\vartheta)[T-\vartheta-b(\vartheta)]=0.$$

由式 (8.3.5) 已知, 极大似然估计量 $\hat{\vartheta}$ 的方差是

$$V(\hat{\vartheta})=\frac{\left(1+\dfrac{\partial b}{\partial\vartheta}\right)^2}{E\left(-\dfrac{\partial^2\ln L}{\partial\vartheta^2}\right)}=\frac{1+\dfrac{\partial b}{\partial\vartheta}}{A(\vartheta)},$$

利用式 (8.3.4) 可以求得

$$E\left(-\frac{\partial^2\ln L}{\partial\vartheta^2}\right)=A(\vartheta)\left(1+\frac{\partial b}{\partial\vartheta}\right)=-\left.\frac{\partial^2\ln L}{\partial\vartheta^2}\right|_{\vartheta=\hat{\vartheta}},$$

于是方差公式简化为

$$V(\hat{\vartheta})=\frac{\left(1+\dfrac{\partial b}{\partial\vartheta}\right)^2}{\left(-\dfrac{\partial^2\ln L}{\partial\vartheta^2}\right)_{\vartheta=\hat{\vartheta}}}. \tag{8.4.5}$$

特别是, 当 $\hat{\vartheta}$ 为无偏有效估计量时,

$$V(\hat{\vartheta})=\frac{1}{\left(-\dfrac{\partial^2\ln L}{\partial\vartheta^2}\right)_{\vartheta=\hat{\vartheta}}}. \tag{8.4.6}$$

这两个公式对于任意 $n\geqslant 1$ 的子样容量都正确, 所以在实际问题中经常用到.

当总体概率密度函数包含多个未知参数时, 情况比较复杂. 若对 k 个未知参数 $\{\vartheta_1,\vartheta_2,\cdots,\vartheta_k\}$ 存在 k 个联合充分统计量 $\{T_1,T_2,\cdots,T_k\}$, 可以证明, 在大子样容量 n 的情形下, 极大似然估计的协方差矩阵之逆阵的元素 $V_{ij}^{-1}(\hat{\boldsymbol{\vartheta}})$ 可表示为

$$V_{ij}^{-1}(\hat{\boldsymbol{\vartheta}})=\left(-\frac{\partial^2\ln L}{\partial\vartheta_i\partial\vartheta_j}\right)_{\boldsymbol{\vartheta}=\hat{\boldsymbol{\vartheta}}}. \tag{8.4.7}$$

例 8.8　加权平均的方差

若 $X_1,X_2,\cdots,X_n$ 是正态总体 $N(\mu,\sigma_i^2)(i=1,2,\cdots,n)$ 的子样, μ 为待估计的未知参数. 在 8.3.4 节中已经证明, μ 的极大似然估计

$$\hat{\mu}=\frac{\displaystyle\sum_{i=1}^{n}\frac{X_i}{\sigma_i^2}}{\displaystyle\sum_{i=1}^{n}\frac{1}{\sigma_i^2}}$$

是有效无偏估计量, $\hat{\mu}$ 称为加权平均, 它的方差可直接从式 (8.4.6) 导出. 由于似然函数为

$$\begin{aligned}&L(X_1,\cdots,X_n;\sigma_1,\cdots,\sigma_n|\mu)\\=&\prod_{i=1}^{n}\frac{1}{\sqrt{2\pi}\sigma_i}\exp\left[-\frac{1}{2}\left(\frac{X_i-\mu}{\sigma_i}\right)^2\right],\end{aligned}$$

故有

$$V(\hat{\mu})=\frac{1}{\left(-\dfrac{\partial^2\ln L}{\partial\mu^2}\right)_{\mu=\hat{\mu}}}=\frac{1}{\displaystyle\sum_{i=1}^{n}\frac{1}{\sigma_i^2}}.$$

该表达式与 8.3.4 节的结果完全一致.

例 8.9 正态总体 $N(\mu,\sigma^2)$ 中 μ 和 σ^2 的极大似然估计量的方差

在 8.2 节中已经证明, 当正态总体中 μ,σ^2 均为未知参数时, 其极大似然估计量为

$$\hat{\mu}=\bar{X},\quad \hat{\sigma}^2=\frac{1}{n}\sum_{i=1}^{n}(X_i-\bar{X})^2.$$

根据 7.5 节的讨论可知, $t_1=\sum\limits_{i=1}^{n}X_i, t_2=\sum\limits_{i=1}^{n}X_i^2$ 是 μ,σ^2 的一对联合充分统计量. 由于 $\hat{\mu},\hat{\sigma}^2$ 是 t_1,t_2 的一一对应的变换, 故它们也是 μ,σ^2 的联合充分统计量. 若子样容量 n 很大, 可利用式 (8.4.7) 来估计协方差. 总体概率密度为

$$N(\mu,\sigma^2)=\frac{1}{\sqrt{2\pi}\sigma}\exp\left(-\frac{1}{2}\frac{(x-\mu)^2}{\sigma^2}\right),$$

似然函数的对数可写成

$$\ln L=\sum_{i=1}^{n}\left[-\frac{1}{2}\ln(2\pi)-\frac{1}{2}\ln\sigma^2-\frac{1}{2}\left(\frac{X_i-\mu}{\sigma}\right)^2\right],$$

由式 (8.4.7) 求出协方差矩阵 $V(\hat{\mu},\hat{\sigma}^2)$ 的逆矩阵元素

$$\begin{aligned}V_{11}^{-1}&=\frac{-\partial^2\ln L}{\partial\mu^2}=\frac{n}{\sigma^2},\\ V_{22}^{-1}&=-\frac{\partial^2\ln L}{\partial(\sigma^2)^2}=-\frac{n}{2\sigma^4}+\frac{1}{\sigma^6}\sum_{i=1}^{n}(X_i-\mu)^2\\ &=-\frac{n}{2\sigma^4}+\frac{n\sigma^2}{\sigma^6}=\frac{n}{2\sigma^4},\\ V_{12}^{-1}&=V_{21}^{-1}=-\frac{\partial^2\ln L}{\partial\mu\partial\sigma^2}=\frac{1}{\sigma^4}\sum_{i=1}^{n}(X_i-\mu)=\frac{n}{\sigma^4}(\hat{\mu}-\mu).\end{aligned}$$

上述式子中都应在 $\mu=\hat{\mu}$ 和 $\sigma^2=\hat{\sigma}^2$ 处求值, 故有 $V_{12}^{-1}=V_{21}^{-1}=0$. 因此, 可写

$$\underset{\sim}{V}^{-1}(\hat{\mu},\hat{\sigma}^2)=\begin{pmatrix}\dfrac{n}{\sigma^2} & 0\\ 0 & \dfrac{n}{2\sigma^4}\end{pmatrix},$$

从而求得协方差矩阵为

$$\underset{\sim}{V}(\hat{\mu},\hat{\sigma}^2)=\begin{pmatrix}\dfrac{\sigma^2}{n} & 0\\ 0 & \dfrac{2\sigma^4}{n}\end{pmatrix}. \tag{8.4.8}$$

可见, $\hat{\mu}$ 和 $\hat{\sigma}^2$ 的极大似然估计的渐近协方差矩阵是对角矩阵, 这是由于正态总体的子样平均 $\bar{X}(=\hat{\mu})$ 和子样方差 $S^2\left(=\dfrac{n}{n-1}\hat{\sigma}^2\right)$ 是两个独立变量的缘故 (见

6.3.2 节). 事实上, 由 6.3 节知道, $\bar{X}(=\hat{\mu})$ 是 $N\left(\mu,\dfrac{\sigma^2}{n}\right)$ 的正态变量, 显然极大似然估计 $\hat{\mu}$ 对于任意子样容量 n, 其方差都是 $\dfrac{\sigma^2}{n}$, 即最小方差界. 而随机变量 $\dfrac{n-1}{\sigma^2}S^2=\dfrac{n}{\sigma^2}\hat{\sigma}^2$ 服从 $\chi^2(n-1)$ 分布 (见 6.3.2 节), 其方差为 $2(n-1)$, 因此, 对于任意 n, 有

$$V(\hat{\sigma}^2)=\left(\frac{\sigma^2}{n}\right)^2 V\left(\frac{n\hat{\sigma}^2}{\sigma^2}\right)=2\sigma^4\frac{n-1}{n^2}.$$

当子样容量 n 很大时, 上式与式 (8.4.8) 中 $\hat{\sigma}^2$ 的方差 $\dfrac{2\sigma^4}{n}$ 十分接近.

8.4.3　大子样情形下的方差公式

在 8.3.6 节中已经表明, 当似然函数满足正规条件, 即 $\ln L$ 对 $\boldsymbol{\vartheta}$ 的二阶导数存在, 而且 $\boldsymbol{X}$ 的取值域与参数 $\boldsymbol{\vartheta}$ 无关, 则 $\boldsymbol{\vartheta}$ 的极大似然估计 $\hat{\boldsymbol{\vartheta}}$ 趋近于均值为参数真值, 方差为最小方差界的正态分布, 对于总体包含一个和多个未知参数的情形, 方差分别由式 (8.3.18) 和式 (8.3.19) 表示

$$V^{-1}(\hat{\vartheta})=\left[E\left(-\frac{\partial^2\ln L(\boldsymbol{X}|\vartheta)}{\partial\vartheta^2}\right)\right],$$

$$V_{ij}^{-1}(\hat{\boldsymbol{\vartheta}})=\left[E\left(-\frac{\partial^2\ln L(\boldsymbol{X}|\boldsymbol{\vartheta})}{\partial\vartheta_i\partial\vartheta_j}\right)\right],\quad i,j=1,2,\cdots,k.$$

这两个式子在 $\boldsymbol{\vartheta}=\hat{\boldsymbol{\vartheta}}$ 处计算, 但有时极大似然估计量不能解析地求得. 当然, 在这种情况下可用数值方法求解, 这时则需要子样测定值, 即只能在收集实验数据之后进行.

如果希望在实验进行之前对方差作估计, 上述公式不适用. 为此, 我们将它改写成更方便的形式, 用总体概率密度来估计参数极大似然估计量的方差.

首先讨论总体 X 包含一个未知参数 ϑ 的情形, 对于容量 n 的子样 $X_1,X_2,\cdots,X_n$, 似然函数为

$$L(X_1,\cdots,X_n|\vartheta)=\prod_{i=1}^{n}f(X_i|\vartheta),$$

$\ln L$ 对 ϑ 的二阶导数可表示为

$$-\frac{\partial^2\ln L}{\partial\vartheta^2}=\sum_{i=1}^{n}\left(-\frac{\partial^2\ln f(X_i|\vartheta)}{\partial\vartheta^2}\right)\equiv\sum_{i=1}^{n}\left(-\frac{\partial^2\ln f_i}{\partial\vartheta^2}\right),$$

它的期望值

$$E\left(-\frac{\partial^2\ln L}{\partial\vartheta^2}\right)=\int\cdots\int\sum_{i=1}^{n}\left(-\frac{\partial^2\ln f_i}{\partial\vartheta^2}\right)\prod_{i=1}^{n}f_i\mathrm{d}X_i,$$

注意到 $X_1, X_2, \cdots, X_n$ 是与总体同分布的独立随机变量以及

$$\int f_i \mathrm{d}X_i = 1,$$

上式可写为

$$\begin{aligned} E\left(-\frac{\partial^2 \ln L}{\partial \vartheta^2}\right) &= \sum_{i=1}^{n} \int \left(-\frac{\partial^2 \ln f_i}{\partial \vartheta^2}\right) f_i \mathrm{d}X_i \\ &= n \int \left(-\frac{\partial^2 \ln f}{\partial \vartheta^2}\right) f \mathrm{d}X, \end{aligned}$$

其中 f 为总体概率密度函数. 由于

$$-\frac{\partial^2 \ln f}{\partial \vartheta^2} = -\frac{\partial}{\partial \vartheta}\left(\frac{1}{f}\frac{\partial f}{\partial \vartheta}\right) = \frac{1}{f^2}\left(\frac{\partial f}{\partial \vartheta}\right)^2 - \frac{1}{f}\frac{\partial^2 f}{\partial \vartheta^2},$$

代入上述积分, 得

$$E\left(-\frac{\partial^2 \ln L}{\partial \vartheta^2}\right) = n \int \frac{1}{f}\left(\frac{\partial f}{\partial \vartheta}\right)^2 \mathrm{d}X - n \int \frac{\partial^2 f}{\partial \vartheta^2} \mathrm{d}X,$$

当似然函数满足正规条件, X 的取值域与参数 ϑ 无关, 对 ϑ 的求导与对 X 的求积次序可以交换, 故有

$$\begin{aligned} E\left(-\frac{\partial^2 \ln L}{\partial \vartheta^2}\right) &= n \int \frac{1}{f}\left(\frac{\partial f}{\partial \vartheta}\right)^2 \mathrm{d}X - n \frac{\partial^2}{\partial \vartheta^2} \int f \mathrm{d}X \\ &= n \int \frac{1}{f}\left(\frac{\partial f}{\partial \vartheta}\right)^2 \mathrm{d}X. \end{aligned}$$

代入式 (8.3.18), 求得方差 $V(\hat{\vartheta})$ 的表达式为

$$V^{-1}(\hat{\vartheta}) = n \int \frac{1}{f}\left(\frac{\partial f}{\partial \vartheta}\right)^2 \mathrm{d}X. \tag{8.4.9}$$

在总体含 k 个未知参数的情况下, 最大似然估计量 $\hat{\boldsymbol{\vartheta}}$ 的协方差公式为

$$V_{ij}^{-1}\left(\hat{\boldsymbol{\vartheta}}\right) = n \int \frac{1}{f}\left(\frac{\partial f}{\partial \vartheta_i}\right)\left(\frac{\partial f}{\partial \vartheta_j}\right) \mathrm{d}X, \quad i, j = 1, 2, \cdots, k. \tag{8.4.10}$$

由式 (8.4.9) 和式 (8.4.10) 可看到, 参数 ϑ 估计值的误差 (标准差), 与测量次数 n(子样容量) 的平方根成反比.

这两个方差公式利用总体概率密度来表示, 无须子样测量值, 而且一般比较容易计算. 因此, 这种方法十分适合于在实验的规划阶段用作参数的误差估计, 或者

确定为了达到一定的实验精度所必需的测量次数 (子样容量 n). 当然, 这时需要对总体分布及其参数有所了解, 因为式 (8.4.9) 和式 (8.4.10) 的积分一定是总体分布参数的函数.

作为一个例子, 我们利用概率密度函数对正态总体均值的方差 (在实验进行之前) 作估计 (设子样容量为 n) .

现在概率密度函数为

$$f=\frac{1}{\sqrt{2\pi}\sigma}\mathrm{e}^{-\frac{(x-\mu)^2}{2\sigma^2}}$$

故有

$$\frac{\partial f}{\partial \mu}=\frac{1}{\sqrt{2\pi}\sigma^3}\mathrm{e}^{-\frac{(x-\mu)^2}{2\sigma^2}}(x-\mu),$$

$$\int\frac{1}{f}\left(\frac{\partial f}{\partial \vartheta}\right)^2\mathrm{d}X=\int\frac{1}{\sqrt{2\pi}\sigma^5}\mathrm{e}^{-\frac{(x-\mu)^2}{2\sigma^2}}(x-\mu)^2\,\mathrm{d}x,$$

令 $z=\dfrac{x-\mu}{\sigma}$, 并注意 $\displaystyle\int_{-\infty}^{\infty}\frac{1}{\sqrt{2\pi}}\mathrm{e}^{-\frac{z^2}{2}}\cdot z^{2n}\mathrm{d}z=1\cdot 3\cdots(2n-1)$,
则有

$$\int\frac{1}{f}\left(\frac{\partial f}{\partial \vartheta}\right)^2\mathrm{d}X=\int\frac{1}{\sqrt{2\pi}\sigma^2}\mathrm{e}^{-\frac{z^2}{2}}z^2\mathrm{d}z=1.$$

利用式 (8.4.9) 可得

$$V(\hat{\mu})=\left[n\int\frac{1}{f}\left(\frac{\partial f}{\partial \vartheta}\right)^2\mathrm{d}X\right]_{\mu=\hat{\mu}}^{-1}=\frac{\sigma^2}{n}.$$

这正是 μ 的极大似然估计量 $\hat{\mu}=\bar{X}$(子样平均) 的方差. 但这里不必通过求子样平均即可求出.

从另一种途径还可以写出大子样容量的极限情形下, 极大似然估计量方差的简单表达式. 在正态概率密度表达式

$$\frac{1}{\sqrt{2\pi}\sigma}\exp\left[-\frac{1}{2}\left(\frac{x-\mu}{\sigma}\right)^2\right]$$

中, 变量 x 和均值 μ 具有形式上的对称性. 因此, 极大似然估计 $\hat{\vartheta}$ 趋近于均值为参数真值 ϑ、方差为最小方差界 $V(\hat{\vartheta})$ 的正态分布这一事实, 可以形式上表达为参数真值 ϑ 服从均值为极大似然估计 $\hat{\vartheta}$、方差为 $V(\hat{\vartheta})$ 的正态分布.

对于总体含单个未知参数的情形, 似然函数 (子样 $X_1, X_2, \cdots, X_n$ 的联合概率密度) 可写为

$$L\propto\exp\left[-\frac{1}{2}\frac{(\vartheta-\hat{\vartheta})^2}{V(\hat{\vartheta})}\right],$$

于是立即得到方差的简单关系式

$$V(\hat{\vartheta}) = \frac{1}{-\partial^2 \ln L/\partial\vartheta^2}. \tag{8.4.11}$$

显然, 正态型的似然函数对应于 $\ln L-\vartheta$ 之间存在抛物线的函数关系, 而且 $\ln L$ 对 ϑ 的二阶导数等于常数.

当总体含有多个未知参数时, 似然函数为渐近的多维正态分布, 极大似然估计 $\hat{\boldsymbol{\vartheta}}$ 的协方差矩阵的元素 $V_{ij}(\hat{\boldsymbol{\vartheta}})$ 可由下式表示:

$$V_{ij}^{-1}\left(\hat{\boldsymbol{\vartheta}}\right) = \frac{-\partial^2 \ln L}{\partial\vartheta_i \partial\vartheta_j}. \tag{8.4.12}$$

式 (8.4.11) 和式 (8.4.12) 与极大似然估计量为充分和有效估计量时的方差公式 (8.4.6) 和式 (8.4.7) 有相似的形式.

例 8.10 反质子极化实验 (1)

粒子的自旋在空间取向具有一定的方向性, 称为**极化**. 如果一束粒子团, 其中粒子自旋的方向分布是各向同性的, 则称为非极化的; 若所有粒子**自旋**方向相同, 则称为完全极化的; 两者之间的情形属于部分极化.

研究反质子极化通常利用入射反质子束与靶物质中质子的两次接连的弹性散射来进行, 称为双散射实验. 设反质子束和靶物质的质子都是非极化的. 在反质子束与靶质子第一次弹性碰撞后, 在与入射反质子方向成一定角度处射出的反质子将是部分极化的, 而极化了的反质子与非极化靶质子的弹性碰撞 (第二次碰撞) 其截面有空间分布上的不对称性. 图 8.1 中, 设在 B 点和 C 点发生接连两次 $\bar{\mathrm{p}}\mathrm{p}$ 碰撞, $\bar{\mathrm{p}}, \mathrm{p}$ 分别表示反质子和质子. 测量两次散射平面 (ABC 平面和 BCD 平面) 的法线 $\boldsymbol{n}_1$ 和 $\boldsymbol{n}_2$ 之间的夹角 ϕ 可以求得反质子的极化量 P. 已知 ϕ 的分布可用概率密度

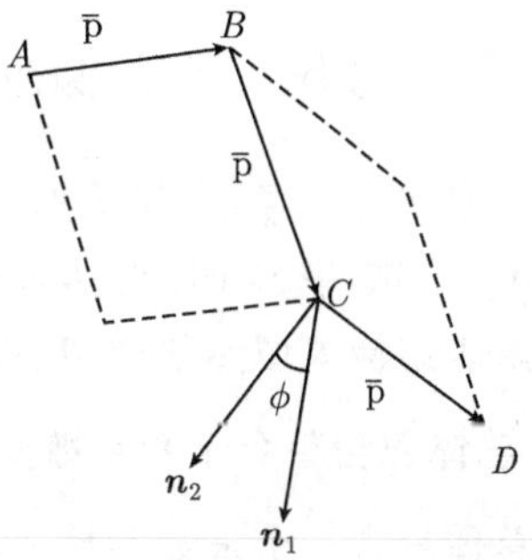

图 8.1 反质子双散射实验

$$f(x\,|\alpha) = \frac{1}{2}(1+\alpha x), \quad -1 \leqslant x \leqslant 1 \tag{8.4.13}$$

来描述, 其中, $x = \cos\phi, \alpha = P^2$. 为了使 α 估计值的误差小于某一给定常数 $\Delta\alpha$, 问需要收集多少双散射事例?

本问题中事例数的估算要在实验之前进行, 为此, 需用通过概率密度计算方差

的式 (8.4.9) 来估计参数 α 的极大似然估计 $\hat{\alpha}$ 的方差. 计算积分

$$\int_{-1}^{1}\frac{1}{f}\left(\frac{\partial f}{\partial \alpha}\right)^2 \mathrm{d}x = \int_{-1}^{1}\frac{x^2}{2(1+\alpha x)}\mathrm{d}x = \frac{1}{2\alpha^3}\{\ln(1+\alpha)-\ln(1-\alpha)-2\alpha\},$$

于是有

$$V(\hat{\alpha}) = \frac{1}{n}\frac{2\alpha^3}{\ln\left(\dfrac{1+\alpha}{1-\alpha}\right)-2\alpha}. \tag{8.4.14}$$

当 $\alpha \ll 1$, 式 (8.4.14) 可近似地写成

$$V(\hat{\alpha}) \geqslant \frac{1}{n}\left(3-\frac{9}{5}\alpha^2+\cdots\right). \tag{8.4.15}$$

如果在实验前对 α 值已有初步了解, 则容易由式 (8.4.15) 算得给定误差 $\Delta\alpha\left(=\sqrt{V(\hat{\alpha})}\right)$ 所必须收集的最少双散射事例数 n.

8.5 极大似然估计及其误差的图像确定

在许多实际问题中, 极大似然估计及其方差无法解析地求出. 当未知参数的个数不多 (一个或两个) 时, 似然函数 $L(\boldsymbol{X}|\boldsymbol{\vartheta})$ 的数值作为参数 $\boldsymbol{\vartheta}$ 的函数, 可通过图像方法来确定极大似然估计 $\hat{\boldsymbol{\vartheta}}$ 及其误差 $\Delta\hat{\boldsymbol{\vartheta}}$.

8.5.1 总体包含单个未知参数

当总体只含一个未知参数 ϑ 时, 对于一组特定的子样 $X_1, X_2, \cdots, X_n$, 其似然函数为 $L(\boldsymbol{X}|\vartheta)$. 将参数 ϑ 值作为横坐标, 似然函数 $L(\boldsymbol{X}|\vartheta)$ 值作为纵坐标, 对于不同的参数值 ϑ, 画出似然函数 $L(\boldsymbol{X}|\vartheta)$ 的曲线. 于是图中曲线极大值对应的 ϑ 可作为参数的极大似然估计 $\hat{\vartheta}$. 一般情况下, 曲线只有一个极大, 这对应于极大似然估计有唯一解. 若在物理上容许的 ϑ 取值域内似然函数曲线出现一个以上的极大, 一般取 L 值最高的极大对应的参数值作为极大似然估计 $\hat{\vartheta}$.

当似然函数曲线只有一个极大, 或者虽存在多个极大, 但其主极大与其他次极大相当清晰地分开而又相距较远时, 可以通过

$$L = \mathrm{e}^{-0.5}L_{\max}$$

的直线与似然函数曲线的两个交点所对应的两个 ϑ 值来推断 $\hat{\vartheta}$ 的误差 (如图 8.2).

当似然函数为正态型曲线时, 如图 8.2(a) 所示, 这样确定的两个值 $\hat{\vartheta}\pm\Delta\hat{\vartheta}$ 相当于正态变量 $N(\mu,\sigma^2)$ 中的 $\mu\pm\sigma$, 于是参数真值落在 $\hat{\vartheta}-\Delta\hat{\vartheta}$ 和 $\hat{\vartheta}+\Delta\hat{\vartheta}$ 之间的概率为 0.683, 即 $\Delta\hat{\vartheta}$ 为标准差.

在实际测量中, 当观测次数 n 为有限值时, 似然函数 $L(X_1,\cdots,X_n|\vartheta)$ 不大可能为严格的正态曲线, 而且似然函数对不同的 ϑ 值往往呈现不对称性. 由 $L = L_{\max}\mathrm{e}^{-0.5}$ 与似然函数曲线的两个交点求得的区间对于 $\hat{\vartheta}$ 是不对称的 (如图 8.2(b)). 但 ϑ 的真值落在 $\hat{\vartheta}-\Delta\hat{\vartheta}_a$ 和 $\hat{\vartheta}+\Delta\hat{\vartheta}_b$ 之间的概率仍然 ~0.68, 这一点将在 8.6 节中讨论.

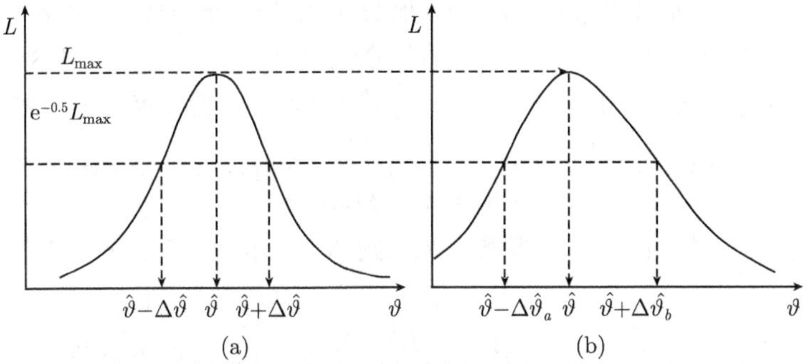

图 8.2 极大似然估计 $\hat{\vartheta}$ 及其误差 $\Delta\hat{\vartheta}$ 的图像确定

(a) 对称的正态型似然函数; (b) 非对称似然函数

例 8.11 扫描效率 (3)

在第 1、第 4 章中, 我们已经两次讨论过怎样对一批泡室照片进行两次独立的扫描, 寻找一定种类的事例, 确定扫描效率的问题. 在 1.4 节中讨论了怎样从两次独立扫描查得的事例数确定各次扫描的效率、两次扫描的总效率和总的事例数. 在 4.1 节中, 我们推导了各次扫描效率和总扫描效率的误差公式. 应当指出的是: 这些公式仅适用于事例数很大, 扫描效率不太低的情形.

现在我们利用极大似然法从两次独立扫描的数据来估计扫描效率和事例总数. 这种方法也适用于低统计实验, 即事例数不多、扫描效率不高的场合; 而且从同样的数据能获得比前面介绍的常规方法更多的信息.

同以前一样, 假定泡室照片经过两次相互独立的扫描, 每次扫描中所有有效事例被查找到的概率是相同的. 两次扫描的结果如下:

N_{12}—— 两次扫描都找到的事例;

N_1—— 在扫描 1 中找到但在扫描 2 中未找到的事例;

N_2—— 在扫描 2 中找到但在扫描 1 中未找到的事例.

因此,

$n_1 = N_1 + N_{12}$ 为扫描 1 中找到的事例数;

$n_2 = N_2 + N_{12}$ 是扫描 2 中找到的事例数;

$n_{12} = N_1 + N_2 + N_{12}$ 是两次扫描中找到的事例数.

设 N(未知) 为胶片中存在的事例总数, 则 $N - n_{12}$ 是两次扫描均未找到的事例数.

在扫描中, 一个事例或者被扫描者发现, 或者没被发现, 没有别的可能, 所以扫描过程服从二项分布. 设 ε_1 是扫描 1 中观测到事例的概率, 则在全部 N 个事例中观测到 n_1 个事例的概率由二项分布求得

$$P_1(n_1\,|N,\varepsilon_1\,)=\frac{N!}{n_1!(N-n_1)!}{\varepsilon^{n_1}}_1(1-\varepsilon_1)^{N-n_1}. \tag{8.5.1}$$

对于第二次扫描, 观测到的 n_2 个事例分可为两部分: (I) n_2 中 N_{12} 个事例已在扫描 1 中观测到; (II) 其余的 N_2 个事例在扫描 1 中没有发现. 对这两部分分别应用二项概率分布公式. 于是第 I 部分, n_1 个事例中观测到 N_{12} 个事例的概率是

$$P_{\rm I}(N_{12}\,|n_1,\varepsilon_2\,)=\frac{n_1!}{N_{12}!(n_1-N_{12})!}\varepsilon_2^{N_{12}}(1-\varepsilon_2)^{n_1-N_{12}}, \tag{8.5.2}$$

对第 II 部分, 从总共 $N-n_1$ 个事例中观测到 N_2 个事例 (扫描 1 中未找到的事例) 的概率为

$$P_{\rm II}(N_2\,|N-n_1,\varepsilon_2\,)=\frac{(N-n_1)!}{N_2!(N-n_1-N_2)!}\varepsilon_2^{n_2}(1-\varepsilon_2)^{N-n_1-N_2}. \tag{8.5.3}$$

在以上 P_1, $P_{\rm I}$, $P_{\rm II}$ 的表式中, 量 $N,\varepsilon_1,\varepsilon_2$ 都是未知的待估计参数. 扫描 1 中找到 n_1 个事例, 扫描 2 中找到 n_2 个事例, 两次扫描找到 N_{12} 个公共事例这样一个“事件” 的联合概率是 P_1, $P_{\rm I}$, $P_{\rm II}$ 的乘积

$$P=P(n_1,n_2,N_{12}\,|N,\varepsilon_1,\varepsilon_2\,)=P_1P_{\rm I}P_{\rm II},$$

它可改写为

$$P=\frac{N!}{(N-n_{12})!}\varepsilon_1^{n_1}\varepsilon_2^{n_2}(1-\varepsilon_1)^{N-n_1}(1-\varepsilon_2)^{N-n_2}\cdot\frac{1}{N_1!N_2!N_{12}!}. \tag{8.5.4}$$

该式对于下标 1, 2 在形式上完全对称.

联合概率 P 可解释为未知参数为 $N,\varepsilon_1,\varepsilon_2$, 子样观测值为 n_1, n_2 和 $n_{12}=n_1+n_2-N_{12}$ 的似然函数值 $L(n_1,\,n_2,\,n_{12}\,|N,\varepsilon_1\,,\varepsilon_2)$. 于是可以通过似然函数对三个参数的似然方程来求解极大似然估计值 $\hat{N},\hat{\varepsilon}_1,\hat{\varepsilon}_2$

$$\frac{\partial\ln L}{\partial\varepsilon_1}=0,\quad \frac{\partial\ln L}{\partial\varepsilon_2}=0,\quad \frac{\partial\ln L}{\partial N}=0.$$

前两个方程的解给出两次独立扫描各自的扫描效率

$$\hat{\varepsilon}_1=n_1/N,\quad \hat{\varepsilon}_2=n_2/N.$$

第三个方程不能得出解析解. 但我们可将式 (8.5.4) 所示的联合概率对变量 $\varepsilon_1,\varepsilon_2$ 求积分, 以求得仅包含参数 N 的似然函数, 积分的结果为

$$L(N)=\frac{N!(N-n_1)!(N-N_2)}{(N-n_{12})![(N+1)!]^2}\cdot\frac{n_1!n_2!}{N_1!N_2!N_{12}!}. \tag{8.5.5}$$

当观测到的事例数 n_1, n_2 很大时, 上式不易计算, 但它可改写为递推关系

$$L(N)=\frac{N(N-n_1)(N-n_2)}{(N-n_{12})(N+1)^2}L(N-1), \tag{8.5.6}$$

该公式对于数值计算是十分方便的. 因为照片中事例总数 N 至少大于或等于两次扫描中找到的事例数 n_{12}, 所以可取

$$L(N-1)=L(n_{12})=1$$

作为初始值计算 $L(N)$ 值, 然后用式 (8.5.6) 计算 $N=n_{12}+1, n_{12}+2, \cdots$ 对应的 $L(N)$ 值. 在曲线 $L(N)-N$ 上的极大值 $L_{\max}$ 对应的 N 值即为问题的解.

作为一个数字实例, 假定两次独立扫描得到 n_1=43, n_2=48, N_{12}=25. 于是两次扫描观测到的事例数为 $n_{12}=n_1+n_2-N_{12}$=66. 取 $L(N=66)=1$, 按式 (8.5.6) 算得 $N=67,68,\cdots$ 对应的似然函数值 $L(N)$, 结果如图 8.3 所示. 从 $L(N)-N$ 曲线可得照片中事例总数 N 的极大似然估计及其误差为

$$\hat{N}=81^{+8}_{-6},$$

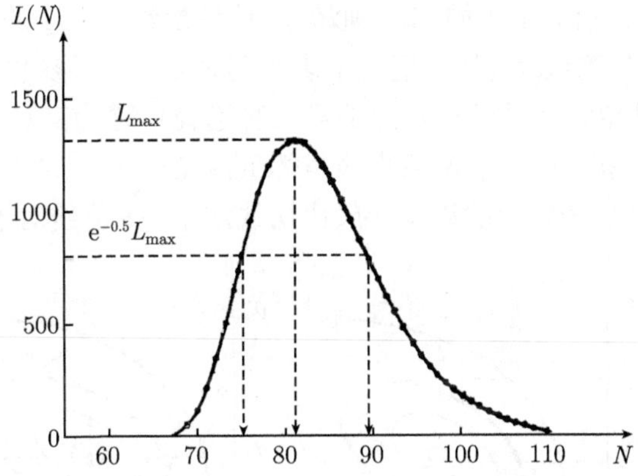

图 8.3

扫描效率的估计值为

$$\hat{\varepsilon}_1=\frac{43}{81}=0.53,$$

$$\hat{\varepsilon}_2=\frac{48}{81}=0.59.$$

8.5.2 总体包含两个未知参数

当总体概率密度包含两个未知参数 ϑ_1, ϑ_2 时, 以 ϑ_1, ϑ_2 作为两个自变量, 似然函数 $L(\boldsymbol{X}|\vartheta_1, \vartheta_2)$ 作为应变量, 在 $L, \vartheta_1, \vartheta_2$ 三根轴构成的空间中, 似然函数形成一个空间表面, 这用图形来表示比较困难. 但似然函数的形状可用该表面与 L 值等于一系列常数的平面相截的截线 (似然函数等值线) 表示出来. 在似然函数极大值附

近, 这些等值线是围绕似然函数极大值点 $(\hat{\vartheta}_1, \hat{\vartheta}_2)$ 的一系列封闭曲线. 利用这些等值线, 可以在所要求的精度内确定似然函数极大值对应的参数估计值 $(\hat{\vartheta}_1, \hat{\vartheta}_2)$.

在包含两个未知参数的情形下, 似然函数往往存在一个以上的极大值. 但对许多实际问题, 确定符合问题要求的那个极大值可能不很困难. 例如, 某些极大似然值对应的参数值可能出现在不合乎问题要求的区域, 因而可以排除; 或者似然函数的主极大比次极大的值要高得多, 则可取主极大对应的参数值作为估计值等. 对于存在多个极大而似然函数各极大值又很接近的情况, 则要依靠其他信息来判断哪个极值点的参数值是问题所要求的参数估计值.

如果适合于问题解的参数取值域中只存在似然函数的一个极大值, 似然函数又足够正规, 则可用似然函数等于 $L_{\max}e^{-0.5}$ 的等值线来求得参数 ϑ_1, ϑ_2 的极大似然估计值的误差. 确定误差有两种方法. 第一种称为**切线法**, 如图 8.4(a) 所示. 图中标出了似然函数 $L = L_{\max}e^{-0.5}$ 的等值线, $L_{\max}$ 是似然函数的极大值, 它所对应的参数值 $\hat{\vartheta}_1, \hat{\vartheta}_2$ 是极大似然估计. 与坐标轴 ϑ_1, ϑ_2 平行并与等值线相切的四条切线给出了 ϑ_1 和 ϑ_2 估计值的上下限. 如果似然函数是参数 ϑ_1, ϑ_2 的二维正态函数, 用这种方法确定的参数的误差 (估计值上下限距离之半) 等于参数的标准差, 这一点将在 8.6 节讨论. 确定参数估计值误差的第二种途径可称为**交点法**, 如图 8.4(b) 所示. 它是由 $\vartheta_1 = \hat{\vartheta}_1$ 和 $\vartheta_2 = \hat{\vartheta}_2$ 两条直线与等值线 $L = L_{\max}e^{-0.5}$ 的两对交点作为估计值的上下限. 交点法确定的误差一般比切线法小. 等值线对于坐标轴 ϑ_1, ϑ_2 的

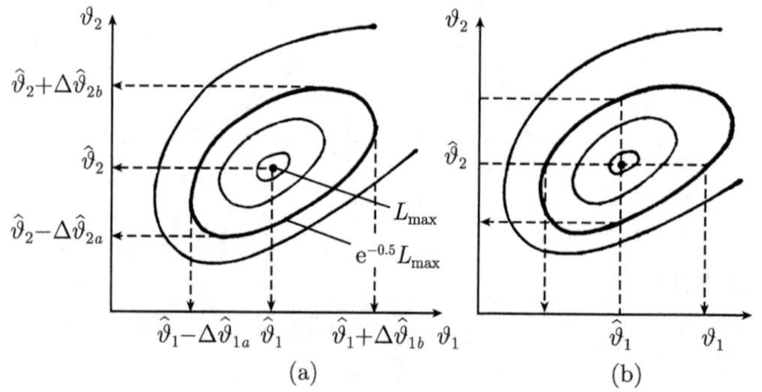

图 8.4　总体包含两个参数时, 参数极大似然估计及其误差的图像确定

(a) 切线法; (b) 交点法

不对称性反映了两个参数 ϑ_1, ϑ_2 之间的关联不等于 0; 如果 ϑ_1, ϑ_2 之间互不关联, 等值线对于坐标轴 (通过适当的平移) 将是对称的, 这时两种方法将得出相同的结果.

在无限大容量子样的极限情况下, 似然函数为二维正态函数

$$\begin{aligned}L(\vartheta_1,\vartheta_2) =& L_{\max}\exp\left\{\frac{-1}{2(1-\rho^2)}\left[\left(\frac{\vartheta_1-\hat{\vartheta}_1}{\sigma_1}\right)^2+\left(\frac{\vartheta_2-\hat{\vartheta}_2}{\sigma_2}\right)^2\right.\right.\\ &\left.\left.-2\rho\left(\frac{\vartheta_1-\hat{\vartheta}_1}{\sigma_1}\right)\left(\frac{\vartheta_2-\hat{\vartheta}_2}{\sigma_2}\right)\right]\right\},\end{aligned} \tag{8.5.7}$$

其中 σ_1^2, σ_2^2 是极大似然估计 $\hat{\vartheta}_1, \hat{\vartheta}_2$ 的方差, ρ 是 $\hat{\vartheta}_1, \hat{\vartheta}_2$ 之间的相关系数. (见 4.11 节的讨论). 这时 $L = L_{\max}\mathrm{e}^{-0.5}$ 的等值线方程为

$$\frac{1}{1-\rho^2}\left[\left(\frac{\vartheta_1-\hat{\vartheta}_1}{\sigma_1}\right)^2+\left(\frac{\vartheta_2-\hat{\vartheta}_2}{\sigma_2}\right)^2-2\rho\left(\frac{\vartheta_1-\hat{\vartheta}_1}{\sigma_1}\right)\left(\frac{\vartheta_2-\hat{\vartheta}_2}{\sigma_2}\right)\right]=1. \tag{8.5.8}$$

与 4.11 节中的讨论对比立即知道, 该式表示了 ϑ_1, ϑ_2 平面上的协方差椭圆; 在现在的情形下称为二维正态似然函数的协方差椭圆. 椭圆中心为参数 ϑ_1, ϑ_2 的极大似然估计 ϑ_1, ϑ_2, 它的主轴与坐标轴的夹角 α 为

$$\tan 2\alpha = \frac{2\rho\sigma_1\sigma_2}{\sigma_1^2-\sigma_2^2}.$$

对应于不同 ρ 值的协方差椭圆都落在四条直线

$$\vartheta_1 = \hat{\vartheta}_1 \pm \sigma_1, \quad \vartheta_2 = \hat{\vartheta}_2 \pm \sigma_2$$

构成的长方形中, 图 8.5 画出了几种不同 ρ 值的协方差椭圆. 换句话说, 不管相关系数 ρ 取什么值, 与协方差椭圆相切且平行于坐标轴的直线到 $(\hat{\vartheta}_1, \hat{\vartheta}_2)$ 的距离总是 $\pm\sigma_1$ 或 $\pm\sigma_2$. 这说明, 当似然函数为二维正态函数时, 用切线法确定的误差恰好等于参数的标准差. 如果使用交点法, $\vartheta_1 = \hat{\vartheta}_1$ 和 $\vartheta_2 = \hat{\vartheta}_2$ 两条直线与协方差椭圆的交点到 $(\hat{\vartheta}_1, \hat{\vartheta}_2)$ 的距离等于 $\pm\sigma_1\sqrt{1-\rho^2}$ 或 $\pm\sigma_2\sqrt{1-\rho^2}$(参数估计值 $\hat{\vartheta}_1$和$\hat{\vartheta}_2$ 的误差). 这样的误差只是在某种确定的条件下才是正确的. 故通常用切线法确定的误差比较可靠.

可以证明, 若利用切线法确定了参数估计值 $\hat{\vartheta}_i$ 的误差为 $\Delta\hat{\vartheta}_i (i = 1, 2)$, 如果其中一个参数 ϑ_i 可取任意值, 则另一个参数 $\vartheta_{j\neq i}$ 落在 $[\hat{\vartheta}_j - \Delta\hat{\vartheta}_j,\ \hat{\vartheta}_j + \Delta\hat{\vartheta}_j]$ 区间内的概率为 68.3%. 两个参数 ϑ_1, ϑ_2 落在相应的协方差椭圆等值线所包围的区域内的概率并不等于 68.3%, 而是要低得多. 这一点将在 8.6.3 节中作进一步的讨论.

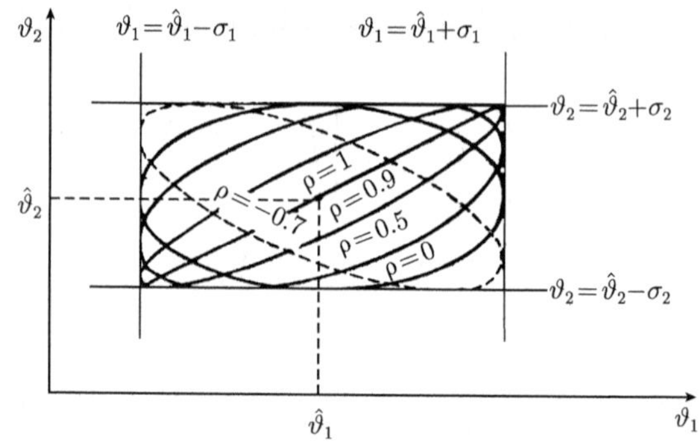

图 8.5 二维正态似然函数的协方差椭圆, $\sigma_1^2=4,\sigma_2^2=1$

不同 ρ 值的协方差椭圆都与长方形 $\vartheta_1=\hat{\vartheta}_1\pm\sigma_1,\vartheta_2=\hat{\vartheta}_2\pm\sigma_2$ 相切. 当 $\rho=\pm1$, 椭圆退化为长方形的两条对角线

8.6 利用似然函数作区间估计, 似然区间

本章的前面各节讨论了如何利用极大似然原理求得未知参数的点估计, 以及计算它的误差的各种方法. 我们看到, 确定方差的途径不是唯一的, 而且不同的方法求出的结果略有不同. 因此, 在引用参数的极大似然估计 $\hat{\vartheta}\pm\Delta\hat{\vartheta}$ 时, 应当说明误差求得的方法.

对于同样一组物理测量值, 既可以用未知参数的点估计及其误差 $\hat{\vartheta}\pm\Delta\hat{\vartheta}$ 来表示实验结果, 也可以对未知参数作区间估计, 给出参数的置信水平 γ 的随机置信区间, 它的概率含义已在 7.6 节中阐明.

当子样容量 $n\to\infty$ 的极限情形下, 从 8.3.6 节知道, 参数的极大似然估计 $\hat{\vartheta}$ 服从均值等于参数真值 ϑ、方差为最小方差界 σ^2 的正态分布, 于是有

$$P(\vartheta-m\sigma\leqslant\hat{\vartheta}\leqslant\vartheta+m\sigma)=\varPhi(m)-\varPhi(-m)=2\varPhi(m)-1\equiv\gamma. \tag{8.6.1}$$

这表示随机变量 $\hat{\vartheta}$ 落在参数真值 ϑ 附近 $\pm m\sigma$ 区间中的概率为 γ. 将式 (8.6.1) 中左边括号内的不等式加以改写, 得

$$P(\hat{\vartheta}-m\sigma\leqslant\vartheta\leqslant\hat{\vartheta}+m\sigma)=2\varPhi(m)-1=\gamma. \tag{8.6.2}$$

这表示区间 $[\hat{\vartheta}-m\sigma,\hat{\vartheta}+m\sigma]$ 包含参数真值 ϑ 的概率亦是 γ. 按照 7.6 节中对于参数置信区间的定义, 区间 $[\hat{\vartheta}-m\sigma,\hat{\vartheta}+m\sigma]$ 是参数 ϑ 置信水平 γ 的置信区间. 由于正态概率密度 $N(\mu,\sigma^2)=\dfrac{1}{\sqrt{2\pi}\sigma}\exp\left[-\dfrac{1}{2}\left(\dfrac{X-\mu}{\sigma}\right)^2\right]$ 中, 变量 X 和数学期望 μ 之间形式上的对称性, 所以当参数的极大似然估计量 $\hat{\vartheta}$ 服从均值为参数真值 ϑ 正

态分布时, 从式 (8.6.1)(变量 $\hat{\vartheta}$ 的概率表示) 变换为式 (8.6.2)(数学期望 ϑ 的概率表示) 极其简单.

对于多个未知参数的情形, 在子样容量 $n \to \infty$ 的极限情形下, 参数的极大似然估计服从多维正态分布, 因此可以按类似于一维的方法求得一定置信水平的多参数置信域.

子样容量为有限值但充分大时, 从 $n \to \infty$ 情形导出的置信区间可以作为很好的近似; 但当子样容量 n 比较小时, ϑ 的极大似然估计 $\hat{\vartheta}$ 不能用渐近正态分布来描述, 而且我们一般不知道 $\hat{\vartheta}$ 的严格分布, 因而无法给出如式 (8.6.1) 那样 $\hat{\vartheta}$ 对于真值 ϑ 的概率表述, 也就无法变换为式 (8.6.2) 那样的真值 ϑ 对于极大似然估计 $\hat{\vartheta}$ 的概率表述以求得置信域.

下面我们将利用似然函数对未知参数 ϑ 作区间估计. 为此我们对似然函数的含义作必要的引伸. 对于总体 $f(x|\vartheta)$ 的一个子样 $X_1, X_2, \cdots, X_n$, 参数 ϑ 的不同数值所对应的似然函数值 $L(\boldsymbol{X}|\vartheta) = \prod_{i=1}^{n} f(X_i|\vartheta)$ 可视为 ϑ 取该数值之**可信度**的度量, 即未知参数 ϑ 取作一可能值 ϑ' 的可信度正比于

$$L(X_1, X_2, \cdots, X_n|\vartheta').$$

于是参数 ϑ 真值落在区间 $[\vartheta_a, \vartheta_b]$ 内的可信度 γ 可定义为

$$\gamma = \frac{\displaystyle\int_{\vartheta_a}^{\vartheta_b} L(\boldsymbol{X}|\vartheta)\mathrm{d}\vartheta}{\displaystyle\int_{-\infty}^{\infty} L(\boldsymbol{X}|\vartheta)\mathrm{d}\vartheta}. \tag{8.6.3}$$

在该定义下, 参数 ϑ 真值落在 $(-\infty, \infty)$ 的可信度等于 1. 式 (8.6.3) 的定义在形式上可表示为

$$P(\vartheta_a \leqslant \vartheta \leqslant \vartheta_b) = \gamma, \tag{8.6.4}$$

即与置信水平 γ 的置信区间的概率表述式 (7.6.1) 有相同的形式. 用这种方法按照似然函数定义的区间 $[\vartheta_a, \vartheta_b]$ 称为**似然区间**, γ 表示参数 ϑ 落在 $[\vartheta_a, \vartheta_b]$ 范围内的**可信度**, 由式 (8.6.3) 求出. 应当强调指出, 似然区间与 7.6 节中阐述的置信区间在实际含义上是不同的.

假定似然函数为正态函数, 均值 $\hat{\vartheta}$, 方差 σ^2. 依据式 (8.6.3) 的定义, 参数 ϑ 真值落在区间 $[\hat{\vartheta} - m\sigma, \hat{\vartheta} + m\sigma]$ 的可信度为

$$P\left(\hat{\vartheta} - m\sigma \leqslant \vartheta \leqslant \hat{\vartheta} + m\sigma\right) = \frac{\displaystyle\int_{\hat{\vartheta}-m\sigma}^{\hat{\vartheta}+m\sigma} N(\hat{\vartheta}, \sigma^2)\mathrm{d}\vartheta}{\displaystyle\int_{-\infty}^{\infty} N(\hat{\vartheta}, \sigma^2)\mathrm{d}\vartheta} = 2\varPhi(m) - 1 \equiv \gamma. \tag{8.6.5}$$

8.6.1 单个参数的似然区间

似然函数满足正规条件且子样容量趋于无穷时, 似然函数 $L(\boldsymbol{X}|\vartheta)=\prod_{i=1}^{n} f(X_i|\vartheta)$ 与子样值 $X_1, X_2, \cdots, X_n$ 无关且具有 ϑ 的正态分布的形式, 分布的均值为极大似然估计 $\hat{\vartheta}$, 方差 σ^2 达到最小方差界 (见 8.3.6 节和 8.4.3 节), 即

$$L(\boldsymbol{X}\,|\vartheta) \to L(\vartheta) = L_{\max}\mathrm{e}^{-\frac{1}{2}Q}, \tag{8.6.6}$$

$$Q = \left(\frac{\vartheta - \hat{\vartheta}}{\sigma}\right)^2. \tag{8.6.7}$$

式 (8.6.7) 可等价地写成

$$\ln L(\vartheta) = \ln L_{\max} - \frac{1}{2}Q \tag{8.6.8}$$

即 $\ln L(\vartheta)$ 是 ϑ 的抛物线型函数.

对于这样的渐近正态似然函数, 或者说抛物线型 $\ln L$ 函数, 很容易求出一定可信度的似然区间 $[\vartheta_a, \vartheta_b]$

$$P(\vartheta_a \leqslant \vartheta \leqslant \vartheta_b) = \varPhi\left(\frac{\vartheta_b - \hat{\vartheta}}{\sigma}\right) - \varPhi\left(\frac{\vartheta_a - \hat{\vartheta}}{\sigma}\right), \tag{8.6.9}$$

其中 $\varPhi$ 是累积标准正态函数. 通常选择对于极大似然估计 $\hat{\vartheta}$ 为对称的似然区间, 因为对于一定的可信度 γ, 这一对称似然区间的长度最短. 正态似然函数在该似然区间的左部和右部的积分都等于 $\frac{1}{2}(1-\gamma)$, 于是表达式

$$P(\hat{\vartheta} - m\sigma \leqslant \vartheta \leqslant \hat{\vartheta} + m\sigma) = 2\varPhi(m) - 1 \equiv \gamma \tag{8.6.10}$$

对应于可信度 γ, 中心 $\hat{\vartheta}$ 的 $\pm m$ 个标准差的对称似然区间 $[\hat{\vartheta} - m\sigma, \hat{\vartheta} + m\sigma]$. 这一似然区间可以在 $L(\vartheta)-\vartheta$ 或 $\ln L(\vartheta)-\vartheta$ 的标绘上用图像法确定. 如图 8.6(a) 所示, 抛物线 $\ln L = \ln L_{\max} - \dfrac{Q}{2}$ 与直线 $\ln L = \ln L_{\max} - \dfrac{m^2}{2}$ 的两个交点对应的 ϑ 值即等于 $\hat{\vartheta} - m\sigma$ 和 $\hat{\vartheta} + m\sigma$, 给出参数 ϑ 的 $m\sigma$ 似然区间. 特别对 $m = 1, 2, 3$, 似然区间的可信度分别是 0.683, 0.954, 0.997.

当似然函数不是正态曲线时, 上述方法也可用来确定似然区间. 假定似然函数 $L_\vartheta(\boldsymbol{X}\,|\vartheta)$ 是参数 ϑ 的连续单峰函数, 而且存在某个与 ϑ 一一对应的变换

$$g = g(\vartheta),$$

它可将似然函数 L_ϑ 变换为均值为 $\bar{g}$、方差为 1 的正态分布, 即

$$L_g(\boldsymbol{X}\,|g) \propto \mathrm{e}^{-\frac{1}{2}(g-\bar{g})^2}.$$

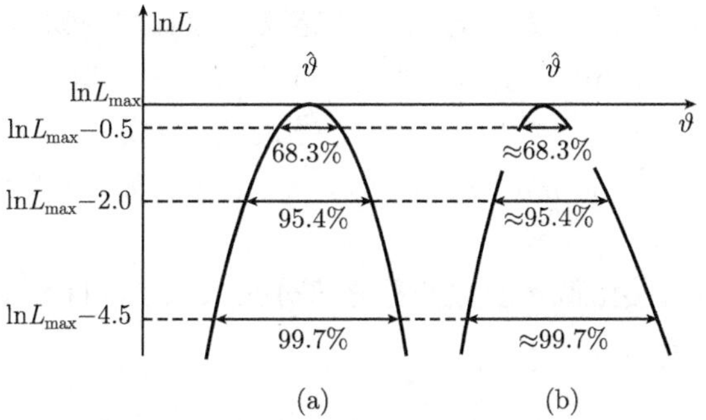

图 8.6 单个未知参数似然区间的确定

(a) 对称的抛物线型 $\ln L(\vartheta)$ 函数; (b) 不对称的 $\ln L(\vartheta)$ 函数

根据极大似然估计在参数变换下的不变性 (8.3.1 节), $g(\vartheta)$ 的极大似然解为

$$\bar{g} = g(\hat{\vartheta}).$$

这样就可按正态似然函数求似然区间的方法从 $L_g(\boldsymbol{X}\,|g)$ 寻找出 $\bar{g}$ 的可信度 γ 的似然区间, 若后者记为 $[g_a, g_b]$, 则从 $g = g(\vartheta)$ 的逆变换可求得参数 ϑ 的可信度 γ 的似然区间 $[\vartheta_a, \vartheta_b]$.

由此可见, 当似然函数不是正态型时, 首先要通过一个变换将似然函数转化为正态型函数, 求得该函数的似然区间后, 再通过逆变换求出参数 ϑ 的似然区间. 但事实上这种变换 —— 逆变换的步骤是不必要的. 我们知道, 似然函数表示得到一个特定子样 $X_1, X_2, \cdots, X_n$ 的联合概率, 这一概率对于参数 ϑ 直接用它自身来表示, 还是通过它的一一对应的函数 $g(\vartheta)$ 来表示是完全相同的. 换言之, 对于任何 ϑ, 必定有

$$L_\vartheta(\boldsymbol{X}\,|\vartheta) = L_g(\boldsymbol{X}\,|g(\vartheta)). \tag{8.6.11}$$

对于正态的似然函数 $L_g(\boldsymbol{X}\,|g)$, 可以通过它与直线

$$L_g = L_g(\max)\mathrm{e}^{-m^2/2}$$

的两个交点来找到 $\bar{g}$ 的 $m\sigma$ 的似然区间, 然后通过 $\vartheta - g(\vartheta)$ 的逆变换求得参数 ϑ 的相应似然区间. 而通过 $L_\vartheta\ (\boldsymbol{X}|\,\vartheta)$ 与

$$L_\vartheta = L_\vartheta(\max)\mathrm{e}^{-m^2/2}$$

的交点则可直接找出参数 ϑ 的 $m\sigma$ 似然区间.

严格地说, 上述说法只是近似地正确, 因为不能保证变换函数 $g(\vartheta)$ 一定存在, 而是有赖于总体概率密度的函数形式和子样观测值. 不过在实际问题中, 只要

$\ln L(\boldsymbol{X}|\vartheta)$ 在所关心的参数取值域内是单峰函数, 而且与抛物线的差别不很大, 我们就可以求得由式 (8.6.10) 表示的近似的 $m\sigma$ 似然区间, 如图 8.6(b) 所示.

由似然函数 $L(\boldsymbol{X}|\vartheta)$ 与函数 $L_{\max}\mathrm{e}^{-m^2/2}$ 的交点 (或 $\ln L(\vartheta)$ 与直线 $\ln L_{\max}-\frac{1}{2}m^2$ 的交点) 求参数 ϑ 的 $m\sigma$ 似然区间这一方法极为简单, 因此为许多物理学家所采用.

另一种方法是直接由似然函数的显著积分来求似然区间. 选择参数 ϑ 的两个值 $\vartheta_a<\vartheta_b$, 使得下式成立：

$$\left.\begin{aligned}\frac{1}{C}\int_{-\infty}^{\vartheta_a}L(\boldsymbol{X}|\vartheta)\mathrm{d}\vartheta=\frac{1}{C}\int_{\vartheta_b}^{\infty}L(\boldsymbol{X}|\vartheta)\mathrm{d}\vartheta=\frac{1}{2}(1-\gamma),\\ C=\int_{-\infty}^{\infty}L(\boldsymbol{X}|\vartheta)\mathrm{d}\vartheta,\end{aligned}\right\}\tag{8.6.12}$$

根据式 (8.6.3) 对似然区间的定义, $[\vartheta_a,\vartheta_b]$ 是参数 ϑ 的可信度 γ 的中心似然区间.

在似然函数曲线高度不对称的情形下, 似然区间对于 ϑ 的点估计 $\hat{\vartheta}$ 也是高度不对称的, 这种情形下同时给出点估计 $\hat{\vartheta}$ 和区间估计 $[\vartheta_a,\vartheta_b]$ 能提供较为全面的信息.

除了似然函数具有正态形式的理想情况之外, 一般地从似然函数确定的可信度 γ 的似然区间不一定是长度最短的区间. 如果希望找到一定可信度的最短区间, 应当找到某个变换函数, 将似然函数变换为接近于正态形式, 这样求得的区间经逆变换后得到的参数 ϑ 似然区间接近于最短区间. 下一节中我们将讨论这种变换的一个示例.

8.6.2　由巴特勒特函数求置信区间

在 8.3.6 节中已经阐明, 随机变量

$$S(\vartheta)\equiv u=\frac{\partial\ln L}{\partial\vartheta}\Bigg/\left[E\left(-\frac{\partial^2\ln L}{\partial\vartheta^2}\right)\right]^{1/2}\tag{8.6.13}$$

当 $n\to\infty$ 时服从 $N(0,\,1)$ 分布. $S(\vartheta)$ 称为巴特勒特 (Bartlett) 函数. 当 n 为充分大的有限值时, 可利用 $S(\vartheta)$ 来确定极大似然估计 $\hat{\vartheta}$, 以及参数 ϑ 的给定置信水平的置信区间.

对于小样问题, 更为适用的函数是

$$S_\gamma(\vartheta)\equiv S(\vartheta)-\frac{1}{6}\gamma_1(S(\vartheta)^2-1),\tag{8.6.14}$$

$S_\gamma(\vartheta)$ 当 n 为有限值时渐近地服从 $N(0,\,1)$ 分布. 其中不对称系数 γ_1 利用 $\dfrac{\partial\ln L}{\partial\vartheta}$ 的二阶和三阶中心矩定义

$$\gamma_1\equiv\frac{\mu_3}{(\mu_2)^{3/2}},\tag{8.6.15}$$

$$\mu_2 = V\left(\frac{\partial \ln L}{\partial \vartheta}\right) = E\left[\left(\frac{\partial \ln L}{\partial \vartheta}\right)^2\right] = E\left(-\frac{\partial^2 \ln L}{\partial \vartheta^2}\right),$$

$$\mu_3 = E\left[\left(\frac{\partial \ln L}{\partial \vartheta}\right)^3\right] = 2E\left(\frac{\partial^3 \ln L}{\partial \vartheta^3}\right) + 3\frac{\partial}{\partial \vartheta}E\left(-\frac{\partial^2 \ln L}{\partial \vartheta^2}\right).$$

以上表达式中的期望值都是对联合概率密度 $L(\boldsymbol{X}\,|\vartheta)$ 进行的, 例如

$$\mu_2 = E\left(-\frac{\partial^2 \ln L}{\partial \vartheta^2}\right) = -\int\left(\frac{\partial^2 \ln L}{\partial \vartheta^2}\right)\cdot L(\boldsymbol{X}\,|\vartheta)\mathrm{d}\boldsymbol{X}.$$

例 8.12 不稳定粒子平均寿命的置信区间

为了考察巴特勒特函数的应用, 考察 8.1 节中不稳定粒子平均寿命的问题. 对于无限大的探测器, 粒子飞行时间的概率密度为

$$f(t\,|\tau) = \frac{1}{\tau}\mathrm{e}^{-t/\tau}.$$

对于飞行时间 t 的 n 个观测值 $t_i, i = 1, 2, \cdots, n$, 似然函数为

$$\ln L = \ln\prod_{i=1}^{n}\frac{1}{\tau}\mathrm{e}^{-t_i/\tau} = -n\ln\tau - \frac{n\bar{t}}{\tau},$$

极大似然估计是

$$\hat{\tau} = \bar{t} = \frac{1}{n}\sum_{i=1}^{n}t_i.$$

还可求出不对称系数为 $\gamma_1 = 2/\sqrt{n}$, 因此巴特勒特函数的形式为

$$S(\tau) = \frac{\hat{\tau}-\tau}{\tau/\sqrt{n}}, \tag{8.6.16}$$

以及

$$S_\gamma(\tau) = \frac{\hat{\tau}-\tau}{\tau/\sqrt{n}} - \frac{1}{3\sqrt{n}}\left[\left(\frac{\hat{\tau}-\tau}{\tau/\sqrt{n}}\right)^2 - 1\right]. \tag{8.6.17}$$

其中 $S(\tau)$ 当 n 很大时趋近于 $N(0, 1)$ 分布, 因此有如下的概率表达式:

$$P\left(-m \leqslant \frac{\hat{\tau}-\tau}{\tau/\sqrt{n}} \leqslant m\right) = 2\varPhi(m) - 1, \tag{8.6.18}$$

式 (8.6.18) 可变换为参数 τ 的概率表述

$$P\left(\frac{\hat{\tau}}{1+\dfrac{m}{\sqrt{n}}} \leqslant \tau \leqslant \frac{\hat{\tau}}{1-\dfrac{m}{\sqrt{n}}}\right) = 2\varPhi(m) - 1.$$

因此, 参数 τ 的置信水平 $2\Phi(m)-1$ 的 $m\sigma$ 置信区间可表示为

$$\left[\frac{\hat{\tau}}{1+\frac{m}{\sqrt{n}}}, \frac{\hat{\tau}}{1-\frac{m}{\sqrt{n}}}\right]. \tag{8.6.19}$$

如果用 $S_\gamma(\tau)$ 写出类似于式 (8.6.18) 的概率表述, 则有

$$P\left\{-m \leqslant \frac{\hat{\tau}-\tau}{\tau/\sqrt{n}} - \frac{1}{3\sqrt{n}}\left[\left(\frac{\hat{\tau}-\tau}{\tau/\sqrt{n}}\right)^2 - 1\right] \leqslant m\right\} = 2\Phi(m)-1. \tag{8.6.20}$$

为了将上式变换为参数 τ 的概率表述, 求出 τ 的置信区间的上下限, 对上 (下) 限值要解一个二次方程, 每个方程有两个解. 因为当 $n\to\infty$ 时, $S_\gamma(\tau)\to S(\tau)$, 所以只能取其中一个 $n\to\infty$ 时与式 (8.6.19) 的上下限相同的那个解. 所得的结果是

$$P\left\{\frac{2\hat{\tau}}{5-\sqrt{9-\frac{12m}{\sqrt{n}}+\frac{4}{n}}} \leqslant \tau \leqslant \frac{2\hat{\tau}}{5-\sqrt{9+\frac{12m}{\sqrt{n}}+\frac{4}{n}}}\right\} = 2\Phi(m)-1,$$

故参数 τ 的置信水平 $2\Phi(m)-1$ 的 $m\sigma$ 置信区间为

$$\left[\frac{2\hat{\tau}}{5-\sqrt{9-\frac{12m}{\sqrt{n}}+\frac{4}{n}}}, \quad \frac{2\hat{\tau}}{5-\sqrt{9+\frac{12m}{\sqrt{n}}+\frac{4}{n}}}\right]. \tag{8.6.21}$$

与式 (8.6.19) 的区间相比, 式 (8.6.21) 所确定的区间长度较短, 而且对于 $\tau=\hat{\tau}$ 较为对称.

式 (8.6.19) 和式 (8.6.21) 给定的区间是从参数 τ 的某个特定函数 (巴特勒特函数) 的概率表述作适当的逆变换求出的, 它们表示了参数 τ 的真值包含在一定区间内的概率, 因而该区间是第 7 章中所定义的严格的置信区间. 它们比从似然函数导出的似然区间要精确.

当探测器的尺寸为有限值, 粒子飞行时间的概率密度为 (见例 8.1)

$$f(t;T\,|\lambda) = \lambda \mathrm{e}^{-\lambda t}/(1-\mathrm{e}^{-\lambda T}), \quad 0\leqslant t\leqslant T,$$

其中 $\lambda=1/\tau$. 此时巴特勒特函数为

$$S(\lambda) = \frac{\hat{\lambda}-\lambda}{\frac{\hat{\lambda}}{\sqrt{n}}\left[1-\frac{1}{n}\sum_{i=1}^{n}(\lambda T_i)^2\mathrm{e}^{-\lambda T_i}/(1-\mathrm{e}^{-\lambda T_i})^2\right]^{1/2}},$$

当 $T_i\to\infty$, 即探测器无限大时,

$$S(\lambda) \to \frac{\hat{\lambda}-\lambda}{\hat{\lambda}/\sqrt{n}}.$$

8.6.3 两个参数的似然域

现在讨论总体包含两个未知参数 ϑ_1, ϑ_2 的区间估计问题. 设 $\boldsymbol{X} = \{X_1, X_2, \cdots, X_n\}$ 是容量 n 的子样, 其似然函数用 $L(\boldsymbol{X} | \vartheta_1, \vartheta_2)$ 表示, 利用似然函数根据如下的概率表述进行参数 ϑ_1, ϑ_2 的区间估计:

$$P(\vartheta_1^a \leqslant \vartheta_1 \leqslant \vartheta_1^b, \vartheta_2^a \leqslant \vartheta_2 \leqslant \vartheta_2^b) = \gamma. \tag{8.6.22}$$

首先讨论比较简单的无限大容量子样的情形, 这时似然函数为二维正态分布 (见 8.5.2 节)

$$L(\vartheta_1, \vartheta_2) = L_{\max} \cdot \exp\left\{\frac{-1}{2(1-\rho^2)}\left[\left(\frac{\vartheta_1 - \hat{\vartheta}_1}{\sigma_1}\right)^2 + \left(\frac{\vartheta_2 - \hat{\vartheta}_2}{\sigma_2}\right)^2 - 2\rho\left(\frac{\vartheta_1 - \hat{\vartheta}_1}{\sigma_1}\right)\left(\frac{\vartheta_2 - \hat{\vartheta}_2}{\sigma_2}\right)\right]\right\},$$

写成对数形式, 有

$$\ln L(\vartheta_1, \vartheta_2) = \ln L_{\max} - \frac{1}{2}Q, \tag{8.6.23}$$

$$Q = \frac{1}{1-\rho^2}\left[\left(\frac{\vartheta_1 - \hat{\vartheta}_1}{\sigma_1}\right)^2 + \left(\frac{\vartheta_2 - \hat{\vartheta}_2}{\sigma_2}\right)^2 - 2\rho\left(\frac{\vartheta_1 - \hat{\vartheta}_1}{\sigma_1}\right)\left(\frac{\vartheta_2 - \hat{\vartheta}_2}{\sigma_2}\right)\right], \tag{8.6.24}$$

$\hat{\vartheta}_1, \hat{\vartheta}_2$ 是极大似然估计值, σ_1^2, σ_2^2, 是 $\hat{\vartheta}_1$、$\hat{\vartheta}_2$ 的方差, ρ 是 ϑ_1, ϑ_2 之间的相关系数. 当 Q 等于常数 (似然函数等于常数), 式 (8.6.24) 表示了中心为 $\hat{\vartheta}_1, \hat{\vartheta}_2$ 的椭圆, 如图 8.7 所示. 特别当 Q=1 时, 成为式 (8.5.8) 的协方差椭圆.

随机变量 Q 是二维正态变量 $\{\vartheta_1, \vartheta_2\}$ 的二次函数. 利用变量变换, Q 可写成较为简单的形式. 令

$$Z_1 = \frac{1}{\sqrt{2(1+\rho)}}\left(\frac{\vartheta_1 - \hat{\vartheta}_1}{\sigma_1} + \frac{\vartheta_2 - \hat{\vartheta}_2}{\sigma_2}\right),$$

$$Z_2 = \frac{1}{\sqrt{2(1-\rho)}}\left(\frac{\vartheta_1 - \hat{\vartheta}_1}{\sigma_1} - \frac{\vartheta_2 - \hat{\vartheta}_2}{\sigma_2}\right),$$

则有

$$Q = Z_1^2 + Z_2^2,$$

而且

$$L(Z_1, Z_2) = \left[\frac{1}{\sqrt{2\pi}}\exp\left(-\frac{Z_1^2}{2}\right)\right]\left[\frac{1}{\sqrt{2\pi}}\exp\left(-\frac{Z_2^2}{2}\right)\right].$$

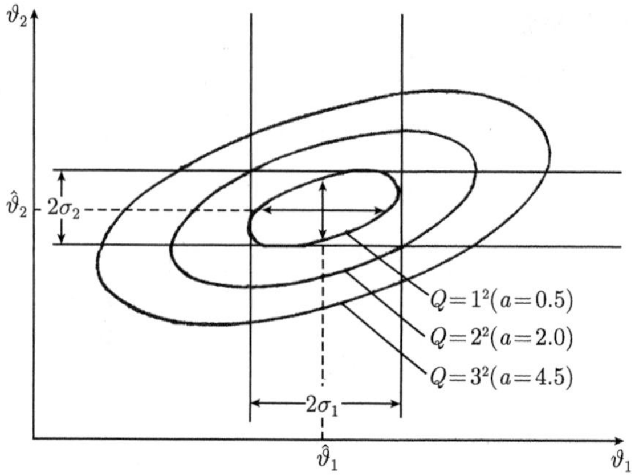

图 8.7 二维正态似然函数的似然域

图中椭圆是 $\ln L(\vartheta_1,\vartheta_2)$ 表面与平面 $\ln L=\ln L_{\max}-\dfrac{Q}{2}$ 的截线, 椭圆中心 $(\hat{\vartheta}_1,\hat{\vartheta}_2)$ 是参数 ϑ_1,ϑ_2 的极大似然估计. 这些椭圆围成的区域是参数 ϑ_1,ϑ_2 的联合似然域, 可信度分别为 0.393, 0.865, 0.989(对应于 Q=1, 4, 9). $\vartheta_1=\hat{\vartheta}_1\pm\sigma_1$ 两条垂直线之间的区域是 ϑ_1 的可信度 68.3%的似然域 $(-\infty<\vartheta_2<+\infty)$; 类似地, $\vartheta_2=\hat{\vartheta}_2\pm\sigma_2$ 的两条水平线之间的区域是 ϑ_2 的可信度 68.3%的似然域

这表示变量 Z_1 和 Z_2 是两个独立的标准正态变量, 因此, Q 服从自由度为 2 的 χ^2 分布 (6.3.2 节). 所以随机变量 Q 可直接用 χ^2 (2) 分布的累积积分来表示其概率

$$P(Q\leqslant Q_\gamma)=\int_0^{Q_\gamma}f(Q;v=2)\mathrm{d}Q\equiv\gamma, \tag{8.6.25}$$

其中 $f(Q;v=2)$ 是 $\chi^2(2)$ 分布的概率密度. 由式 (4.14.1) 可直接求出

$$f(Q;v=2)=\frac{1}{2}\mathrm{e}^{-Q/2},$$

代入上式, 得到

$$P(Q\leqslant Q_\gamma)=1-\mathrm{e}^{-Q_\gamma/2}\equiv\gamma. \tag{8.6.26}$$

显然, 条件 $Q\leqslant Q_\gamma$ 相当于变量 ϑ_1 和 ϑ_2 同时落在椭圆 $Q=Q_\gamma$ 包围的区域之内, 于是

$$P(\vartheta_1\text{、}\vartheta_2\ \text{位于中心}\ \hat{\vartheta}_1\text{、}\hat{\vartheta}_2\ \text{的椭圆}\ Q=Q_\gamma\ \text{内})=\gamma,$$

这就是具有式 (8.6.22) 形式的对于参数 ϑ_1、ϑ_2 的概率表述. 椭圆 $Q=Q_\gamma$ 同时覆盖 ϑ_1 和 ϑ_2 真值的概率等于 γ, 所以该椭圆是参数 ϑ_1 和 ϑ_2 的可信度 γ 的联合似然域.

可见, 如果包含两个参数 ϑ_1、ϑ_2 的似然函数具有二维正态分布的形式, 那么在以 ϑ_1、ϑ_2, $\ln L$ 为坐标轴构成的空间中, $\ln L$ 曲面与平面

$$\ln L=\ln L_{\max}-\frac{Q_\gamma}{2}$$

相截形成的椭圆等值线是参数 ϑ_1,ϑ_2 的联合似然域的边界, 其对应的可信度 γ(概率) 如式 (8.6.26) 所表示. 特别对于协方差椭圆, $Q_\gamma = 1$, 其对应的可信度为 $\gamma = 1 - \mathrm{e}^{-1/2} = 0.393$, 即协方差椭圆是参数 ϑ_1, ϑ_2 的可信度 0.393 联合似然域. 我们有表 8.1.

表 8.1 Q_γ 与 γ 的对应关系

$a \equiv Q_\gamma/2$	Q_γ	参数 ϑ_1,ϑ_2 联合似然域的可信度 γ
0.5	1	0.393
2.0	4	0.865
4.5	9	0.989

当似然函数为二维正态型, 很容易由式 (8.6.26) 求出给定可信度 γ 的 ϑ_1,ϑ_2 似然域, 它即是式 (8.6.24) 所表示的椭圆, 其中,

$$Q = Q_\gamma = -2\ln(1-\gamma). \tag{8.6.27}$$

除了选择椭圆作为两个未知参数 ϑ_1, ϑ_2 的联合似然域, 有时还可选择与椭圆相切的长方形作为似然域, 这种似然域比较方便. 显然该长方形内包含 ϑ_1,ϑ_2 的概率值比与它相切的椭圆要大, 而且它与相关系数 ρ 有关. 它的概率表述可写成

$$P(\hat{\vartheta}_1 - m\sigma_1 \leqslant \vartheta_1 \leqslant \hat{\vartheta}_1 + m\sigma_1, \hat{\vartheta}_2 - m\sigma_2 \leqslant \vartheta_2 \leqslant \hat{\vartheta}_2 + m\sigma_2) = \gamma(\rho, m). \tag{8.6.28}$$

当似然函数 $L(\vartheta_1,\vartheta_2)$ 为式 (8.5.7) 所示的二维正态型, 可证明有以下公式:

$$\gamma(\rho,m) = \frac{1}{\sqrt{2\pi}}\int_{-m}^{m}\mathrm{d}y\left\{\mathrm{e}^{-\frac{1}{2}y^2}\cdot\left[\varPhi\left(\frac{m-\rho y}{\sqrt{1-\rho^2}}\right) - \varPhi\left(\frac{-m-\rho y}{\sqrt{1-\rho^2}}\right)\right]\right\}, \tag{8.6.29}$$

$\varPhi$ 是累积标准正态函数. 根据对称性可知

$$\gamma(-\rho,m) = \gamma(\rho,m).$$

特别是对于 $\vartheta_1(\vartheta_2)$ 在 $\hat{\vartheta}_1 \pm \sigma_1(\hat{\vartheta}_2 \pm \sigma_2)$ 内的概率, 有

$$\gamma(\rho,1) = \left[2\pi\sigma_1\sigma_2\sqrt{1-\rho^2}\cdot L_{\max}\right]^{-1}\int_{\hat{\vartheta}_1-\sigma_1}^{\hat{\vartheta}_1+\sigma_1}\int_{\hat{\vartheta}_2-\sigma_2}^{\hat{\vartheta}_2+\sigma_2} L(\vartheta_1,\vartheta_2)\mathrm{d}\vartheta_1\mathrm{d}\vartheta_2.$$

表 8.2 列出了相关系数 ρ 取不同数值时, 以一组椭圆以及与其相切的长方形作为参数 ϑ_1,ϑ_2 的似然域的可信度 γ 的数值.

表 8.2　椭圆和长方形似然域的可信度 γ

m	似然域椭圆 $Q_\gamma = m^2$ 的可信度 $\gamma = 1 - e^{-Q_\gamma}$	$\|\rho\|$ 长方形似然域的可信度 $\gamma(\rho, m)$: 0.0	0.2	0.4	0.5	0.6	0.7	0.8	0.9	0.95	0.99	1.00
0.5	.1175	.147	.149	.158	.165	.176	.191	.216	.258	.294	.343	.383
1.0	.3935	.466	.471	.486	.498	.514	.534	.561	.596	.622	.655	.683
1.5	.6753	.751	.754	.763	.770	.778	.789	.802	.821	.834	.852	.866
2.0	.8647	.911	.912	.915	.917	.920	.924	.929	.936	.941	.948	.954
2.5	.9561	.975	.975	.976	.977	.977	.978	.979	.982	.983	.986	.988
3.0	.9889	.995	.995	.995	.995	.995	.995	.995	.996	.996	.997	.997

注：表中小数点前均系 “0”, 因版面关系省略.

从该表可见, 对于小的 $m(=\sqrt{Q_\gamma})$ 值, $\gamma(\rho,m)$ 是 $|\rho|$ 的相当灵敏的增加函数; 但当 $m \geqslant 3$ 时，$\gamma(\rho,m)$ 却几乎与 $|\rho|$ 无关. 这表示, 长方形的 γ 值当 m 小时强烈地依赖于参数 ϑ_1, ϑ_2 之间的相关系数, 而 $m \geqslant 3$ 时则与相关系数几乎无关. 另一方面, 与该长方形内接的椭圆似然域的可信度 γ 与相关系数 ρ(ρ 表示椭圆的面积大小和椭圆主轴的倾角, 见图 8.5) 无关, 具有相同的数值.

有时在两个未知参数 ϑ_1, ϑ_2 中, 其中之一可取任何容许值, 而对另一个作区间估计. 例如, 仅对参数 ϑ_1 作区间估计, 则概率表述为

$$P(\hat{\vartheta}_1 - m\sigma_1 \leqslant \vartheta_1 \leqslant \hat{\vartheta}_1 + m\sigma_1, -\infty < \vartheta_2 < +\infty) = \gamma. \tag{8.6.30}$$

此时可将 $L(\vartheta_1, \vartheta_2)$ 对 ϑ_2 作积分, 产生 ϑ_1 的边沿分布. 当似然函数 $L(\vartheta_1, \vartheta_2)$ 是关于均值 $\hat{\vartheta}_1, \hat{\vartheta}_2$ 的二维正态分布时, 该边沿分布为 $N(\hat{\vartheta}_1, \sigma_1^2)$(见 4.11 节的推导). 这样可用通常的一维似然区间的计算方法求得关于参数 ϑ_1 的给定可信度的似然区间. 特别是对 ϑ_1 的一个标准差 (可信度 0.683) 的似然区间 $[\hat{\vartheta}_1 - \sigma_1, \hat{\vartheta}_2 + \sigma_1]$ 是与协方差椭圆相切的无限长垂直带 (见图 8.7); 同样, 对于 ϑ_2 的一个标准差的似然区间是图 8.7 上的无限长水平带.

如果 ϑ_1, ϑ_2 相互独立, $\rho = 0$, 则给定可信度对应的椭圆的长轴和短轴平行于 ϑ_1, ϑ_2 坐标轴, 在这种情形下, 关于两个参数 ϑ_1, ϑ_2 的联合概率可表示为它们各自的边沿概率之乘积

$$\begin{aligned}
&P(\hat{\vartheta}_1 - m\sigma_1 \leqslant \vartheta_1 \leqslant \hat{\vartheta}_1 + m\sigma_1, \hat{\vartheta}_2 - m\sigma_2 \leqslant \vartheta_2 \leqslant \hat{\vartheta}_2 + m\sigma_2) \\
=&P(\hat{\vartheta}_1 - m\sigma_1 \leqslant \vartheta_1 \leqslant \hat{\vartheta}_1 + m\sigma_1,\ -\infty < \vartheta_2 < \infty) \\
&\cdot P(-\infty < \vartheta_1 < \infty,\ \hat{\vartheta}_2 - m\sigma_2 \leqslant \vartheta_2 \leqslant \hat{\vartheta}_2 + m\sigma_2).
\end{aligned}$$

对于 m=1 的特殊情况, 边沿概率为 0.683, 联合概率为 $0.683^2 = 0.466$.

用类似的方法可以推导出一个参数为固定值的条件下另一个参数的**条件似然区间**. 例如, 第一个参数固定于它的极大似然估计值 $\hat{\vartheta}_1$, 则 ϑ_2 具有条件分布 $N(\hat{\vartheta}_2, \sigma_2^2(1-\rho^2))$(见 4.11 节的推导), 于是根据式 (8.6.10), 概率表述为

$$\begin{aligned}&P\left\{\hat{\vartheta}_2 - m\sigma_2(1-\rho^2)^{1/2} \leqslant \vartheta_2 \leqslant \hat{\vartheta}_2 + m\sigma_2(1-\rho^2)^{1/2}\right\}\\&=2\varPhi(m)-1\equiv\gamma;\end{aligned} \tag{8.6.31}$$

若参数 ϑ_1 固定于任意的 ϑ_1^* 处, 则条件分布 (见式 (4.11.8)) 为

$$N\left(\hat{\vartheta}_2 + \frac{\sigma_2}{\sigma_1}\rho(\vartheta_1^* - \hat{\vartheta}_1), \quad \sigma_2^2(1-\rho^2)\right),$$

相应的概率表述是

$$\begin{aligned}P\Bigg\{&\hat{\vartheta}_2 + \frac{\sigma_2}{\sigma_1}\rho(\vartheta_1^* - \hat{\vartheta}_1) - m\sigma_2(1-\rho^2)^{1/2} \leqslant \vartheta_2 \leqslant \hat{\vartheta}_2\\&+\frac{\sigma_2}{\sigma_1}\rho(\vartheta_1^* - \hat{\vartheta}_1) + m\sigma_2(1-\rho^2)^{1/2}\Bigg\} = 2\varPhi(m)-1\equiv\gamma.\end{aligned} \tag{8.6.32}$$

由式 (8.6.31) 和式 (8.6.32) 立即求出 ϑ_1 为固定值时, 参数 ϑ_2 的可信度 γ 的似然区间.

迄今为止, 本节所有的结论都是建立在二维正态似然函数的假设上的. 在实际问题中, 子样容量为有限值, 似然函数不可能是理想的二维正态函数. 但如同 8.6.1 节对于单个参数的似然区间中所述, 如果在感兴趣的 ϑ_1, ϑ_2 参数空间中, 似然函数充分正规且是 ϑ_1, ϑ_2 的单峰函数, 可以通过某种变换使似然函数变换为二维正态型, 从而可以使用同样的方法对参数 ϑ_1, ϑ_2 作区间估计, 即 $\ln L$ 表面与 $\ln L = \ln L_{\max} - \dfrac{Q_\gamma}{2}$ 的截线(等值线) 围成的区域作为参数 ϑ_1, ϑ_2 的可信度 γ 的近似联合似然域. 不过这种情形下的联合似然域不一定是椭圆.

当似然函数不够正规, 不能用以上方法决定联合似然域. 特别当似然函数存在多个极大时, $\ln L$ 表面与平面$\ln L = \ln L_{\max} - \dfrac{Q_\gamma}{2}$ 的相交等值线可能是参数空间中互不相连的多个孤立区域. 在这种情形下, 表示实验结果比较好的方法是给出一系列似然函数的等值线图.

例 8.13 正态总体 $N(\mu, \sigma^2)$ 中参数 μ, σ^2 的联合似然域

8.2 节中已经确定, 正态总体 $N(\mu, \sigma^2)$ 的均值 μ, 方差 σ^2 的联合极大似然估计为

$$\hat{\mu} = \bar{X} = \frac{1}{n}\sum_{i=1}^{n} X_i, \quad \hat{\sigma}^2 = \frac{n-1}{n}S^2 = \frac{1}{n}\sum_{i=1}^{n}(X_i - \bar{X}).$$

当子样容量 n 很大, 它们的协方差矩阵是对角阵, 矩阵元素是 $V_{11} = \sigma^2/n, V_{22} = 2\sigma^4/n, \rho = 0$(见式 (8.4.8)). 现在我们利用这些结果对参数 μ, σ^2 作区间估计.

将以上数值代入式 (8.6.24), 并将 V_{11}, V_{22} 中 σ^2 用极大似然估计 $\hat{\sigma}^2$ 代替, 则得

$$Q = (\mu - \hat{\mu})^2 \frac{n}{\hat{\sigma}^2} + (\sigma^2 - \hat{\sigma}^2)^2 \frac{n}{2(\hat{\sigma}^2)^2},$$

这是 (μ, σ^2) 平面上中心为 $(\hat{\mu}, \hat{\sigma}^2)$、半轴长度正比于 $\hat{\sigma}/\sqrt{n}$ 和 $\hat{\sigma}^2\sqrt{2/n}$ 的椭圆方程. 由式 (8.6.27) 知, 可信度为 γ 的 μ, σ^2 联合似然域椭圆的半轴为

$$\sqrt{Q_\gamma} \cdot \sqrt{\frac{\hat{\sigma}^2}{n}}, \quad \sqrt{2Q_\gamma}\frac{\hat{\sigma}^2}{\sqrt{n}},$$

其中, $Q_\gamma = -2\ln(1-\gamma)$.

在 7.9 节中, 我们利用统计量 $\bar{X}$ 和 S^2 的相互独立性, 求出了 μ, σ^2 的置信水平 γ 的联合置信域, 如图 7.3 中划阴线的面积所示. 这里将它与本节求得的联合似然域作一比较.

设子样容量 n=100, 子样平均和子样方差的观测值为 $\bar{X} = 1$, S^2=1. 对于这些数据, 图 8.8 中的椭圆为可信度 95%的联合似然域, 而抛物线与两条直线围成的区域则是置信水平 95%的联合置信域, 抛物线方程和直线方程中的有关参数见 7.9 节的讨论.

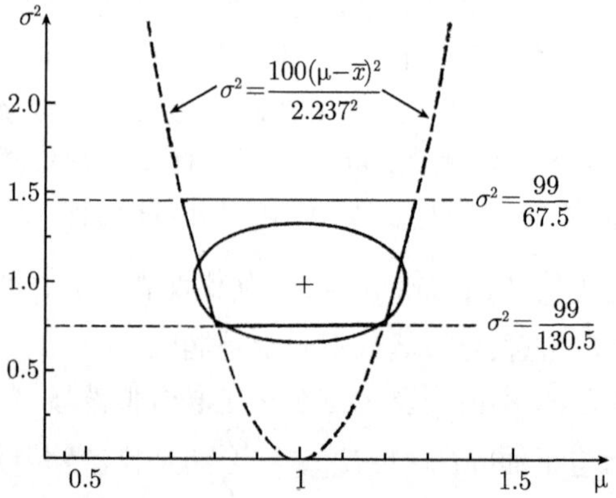

图 8.8 正态总体 $N(\mu, \sigma^2)$ 中参数 μ, σ^2 的联合似然域 (椭圆) 和联合置信域

8.6.4 多个参数的似然域

设总体含有 k 个未知参数 $\boldsymbol{\vartheta} = \{\vartheta_1, \vartheta_2, \cdots, \vartheta_k\}$, 为了确定这 k 个参数的似然域, 必须根据 k 维似然函数 $L = L(\boldsymbol{X}\,|\vartheta_1, \cdots, \vartheta_k)$ 写出对于 $\boldsymbol{\vartheta}$ 的如下概率表述:

$$P(\vartheta_1^a \leqslant \vartheta_1 \leqslant \vartheta_1^b, \cdots, \vartheta_k^a \leqslant \vartheta_k \leqslant \vartheta_k^b) = \gamma. \tag{8.6.33}$$

于是 $[\vartheta_i^a, \vartheta_i^b](i=1,2,\cdots,k)$ 构成了 $\boldsymbol{\vartheta}$ 的可信度为 γ 的联合似然域.

假定 $\boldsymbol{\vartheta}$ 的极大似然估计记为 $\hat{\boldsymbol{\vartheta}}$, 可将 $\ln L$ 在 $\boldsymbol{\vartheta}=\hat{\boldsymbol{\vartheta}}$ 的邻域作泰勒展开

$$\ln L = \ln L\big|_{\boldsymbol{\vartheta}=\hat{\vartheta}} + \sum_{i=1}^{k} \frac{\partial \ln L}{\partial \vartheta_i}\bigg|_{\boldsymbol{\vartheta}=\hat{\boldsymbol{\vartheta}}} (\vartheta_i - \hat{\vartheta}_i)$$
$$+\frac{1}{2}\sum_{i=1}^{k}\sum_{j=1}^{k} \frac{\partial^2 \ln L}{\partial \vartheta_i \partial \vartheta_j}\bigg|_{\boldsymbol{\vartheta}=\hat{\boldsymbol{\vartheta}}} (\vartheta_i - \hat{\vartheta}_i)(\vartheta_j - \hat{\vartheta}_j) + \cdots .$$

由于 $\hat{\vartheta}_i$ 是似然方程 $\dfrac{\partial \ln L}{\partial \vartheta_i} = 0(i=1,2,\cdots,k)$ 的解, 故上式右边第二项为 0. 如果子样容量充分大, 由式 (8.4.7) 可知

$$V_{ij}^{-1}(\hat{\boldsymbol{\vartheta}}) = \left(-\frac{\partial^2 \ln L}{\partial \vartheta_i \partial \vartheta_j}\right)_{\hat{\vartheta}=\hat{\boldsymbol{\vartheta}}},$$

于是

$$\ln L = \ln L_{\max} - \frac{1}{2}\sum_{i=1}^{k}\sum_{j=1}^{k} (\vartheta_i - \hat{\vartheta}_i) V_{ij}^{-1}(\hat{\boldsymbol{\vartheta}}) (\vartheta_j - \hat{\vartheta}_j) + \cdots . \tag{8.6.34}$$

当略去高次项, 就得出似然函数具有渐近正态分布的形式

$$L(\boldsymbol{\vartheta}) = L_{\max} \exp\left[-\frac{1}{2}(\boldsymbol{\vartheta} - \hat{\boldsymbol{\vartheta}})^{\mathrm{T}} \underset{\sim}{V}^{-1}(\boldsymbol{\vartheta})(\boldsymbol{\vartheta} - \hat{\boldsymbol{\vartheta}})\right], \tag{8.6.35}$$

其中 $\underset{\sim}{V}^{N}(\boldsymbol{\vartheta})$ 代替了 $\underset{\sim}{V}^{-1}(\hat{\boldsymbol{\vartheta}})$.

与二维正态似然函数的情况类似, 多维正态似然函数 $L(\boldsymbol{\vartheta})$ 的超表面与超平面 $L = L_{\max}\mathrm{e}^{-Q_\gamma/2}$ 的截线是似然函数等于某一常数的等值线, 该等值线限定了 $\boldsymbol{\vartheta}$ 参数空间中的一个超椭圆区域. 式 (8.6.35) 中的量

$$Q = (\boldsymbol{\vartheta} - \hat{\boldsymbol{\vartheta}})^{\mathrm{T}} \underset{\sim}{V}^{-1}(\boldsymbol{\vartheta})(\boldsymbol{\vartheta} - \hat{\boldsymbol{\vartheta}}) \tag{8.6.36}$$

是服从 $\chi^2(k)$ 的随机变量 (见 4.12 节和 4.14 节的讨论), 因此可以通过对 $\chi^2(k)$ 的概率密度求积分得到 Q 取 0~ Q_γ 数值的概率

$$P(Q \leqslant Q_\gamma) = \int_0^{Q_\gamma} f(Q;\nu=k)\mathrm{d}Q = F_{1-\gamma}(Q=Q_\gamma;\nu=k) = \gamma, \tag{8.6.37}$$

其中 f 和 F 分别是 $\chi^2(k)$ 的概率密度函数和累积分布函数. 显然, $Q \leqslant Q_\gamma$ 相当于 k 个参数 $\{\vartheta_1,\cdots,\vartheta_k\}$ 同时位于超椭圆 $Q=Q_\gamma$ 区域内. 这个超椭圆由超表面 $\ln L(\boldsymbol{\vartheta})$ 与超平面 $\ln L = \ln L_{\max} - \dfrac{Q_\gamma}{2}$ 的截线求得, 超椭圆中心位于 $\boldsymbol{\vartheta}=\hat{\boldsymbol{\vartheta}}$. 这个

超椭圆等值线是 k 个参数 $\vartheta_1, \vartheta_2, \cdots, \vartheta_k$ 的可信度 γ 的联合似然域的边界, γ 值可根据式 (8.6.37) 由图 4.17 或附表 7 确定. 对于一定的 Q_γ 值, 随着待估计参数个数 k 的增多, 可信度 γ 的数值迅速下降, 例如, 当 $Q_\gamma = 1$ 时, 有以下对应关系:

$k=1$	2	3	4	5
$\gamma=0.683$	0.393	0.20	0.10	0.05

反过来, 随着参数的增多, 为了得到相同的可信度 γ, Q_γ 值迅速增大. 例如, 对于 $\gamma = 0.683$ 的似然区间或联合似然域, 有以下对应关系:

$k=1$	2	3	4	5
$Q_\gamma=1$	2.3	3.54	4.76	6.60

如果 k 个未知参数中有 l 个参数可取容许的任意值, 只对其余 $k-l$ 个参数作区间估计, 那么就需对这 l 个参数作积分, 得到其余 $k-l$ 个参数的边沿分布, 再用类似的方法确定 $k-l$ 个参数的似然区间. 另一种可能的情形是有 m 个参数固定于它的极大似然估计值, 则其余 $k-m$ 个参数的条件分布是渐近的 $k-m$ 维正态分布, 其协方差矩阵 $\underset{\sim}{V}^*(k-m$ 阶) 将与原协方差矩阵 $\underset{\sim}{V}(k$ 阶) 不同, $\underset{\sim}{V}^*$ 可由 $\underset{\sim}{V}^{-1}$ 中扣去对应的 m 行 m 列元素后求逆矩阵求出 (见 4.12 节). 这个 $k-m$ 维正态似然函数可提供 m 个参数等于其极大似然值为条件的、其余 $k-m$ 个参数的联合似然域. 更复杂的情形是 k 个未知参数中有 m 个参数为固定值、l 个参数可取容许的任意值, 对其余 $k-m-l$ 个参数作联合似然域的估计, 这种情形下的估计问题可按照上述的原则推导出相应的公式.

8.7 极大似然法应用于直方图数据

当观测个数 (子样容量) 很大时, 似然函数值的计算将变得十分繁杂费力, 总体概率密度函数 $f(x|\vartheta)$ 的形式很复杂时尤其如此. 在这种情形下, 可以将随机变量 X 的取值域划分成为数不多的 N 个子区间, 只要在每个子区间中 $f(x|\vartheta)$ 的变化比较小, 落在每个子区间内的观测用 "平均" 的概率密度来表示, 这就大大简化了似然函数的计算. 直方图型的数据就采用这种做法. 显然, 对数据的这种分组必定使信息有某种损失, 但只要每个子区间内 $f(x|\vartheta)$ 变化很小, 这种损失不大.

设事件的总数 n 为一常数, 第 i 个子区间内的事件数为 $n_i (i = 1, 2, \cdots, N)$ 个, 显然有

$$\sum_{i=1}^{N} n_i = n.$$

根据 4.2 节的讨论, 第 i 个子区间内事件数为 $n_i(i=1,2,\cdots,N)$ 的联合概率 (似然函数) 由多项分布给出

$$L(n_1,\cdots,n_N\,|\vartheta)=n!\prod_{i=1}^{N}\frac{1}{n_i!}p_i^{n_i}, \tag{8.7.1}$$

其中 p_i 是第 i 个子区间中出现一个事例的概率. p_i 可由概率密度 $f(x\,|\vartheta)$ 在第 i 子区间中的积分求出

$$p_i=p_i(\vartheta)=\int_{\Delta x_i}f(x\,|\vartheta)\mathrm{d}x. \tag{8.7.2}$$

于是

$$\ln L(n_1,\cdots,n_N\,|\vartheta)=\sum_{i=1}^{N}n_i\ln p_i(\vartheta)-\sum_{i=1}^{N}\ln n_i!+\ln n!,$$

似然方程变成

$$\left.\frac{\partial\ln L}{\partial\vartheta}\right|_{\vartheta=\hat{\vartheta}}=\frac{\partial}{\partial\vartheta}\left[\sum_{i=1}^{N}n_i\ln p_i(\vartheta)\right]_{\vartheta=\hat{\vartheta}}=0.$$

该方程的解即是参数 ϑ 的极大似然估计 $\hat{\vartheta}$.

如果事件总数 n 不是常数而是均值为 λ 的泊松变量 (见 4.4 节的叙述), 这时, 第 i 个子区间内的事件数 n_i 是均值 λ_i 的泊松变量. 第 i 个子区间内观测到 n_i 个事件 $(i=1,2,\cdots,N)$ 的联合概率为

$$L(n_1,\cdots,n_N\,|\vartheta)=\prod_{i=1}^{N}\frac{1}{n_i!}\lambda_i^{n_i}\mathrm{e}^{-\lambda_i},$$

其中 λ_i 由总体的概率密度在 i 子区间内的积分表示

$$\lambda_i=\lambda\int_{\Delta x_i}f(x\,|\vartheta)\mathrm{d}x, \tag{8.7.3}$$

而且有 $\sum\limits_{i=1}^{N}\lambda_i=\lambda$. 于是当只考虑与待估计参数 ϑ 有关的项时, 有

$$\ln L=\sum_{i=1}^{N}[-\ln(n_i!)+n_i\ln\lambda_i-\lambda_i]=\sum_{i=1}^{N}[n_i\ln\lambda_i]-\lambda.$$

如果 λ 是 ϑ 的函数, 似然方程变成

$$\left.\frac{\partial\ln L}{\partial\vartheta}\right|_{\vartheta=\hat{\vartheta}}=\frac{\partial}{\partial\vartheta}\left[\sum_{i=1}^{N}n_i\ln\lambda_i-\lambda\right]_{\vartheta=\hat{\vartheta}}=0.$$

如果 λ 不是 ϑ 的函数, 似然方程变成

$$\left.\frac{\partial \ln L}{\partial \vartheta}\right|_{\vartheta=\hat{\vartheta}} = \frac{\partial}{\partial \vartheta}\left[\sum_{i=1}^{N} n_i \ln \lambda_i(\vartheta)\right]_{\vartheta=\hat{\vartheta}} = 0.$$

该似然方程的解即是参数 ϑ 的极大似然估计 $\hat{\vartheta}$.

8.8 极大似然法应用于多个实验结果的合并

同一个物理量, 常常可以通过不同的方法加以测定. 例如, 带电粒子的动量, 既可以通过粒子在气体中的电离损失来测定, 也可以通过粒子在磁场中的偏转来确定. 为了充分利用不同的实验对同一物理量的测定结果, 通常的做法是将各个实验对该物理量的极大似然估计值求加权平均 (见 8.2 节) 作为各实验结果的合并值. 但是对低统计的实验, 记录到的事例数很少, 似然函数与正态型相去甚远, 采用下面叙述的方法要比加权平均值更为合理.

设两个相互独立的实验中各自的一组观测分别用 $\boldsymbol{X} = \{X_1, \cdots, X_n\}$ 和 $\boldsymbol{Y} = \{Y_1, \cdots, Y_m\}$ 表示, 它们的总体分布分别是 $f_1(X\,|\vartheta)$ 和 $f_2(Y\,|\vartheta)$, 依赖同一个未知参数 ϑ(即实验所要确定的物理量), 相应的似然函数分别是 $L(\boldsymbol{X}\,|\vartheta)$ 和 $L(\boldsymbol{Y}\,|\vartheta)$. 这样, 对于这两个实验, 所有观测值 $\boldsymbol{X}$ 和 $\boldsymbol{Y}$ 的联合似然函数可表示为

$$L(\boldsymbol{X}, \boldsymbol{Y}\,|\vartheta) = \prod_{i=1}^{n} f_1(X_i\,|\vartheta) \prod_{j=1}^{m} f_2(Y_j\,|\vartheta) = L(\boldsymbol{X}\,|\vartheta) \cdot L(\boldsymbol{Y}\,|\vartheta). \tag{8.8.1}$$

利用该似然函数, 可通过下一似然方程求得 ϑ 的极大似然估计 $\hat{\vartheta}$:

$$\frac{\partial}{\partial \vartheta} \ln L(\boldsymbol{X}, \boldsymbol{Y}|\vartheta) = \frac{\partial}{\partial \vartheta}\left[\sum_{i=1}^{n} \ln f_1(X_i|\vartheta) + \sum_{j=1}^{m} \ln f_2(Y_j|\vartheta)\right] = 0.$$

于是 $\hat{\vartheta}$ 是两个实验对参数 ϑ 的**合并估计**.

8.8.1 正态型似然函数

当两个实验的总体分布都是 (或近似地) 正态分布, 联合似然函数为两个正态函数的乘积. 这种情形下的两个相互独立的实验结果的合并特别简单.

两个独立的实验所测量的同一物理量 μ 可视为两个总体均值 (未知量) 相等, 两个实验有不同的误差 (即方差不同), 且已知为 $\sigma_x, \sigma_y(\sigma_x^2, \sigma_y^2$ 为两个实验中变量 X 和 Y 的总体方差, 即一次测量值的方差) , 令 $X_i, i = 1, \cdots, n$ 和 $Y_j, j = 1, \cdots, m$ 是两个实验的测量值, n, m 是两个实验中测量值个数 (子样容量), 故联合似然函数式

(8.8.1) 可写成

$$L(\boldsymbol{X},\boldsymbol{Y}|\mu)=\prod_{i=1}^{n}\frac{1}{\sqrt{2\pi}\sigma_x}\exp\left[-\frac{1}{2}\left(\frac{X_i-\mu}{\sigma_x}\right)^2\right]\cdot\prod_{j=1}^{m}\frac{1}{\sqrt{2\pi}\sigma_y}\exp\left[-\frac{1}{2}\left(\frac{Y_j-\mu}{\sigma_y}\right)^2\right], \tag{8.8.2}$$

似然方程为

$$\frac{\partial\ln L}{\partial\mu}=\sum_{i=1}^{n}\frac{(X_i-\mu)}{\sigma_x^2}+\sum_{j=1}^{m}\frac{(Y_j-\mu)}{\sigma_y^2},$$

由此求得两个实验对 μ 的合并极大似然估计

$$\hat{\mu}=\frac{\dfrac{n}{\sigma_x^2}\bar{X}+\dfrac{m}{\sigma_y^2}\bar{Y}}{\dfrac{n}{\sigma_x^2}+\dfrac{m}{\sigma_y^2}}, \tag{8.8.3}$$

其中,

$$\bar{X}=\frac{1}{n}\sum_{i=1}^{n}X_i,\quad \bar{Y}=\frac{1}{m}\sum_{j=1}^{m}Y_j$$

是两个实验各自对均值 μ 的极大似然估计.

事实上, 上述结论可从式 (8.2.2) 直接导出. 当对未知参数 μ 作 l 次独立观测时, 每次观测 Z_i 具有不相等的误差 σ_i, 即 z_i 是正态总体 $N(\mu,\sigma_i^2)$ 的一个观测值, 则 μ 的极大似然估计是

$$\hat{\mu}=\frac{\sum\limits_{i=1}^{l}Z_i/\sigma_i^2}{\sum\limits_{i=1}^{l}1/\sigma_i^2}.$$

对于现在讨论的两个独立实验测量同一个物理量 μ 的情形, 相当于

$$1\leqslant i\leqslant n,\quad \sigma_i=\sigma_x,\quad Z_i=X_i,\quad n+1\leqslant i\leqslant n+m=l,$$

$$\sigma_i=\sigma_y, Z_i=Y_i,$$

于是立即有

$$\hat{\mu}=\frac{\sum\limits_{i=1}^{n}\dfrac{X_i}{\sigma_x^2}+\sum\limits_{j=1}^{m}\dfrac{Y_j}{\sigma_y^2}}{\sum\limits_{i=1}^{n}\dfrac{1}{\sigma_x^2}+\sum\limits_{j=1}^{m}\dfrac{1}{\sigma_y^2}}=\frac{\dfrac{n}{\sigma_x^2}\bar{X}+\dfrac{m}{\sigma_y^2}\bar{Y}}{\dfrac{n}{\sigma_x^2}+\dfrac{m}{\sigma_y^2}},$$

即式 (8.8.3). 式 (8.8.3) 所示的 $\hat{\mu}$ 的方差由式 (8.2.4) 给出

$$V(\hat{\mu})=\frac{1}{\sum_{i=1}^{l}\frac{1}{\sigma_i^2}};$$

在两个独立实验测量的情形下, 则是

$$V(\hat{\mu})=\frac{1}{\sum_{i=1}^{n}\frac{1}{\sigma_x^2}+\sum_{j=1}^{m}\frac{1}{\sigma_y^2}}=\frac{1}{\frac{n}{\sigma_x^2}+\frac{m}{\sigma_y^2}}. \tag{8.8.4}$$

如果用 $\hat{\mu}_{\bar{X}},\hat{\sigma}_{\bar{X}}$ 表示整个实验 $X(n$ 次测量) 对于物理量 μ 的测量值及其误差, 则有

$$\hat{\mu}_{\bar{X}}=\bar{X},\quad \hat{\sigma}_{\bar{X}}=\frac{\hat{\sigma}_x}{\sqrt{n}}. \tag{8.8.5}$$

类似地, 对于实验 Y, 有

$$\hat{\mu}_{\bar{Y}}=\bar{Y},\quad \hat{\sigma}_{\bar{Y}}=\frac{\hat{\sigma}_y}{\sqrt{m}}. \tag{8.8.6}$$

于是式 (8.8.3) 和式 (8.8.4) 可改写为

$$\hat{\mu}=\frac{\frac{1}{\hat{\sigma}_{\bar{X}}^2}\hat{\mu}_{\bar{X}}+\frac{1}{\hat{\sigma}_{\bar{Y}}^2}\hat{\mu}_{\bar{Y}}}{\frac{1}{\hat{\sigma}_{\bar{X}}^2}+\frac{1}{\hat{\sigma}_{\bar{Y}}^2}},\quad V(\hat{\mu})=\frac{1}{\frac{1}{\hat{\sigma}_{\bar{X}}^2}+\frac{1}{\hat{\sigma}_{\bar{Y}}^2}}. \tag{8.8.7}$$

这与正态总体均值的极大似然估计 $\hat{\mu}$ 及其方差 $V(\hat{\mu})$ 的公式 (8.2.2) 和式 (8.2.4) 有相同的形式.

更为一般的情况是, 两个独立的实验测量同一个物理量 (总体均值), 但测量误差不同而且未知. 虽然可根据式 (8.8.2) 的似然函数对 μ,σ_x,σ_y 求偏导数写出似然方程, 但不能得到 μ,σ_x,σ_y 的解析解. 我们可采用如下方法求出合并的极大似然估计 $\hat{\mu}$ 及其方差 $V(\hat{\mu})$. 首先利用 8.2 节 (3) 所描述的方法求出每个实验中总体 X 和 Y 的均值和方差的同时估计

$$\begin{aligned}&\hat{\mu}_x=\bar{X},\qquad \hat{\sigma}_x^2=\frac{1}{n}\sum_{i=1}^{n}(X_i-\bar{X})^2;\\&\hat{\mu}_y=\bar{Y},\qquad \hat{\sigma}_y^2=\frac{1}{m}\sum_{j=1}^{m}(Y_j-\bar{Y})^2.\end{aligned} \tag{8.8.8}$$

这样, 合并的极大似然估计 $\hat{\mu}$ 及其方差 $V(\hat{\mu})$ 仍可由式 (8.8.3) 和式 (8.8.4) 给定:

$$\hat{\mu}=\frac{\frac{n}{\hat{\sigma}_x^2}\bar{X}+\frac{m}{\hat{\sigma}_y^2}\bar{Y}}{\frac{n}{\hat{\sigma}_x^2}+\frac{m}{\hat{\sigma}_y^2}},\quad V(\hat{\mu})=\frac{1}{\frac{n}{\hat{\sigma}_x^2}+\frac{m}{\hat{\sigma}_y^2}}.$$

同样可利用式 (8.8.5) 和式 (8.8.6) 定义两个实验对于 μ 的测量值及其误差, 则两个实验的合并估计亦可用式 (8.8.7) 表示.

对于多个实验测定同一个物理量, 可按上述原则作类似的推导, 得出合并估计值及其方差:

$$\hat{\mu}=\frac{\sum\limits_{i=1}^{n}\frac{\mu_i}{\sigma_i^2}}{\sum\limits_{i=1}^{n}\frac{1}{\sigma_i^2}},\quad V(\hat{\mu})=\frac{1}{\sum\limits_{i=1}^{n}\frac{1}{\sigma_i^2}},\tag{8.8.9}$$

式中 μ_i,σ_i 是第 i 个实验对于物理量 μ 的测量值及其测量误差.

8.8.2 非正态型似然函数

在上面的讨论中, 我们假设了各个实验测量中总体概率密度为正态分布式 (8.8.2), 因而各次实验测量中似然函数为正态型, 它们的联合似然函数也是正态型. 事实上, 实验中似然函数不为正态型是常见的现象. 例如, 在子样容量不大的实验中泊松分布往往是概率密度函数比较好的近似. 这种情况下, 在待估计参数 θ 和它的似然函数曲线 $L(\theta)$ 标绘上, 似然函数往往是不对称的 (见 8.5~8.6 节). θ 的极大似然估计 $\hat{\theta}$ 由似然函数的极大值确定 $L_{\max}=L(\hat{\theta})$, 而其误差 θ^+,θ^- 则由直线 $L=\mathrm{e}^{-0.5}L_{\max}$ 与似然函数曲线 $L(\theta)$ 两个交点对应的两个 θ 值 θ^+,θ^- 确定

$$\Delta\ln L(\hat{\theta})=\ln L(\theta^+)-\ln L(\hat{\theta})=\ln L(\theta^-)-\ln L(\hat{\theta})=-\frac{1}{2},\tag{8.8.10}$$

$$\sigma^+=\theta^+-\hat{\theta},\quad \sigma^-=\hat{\theta}-\theta^-.\tag{8.8.11}$$

而且 σ^+ 与 σ^- 往往不相等.

假定对同一个物理量 θ 的两组测量中各自的总体概率密度 $f_1(X|\theta)$ 和 $f_2(X|\theta)$ 形式都为已知, 那么原则上我们仍可用式 (8.8.1) 所示的似然函数求得两个实验对参数 θ 的合并估计, 但实际上对非正态的概率密度的情形, 解析求解极为困难, 甚至不可能.

在许多情形下, 实验测量中的概率密度往往并不确切地知道. 对同一个待估计参数 θ, 不同的实验只是报道其测量结果 $\mu^{+\sigma^+}_{-\sigma^-}$. 应当认为对该实验而言, μ 是 θ 的最佳估计, 而 $(\mu-\sigma^-,\mu+\sigma^+)$ 是可信度为 68.3%的似然区间. 因此, 怎样从几个实验的测量值 μ_i, σ_i^+, $\sigma_i^-(i=1,\cdots,n)$ 求得参数 θ 的正确的合并估计 μ,σ^+,σ^- 是一个需要解决的问题.

R. Barlow[63] 建议利用实验测量值 $\mu_i,\sigma_i^+,\sigma_i^-$ 来构造参数化的似然函数来逼近实验中的实际似然函数. 尝试了多种形式的参数化似然函数之后, 发现**宽度可变的正态函数**是比较好的选择, 即真值为 μ, 而测量值为 $\mu_i,\sigma_i^+,\sigma_i^-$ 的似然函数可以用

下述形式的正态函数来逼近：

$$\ln L(\mu_i|\mu) = -\frac{(\mu-\mu_i)^2}{2V_i(\mu)}, \tag{8.8.12}$$

对于**线性离差的正态函数**方案

$$V_i(\mu) = [\sigma_i(\mu)]^2, \quad \sigma_i(\mu) = \sigma_i + \sigma_i'(\mu-\mu_i), \tag{8.8.13}$$

$$\sigma_i = \frac{2\sigma_i^+\sigma_i^-}{\sigma_i^+ + \sigma_i^-}, \quad \sigma_i' = \frac{\sigma_i^+ - \sigma_i^-}{\sigma_i^+ + \sigma_i^-}, \tag{8.8.14}$$

即标准离差 $\sigma_i(\mu)$ 在真值 μ 附近是线性变化的. 当 $\sigma_i^+ = \sigma_i^-$ 正、负误差对称, $\sigma_i' = 0, \sigma_i(\mu) = \sigma_i^+ = \sigma_i^-$, 回复到通常的正态似然函数的情形.

对于**线性方差正态函数**方案

$$V_i(\mu) = V_i + V_i'(\mu-\mu_i), \tag{8.8.15}$$

$$V_i = \sigma_i^+\sigma_i^-, \quad V_i' = \sigma^+ - \sigma^-, \tag{8.8.16}$$

即方差 $V_i(\mu)$ 在真值 μ 附近是线性变化的. 同样在正、负误差对称的情况下, $\sigma_i^+ = \sigma_i^-$, 则 $V_i = (\sigma_i^+)^2 = (\sigma_i^-)^2$, $V_i' = 0$, 回复到正态似然函数的情形.

这样, 对同一物理量 μ 的 n 个不同测量值 $\mu_i, \sigma_i^+, \sigma_i^- (i = 1, \cdots, n)$, 其联合似然函数为

$$\ln L(\mu) = -\frac{1}{2}\sum_i \frac{(\mu-\mu_i)^2}{V_i(\mu)}, \tag{8.8.17}$$

物理量 μ 的最佳估计 $\hat{\mu}$ 由该似然函数的极大值位置决定. 对于线性离差正态似然函数方案, $\hat{\mu}$ 的解为

$$\hat{\mu} = \sum_i \omega_i\mu_i \Big/ \sum_i \omega_i \tag{8.8.18}$$

$$\omega_i = \frac{\sigma_i}{[\sigma_i + \sigma_i'(\hat{\mu}-\mu_i)]^3}. \tag{8.8.19}$$

我们注意到 $\hat{\mu}$ 的表达式与 n 次独立测量时正态总体期望值 $\hat{\mu}$ 的极大似然估计形式相同, 只不过权因子稍有不同而已 (见式 (8.2.4)、式 (8.2.2)). 对于线性方差正态似然函数方案, $\hat{\mu}$ 的解为

$$\hat{\mu} = \sum_i \omega_i \left[\mu_i - \frac{V_i'}{2V_i}(\hat{\mu}-\mu_i)^2\right] \Big/ \sum_i \omega_i, \tag{8.8.20}$$

$$\omega_i = V_i/[V_i + V_i'(\hat{\mu}-\mu_i)]^2. \tag{8.8.21}$$

作为一个例子，图 8.9 给出了我们构造的参数化似然函数与泊松分布似然函数(期望值 $\mu=5$) 的对比，图 8.10 给出了与对数正态分布似然函数 ($x=\ln y$, y 是 $\mu=8,\sigma=3$ 的正态变量) 的对比. 由图可见离差可变或者方差可变的正态似然函数所确定的可信度 68.3%的正、负误差，与这两种原分布似然函数确定的正、负误差，数值是极为接近的. 由于对数正态分布，特别是泊松分布对于描述子样容量较小的实验的似然函数往往是相当好的近似，这就说明了参数化似然函数确定的正、负误差一般是相当精确的. 但是由图也可以看到，对于高的可信度，如 95.4%(相应于 $\Delta\ln L=-2$)，参数化似然函数方案确定的正、负误差与实际值就有比较明显的差别，这也表明了这种方法适用范围的局限.

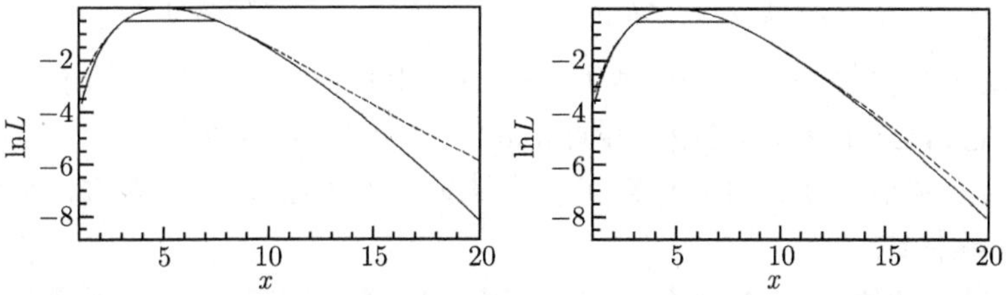

图 8.9 泊松分布似然函数 (期望值 μ=5, 用实线表示) 与参数化方法构造的似然函数 (虚线) 的对比

$\Delta\ln L=-1/2$ 的横线确定可信度 68.3%的似然区间. 左图是线性离差似然函数方案，右图是线性方差似然函数方案

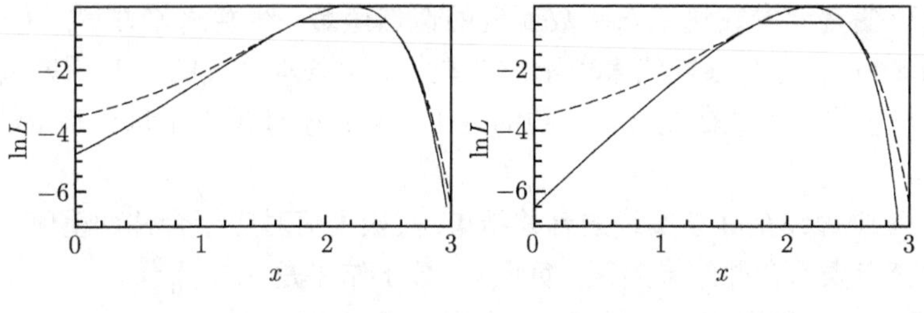

图 8.10 对数正态分布似然函数 ($x=\ln y$, y 是 $\mu=8$, $\sigma=3$ 的正态变量，用实线表示) 与参数化方法构造的似然函数 (虚线) 的对比

左图是线性离差正态似然函数方案，右图是线性方差似然函数方案

式 (8.8.18)、式 (8.8.19) 和式 (8.8.20)、式 (8.8.21) 各是一组非线性方程组，$\hat{\mu}$ 需要用迭代法求得数值解. $\hat{\mu}$ 的初值 $\hat{\mu}(0)$ 可取为 $\dfrac{1}{n}\sum\limits_i \mu_i$，代入 ω_i 表达式右端中的 $\hat{\mu}$ 计算 $\omega_i^{(0)}$，再代入 $\hat{\mu}$ 的表达式的右边计算 $\hat{\mu}(1)$. 较之 $\hat{\mu}(0)$，$\hat{\mu}(1)$ 应当是 $\hat{\mu}$ 的更好

的近似. 经过 k 次迭代后, 如满足

$$|\hat{\mu}(k+1)-\hat{\mu}(k)|<10^{-6}L,$$

即可认为达到收敛, $\hat{\mu}(k+1)$ 可取为 $\hat{\mu}$ 的解. 这里 L 定义为区间 $(\mu_l-3\sigma_l^-,\mu_u+3\sigma_u^+)$ 的长度, μ_l 是 n 个测量值 μ_i 中的最小值, 而 μ_u 是最大值.

求得了 μ 的估计值 $\hat{\mu}$ 后, 其正、负误差 σ^+, σ^- 仍需数值地求解. 受正态总体期望值误差式 (8.2.4) 的启发, 正、负误差的初值可由下式决定:

$$\sigma^+(0)=\left[\sum_i\frac{1}{(\sigma_i^+)^2}\right]^{-\frac{1}{2}},\quad \sigma^-(0)=\left[\sum_i\frac{1}{(\sigma_i^-)^2}\right]^{-\frac{1}{2}}. \tag{8.8.22}$$

计算 $\Delta\ln L(\hat{\mu}(0))^{+/-}=\ln L(\hat{\mu}(0))^{+/-}-\ln L(\hat{\mu})$(其中 $\hat{\mu}(0)^+=\hat{\mu}+\sigma^+(0),\hat{\mu}(0)^-=\hat{\mu}-\sigma^-(0)$), 看它们与 $-1/2$ 相差多大, 再调节 $\hat{\mu}(1)^{+/-}$ 的值, 如此迭代, 使 $\Delta\ln L(\hat{\mu}(k))^{+/-}$ 与 $-1/2$ 的差别小于 0.5×10^{-7}, 即可认为结果收敛, $\hat{\mu}(k)^{+/-}$ 对应的 $\sigma^{+/-}(k)$ 即是 $\sigma^{+/-}$ 的正确估计.

将 μ 的估计值 $\hat{\mu}$ 代入式 (8.8.17) 求得 $\ln L(\hat{\mu})$, 它代表了不同测量结果用同一个理论模型描述时的差异程度, 即等同于皮尔逊拟合优度检验中的 χ^2 变量观测值 (见 12.4.2 节), 可以用自由度 $n-1$ 的 χ^2 分布作拟合优度检验.

例 8.14 同一物理量多次测量的合并估计

设对同一物理量有 3 个测量结果: $1.9^{+0.7}_{-0.5}$, $2.4^{+0.8}_{-0.6}$, $3.1^{+0.5}_{-0.4}$, 求该物理量均值和不对称误差的合并估计.

利用可变宽度参数化正态函数逼近的似然函数 (线性离差方案), 3 个测量结果可用图 8.11 中的 3 条实线来表示. 图中上下两条水平线的 $\ln L$ 值差别为 -0.5. 可以看到每条似然函数曲线与下直线的两个交点正确地反映了每个测量结果的正、负误差.

图 8.11 中虚线是 3 条实线的合并结果, 其极大值对应于合并期望值, 与下水平线的两个交点表示合并结果的正、负误差, 数字结果是 $2.76^{+0.29}_{-0.27}$.

作为比较, 如果用正态近似多次测量的加权平均公式

$$\hat{\mu}=\frac{\displaystyle\sum_{i=1}^n\frac{\mu_i}{\sigma_i^2}}{\displaystyle\sum_{i=1}^n\frac{1}{\sigma_i^2}}=\frac{\displaystyle\sum_{i=1}^n w_i\mu_i}{\displaystyle\sum_{i=1}^n w_i},\quad V(\hat{\mu})=\frac{1}{\displaystyle\sum_{i=1}^n\frac{1}{\sigma_i^2}}=\frac{1}{\displaystyle\sum_{i=1}^n w_i}$$

(计算 $\hat{\mu}$ 时, $\sigma_i=\left(\sigma_i^++\sigma_i^-\right)/2$; $V^{+/-}(\hat{\mu})$ 则用 σ_i^+ 和 σ_i^- 分别计算) 计算, 所得结果是 $2.61^{+0.34}_{-0.28}$, 与正确结果 $2.76^{+0.29}_{-0.27}$ 差别较大.

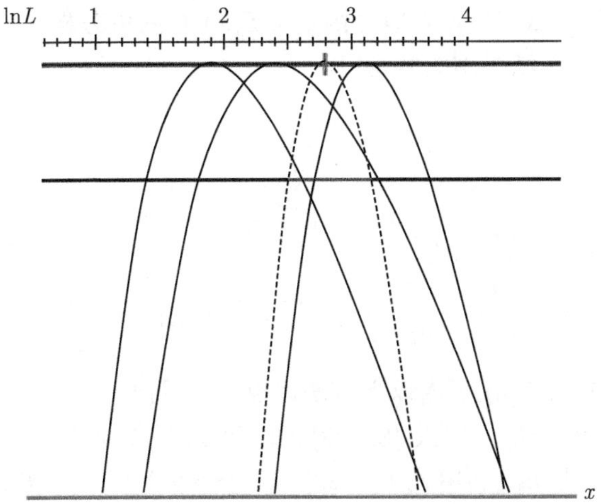

图 8.11 同一量的 3 个测量值 (具有不对称误差) 的合并估计

现在再来讨论另外一种经常遇到的问题 —— 两个 (或多个) 物理量不对称误差的合并估计问题. 假设待测的物理量需要从实验测定的某种分布来确定, 该分布中的事例 (子样) 除了待测物理量的信号之外, 还包含有其他过程的污染 (称之为本底) 事例, 而且本底的来源不止一种. 我们只知道若干种本底各自的测量值及其不对称误差, 怎样求得所有本底的总误差. 因为这一信息对于确定信号 (即待测物理量) 的大小及误差是至关重要的. 例如每项本底事例数 N_i 的测量值及其不对称误差为 $\mu_i, \sigma_i^+, \sigma_i^- (i = 1, \cdots, n)$, 要求总的本底事例数 $N = \sum\limits_{i=1}^{n} N_i$ 的期望值 μ 及其误差. 显然期望值用 $\mu = \sum\limits_{i=1}^{n} \mu_i$ 来估计, 误差则通过以下方法求得.

对于 n 项本底来源, 用 $x_i (i = 1, 2, \cdots, n)$ 表示本底测量值与其期望值间的差别, 即离差. 与式 (8.8.17) 类似, 我们可构造这 n 次测量的联合似然函数

$$\ln L(\boldsymbol{x}) = -\frac{1}{2} \sum_{i=1}^{n} \left(\frac{x_i}{\sigma_i + \sigma_i' x_i} \right)^2, \tag{8.8.23}$$

或

$$\ln L(\boldsymbol{x}) = -\frac{1}{2} \sum_{i=1}^{n} \frac{x_i^2}{V_i + V_i' x_i}, \tag{8.8.24}$$

其中 σ_i, σ_i', V_i 和 V_i' 由式 (8.8.14) 和式 (8.8.16) 确定, n 项测量离差 x_i 之总和表示为

$$u = \sum_{i=1}^{n} x_i. \tag{8.8.25}$$

为了找到 u 的似然函数 $L(u)$, 对似然函数 $\ln L(\boldsymbol{x})$ 在约束方程式 (8.8.25) 条件下求极大值, 利用不定乘子法得到的解是

$$x_i = \frac{u\omega_i}{\sum_{i=1}^{n}\omega_i}, \tag{8.8.26}$$

$$\omega_i = \frac{(\sigma_i + \sigma_i' x_i)^3}{2\sigma_i} \quad 或 \quad \omega_i = \frac{(V_i + V_i' x_i)^2}{2V_i + V_i' x_i}. \tag{8.8.27}$$

这是一组非线性方程, $L(u)$ 可用以下方法逐点地计算出来. 以 $u_0 = 0$ 作为起点, 这时 $x_i = 0, \quad i = 1, 2, \cdots, n$. 由式 (8.8.23)、式 (8.8.24) 知 $\ln L(u_0 = 0) = 0$. 将 u 的值增加一个小量变为 u_1, 利用式 (8.8.26)、式 (8.8.27) 迭代逐次逼近, 直到计算出 u_1 相应的 x_i 值为止, 于是代入式 (8.8.23)、式 (8.8.24) 计算出 u_1 处的 $\ln L(u_1)$ 值. 如此重复便可计算出整条 $L(u)$–u 曲线, 再利用 $\Delta \ln(u) = -\frac{1}{2}$ 的关系就可求得 n 项本底的正负总误差.

例 8.15　多个物理量不对称误差的合并估计

设对两个物理量的测量值为 $4^{+2.346}_{-1.682}$, $5^{+2.581}_{-1.916}$, 求两者之和的合并估计.

显然两个物理量之和的中心值为 9, 用上面的方法 (线性离差方案) 求得正、负误差, 最后结果是 $9^{+3.333}_{-2.668}$.

事实上, $4^{+2.346}_{-1.682}$ 和 $5^{+2.581}_{-1.916}$ 分别是对于均值为 4 和 5 的泊松变量利用参数化似然函数方法确定的正负误差, 两者之和应服从均值为 9 的泊松分布, 其精确结果是 $9^{+3.342}_{-2.676}$. 与上面的合并结果比较, 差别小于 0.3%.

表 8.3 给出不同的测量值之和用参数化似然函数方法确定的正、负误差, 表中的输入值只列出了中心值, 它们对应的正、负误差是利用参数化似然函数方法确定的正负误差, 例如输入值 4+5 对应于 $4^{+2.346}_{-1.682} \oplus 5^{+2.581}_{-1.916}$. 用参数化似然函数方法确定的正、负误差与精确值 $\sigma_- = 2.676$, $\sigma_+ = 3.342$ 的差别都很小. 在两次测量结果合并的情形下, 相对误差 $< 1\%$.

表 8.3　线性离差和线性方差正态近似确定的正、负误差 σ_+, σ_-

输入值	线性离差方案		线性方差方案	
	σ_-	σ_+	σ_-	σ_+
4+5	2.653	3.310	2.668	3.333
3+6	2.653	3.310	2.668	3.333
2+7	2.653	3.310	2.668	3.333
1+8	2.654	3.313	2.668	3.333
3+3+3	2.630	3.278	2.659	3.323
1+1+1+1+1+1+1+1+1	2.500	3.098	2.610	3.270

本节讨论的利用参数化似然函数方法进行多次测量的不对称误差合并计算已编为程序包, 读者可从网页 http://www. slac. stanford. edu/~barlow/statistics. html 下载.

8.9 极大似然法应用于实验测量数据

本章前面各节对极大似然法的讨论中, 事实上我们都假定了观测值所服从的总体概率密度具有某种理想的数学函数形式, 如正态函数、指数函数等. 但如我们在 4.17 节中所阐明的那样, 实验测量得到的数据所反映的分布 —— 实验分布比较复杂, 一般要考虑两种因素对理想的原分布的畸变:

(1) 由于测量的随机误差导致对于原分布的畸变, 这一般用实验分辨函数加以描述;

(2) 由于测量仪器的不完善, 对实际发生的事例会发生漏记, 这用探测效率加以描述.

如果分辨函数和探测效率的函数形式为已知, 并可求出描述实验观测值的 "实验分布" 之解析式, 那么可利用 "实验分布" 来构造似然函数, 然后用前面各节叙述的方法作极大似然估计.

例 8.16 实验分辨对极大似然估计的影响

设在某粒子反应中, 某种粒子出射的方位角 ϕ 有如下的原分布:

$$f(\phi\,|\alpha) = \frac{1}{2\pi}(1 + \alpha\cos\phi), \quad 0 \leqslant \phi \leqslant 2\pi,$$

其中 α 是未知待估计参数. 实验中 ϕ 角的测量值 (由于测量误差的存在) 本身也是一个随机变量, 它可由均值为真值 ϕ、标准差 (实验中称为分辨宽度) 为 R 的正态变量描述, 即分辨函数的形式为

$$r(\phi', \phi) = \frac{1}{\sqrt{2\pi}R}\exp[-(\phi' - \phi)^2/2R^2].$$

这样, 实验分布可写成 (见 4.17.1 节)

$$f'(\phi'\,|\alpha) = \frac{1}{(2\pi)^{3/2}}R\int_0^{2\pi}(1 + \alpha\cos\phi)\mathrm{e}^{-\frac{(\phi'-\phi)^2}{2R^2}}\mathrm{d}\phi.$$

当 $R \ll 2\pi$, 近似地有

$$f'(\phi'\,|\alpha) \approx \frac{1}{2\pi}\left[1 + \alpha\cdot\exp\left(-\frac{R^2}{2}\right)\cos\phi'\right], \quad 0 \leqslant \phi' \leqslant 2\pi.$$

由实验分布 $f'(\phi'|\alpha)$ 与原分布 $f(\phi|\alpha)$ 比较可知, 实验分布中的 $\alpha\cdot\exp\left(-\frac{R^2}{2}\right)$ 与原分布中的 α 相当. 故若原分布对 α 的极大似然估计为 $\hat{\alpha}$, 则实验分布对 α 的极大似然估计 $\hat{\alpha}'$ 可表示为

$$\hat{\alpha}'=\hat{\alpha}\exp\left(-\frac{R^2}{2}\right).$$

可见, ϕ 的实验测定误差将影响参数的极大似然估计值. 但当测量误差 R 比较小时, 估计值变化不大. 例如, 分辨宽度 $R=10°$, $\hat{\alpha}'$ 与 $\hat{\alpha}$ 的差别只有 1.5%.

对于无法写出 "实验分布" 函数的解析形式的情形, 可以将实验观测值乘上一个权因子 (函数) 来适应原分布, 用原分布来构造似然函数, 进行极大似然估计. 我们以探测效率对极大似然估计的影响具体加以说明.

设在随机变量 X 的取值域内, 探测仪器对事件的探测效率用 $\varepsilon(x)$ 表示. 如果在 $x=x_i$ 处观测到一个事件, 因为探测效率为 $\varepsilon(x_i)$, 故当探测效率为 1 时 (原分布), 应近似地观测到 $w_i\equiv 1/\varepsilon(x_i)$ 个事件, 因此, 近似于原分布的似然函数为

$$L'(\boldsymbol{X}|\boldsymbol{\vartheta})=\prod_{i=1}^{n}[f(X_i|\boldsymbol{\vartheta})]^{w_i}, \tag{8.9.1}$$

其对数可写成

$$\ln L'(\boldsymbol{X}|\boldsymbol{\vartheta})=\sum_{i=1}^{n}W_i\cdot\ln f(X_i|\boldsymbol{\vartheta})=\sum_{i=1}^{n}W_i\ln f_i. \tag{8.9.2}$$

然后用似然方程求得 $\boldsymbol{\vartheta}$ 的极大似然估计.

可以证明, 这种近似方法求得的极大似然估计 $\hat{\boldsymbol{\vartheta}}$ 是对参数真值渐近地正态分布的. 但是式 (8.9.1) 中的 L' 与真实的原分布似然函数不同, 而且不是简单地相差一个常数乘因子, 因此, 前面介绍的确定 $\hat{\boldsymbol{\vartheta}}$ 误差的方法不再适用.

当只有一个待估计参数时, 可按以下方法确定 $\hat{\vartheta}$ 的近似方差：先从似然函数 L' 用前面介绍的任一种方法求出方差 $V'(\hat{\vartheta})$, 这时估计量 $\hat{\vartheta}$ 的方差 $V(\hat{\vartheta})$ 可表示为

$$V(\hat{\vartheta})=\left(\frac{1}{n}\sum_{i=1}^{n}W_i\right)\cdot V'(\hat{\vartheta}). \tag{8.9.3}$$

例如, 在大子样的极限情形下, 根据方差公式 (8.4.11) 可得

$$V(\hat{\vartheta})=\left(\frac{1}{n}\sum_{i=1}^{n}W_i\right)\Bigg/\left(-\frac{\partial^2\ln L'}{\partial\vartheta^2}\right). \tag{8.9.4}$$

若所有的权因子都等于 1, 则有 $V(\hat{\vartheta})=V'(\hat{\vartheta})$, 即化简为通常的方差公式.

当总体包含 k 个未知参数, 索尔米兹 (F. Solmitz)[43] 证明了 $\hat{\boldsymbol{\vartheta}}$ 的方差矩阵有渐近表达式

$$V(\hat{\boldsymbol{\vartheta}}) = \underset{\sim}{H}^{-1} \underset{\sim}{H'} \underset{\sim}{H}^{-1}, \tag{8.9.5}$$

其中 $\underset{\sim}{H}^{-1}$ 是从 L' 导出的方差矩阵

$$H_{lm} = -\frac{\partial^2 \ln L'}{\partial \vartheta_l \partial \vartheta_m}, \quad l, m = 1, 2, \cdots, k, \tag{8.9.6}$$

矩阵 H' 定义为

$$H'_{lm} = \sum_{i=1}^{n} W_i^2 \left(\frac{\partial \ln f_i}{\partial \vartheta_l}\right)\left(\frac{\partial \ln f_i}{\partial \vartheta_m}\right), \quad l, m, = 1, 2, \cdots, k. \tag{8.9.7}$$

可以看到, 当 k=1, 式 (8.9.5)~ 式 (8.9.7) 简化为式 (8.9.4); 对于所有 W_i=1 的特殊情形, 则与通常的多个参数极大似然估计的方差公式 (8.4.12) 相同.

以上这些公式的使用有一个限制条件, 即各个权因子 W_i 的值应相差不很大, 尤其是不能出现数值特别大的权因子. 权因子 W_i 数值很大意味着探测效率 $\varepsilon(x_i)$ 很低, 用 $f(x_i)^{W_i}$ 来表示实验分布会导致很大的误差, 相应地极大似然估计 $\hat{\boldsymbol{\vartheta}}$ 的方差 $V(\hat{\boldsymbol{\vartheta}})$ 变得很大. 为了改善估计精度, 可将 W_i 很大 (探测效率 $\varepsilon(x_i)$ 很低) 的少数事例从子样中舍弃, 再通过上述方法估计 $\hat{\boldsymbol{\vartheta}}$ 和 $V(\hat{\boldsymbol{\vartheta}})$.

8.10 有约束的极大似然估计

实际问题中经常遇见的情形是待估计的参数是受到某种约束的, 例如待估计参数为粒子反应初、末态各粒子的动量, 则它们必须满足动量守恒这一物理定律. 本节我们来处理参数 $\boldsymbol{\vartheta}$ 必须满足形式如

$$\boldsymbol{g}\left(\hat{\boldsymbol{\vartheta}}\right) = \mathbf{0} \tag{8.10.1}$$

的一组 k 个约束方程的极大似然估计问题. 假定参数 $\boldsymbol{\vartheta}$ 的分量数为 r.

施加约束总是意味着附加了某种信息, 因而对于相同的似然函数和相同的待估计参数 $\boldsymbol{\vartheta}$, 约束极大似然估计比无约束极大似然估计的方差要小.

处理约束问题的方法之一是使用式 (8.10.1) 进行变量变换以消去若干待估计的参数, 再对余下的参数用无约束的极大似然法进行估计. 例如如果约束方程是

$$g\left(\hat{\boldsymbol{\vartheta}}\right) = \vartheta_1 + \vartheta_2 - 1 = 0,$$

则可以将似然函数中的 ϑ_2 用 $1 - \vartheta_1$ 代替并对 ϑ_1 求似然函数的极大. 这相当于应用了极大似然估计在变量变换下的不变性. 当 ϑ 由简单的不等式

$$\vartheta' < \vartheta < \vartheta''$$

所界定, 这一方法亦可使用. 这时的变量变换是

$$\vartheta=\vartheta'+\frac{1}{2}\left(\sin\xi+1\right)\left(\vartheta''-\vartheta'\right), \tag{8.10.2}$$

求似然函数对于 ξ 的极大, 再求得 ϑ 的极大似然估计.

当参数 ϑ_i 值域为 [0,1] 且满足如下约束:

$$\begin{aligned}&0\leqslant\vartheta_i\leqslant 1,\quad i=1,\cdots,r,\\&\sum_{i=1}^{r}\vartheta_i=1,\end{aligned} \tag{8.10.3}$$

则存在一种众所周知的变量变换方式. 对于 $r=4$, 其变换为

$$\begin{aligned}\vartheta_1&=\xi_1\\\vartheta_2&=\left(1-\xi_1\right)\xi_2\\\vartheta_3&=\left(1-\xi_1\right)\left(1-\xi_2\right)\xi_3\\\vartheta_4&=\left(1-\xi_1\right)\left(1-\xi_2\right)\left(1-\xi_3\right),\end{aligned} \tag{8.10.4}$$

其中, ξ_i 值域为 [0,1]. $\sum\limits_{i=1}^{r}\vartheta_i=1$ 的约束要求由直接计算知道能得到满足. 通过这样的变换, 未知参数个数减小了一个. 在这种方法中, 失去了问题的对称性, 有时这是一种缺点.

一般而言, 这类消去法在实际情形中往往难以应用; 此外, 这种方法的缺点是消去的参数是可以任意选择的, 当约束方程为非线性时, 消去的变量的不同选择会导致估计值有不同的结果.

因此, 人们通常采用**拉格朗日乘子法**. 拉格朗日乘子法是将每个约束方程乘上一个拉格朗日乘子, 后者为一个附加的待估计参数, 与原有参数一起构成待求极值的函数. 在拉格朗日乘子法中, 任何未知参数具有 "同等" 的地位. 尽管这种方法引入了附加的未知参数 (即拉格朗日乘子向量), 但在实际中仍然广泛地使用.

具体方法是, 给定似然函数 $L\left(\boldsymbol{X}|\boldsymbol{\vartheta}\right)$, 求函数

$$F=\ln L\left(\boldsymbol{X}|\boldsymbol{\vartheta}\right)+\boldsymbol{\lambda}^{\mathrm{T}}\boldsymbol{g}\left(\boldsymbol{\vartheta}\right) \tag{8.10.5}$$

对于 $\boldsymbol{\vartheta}$ 和 $\boldsymbol{\lambda}$ 的极值. 似然方程 (8.1.8) 代之以方程组

$$\begin{aligned}\frac{\partial}{\partial\boldsymbol{\vartheta}}\ln L\left(\boldsymbol{X}|\hat{\boldsymbol{\vartheta}}\right)+\hat{\boldsymbol{\lambda}}^{\mathrm{T}}\frac{\partial\boldsymbol{g}\left(\hat{\boldsymbol{\vartheta}}\right)}{\partial\boldsymbol{\vartheta}}&=\mathbf{0}\\\boldsymbol{g}\left(\hat{\boldsymbol{\vartheta}}\right)&=\mathbf{0}.\end{aligned} \tag{8.10.6}$$

当似然函数满足正规条件、子样容量 n 很大时, 这样求得的估计量 $\hat{\boldsymbol{\vartheta}}$ 渐近地服从正态分布, 其均值等于参数真值 $\boldsymbol{\vartheta}_0$. 应当特别指出, F 的极值是一**鞍点**. F 对于 $\hat{\boldsymbol{\vartheta}}$ 是求极大, 但对于 $\hat{\boldsymbol{\lambda}}$ 是求极小.

为了求得 $\hat{\boldsymbol{\vartheta}}$ 和 $\hat{\boldsymbol{\lambda}}$ 的方差, 我们通过如下关系式定义函数 F 的二阶导数矩阵的负值 $\underset{\sim}{I}$, 及其子矩阵 $\underset{\sim}{A}, \underset{\sim}{B}$:

$$\underset{\sim}{I} \equiv \begin{pmatrix} \underset{\sim}{A} & \underset{\sim}{B} \\ \underset{\sim}{B}^T & 0 \end{pmatrix} \equiv -E \begin{pmatrix} \dfrac{\partial^2 F}{\partial \boldsymbol{\vartheta} \partial \boldsymbol{\vartheta}'} & \dfrac{\partial^2 F}{\partial \boldsymbol{\vartheta} \partial \boldsymbol{\lambda}} \\ \left(\dfrac{\partial^2 F}{\partial \boldsymbol{\vartheta} \partial \boldsymbol{\lambda}}\right)^{\mathrm{T}} & \dfrac{\partial^2 F}{\partial \boldsymbol{\lambda}^2} \end{pmatrix} = -E \begin{pmatrix} \dfrac{\partial^2 \ln L}{\partial \boldsymbol{\vartheta} \partial \boldsymbol{\vartheta}'} & \dfrac{\partial \boldsymbol{g}}{\partial \boldsymbol{\vartheta}} \\ \left(\dfrac{\partial \boldsymbol{g}}{\partial \boldsymbol{\vartheta}}\right)^{\mathrm{T}} & 0 \end{pmatrix}.$$

式中 $\partial^2 F / \partial \boldsymbol{\vartheta} \partial \boldsymbol{\vartheta}'$ 表示子矩阵 $\underset{\sim}{A}$ 的矩阵元为

$$A_{ij}(\boldsymbol{\vartheta}) = \frac{\partial^2 F}{\partial \vartheta_i \partial \vartheta_j}.$$

矩阵 $\underset{\sim}{I}$ 的逆为

$$\underset{\sim}{I}^{-1} = \begin{pmatrix} \underset{\sim}{A}^{-1} - \underset{\sim}{A}^{-1} \underset{\sim}{B} \left(\underset{\sim}{B}^{\mathrm{T}} \underset{\sim}{A}^{-1} \underset{\sim}{B}\right)^{-1} \underset{\sim}{B}^{\mathrm{T}} \underset{\sim}{A}^{-1} & \underset{\sim}{A}^{-1} \underset{\sim}{B} \left(\underset{\sim}{B}^{\mathrm{T}} \underset{\sim}{A}^{-1} \underset{\sim}{B}\right)^{-1} \\ \left(\underset{\sim}{B}^{\mathrm{T}} \underset{\sim}{A}^{-1} \underset{\sim}{B}\right)^{-1} \underset{\sim}{B}^{\mathrm{T}} \underset{\sim}{A}^{-1} & -\left(\underset{\sim}{B}^{\mathrm{T}} \underset{\sim}{A}^{-1} \underset{\sim}{B}\right)^{-1} \end{pmatrix}.$$

利用矢量的泰勒展开

$$\begin{pmatrix} \partial F / \partial \boldsymbol{\vartheta} \\ \partial F / \partial \boldsymbol{\lambda} \end{pmatrix}_{\substack{\boldsymbol{\vartheta} = \hat{\boldsymbol{\vartheta}} \\ \boldsymbol{\lambda} = \hat{\boldsymbol{\lambda}}}} = \begin{pmatrix} \partial F / \partial \boldsymbol{\vartheta} \\ \partial F / \partial \boldsymbol{\lambda} \end{pmatrix}_{\substack{\boldsymbol{\vartheta} = \boldsymbol{\vartheta}_0 \\ \boldsymbol{\lambda} = 0}} - \begin{pmatrix} \underset{\sim}{A} & \underset{\sim}{B}^{\mathrm{T}} \\ \underset{\sim}{B} & 0 \end{pmatrix}_{\substack{\boldsymbol{\vartheta} = \boldsymbol{\vartheta}_0 \\ \boldsymbol{\lambda} = 0}} \begin{pmatrix} \hat{\boldsymbol{\vartheta}} - \boldsymbol{\vartheta}_0 \\ \hat{\boldsymbol{\lambda}} \end{pmatrix} + \cdots,$$

并由式 (8.10.6) 知该矢量等于 0, 可得协方差矩阵的表式为

$$E\left[\begin{pmatrix} \hat{\boldsymbol{\vartheta}} - \boldsymbol{\vartheta}_0 \\ \hat{\boldsymbol{\lambda}} \end{pmatrix} \begin{pmatrix} \hat{\boldsymbol{\vartheta}} - \boldsymbol{\vartheta}_0 \\ \hat{\boldsymbol{\lambda}} \end{pmatrix}^{\mathrm{T}}\right] = \underset{\sim}{I}^{-1} \begin{pmatrix} \underset{\sim}{A} & 0 \\ 0 & 0 \end{pmatrix} \underset{\sim}{I}^{-1}.$$

经过矩阵代数运算可得

$$\underset{\sim}{V}(\hat{\boldsymbol{\vartheta}}) = \underset{\sim}{A}^{-1} - \underset{\sim}{A}^{-1} \underset{\sim}{B} \left(\underset{\sim}{B}^{\mathrm{T}} \underset{\sim}{A}^{-1} \underset{\sim}{B}\right)^{-1} \underset{\sim}{B}^{\mathrm{T}} \underset{\sim}{A}^{-1}, \tag{8.10.7}$$

以及

$$\underset{\sim}{V}\left(\hat{\boldsymbol{\lambda}}\right) = \left(\underset{\sim}{B}^{\mathrm{T}} \underset{\sim}{A}^{-1} \underset{\sim}{B}\right)^{-1}.$$

上两个公式中的矩阵都应在 $\boldsymbol{\vartheta} = \hat{\boldsymbol{\vartheta}}$, $\boldsymbol{\lambda} = \hat{\boldsymbol{\lambda}}$ 处计算. 式 (8.10.7) 右边第一项 $\underset{\sim}{A}^{-1}$ 是通常的无约束情形下的方差矩阵 (见式 (8.3.19)) , 而第二项代表了约束方程的附加信息导致的方差的减小. $\hat{\boldsymbol{\vartheta}}$ 和 $\hat{\boldsymbol{\lambda}}$ 之间的协方差为 0, 即参数 $\boldsymbol{\vartheta}$ 的估计值与 $\hat{\boldsymbol{\lambda}}$ 不相关.

以上的所有陈述中 $\underset{\sim}{I}$ 为非奇异矩阵. 特别子矩阵 $\underset{\sim}{A}$ 对于 $\boldsymbol{\vartheta} = \boldsymbol{\vartheta}_0$ 应当是非奇异的.

第 9 章　最小二乘法

长时间以来, 最小二乘法是最广泛使用的参数估计方法之一. 与极大似然估计量不同, 最小二乘法得到的估计量并没有一般意义上的最优性质或者是渐近的最优性质. 但是对于**线性模型**, 即观测值所服从的分布与待估计参数具有线性关系这一类经常遇到的重要问题, 最小二乘法具有突出的优点, 最小二乘估计量是达到最小方差界的无偏估计量, 并且这一性质与子样容量无关. 同时, 最小二乘估计量又与观测所服从的总体分布无关, 因而, 当总体分布的函数形式并不严格知道、无法进行极大似然估计时, 运用最小二乘法是十分方便的.

下面我们首先考虑参数的线性模型这种最简单的情形, 然后研究非线性模型的最小二乘估计, 最后讨论包含约束条件 (线性约束和一般约束方程) 的最小二乘估计问题.

9.1　最小二乘原理

最小二乘估计的基本思想可陈述如下.

在 N 个观测点 X_1, $X_2, \cdots, X_N$, 通过测量得到一组 N 个相互独立的观测值 $Y_1, Y_2, \cdots, Y_N$, 相应的观测值真值η_1, $\eta_2, \cdots, \eta_N$ 为未知. 假定存在某个理论模型, 可预测与点 X_i 相对应的观测值真值η_i,

$$\eta_i = f(\vartheta_1, \cdots, \vartheta_L; X_i), \quad L \leqslant N,$$

该函数与待估计的未知参数 $\boldsymbol{\vartheta} = \{\vartheta_1, \cdots, \boldsymbol{\vartheta}_L\}$ 有关. 按照**最小二乘原理**, 未知参数 $\boldsymbol{\vartheta}$ 的最优估计值是使量

$$Q^2 = \sum_{i=1}^{N} (Y_i - \eta_i)^2 w_i \tag{9.1.1}$$

达到极小 $(Q^2 = Q^2_{\min})$ 的参数值 $\widehat{\boldsymbol{\vartheta}}$. 式 (9.1.1) 中的 w_i 是第 i 个观测值的权因子, 或简称为权, 所求得的参数值 $\widehat{\boldsymbol{\vartheta}}$ 称为参数 $\boldsymbol{\vartheta}$ 的(**加权**) **最小二乘估计**.

可以看到, 若将 X_1, $X_2, \cdots, X_N$ 和η_1, $\eta_2, \cdots, \eta_N$ 看成变量 X 和η(Y 的真值) 的个别值, 最小二乘估计实际上是确定描述变量 X 和η之间的函数 (理论模型)

$$\eta = f(\vartheta_1, \cdots, \vartheta_L; X) \tag{9.1.2}$$

中的参数 $\boldsymbol{\vartheta} = \{\vartheta_1, \cdots, \vartheta_L\}$. 一般地说, 任意两个变量之间的函数关系可以用某个曲线来表示, 所以最小二乘估计有时也称为**曲线拟合**. 在许多实际问题中, 函数 f 的具体形式是未知的, 因而恰当地选择描写变量 X 和η之间的理论模型 (函数 f) 是曲线拟合中的一个重要问题, 而这往往取决于研究人员的经验.

式 (9.1.1) 中的权因子 w_i 一般取为第 i 次观测的误差平方 (方差) 的倒数. 如果已知各次观测中误差相等, 则式 (9.1.1) 中的 w_i 可提到求和号之前, 在对 Q^2 求极小时 w_i 不起作用. 故求极小的量可表示为

$$Q^2 = \sum_{i=1}^{N} (Y_i - \eta_i)^2. \tag{9.1.3}$$

$Y_i - \eta_i$ 表示测量值对于真值的偏离, 称为**离差**. 最小二乘估计量在这种情形下通过求离差平方和的极小来求得. 式 (9.1.3) 称为**等权最小二乘估计.** 式 (9.1.1) 的一般最小二乘估计则是通过**加权离差平方和**的极小求得.

若各次观测中误差虽然不相等但为已知, 则 Q^2 的表达式是

$$Q^2 = \sum_{i=1}^{N} \left(\frac{Y_i - \eta_i}{\sigma_i}\right)^2. \tag{9.1.4}$$

通常的情形是各次观测中误差未知且不一定相等. 如果可将观测值考虑为数学期望等于真值的泊松变量, 由于其方差与数学期望相等 (见 4.3 节), 故 $\sigma_i^2 \approx \eta_i$, 这时,

$$Q^2 = \sum_{i=1}^{N} \frac{(Y_i - \eta_i)^2}{\eta_i}. \tag{9.1.5}$$

当 η_i 是一个复杂函数, 为了计算方便, 可利用近似关系 $\sigma_i^2 \approx Y_i$, 故

$$Q^2 = \sum_{i=1}^{N} \frac{(Y_i - \eta_i)^2}{Y_i}. \tag{9.1.6}$$

这称为**简化最小二乘估计.**

如果 Y_i 的各次观测之间是相关联的, 其方差和协方差由对称协方差矩阵 $\underset{\sim}{V}(\boldsymbol{Y})$ 给出, 那么找到未知参数 $\boldsymbol{\vartheta}$ 的最优估计值的最小二乘原理是使量

$$Q^2 = \sum_{i=1}^{N}\sum_{j=1}^{N} (Y_i - \eta_i)(\underset{\sim}{V}^{-1})_{ij}(Y_j - \eta_j) \tag{9.1.7}$$

达到极小. 这是最小二乘法的最一般表达式.

在以上这些 Q^2 的表达式中, 实际上假定了测量点 X_i 的值是精确值, 不存在任何误差; 而与 X_i 对应的观测值 Y_i 则存在测量误差. X_i 称为 “自变量”, 是确定

量; Y_i 称为 "应变量", 它是随机变量. 但对于 X_i, Y_i 均是随机变量的情形, 只要 X_i 的相对误差比 Y_i 的相对误差小得多, 近似地可将 X_i 看成确定值, 于是以上公式依然近似地适用. 对于相反的情形 (X_i 的相对误差比 Y_i 的相对误差大得多), 由于自变量 X 和应变量 Y 是人为地任意确定的, 只需要将相对误差小的变量作为自变量就可以了. 观测 "点"X_i 还可以代表一个确定的小区间, 比如 $X_i \sim X_i + \Delta X_i$, 这时以上公式中的 η_i 应用 $\int_{X_i}^{X_i+\Delta X_i} f\mathrm{d}x_i/\Delta X_i$ 代替, 如果在此小区间内函数变化不大, 则可用近似值 f_i 或平均值 $\bar{f}_i$ 代替; 相应地观测值 Y_i 可采用该区间内若干次观测的平均值.

由以上所述可见, 参数的最小二乘估计方法对于观测所服从的分布特性没有要求, 从这个意义上来说, 最小二乘估计是**分布无关或分布自由**的. 另一方面, 如果观测值服从正态分布, Q^2 的极小值 $Q^2_{\min}$ 在一定条件下是一个 χ^2 变量, 故可根据 χ^2 分布的性质对观测值和理论模型进行统计推断. 有些书籍将 χ^2 估计看成最小二乘估计的同义语, 应当指出, 这种说法只有在一定条件下才正确.

可以证明, 在一定条件下, 最小二乘原理与极大似然原理是等价的. 假定各次独立的观测值 Y_i 是关于其未知真值 η_i 的正态分布, 即 $Y_i \sim N(\eta_i,\ \sigma_i^2)$, 对于一组 N 个观测 $\boldsymbol{Y} = \{Y_1,\ \cdots,\ Y_N\}$, 其似然函数

$$
\begin{aligned}
L &= \prod_{i=1}^{N} \frac{1}{\sqrt{2\pi}\sigma_i} \exp\left[-\frac{1}{2}\left(\frac{Y_i-\eta_i}{\sigma_i}\right)^2\right] \\
&\propto \exp\left[-\frac{1}{2}\sum_{i=1}^{N}\left(\frac{Y_i-\eta_i}{\sigma_i}\right)^2\right].
\end{aligned}
$$

按照极大似然原理, 未知量 η_i 的极大似然估计值 $\hat{\eta}_i$ 使得 L 成为极大, 故应有

$$
\left.\sum_{i=1}^{N}\left(\frac{Y_i-\eta_i}{\sigma_i}\right)^2\right|_{\eta_i=\hat{\eta}_i} = \text{minimum}.
$$

上式相当于最小二乘估计式 (9.1.4), 对应的权因子为 $w_i = 1/\sigma_i^2$.

9.2 线性最小二乘估计

如果式 (9.1.2) 中的理论模型 f 是参数 $\vartheta_1, \cdots, \vartheta_L$ 的线性函数, 而且权因子 w_i 与参数无关, 这样的估计问题称为**线性模型的最小二乘估计**. 线性最小二乘估计量提供了参数的严格解, 而且具有理论上的最优性质：唯一性、无偏性和最小方差.

我们通过一个具体例子来说明线性等权最小二乘估计问题.

例 9.1 直线拟合 (1)

给定一组 N 对实验观测值 $(x_1, y_1), \cdots, (x_N, y_N)$, 假定测量误差可以忽略 (或 y_i 的测量误差相等), 要求找出最佳的拟合直线.

直线方程可写成

$$\eta = \vartheta_1 + \vartheta_2 x, \tag{9.2.1}$$

它是参数 ϑ_1, ϑ_2 的线性函数. 利用等权最小二乘估计式 (9.1.3), 有

$$Q^2 = \sum_{i=1}^{N} (y_i - \eta_i)^2 = \sum_{i=1}^{N} (y_i - \vartheta_1 - \vartheta_2 x_i)^2.$$

为了求 Q^2 的极小, 需解线性方程组

$$\begin{cases} \dfrac{\partial Q^2}{\partial \vartheta_1} = \sum\limits_{i=1}^{N} (-2)(y_i - \vartheta_1 - \vartheta_2 x_i) = 0, \\ \dfrac{\partial Q^2}{\partial \vartheta_2} = \sum\limits_{i=1}^{N} (-2x_i)(y_i - \vartheta_1 - \vartheta_2 x_i) = 0. \end{cases} \tag{9.2.2}$$

式 (9.2.2) 可改写为

$$N\vartheta_1 + \sum_{i=1}^{N} x_i \vartheta_2 = \sum_{i=1}^{N} y_i, \quad \sum_{i=1}^{N} x_i \vartheta_1 + \sum_{i=1}^{N} x_i^2 \vartheta_2 = \sum_{i=1}^{N} x_i y_i. \tag{9.2.3}$$

由此求得参数 ϑ_1, ϑ_2 的最小二乘估计

$$\begin{cases} \hat{\vartheta}_1 = \dfrac{\sum\limits_{i=1}^{N} x_i^2 \sum\limits_{i=1}^{N} y_i - \sum\limits_{i=1}^{N} x_i y_i \sum\limits_{i=1}^{N} x_i}{N \sum\limits_{i=1}^{N} x_{i=1}^2 - \left(\sum\limits_{i=1}^{N} x_i \right)}, \\ \hat{\vartheta}_2 = \dfrac{N \sum\limits_{i=1}^{N} x_i y_i - \sum\limits_{i=1}^{N} x_i \sum\limits_{i=1}^{N} y_i}{N \sum\limits_{i=1}^{N} x_i^2 - \left(\sum\limits_{i=1}^{N} x_i \right)^2}. \end{cases} \tag{9.2.4}$$

9.2.1　正规方程

在大多数实际问题中, 观测点 X_i 处的观测值 Y_i 具有测量误差 σ_i, 对于 $i = 1, 2, \cdots, N$ 误差不一定相等, 这时必须利用加权最小二乘法.

在线性模型的情形下, 理论模型的预测值 η_i 可表示成 L 个未知参数的 $\vartheta_1, \cdots,$ ϑ_L 的线性函数

$$\eta_i = f(\vartheta_1, \cdots, \vartheta_L; X_i) = \sum_{l=1}^{L} a_{il}\vartheta_l, \quad i = 1, 2, \cdots, N, \tag{9.2.5}$$

其中, a_{il} 是 X_i 的函数. 由式 (9.1.4) 得出 Q^2 的表达式为

$$Q^2 = \sum_{i=1}^{N} \left(\frac{Y_i - \eta_i}{\sigma_i}\right)^2 = \sum_{i=1}^{N} \frac{1}{\sigma_i^2} \left[Y_i - \sum_{l=1}^{L} a_{il}\vartheta_l\right]^2. \tag{9.2.6}$$

为求得 Q^2 的极小值, 令 $\partial Q^2/\partial\vartheta_k = 0$, $k = 1, \cdots, L$, 得到 L 个方程

$$\frac{\partial Q^2}{\partial\vartheta_k} = \sum_{i=1}^{N} (-2) a_{ik} \frac{1}{\sigma_i^2} \left(Y_i - \sum_{l=1}^{L} a_{il}\vartheta_l\right) = 0, \quad k = 1, \cdots, L, \tag{9.2.7}$$

该式可改写成

$$\sum_{l=1}^{L} \left(\sum_{i=1}^{N} \frac{a_{ik}a_{il}}{\sigma_i^2}\right) \vartheta_l = \sum_{i=1}^{N} \frac{a_{ik}Y_i}{\sigma_i^2}, \quad k = 1, \cdots, L. \tag{9.2.8}$$

方程式 (9.2.7)、式 (9.2.8) 是简单的等权直线拟合公式 (9.2.8)、式 (9.2.3) 的一般化形式.

式 (9.2.8) 称为 L 个参数的**正规方程**, 它是关于 L 个未知参数的 L 个非齐次线性方程, 因而给出了 L 个参数的严格、唯一解. 一般计算机配备的软件库都有现成的求解线性方程组的子程序, 由此容易得到参数的最小二乘估计 $\hat{\boldsymbol{\vartheta}} = \{\hat{\vartheta}_1, \cdots, \hat{\vartheta}_L\}$.

式 (9.2.8) 写成明显的形式为

$$\begin{cases} \displaystyle\sum_{i=1}^{N} \frac{a_{i1}a_{i1}}{\sigma_i^2}\vartheta_1 + \sum_{i=1}^{N} \frac{a_{i1}a_{i2}}{\sigma_i^2}\vartheta_2 + \cdots + \sum_{i=1}^{N} \frac{a_{i1}a_{iL}}{\sigma_i^2}\vartheta_L = \sum_{i=1}^{N} \frac{a_{i1}Y_i}{\sigma_i^2}, \\ \displaystyle\sum_{i=1}^{N} \frac{a_{i2}a_{i1}}{\sigma_i^2}\vartheta_1 + \sum_{i=1}^{N} \frac{a_{i2}a_{i2}}{\sigma_i^2}\vartheta_2 + \cdots + \sum_{i=1}^{N} \frac{a_{i2}a_{iL}}{\sigma_i^2}\vartheta_L = \sum_{i=1}^{N} \frac{a_{i2}Y_i}{\sigma_i^2}, \\ \displaystyle\sum_{i=1}^{N} \frac{a_{iL}a_{i1}}{\sigma_i^2}\vartheta_1 + \sum_{i=1}^{N} \frac{a_{iL}a_{i2}}{\sigma_i^2}\vartheta_2 + \cdots + \sum_{i=1}^{N} \frac{a_{iL}a_{iL}}{\sigma_i^2}\vartheta_L = \sum_{i=1}^{N} \frac{a_{iL}Y_i}{\sigma_i^2}. \end{cases} \tag{9.2.9}$$

利用矩阵记号使问题的表述更为明晰、简单, 故用矩阵记号重新描述线性最小二乘估计问题. 测量值和理论估计值 Y_i, $\eta_i (i = 1, \cdots, N)$ 表示为 N 个元素的列向

量, 参数 $\vartheta_j (j = 1, \cdots, L)$ 表示为含 $L(\leqslant N)$ 个元素的列向量

$$\boldsymbol{Y} = \begin{pmatrix} Y_1 \\ \vdots \\ Y_N \end{pmatrix}, \quad \boldsymbol{\eta} = \begin{pmatrix} \eta_1 \\ \vdots \\ \eta_N \end{pmatrix}, \quad \boldsymbol{\vartheta} = \begin{pmatrix} \vartheta_1 \\ \vdots \\ \vartheta_L \end{pmatrix}. \tag{9.2.10}$$

测量值 $\boldsymbol{Y}$ 的协方差矩阵是一 $N \times N$ 阶矩阵. 当观测是相互独立进行时, 它是一个对角矩阵 $\underset{\sim}{V}$.

$$\underset{\sim}{V} = \underset{\sim}{V}(\boldsymbol{Y}) = \begin{pmatrix} \sigma_1^2 & & & \\ & \sigma_2^2 & & \\ & & \ddots & \\ & & & \sigma_N^2 \end{pmatrix}. \tag{9.2.11}$$

系数矩阵 $\underset{\sim}{A}$ 定义为 N 行 L 列矩阵

$$\underset{\sim}{A} = \begin{pmatrix} a_{11} & a_{12} & \cdots & a_{1L} \\ a_{21} & a_{22} & \cdots & a_{2L} \\ \vdots & \vdots & & \vdots \\ a_{N1} & a_{N2} & \cdots & a_{NL} \end{pmatrix}. \tag{9.2.12}$$

于是理论模型预期值的线性函数式 (9.2.5) 可表示为

$$\boldsymbol{\eta} = \underset{\sim}{A}\boldsymbol{\vartheta}. \tag{9.2.13}$$

待求极小的量

$$Q^2 = (\boldsymbol{Y} - \underset{\sim}{A}\boldsymbol{\vartheta})^{\mathrm{T}} \underset{\sim}{V}^{-1} (\boldsymbol{Y} - \underset{\sim}{A}\boldsymbol{\vartheta}). \tag{9.2.14}$$

令 Q^2 对于参数 $\boldsymbol{\vartheta}$ 的导数为 0, 以求 Q^2 的极小, 得到式 (9.2.7) 的矩阵表示

$$\nabla_{\vartheta} Q^2 = -2(\underset{\sim}{A}^{\mathrm{T}} \underset{\sim}{V}^{-1} \boldsymbol{Y} - \underset{\sim}{A}^{\mathrm{T}} \underset{\sim}{V}^{-1} A\boldsymbol{\vartheta}) = 0, \tag{9.2.15}$$

从而有正规方程的矩阵表述

$$(\underset{\sim}{A}^{\mathrm{T}} \underset{\sim}{V}^{-1} \underset{\sim}{A})\boldsymbol{\vartheta} = \underset{\sim}{A}^{\mathrm{T}} \underset{\sim}{V}^{-1} \boldsymbol{Y}. \tag{9.2.16}$$

如果矩阵 $(\underset{\sim}{A}^{\mathrm{T}} \underset{\sim}{V}^{-1} \underset{\sim}{A})$ 是非奇异的, 其行列式不等于 0, 则可以求出它的逆阵, 最后得到参数向量 $\boldsymbol{\vartheta}$ 的最小二乘估计 $\widehat{\boldsymbol{\vartheta}}$,

$$\widehat{\boldsymbol{\vartheta}} = (\underset{\sim}{A}^{\mathrm{T}} \underset{\sim}{V}^{-1} \underset{\sim}{A})^{-1} \underset{\sim}{A}^{\mathrm{T}} \underset{\sim}{V}^{-1} \boldsymbol{Y}. \tag{9.2.17}$$

该式虽然是从观测相互独立这一假设直接导出的, 实际上适用于 $\boldsymbol{Y}$ 的测量值不是相互独立的一般情形. 此时, 协方差矩阵 $\underset{\sim}{V}(\boldsymbol{Y})$ 中包含不等于 0 的非对角元素项. 式 (9.2.16) 和式 (9.2.17) 对应于式 (9.2.17) 表示的一般最小二乘原理的正规方程和参数 $\boldsymbol{\vartheta}$ 的估计量.

现在来推导式 (9.2.17) 给出的估计量 $\widehat{\boldsymbol{\vartheta}}$ 的不确定性. 由于 $\widehat{\boldsymbol{\vartheta}}$ 是观测量 $\boldsymbol{Y}$ 的函数, $\widehat{\boldsymbol{\vartheta}}$ 的误差显然与 $\boldsymbol{Y}$ 的误差相关. 对式 (9.2.17) 所示的 $\widehat{\boldsymbol{\vartheta}}$ 应用误差传播的一般公式 (3.9.15), 得出 $\widehat{\boldsymbol{\vartheta}}$ 的协方差矩阵

$$\underset{\sim}{V}(\widehat{\boldsymbol{\vartheta}}) = [(\underset{\sim}{A}^{\mathrm{T}} \underset{\sim}{V}^{-1} \underset{\sim}{A})^{-1} \underset{\sim}{A}^{\mathrm{T}} \underset{\sim}{V}^{-1}] \underset{\sim}{V}(\boldsymbol{Y}) [(\underset{\sim}{A}^{\mathrm{T}} \underset{\sim}{V}^{-1} \underset{\sim}{A})^{-1} \underset{\sim}{A}^{\mathrm{T}} \underset{\sim}{V}^{-1}]^{\mathrm{T}}.$$

注意 $\underset{\sim}{V}(\boldsymbol{Y})$, $\underset{\sim}{V}^{-1}(\boldsymbol{Y})$, $(\underset{\sim}{A}^{\mathrm{T}} \underset{\sim}{V}^{-1} \underset{\sim}{A})$ 都是对称矩阵, 即与其转置矩阵相同, 上式经化简后, 得到

$$\underset{\sim}{V}\left(\widehat{\boldsymbol{\vartheta}}\right) = \left(\underset{\sim}{A}^{\mathrm{T}} \underset{\sim}{V}^{-1}(\boldsymbol{Y}) \underset{\sim}{A}\right)^{-1}. \tag{9.2.18}$$

在计算最小二乘估计 $\widehat{\boldsymbol{\vartheta}}$ 时, 必须算出矩阵 $\left(\underset{\sim}{A}^{\mathrm{T}} \underset{\sim}{V}^{-1} \underset{\sim}{A}\right)^{-1}$ (见式 (9.2.17)), 因此, 由上式确定 $\widehat{\boldsymbol{\vartheta}}$ 的误差并不需要额外的计算.

如果测量值 $\boldsymbol{Y}$ 的协方差矩阵可表示成

$$\underset{\sim}{V}(\boldsymbol{Y}) = \sigma^2 \underset{\sim}{V}_{\sigma}(\boldsymbol{Y}), \tag{9.2.19}$$

其中, $\underset{\sim}{V}_{\sigma}(\boldsymbol{Y})$ 为已知, 常数乘子 σ^2 未知. 由式 (9.2.17) 可见, 在 $(\underset{\sim}{A}^{\mathrm{T}} \underset{\sim}{V}^{-1} \underset{\sim}{A})^{-1}$ 和 $\underset{\sim}{V}^{-1}$ 中的 σ^2 项可以对消, 因此

$$\widehat{\boldsymbol{\vartheta}} = (\underset{\sim}{A}^{\mathrm{T}} \underset{\sim}{V}_{\sigma}^{-1} \underset{\sim}{A})^{-1} \underset{\sim}{A}^{\mathrm{T}} \underset{\sim}{V}_{\sigma}^{-1} \boldsymbol{Y}. \tag{9.2.20}$$

对于等权最小二乘估计

$$\underset{\sim}{V}_{\sigma} = \underset{\sim}{V}_{\sigma}^{-1} = \underset{\sim}{I}_N,$$

$\underset{\sim}{I}_N$ 为 $N \times N$ 阶单位矩阵, 上式进一步简化为

$$\widehat{\boldsymbol{\vartheta}} = (\underset{\sim}{A}^{\mathrm{T}} \underset{\sim}{A})^{-1} \underset{\sim}{A}^{\mathrm{T}} \boldsymbol{Y}. \tag{9.2.21}$$

其方差为

$$\underset{\sim}{V}(\widehat{\boldsymbol{\vartheta}}) = \sigma^2 (\underset{\sim}{A}^{\mathrm{T}} \underset{\sim}{A})^{-1}. \tag{9.2.22}$$

9.2.2 线性最小二乘估计量的性质

对于一般的线性问题, 方程式 (9.2.17) 给出了最小二乘估计的严格解, 只要矩阵 $\underset{\sim}{A}^{\mathrm{T}}\underset{\sim}{V}^{-1}\underset{\sim}{A}$ 的逆矩阵存在, 参数的最小二乘估计 $\widehat{\boldsymbol{\vartheta}}$ 就是唯一的, 而且不存在任何近似. 所得到的解 $\widehat{\boldsymbol{\vartheta}}$ 称为**线性估计量**, 因为 $\widehat{\boldsymbol{\vartheta}}$ 是测量值 $\boldsymbol{Y}$ 的线性函数.

$\widehat{\boldsymbol{\vartheta}}$ 是参数 $\boldsymbol{\vartheta}$ 的无偏估计量. 对 $\widehat{\boldsymbol{\vartheta}}$ 求期望值

$$\begin{aligned}E(\widehat{\boldsymbol{\vartheta}}) &= E[(\underset{\sim}{A}^{\mathrm{T}}\underset{\sim}{V}^{-1}\underset{\sim}{A})^{-1}\underset{\sim}{A}^{\mathrm{T}}\underset{\sim}{V}^{-1}\boldsymbol{Y}] = (\underset{\sim}{A}^{\mathrm{T}}\underset{\sim}{V}^{-1}\underset{\sim}{A})^{-1}\underset{\sim}{A}^{\mathrm{T}}\underset{\sim}{V}^{-1}E(\boldsymbol{Y})\\ &= (\underset{\sim}{A}^{\mathrm{T}}\underset{\sim}{V}^{-1}\underset{\sim}{A})^{-1}\underset{\sim}{A}^{\mathrm{T}}\underset{\sim}{V}^{-1}\underset{\sim}{A}\boldsymbol{\vartheta} = \boldsymbol{\vartheta}.\end{aligned} \tag{9.2.23}$$

其中利用了性质

$$E(\boldsymbol{Y}) = \boldsymbol{\eta} = \underset{\sim}{A}\boldsymbol{\vartheta}. \tag{9.2.24}$$

可见, $\widehat{\boldsymbol{\vartheta}}$ 的期望值正是参数的真值, 因而式 (9.2.17) 是参数 $\boldsymbol{\vartheta}$ 的无偏估计.

线性最小二乘估计量的另一最优性质又称为**高斯–马尔可夫 (Gauss-Markov) 原理**: 利用观测值的线性函数构成参数 $\widehat{\boldsymbol{\vartheta}}$ 的所有无偏估计量中, 式 (9.2.17) 所示的最小二乘估计量的方差最小. 证明如下:

设矢量 $\boldsymbol{t}$ 是观测值 $\boldsymbol{Y}$ 的线性函数, 并且是参数 $\boldsymbol{\vartheta}$ 的无偏估计量, 即有

$$\boldsymbol{t} = \underset{\sim}{S}\boldsymbol{Y} \tag{9.2.25}$$

和

$$E(\boldsymbol{t}) = \underset{\sim}{S}E(\boldsymbol{Y}) = \underset{\sim}{S}\underset{\sim}{A}\boldsymbol{\vartheta} = \boldsymbol{\vartheta},$$

故必有 $\underset{\sim}{A} = \underset{\sim}{S}^{-1}$. $\boldsymbol{t}$ 的协方差矩阵为

$$\begin{aligned}\underset{\sim}{V}(\boldsymbol{t}) &= E[(\underset{\sim}{S}\boldsymbol{Y} - \boldsymbol{\vartheta})(\underset{\sim}{S}\boldsymbol{Y} - \boldsymbol{\vartheta})^{\mathrm{T}}]\\ &= E[(\underset{\sim}{S}\boldsymbol{Y} - \underset{\sim}{S}\underset{\sim}{A}\boldsymbol{\vartheta})(\underset{\sim}{S}\boldsymbol{Y} - \underset{\sim}{S}\underset{\sim}{A}\boldsymbol{\vartheta})^{\mathrm{T}}]\\ &= E[\underset{\sim}{S}(\boldsymbol{Y} - \underset{\sim}{A}\boldsymbol{\vartheta})(\boldsymbol{Y} - \underset{\sim}{A}\boldsymbol{\vartheta})^{\mathrm{T}}\underset{\sim}{S}^{\mathrm{T}}]\\ &= \underset{\sim}{S}E[(\boldsymbol{Y} - \underset{\sim}{A}\boldsymbol{\vartheta})(\boldsymbol{Y} - \underset{\sim}{A}\boldsymbol{\vartheta})^{\mathrm{T}}]\underset{\sim}{S}^{\mathrm{T}}.\end{aligned}$$

注意到 $\underset{\sim}{A}\boldsymbol{\vartheta}$ 是 $\boldsymbol{Y}$ 的期望值 (见式 (9.2.24)), 故有

$$\underset{\sim}{V}(t) = \underset{\sim}{S}\underset{\sim}{V}(\boldsymbol{Y})\,S^{\mathrm{T}}. \tag{9.2.26}$$

该等式可改写成

$$
\begin{aligned}
\underset{\sim}{S}\,\underset{\sim}{V}(\boldsymbol{Y})\,\underset{\sim}{S}^{\mathrm T} \equiv & [(\underset{\sim}{A}^{\mathrm T}\underset{\sim}{V}^{-1}\underset{\sim}{A})^{-1}\underset{\sim}{A}^{\mathrm T}\underset{\sim}{V}^{-1}]\,\underset{\sim}{V}[(\underset{\sim}{A}^{\mathrm T}\underset{\sim}{V}^{-1}\underset{\sim}{A})^{-1}\underset{\sim}{A}^{\mathrm T}\underset{\sim}{V}^{-1}]^{\mathrm T} \\
& + [\underset{\sim}{S}-(\underset{\sim}{A}^{\mathrm T}\underset{\sim}{V}^{-1}\underset{\sim}{A})^{-1}\underset{\sim}{A}^{\mathrm T}\underset{\sim}{V}^{-1}] \\
& \times \underset{\sim}{V}[\underset{\sim}{S}-(\underset{\sim}{A}^{\mathrm T}\underset{\sim}{V}^{-1}\underset{\sim}{A})^{-1}\underset{\sim}{A}^{\mathrm T}\underset{\sim}{V}-1]^{\mathrm T}.
\end{aligned}
\tag{9.2.27}
$$

式 (9.2.27) 中右边的两项都是二次型 $\underset{\sim}{U}\,\underset{\sim}{V}\,\underset{\sim}{U}^{\mathrm T}$, 根据矩阵代数, 二次型矩阵的对角元素都是非负值. 上式中只有第二项与 $\underset{\sim}{S}$ 有关. 当第二项的对角元素为 0 时, $\underset{\sim}{V}(\boldsymbol{t}) = \underset{\sim}{S}\,\underset{\sim}{V}(\boldsymbol{Y})\,\underset{\sim}{S}^{\mathrm T}$ 的各对角元素达到极小, 也即参数 $\boldsymbol{\vartheta}$ 的方差最小, 这要求

$$
S = (\underset{\sim}{A}^{\mathrm T}V^{-1}\underset{\sim}{A})^{-1}\underset{\sim}{A}^{\mathrm T}\underset{\sim}{V}^{-1}.
$$

代入式 (9.2.25) 得知, 这样的估计量 $\boldsymbol{t}$ 正是式 (9.2.17) 最小二乘估计量 $\widehat{\boldsymbol{\vartheta}}$ 的表达式; 代入式 (9.2.26) 得知, 该估计量 $\boldsymbol{t}$ 的方差正是式 (9.2.18)$\underset{\sim}{V}(\widehat{\boldsymbol{\vartheta}})$ 的表达式. 证毕.

9.2.3 线性最小二乘估计举例

例 9.2 抛物线拟合

设我们有一组相互独立的观测值, 如表 9.1 所示.

表 9.1 相互独立的观测值数据

i	1	2	3	4
x_i	-0.6	-0.2	0.2	0.6
$y_i \pm \sigma_i$	5 ± 2	3 ± 1	5 ± 1	8 ± 2

根据对于观测量的了解, y 与 x 应当有抛物线函数关系. 因此, 问题化为对抛物线方程

$$
f(\vartheta_1,\vartheta_2,\vartheta_3;x) = \vartheta_1 + \vartheta_2 x + \vartheta_3 x^2 \tag{9.2.28}
$$

中参数 $\vartheta_1,\vartheta_2,\vartheta_3$ 的估计问题. 理论模型 f 是参数 $\boldsymbol{\vartheta}=\{\vartheta_1,\vartheta_2,\vartheta_3\}$ 的线性函数, 可用线性最小二乘估计的公式. 由观测值可写出 4×3 系数矩阵 $\underset{\sim}{A}$(见式 (9.2.12) 和式 (9.2.13))

$$
\underset{\sim}{A} = \begin{bmatrix} 1 & x_1 & x_1^2 \\ 1 & x_2 & x_2^2 \\ 1 & x_3 & x_3^2 \\ 1 & x_4 & x_4^2 \end{bmatrix} = \begin{bmatrix} 1 & -0.6 & (-0.6)^2 \\ 1 & -0.2 & (-0.2)^2 \\ 1 & 0.2 & 0.2^2 \\ 1 & 0.6 & 0.6^2 \end{bmatrix}.
$$

测量值矢量 $\boldsymbol{Y}$ 和对角协方差矩阵则为

$$\boldsymbol{Y} = \begin{bmatrix} 5 \\ 3 \\ 5 \\ 8 \end{bmatrix}, \quad \underset{\sim}{V} = \begin{bmatrix} \sigma_1^2 & & & 0 \\ & \sigma_2^2 & & \\ & & \sigma_3^2 & \\ 0 & & & \sigma_4^2 \end{bmatrix} = \begin{bmatrix} 2^2 & & & 0 \\ & 1^2 & & \\ & & 1^2 & \\ 0 & & & 2^2 \end{bmatrix},$$

对角阵 $\underset{\sim}{V}$ 的逆阵 V^{-1} 容易由下式求得:

$$V_{ii}^{-1} = (V_{ii})^{-1}.$$

为了计算 $\boldsymbol{\vartheta}$ 的最小二乘估计, 根据式 (9.2.17), 必须首先知道矩阵 $\underset{\sim}{A}^{\mathrm{T}} \underset{\sim}{V}^{-1} \underset{\sim}{A}$ 是否为非奇异矩阵. 写出 $\underset{\sim}{A}^{\mathrm{T}} \underset{\sim}{V}^{-1} \underset{\sim}{A}$为

$$\begin{aligned} \underset{\sim}{A}^{\mathrm{T}} \underset{\sim}{V}^{-1} \underset{\sim}{A} &= \begin{bmatrix} 1 & 1 & 1 & 1 \\ -0.6 & -0.2 & 0.2 & 0.6 \\ (-0.6)^2 & (-0.2)^2 & (0.2)^2 & (0.6)^2 \end{bmatrix} \\ &\quad \times \begin{bmatrix} 0.25 & & & 0 \\ & 1 & & \\ & & 1 & \\ 0 & & & 0.25 \end{bmatrix} \begin{bmatrix} 1 & -0.6 & (-0.6)^2 \\ 1 & -0.2 & (-0.2)^2 \\ 1 & 0.2 & 0.2^2 \\ 1 & 0.6 & 0.6^2 \end{bmatrix} \\ &= \begin{bmatrix} 2.5 & 0 & 0.26 \\ 0 & 0.26 & 0 \\ 0.26 & 0 & 0.068 \end{bmatrix}. \end{aligned}$$

该矩阵是非奇异的, 行列式不为 0, 求得其逆阵为

$$(\underset{\sim}{A}^{\mathrm{T}} \underset{\sim}{V}^{-1} \underset{\sim}{A})^{-1} = \begin{bmatrix} 0.664 & 0 & -2.54 \\ 0 & 3.85 & 0 \\ -2.54 & 0 & 24.42 \end{bmatrix}.$$

由式 (9.2.17) 求得 $\boldsymbol{\vartheta}$ 的最小二乘估计 $\hat{\boldsymbol{\vartheta}}$,

$$\hat{\boldsymbol{\vartheta}} = (\underset{\sim}{A}^{\mathrm{T}} \underset{\sim}{V}^{-1} \underset{\sim}{A})^{-1} \underset{\sim}{A}^{\mathrm{T}} \underset{\sim}{V}^{-1} \boldsymbol{Y}$$

$$= \begin{bmatrix} 0.664 & 0 & -2.54 \\ 0 & 3.85 & 0 \\ -2.54 & 0 & 24.42 \end{bmatrix} \begin{bmatrix} 1 & 1 & 1 & 1 \\ -0.6 & -0.2 & 0.2 & 0.6 \\ 0.36 & 0.04 & 0.04 & 0.36 \end{bmatrix}$$

$$\times \begin{bmatrix} 0.25 & & & 0 \\ & 1 & & \\ & & 1 & \\ 0 & & & 0.25 \end{bmatrix} \begin{bmatrix} 5 \\ 3 \\ 5 \\ 8 \end{bmatrix} = \begin{bmatrix} 3.68 \\ 3.27 \\ 7.81 \end{bmatrix}.$$

于是对于数据点的最小二乘拟合的抛物线方程为

$$\hat{\eta} = f(\hat{\boldsymbol{\vartheta}}; x) = 3.68 + 3.27x + 7.81x^2.$$

$\hat{\boldsymbol{\vartheta}}$ 的误差由协方差矩阵 $\underset{\sim}{V}(\hat{\boldsymbol{\vartheta}})$ 表示, 它就是前面已求出的 $(\underset{\sim}{A}^{\mathrm{T}}\underset{\sim}{V}^{-1}\underset{\sim}{A})^{-1}$. $\hat{\boldsymbol{\vartheta}}$ 的误差估计由 $\underset{\sim}{V}(\hat{\boldsymbol{\vartheta}})$ 的对角元素的平方根表示, 即

$$\Delta\hat{\vartheta}_1 = 0.81, \qquad \Delta\hat{\vartheta}_2 = 1.96, \qquad \Delta\hat{\vartheta}_3 = 4.94.$$

由于协方差矩阵中存在不等于零的 $V_{13}(\hat{\boldsymbol{\vartheta}})$, 故知参数 ϑ_1 与 ϑ_3 是相关的. 依照相关系数的定义, 有

$$\hat{\rho}_{13} = \frac{V_{13}(\hat{\boldsymbol{\vartheta}})}{\Delta\vartheta_1\Delta\vartheta_3} = \frac{-2.54}{0.81 \times 4.94} = -0.63.$$

例 9.3 两个独立的实验结果的合并

粒子物理实验表明, 奇异粒子的半轻子弱衰变一般地遵从 $\Delta S = \Delta Q = \pm 1$ 选择规则, ΔS、ΔQ 分别表示衰变前后强子的奇异数变化量和电荷变化量. 该规则表明, $\Delta S = \Delta Q = \pm 1$ 的衰变发生的可能性比较大. 以 K^0 介子的衰变为例, 令

$$x = (K^0 \to \pi^+ l^- \bar{\nu}),$$

x 值的大小反映了对于该规则 “破坏” 的程度, 其中 π, l, ν 分别表示 π 介子, 轻子和中微子. x 是一个复数量, 设其实部和虚部的真值用 η_1, η_2 表示. 实验 A 对 η_1, η_2 的测量结果是

$$y_1^A = 0.12, \quad y_2^A = -0.25,$$

误差 (协方差) 矩阵是

$$\underset{\sim}{V}(\boldsymbol{y}^A) = \begin{pmatrix} 0.01 & -0.01 \\ -0.01 & 0.04 \end{pmatrix};$$

实验 B 只测量了 η_1

$$y_1^B \pm \sigma_1^B = 0.01 \pm 0.08.$$

求两个实验结果的最佳合并数据.

该问题中, 未知参数矢量 $\boldsymbol{\eta}$、观测值矢量 $\boldsymbol{y}$ 及其真值 $\boldsymbol{f}$ 分别为

$$\boldsymbol{\eta} = \begin{pmatrix} \eta_1 \\ \eta_2 \end{pmatrix}, \quad \boldsymbol{y} = \begin{bmatrix} y_1^A \\ y_2^A \\ \vdots \\ y_1^B \end{bmatrix} = \begin{bmatrix} 0.12 \\ -0.25 \\ \vdots \\ 0.01 \end{bmatrix}, \quad \boldsymbol{f} = \begin{bmatrix} \eta_1 \\ \eta_2 \\ \vdots \\ \eta_1 \end{bmatrix}.$$

观测值矢量 $\boldsymbol{y}$ 的协方差矩阵扩展为

$$\underset{\sim}{V}(\boldsymbol{y}) = \left[\begin{array}{cc|c} 0.01 & -0.01 & 0 \\ -0.01 & 0.04 & 0 \\ \hline 0 & 0 & 0.08^2 \end{array}\right].$$

由于系数矩阵由 $\boldsymbol{f} = \underset{\sim}{A}\boldsymbol{\eta}$ 确定 (见式 (9.2.13)), 故有

$$\underset{\sim}{A} = \left[\begin{array}{cc} 1 & 0 \\ 0 & 1 \\ \hline 1 & 0 \end{array}\right].$$

于是可求得 $\boldsymbol{\eta}$ 的最小二乘估计 $\widehat{\boldsymbol{\eta}}$ 及协方差矩阵 $\underset{\sim}{V}(\widehat{\boldsymbol{\eta}})$,

$$\underset{\sim}{V}(\widehat{\boldsymbol{\eta}}) = (\underset{\sim}{A}^{\mathrm{T}} \underset{\sim}{V}^{-1} \underset{\sim}{A})^{-1} = \begin{bmatrix} 0.0039 & -0.0039 \\ -0.0039 & 0.0346 \end{bmatrix},$$

$$\hat{\boldsymbol{\eta}} = \left(\underset{\sim}{A}^{\mathrm{T}} \underset{\sim}{V}^{-1} \underset{\sim}{A}\right)^{-1} \underset{\sim}{A}^{\mathrm{T}} \underset{\sim}{V}^{-1} \boldsymbol{y} = \begin{pmatrix} 0.052 \\ -0.183 \end{pmatrix}.$$

由协方差矩阵存在不等于 0 的非对角项可知, η_1 与 η_2 相互关联. 因此, 尽管 η_2 的测量值只有一次 y_2^A, 但 η_2 的估计值 $\hat{\eta}_2$ 却与 y_2^A 不同, 这是由于 η_1 的测量值在两个实验中 y_1^A 与 y_1^B 不相同, 而 η_1 与 η_2 存在相互关联造成的.

9.2.4 一般多项式和正交多项式拟合

在例 9.1 和例 9.2 中, 讨论了变量 x 的一次和二次多项式 (直线、抛物线) 的最小二乘拟合. 但常常会遇到 x 的高次多项式的拟合问题, 即理论模型可写成

$$\eta_i = \sum_{l=1}^{L} x_i^{l-1} \vartheta_l. \tag{9.2.29}$$

这里, η_i 仍然是参数 $\boldsymbol{\vartheta}$ 的线性函数, 问题的求解仍可沿用 (9.2.2) 节叙述的方法和公式. 但当多项式幂次增高, 矩阵求逆的问题越来越复杂, 而且运算中的舍入误差导致的不精确性也越来越严重.

利用变量 x 的正交多项式, 可将形式如式 (9.2.29) 的线性模型重新改写. 引入正交多项式的好处在于能产生容易求逆阵的对角矩阵, 从而避免矩阵运算中的舍入误差.

我们来考虑测量互相独立且测量误差 σ 相同的情形, 这时, 测量值的协方差矩阵及其逆阵可写为

$$\underset{\sim}{V}(\boldsymbol{Y}) = \sigma^2 \underset{\sim}{I}_N, \quad \underset{\sim}{V}^{-1}(\boldsymbol{Y}) = \frac{1}{\sigma^2} \underset{\sim}{I}_N.$$

$\underset{\sim}{I}_N$ 表示 $N \times N$ 阶单位矩阵. 对式 (9.2.5) 表示的线性模型, 将上述 $\underset{\sim}{V}^{-1}(\boldsymbol{Y})$ 表达式代入式 (9.2.17), 求得等权最小二乘估计为

$$\widehat{\boldsymbol{\vartheta}} = (\underset{\sim}{A}^{\mathrm{T}} \underset{\sim}{A})^{-1} \underset{\sim}{A}^{\mathrm{T}} \boldsymbol{Y}, \tag{9.2.30}$$

设存在一组 L 个多项式 $\xi_l(x)$, 它们是相互正交的, 即满足

$$\sum_{i=1}^{N} \xi_k(x_i)\xi_l(x_i) = \delta_{kl}, \quad k, l = 1, 2, \cdots, L. \tag{9.2.31}$$

代入线性模型式 (9.2.29), 有

$$\eta_i = \sum_{l=1}^{L} \xi_l(x_i)\omega_l, \tag{9.2.32}$$

其中, ω_l 是 L 个新参数; 利用这些新参数, 系数矩阵 $\underset{\sim}{A}$ 的元素为

$$A_{il} = (\underset{\sim}{A}^{\mathrm{T}})_{lil} = a_i = \xi_l(x_i).$$

矩阵 $\underset{\sim}{A}^{\mathrm{T}} \underset{\sim}{A}$ 的元素可写成

$$\left(\underset{\sim}{A}^{\mathrm{T}} \underset{\sim}{A}\right)_{kl} = \sum_{i=1}^{N} \left(\underset{\sim}{A}^{\mathrm{T}}\right)_{ki} \left(\underset{\sim}{A}\right)_{il} = \sum_{i=1}^{N} \xi_k(x_i)\xi_l(x_i) = \delta_{kl},$$

即

$$\underset{\sim}{A}^{\mathrm{T}} \underset{\sim}{A} = \underset{\sim}{I}_L.$$

代入式 (9.2.30), 得到新参数矢量 $\boldsymbol{\omega}$ 的最小二乘估计

$$\hat{\boldsymbol{\omega}} = \underset{\sim}{A}^{\mathrm{T}} \boldsymbol{Y}, \tag{9.2.33}$$

对于参数矢量的各分量, 写出显著表达式

$$\hat{\boldsymbol{\omega}}_l = (\underset{\sim}{A}^{\mathrm{T}}\boldsymbol{Y})_l = \sum_{i=1}^{N} \xi_l(x_i) y_i, \quad l = 1, 2, \cdots, L;$$

而 $\hat{\boldsymbol{\omega}}$ 的协方差矩阵变成

$$\underset{\sim}{V}(\hat{\boldsymbol{\omega}}) = \left(A^{\mathrm{T}} \underset{\sim}{V}^{-1}(\boldsymbol{Y}) \underset{\sim}{A}\right)^{-1} = \sigma^2 \underset{\sim}{I}_L, \tag{9.2.34}$$

而 $\hat{\boldsymbol{\omega}}$ 各分量之间不相关联, 是互相独立的.

可见, 在这种条件下, 参数的最小二乘估计非常容易求出, 关键在于能找到满足正交条件 (式 (9.2.31)) 的正交多项式, 并将理论模型式 (9.2.29) 用正交多项式表示为式 (9.2.32) 的形式

例 9.4　直线拟合 (2)

利用正交多项式方法求解直线拟合问题. 设有 N 对独立的实验观测值 $(x_1, y_1), \cdots, (x_N, y_N)$, 其中 $y_i (i = 1, \cdots, N)$ 有相同的测量误差 σ. 求最佳的拟合直线.

直线的理论模型现在用两个参数 ω_1, ω_2 和两个正交多项式 $\xi_1(x_i)$, $\xi_2(x_i)$ 写出. 取

$$\xi_1(x_i) = 1, \quad \xi_2(x_i) = x_i - \bar{x}, \quad i = 1, 2, \cdots, N,$$

其中,

$$\bar{x} = \frac{1}{N} \sum_{i=1}^{N} x_i,$$

则 $\xi_1(x_i)$ 和 $\xi_2(x_i)$ 有正交性, 即

$$\sum_{i=1}^{N} \xi_1(x_i) \xi_2(x_i) = 0.$$

但它们没有归一性, 因为

$$\sum_{i=1}^{N} [\xi_1(x_i)]^2 = N, \quad \sum_{i=1}^{N} [\xi_2(x_i)]^2 = \sum_{i=1}^{V} (x_i - \bar{x})^2.$$

由此带来的与本节导出的公式的不一致将在下面很容易地加以处理.

利用 $\xi_1(x_i)$ 和 $\xi_2(x_i)$ 直线的参数表示是

$$\eta_i = \sum_{l=1}^{2} \xi_l(x_i) \omega_l = \sum_{l=1}^{2} a_{il} \omega_l = \omega_1 + (x_i - \bar{x}) \omega_2.$$

系数矩阵 $\underset{\sim}{A}$ 是 $N \times 2$ 矩阵

$$\underset{\sim}{A} = \begin{bmatrix} 1 & x - \bar{x} \\ 1 & x_2 - \bar{x} \\ \vdots & \vdots \\ 1 & x_N - \bar{x} \end{bmatrix}.$$

由于归一条件不再成立, 维数 2×2 的矩阵乘积 $\underset{\sim}{A}^{\mathrm{T}} \underset{\sim}{A}$ 不再是单位矩阵

$$\begin{aligned} \underset{\sim}{A}^{\mathrm{T}} \underset{\sim}{A} &= \begin{pmatrix} 1 & 1 & \cdots & 1 \\ x_1 - \bar{x} & x_2 - \bar{x} & \cdots & x_N - \bar{x} \end{pmatrix} \begin{bmatrix} 1 & x_1 - \bar{x} \\ 1 & x_2 - \bar{x} \\ \vdots & \vdots \\ 1 & x_N - \bar{x} \end{bmatrix} \\ &= \begin{pmatrix} N & 0 \\ 0 & \sum\limits_{i=1}^{N} (x_i - \bar{x})^2 \end{pmatrix}, \end{aligned}$$

容易求出它的逆阵

$$(\underset{\sim}{A}^{\mathrm{T}} \underset{\sim}{A})^{-1} = \begin{pmatrix} N^{-1} & 0 \\ 0 & \left[\sum\limits_{i=1}^{N} (x_i - \bar{x})^2 \right]^{-1} \end{pmatrix}.$$

因此, 参数 $\boldsymbol{\omega}$ 的最小二乘解为

$$\hat{\boldsymbol{\omega}} = (A^{\mathrm{T}} A)^{-1} A^{\mathrm{T}} \boldsymbol{y} = \begin{bmatrix} \sum\limits_{i=1}^{N} y_i / N \\ \dfrac{\sum\limits_{i=1}^{N} x_i y_i - \bar{x} \sum\limits_{i=1}^{N} y_i}{\sum\limits_{i=1}^{N} (x_i - \bar{x})^2} \end{bmatrix}.$$

通过简单的代数运算可知, 上述结果与例 9.1 相一致.

由于 N 对实验观测值是独立地得到的, 观测值的协方差矩阵是对角矩阵

$$\underset{\sim}{V}(\boldsymbol{y}) = \sigma^2 \underset{\sim}{I}_N.$$

因此, $\boldsymbol{\omega}$ 的协方差矩阵为

$$\underset{\sim}{V}(\hat{\boldsymbol{\omega}})=(\underset{\sim}{A}^{\mathrm{T}}\underset{\sim}{V}^{-1}(\boldsymbol{y})\underset{\sim}{A})^{-1}=(\sigma^{-2}A^{\mathrm{T}}A)^{-1}$$

$$=\sigma^2\begin{pmatrix} N^{-1} & 0 \\ 0 & \left[\sum_{i=1}^{N}(x_i-\bar{x})^2\right]^{-1}\end{pmatrix}.$$

如果利用通常的方法 (式 (9.2.22)), 则 $\hat{\boldsymbol{\vartheta}}$ 的协方差矩阵可表示为

$$\underset{\sim}{V}(\hat{\boldsymbol{\vartheta}})=\frac{\sigma^2}{N\sum_{i=1}^{N}x_i^2-\left(\sum_{i=1}^{N}x_i\right)^2}\begin{bmatrix}\sum_{i=1}^{N}x_i^2 & -\sum_{i=1}^{N}x_i \\ -\sum_{i=1}^{N}x_i & N\end{bmatrix}.$$

可见, 利用正交多项式协方差矩阵是对角矩阵, 比通常的方法简单.

9.3 非线性最小二乘估计

现在我们来讨论更一般的最小二乘估计问题: 理论模型 f 是待估计参数 $\boldsymbol{\vartheta}$ 的**非线性函数.** 在这种情形下, 不可能如线性模型那样写出参数 $\boldsymbol{\vartheta}$ 的严格解, 通常利用迭代法求出 Q^2 的极小来寻找 $\hat{\boldsymbol{\vartheta}}$ 的近似值.

在第 15 章中我们将介绍求函数极小值的一般方法; 这里将引用该章的结果来讨论最小二乘估计中形式为

$$Q^2=(\boldsymbol{Y}-\boldsymbol{\eta})^{\mathrm{T}}\underset{\sim}{V}^{-1}(\boldsymbol{Y})(\boldsymbol{Y}-\boldsymbol{\eta})$$

的极小化方法. 在上式中, $\boldsymbol{Y}$ 是观测值矢量, $\underset{\sim}{V}(\boldsymbol{Y})$ 是其协方差矩阵, $\boldsymbol{\eta}$ 是理论模型的预测值, 它是待估计参数 $\boldsymbol{\vartheta}=\{\vartheta_1,\vartheta_2,\cdots,\vartheta_L\}$ 的非线性函数

$$\boldsymbol{\eta}=f(\boldsymbol{\vartheta},\boldsymbol{X}). \tag{9.3.1}$$

我们用 13.3.2 节将介绍的**牛顿法求**Q^2 的极小. 假定在第 ν 次迭代后找到了参数 $\boldsymbol{\vartheta}$ 的一组比较好的近似值

$$\boldsymbol{\vartheta}^{\nu}=\{\vartheta_1^{\nu},\vartheta_2^{\nu},\cdots,\vartheta_L^{\nu}\}. \tag{9.3.2}$$

对应于这组参数值的 Q^2 值等于 Q^2_{ν}. 我们希望在第 $\nu+1$ 次迭代中找到更好的近似值 $\boldsymbol{\vartheta}^{\nu+1}$, 使得

$$Q^2_{\nu+1}<Q^2_{\nu},$$

并且在多次迭代后趋近于 $Q^2_{\min}$. 如15.3.2节所述, 满足这一要求的迭代公式是

$$\boldsymbol{\vartheta}^{\nu+1} = \vartheta^{\nu} - \underset{\sim}{G}^{-1}(\boldsymbol{\vartheta}^{\nu}) \cdot \boldsymbol{g}(\boldsymbol{\vartheta}^{\nu}), \tag{9.3.3}$$

其中, $\boldsymbol{g}(\boldsymbol{\vartheta}^{\nu})$ 和 $G(\boldsymbol{\vartheta}^{\nu})$ 分别是量 Q^2 对于 $\boldsymbol{\vartheta}$ 的梯度矢量和二阶导数矩阵在 $\boldsymbol{\vartheta} = \boldsymbol{\vartheta}^{\nu}$ 处的值, 即

$$g_i = \left.\frac{\partial Q^2(\boldsymbol{\vartheta})}{\partial \boldsymbol{\vartheta}_i}\right|_{\boldsymbol{\vartheta}=\boldsymbol{\vartheta}^{\nu}}, \tag{9.3.4}$$

$$G_{ij} = \left.\frac{\partial^2 Q^2(\boldsymbol{\vartheta})}{\partial \vartheta_i \partial \vartheta_j}\right|_{\boldsymbol{\vartheta}=\boldsymbol{\vartheta}^{\nu}}. \tag{9.3.5}$$

终止迭代的判据一般是使得下式成立:

$$\left\|\boldsymbol{\vartheta}^{\nu+1} - \boldsymbol{\vartheta}^{\nu}\right\| \equiv \left[\sum_{i=1}^{L} (\vartheta_i^{\nu+1} - \vartheta_i^{\nu})^2\right]^{1/2} < \varepsilon,$$

ε 是一个给定的小数, 或者是

$$\left|Q^2_{\nu+1} - Q^2_{\nu}\right| < \varepsilon.$$

如果 Q^2 是 $\boldsymbol{\vartheta}$ 的二次函数 (即 $\boldsymbol{\eta}$ 是参数的线性函数), 那么二阶导数矩阵 G 的矩阵元是常数, 与参数 $\boldsymbol{\vartheta}$ 无关, 只需要一次迭代就能得到 Q^2 的严格极小, 因而 $\boldsymbol{\vartheta}$ 的解是严格的, 与 9.2 节中线性最小二乘估计的结果完全一致.

对于非线性模型, 即 f 是 $\boldsymbol{\vartheta}$ 的非线性函数, 最小二乘估计量没有线性模型情形下的最优性质, 一般地它是有偏估计量, 其方差不是最小方差.

例 9.5 带电粒子的螺旋线径迹参数

作为迭代法求未知参数的一个例子, 我们来讨论带电粒子在均匀、恒定的磁场中运动轨迹参数的最小二乘估计. 为简单起见, 假定粒子动量为常数, 粒子的轨迹是轴线平行于磁场方向的螺旋线. 待解的问题是根据粒子径迹的一系列测定点坐标来确定螺旋线参数的最优值.

设磁场沿着直角坐标的 z 方向. 假定粒子径迹的起始点坐标 (A, B, C) 为已知, 粒子径迹上的 N 个测定点的坐标记为 (X_i, Y_i, Z_i), $i = 1, 2, \cdots, N$. 将起始点 (A, B, C) 作为第二个坐标系 (x', y', z') 的原点, z' 轴平行于 z 轴, y' 轴通过点 (A, B, C) 且平行于径迹在 xy 平面内投影的切线方向 (图 9.1). 在 (x', y', z') 坐标系中, 螺旋线方程可表示为

$$x' = \rho(\cos\phi - 1), \quad y' = \rho\sin\phi, \quad z' = \rho\phi\tan\lambda;$$

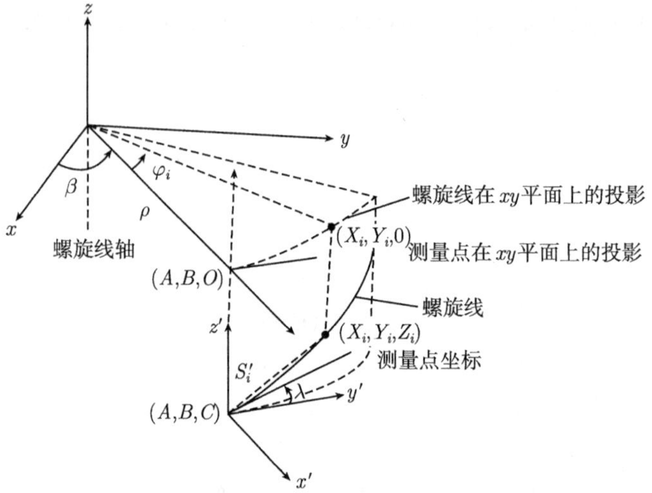

图 9.1　带电粒子在磁场中的螺旋线轨迹

其中, ρ是径迹在 $x'y'$ 平面中投影圆弧的曲率半径, λ是 $x'y'$ 平面与螺旋线切线之间的夹角 (称为倾角), ϕ 是轨迹在 xy 平面上的投影从起始点到某一测量点之间的圆弧对于 xyz 坐标系原点所张的角度. 而在 $(x,\ y,\ z)$ 坐标系中, 螺旋线方程是

$$\begin{aligned} x &= A + x'\cos\beta - y'\sin\beta, \\ y &= B + x'\sin\beta + y'\cos\beta, \\ z &= C + z', \end{aligned}$$

其中, β 是 x 与 x' 轴之间的夹角.

对应于一组观测值 $(X_i, Y_i, Z_i), i = 1, 2, \cdots, N$, 相应的 ϕ 角记为 $\phi_i, i = 1, 2, \cdots, N$. 可得到一组模型预测的坐标值 $x_i,\ y_i,\ z_i$, 分别为

$$\left.\begin{aligned} x_i &= A + \rho(\cos\phi_i - 1)\cos\beta - \rho\sin\phi_i\sin\beta, \\ y_i &= B + \rho(\cos\phi_i - 1)\sin\beta + \rho\sin\phi_i\cos\beta, \\ z_i &= C + \rho\phi_i\tan\lambda. \end{aligned}\right\} i = 1, 2, \cdots, N. \tag{9.3.6}$$

为简单起见, 首先我们考虑测量误差可以忽略的情形, 根据式 (9.1.3), 待求极小的量为

$$Q^2 = \sum_{i=1}^{N} [(X_i - x_i)^2 + (Y_i - y_i)^2 + (Z_i - z_i)^2]. \tag{9.3.7}$$

用 ρ, β 和$\tan\lambda$作为螺旋线的未知参数, 对 Q^2 的极小化最易于实现. 在这种情形下, Q^2 的梯度矢量 $\boldsymbol{g}$ 的分量 $g_\rho, g_\beta, g_\lambda$ 有如下表达式：

$$g_\rho = \frac{\partial Q^2}{\partial \rho} = \frac{-2}{\rho}\sum_{i=1}^{N} [(X_i - x_i)(x_i - A) + (Y_i - y_i)(y_i - B) + (Z_i - z_i)(z_i - C)],$$

$$g_\beta = \frac{\partial Q^2}{\partial \beta} = -2\sum_{i=1}^{N}[-(X_i - x_i)(y_i - B) + (Y_i - y_i)(x_i - A)],$$

$$g_\lambda = \frac{\partial Q^2}{\partial \tan\lambda} = -2\rho\sum_{i=1}^{N}(Z_i - z_i)\phi_i.$$

二阶导数矩阵 $\underset{\sim}{G}$ 的各个元素为

$$\begin{aligned}
G_{\rho\rho} &= \frac{\partial^2 Q^2}{\partial \rho^2} = \frac{2}{\rho^2}\sum_{i=1}^{N}[(x_i - A)^2 + (y_i - B)^2 + (z_i - C)^2],\\
G_{\rho\beta} &= G_{\beta\rho} = \frac{2}{\rho^2}\sum_{i=1}^{N}[(X_i - x_i)(y_i - B) - (Y_i - y_i)(x_i - A)],\\
G_{\rho\lambda} &= G_{\lambda\rho} = 2\sum_{i=1}^{N}[(z_i - C) - (Z_i - z_i)]\phi_i,\\
G_{\beta\beta} &= \frac{\partial^2 Q^2}{\partial \beta^2} = 2\sum_{i=1}^{N}[(X_i - A)(x_i - A) + (Y_i - B)(y_i - B)],\\
G_{\lambda\lambda} &= \frac{\partial^2 Q^2}{\partial (\tan\lambda)^2} = 2\rho^2\sum_{i=1}^{N}\phi_i^2,\\
G_{\beta\lambda} &= G_{\lambda\beta} = 0.
\end{aligned}$$

迭代的初始值 $\tan\lambda^0, \rho^0$ 和 β^0 可按如下方法求得：在 (x', y', z') 坐标系中，N 个测定点到原点的距离设为 $S_i'(i = 1, 2, \cdots, N)$，由 N 对 (S_i', Z_i') 作直线最小二乘拟合所得的值可作为 $\tan\lambda_0$.

曲率半径ρ和角度β的初值 ρ^0 和 β^0，可对通过测定点在 xy 平面上投影值 (X_i, Y_i) 的圆作线性最小二乘拟合求出. 圆的方程可表示为

$$(x - A)^2 + (y - B)^2 + 2a(x - A) + 2b(y - B) = 0,$$

参数 a, b 的估计值给出 ρ^0 和 β^0，

$$\rho^0 = (\hat{a}^2 + \hat{b}^2)^{1/2}, \quad \beta^0 = \arctan(\hat{b}/\hat{a}).$$

测定点的方位角 ϕ_i^0 可表示为

$$\phi_i = \arctan\frac{Y_i - (B - b)}{X_i - (A - a)} - \beta, \quad i = 1, 2, \cdots, N.$$

根据初始值 ρ^0, β^0, $\tan\lambda^0$，可按一阶导数矢量和二阶导数矩阵 $\boldsymbol{g}$, $\underset{\sim}{G}$ 的表达式求出 $\boldsymbol{g}^0$, $\underset{\sim}{G}^0$，然后按迭代公式 (9.3.3) 算得迭代后的值 ρ^1, β^1, $\tan\lambda^1$. 重复迭代下去，直到获得 Q^2 的满意的极小值为止.

在实际问题中, 径迹起始点 (A, B, C) 为已知这一假定并不一定能满足. 因此, 我们容许坐标 A, B, C 变化, 这样, 螺旋线的待估计参数可以取为 $A, C, \rho, \beta, \tan\lambda$ 或者 $B, C, \rho, \beta, \tan\lambda$, A(或 B) 和 C 的初始值可选为第一个测定点的坐标值, ρ 和 β 的初始值的确定与前面描述的方法相同, 但此时需对投影圆作待估计参数的非线性最小二乘拟合.

更为一般的情况是, 粒子径迹上各点位置的测定值存在一定的误差 ΔX_i, ΔY_i, ΔZ_i, 而且它们之间存在相互关联, 这样, 要利用式 (9.1.7) 关于 Q^2 的一般性公式来求极小, 相应的公式也就更为复杂, 这里不再介绍. 求得螺旋线参数的最小二乘估计值之后, 可以根据这些估计的参数值求得与原来 N 个测量点相对应的测量拟合值. 由于原测定值存在测定误差, 而这些拟合值是通过 Q^2 的极小化求得的, 可以认为拟合值较之原测量值更接近于真值, 因此, 也可称为**优化测量值.**

例 9.6 圆弧径迹的拟合

在粒子物理的正负电子对撞实验中, 往往利用螺旋管磁场, 带电粒子作螺旋线运动. 粒子轨迹通过粒子击中探测器 (漂移室、多丝正比室) 的位置来确定. 这些探测器的安排一般沿 z (磁场) 方向测量误差较大, 而击中点的 x, y 坐标测量误差很小. 因此, 粒子寻迹主要依赖于从许多击中点的 x, y 坐标来拟合出螺旋线径迹在 x, y 平面上的投影圆弧.

设圆弧径迹的圆心坐标为 ϑ_1, ϑ_2, 半径为 ϑ_3, 这是要求的三个未知参数. 利用探测器测量到粒子径迹的 N 个击中点坐标为 $(x_i, y_i), i = 1, 2, \cdots, N$. 半径的 "测量值"$r_i$ 可表示为

$$r_i = [(\vartheta_1 - x_i)^2 + (\vartheta_2 - y_i)^2]^{1/2}, \quad i = 1, 2, \cdots, N.$$

各击中点坐标独立地测定, 故当 $i \neq j$ 时, $\sigma(r_i)$ 与 $\sigma(r_j)$ 相互独立. 根据误差传播法则, $\sigma(r_i)$ 可由 x_i, y_i 的测量误差 $\sigma(x_i)$, $\sigma(y_i)$ 表示

$$\begin{aligned}\sigma^2(r_i) = &\left(\frac{\partial r_i}{\partial x_i}\right)^2 \sigma^2(x_i) + \left(\frac{\partial r_i}{\partial y_i}\right)^2 \sigma^2(y_i) + 2\left(\frac{\partial r_i}{\partial x_i} \cdot \frac{\partial r_i}{\partial y_i}\right) \mathrm{cov}(x_i, y_i) \\ =&\frac{1}{r_i^2}\left[\sigma^2(x_i)(\vartheta_1 - x_i)^2 + \sigma^2(y_i)(\vartheta_2 - y_i)^2\right. \\ &\left.+2(\vartheta_1 - x_i)(\vartheta_2 - y_i)\mathrm{cov}(x_i, y_i)\right], \end{aligned} \tag{9.3.8}$$

其中 $\mathrm{cov}(x_i, y_i)$ 是 x_i, y_i 之间的协方差.

按照最小二乘原理, 使

$$Q^2(\boldsymbol{\vartheta}) = \sum_{i=1}^{N} \left[\frac{\vartheta_3 - r_i}{\sigma(r_i)}\right]^2, \tag{9.3.9}$$

达到极小的参数值 $\hat{\boldsymbol{\vartheta}} = (\hat{\vartheta}_1, \hat{\vartheta}_2, \hat{\vartheta}_3)$ 即是它的最优拟合值. 一般地, 该 Q^2 函数的极小化不能解析地求得, 而需求助于迭代方法 (第 13 章).

下面对击中点位置的两种测定方法分别进行讨论:

(1) 每个击中点的 x, y 坐标独立地测定.

每个击中点的两个坐标值 x_i, y_i 相互独立地测定, 并且测定误差相同, 即

$$\sigma(x_i) = \sigma(y_i) = \sigma, \quad i = 1, 2, \cdots, N.$$

此时, $Q^2(\boldsymbol{\vartheta})$ 函数简化为

$$Q^2(\boldsymbol{\vartheta}) = \frac{1}{\sigma^2} \sum_{i=1}^{N} (\theta_3 - r_i)^2,$$

由于常数 σ^2 在求极小时不起作用, 故 $Q^2(\boldsymbol{\vartheta})$ 可表示成

$$Q^2(\boldsymbol{\vartheta}) = \sum_{i=1}^{N} (\vartheta_3 - r_i)^2 = \sum_{i=1}^{N} \left[\vartheta_3 - \sqrt{(x_i - \vartheta_1)^2 + (y_i - \vartheta_2)^2}\right]^2. \tag{9.3.10}$$

该式比式 (9.3.9) 简单了许多, 但由于存在平方根项, 仍然需用迭代方法求解. 如果考虑函数

$$Q^2(\boldsymbol{\vartheta}) = \sum_{i=1}^{N} (\vartheta_3^2 - r_i^2)^2, \tag{9.3.11}$$

使 $Q^2(\boldsymbol{\vartheta})$ 对 $\vartheta_1, \vartheta_2, \vartheta_3$ 的偏导数等于零, 以求它的极小

$$\frac{\partial Q^{2'}}{\partial \vartheta_1} = 4 \sum_{i=1}^{N} (x_i - \vartheta_1)\{\vartheta_3^2 - (x_i - \vartheta_1)^2 - (y_i - \vartheta_2)^2\} = 0, \tag{9.3.12}$$

$$\frac{\partial Q^{2'}}{\partial \vartheta_2} = 4 \sum_{i=1}^{N} (y_i - \vartheta_2)\{\vartheta_3^2 - (x_i - \vartheta_1)^2 - (y_i - \vartheta_2)^2\} = 0, \tag{9.3.13}$$

$$\frac{\partial Q^{2'}}{\partial \vartheta_3} = 4\vartheta_3 \sum_{i=1}^{N} \{\vartheta_3^2 - (x_i - \vartheta_1)^2 - (y_i - \vartheta_2)^2\} = 0. \tag{9.3.14}$$

这三个联立的三次方程组初看起来难以求解. 但式 (9.3.14) 表明, 在 $Q^2(\boldsymbol{\vartheta})$ 的极小值处有

$$\sum_{i=1}^{N} \{\vartheta_3^2 - (x_i - \vartheta_1)^2 - (y_i - \vartheta_2)^2\} = 0,$$

这时式 (9.3.12)、式 (9.3.13) 可化简为 $\vartheta_1, \vartheta_2, \vartheta_3$ 的二次方程

$$\sum_{i=1}^{N} x_i \left\{\vartheta_3^2 - (x_i - \vartheta_1)^2 - (y_i - \vartheta_2)^2\right\}$$

$$
\begin{aligned}
&= \sum_{i=1}^{N} x_i \left\{ \vartheta_3^2 - \vartheta_1^2 - \vartheta_2^2 - x_i^2 - y_i^2 + 2\vartheta_1 x_i + 2\vartheta_2 y_i \right\} = 0, \\
&\sum_{i=1}^{N} y_i \left\{ \vartheta_3^2 - (x_i - \vartheta_1)^2 - (y_i - \vartheta_2)^2 \right\} \\
&= \sum_{i=1}^{N} y_i \left\{ \vartheta_3^2 - \vartheta_1^2 - \vartheta_2^2 - x_i^2 - y_i^2 + 2\vartheta_1 x_i + 2\vartheta_2 y_i \right\} = 0.
\end{aligned}
$$

由式 (9.3.14) 还可求得

$$
\vartheta_3^2 - \vartheta_1^2 - \vartheta_2^2 = \frac{1}{N} \left\{ \sum_{i=1}^{N} x_i^2 + \sum_{i=1}^{N} y_i^2 - 2\vartheta_1 \sum_{i=1}^{N} x_i - 2\vartheta_2 \sum_{i=1}^{N} y_i \right\}, \tag{9.3.15}
$$

代入以上两式, 整理后得

$$
a\vartheta_1 + b\vartheta_2 = c, \quad a'\vartheta_1 + b'\vartheta_2 = c',
$$

其中,

$$
\begin{aligned}
a &= \sum_{i=1}^{N} x_i^2 - \frac{1}{N} \left(\sum_{i=1}^{N} x_i \right)^2, \\
a' = b &= \sum_{i=1}^{N} x_i y_i - \frac{1}{N} \left(\sum_{i=1}^{N} x_i \right) \left(\sum_{i=1}^{N} y_i \right), \\
b' &= \sum_{i=1}^{N} y_i^2 - \frac{1}{N} \left(\sum_{i=1}^{N} y_i \right)^2, \\
c &= \frac{1}{2} \left[\sum_{i=1}^{N} x_i^3 + \sum_{i=1}^{N} x_i y_i^2 - \frac{1}{N} \sum_{i=1}^{N} x_i \left(\sum_{i=1}^{N} x_i^2 + \sum_{i=1}^{N} y_i^2 \right) \right], \\
c' &= \frac{1}{2} \left[\sum_{i=1}^{N} x_i^2 y_i + \sum_{i=1}^{N} y_i^3 - \frac{1}{N} \sum_{i=1}^{N} y_i \left(\sum_{i=1}^{N} x_i^2 + \sum_{i=1}^{N} y_i^2 \right) \right].
\end{aligned} \tag{9.3.16}
$$

由此立即得到参数 ϑ_1, ϑ_2 的估计

$$
\hat{\vartheta}_1 = \frac{bc' - b'c}{b^2 - ab'}, \quad \hat{\vartheta}_2 = \frac{bc - ac'}{b^2 - ab'}. \tag{9.3.17}
$$

代入式 (9.3.15), 即求出 $\hat{\vartheta}_3$ 的估计.

上述结果可进一步简化. 作坐标平移

$$
x_i = X_i + \bar{x}, \quad y_i = Y_i + \bar{y},
$$

其中，

$$\bar{x}=\frac{1}{N}\sum_{i=1}^{N}x_i,\quad \bar{y}=\frac{1}{N}\sum_{i=1}^{N}y_i,$$

则有

$$\sum_{i=1}^{N}X_i=0,\quad \sum_{i=1}^{N}Y_i=0.$$

在 x–y 和 x–y 坐标系中，圆弧径迹的圆心和半径分别是 $\vartheta_1,\vartheta_2,\vartheta_3$ 和 $\vartheta_1',\vartheta_2',\vartheta_3$，故有

$$\vartheta_1=\vartheta_1'+\bar{x},\quad \vartheta_2=\vartheta_2'+\bar{y}.$$

将这些表达式代入式 (9.3.16) 与式 (9.3.17)，即得

$$\hat{\vartheta}_1=\bar{x}+\frac{BC'-B'C}{B^2-AB'}\equiv\bar{x}+\vartheta_1',$$

$$\hat{\vartheta}_2=\bar{y}+\frac{BC-AC'}{B^2-AB'}\equiv\bar{y}+\vartheta_2',$$

$$\hat{\vartheta}_3=\left[\vartheta_1^2+\vartheta_2^2+\frac{A+B'}{N}\right]^{1/2}.$$

其中，

$$A=\sum_{i=1}^{N}X_i^2,\quad B=\sum_{i=1}^{N}X_iY_i;\quad B'=\sum_{i=1}^{N}Y_i^2,$$

$$C=\frac{1}{2}\left(\sum_{i=1}^{N}X_i^3+\sum_{i=1}^{N}X_iY_i^2\right),\quad C'=\frac{1}{2}\left(\sum_{i=1}^{N}X_i^2Y_i+\sum_{i=1}^{N}Y_i^3\right).$$

这些式子的计算量比式 (9.3.10)~ 式 (9.3.17) 要小得多.

由于求 $Q^{2'}(\boldsymbol{\vartheta})$ 极小得到的参数估计完全是解析运算，故比通常的 $Q^2(\boldsymbol{\vartheta})$ 极小化 (见式 (9.3.10)) 的迭代解法速度快得多. 另一方面，这两者有如下联系. 令 $\delta r_i=r_i-\vartheta_3$，于是

$$\begin{aligned}Q^{2'}(\boldsymbol{\vartheta})&=\sum_{i=1}^{N}(\vartheta_3^2-r_i^2)^2=\sum_{i=1}^{N}[\vartheta_3^2-(\vartheta_3+\delta r_i)^2]^2\\&=\sum_{i=1}^{N}[2\vartheta_3\delta r_i+(\delta r_i)^2]^2\approx4\vartheta_3^2\sum_{i=1}^{N}(\delta r_i)^2\\&=4\vartheta_3^2\sum_{i=1}^{N}(r_i-\vartheta_3)^2,\end{aligned}$$

所以在 $\theta_3 \gg \delta r_i$ 的近似下, 即圆弧半径比半径测量误差大得多的情形下, 有

$$Q^{2'}(\boldsymbol{\vartheta}) \approx 4\vartheta_3^2 Q^2(\boldsymbol{\vartheta}).$$

这样, 求 $Q^{2'}(\boldsymbol{\vartheta})$ 的极小是与求 $Q^2(\boldsymbol{\vartheta})$ 的极小是相当的, 而且 $Q^2_{\min}(\boldsymbol{\vartheta})$ 可由下式求得:

$$Q^2_{\min}(\boldsymbol{\vartheta}) \approx \frac{Q^{2'}_{\min}(\boldsymbol{\vartheta})}{4\vartheta_3^2}.$$

(2) 每个击中点的 ρ, ϕ 坐标独立地测定.

正负电子对撞实验中普遍使用轴线相同、半径不同的多层圆柱面漂移室, 它所测量的是粒子径迹在各层圆柱探测面上击中点的 ρ, ϕ 坐标, 而且两者相互独立 (如图 9.2). 设测量标准误差为 σ_ρ 和 σ_ϕ, 这相当于用 ρ, φ 两个相互独立的随机变量来描述击中点的位置.

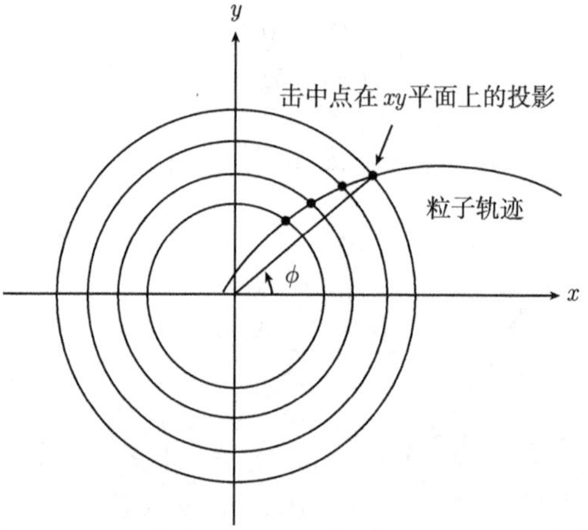

图 9.2 粒子螺旋线轨迹击中多层柱面漂移室, 击中点中 xy 平面上的投影

极坐标可方便地转换为直角坐标

$$x = \rho\cos\varphi, \quad y = \rho\sin\varphi.$$

由 (x, y) 构成的随机向量 $\boldsymbol{Z}$ 和 (ρ, φ) 构成的随机向量 $\boldsymbol{U}$ 的协方差矩阵间的关系, 由误差传播公式给出

$$\underset{\sim}{V}(\boldsymbol{Z}) \equiv \begin{pmatrix} V_{xx} & V_{xy} \\ V_{yx} & V_{yy} \end{pmatrix} = \underset{\sim}{S}\,\underset{\sim}{V}(U)\,\underset{\sim}{S}^{\mathrm{T}},$$

其中,

$$\underset{\sim}{V}(\boldsymbol{U})=\begin{pmatrix}\sigma_\rho^2 & 0\\ 0 & \sigma_\phi^2\end{pmatrix},\quad \underset{\sim}{S}=\begin{pmatrix}\dfrac{\partial x}{\partial\rho} & \dfrac{\partial x}{\partial\phi}\\ \dfrac{\partial y}{\partial\rho} & \dfrac{\partial y}{\partial\phi}\end{pmatrix}=\begin{pmatrix}\cos\phi & -\rho\sin\phi\\ \sin\phi & \rho\cos\phi\end{pmatrix}.$$

因此

$$\sigma_x^2\equiv V_{xx}=\sigma_\rho^2\cos^2\phi+\sigma_\phi^2\rho^2\sin^2\phi,$$

$$\sigma_y^2\equiv V_{yy}=\sigma_\rho^2\sin^2\phi+\sigma_\phi^2\rho^2\cos^2\phi,$$

$$\mathrm{cov}(x,\ y)\equiv V_{xy}=V_{yx}=(\sigma_\rho^2-\sigma_\phi^2\rho^2)\sin\phi\cos\phi.$$

代入式 (9.3.8)、式 (9.3.9), 求得 $Q^2(\boldsymbol{\vartheta})$, 用迭代法求 $Q^2(\boldsymbol{\vartheta})$ 的极小, 即得出参数 $\boldsymbol{\vartheta}$ 的最优拟合.

9.4 最小二乘拟合

9.4.1 测量拟合值和残差

本章前面各节阐明了如何应用最小二乘原理从 N 个测量点 $\boldsymbol{X}=\{X_1,\cdots,X_N\}$ 的观测值 $\boldsymbol{Y}=\{Y_1,\cdots,Y_N\}$ 确定未知参数 $\boldsymbol{\vartheta}=\{\theta_1,\cdots,\theta_L\}(L\leqslant N)$ 的估计值. 其中参数 $\boldsymbol{\vartheta}$ 不可直接测量, 而是通过某个确定的函数与观测量 $\boldsymbol{Y}$ 的真值 $\boldsymbol{\eta}$ 发生联系 (见 9.1 节)

$$\eta_i=f(\boldsymbol{\vartheta},X_i).\tag{9.4.1}$$

特别对于线性模型, 有 (见式 (9.2.13))

$$\boldsymbol{\eta}=\underset{\sim}{A}\,\boldsymbol{\vartheta}.$$

测量值 $\boldsymbol{Y}$ 与真值 $\boldsymbol{\eta}$ 之差定义为测量误差 $\boldsymbol{\varepsilon}$,

$$\boldsymbol{\varepsilon}=\boldsymbol{Y}-\boldsymbol{\eta},\tag{9.4.2}$$

表达式 (9.1.7) 可改写为

$$Q^2=(\boldsymbol{Y}-\boldsymbol{\eta})^{\mathrm{T}}\underset{\sim}{V}^{-1}(\boldsymbol{Y}-\boldsymbol{\eta})=\boldsymbol{\varepsilon}^{\mathrm{T}}\underset{\sim}{V}^{-1}\boldsymbol{\varepsilon}.\tag{9.4.3}$$

最小二乘原理表示, 参数 $\boldsymbol{\vartheta}$ 的估计值 $\widehat{\boldsymbol{\vartheta}}$ 可对 Q^2 求极小求得, 因此 Q^2 的极小值可表示为

$$Q_{\min}^2=[\boldsymbol{Y}-\boldsymbol{\eta}(\widehat{\boldsymbol{\vartheta}})]^{\mathrm{T}}\underset{\sim}{V}^{-1}[\boldsymbol{Y}-\boldsymbol{\eta}(\widehat{\boldsymbol{\vartheta}})].$$

对 Q^2 的极小化求得的 $\boldsymbol{\eta}$ 的估计值 $\hat{\boldsymbol{\eta}} \equiv \boldsymbol{\eta}(\widehat{\boldsymbol{\vartheta}})$. 称为测量**拟合值**, 可以认为, 它比存在测量误差的原观测值 $\boldsymbol{Y}$ 更接近真值 $\boldsymbol{\eta}$.

最小二乘估计的**残差**$\hat{\boldsymbol{\varepsilon}}$ 定义为原观测值 $\boldsymbol{Y}$ 与拟合值 $\hat{\boldsymbol{\eta}}$ 之差

$$\hat{\boldsymbol{\varepsilon}} = \boldsymbol{Y} - \hat{\boldsymbol{\eta}}, \tag{9.4.4}$$

于是 Q^2 的极小值 $Q^2_{\min}$ 可表示为**加权残差平方和**

$$Q^2_{\min} = \hat{\boldsymbol{\varepsilon}}^{\mathrm{T}} \underset{\sim}{V}^{-1} \hat{\boldsymbol{\varepsilon}} = (\boldsymbol{Y} - \hat{\boldsymbol{\eta}})^{\mathrm{T}} \underset{\sim}{V}^{-1} (\boldsymbol{Y} - \hat{\boldsymbol{\eta}}). \tag{9.4.5}$$

如果协方差矩阵 $\underset{\sim}{V}(\boldsymbol{Y})$ 具有常数乘因子 σ^2, 即

$$\underset{\sim}{V}(\boldsymbol{Y}) = \sigma^2 \underset{\sim}{V}_{\sigma}(\boldsymbol{Y}),$$

定义量 $Q^{2'}_{\min}$ 为**残差平方和**

$$Q^{2'}_{\min} = \hat{\boldsymbol{\varepsilon}}^{\mathrm{T}} \underset{\sim}{V}_{\sigma}^{-1} \hat{\boldsymbol{\varepsilon}}, \tag{9.4.6}$$

显然, $Q^2_{\min}$ 与 $Q^{2'}_{\min}$ 有简单的关系

$$Q^2_{\min} = \sigma^{-2} Q^{2'}_{\min}. \tag{9.4.7}$$

对于 9.2 节所叙述的线性最小二乘估计问题, 显然测量值 $\boldsymbol{Y}$ 的拟合量 $\hat{\boldsymbol{\eta}}$ 及其协方差矩阵可表示为

$$\begin{aligned} \hat{\boldsymbol{\eta}} &= \underset{\sim}{A} \widehat{\boldsymbol{\vartheta}} = \underset{\sim}{A}(\underset{\sim}{A}^{\mathrm{T}} \underset{\sim}{V}^{-1} \underset{\sim}{A})^{-1} \underset{\sim}{A}^{\mathrm{T}} \underset{\sim}{V}^{-1} \boldsymbol{Y}, \\ \underset{\sim}{V}(\hat{\boldsymbol{\eta}}) &= \underset{\sim}{A}(\underset{\sim}{A}^{\mathrm{T}} \underset{\sim}{V}^{-1} \underset{\sim}{A})^{-1} \underset{\sim}{A}^{\mathrm{T}}. \end{aligned} \tag{9.4.8}$$

加权残差平方和 $Q^2_{\min}$ 和 Q^2 可表示为

$$Q^2_{\min} = (\boldsymbol{Y} - \underset{\sim}{A} \hat{\boldsymbol{\vartheta}})^{\mathrm{T}} \underset{\sim}{V}^{-1} (\boldsymbol{Y} - \underset{\sim}{A} \hat{\boldsymbol{\vartheta}}), \tag{9.4.9}$$

$$Q^2 = Q^2_{\min} + (\boldsymbol{\vartheta} - \hat{\boldsymbol{\vartheta}})^{\mathrm{T}} A^{\mathrm{T}} \underset{\sim}{A}^{-1} \underset{\sim}{A} (\boldsymbol{\vartheta} - \hat{\boldsymbol{\vartheta}}). \tag{9.4.10}$$

残差 $\hat{\boldsymbol{\varepsilon}}$ 可表示为

$$\hat{\boldsymbol{\varepsilon}} = \underset{\sim}{D} \boldsymbol{\varepsilon} \equiv (\underset{\sim}{I}_N - \underset{\sim}{A}(\underset{\sim}{A}^{\mathrm{T}} \underset{\sim}{V}^{-1} \underset{\sim}{A})^{-1} \underset{\sim}{A}^{\mathrm{T}} \underset{\sim}{V}^{-1}) \boldsymbol{\varepsilon}. \tag{9.4.11}$$

我们来证明最后一个公式. 应用式 (9.4.4)、式 (9.2.13)、式 (9.4.2) 和式 (9.4.9), 得

$$\begin{aligned} \hat{\varepsilon} &= \boldsymbol{Y} - \hat{\boldsymbol{\eta}} = (\underset{\sim}{A} \boldsymbol{\vartheta} + \boldsymbol{\varepsilon}) - \underset{\sim}{A}(\underset{\sim}{A}^{\mathrm{T}} \underset{\sim}{V}^{-1} \underset{\sim}{A})^{-1} \underset{\sim}{A}^{\mathrm{T}} \underset{\sim}{V}^{-1} (\underset{\sim}{A} \boldsymbol{\vartheta} + \boldsymbol{\varepsilon}) \\ &= \boldsymbol{A}\boldsymbol{\vartheta} + \boldsymbol{\varepsilon} - \underset{\sim}{A}(\underset{\sim}{A}^{\mathrm{T}} \underset{\sim}{V}^{-1} \underset{\sim}{A})^{-1} \underset{\sim}{A}^{\mathrm{T}} \underset{\sim}{V}^{-1} \underset{\sim}{A} \boldsymbol{\vartheta} - \underset{\sim}{A}(\underset{\sim}{A}^{\mathrm{T}} \underset{\sim}{V}^{-1} \underset{\sim}{A})^{-1} \underset{\sim}{A}^{\mathrm{T}} \underset{\sim}{V}^{-1} \boldsymbol{\varepsilon} \\ &= \underset{\sim}{A} \boldsymbol{\vartheta} + \boldsymbol{\varepsilon} - \underset{\sim}{A} \boldsymbol{\vartheta} - \underset{\sim}{A}(\underset{\sim}{A}^{\mathrm{T}} \underset{\sim}{V}^{-1} \underset{\sim}{A})^{-1} \underset{\sim}{A}^{\mathrm{T}} \underset{\sim}{V}^{-1} \boldsymbol{\varepsilon} \\ &= (\underset{\sim}{I}_N - \underset{\sim}{A}(\underset{\sim}{A}^{\mathrm{T}} \underset{\sim}{V}^{-1} \underset{\sim}{A})^{-1} \underset{\sim}{A}^{\mathrm{T}} \underset{\sim}{V}^{-1}) \boldsymbol{\varepsilon}. \end{aligned}$$

证毕.

当各测量点的观测相互独立, 而且测量误差 σ 相同的情形, 测量的协方差矩阵为 $V(\boldsymbol{Y})=\sigma^2 \underset{\sim}{I}_N$. 如线性模型利用正交多项式 $\xi_l(x)$ 改写 (见 9.2.4 节), 待估计参数令为 $\boldsymbol{\omega}=\{\omega_1,\cdots,\omega_L\}$, 则容易证明, 残差平方和有简单的形式

$$Q^{2'}_{\min}=\sum_{i=1}^{N}Y_i^2-\sum_{l=1}^{L}\omega_l^2=\boldsymbol{Y}^{\mathrm{T}}\boldsymbol{Y}-\hat{\boldsymbol{\omega}}^{\mathrm{T}}\hat{\boldsymbol{\omega}}. \tag{9.4.12}$$

在许多问题中, 未知参数本身就是可测量的, 但测量具有一定的误差, 如例 9.3 的情况. 这时, 观测值 $\boldsymbol{Y}$ 及其协方差矩阵 $V(\boldsymbol{Y})$ 可以作为待估计参数 $\boldsymbol{\eta}$ 真值及其协方差矩阵的初步估计. 把 $\boldsymbol{\eta}$ 作为未知参数, 式 (9.4.2)~ 式 (9.4.8) 仍然适用.

例 9.7 直线拟合 (3)

给定一组 N 对相互独立的实验观测值 $(x_1,y_1),\cdots,(x_N,y_N)$, y_i 的测量误差 σ_i, $i=1,2,\cdots,N$. 假定 x_i 与 y_i 的真值 η_i 服从直线关系

$$\eta_i=\vartheta_1+\vartheta_2 x_i,$$

求最优拟合参数 $\hat{\vartheta}_1,\hat{\vartheta}_2$ 及其误差, 以及测量值 y_i 的拟合量 $\hat{\eta}_i$ 的误差.

本问题中理论模型表示为

$$\boldsymbol{\eta}=\underset{\sim}{A}\boldsymbol{\vartheta},$$

故系数矩阵为

$$\underset{\sim}{A}=\begin{pmatrix}1 & x_1\\ 1 & x_2\\ \vdots & \vdots\\ 1 & x_N\end{pmatrix},$$

由 y_i 测量独立性和测量误差知

$$\underset{\sim}{V}(\boldsymbol{Y})=\begin{pmatrix}\sigma_1^2 & & & 0\\ & \sigma_2^2 & & \\ & & \ddots & \\ 0 & & & \sigma_N^2\end{pmatrix}.$$

由 9.2.1 节的加权最小二乘法, 本问题的解如式 (9.2.17) 和式 (9.2.18) 给出

$$\underset{\sim}{V}(\widehat{\boldsymbol{\vartheta}})=(\underset{\sim}{A}^{\mathrm{T}}\underset{\sim}{V}^{-1}\underset{\sim}{A})^{-1}=\frac{1}{D}\begin{bmatrix}\displaystyle\sum_{i=1}^{N}\frac{x_i^2}{\sigma_i^2} & \displaystyle-\sum_{i=1}^{N}\frac{x_i}{\sigma_i^2}\\ \displaystyle-\sum_{i=1}^{N}\frac{x_i}{\sigma_i^2} & \displaystyle\sum_{i=1}^{N}\frac{1}{\sigma_i^2}\end{bmatrix},$$

其中,

$$D=\sum_{i=1}^{N}\frac{1}{\sigma_i^2}\sum_{i=1}^{N}\frac{x_i^2}{\sigma_i^2}-\left(\sum_{i=1}^{N}\frac{x_i}{\sigma_i^2}\right)^2.$$

参数估计值 $\widehat{\boldsymbol{\vartheta}}$ 则是

$$\widehat{\boldsymbol{\vartheta}}=(\underset{\sim}{A}^{\mathrm{T}}\underset{\sim}{V}^{-1}\underset{\sim}{A})^{-1}\underset{\sim}{A}^{\mathrm{T}}\underset{\sim}{V}^{-1}Y=\frac{1}{D}\begin{bmatrix}\displaystyle\sum_{i=1}^{N}\frac{x_i^2}{\sigma_i^2} & \displaystyle-\sum_{i=1}^{N}\frac{x_i}{\sigma_i^2}\\ \displaystyle-\sum_{i=1}^{N}\frac{x_i}{\sigma_i^2} & \displaystyle\sum_{i=1}^{N}\frac{1}{\sigma_i^2}\end{bmatrix}\begin{bmatrix}\displaystyle\sum_{i=1}^{N}\frac{y_i}{\sigma_i^2}\\ \displaystyle\sum_{i=1}^{N}\frac{x_iy_i}{\sigma_i^2}\end{bmatrix}$$

$$=\frac{1}{D}\begin{bmatrix}\displaystyle\sum_{i=1}^{N}\frac{x_i^2}{\sigma_i^2}\sum_{i=1}^{N}\frac{y_i}{\sigma_i^2}-\sum_{i=1}^{N}\frac{x_i}{\sigma_i^2}\sum_{i=1}^{N}\frac{x_iy_i}{\sigma_i^2}\\ \displaystyle-\sum_{i=1}^{N}\frac{x_i}{\sigma_i^2}\sum_{i=1}^{N}\frac{y_i}{\sigma_i^2}+\sum_{i=1}^{N}\frac{1}{\sigma_i^2}\sum_{i=1}^{N}\frac{x_iy_i}{\sigma_i^2}\end{bmatrix}.$$

测量点 y_i 的拟合值

$$\hat{\eta}_j=\hat{\vartheta}_1+\hat{\vartheta}_2x_j,\quad j=1,2,\cdots,N;$$

该拟合量 $\hat{\eta}$ 的协方差矩阵由式 (9.4.8) 知

$$\underset{\sim}{V}(\hat{\boldsymbol{\eta}})=\underset{\sim}{A}(\underset{\sim}{A}^{\mathrm{T}}\underset{\sim}{V}^{-1}\underset{\sim}{A})^{-1}\underset{\sim}{A}^{\mathrm{T}}=\underset{\sim}{A}\underset{\sim}{V}(\hat{\boldsymbol{\vartheta}})\underset{\sim}{A}^{\mathrm{T}}$$

$$=\frac{1}{D}\begin{pmatrix}1 & x_1\\ 1 & x_2\\ \vdots & \vdots\\ 1 & x_N\end{pmatrix}\begin{pmatrix}\displaystyle\sum_{i=1}^{N}\frac{x_i^2}{\sigma_i^2} & \displaystyle-\sum_{i=1}^{N}\frac{x_i}{\sigma_i^2}\\ \displaystyle-\sum_{i=1}^{N}\frac{x_i}{\sigma_i^2} & \displaystyle\sum_{i=1}^{N}\frac{1}{\sigma_i^2}\end{pmatrix}\times\begin{pmatrix}1 & 1 & \cdots & 1\\ x_1 & x_2 & \cdots & x_N\end{pmatrix}.$$

计算结果表明, $\underset{\sim}{V}(\hat{\boldsymbol{\eta}})$ 的对角元素, 即 y_j 的拟合值 $\hat{\eta}_j$ 的方差为

$$V_{jj}(\hat{\boldsymbol{\eta}})=\frac{1}{D}\left[\sum_{i=1}^{N}\frac{x_i^2}{\sigma_i^2}-2x_j\sum_{i=1}^{N}\frac{x_i}{\sigma_i^2}+x_j^2\sum_{i=1}^{N}\frac{1}{\sigma_i^2}\right].$$

当从点 x_i 处的测量拟合值 $\hat{\eta}_i(i=1,2,\cdots,N)$ 外推到 $x_j=0$ 处的测量拟合值 $\hat{\eta}_j$, 其标准误差有简单的表达式

$$\sigma_{\hat{\eta}_j}=\sqrt{\frac{1}{D}\sum_{i=1}^{N}\frac{x_i^2}{\sigma_i^2}},\quad x_j=0.$$

9.4.2 线性模型中 σ^2 的估计

在 9.2.1 节里我们已经指出, 为了求得线性最小二乘问题中未知参数的解 $\hat{\boldsymbol{\vartheta}}$, 如果测量值 $\boldsymbol{Y}$ 的协方差矩阵可表示成

$$\underset{\sim}{V}(\boldsymbol{Y}) = \sigma^2 \underset{\sim}{V}_\sigma(\boldsymbol{Y}),$$

其中, σ^2 是未知的常数乘因子, 那么只需要知道 $\underset{\sim}{V}_\sigma$ 就可以了 (见式 (9.2.20)). 但是要找出估计值 $\hat{\boldsymbol{\vartheta}}$ 的协方差 $\underset{\sim}{V}(\hat{\boldsymbol{\vartheta}})$, 就必须知道 $\underset{\sim}{V}(\boldsymbol{Y})$(见式 (9.2.18)).

然而, 在只了解 $\underset{\sim}{V}_\sigma(\boldsymbol{Y})$ 的情形下, 我们可以从残差平方和 $Q^2_{\min}$ 来估计未知的 σ^2 值, 从而求出 $\underset{\sim}{V}(\boldsymbol{Y})$ 的近似表达式, 以得到 $\hat{\boldsymbol{\vartheta}}$ 的协方差矩阵.

我们来证明, 量

$$S^2 = Q^{2'}_{\min}/(N-L) \tag{9.4.13}$$

是 σ^2 的无偏估计. 这里 N 是观测数, L 是待估计参数的个数, 这样就可以将 S^2 作为 σ^2 的估计值.

首先, 就测量具有相同误差并且相互独立这种最简单的情况证明式 (9.4.13). 这种情形下, 有

$$\underset{\sim}{V}(\boldsymbol{Y}) = \sigma^2 \underset{\sim}{I}_N.$$

代入式 (9.4.11), 得

$$\hat{\boldsymbol{\varepsilon}} = \underset{\sim}{D}\,\boldsymbol{\varepsilon},$$

其中 $\underset{\sim}{D}$ 定义为

$$\underset{\sim}{D} \equiv \underset{\sim}{I}_N - \underset{\sim}{A}(\underset{\sim}{A}^{\mathrm{T}}\underset{\sim}{A})^{-1}\underset{\sim}{A}^{\mathrm{T}}.$$

矩阵 $\underset{\sim}{D}$ 是幂等矩阵, 满足

$$\underset{\sim}{D}^{\mathrm{T}} = \underset{\sim}{D}, \quad \underset{\sim}{D}^{\mathrm{T}}\underset{\sim}{D} = \underset{\sim}{D}.$$

于是残差平方和变成

$$Q^{2'}_{\min} = \hat{\boldsymbol{\varepsilon}}^{\mathrm{T}}\underset{\sim}{I}_N\hat{\boldsymbol{\varepsilon}} = (\underset{\sim}{D}\,\boldsymbol{\varepsilon})^{\mathrm{T}}(\underset{\sim}{D}\,\boldsymbol{\varepsilon}) = \boldsymbol{\varepsilon}^{\mathrm{T}}\underset{\sim}{D}\,\boldsymbol{\varepsilon} = \sum_{i=1}^{N} D_{ii}\varepsilon_i^2 + \sum_{i\neq j} D_{ij}\varepsilon_i\varepsilon_j.$$

已经假定测量是相互独立的, 所以

$$E(\varepsilon_i\varepsilon_j) = 0, \qquad i \neq j.$$

因此, 对 $Q^{2'}_{\min}$ 求期望值时, $\sum\limits_{i\neq j} D_{ij}\varepsilon_i\varepsilon_j$ 这一项的贡献等于 0,

$$E(Q^{2'}_{\min}) = E\left(\sum_{i=1}^{N} D_{ii}\varepsilon_i^2\right) = \sigma^2\sum_{i=1}^{N} D_{ii} = \sigma^2 \mathrm{tr}\,\underset{\sim}{D}\ .$$

符号 $\mathrm{tr}\,\underset{\sim}{D}$ 表示矩阵 $\underset{\sim}{D}$ 的**迹**(对角元素之和). 由 $\underset{\sim}{D}$ 的定义得知

$$\begin{aligned}\mathrm{tr}\,\underset{\sim}{D} &= \mathrm{tr}\left(\underset{\sim}{I}_N\right) - \mathrm{tr}\left\{\underset{\sim}{A}(\underset{\sim}{A}^{\mathrm{T}}\underset{\sim}{A})^{-1}\underset{\sim}{A}^{\mathrm{T}}\right\}\\ &= \mathrm{tr}\left(\underset{\sim}{I}_N\right) - \mathrm{tr}\left\{\underset{\sim}{A}^{\mathrm{T}}\underset{\sim}{A}(\underset{\sim}{A}^{T}\underset{\sim}{A})^{-1}\right\}\\ &= \mathrm{tr}\left(\underset{\sim}{I}_N\right) - \mathrm{tr}\left(\underset{\sim}{I}_L\right) = N - L.\end{aligned}$$

故

$$E(Q^{2'}_{\min}) = \sigma^2(N-L).$$

注意到无偏估计量的定义式 (7.3.1), $Q^{2'}_{\min}/(N-L)$ 是 σ^2 的无偏估计量.

现在再就测量误差互不相等、测量不相独立的一般情形证明式 (9.4.13). 这时, 残差平方和可写成

$$Q^{2'}_{\min} = \hat{\boldsymbol{\varepsilon}}^{\mathrm{T}}\underset{\sim}{V}_{\sigma}{}^{-1}\hat{\boldsymbol{\varepsilon}} = (D\boldsymbol{\varepsilon})^{\mathrm{T}}\underset{\sim}{V}_{\sigma}{}^{-1}(D\boldsymbol{\varepsilon}) = \boldsymbol{\varepsilon}^{\mathrm{T}}(\underset{\sim}{D}^{\mathrm{T}}\underset{\sim}{V}_{\sigma}{}^{-1}\underset{\sim}{D})\boldsymbol{\varepsilon},$$

其中,

$$\underset{\sim}{D} \equiv \underset{\sim}{I}_N - \underset{\sim}{A}(\underset{\sim}{A}^{\mathrm{T}}\underset{\sigma}{V}^{-1}A)^{-1}\underset{\sim}{A}^{\mathrm{T}}\underset{\sim}{V}_{\sigma}{}^{-1}.$$

该矩阵有如下性质:

$$\underset{\sim}{D}^{\mathrm{T}}\underset{\sim}{V}_{\sigma}{}^{-1}\underset{\sim}{D} = \underset{\sim}{V}_{\sigma}{}^{-1}\underset{\sim}{D} = \underset{\sim}{D}^{\mathrm{T}}\underset{\sim}{V}_{\sigma}{}^{-1}.$$

由协方差的定义 $E(\varepsilon_i\varepsilon_j) = V_{ij}$, 若 $\underset{\sim}{G}$ 为与 $\underset{\sim}{V}(\boldsymbol{Y})$ 维数相同的 $N\times N$ 矩阵, 那么有

$$E(\boldsymbol{\varepsilon}^{\mathrm{T}}\underset{\sim}{G}\boldsymbol{\varepsilon}) = E\left\{\sum_{i=1}^{N}\sum_{j=1}^{N}\varepsilon_i G_{ij}\varepsilon_j\right\} = \sum_{i=1}^{N}\sum_{j=1}^{N} G_{ij}T_{ij} = \mathrm{tr}(\underset{\sim}{V}\underset{\sim}{G}).$$

利用上面这两个公式, 残差平方和的期望值为

$$\begin{aligned}E(Q^{2'}_{\min}) &= E\left(\hat{\boldsymbol{\varepsilon}}^{\mathrm{T}}\underset{\sim\sigma}{V}{}^{-1}\hat{\boldsymbol{\varepsilon}}\right) = E\left\{\boldsymbol{\varepsilon}^{\mathrm{T}}\left(\underset{\sim}{D}^{\mathrm{T}}\underset{\sim}{V}_{\sigma}{}^{-1}\underset{\sim}{D}\right)\boldsymbol{\varepsilon}\right\} = E\left\{\boldsymbol{\varepsilon}^{\mathrm{T}}\underset{\sim}{V}_{\sigma}{}^{-1}\underset{\sim}{D}\boldsymbol{\varepsilon}\right\}\\ &= \mathrm{tr}\left(\underset{\sim}{V}\underset{\sim}{V}_{\sigma}{}^{-1}\underset{\sim}{D}\right) = \sigma^2\mathrm{tr}\left(\underset{\sim}{V}_{\sigma}\underset{\sim}{V}_{\sigma}{}^{-1}\underset{\sim}{D}\right) = \sigma^2\mathrm{tr}\,\underset{\sim}{D};\end{aligned}$$

而

$$\begin{aligned}\operatorname{tr}\underset{\sim}{D} &= \operatorname{tr}\left\{\underset{\sim}{I}_N\right\} - \operatorname{tr}\left\{\underset{\sim}{A}\left(\underset{\sim}{A}^{\mathrm{T}}\underset{\sim}{V}_\sigma{}^{-1}\underset{\sim}{A}\right)^{-1}\underset{\sim}{A}^{\mathrm{T}}\underset{\sim}{V}_\sigma{}^{-1}\right\} \\ &= N - \operatorname{tr}\left\{\underset{\sim}{A}^{\mathrm{T}}\underset{\sim}{V}_\sigma{}^{-1}\underset{\sim}{A}(\underset{\sim}{A}^{\mathrm{T}}\underset{\sim}{V}_\sigma{}^{-1}\underset{\sim}{A})^{-1}\right\} \\ &= N - \operatorname{tr}\{I_L\} = N - L.\end{aligned}$$

因此, 有

$$E(Q^{2'}_{\min}) = N - L.$$

证毕.

9.4.3 正态性假设, 自由度

在 9.2.2 节已经证明, 对于线性模型, 最小二乘估计给出了参数 $\boldsymbol{\vartheta}$ 的无偏、最小方差估计量, 在 9.4.2 节又给出了 σ^2 的无偏估计量 S^2(见式 (9.4.13)). 推导这些性质时引入的唯一假定是测量误差 $\boldsymbol{\varepsilon}$ 的期望值 $E(\boldsymbol{\varepsilon}) = 0$, 而与测量值的具体分布无关. 因此, 线性模型的最小二乘估计量的这些性质是分布自由的.

现在我们假定, 测量误差的各分量 $\varepsilon_i, i = 1, 2, \cdots, N$ 是相互独立的, 并服从均值为 0、方差 σ_i^2 的正态分布. 这等价于 N 个测量值 Y_i 相互独立, 并且是均值 η_i, 方差 σ_i^2 的正态分布. 这时, Q^2 的表达式可写成 (见式 (9.1.4))

$$Q^2 = \sum_{i=1}^{N}\frac{(Y_i - \eta_i)^2}{\sigma_i^2} = \sum_{i=1}^{N}\left(\frac{\varepsilon_i}{\sigma_i}\right)^2. \tag{9.4.14}$$

Q^2 是 N 个独立的标准正态变量的平方和, 因而是自由度 N 的 χ^2 变量 (见式 (4.14.14)).

但是参数的真值 η_i 是未知的. 我们可以通过求 Q^2 的极小值 $Q^2_{\min}$ 得到 η_i 的估计值 $\hat{\eta}_i$, 代入 Q^2 的表达式得到加权残差平方和

$$Q^2_{\min} = \sum_{i=1}^{N}\left(\frac{Y_i - \hat{\eta}_i}{\sigma_i}\right)^2 = \sum_{i=1}^{N}\left(\frac{\hat{\varepsilon}_i}{\sigma_i}\right)^2. \tag{9.4.15}$$

可以证明, 在包含 L 个独立参数的线性模型中, 利用 N 个独立测量 Y_i 的正态假设, $Q^2_{\min}$ 可表示为 $(N-L)$ 个相互独立的标准正态变量的平方和, 于是 $Q^2_{\min}$ 是自由度 $N-L$ 的 χ^2 变量 $\chi^2(N-L)$.

如果 L 个未知参数不独立, 而由 K 个线性方程相互关联, 则独立参数只有 $L-K$ 个, 上式中的 $Q^2_{\min}$ 只含 $N-(L-K)$ 个独立项, 此时 $Q^2_{\min}$ 服从 $\chi^2(N-L+K)$

分布. 因此, 不论是否存在参数的约束方程, 线性模型中 $Q^2_{\min}$ 的自由度数总是等于独立测量个数与独立参数个数之差.

对于 N 次测量不独立的一般情形, 只要测量值是多维正态变量, 即测量误差 $\boldsymbol{\varepsilon}=\boldsymbol{Y}-\boldsymbol{\eta}$ 是均值为 $\mathbf{0}$ 的多维正态变量, 并且存在非奇异 (行列式不为 0) 的协方差矩阵 $V(\boldsymbol{Y})$, 则可以证明, 加权平方和

$$Q^2_{\min}=\hat{\boldsymbol{\varepsilon}}^{\mathrm{T}}\underset{\sim}{V}^{-1}\hat{\boldsymbol{\varepsilon}}=\sum_{i=1}^{N}\sum_{j=1}^{N}(Y_i-\hat{\eta}_i)(\underset{\sim}{V}^{-1})_{ij}(Y_j-\hat{\eta}_j) \tag{9.4.16}$$

对于 L 个参数、存在 K 个约束的线性模型将是自由度 $N-L+K$ 的 χ^2 变量.

需要强调指出, 以上这些结论仅适用于参数的线性模型. 对于非线性模型, 如 9.3 节所述, 最小二乘估计是有偏估计量, 方差也不是最小可能的方差, 它的 $Q^2_{\min}$ 的严格分布是未知的. 但是可以证明, 当 N 值很大时, 它的 $Q^2_{\min}$ 渐近于 χ^2 分布. 也就是说, 当 N 很大时在非线性情形下也可以用上述公式来表示 $Q^2_{\min}$ 的渐近 $\chi^2(\nu)$ 分布性质, 并估计其自由度 ν, 只不过理论模型可以是待估计参数 ϑ 的非线性函数, 约束方程也可以是非线性的.

9.4.4　拟合优度

9.4.3 节已经阐明, 当测量值向量 $\boldsymbol{Y}$ 服从正态分布时, 加权残差平方和 $Q^2_{\min}$ 是 χ^2 变量, 这一事实具有重要的实际意义. 这意味着, 利用最小二乘法进行参数估计得出的 $Q^2_{\min}$ 值定量地表征了拟合量 $\hat{\boldsymbol{\eta}}$ 和测量值 $\boldsymbol{Y}$ 之间的整体一致性, 换句话说, $Q^2_{\min}$ 表征了**拟合的优度**.

由式 (9.4.16) 可见, 如果测量值与拟合值完全相同, 则 $Q^2_{\min}$ 等于 0. 由于存在测量误差 $\boldsymbol{\varepsilon}$, 实际上 $Q^2_{\min}$ 不可能等于 0. 但若理论模型正确地描述了测量值 $\boldsymbol{Y}$ 的真值与参数 $\boldsymbol{\vartheta}$、自变量 X 之间的函数关系, 那么 $Q^2_{\min}$ 应当合理地小, 这表示拟合优度较好; 反之, 过高的 $Q^2_{\min}$ 值显然反映了理论模型与测量值之间存在明显的差别, 两者的一致性很差, 即拟合优度差.

假定我们处理的是包含 ν 个自由度的问题, $Q^2_{\min}$ 服从 $\chi^2(\nu)$ 分布, 定义其对应的 χ^2 概率 P_{χ^2} 为

$$P_{\chi^2}=\int_{Q^2_{\min}}^{\infty}f(u;\nu)\mathrm{d}u=1-F(Q^2_{\min};\nu), \tag{9.4.17}$$

其中 $F(Q^2_{\min};\nu)$ 是自由度 ν 的累积 χ^2 分布函数. 对于一组特定的观测值 $\boldsymbol{Y}$, 利用最小二乘法求得其 $Q^2_{\min}$ 为 $Q^{2*}_{\min}$, 由上式求出其对应的 P_{χ^2}. 显然较小的 P_{χ^2} 值 (大的 $Q^{2*}_{\min}$) 对应于较差的拟合, 而较大的 P_{χ^2}(小的 $Q^{2*}_{\min}$) 对应于较好的拟合. 因此, 最小二乘法中的理论模型和对观测值的正态假设是否正确地反映 $\boldsymbol{Y}$ 的分布, 取

决于 P_{χ^2} 值 (相应地 $Q^2_{\min}$ 值) 的大小, 大致地说, 当 $Q^2_{\min}$ 与自由度数 ν 接近, 或比 ν 大出不多, 拟合是比较好的. 从观测值求得的 $Q^2_{\min}$ 提供了关于未知参数估计值的拟合优度, 这是最小二乘法的特点, 其他的参数估计方法则不能提供这种可能性.

由于任意连续随机变量的累积分布函数服从 [0, 1] 区间的均匀分布 (见 4.7 节), 因而由式 (9.4.17) 知, P_{χ^2} 也应当服从相同的分布. 利用这一性质可以对测量的正态性假设或最小二乘估计中的理论模型的合理性作出推断. 对于多组 $\boldsymbol{Y}$ 测量值, 求出其对应的 P_{χ^2}. 如果 P_{χ^2} 不服从 [0, 1] 区间的近似均匀分布, 那么有理由怀疑测量值不服从正态分布, 或者理论模型不恰当, 或者两者兼而有之. 这时需作适当的修正, 例如, P_{χ^2} 在 [0, 1] 区间 0.5~1 内出现较高的密度, 可能反映了测量值 $\boldsymbol{Y}$ 的误差 $\boldsymbol{\sigma}$ 取得过大, 而 P_{χ^2} 集中于 0~0.5 区域, 则可能是 $\boldsymbol{\sigma}$ 取得过小的表现.

当利用 $Q^2_{\min}$ 作为拟合优度时, 应当注意到一种在实际测量中不太少见的情况. 有时 $Q^2_{\min}$ 非预想地大, 但如检查一下全部 N 个测量点的残差 $\hat{\boldsymbol{\varepsilon}}$ 会发现, 大部分点的残差 $\hat{\varepsilon}_i$ 数值比较小而且接近, 只有个别点的残差 $\hat{\varepsilon}_i$ 例外地大, 因而对 $Q^2_{\min}$ 的贡献很大, 使得 $Q^2_{\min}$ 的值超过了容许的水平. 在这种情况, 首先应当考虑检查这些个别实验点数据的可靠性, 而不是简单地否定最小二乘估计中采用的假设和理论模型. 有时对数据的检查会立即发现这些个别点的数据由于某种原因是错误的, 改正这一错误或舍弃这一错误数据即得到满意的拟合.

各测量点数据 Y_i 及其误差 $\sigma(Y_i)$ 的合理性可用如下方法来检查. 设观测值 $Y_i, i-1,2,\cdots,N$ 相互独立, 那么对于每个观测点

$$Z_i \equiv \frac{\hat{\varepsilon}_i}{\sigma(\hat{\varepsilon}_i)} \equiv \frac{Y_i-\hat{\eta}_i}{\sigma(\hat{\varepsilon}_i)}, \quad i=1,2,\cdots,N, \tag{9.4.18}$$

反映了测量值 Y_i 对于拟合值 $\hat{\boldsymbol{\eta}}_i$ 的相对偏差的大小, 其中 $\hat{\varepsilon}_i$ 和 $\sigma(\hat{\varepsilon}_i)$ 是测量点 i 处的残差及其分布的标准差, Z_i 称为延伸函数 (stretch function or pull). 对于 N 次独立的测量值 $Y_1,Y_2,\cdots,Y_N$ 和线性估计问题, 我们有

$$\begin{aligned}\sigma^2(\hat{\varepsilon}_i) &= V_{ii}(\boldsymbol{Y}-\hat{\boldsymbol{\eta}})\\ &= V_{ii}(\boldsymbol{Y})-2\mathrm{cov}(\boldsymbol{Y},\hat{\boldsymbol{\eta}})_{ii}+V_{ii}(\hat{\boldsymbol{\eta}})\\ &= V_{ii}(\boldsymbol{Y})-V_{ii}(\hat{\boldsymbol{\eta}}).\end{aligned} \tag{9.4.19}$$

于是 Z_i 可表示成

$$Z_i=\frac{Y_i-\hat{\eta}_i}{\sqrt{\sigma^2(Y_i)-\sigma^2(\hat{\eta}_i)}} \tag{9.4.20}$$

式 (9.4.20) 的分母中的减号是由于 Y_i 和 $\hat{\eta}_i$ 之间正相关所决定的, 相关系数 $\rho_{ii}=\sigma(\hat{\eta}_i)/\sigma(Y_i)$. 预期 Z_i 的分布非常接近于标准正态函数 $N(0,\ 1)$. 对于一组特定的

测量作最小二乘估计, 如果大多数测量点的 Z_i 相互接近, 而个别测量点 Z_i 相差甚远, 则可以合理地认为, 最小二乘估计的理论模型是对测量值的正确描述, 而个别 Z_i 值例外的点远离了模型的预测, 很可能该测量值是不正确的.

如果对一个特定的测量点作多次观测, 求得的 Z_i 的分布比 $N(0,\ 1)$ 宽 (或窄) 得多, 则该测量点的误差 $\hat{\varepsilon}_i$ 可能选得过小 (或过大); 如果 Z_i 的平均值不等于零, 则反映了该点的观测值 Y_i 可能有系统的偏差.

9.5 最小二乘法应用于直方图数据

在许多实际问题中, 在对参数进行估计之前, 测量数据往往已按照某种分类方式作了归并和分组, 例如, 测量数据以直方图的形式表示.

设随机变量 X (表示一维或多维变量) 的取值域按某种方式划分为 N 个互不相容的子区域, 并将 n 个观测值 $X_1,\ X_2,\ \cdots,\ X_n$ 中落入第 i 个子区域内的个数记为 n_i. 对于 X 是一维变量的情形, 这就构成了一维直方图形的数据, 当 X 是 S 维变量, n_i 相当于 N 个 S 维子体积 (不一定是 S 维超立方体) 内的计数值. 在 6.4 节中已经说明, 我们用**直方图数据**这一名称来表示这类广泛意义上的数据表示方法. 第八章极大似然法中 8.7 节所指的直方图数据亦应作如此理解.

假定我们知道一个观测落在第 i 子区间的概率是未知参数 $\boldsymbol{\vartheta}=\{\boldsymbol{\vartheta}_1,\cdots,\ \vartheta_L\}$ 的函数: $p_i=p_i(\boldsymbol{\vartheta})$. 若 X 是连续变量, p_i 可由 X 的概率密度在 i 子区间 Δx_i 上的积分求得. 当共有 n 次观测, i 子区间内的观测数的理论频数为

$$f_i(\boldsymbol{\vartheta})=np_i(\boldsymbol{\vartheta}), \tag{9.5.1}$$

归一化条件 $\sum\limits_{i=1}^{N}p_i=1$ 要求

$$\sum_{i=1}^{N}n_i=\sum_{i=1}^{N}f_i(\boldsymbol{\vartheta})=n. \tag{9.5.2}$$

对于一个给定的 n 值, N 个子区间内出现 n_i 个 $(i=1,\ 2,\ \cdots,\ N)$ 观测值的概率服从多项分布 (见 4.2 节), 其协方差矩阵可表示为

$$\underset{\sim}{V}^*(\boldsymbol{Y})=\begin{bmatrix} np_1(1-p_1) & -np_1p_2 & \cdots & -np_1p_N \\ -np_1p_2 & np_2(1-p_2) & \cdots & -np_2p_N \\ \vdots & \vdots & & \vdots \\ -np_1p_N & -np_2p_N & \cdots & np_N(1-p_N) \end{bmatrix}. \tag{9.5.3}$$

由于归一化条件的存在, 矩阵 $\underset{\sim}{V}(\boldsymbol{Y})$ 是奇异的, 即 $|\underset{\sim}{V}|=0$. 归一化条件相当于一个线性约束, 任意略去一个 n_i(如 n_N), 余下的 $(N-1)$ 个 n_i 将是独立的, 相应的

协方差矩阵为 $(N-1)\times(N-1)$ 阶, 记为 $\underset{\sim}{V}^*(\boldsymbol{Y})$, 可由 $\underset{\sim}{V}(\boldsymbol{Y})$ 删去第 N 行 N 列得到. $\underset{\sim}{V}^*(\boldsymbol{Y})$ 一般是非奇异的. 于是对量

$$\begin{aligned}Q^2 &= (\boldsymbol{Y}-\boldsymbol{n}p)^{\mathrm{T}}(\underset{\sim}{V}^*)^{-1}(\boldsymbol{Y}-\boldsymbol{n}p)\\ &= \sum_{i=1}^{N-1}\sum_{j=1}^{N-1}(n_i-np_i)(\underset{\sim}{V}^{*-1})_{ij}(n_j-np_j)\end{aligned} \tag{9.5.4}$$

求极小, 可得到参数 $\boldsymbol{\vartheta}$ 的最小二乘估计, 注意该式中向量 $\boldsymbol{Y}$ 和 $\boldsymbol{p}$ 只含 $N-1$ 个分量. 容易证明, $\underset{\sim}{V}^*$ 的逆矩阵是

$$(\underset{\sim}{V}^*)^{-1}=\frac{1}{n}\begin{bmatrix} p_1^{-1}+p_N^{-1} & p_N^{-1} & \cdots & p_N^{-1}\\ p_N^{-1} & p_2^{-1}+p_N^{-1} & \cdots & p_N^{-1}\\ \vdots & \vdots & & \vdots\\ p_N^{-1} & p_N^{-1} & \cdots & p_{N-1}^{-1}+p_N^{-1}\end{bmatrix} \tag{9.5.5}$$

于是式 (9.5.4) 可改写为

$$\begin{aligned}Q^2 &= \frac{1}{n}\left\{\sum_{i=1}^{N-1}\frac{(n_i-np_i)^2}{p_i}+\frac{1}{p_N}\sum_{i=1}^{N-1}\sum_{j=1}^{N-1}(n_i-np_i)(n_j-np_j)\right\}\\ &= \frac{1}{n}\left\{\sum_{i=1}^{N-1}\frac{(n_i-np_i)^2}{p_i}+\frac{1}{p_N}\left[\sum_{i=1}^{N-1}(n_i-np_i)\right]^2\right\}\\ &= \frac{1}{n}\left\{\sum_{i=1}^{N-1}\frac{(n_i-np_i)^2}{p_i}+\frac{1}{p_N}(n_N-np_N)^2\right\}\\ &= \sum_{i=1}^{N}\frac{(n_i-np_i)^2}{np_i}=\sum_{i=1}^{N}\left(\frac{n_i-np_i}{\sqrt{np_i}}\right)^2.\end{aligned} \tag{9.5.6}$$

注意上式的求和从 $i=1$ 直到 N. 该式与式 (9.1.4) 形式相同, 其中 $\eta_i=np_i$, $\sqrt{np_i}$ 对应于观测误差 σ_i, 这相当于将 n_i 看作真值为 np_i 的泊松变量. 由式 (9.5.1), 立即有

$$Q^2=\sum_{i=1}^{N}\frac{(n_i-f_i)^2}{f_i}. \tag{9.5.7}$$

令 Q^2 对参数 $\{\vartheta_1,\cdots,\vartheta_L\}$ 的导数等于零, 可求出 $\boldsymbol{\vartheta}$ 的最小二乘估计

$$\frac{\partial Q^2}{\partial\vartheta_l}=-2\sum_{i=1}^{N}\left[\frac{n_i-f_i}{f_i}+\frac{1}{2}\frac{(n_i-f_i)^2}{f_i^2}\right]\frac{\partial f_i}{\partial\vartheta_l}=0,\quad l=1,2,\cdots,L. \tag{9.5.8}$$

该方程组解析求解通常相当困难, 因此需利用第 15 章介绍的数值极小化方法求得参数的最小二乘估计值.

当观测总事例数 n 充分大, 每个子区间内的理论频数 f_i 不太小时, 应有 $|n_i - f_i|/f_i < 1$, 因此, 式 (9.5.8) 方括号内第二项比第一项的贡献要小. 如果作为近似忽略第二项的贡献, 则得到较为简单的表达式

$$\frac{\partial Q^2}{\partial \theta_l} = -2\sum_{i=1}^{N} \frac{n_i - f_i}{f_i} \cdot \frac{\partial f_i}{\partial \theta_l} = 0, \quad l = 1, 2, \cdots, L. \tag{9.5.9}$$

式 (9.5.9) 的求解显然比式 (9.5.8) 容易得多.

可以将式 (9.5.7) 中分母 f_i 用观测值 n_i 作为近似, 于是有

$$Q^2 \approx \sum_{i=1}^{n} \frac{(n_i - f_i)^2}{n_i}. \tag{9.5.10}$$

用它来估计参数 $\hat{\boldsymbol{\vartheta}}$ 时, 观测数据 n_i 的统计涨落的影响更为灵敏. 但当 n 很大, 每个子区间内观测到的事例数 n_i 不太小的情形下, 式 (9.5.7) 和式 (9.5.10) 求得的参数估计值是十分接近的. 还可以证明, 由这两个公式求得的解具有渐近的最优性质, 它们是相合估计量, 具有最小方差, 而且渐近地服从正态分布[1].

由于 n_i 可看作真值 np_i 的泊松变量, 在 n 很大的极限情形下, n_i 近似地服从正态分布, 于是 $(n_i - f_i)/\sqrt{f_i}$ 或 $(n_i - f_i)/\sqrt{n_i}$ 为近似的标准正态变量. 从而式 (9.5.7) 所示的 Q^2 将是 $\chi^2(N-1)$ 变量. 自由度等于 $N-1$ 是因为在 N 个观测值中, 归一化条件 $\sum\limits_{i=1}^{N} n_i = n$ 的存在相当于一个线性约束条件, 故只有 $N-1$ 个观测是独立的.

按照 9.4.3 节的讨论, 对式 (9.5.7) 所示的 Q^2 函数求极小得到的 $Q^2_{\min}$ 近似地服从 $\chi^2(N-1-L)$ 分布, L 是待估计的独立参数的个数. $Q^2_{\min}$ 以及相应的 P_{χ^2} 值可作为拟合优度的标志.

对于随机变量值域划分为互不相容的 N 个子区间, 子区间数目、边界和大小如何确定没有严格的方法. 在许多实验中, 测量仪器本身已对数据作了分组处理, 例如, 为了测量从某一中心点飞出的各个方向的粒子, 可以围绕该中心点在 4π 立体角内布置多个粒子探测器. 每个粒子探测器所占的空间立体角就是对粒子飞出方向的自然划分. 如果这种划分没有事先给定, 一般可以通过两种方式来进行: ①等宽度 (对多维随机变量是等体积) 方式 —— 变量取值域剖分为等宽度的 N 个子区间. 如果取值域为无穷, 可对观测到的数据所对应的变量值域作等宽度划分. ②等概率方式 —— 变量取值域划分为理论概率值相等 $(1/N)$ 的 N 个子区间.

为了能够利用 $Q^2_{\min}$ 来估计拟合优度, 如前面所述, $(n_i - f_i)/\sqrt{f_i}$ 或 $(n_i - f_i)/\sqrt{n_i}$ 应近似于标准正态变量, 这样, 每个子区间内的观测数 n_i 必须足够大, 通常应

该有 $n_i > 5$. 如果自由度 ν 比较大, 如 $\nu > 6$, 利用等宽度划分, 一个或两个子区间内的观测频数 n_i 可容许小于 5 而不至于严重影响正态性假设. 变量 X 取值域的上下两端尾部的概率一般比较小, 在这些区域常常将子区间取得比较宽, 以获得足够大的观测频数 n_i. 此外, 在确定子区间的划分时, 还应考虑到计算的方便.

例 9.8 反质子极化实验 (2)

我们用 8.4.3 节中利用极大似然法讨论过的反质子极化的例子来说明直方图数据的最小二乘法处理.

假定观测到 n 个双散射事例, 两次散射平面的法线间夹角为 ϕ, 令 $x = \cos\phi$, x 的取值域为 $[-1, 1]$, 将 x 取值域剖分为 N 个子区间, 第 i 区间 (x 值为 $x_i - x_i + \Delta x_i$) 内包含 n_i 个双散射事例. 已知 x 的概率密度为

$$f(x) = \frac{1}{2}(1 + \alpha x),$$

α 为待估计参数. 第 i 区间中的理论频数由 $f(x)$ 在 $x_i - x_i + \Delta x_i$ 中的积分求得

$$f_i = n \int_{x_i}^{x_i+\Delta x_i} \frac{1}{2}(1 + \alpha x)\mathrm{d}x = n(a_i + b_i\alpha),$$

其中, $a_i \equiv \frac{1}{2}\Delta x_i, b_i \equiv \frac{1}{2}\Delta x_i \left(x_i + \frac{1}{2}\Delta x_i\right)$.

利用式 (9.5.7) 表示的 Q^2 求 α 的最小二乘估计, 必须解方程组 (9.5.8) 或式 (9.5.9). 将上述 f_i 的表达式代入, 得到的是参数 α 的 $2N$ 次和 N 次方程, 难以用解析方法求解. 因此, 参数估计值 $\hat{\alpha}$ 及其误差必须用第 12 章的数值极小化方法求出.

但若利用式 (9.5.10) 的 Q^2 表示作最小二乘估计, 则有

$$Q^2 = \sum_{i=1}^{N} \frac{[n_i - n(a_i + b_i\alpha)]^2}{n_i}, \tag{9.5.11}$$

由方程 $\mathrm{d}Q^2/\mathrm{d}\alpha = 0$ 求得参数 α 的估计值

$$\hat{\alpha} = \frac{1}{n} \frac{\displaystyle\sum_{i=1}^{N}\left(b_i - \frac{n a_i b_i}{n_i}\right)}{\displaystyle\sum_{i=1}^{N}\frac{b_i^2}{n_i}}. \tag{9.5.12}$$

利用估计值 $\hat{\alpha}$, Q^2 可表示为

$$Q^2 = Q^2_{\min} + \left(\sum_{i=1}^{N}\frac{n^2 b_i^2}{n_i}\right)(\alpha - \hat{\alpha})^2, \tag{9.5.13}$$

这是一个关于参数 α 的二次 (抛物线) 函数, 由 9.9.1 节的讨论将知道, 式 (9.5.13) 右边第二项中 $(\alpha-\hat{\alpha})^2$ 项的系数正是参数估计值 $\hat{\alpha}$ 方差的倒数, 因此, $\hat{\alpha}$ 的误差的公式为

$$\Delta\hat{\alpha}=\frac{1}{n}\left(\sum_{i=1}^{N}\frac{b_i^2}{n_i}\right)^{-1/2}. \tag{9.5.14}$$

例 9.9 粒子角动量分析 (1)

设有如下粒子反应:

$$\pi+\mathrm{N}\to\mathrm{N}+\mathrm{B},\quad \mathrm{B}\to\pi_a+\pi_b, \tag{9.5.15}$$

其中 π, N 分别表示 π 介子和核子, B 表示自旋整数的玻色子. B 只是一个中间态, 很快衰变为两个 π 介子. 该反应可观测到的产物是 N, π_a 和 π_b, 但我们可通过对粒子末态的研究来推定 B 的存在及它的某些性质. 方法之一是测量粒子 B 的静止系统 (即 π_a 和 π_b 总动量等于 0 的系统) 中 π_a 或 π_b 的角分布.

设 J 为粒子 B 的自旋角动量, 衰变角 $\Omega=(\vartheta,\phi)$ 定义为 B 粒子静止系统中 π_a 粒子飞行方向与 B 的自旋量子轴的夹角. 按照量子力学的一般原理, 衰变角分布 $W(\Omega)$ 可写成球谐函数 $Y_j^m(\cos\vartheta,\varphi)$ 的线性和

$$W(\Omega)\equiv f(\cos\vartheta,\varphi)=\sum_{j=0,2,4,\cdots}^{j=2J}\sum_{m=-j}^{m=+j}c_{jm}Y_j^m(\cos\vartheta,\varphi). \tag{9.5.16}$$

该式只包含 j 为偶数的球谐函数, 这表示自旋为 J 的玻色子 B 衰变为两个 π 介子时, 角分布是 $\cos\vartheta$ 的偶次幂多项式, 最高次数是 $2J$. 式 (9.5.16) 中的系数 c_{jm} 构成了待估计的一组未知参数. 对于一定的 J 值, 式中的双求和号共包含 $(2J+1)(J+1)$ 项, 因此, 参数向量 c 的元素个数也是 $(2J+1)(J+1)$. 它们并不都是独立参数, 因为尚需满足归一化条件

$$\int_{4\pi}W(\Omega)\mathrm{d}\Omega=1. \tag{9.5.17}$$

在式 (9.5.15) 所示的反应中, π_a 和 π_b 是由 B 粒子衰变而来, 因此, $(\pi_a+\pi_b)$ 系统的不变质量与粒子 B 的质量一致. 在实际测量中, 由于存在着测量误差, 只要 $(\pi_a+\pi_b)$ 系统的不变质量落在 B 粒子质量附近的一个区域内, 就可能是一个式 (9.5.15) 所示的事例. 现假定共测到 n 个这样的事例. 将 4π 立体角空间划分为 N 个互不相容的立体角元 $\Delta\Omega_i$, 一个事例落入 $\Delta\Omega_i$ 中的概率是

$$p_i(\boldsymbol{C})=\int_{\Delta\Omega_i}W(\Omega)\mathrm{d}\Omega=\sum_{j,m}C_{jm}\int_{\Delta\Omega_i}Y_j^m(\Omega)\mathrm{d}\Omega,\quad i=1,2,\cdots,N, \tag{9.5.18}$$

对下标 j, m 的求和遍及 $(2J+1)(J+1)$ 种组合. 于是 n 个事例中落入立体角元 $\Delta\Omega_i$ 的理论预测事例数 $f_i(\boldsymbol{C})$ 为

$$f_i(\boldsymbol{C}) = np_i(\boldsymbol{c}), \quad i = 1, 2, \cdots, N, \tag{9.5.19}$$

而观测到的事例数是

$$\boldsymbol{Y} = \{n_1, n_2, \cdots, n_N\},$$

而且必然有

$$\sum_{i=1}^{N} n_i = \sum_{i=1}^{N} f_i(\boldsymbol{c}) = n. \tag{9.5.20}$$

将 n_i, f_i 的这些值代入式 (9.5.7) 或式 (9.5.10) 的 Q^2 表达式, 并解方程组

$$\frac{\partial Q^2}{\partial c_{j,m}} = 0, \quad j = 0, 2, \cdots, 2J, \quad m = -j, -(j-1), \cdots, j-1, j,$$

就得到 c 的估计值. 求解方程组都需要利用第 12 章的数值极小化方法.

在实际实验测量中, 确定系数 c_{jm} 值可用于不同的目的. 首先, 如果粒子 B 的自旋 J 为未知, 可通过系数 c_{jm} 的研究来确定. 从最低可能的自旋值开始逐渐增大, 如 $J = 1, 2, 3, \cdots$, 计算出相应的参数值 $\hat{c}_{jm}^{(1)}, \hat{c}_{jm}^{(2)}, \hat{c}_{jm}^{(3)}, \cdots$, $j = 0, 2, \cdots, 2J$, $m = -j, \cdots, j$; 以及对应的拟合优度 $Q^2_{\min}(1), Q^2_{\min}(2), Q^2_{\min}(3), \cdots$. 当 J 到达某个值如 $J = J_{\max}$ 以后, J 再继续增大其拟合优度 $Q^2_{\min}(J > J_{\max})$ 将不比 $Q^2_{\min}(J_{\max})$ 有明显的改善, 所有的 $j \geqslant 2J_{\max}$ 的系数 c_{jm} 接近于零. 这样, $J_{\max}$ 就确定了玻色子 B 的自旋值的下限, 换句话说, 反应 (式 (9.5.15)) 中的 B 如果存在, 它的自旋角动量 $J \geqslant J_{\max}$. 反之, 如果反应中 B 的自旋 J 已经知道, 那么系数 $\hat{c}_{jm}$ 的数值可以给出 B 粒子产生过程的信息, 从而检验这一产生过程的物理模型. 此外, 不同 j, m 的系数 C_{jm} 的行为有时提供了在系统的某个质量区内存在一个以上的共振的证据.

9.6 最小二乘法应用于实验测量数据

迄今为止, 本章各节的讨论是基于如下的假设：最小二乘法中采用的理论模型直接描述了实验观测的真值. 事实上, 实验观测得到的分布 —— 实验分布 (见 4.17 节的讨论) 与理论模型往往有所不同, 一般要考虑两种修正. 一种是测量的随机误差导致的畸变; 另一种是探测仪器的探测效率的修正. 前者可由测量的实验分辨函数对理论模型进行修正得到“修正”理论模型, 然后与观测值进行直接比较. 后者可通过两种途径加以处理：

(1) 严格方法. 如果对于被观测量的整个可能取值区间探测效率的函数形式都为已知, 并且可对理论模型作修正写出“修正”理论模型, 则可直接与观测值比较.

(2) 近似方法. 如果 (1) 的条件不满足, 则只能采用近似方法, 即对每个观测到的事例, 指定不同的权因子, 修改原始观测值后再与理论模型比较. 对第 i 个观测事例, 其权因子 W_i 等于探测到该事例的探测效率的倒数. 换句话说, 如果在探测效率 ε_i 时, 观测到一个事例, 则当探测效率是 100%时, 实际应存在 W_i 个事例, 后者才可与理论模型作比较.

显然, 只要理论模型可以正确地修正, 得到的“修正”理论模型可与实际测量的数据一起, 直接用前面各章描述的方法作最小二乘估计. 事实上, 最小二乘法对理论模型的唯一重要限制是：理论模型的预期值与观测值的期望值应当一致. 如果原理论模型满足这一要求, 那么“修正”理论模型同样满足这一要求. 但若利用近似方法, 参数的最小二乘估计就出现一些问题, 特别是求得参数估计值的误差比较困难.

我们来讨论直方图实验数据. 设变量 X 的取值域被划分为 N 个互不相容的子区间, i 子区间内观测到的事例数为 n_i, 理论模型预期该子区间内的事例数是 f_i. 由于探测仪器的探测效率不是处处为 100%, n_i 与 f_i 不能直接比较. 按照近似方法, 如果探测效率为 100%, 那么 i 子区间内观测到的事例数不是 n_i, 而应当是

$$n_i' = \sum_{j=1}^{n_i} W_{ij}, \tag{9.6.1}$$

W_{ij} 是 i 子区间中事例 j 的探测效率的倒数. 对照式 (9.5.7) 和式 (9.5.10), 可以通过对量

$$Q^2 = \sum_{i=1}^{N} \frac{(n_i' - f_i)^2}{f_i} \tag{9.6.2}$$

或

$$Q^2 = \sum_{i=1}^{N} \frac{(n_i' - f_i)^2}{n_i'} \tag{9.6.3}$$

求极小, 得到未知参数的最小二乘估计. 如果有 $E(n_i') = f_i$, 并且正态假定近似地得到满足, 那么 $Q^2_{\min}$ 可以表征拟合优度.

如果所有的权因子 W_{ij} 数值不大, 而且相互差别不大, 那么式 (9.6.2)、式 (9.6.3) 求得的估计值比较可靠. 经验表明, 如果某些事例有很大的权因子值, 则参数估计值及其误差不太可靠. 在这种情形下, 舍弃个别权因子值很大的事例再作最小二乘估计可改善估计值的可靠性. 一般地说, 将权因子大的事例包含在内会增大估计值的误差 (见 9.4.4 节的讨论).

最后, 我们提一下处理探测效率的介于严格方法和近似方法之间的途径. 它的基本思想是：观测值保持不变, 而“修正”理论模型对 i 子区间内的事例数 f_i' 用原

理论模型预期值 f_i 乘上 i 子区间内的平均探测效率 D_i 来表示

$$f_i' = f_i \cdot D_i, \quad D_i = \frac{1}{n_i}\sum_{j=1}^{n_i}\frac{1}{W_{ij}}. \tag{9.6.4}$$

这样, Q^2 的表达式成为

$$Q^2 = \sum_{i=1}^{N}\frac{(n_i - f_i')^2}{f_i'}. \tag{9.6.5}$$

显然, 引入平均探测效率本身就包含着误差, 因此, 用式 (9.6.5) 的 Q^2 作最小二乘估计得到的参数估计可靠性不够好. 相对地说, 如果权重 W_{ij} 值都很小而且接近, 估计结果比较可信. 如果所有 W_{ij} 都相等, 式 (9.6.5) 和式 (9.6.2) 得到相同的结果.

9.7 线性约束的线性最小二乘估计

在许多参数估计问题中, 观测量的真值 $\boldsymbol{\eta} = \{\eta_1, \eta_2, \cdots, \eta_N\}$ 的各分量之间存在必须满足的某种约束方程, 而待估计的参数与这些真值之间存在着函数关系. 实际的观测值由于存在测量误差, 因而只是近似地满足约束方程. 在进行参数估计时, 使测量拟合值 $\hat{\boldsymbol{\eta}}$ 严格地满足约束方程是比较合理的. 因此, 这种情形下需要处理的是满足约束方程的 Q^2 极小化问题.

约束极小化问题的解法有许多种, 在 13.7 节中将介绍**变量代换法**和**罚函数法**, 这里对**消去法**和**拉格朗日乘子法**作一简短的讨论.

所谓消去法, 是利用约束方程消去几个未知参数 (即用其余未知参数来表示), 然后由余下的参数构成 Q^2 函数, 实行极小化后求得参数的估计值. 而拉格朗日乘子法则是将每个约束方程乘上一个拉格朗日乘子, 后者为一个附加的待估计参数, 与原有参数一起构成 Q^2 实行极小化. 通过未知参数的 "消去" 或 "增加", 这两种方法都将**约束极小化**问题化为**无约束极小化**问题, 然后用本章前面各种描述的方法作参数估计.

我们先从两个简单的例子着手, 对有约束的这两种最小二乘估计方法加以说明, 然后对拉格朗日乘子法作一般性的讨论.

例 9.10 通过固定点的直线拟合

设有 N 对测量数据 $(x_i, y_i), i = 1, 2, \cdots, N, y_i$ 的测量误差为 σ_i, y_i 与 x_i 符合直线关系, 并必须通过某固定点 (x_0, y_0), 求最佳的拟合直线.

直线通过固定点 (x_0, y_0) 相当于一个约束条件, 满足该约束的最小二乘估计是

$$Q^2(\vartheta_1, \vartheta_2) = \sum_{i=1}^{N}\left(\frac{y_i - \vartheta_1 - \vartheta_2 x_i}{\sigma_i}\right)^2 = \min,$$

$$y_0 = \vartheta_1 + \vartheta_2 x_0.$$

用消去法求解, 根据约束方程, 参数 ϑ_1 可用 ϑ_2 表示

$$\vartheta_1 = y_0 - \vartheta_2 x_0,$$

代入 $Q^2(\vartheta_1, \vartheta_2)$, 即有

$$Q^2(\vartheta_2) = \sum_{i=1}^{N} \frac{[y_i - y_0 + \vartheta_2(x_0 - x_i)]^2}{\sigma_i^2}.$$

使 $Q^2(\vartheta_2)$ 对 ϑ_2 的导数等于零, 得到 ϑ_2 的估计

$$\frac{\partial Q^2(\vartheta_2)}{\partial \vartheta_2} = 0 = \sum_{i=1}^{N} \frac{2}{\sigma_i^2}[y_i - y_0 + \vartheta_2(x_0 - x_i)](x_0 - x_i),$$

即得

$$\hat{\vartheta}_2 = \frac{\sum\limits_{i=1}^{N}(x_i - x_0)(y_i - y_0)/\sigma_i^2}{\sum\limits_{i=1}^{N}(x_i - x_0)^2/\sigma_i^2}.$$

代入约束方程, 求出

$$\hat{\vartheta}_1 = y_0 - \hat{\vartheta}_2 x_0.$$

根据误差传播公式, 求出 $\hat{\vartheta}_1$, $\hat{\vartheta}_2$ 的误差

$$V(\hat{\vartheta}_2) = \frac{1}{\sum\limits_{i=1}^{N} \frac{(x_i - x_0)^2}{\sigma_i^2}}, \quad V(\hat{\vartheta}_1) = x_0^2 V(\hat{\vartheta}_2).$$

例 9.11　三角形的角

对一个三角形的三个角作独立测量, 得到的测量值为 $y_1 = 63°, y_2 = 34°$, $y_3 = 85°$. 测量误差相等, $\sigma = 1°$. 求三个角真值 η_1, η_2, η_3 的最小二乘估计.

因为三角形三个角之和必须为 180°(约束条件), 故满足约束的最小二乘估计是

$$\begin{aligned} Q^2(\eta_1, \eta_2, \eta_3) = \sum_{i=1}^{3} \left(\frac{y_i - \eta_i}{\sigma_i}\right)^2 = \min\text{imum}, \\ \sum_{i=1}^{3} \eta_i - 180° = 0. \end{aligned} \tag{9.7.1}$$

首先用消去法求解. 待估计参数 η_3 可用另两个参数 η_1 和 η_2 表示

$$\eta_3 = 180° - \eta_1 - \eta_2,$$

代入式 (9.7.1), 即有

$$Q^2(\eta_1,\eta_2)=\left(\frac{y_1-\eta_1}{\sigma}\right)^2+\left(\frac{y_2-\eta_2}{\sigma}\right)^2+\frac{[y_3-(180^\circ-\eta_1-\eta_2)]^2}{\sigma^2}$$
$$=\min\text{imum} \tag{9.7.2}$$

这就成为无约束的 $Q^2(\eta_1,\ \eta_2)$ 极小化问题. 由

$$\frac{\partial Q^2}{\partial\eta_1}=0,\quad \frac{\partial Q^2}{\partial\eta_2}=0$$

容易解出

$$\hat\eta_1=\frac{1}{3}(180^\circ+2y_1-y_2-y_3)=62\frac{1}{3}^\circ,$$
$$\hat\eta_2=\frac{1}{3}(180^\circ-y_1+2y_2-y_3)=33\frac{1}{3}^\circ.$$

然后根据约束方程求得 $\hat\eta_3$ 的估计值

$$\hat\eta_3=180^\circ-\hat\eta_1-\hat\eta_2=84\frac{1}{3}^\circ.$$

如果采用拉格朗日乘子法, 待求极小的量 Q^2 需写成

$$Q^2(\eta_1,\eta_2,\eta_3,\lambda)=\sum_{i=1}^{3}\left(\frac{y_i-\eta_i}{\sigma_i}\right)^2+2\lambda\left(\sum_{i=1}^{3}\eta_i-180^\circ\right), \tag{9.7.3}$$

即等于无约束条件下的 Q^2 加上拉格朗日乘子 λ 与约束方程函数的乘积. 因为对于待估计参数的估计值 $\boldsymbol{\eta}$, 式 (9.7.3) 右边第二项等于 0, 所以无约束的 $Q^2(\eta_1,\eta_2,\eta_3,\lambda)$ 的极小化与有约束的 $Q^2(\eta_1,\eta_2,\eta_3)$ 的极小化是等同的. 利用 $Q^2(\eta_1,\eta_2,\eta_3,\lambda)$ 对四个参数 $\eta_1,\eta_2,\eta_3,\lambda$ 作最小二乘估计, 正规方程变成

$$\left.\begin{aligned}
&0=\frac{\partial Q^2}{\partial\eta_1}=-\frac{2}{\sigma^2}(y_1-\eta_1)+2\lambda,\quad 0=\frac{\partial Q^2}{\partial\eta_2}=-\frac{2}{\sigma^2}(y_2-\eta_2)+2\lambda,\\
&0=\frac{\partial Q^2}{\partial\eta_3}=-\frac{2}{\sigma^2}(y_3-\eta_3)+2\lambda,\quad 0=\frac{\partial Q^2}{\partial\lambda}=2\left(\sum_{i=1}^{3}\eta_i-180^\circ\right),
\end{aligned}\right\} \tag{9.7.4}$$

消去三个参数 η_1,η_2,η_3 得到关于 λ 的方程

$$\frac{2}{\sigma^2}\left(\sum_{i=1}^{3}y_i-180^\circ\right)=6\lambda.$$

由此得到 λ 的估计

$$\hat\lambda=\frac{1}{3\sigma^2}\left(\sum_{i=1}^{3}y_i-180^\circ\right).$$

代入式 (9.7.4) 求出角度 η_j 的估计值 $\hat{\eta}_j$

$$\hat{\eta}_j = y_j - \sigma^2\hat{\lambda} = y_j - \frac{1}{3}\left(\sum_{i=1}^{3} y_i - 180^\circ\right).$$

如果用测量值 y_i 代入上式, 即得到与消去法相同的结果.

由 $\hat{\eta}_i$ 与 y_1, y_2, y_3 的上述函数关系, 应用误差传播公式容易写出估计值 $\hat{\boldsymbol{\eta}}$ 的协方差矩阵

$$\underset{\sim}{V}(\hat{\boldsymbol{\eta}}) = \underset{\sim}{V}(y) - \frac{1}{3}\sigma^2\begin{pmatrix}1\\1\\1\end{pmatrix}(1\ 1\ 1) = \sigma^2\begin{pmatrix}2/3 & -1/3 & -1/3\\ -1/3 & 2/3 & -1/3\\ -1/3 & -1/3 & 2/3\end{pmatrix}.$$

与测量值的协方差矩阵 $V(\hat{\boldsymbol{\eta}})$ 相比,

$$\underset{\sim}{V}(y) = \sigma^2\begin{pmatrix}1 & 0 & 0\\ 0 & 1 & 0\\ 0 & 0 & 1\end{pmatrix},$$

可以看到, 估计值 $\hat{\eta}_i$ 的方差 ($\underset{\sim}{V}(\hat{\boldsymbol{\eta}})$ 的对角项) 比原测量误差小, 但增加了非零的关联项 (非对角项).

现在我们来讨论线性约束条件下, 线性最小二乘估计的拉格朗日乘子法的一般公式. 估计问题可表示为

$$\begin{gathered} Q^2(\boldsymbol{\vartheta}) = (\boldsymbol{Y} - \underset{\sim}{A}\boldsymbol{\vartheta})^{\mathrm{T}}\underset{\sim}{V}^{-1}(\boldsymbol{Y} - \underset{\sim}{A}\boldsymbol{\vartheta}) = \min\mathrm{imum}, \\ \underset{\sim}{B}\boldsymbol{\vartheta} - \boldsymbol{b} = \boldsymbol{0}. \end{gathered} \tag{9.7.5}$$

其中第二个式子表示 L 个参数 $\boldsymbol{\vartheta} = \{\vartheta_1, \vartheta_2, \cdots, \vartheta_L\}$ 的 K 个线性约束方程, 矢量 $\boldsymbol{b}$ 有 K 个分量, $\underset{\sim}{B}$ 是 $K\times L$ 阶矩阵, 其他符号与无约束线性最小二乘估计问题中有相同的含义 (见 9.2 节).

引入有 K 个分量的拉格朗日乘子矢量 $\boldsymbol{\lambda} = \{\lambda_1, \lambda_2, \cdots, \lambda_k\}$, 式 (9.7.5) 代表的约束极小化问题可改写为 $L+K$ 个未知参数 $\boldsymbol{\vartheta} = \{\vartheta_1, \cdots, \vartheta_L\}, \boldsymbol{\lambda} = \{\lambda_1, \cdots, \lambda_k\}$ 的无约束线性极小化问题

$$\begin{aligned} Q^2(\boldsymbol{\vartheta}, \boldsymbol{\lambda}) &= (\boldsymbol{Y} - \underset{\sim}{A}\boldsymbol{\vartheta})^{\mathrm{T}}\underset{\sim}{V}^{-1}(\boldsymbol{Y} - \underset{\sim}{A}\boldsymbol{\vartheta}) + 2\boldsymbol{\lambda}^{\mathrm{T}}(\underset{\sim}{B}\boldsymbol{\vartheta} - \boldsymbol{b}) \\ &= \min\mathrm{imum}. \end{aligned} \tag{9.7.6}$$

令 Q^2 对 $\vartheta_l(l = 1, \cdots, L)$ 和 $\lambda_k(k = 1, \cdots, K)$ 的偏导数等于 0, 得到正规方程, 用矢量记号可写为

$$\nabla_\theta Q^2 = -2(\underset{\sim}{A}^{\mathrm{T}}\underset{\sim}{V}^{-1}\boldsymbol{Y} - \underset{\sim}{A}^{\mathrm{T}}\underset{\sim}{V}^{-1}A\boldsymbol{\vartheta}) + 2\,\underset{\sim}{B}^{\mathrm{T}}\boldsymbol{\lambda} = 0, \tag{9.7.7}$$

$$\nabla_\lambda Q^2 = 2(\underset{\sim}{B}\boldsymbol{\vartheta} - \boldsymbol{b}) = \mathbf{0}. \tag{9.7.8}$$

这是 $L+K$ 个未知参数的 $L+K$ 个线性方程. 式 (9.7.8) 正是约束方程, 而式 (9.7.7) 相当于无约束情形中的式 (9.2.15), 由于存在着约束, 增加了含拉格朗日乘子 $\boldsymbol{\lambda}$ 的修正项. 式 (9.7.4) 是这两个公式的特殊情形.

引入记号

$$\underset{\sim}{C} \equiv \underset{\sim}{A}^{\mathrm{T}}\underset{\sim}{V}^{-1}\underset{\sim}{A}, \quad \boldsymbol{c} \equiv \underset{\sim}{A}^{\mathrm{T}}\underset{\sim}{V}^{-1}\boldsymbol{Y} \tag{9.7.9}$$

上面两个式子可写成

$$\underset{\sim}{C}\boldsymbol{\vartheta} + \underset{\sim}{B}^{\mathrm{T}}\boldsymbol{\lambda} = \boldsymbol{c}, \quad \underset{\sim}{B}\boldsymbol{\vartheta} = \boldsymbol{b}. \tag{9.7.10}$$

如果 $\underset{\sim}{C}$ 的逆矩阵存在, 将式 (9.7.10) 中的第一个式子左乘 $\underset{\sim}{B}\underset{\sim}{C}^{-1}$, 求得 $\underset{\sim}{B}\boldsymbol{\vartheta}$ 的表达式再代入第二个公式, 则得到乘子 $\boldsymbol{\lambda}$ 的方程

$$\boldsymbol{b} + \underset{\sim}{B}\underset{\sim}{C}^{-1}\underset{\sim}{B}^{\mathrm{T}}\boldsymbol{\lambda} = \underset{\sim}{B}\underset{\sim}{C}^{-1}c.$$

记

$$\underset{\sim}{V}_B \equiv \underset{\sim}{B}\underset{\sim}{C}^{-1}\underset{\sim}{B}^{\mathrm{T}}, \tag{9.7.11}$$

$\underset{\sim}{V}_B$ 是个对称矩阵, 假定 $\underset{\sim}{V}_B^{-1}$ 存在, 则拉格朗日乘子的解为

$$\hat{\boldsymbol{\lambda}} = \underset{\sim}{V}_B^{-1}(\underset{\sim}{B}\underset{\sim}{C}^{-1}\boldsymbol{c} - \boldsymbol{b}). \tag{9.7.12}$$

将 $\hat{\boldsymbol{\lambda}}$ 代入式 (9.7.10) 导出参数 $\boldsymbol{\vartheta}$ 的估计

$$\hat{\boldsymbol{\vartheta}} = \underset{\sim}{C}^{-1}c - \underset{\sim}{C}^{-1}\underset{\sim}{B}^{\mathrm{T}}\underset{\sim}{V}_B^{-1}(\underset{\sim}{B}\underset{\sim}{C}^{-1}\boldsymbol{c} - \boldsymbol{b}). \tag{9.7.13}$$

式 (9.7.12)、式 (9.7.13) 右边的所有矩阵和矢量都是已知量, 因而给出了线性约束的线性最小二乘估计问题的严格解. 将式 (9.7.9) 与无约束问题中的式 (9.2.17)、式 (9.2.18) 对照可以知道, $\underset{\sim}{C}^{-1}c$ 和 $\underset{\sim}{C}^{-1}$ 是无约束条件下线性估计问题中的参数估计值 $\hat{\boldsymbol{\vartheta}}$ 及其方差 $\underset{\sim}{V}(\hat{\boldsymbol{\vartheta}})$. 式 (9.7.12)、式 (9.7.13) 中的因子 $(\underset{\sim}{B}\underset{\sim}{C}^{-1}\boldsymbol{c} - \boldsymbol{b})$ 事实上代表了约束问题中观测值 $\boldsymbol{Y}$ 对于约束方程的偏离程度. 约束条件下的参数估计值 $\hat{\vartheta}$ 的表达式 (9.7.13) 表明, 它可以看成无约束条件下的解 $\underset{\sim}{C}^{-1}\boldsymbol{c}$ 和正比于对约束方程的偏离的修正项所组成.

从 $\hat{\boldsymbol{\lambda}}$ 和 $\hat{\boldsymbol{\vartheta}}$ 的表达式可知, 它们是观测值矢量 $\boldsymbol{Y}$ 的线性函数 (注意 $\boldsymbol{c}$ 的表达式 (9.7.9)). 作期望值运算, 有

$$E(\underset{\sim}{C}^{-1}c) = \underset{\sim}{C}^{-1}E(c) = \underset{\sim}{C}^{-1}\underset{\sim}{A}^{\mathrm{T}}\underset{\sim}{V}^{-1}E(\boldsymbol{Y}) = \underset{\sim}{C}^{-1}\underset{\sim}{A}^{\mathrm{T}}\underset{\sim}{V}^{-1}\underset{\sim}{A}\boldsymbol{\vartheta} = \boldsymbol{\vartheta}.$$

对 $\hat{\boldsymbol{\lambda}}$ 求期望值

$$E\left(\hat{\boldsymbol{\lambda}}\right) = E\left\{\underset{\sim}{V}_B^{-1}\left(\underset{\sim}{B}\,\underset{\sim}{C}^{-1}c - \boldsymbol{b}\right)\right\}\underset{\sim}{V} = \underset{\sim}{V}_B^{-1}E\left(\underset{\sim}{B}\,\underset{\sim}{C}^{-1}\boldsymbol{c} - \boldsymbol{b}\right)$$
$$= \underset{\sim}{V}_B^{-1}\left(\underset{\sim}{B}\,\boldsymbol{\vartheta} - \boldsymbol{b}\right) = \boldsymbol{0}.$$

将这些期望值代入式 (9.7.13), 显然有

$$E\left(\hat{\boldsymbol{\lambda}}\right) = \boldsymbol{0}, \quad E\left(\hat{\boldsymbol{\vartheta}}\right) = \boldsymbol{\vartheta}. \tag{9.7.14}$$

这表明线性约束条件下的线性最小二乘估计是无偏估计, 与无约束时的情形一样.

由于 $\hat{\boldsymbol{\vartheta}}$ 是测量值矢量 $\boldsymbol{Y}$ 的线性函数, 可以运用通常的误差传播法则来求 $\hat{\boldsymbol{\vartheta}}$ 的协方差矩阵. 注意到 c 的表达式 (9.7.9), 我们有

$$\underset{\sim}{V}(\hat{\boldsymbol{\vartheta}}) = \left[\underset{\sim}{C}^{-1}\underset{\sim}{A}^{\mathrm{T}}\underset{\sim}{V}^{-1} - \underset{\sim}{C}^{-1}\underset{\sim}{B}^{\mathrm{T}}\underset{\sim}{V}_B{}^{-1}\underset{\sim}{B}\,\underset{\sim}{C}^{-1}\underset{\sim}{A}^{\mathrm{T}}\underset{\sim}{V}^{-1}\right]V$$
$$\times\left[\underset{\sim}{C}^{-1}\underset{\sim}{A}^{\mathrm{T}}\underset{\sim}{V}^{-1} - \underset{\sim}{C}^{-1}\underset{\sim}{B}^{\mathrm{T}}\underset{\sim}{V}_B{}^{-1}\underset{\sim}{B}\,\underset{\sim}{C}^{-1}\underset{\sim}{A}^{\mathrm{T}}\underset{\sim}{V}^{-1}\right]^{\mathrm{T}}.$$

注意 $\underset{\sim}{V}_B$ 的定义以及 $\underset{\sim}{C}, \underset{\sim}{C}^{-1}, \underset{\sim}{V}_B, \underset{\sim}{V}_B{}^{-1}$ 都是对称矩阵, 上述表达式可简化为

$$V\left(\hat{\boldsymbol{\vartheta}}\right) = \underset{\sim}{C}^{-1}\left(\underset{\sim}{I}_N - \underset{\sim}{B}^{\mathrm{T}}\underset{\sim}{V}_B^{-1}\underset{\sim}{B}\,\underset{\sim}{C}^{-1}\right)$$

或

$$V\left(\hat{\boldsymbol{\vartheta}}\right) = \underset{\sim}{C}^{-1} - \left(\underset{\sim}{B}\,\underset{\sim}{C}^{-1}\right)^{\mathrm{T}}\underset{\sim}{V}_B^{-1}\left(\underset{\sim}{B}\,\underset{\sim}{C}^{-1}\right). \tag{9.7.15}$$

前面已述, $\underset{\sim}{C}^{-1}$ 是无约束情形下参数 $\hat{\boldsymbol{\theta}}$ 的协方差矩阵, 上式中第二项 $\left(\underset{\sim}{B}\,\underset{\sim}{C}^{-1}\right)^{\mathrm{T}}$ $\underset{\sim}{V}_B{}^{-1}\left(\underset{\sim}{B}\,\underset{\sim}{C}^{-1}\right)$ 的对角元素总是非负的. 因此, 由式 (9.7.15) 可知, 约束条件下参数 $\hat{\boldsymbol{\vartheta}}$ 的误差 (即协方差矩阵的对角元素) 比无约束条件下 $\hat{\boldsymbol{\vartheta}}$ 的误差为小. 但对于非对角元素一般不能作出同样的结论.

类似地可以证明, 拉格朗日乘子 λ 的估计值 $\hat{\boldsymbol{\lambda}}$ 的协方差矩阵可表示成

$$\underset{\sim}{V}(\hat{\boldsymbol{\lambda}}) = \underset{\sim}{V}_B^{-1}, \tag{9.7.16}$$

而且参数 $\hat{\boldsymbol{\vartheta}}$ 和拉格朗日乘子 $\boldsymbol{\lambda}$ 的估计值是互不相关的, 即

$$\mathrm{cov}(\hat{\boldsymbol{\vartheta}}, \hat{\boldsymbol{\lambda}}) = \boldsymbol{0}. \tag{9.7.17}$$

测量的拟合值 $\hat{\boldsymbol{\eta}} = \underset{\sim}{A}\hat{\boldsymbol{\vartheta}}$ 及其误差由下式给定：

$$\hat{\boldsymbol{\eta}} = \underset{\sim}{A}[\underset{\sim}{C}^{-1}\boldsymbol{c} - \underset{\sim}{C}^{-1}\underset{\sim}{B}^{\mathrm{T}}\underset{\sim}{V}_B^{-1}(\underset{\sim}{B}\underset{\sim}{C}^{-1}c - \boldsymbol{b})],$$

$$V(\hat{\boldsymbol{\eta}}) = \underset{\sim}{A}\underset{\sim}{C}^{-1}\underset{\sim}{A}^{\mathrm{T}} - \underset{\sim}{A}(\underset{\sim}{B}\underset{\sim}{C}^{-1})^{\mathrm{T}}\underset{\sim}{V}_B^{-1}(\underset{\sim}{B}\underset{\sim}{C}^{-1})\underset{\sim}{A}^{\mathrm{T}}. \tag{9.7.18}$$

其残差可表示为

$$\hat{\boldsymbol{\varepsilon}} \equiv \boldsymbol{Y} - \boldsymbol{\eta} = \underset{\sim}{D}\boldsymbol{\varepsilon}$$

$$\underset{\sim}{D} \equiv \underset{\sim}{I}_N - \underset{\sim}{A}\underset{\sim}{C}^{-1}\underset{\sim}{A}^{\mathrm{T}}\underset{\sim}{V}^{-1} + \underset{\sim}{A}\underset{\sim}{C}^{-1}\underset{\sim}{B}^{\mathrm{T}}\underset{\sim}{V}_B^{-1}\underset{\sim}{B}\underset{\sim}{C}^{-1}\underset{\sim}{A}^{\mathrm{T}}\underset{\sim}{V}^{-1}. \tag{9.7.19}$$

其中 $\boldsymbol{\varepsilon}$ 是 $\boldsymbol{Y}$ 的测量误差. 与无约束条件下对应的表达式 (9.4.11) 相比较, 只增加了最末一项.

当各个测量 $Y_1, Y_2, \cdots, Y_N$ 互不相关, 而且测量误差相等, 则有

$$\underset{\sim}{V}(\boldsymbol{Y}) = \sigma^2\underset{\sim}{I}_N,$$

$\underset{\sim}{D}$ 的表达式可简化为

$$\begin{aligned}\underset{\sim}{D} \equiv \underset{\sim}{I}_N &- \underset{\sim}{A}(\underset{\sim}{A}^{\mathrm{T}}\underset{\sim}{A})^{-1}\underset{\sim}{A}^{\mathrm{T}} \\ &+ \underset{\sim}{A}(\underset{\sim}{A}^{\mathrm{T}}\underset{\sim}{A})^{-1}\underset{\sim}{B}^{\mathrm{T}}[\underset{\sim}{B}(\underset{\sim}{A}^{\mathrm{T}}\underset{\sim}{A})^{-1}\underset{\sim}{B}^{\mathrm{T}}]^{-1}\underset{\sim}{B}(\underset{\sim}{A}^{\mathrm{T}}\underset{\sim}{A})^{-1}\underset{\sim}{A}^{\mathrm{T}}.\end{aligned}$$

与无约束条件下的情形相比, $\underset{\sim}{D}$ 的表达式增加了最末一项 (见 9.4.2 节的讨论), 而且这里 $\underset{\sim}{D}$ 也是一个幂等矩阵, 即满足

$$\underset{\sim}{D}^{\mathrm{T}} = \underset{\sim}{D}, \quad \underset{\sim}{D}^{\mathrm{T}}\underset{\sim}{D} = \underset{\sim}{D}.$$

参照 9.4.2 节的讨论, 可以证明, 不论测量是否相互独立, 量

$$\frac{Q'^2_{\min}}{N-L+K}(Q'^2_{\min} = \hat{\varepsilon}^{\mathrm{T}}\underset{\sim}{V}_\sigma^{-1}\hat{\varepsilon}\text{残差平方和})$$

是 σ^2 的无偏估计量, 其中测量的协方差矩阵 $\underset{\sim}{V}(\boldsymbol{Y})$ 与 σ^2 和 $\underset{\sim}{V}_\sigma$ 有如下关系：

$$\underset{\sim}{V}(\boldsymbol{Y}) = \sigma^2\underset{\sim}{V}_\sigma.$$

L 和 K 分别是独立参数和独立约束方程的个数. 因此, 如果 $\underset{\sim}{V}_\sigma(\boldsymbol{Y})$ 已知而 σ^2 未知, 则后者可从残差平方和 $Q'^2_{\min}$ 估计.

9.8　非线性约束的最小二乘估计

本节讨论最一般的最小二乘估计问题.

设观测值向量为 $\boldsymbol{Y}=\{Y_1,\cdots,Y_N\}$, 测量误差由其协方差矩阵 $\underset{\sim}{V}(\boldsymbol{Y})$ 表示, 它的真值 $\boldsymbol{\eta}=\{\eta_1,\cdots,\eta_N\}$ 是未知的待估计参数. 此外, 还存在一组 J 个不可直接测量的变量 $\boldsymbol{\xi}=\{\xi_1,\cdots,\xi_J\}$, N 个可测定参数 $\boldsymbol{\eta}$ 和 J 个不可测定参数 $\boldsymbol{\xi}$ 是相关的, 满足一组 K 个约束方程

$$f_k(\boldsymbol{\eta},\boldsymbol{\xi})=0,\quad k=1,2,\cdots,K.$$

要求参数 $\boldsymbol{\eta}$ 和 $\boldsymbol{\xi}$ 的估计值.

按照最小二乘原理, 未知量 $\boldsymbol{\eta}$ 和 $\boldsymbol{\xi}$ 的最好估计应使下式得以满足：

$$\begin{aligned}Q^2(\boldsymbol{\eta})=(\boldsymbol{Y}-\boldsymbol{\eta})\underset{\sim}{V}^{-1}(\boldsymbol{Y})(\boldsymbol{Y}-\boldsymbol{\eta})&=\min\text{imum},\\ f(\boldsymbol{\eta},\boldsymbol{\xi})&=\mathbf{0}\end{aligned}\tag{9.8.1}$$

式 (9.8.1) 可用消去法求解, 即利用 K 个约束方程消去 K 个未知参数, 代入 Q^2 并对其余的 $N+J-K$ 个参数求极小值. 这种方法的缺点是消去的 K 个参数是可以任意选择的, 而当约束方程为非线性时, 消去的 K 个变量的不同选择会导致估计值有不同的结果. 但在拉格朗日乘子法中, 任何未知参数具有 “同等” 的地位, 即正规方程对于未知参数有形式上的对称性. 因此, 尽管这种方法在对 Q^2 极小化的过程中引入了附加的未知参数 (即拉格朗日乘子向量), 但在实际中仍然广泛地使用.

9.8.1　拉格朗日乘子法

利用拉格朗日乘子法求解式 (9.8.1) 的估计问题, 需要引入 K 个拉格朗日乘子 $\boldsymbol{\lambda}=\{\lambda_1,\cdots,\lambda_k\}$, 约束极小化问题于是可以重新表述为无约束极小化问题

$$\begin{aligned}Q^2(\boldsymbol{\eta},\boldsymbol{\xi},\boldsymbol{\lambda})&=(\boldsymbol{Y}-\boldsymbol{\eta})\underset{\sim}{V}^{-1}(\boldsymbol{Y}-\boldsymbol{\eta})+2\boldsymbol{\lambda}^{\mathrm{T}}f(\boldsymbol{\eta},\boldsymbol{\xi})\\&=\min\text{imum}.\end{aligned}\tag{9.8.2}$$

现在共有 $N+J+K$ 个未知参数, 令 Q^2 对所有这些未知参数的偏导数等于 0, 得到如下的一组方程：

$$\begin{aligned}\nabla_\eta Q^2=-2\underset{\sim}{V}^{-1}(\boldsymbol{Y}-\boldsymbol{\eta})+2\underset{\sim}{F}_\eta^{\mathrm{T}}\boldsymbol{\lambda}&=\mathbf{0}(N\text{个方程}),\\ \nabla_\xi Q^2=2\underset{\sim}{F}_\xi^{\mathrm{T}}\boldsymbol{\lambda}&=\mathbf{0}(J\text{个方程}),\\ \nabla_\lambda Q^2=2\boldsymbol{f}(\boldsymbol{\eta},\boldsymbol{\xi})&=\mathbf{0}(K\text{个方程}).\end{aligned}\tag{9.8.3}$$

其中, 矩阵 $\underset{\sim}{F}_{\eta}(K \times N$ 维) 和 $\underset{\sim}{F}_{\xi}(K \times J$ 维) 定义为

$$(\underset{\sim}{F}_{\eta})_{ki} = \frac{\partial f_k}{\partial \eta_i}, \quad (\underset{\sim}{F}_{\xi})_{kj} = \frac{\partial f_k}{\partial \xi_j}. \tag{9.8.4}$$

去掉不必要的常数 2, 式 (9.8.3) 可重写为

$$V^{-1}(\boldsymbol{\eta} - \boldsymbol{Y}) + \underset{\sim}{F}_{\eta}^{\mathrm{T}} \boldsymbol{\lambda} = \mathbf{0}, \tag{9.8.5}$$

$$\underset{\sim}{F}_{\xi}^{\mathrm{T}} \boldsymbol{\lambda} = \mathbf{0}, \tag{9.8.6}$$

$$\boldsymbol{f}(\boldsymbol{\eta}, \boldsymbol{\xi}) = \mathbf{0}. \tag{9.8.7}$$

对于不存在不可测量的未知参数 $\boldsymbol{\xi}$ 以及线性约束的估计问题, 式 (9.8.5)~ 式 (9.8.7) 立即简化为式 (9.7.10).

一般情形下, $N+J+K$ 个未知参数的方程组 (9.8.5)~(9.8.7) 必须用迭代法求解. 假定已进行了 ν 次迭代, $N+J+K$ 个未知参数的近似解表为 $\boldsymbol{\eta}^{\nu}, \boldsymbol{\xi}^{\nu}, \boldsymbol{\lambda}^{\nu}$, 相应的 Q^2 值用 $Q^2(\nu)$ 表示. 现在的问题是怎样进行下一次迭代, 使得迭代后的近似解 $\boldsymbol{\eta}^{\nu+1}, \boldsymbol{\xi}^{\nu+1}, \boldsymbol{\lambda}^{\nu+1}$ 是比 $\boldsymbol{\eta}^{\nu}, \boldsymbol{\xi}^{\nu}, \boldsymbol{\lambda}^{\nu}$ 更好的近似, 也即 $Q^2(\nu+1) < Q^2(\nu)$, 并当迭代不断进行下去时收敛向 $Q^2_{\min}$, 从而得到 $\boldsymbol{\eta}, \boldsymbol{\xi}, \boldsymbol{\lambda}$ 的最小二乘估计. 具体方法如下:

在点 $(\boldsymbol{\eta}^{\nu}, \xi^{\nu})$ 对约束方程 (9.8.7) 作泰勒展开

$$f_k^{\nu} + \sum_{i=1}^{N} \left(\frac{\partial f_k}{\partial \eta_i}\right)^{\nu} (\eta_i^{\nu+1} - \eta_i^{\nu}) + \sum_{j=1}^{J} \left(\frac{\partial f_k}{\partial \zeta_j}\right)^{\nu} (\xi_j^{\nu+1} - \xi_j^{\nu}) + \cdots = 0,$$

$$k = 1, 2, \cdots, K.$$

作为近似只取一次项, 上式变成

$$\boldsymbol{f}^{\nu} + \underset{\sim}{F}_{\eta}^{\nu}(\boldsymbol{\eta}^{\nu+1} - \eta^{\nu}) + \underset{\sim}{F}_{\xi}{}^{\nu}(\boldsymbol{\xi}^{\nu+1} - \xi^{\nu}) = 0. \tag{9.8.8}$$

式 (9.8.5)、式 (9.8.6) 现在可写为

$$\underset{\sim}{V}^{-1}(\boldsymbol{\eta}^{\nu+1} - \boldsymbol{Y}) + \underset{\sim}{F}_{\eta}^{\mathrm{T}})^{\nu} \boldsymbol{\lambda}^{\nu+1} = \mathbf{0}, \tag{9.8.9}$$

$$(\underset{\sim}{F}_{\xi}^{\mathrm{T}})^{\nu} \boldsymbol{\lambda}^{\nu+1} = \mathbf{0}. \tag{9.8.10}$$

利用这三个公式可从 ν 次迭代参数值 $\boldsymbol{\eta}^{\nu}, \boldsymbol{\xi}^{\nu}, \boldsymbol{\lambda}^{\nu}$ 导出 $\nu+1$ 次迭代的相应值 $\boldsymbol{\eta}^{\nu+1}$, $\boldsymbol{\xi}^{\nu+1}, \boldsymbol{\lambda}^{\nu+1}$.

从式 (9.8.9) 中消去 $\boldsymbol{\eta}^{\nu+1}$, 并代入式 (9.8.8), 得到只含 $\boldsymbol{\lambda}^{\nu+1}$ 和 $\boldsymbol{\xi}^{\nu+1}$ 的关系式

$$\boldsymbol{f}^{\nu} + \underset{\sim}{F}_{\eta}^{\nu}[(\boldsymbol{Y} - \underset{\sim}{V}(\underset{\sim}{F}_{\eta}^{\mathrm{T}})^{\nu} \boldsymbol{\lambda}^{\nu+1}) - \boldsymbol{\eta}^{\nu}] + \underset{\sim}{F}_{\xi}^{\nu}(\boldsymbol{\xi}^{\nu+1} - \boldsymbol{\xi}^{\nu}) = \mathbf{0}.$$

记

$$\boldsymbol{r} \equiv \boldsymbol{f}^{\nu} + \underset{\sim}{F}{}_{\eta}^{\nu}(\boldsymbol{Y} - \boldsymbol{\eta}^{\nu}), \tag{9.8.11}$$

$$\underset{\sim}{S} \equiv \underset{\sim}{F}{}_{\eta}^{\nu} \underset{\sim}{V} (\underset{\sim}{F}{}_{\eta}^{\mathrm{T}})^{\nu}, \tag{9.8.12}$$

式 (9.8.12) 可写为

$$\boldsymbol{r} + F_{\xi}^{\nu}(\boldsymbol{\xi}^{\nu+1} - \xi^{\nu}) = \underset{\sim}{S} \boldsymbol{\lambda}^{\nu+1}. \tag{9.8.13}$$

显然 $\underset{\sim}{S}$ 是 $K \times K$ 阶对称矩阵. 用 $\underset{\sim}{S}^{-1}$ 左乘式 (9.8.13), 得 $\boldsymbol{\lambda}^{\nu+1}$ 的表达式并代入式 (9.8.10), 导出只含未知参数 $\boldsymbol{\xi}^{\nu+1}$ 的方程

$$\left(\underset{\sim}{F}{}_{\xi}^{\mathrm{T}}\right)^{\nu} \underset{\sim}{S}^{-1}[\boldsymbol{r} + \underset{\sim}{F}{}_{\xi}^{\nu}(\boldsymbol{\xi}^{\nu+1} - \boldsymbol{\xi}^{\nu})] = \boldsymbol{0}.$$

由该式求得 $\boldsymbol{\xi}^{\nu+1}$ 的解, 代回式 (9.8.13), 求出 $\boldsymbol{\lambda}^{\nu+1}$; 再将 $\boldsymbol{\xi}^{\nu+1}$, $\boldsymbol{\lambda}^{\nu+1}$ 的解代入式 (9.8.9) 得 $\boldsymbol{\eta}^{\nu+1}$. 它们依次可表示为

$$\boldsymbol{\xi}^{\nu+1} = \boldsymbol{\xi}^{\nu} - (\underset{\sim}{F}{}_{\xi}^{\mathrm{T}} \underset{\sim}{S}^{-1} \underset{\sim}{F}{}_{\xi})^{-1} \underset{\sim}{F}{}_{\xi}^{\mathrm{T}} \underset{\sim}{S}^{-1} \boldsymbol{r}, \tag{9.8.14}$$

$$\boldsymbol{\lambda}^{\nu+1} = \underset{\sim}{S}^{-1}[\boldsymbol{r} + \underset{\sim}{F}{}_{\xi}(\boldsymbol{\xi}^{\nu+1} - \boldsymbol{\xi}^{\nu})], \tag{9.8.15}$$

$$\boldsymbol{\eta}^{\nu+1} = \boldsymbol{Y} - \underset{\sim}{V} \underset{\sim}{F}{}_{\eta}^{\mathrm{T}} \boldsymbol{\lambda}^{\nu+1}. \tag{9.8.16}$$

由此可见, 方程 (9.8.8)~(9.8.10) 的求解过程是: 首先解出不可测的未知参数 $\boldsymbol{\xi}^{\nu+1}$, 然后是拉格朗日乘子 $\boldsymbol{\lambda}^{\nu+1}$, 最后才是测量的拟合值 $\boldsymbol{\eta}^{\nu+1}$.

在式 (9.8.14)~ 式 (9.8.16) 的表达式中, 矩阵 $\underset{\sim}{F}{}_{\eta}, \underset{\sim}{F}{}_{\xi}, \underset{\sim}{S}$ 和矢量 $\boldsymbol{r}$ 是在点 $(\boldsymbol{\eta}^{\nu}, \boldsymbol{\xi}^{\nu})$ 计算的, 而且 $\underset{\sim}{S}$ 和 $\underset{\sim}{F}{}_{\xi}^{\mathrm{T}} \underset{\sim}{S}^{-1} \underset{\sim}{F}{}_{\xi}$ 的逆矩阵必须存在.

利用 $\nu + 1$ 次迭代的参数估计值 $\boldsymbol{\xi}^{\nu+1}, \boldsymbol{\lambda}^{\nu+1}$ 和 $\boldsymbol{\eta}^{\nu+1}$ 可计算出 $Q^2(\nu + 1)$, 并与 $Q^2(\nu)$ 进行比较. 一般地有 $Q^2(\nu + 1) < Q^2(\nu)$. 迭代可按照上述步骤重复进行, 直到找出 $Q^2_{\min}$ 为止. 很难给出已经达到 $Q^2_{\min}$ 的一般性收敛判据, 是否已经接近 $Q^2_{\min}$ 要视具体问题具体地确定. 通常使用的判据是在接连两次迭代中, 求极小的目标函数值 (Q^2) 之差足够小 (见第 13 章的讨论), 在我们的情形下, 检查 $\boldsymbol{\eta}, \boldsymbol{\xi}$ 估计值之差是否充分小也是必要的.

为了使得达到 $Q^2_{\min}$ 所需的迭代次数尽可能少, 选择一组好的迭代初始值 $\boldsymbol{\eta}^0, \boldsymbol{\xi}^0$ 十分重要. 对于可测量的参数 $\boldsymbol{\eta}$, 初值可选为测量值 $\boldsymbol{\eta}^0 = \boldsymbol{Y}$; 对不可测量的未知参数 $\boldsymbol{\xi}$, 初始值 $\boldsymbol{\xi}^0$ 可由 $\boldsymbol{\eta}^0$(代替 $\boldsymbol{\eta}$) 代入最容易计算的约束方程得到.

概括起来, 迭代步骤可陈述如下:

(1) 确定初值 $\boldsymbol{\xi}^0$ 和 $\boldsymbol{\eta}^0$, $0 \to \nu$;

(2) 由式 (9.8.11)、式 (9.8.12) 计算矢量 $\boldsymbol{r}$ 和矩阵 $\underset{\sim}{S}$;

(3) 根据式 (9.8.14)~ 式 (9.8.16) 计算 $\boldsymbol{\xi}^{\nu+1}, \boldsymbol{\lambda}^{\nu+1}$ 和 $\boldsymbol{\eta}^{\nu+1}$;

(4) 按式 (9.8.2) 计算 $Q^2(\nu+1) = Q^2(\boldsymbol{\xi}^{\nu+1}, \boldsymbol{\lambda}^{\nu+1}, \boldsymbol{\eta}^{\nu+1})$;

(5) 比较 $Q^2(\nu+1)$ 和 $Q^2(\nu)$, 根据某种判据, 确定 $Q^2(\nu+1)$ 是否为 $Q^2_{\min}$ 的满意近似. 若近似不满意, 则令 $\nu+1 \to \nu$, 转向 (2) 进行新的迭代; 否则迭代终止, $\boldsymbol{\eta}^{\nu+1}$ 和 $\boldsymbol{\xi}^{\nu+1}$ 即为未知参数估计值 $\hat{\boldsymbol{\eta}}, \hat{\boldsymbol{\xi}}$, 并按 9.8.2 节的方法计算 $\hat{\boldsymbol{\eta}}, \hat{\boldsymbol{\xi}}$ 的协方差. $Q^2_{\min}$ 的收敛判据可以是满足下列三个不等式:

$$\left|Q^2(\nu+1) - Q^2(\nu)\right| < \varepsilon_Q,$$

$$\sum_{i=1}^{N} (\eta_i^{\nu+1} - \eta_i^{\nu})^2 < \varepsilon_\eta,$$

$$\sum_{j=1}^{J} (\xi_j^{\nu+1} - \xi_j^{\nu})^2 < \varepsilon_\xi.$$

其中 $\varepsilon_Q, \varepsilon_\eta, \varepsilon_\xi$ 为指定的小正数.

可以证明, $\nu+1$ 次迭代的 Q^2 值可表示为

$$Q^2(\nu+1) = (\boldsymbol{\lambda}^{\nu+1})^{\mathrm{T}} \underset{\sim}{S} \boldsymbol{\lambda}^{\nu+1} + 2(\boldsymbol{\lambda}^{\nu+1})^{\mathrm{T}} \boldsymbol{f}^{\nu+1}, \tag{9.8.17}$$

其中矩阵 $\underset{\sim}{S}$ 是 ν 次迭代中的计算值. 这样, 上述步骤 (4) 也可按该式计算 $Q^2(\nu+1)$.

例 9.12 V^0 事例的运动学分析 (1)

设在泡室中观测中性粒子 Λ^0 的衰变

$$\Lambda^0 \to \mathrm{p}^+ + \pi^-,$$

泡室中看不到中性粒子 Λ^0 的径迹, 只能看到它的衰变粒子 (带电粒子)p^+ 和 π^- 形成的径迹, 这两条径迹形成英文字母 V 形, 称为 V^0 事例, 如图 9.3 所示.

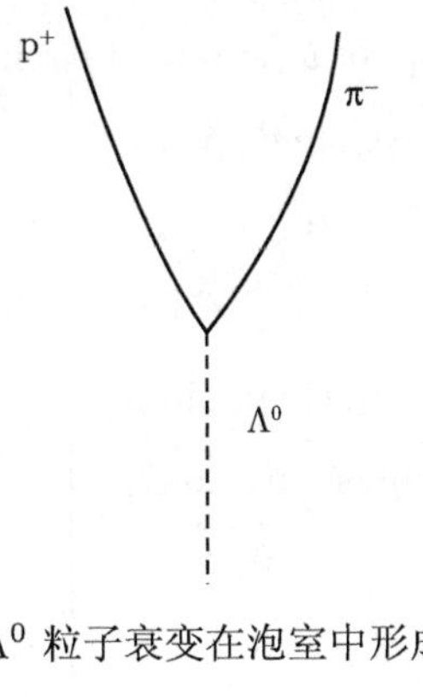

图 9.3 Λ^0 粒子衰变在泡室中形成的径迹

通过径迹的曲率半径 (假定泡室处于磁场中) 求出了 p^+ 和 π^- 的动量 p_p, p_π, 极角 θ_p, θ_π 和方位角 ϕ_p, ϕ_π 的近似值, 以及这几个变量的协方差矩阵. 现在要求 Λ^0 粒子的三个未知参数 (不可测量的参数)

$$\boldsymbol{\xi} = \{p_\Lambda, \theta_\Lambda, \phi_\Lambda\}$$

和六个可测量的参数

$$\boldsymbol{\eta} = \{p_p, \vartheta_p, \phi_p, p_\pi, \vartheta_\pi, \phi_\pi\}$$

的最小二乘估计.

按照物理规律, 衰变过程必须满足动量守恒和能量守恒定律, 于是有

$$\begin{aligned}
f_1 &= -p_\Lambda \sin\vartheta_\Lambda \cos\phi_\Lambda + p_p \sin\vartheta_p \cos\phi_p + p_\pi \sin\vartheta_\pi \cos\phi_\pi = 0, \\
f_2 &= -p_\Lambda \sin\theta_\Lambda \sin\phi_\Lambda + p_p \sin\theta_p \sin\phi_p + p_\pi \sin\vartheta_\pi \sin\phi_\pi = 0, \\
f_3 &= -p_\Lambda \cos\vartheta_\Lambda + p_p \cos\vartheta_p + p_\pi \cos\vartheta_\pi = 0, \\
f_4 &= -\sqrt{p_\Lambda^2 + m_\Lambda^2} + \sqrt{p_p^2 + m_p^2} + \sqrt{p_\pi^2 + m_\pi^2} = 0;
\end{aligned}$$

其中, m_Λ, m_p, m_π 表示 Λ^0, p^+, π^- 的静止质量, 是已知常数. 因为问题含有三个不可测量的未知参数的四个约束条件, 实际上独立的约束条件只有一个. 可以看到, 这些约束对于待估计的参数 $\boldsymbol{\xi}, \boldsymbol{\eta}$ 是非线性的.

根据式 (9.8.4) 的定义, 矩阵 $\underset{\sim}{F}_\eta(4 \times 6$ 阶) 和 $\underset{\sim}{F}_\xi(4 \times 3$ 阶) 是四个约束函数 $f_k(k = 1, 2, 3, 4)$ 对可测量的六个未知参数 $\boldsymbol{\eta}$ 和不可测量的三个参数 $\boldsymbol{\xi}$ 求偏导数求得, 具体形式为

$$\underset{\sim}{F}_\eta = \begin{bmatrix}
\sin\vartheta_p \cos\phi_p & -p_p \cos\vartheta_p \cos\phi_p & -p_p \sin\vartheta_p \sin\phi_p & \sin\vartheta_\pi \cos\phi_\pi & -p_\pi \cos\vartheta_\pi \cos\phi_\pi & -p_\pi \sin\vartheta_\pi \sin\phi_\pi \\
\sin\vartheta_p \sin\phi_p & -p_p \cos\vartheta_p \sin\phi_p & p_p \sin\vartheta_p \cos\phi_p & \sin\vartheta_\pi \sin\phi_\pi & -p_\pi \cos\vartheta_\pi \sin\phi_\pi & p_\pi \sin\vartheta_\pi \cos\phi_\pi \\
\cos\vartheta_p & p_p \sin\vartheta_p & 0 & \cos\vartheta_\pi & p_\pi \sin\vartheta_\pi & 0 \\
\dfrac{p_p}{\sqrt{p_p^2 + m_p^2}} & 0 & 0 & \dfrac{p_\pi}{\sqrt{p_\pi^2 + m_\pi}} & 0 & 0
\end{bmatrix}$$

$$\underset{\sim}{F}_{\xi}=\begin{bmatrix} -\sin\vartheta_{\Lambda}\cos\phi_{\Lambda} & p_{\Lambda}\cos\vartheta_{\Lambda}\cos\phi_{\Lambda} & p_{\Lambda}\sin\vartheta_{\Lambda}\sin\phi_{\Lambda} \\ -\sin\vartheta_{\Lambda}\sin\phi_{\Lambda} & p_{\Lambda}\cos\vartheta_{\Lambda}\sin\phi_{\Lambda} & -p_{\Lambda}\sin\vartheta_{\Lambda}\cos\phi_{\Lambda} \\ -\cos\vartheta_{\Lambda} & -p_{\Lambda}\sin\vartheta_{\Lambda} & 0 \\ \dfrac{-p_{\Lambda}}{\sqrt{p_{\Lambda}+m_{\Lambda}}} & 0 & 0 \end{bmatrix}$$

为了进行迭代, 参数 $\boldsymbol{\eta}$ 的初始值 $\boldsymbol{\eta}^0$ 取为等于测量值 $\boldsymbol{Y}$, 即

$$\boldsymbol{\eta}^0=\boldsymbol{Y}=\{p_{\text{p}}^0,\vartheta_{\text{p}}^0,\phi_{\text{p}}^0,p_{\pi}^0,\vartheta_{\pi}^0,\phi_{\pi}^0\},$$

代入约束方程 $f_1=0,f_2=0,f_3=0$, 可求得 $\boldsymbol{\xi}$ 的初值 $\xi^0=\{p_{\Lambda}^0,\vartheta_{\Lambda}^0,\phi_{\Lambda}^0\}$. 从 f_1,f_2,f_3 来确定 $\boldsymbol{\xi}^0$ 是因为它们的表达式比较简单, $\boldsymbol{\xi}^0$ 容易求出; f_4 的表达式含参数的根号项, 处理起来要麻烦得多. 这样选定的 $\boldsymbol{\eta}^0$ 和 $\boldsymbol{\xi}^0$ 显然使动量守恒定律得到满足 $(f_1^0=f_2^0=f_3^0=0)$, 但约束函数 f_4^0 则不一定等于 0. 于是根据式 (9.8.11) 将有矢量 $\boldsymbol{r}$ 的初值

$$\boldsymbol{r}^0=\boldsymbol{f}^0=(0,\ 0,\ 0,\ f_4^0).$$

利用式 (9.8.12), 将近似值 $(\boldsymbol{\eta}^0,\boldsymbol{\xi}^0)$ 代入 $\underset{\sim}{F}_{\eta},\underset{\sim}{F}_{\xi}$, 可求出矩阵 $\underset{\sim}{F}_{\eta}^0,\underset{\sim}{F}_{\xi}^0$ 以及 4×4 阶矩阵

$$\underset{\sim}{S}=\underset{\sim}{F}_{\eta}^0\underset{\sim}{V}(\underset{\sim}{F}_{\eta}^0)^{\text{T}}.$$

求出 $\underset{\sim}{S}$ 的逆阵 $\underset{\sim}{S}^{-1}$ 之后, 由式 (9.8.14)$\sim$ 式 (9.8.16) 可求得 $\boldsymbol{\xi}^1,\boldsymbol{\lambda}^1,\boldsymbol{\eta}^1$ 的值, 这就容易求出 $Q^2(1)$. 重复以上迭代过程, 直到找出满意的 $Q_{\min}^2$ 为止, 其对应的 $\hat{\boldsymbol{\xi}},\hat{\boldsymbol{\lambda}},\hat{\boldsymbol{\eta}}$ 即为问题的解.

9.8.2 误差估计

假定根据上节描述的迭代步骤在第 $\nu+1$ 次迭代后的未知参数值 $\boldsymbol{\eta}^{\nu+1},\boldsymbol{\xi}^{\nu+1}$ 是满意的估计值, 即

$$\hat{\boldsymbol{\eta}}=\boldsymbol{\eta}^{\nu+1},\quad \hat{\boldsymbol{\xi}}=\boldsymbol{\xi}^{\nu+1}.$$

它们的误差可利用误差传播法则导出, 将 $\boldsymbol{\eta},\boldsymbol{\xi}$ 考虑为测量值 $\boldsymbol{Y}$ 的函数

$$\hat{\boldsymbol{\eta}}=\boldsymbol{g}(\boldsymbol{Y}),\quad \hat{\boldsymbol{\xi}}=\boldsymbol{h}(\boldsymbol{Y}),\tag{9.8.18}$$

函数 $\boldsymbol{g}$ 和 $\boldsymbol{h}$ 的具体形式由式 (9.8.14) 和式 (9.8.16) 表示, 如将其中的 $\boldsymbol{r}$ 用式 (9.8.11) 代入, 则有

$$\left.\begin{aligned} \boldsymbol{g}&=\boldsymbol{Y}-\underset{\sim}{V}\,\underset{\sim}{F}_{\eta}^{\text{T}}\underset{\sim}{S}^{-1}[\underset{\sim}{I}_k-\underset{\sim}{F}_{\xi}(\underset{\sim}{F}_{\xi}^{\text{T}}\underset{\sim}{S}^{-1}\underset{\sim}{F}_{\xi})^{-1}\underset{\sim}{F}_{\xi}^{\text{T}}\underset{\sim}{S}^{-1}][\boldsymbol{f}+\underset{\sim}{F}_{\eta}(\boldsymbol{Y}-\boldsymbol{\eta})],\\ \boldsymbol{h}&=\boldsymbol{\xi}-(\underset{\sim}{F}_{\xi}^{\text{T}}\underset{\sim}{S}^{-1}\underset{\sim}{F}_{\xi})^{-1}\underset{\sim}{F}_{\xi}^{\text{T}}\underset{\sim}{S}^{-1}[\boldsymbol{f}+\underset{\sim}{F}_{\eta}(\boldsymbol{Y}-\boldsymbol{\eta})], \end{aligned}\right\}\tag{9.8.19}$$

其中矢量 $\boldsymbol{\eta},\boldsymbol{\xi}$, 函数 $\boldsymbol{f}$ 和矩阵 $\underset{\sim}{F},\underset{\sim}{S}$ 都是 ν 次迭代中的值. 在 $\hat{\boldsymbol{\eta}},\hat{\boldsymbol{\xi}}$ 考虑为 $\boldsymbol{Y}$ 的线性函数的近似下, 由误差传播法则式 (3.9.15) 可导出 $\hat{\boldsymbol{\eta}}$ 和 $\hat{\boldsymbol{\xi}}$ 的协方差矩阵

$$\left.\begin{aligned}
\underset{\sim}{V}(\hat{\boldsymbol{\eta}}) &= \left(\frac{\mathrm{d}\boldsymbol{g}}{\mathrm{d}\boldsymbol{Y}}\right)\underset{\sim}{V}(\boldsymbol{Y})\left(\frac{\mathrm{d}\boldsymbol{g}}{\mathrm{d}\boldsymbol{Y}}\right)^{\mathrm{T}},\\
\underset{\sim}{V}(\hat{\boldsymbol{\xi}}) &= \left(\frac{\mathrm{d}\boldsymbol{h}}{\mathrm{d}\boldsymbol{Y}}\right)\underset{\sim}{V}(\boldsymbol{Y})\left(\frac{\mathrm{d}\boldsymbol{h}}{\mathrm{d}\boldsymbol{Y}}\right)^{\mathrm{T}},\\
\mathrm{cov}(\hat{\boldsymbol{\eta}},\hat{\boldsymbol{\xi}}) &= \left(\frac{\mathrm{d}\boldsymbol{g}}{\mathrm{d}\boldsymbol{Y}}\right)\underset{\sim}{V}(\boldsymbol{Y})\left(\frac{\mathrm{d}\hat{\boldsymbol{\eta}}}{\mathrm{d}\boldsymbol{Y}}\right)^{\mathrm{T}},
\end{aligned}\right\} \tag{9.8.20}$$

其中 $\boldsymbol{g}$ 和 $\boldsymbol{h}$ 对 $\boldsymbol{Y}$ 的导数分别是 $N\times N$ 阶矩阵和 $J\times N$ 阶矩阵. 由式 (9.8.19) 可直接求出

$$\left.\begin{aligned}
\frac{\mathrm{d}\boldsymbol{h}}{\mathrm{d}\boldsymbol{Y}} &= \underset{\sim}{I}_N - \underset{\sim}{V}(\boldsymbol{Y})\left[\underset{\sim}{F}_\eta^{\mathrm{T}}\underset{\sim}{S}^{-1}\underset{\sim}{F}_\eta - \underset{\sim}{F}_\eta^{\mathrm{T}}\underset{\sim}{S}^{-1}\underset{\sim}{F}_\xi(\underset{\sim}{F}_\xi^{\mathrm{T}}\underset{\sim}{S}^{-1}\underset{\sim}{F}_\xi)^{-1}\underset{\sim}{F}_\xi^{\mathrm{T}}\underset{\sim}{S}^{-1}\underset{\sim}{F}_\eta\right],\\
\frac{\mathrm{d}\boldsymbol{h}}{\mathrm{d}\boldsymbol{Y}} &= -(\underset{\sim}{F}_\xi^{\mathrm{T}}\underset{\sim}{S}^{-1}\underset{\sim}{F}_\xi)^{-1}\underset{\sim}{F}_\xi^{\mathrm{T}}\underset{\sim}{S}^{-1}\underset{\sim}{F}_\eta.
\end{aligned}\right\} \tag{9.8.21}$$

引入下列记号:

$$\underset{\sim}{G} \equiv \underset{\sim}{F}_\eta^{\mathrm{T}}\underset{\sim}{S}^{-1}\underset{\sim}{F}_\eta,\quad \underset{\sim}{H} \equiv \underset{\sim}{F}_\eta^{\mathrm{T}}\underset{\sim}{S}^{-1}\underset{\sim}{F}_\xi,\quad \underset{\sim}{U}^{-1} \equiv \underset{\sim}{F}_\xi^{\mathrm{T}}\underset{\sim}{S}^{-1}\underset{\sim}{F}_\xi, \tag{9.8.22}$$

经过简单的运算, 式 (9.8.20) 可写为

$$\begin{aligned}
&\underset{\sim}{V}(\hat{\boldsymbol{\eta}}) = \underset{\sim}{V}(\boldsymbol{Y})[\underset{\sim}{I}_N - (\underset{\sim}{G} - \underset{\sim}{H}\,\underset{\sim}{U}\,\underset{\sim}{H}^{\mathrm{T}})\underset{\sim}{V}(\boldsymbol{Y})],\\
&\underset{\sim}{V}(\hat{\boldsymbol{\xi}}) = \underset{\sim}{U},\\
&\mathrm{cov}(\hat{\boldsymbol{\eta}},\hat{\boldsymbol{\xi}}) = -\underset{\sim}{V}(\boldsymbol{Y})\underset{\sim}{H}\,\underset{\sim}{U}.
\end{aligned} \tag{9.8.23}$$

从这些误差公式可以知道, 一般地拟合值 $\hat{\boldsymbol{\eta}}$ 的误差 ($\underset{\sim}{V}(\hat{\boldsymbol{\eta}})$ 的对角元素) 小于观测值 $\boldsymbol{Y}$ 的误差; 同时, 即使测量是相互独立的, 但拟合值之间也将是相关的, 因为协方差矩阵一般有不等于 0 的非对角项.

利用误差传播公式还可证明, 当 $\hat{\boldsymbol{\eta}}$ 和 $\boldsymbol{Y}$ 之间考虑为线性近似时, 残差 $\boldsymbol{\varepsilon}=\boldsymbol{Y}-\boldsymbol{\eta}$ 的协方差矩阵可表示为

$$\begin{aligned}
\underset{\sim}{V}(\hat{\varepsilon}) &\equiv \underset{\sim}{V}(\boldsymbol{Y}) + V(\hat{\boldsymbol{\eta}}) - 2\mathrm{cov}(\boldsymbol{Y},\hat{\boldsymbol{\eta}}) \approx \underset{\sim}{V}(\boldsymbol{Y}) - V(\hat{\boldsymbol{\eta}})\\
&= \underset{\sim}{V}(\boldsymbol{Y})(\underset{\sim}{G} - \underset{\sim}{H}\,\underset{\sim}{U}\,\underset{\sim}{H}^{\mathrm{T}})\underset{\sim}{V}(\boldsymbol{Y}).
\end{aligned} \tag{9.8.24}$$

9.8.3 一般最小二乘拟合的自由度

在 9.4.3 节中已经阐明, 对于线性或非线性最小二乘估计问题, 如果 N 值很大且 N 个测量值是多维正态变量, 即测量误差 $\boldsymbol{\varepsilon} = \boldsymbol{Y} - \boldsymbol{\eta}$ 是均值为 $\boldsymbol{0}$ 的多维正态变量, 并且存在非奇异 (行列式不为 0) 的协方差矩阵 $\underset{\sim}{V}(\boldsymbol{Y})$, 则对于 L 个待定未知参数、存在 K 个线性或非线性约束的情形, 加权平方和

$$Q^2_{\min} = \hat{\boldsymbol{\varepsilon}}^{\mathrm{T}} \underset{\sim}{V}^{-1} \hat{\boldsymbol{\varepsilon}} = \sum_{i=1}^{N}\sum_{j=1}^{N} (Y_i - \hat{\eta}_i)(\underset{\sim}{V}^{-1})_{ij}(Y_j - \hat{\eta}_j)$$

是 (近似的) 自由度 $N - L + K$ 的 χ^2 变量.

对于 9.8 节所述的一般的最小二乘估计问题, 即设观测值向量为 $\boldsymbol{Y} = \{Y_1, \cdots, Y_N\}$, 测量误差由其协方差矩阵 $\underset{\sim}{V}(\boldsymbol{Y})$ 表示, 它的真值 $\boldsymbol{\eta} = \{\eta_1, \cdots, \eta_N\}$ 是未知的待估计参数. 此外, 还存在一组 J 个不可直接测量的变量 $\boldsymbol{\xi} = \{\xi_1, \cdots, \xi_J\}$, N 个可测定参数 $\boldsymbol{\eta}$ 和 J 个不可测定参数 $\boldsymbol{\xi}$ 是相关的, 满足一组 K 个约束方程, 要求参数 $\boldsymbol{\eta}$ 和 $\boldsymbol{\xi}$ 的估计值. 这时总的待估计参数个数为 $L = N + J$ 个, 所以有近似关系

$$Q^2_{\min} \sim \chi^2 (N - L + K) = \chi^2 (K - J), \tag{9.8.25}$$

即 $Q^2_{\min}$ 近似地为自由度 $(K - J)$ 的 χ^2 变量. 如果不存在不可直接测量的变量, 即 $J = 0$, 则有

$$Q^2_{\min} \sim \chi^2 (K), \tag{9.8.26}$$

$Q^2_{\min}$ 近似地为自由度 K 的 χ^2 变量. 不论是否存在约束, $Q^2_{\min}$ 的自由度总是等于独立的约束方程数 ($K - J$ 或 K).

在粒子物理学中, 粒子反应或衰变须服从能量和动量守恒, 这相当于 $K = 4$ 个非线性约束方程. $J = 0$ 情形下, 利用能量和动量守恒约束方程求得观测值向量 $\boldsymbol{Y}$ 的真值 $\boldsymbol{\eta}$ 称为 4C 运动学拟合, 这里 C 是 Constraint(约束) 的简写. 在 $J \neq 0$ 的情形下, 因为含有 J 个不可测量的未知参数, 独立的约束条件只有 $4 - J (J \leqslant 4)$ 个, 称为 $(4 - J)$C 运动学拟合. 例如例 9.12 V^0 事例的运动学分析 (1) 中有 $J = 3$ 个不可测量的未知参数 $\boldsymbol{\xi} = \{p_\Lambda, \theta_\Lambda, \phi_\Lambda\}$, 故问题为 1C 运动学拟合.

如果考虑粒子反应或衰变末态中存在 r 个共振态, 这相当于附加了 r 个独立约束, 加上能量和动量守恒共有 $K = 4 + r$ 个约束方程, 问题变为 $(4 + r - J)$C 拟合. 例如研究反应

$$\Psi' \to \gamma_r \eta'_c \to \gamma_r \mathrm{K}^+\mathrm{K}^-\pi^0 \to \gamma_r \mathrm{K}^+\mathrm{K}^-\gamma\gamma,$$

其中 γ_r 表示初级辐射光子. 如果要求末态粒子 $\gamma_r \mathrm{K}^+\mathrm{K}^-\gamma\gamma$ 中的两个光子必须形成一个 π^0, $\mathrm{K}^+\mathrm{K}^-\pi^0$ 必须形成一个 η'_c 粒子, 则 $r = 2$. 附加的两个约束方程是

$$M^2_{\gamma\gamma} = M^2_{\pi^0}, \quad M^2_{\mathrm{K}^+\mathrm{K}^-\pi^0} = M^2_{\eta'_c},$$

其中 $M^2_{\gamma\gamma}$, $M^2_{\mathrm{K^+K^-\pi^0}}$ 是不变质量 (不变质量的定义见式 (3.7.7)), 可由末态粒子 $\mathrm{K^+K^-\gamma\gamma}$ 的能量、动量的测量值计算得到, $M_{\pi^0} \cong 135\mathrm{MeV}$ 和 $M_{\eta'_c} \cong 3637\mathrm{MeV}$ 是已知量.

末态的三个光子中, 两个 γ 的能量比较高, 可以测量得比较准确; 而 γ_r 能量仅为 50MeV 左右, 限于测量仪器 (量能器) 的精度其能量测量值不够精确, 即其相对误差明显大于其他粒子和光子测量值的相对误差. 利用约束方程进行最小二乘估计的目的是为了使拟合值更接近于真值, 但如果使用测量误差过大的测量值将使这种功能大大降低. 因此这种情形下可以不采用 γ_r 的能量测量值 (但仍采用 γ_r 的方向测量值), 这时 $J = 1$, 即 5C 拟合.

9.9　最小二乘法求置信区间

在讨论最小二乘法对未知参数作区间估计之前, 首先回顾一下前面已经导出而下面还将用到的一些结果.

对于参数 $\boldsymbol{\vartheta}$ 的线性模型, Q^2 函数的一般表达式为

$$Q^2(\boldsymbol{\vartheta}) = (\boldsymbol{Y} - \underset{\sim}{A}\boldsymbol{\vartheta})^{\mathrm{T}} \underset{\sim}{V}^{-1}(\boldsymbol{Y})(\boldsymbol{Y} - \underset{\sim}{A}\boldsymbol{\vartheta}).$$

如果测量值向量 $\boldsymbol{Y}$ 的协方差矩阵 $\underset{\sim}{V}(\boldsymbol{Y})$ 与待估计参数 $\boldsymbol{\vartheta}$ 无关, 则 $\boldsymbol{\vartheta}$ 的最小二乘估计及其误差可表示为

$$\hat{\boldsymbol{\vartheta}} = (\underset{\sim}{A}^{\mathrm{T}} \underset{\sim}{V}^{-1} \underset{\sim}{A})^{-1} \underset{\sim}{A}^{\mathrm{T}} \underset{\sim}{V}^{-1}\boldsymbol{Y}, \quad \underset{\sim}{V}(\hat{\boldsymbol{\vartheta}}) = (\underset{\sim}{A}^{\mathrm{T}} \underset{\sim}{V}^{-1} \underset{\sim}{A})^{-1}$$

(参见 9.1、9.2 节). 而按式 (9.4.10), Q^2 与加权残差平方和 $Q^2_{\min}$ 有如下关系:

$$Q^2(\boldsymbol{\vartheta}) = Q^2_{\min} + (\boldsymbol{\vartheta} - \hat{\boldsymbol{\vartheta}})^{\mathrm{T}} \underset{\sim}{V}^{-1}(\hat{\boldsymbol{\vartheta}})(\boldsymbol{\vartheta} - \hat{\boldsymbol{\vartheta}}). \tag{9.9.1}$$

该式是利用最小二乘法确定未知参数 $\boldsymbol{\vartheta}$ 置信区间的一个基本关系式.

当观测值矢量 $\boldsymbol{Y}$ 是期望值为真值 $\eta = \underset{\sim}{A}\boldsymbol{\vartheta}$ 的多维正态分布时, 估计值 $\hat{\boldsymbol{\vartheta}}$(它是 $\boldsymbol{Y}$ 的线性函数) 也将服从正态分布 (见 4.12 节), 这时式 (9.9.1) 中的三个项 $Q^2(\boldsymbol{\vartheta})$, $Q^2_{\min}$ 和 $(\boldsymbol{\vartheta} - \hat{\boldsymbol{\vartheta}})^{\mathrm{T}} \underset{\sim}{V}^{-1}(\hat{\boldsymbol{\vartheta}})(\boldsymbol{\vartheta} - \hat{\boldsymbol{\vartheta}})$ 都是 χ^2 变量. 例如, 在 9.4.3 节中已经阐明, 当观测值 $\boldsymbol{Y} = \{Y_1, \cdots, Y_N\}$ 之间相互独立, $Q^2(\boldsymbol{\vartheta})$ 服从 $\chi^2(N)$ 分布. 若存在 L 个独立的待估计参数 (参数之间不存在约束方程), 则 $Q^2_{\min} \sim \chi^2(N-L)$; 若参数间存在 K 个独立的线性约束, 则 $Q^2_{\min} \sim \chi^2(N-L+K)$. 由 χ^2 分布的可加性立即知道, 在存在约束和不存在约束这两种情形下, 式 (9.9.1) 的第三项分别为 $\chi^2(L)$ 和 $\chi^2(L-K)$ 变量. 一般我们所要寻找的置信区间是由 $Q^2(\boldsymbol{\vartheta})$ 表面与

$$Q^2(\boldsymbol{\vartheta}) = Q^2_{\min} + a \tag{9.9.2}$$

平面的截线求得, 该置信区间包含参数 $\boldsymbol{\vartheta}$ 真值的概率量由自由度等于独立的待估计参数个数 (L 或 $L-K$) 的 χ^2 分布和 a 值决定 (见 7.6 节的讨论).

如果 $Q^2(\boldsymbol{\vartheta})$ 不是参数 $\boldsymbol{\vartheta}$ 的二次函数, 例如, 描述测量值真值 $\boldsymbol{\eta}$ 的理论模型不是参数 $\boldsymbol{\vartheta}$ 的线性函数, 或者测量值向量 $\boldsymbol{Y}$ 的协方差矩阵 $\underset{\sim}{V}(\boldsymbol{Y})$ 不独立于参数 $\boldsymbol{\vartheta}$, 或者约束不是线性的, 这时, $Q^2(\boldsymbol{\vartheta})$ 的严格分布是未知的, 故利用式 (9.9.2) 来确定置信区间不是严格正确的. 但习惯上仍使用这种方法来建立参数的近似置信区间.

9.9.1 单个参数的误差和置信区间

当参数估计问题只含一个未知参数时, 将 $Q^2(\vartheta)$ 函数在极小点 $\vartheta=\hat{\vartheta}$ 作泰勒展开, 由于在该点一阶导数等于 0. 所以有

$$Q^2(\vartheta)=Q^2_{\min}+\frac{1}{2}\frac{\mathrm{d}^2Q^2}{\mathrm{d}\vartheta^2}\bigg|_{\theta=\vartheta}(\vartheta-\hat{\vartheta})^2+\cdots. \tag{9.9.3}$$

为了保证所求得的 $Q^2_{\min}$ 是 $Q^2(\vartheta)$ 的极小值, Q^2 对 ϑ 的二阶导数在 $\vartheta=\hat{\vartheta}$ 点的值应大于 0.

对于线性最小二乘估计问题, 并且观测值的协方差矩阵等于常数 (与参数 θ 无关), 则函数 $Q^2(\vartheta)$ 是参数 ϑ 的二次函数 (见关于 Q^2 的一般表示式 (9.1.7)), 这时, Q^2 对 ϑ 的二阶导数等于常数, 泰勒级数式 (9.9.3) 中只包含两项

$$Q^2(\vartheta)=Q^2_{\min}+\frac{1}{2}\frac{\mathrm{d}^2Q^2}{\mathrm{d}\theta^2}\bigg|_{\vartheta=\hat{\vartheta}}(\vartheta-\hat{\vartheta})^2. \tag{9.9.4}$$

这是关于 ϑ 的一个抛物线方程. 从式 (9.9.1) 知, 这时应有

$$Q^2(\vartheta)=Q^2_{\min}+\frac{1}{V(\hat{\vartheta})}(\vartheta-\hat{\vartheta})^2. \tag{9.9.5}$$

比较式 (9.9.4) 和式 (9.9.5) 立即得到

$$V(\hat{\vartheta})=2\left(\frac{\mathrm{d}^2Q^2}{\mathrm{d}\theta^2}\right)^{-1}_{\vartheta=\hat{\vartheta}}=2\left(\frac{\mathrm{d}^2Q^2}{\mathrm{d}\theta^2}\right)^{-1}. \tag{9.9.6}$$

对于非线性最小二乘估计问题, 或者 $Q^2(\vartheta)$ 函数不是严格的抛物线方程的一般情况, 仍可从公式

$$V(\hat{\vartheta})\approx 2\left(\frac{\mathrm{d}^2Q^2}{\mathrm{d}\theta^2}\right)^{-1}_{\vartheta=\hat{\vartheta}} \tag{9.9.7}$$

找到估计值 $\hat{\vartheta}$ 的近似方差, 只要式 (9.9.3) 中的高次项很小, 上述结果是相当好的近似.

如果观测值是期望值为真值 η 的正态分布, 可以通过 (严格的或近似的) 抛物型函数 $Q^2(\vartheta)$ 与直线

$$Q^2(\vartheta)=Q^2_{\min}+a \tag{9.9.8}$$

的两个相交点来求出 (严格的或近似的)θ 的置信区间. a 的值等于 $1^2, 2^2, 3^2$ 对应于置信概率 68.3%, 95.4%, 99.7%. 当 $Q^2(\vartheta)$ 是 ϑ 的严格二次 (抛物型) 函数时, 这对应于一个、二个和三个标准差 $(1\sigma, 2\sigma, 3\sigma)$ 的置信区间. 可以看到, 从 Q^2 函数作区间估计与 8.6.1 节中讨论的单个未知参数的似然区间的确定方法十分相像.

9.9.2 多个参数的误差和置信域

9.9.1 节的讨论可以直接推广到多个参数的估计问题. 将 $Q^2(\boldsymbol{\vartheta})$ 函数在极小点 $\boldsymbol{\vartheta} = \hat{\boldsymbol{\vartheta}}$ 的邻域作泰勒展开

$$Q^2(\boldsymbol{\vartheta}) = Q^2_{\min} + \frac{1}{2}\sum_{i,j}\left(\frac{\partial^2 Q^2}{\partial\vartheta_i\partial\vartheta_j}\right)_{\boldsymbol{\vartheta}=\hat{\boldsymbol{\vartheta}}}(\vartheta_i - \hat{\vartheta}_i)(\vartheta_j - \hat{\vartheta}_j) + \cdots . \tag{9.9.9}$$

对于线性模型, 在协方差矩阵 $\underset{\sim}{V}(\boldsymbol{Y})$ 与参数 $\boldsymbol{\vartheta}$ 无关的条件下, $Q^2(\boldsymbol{\vartheta})$ 是 $\boldsymbol{\vartheta}$ 的二次函数, $Q^2(\boldsymbol{\vartheta})$ 只含两项

$$Q^2(\vartheta) = Q^2_{\min} + \frac{1}{2}\sum_{i,j}\left(\frac{\partial^2 Q^2}{\partial\vartheta_i\partial\vartheta_j}\right)_{\boldsymbol{\vartheta}=\hat{\boldsymbol{\vartheta}}}(\vartheta_i - \hat{\vartheta}_i)(\vartheta_j - \hat{\vartheta}_j). \tag{9.9.10}$$

从而估计值的协方差矩阵可表示为

$$V^{-1}_{ij}(\hat{\boldsymbol{\vartheta}}) = \frac{1}{2}\left(\frac{\partial^2 Q^2}{\partial\theta_i\partial\theta_j}\right)_{\boldsymbol{\vartheta}=\hat{\boldsymbol{\vartheta}}}. \tag{9.9.11}$$

在不满足上述两项条件时, 式 (9.9.11) 只是近似地正确.

在观测值服从期望值为真值的正态分布、并满足上述两项条件这种最简单情形下, 式 (9.9.10) 右边的第二项是 $\chi^2(L-K)$ 变量, L 是待估计参数的个数, K 是独立的线性约束方程个数. 特别当只有两个独立参数 $(L-K=2)$ 时, $Q^2(\boldsymbol{\vartheta})$ 表面和一组平面

$$Q^2(\boldsymbol{\vartheta}) = Q^2_{\min} + a$$

(a 取不同数值) 的截线构成一组同心椭圆, 这组同心椭圆确定了两个参数的联合置信域, 该置信域包含参数 $\boldsymbol{\vartheta}$ 真值的概率量由 $\chi^2(2)$ 和 a 的数值决定. 当 $a = 1^2, 2^2, 3^2$ 时, 求得的椭圆置信域的联合置信概率量为 39.3%, 86.5%和 98.9%. 这与 8.6.3 节中讨论的两个参数的联合似然域的确定方法相似. 在一般的多个未知参数的估计问题中, $Q^2(\boldsymbol{\vartheta})$ 超表面与

$$Q^2(\boldsymbol{\vartheta}) = Q^2_{\min} + a \tag{9.9.12}$$

超平面的截线构成了参数 $\boldsymbol{\vartheta} = \{\vartheta_1, \cdots, \vartheta_L\}$ 的超椭圆联合置信域, 置信概率由 $\chi^2(L-K)$ 的概率密度的积分 (下限为 $-\infty$, 上限为 a) 给定. 对于同样的 a 值, 独立参数越多, 对应的置信概率越小; 反之, 要保持相同的置信概率, 独立参数越多, a 值就越大.

对于非线性模型的估计问题, 置信区间仍由式 (9.9.12) 确定, 不论 $Q^2(\boldsymbol{\vartheta})$ 是不是参数的二次函数, 也不论观测值是否服从正态分布, 置信概率都可由相应自由度的 χ^2 分布概率密度积分来估计 (下限为 $-\infty$, 上限为给定值 a, 其中 $a=1$ 对应的置信域相当于参数的标准误差). 显然, 这些都只是近似的结果, 近似程度的好坏取决于 $Q^2(\boldsymbol{\vartheta})$ 表达式中 $\boldsymbol{\vartheta}$ 高次项的大小, 以及观测的分布对于正态的偏离程度.

9.10 协方差矩阵未知的多个实验结果的合并

如 9.1 节所述, 若在 N 个观测点 $X_1,\cdots,X_N$ 得到测量值 $Y_1,\cdots,Y_N$, 相应的测量值真值 $\eta_1,\cdots,\eta_N$ 为未知. 假定理论模型

$$\eta_i = f(\vartheta_1,\cdots,\vartheta_L;X_i),\quad L\leqslant N$$

描述了真值 η_i 与 X_i 的函数关系, 该函数与待估计的未知参数 $\boldsymbol{\vartheta}=\{\vartheta_1,\cdots,\vartheta_L\}$ 相关, 则最小二乘原理告诉我们, $\boldsymbol{\vartheta}$ 的最优估计值是使量

$$Q^2=\sum_{i=1}^N\sum_{j=1}^N(Y_i-\eta_i)(\underset{\sim}{V}^{-1}(Y))_{ij}(Y_j-\eta_j)$$

达到极小的参数值 $\hat{\boldsymbol{\vartheta}}$. 其中 $\underset{\sim}{V}(\boldsymbol{Y})$ 是 N 个观测值 $Y_1,\cdots,Y_N$ 的协方差矩阵.

本章此前的全部讨论都建立在协方差矩阵 $\underset{\sim}{V}(\boldsymbol{Y})$ 已知的基础之上. 然而实际情况中不乏只知道 $\boldsymbol{Y}$ 的数值、并知道不同的测量值 Y_i 之间存在相互关联, 但其协方差矩阵 $\underset{\sim}{V}(\boldsymbol{Y})$ 不确切知道或无法定量确定的情况. 这样, 此前叙述的方法不能用来求得未知参数 $\boldsymbol{\vartheta}$ 的估计及其误差.

本节将讨论测量值协方差矩阵 $\underset{\sim}{V}(\boldsymbol{Y})$ 未知情形下估计未知参数及其误差的方法. 我们来讨论一种比较简单的情形. 假定 N 个实验对同一个物理量进行测量得到了 N 个测量值 $Y_i\pm\sigma_i(i=1,\cdots,N)$. 按照惯常的理解, Y_i 是第 i 个实验对物理量 η 的最优估计, $Y_i\pm\sigma_i$ 确定了 η 的 68.3%置信度的区间. 我们的问题是怎样从这 N 个测量结果求得物理量及其误差的合并估计.

在这一问题中, 观测值真值 η 是一个数值而不是矢量, 而且它本身就是待估计的未知参数. 由上述的一般最小二乘原理可知, 这种情形下 η 的最优估计是使量

$$Q^2=\sum_{i=1}^N\sum_{j=1}^N(Y_i-\eta)(\underset{\sim}{V}^{-1})_{ij}(Y_j-\eta)\tag{9.10.1}$$

达到极小来求得, 其解为

$$\hat{\eta}=\left[\sum_{i,j=1}^N(\underset{\sim}{V}^{-1})_{ij}\right]^{-1}\left[\sum_{i,j=1}^N(\underset{\sim}{V}^{-1})_{ij}Y_j\right],\tag{9.10.2}$$

而 $\hat{\eta}$ 的方差则为

$$\sigma_{\hat{\eta}}^2 = \left[\sum_{i,j=1}^{N} (\underset{\sim}{V}^{-1})_{ij} \right]^{-1} . \tag{9.10.3}$$

(见式 (9.1.7), 注意此时仅有一个未知参量 η, 即式中的 η_i 需用 η 代替). 若协方差矩阵 $\underset{\sim}{V}(\boldsymbol{Y})$ 已知, 据此即可求得物理量及其方差的最优估计 $\hat{\eta}$, $\sigma_{\hat{\eta}}^2$.

当这 N 次实验测量结果是相互独立、不相关联的, 协方差矩阵仅对角元不为 0, 式 (9.10.1) 简化为

$$Q^2(\eta) = \sum_{i=1}^{N} \left(\frac{Y_i - \eta}{\sigma_i} \right)^2 , \tag{9.10.4}$$

η 的最优估计及其方差则为

$$\hat{\eta} = \frac{\sum\limits_{i=1}^{N} \omega_i Y_i}{\sum\limits_{i=1}^{N} \omega_i} , \tag{9.10.5}$$

$$\sigma_{\hat{\eta}}^2 = \frac{1}{\sum\limits_{i=1}^{N} \omega_i} , \tag{9.10.6}$$

$$\omega_i = \frac{1}{\sigma_i^2} . \tag{9.10.7}$$

可以看到, 这与利用极大似然法对同一物理量作 N 次独立观测求期望值及其方差的式 (8.2.2)~(8.2.4) 完全相同.

假定测量值 Y_i 是期望值 η, 方差 σ_η^2 的正态变量, 式 (9.10.4) 表示的 Q^2 是 $N-1$ 个独立的标准正态变量的平方和 (有一个待定参数 η), 因而是自由度 $N-1$ 的 χ^2 变量, $Q^2(\hat{\eta})$ 的期望值为 $N-1$(见 4.14 节). 可见, 在测量值服从正态分布的假设下, 量 $Q^2(\hat{\eta})$ 的值与自由度 $N-1$ 的差异可以反映不同测量值 Y_i 之间的关联程度. 当 $Q^2(\hat{\eta})$ 接近 $N-1$, 各测量值之间是相互近似独立的. 反之, 若 $Q^2(\hat{\eta})$ 与 $N-1$ 差别明显, 则可能是各次测量报导的误差 σ_i 不精确, 或者各次测量之间存在不可忽略的相互关联. 下面我们来讨论后一种情况.

即使在多次测量存在关联的情形下, 式 (9.10.5) 求得的参数估计值 $\hat{\eta}$ 虽然不一定是最优估计, 但只要每个测量值 Y_i 是 η 的无偏估计, 则 $\hat{\eta}$ 也是 η 的无偏估计. 由于我们现在处理的是协方差矩阵未知的情形, 无法用式 (9.10.2) 求得 η 的精确估计, 所以我们仍用式 (9.10.5) 计算 η 的估计值 $\hat{\eta}$. 以下的讨论集中在如何处理多次测量存在关联, 但协方差矩阵求知条件下方差 $\sigma_{\hat{\eta}}^2$ 的估计问题.

(1) $Q^2(\hat{\eta}) > N-1$ 的情形.

这种情形对应于多次测量值之间存在负关联, 即协方差矩阵的非对角矩阵元为负值. 当多次测量相互独立, 这种情形对应于各次测量的误差 σ_i 可能过低估计了, 于是利用名义 σ_i 值和式 (9.10.6) 求得的 $\sigma_{\hat{\eta}}^2$ 值将小于真实方差. 文献 [64] 建议的处理方法是定义标度因子 f

$$f = Q^2(\hat{\eta})/(N-1), \tag{9.10.8}$$

将式 (9.10.7) 中的 σ_i^2 用 $f\sigma_i^2$ 代替来求得 $\sigma_{\hat{\eta}}^2$, 这相当于将原来的方差增大了 f 倍. 这样得到的方差可能是偏大的, 因而是保守的, 因为在负关联的情形下, 式 (9.10.6) 求得的方差值已经大于真实的方差了. 这种保守的处理是为了保证实验结果的稳健性 (robustness).

(2) $Q^2(\hat{\eta}) < N-1$ 的情形.

这种情形对应于多次测量值之间存在正关联, 即协方差矩阵的非对角矩阵元为正值. 这时用式 (9.10.6) 求得的方差 $\sigma_{\hat{\eta}}^2$ 可能比真实的方差小. 文献 [65] 对这种情况建议的处理方法是建立一个等效的协方差矩阵 $\underset{\sim}{C}$, 其矩阵元为

$$C_{ii} = \sigma_i^2, \quad C_{ij} = f\sigma_i\sigma_j, \quad i \neq j, \quad i,j = 1,\cdots,N, \tag{9.10.9}$$

即认为不同测量之间的关联系数同为正常数 f, f 由下式求得:

$$\chi^2(f) = \sum_{i,j=1}^{N} (Y_i - \hat{\eta})(Y_j - \hat{\eta})(\underset{\sim}{C}^{-1})_{ij} = N-1. \tag{9.10.10}$$

由此可求得估计量 $\hat{\eta}$ 的方差

$$\sigma_{\hat{\eta}}^2 = \frac{\sum_{i,j=1}^{N} \omega_i\omega_j C_{ij}}{\left(\sum_{i=1}^{N} \omega_i\right)^2}. \tag{9.10.11}$$

当 $f = 0, C_{ij} = 0 (i \neq j)$, $\sum_{i,j=1}^{N} \omega_i\omega_j C_{ij} = \sum_{i=1}^{N} \omega_i^2 C_{ii} = \sum_{i=1}^{N} \omega_i$, 式 (9.10.11) 回到 N 次独立测量情况下 $\sigma_{\hat{\eta}}^2$ 的表达式 (9.10.6).

式 (9.10.11) 可表示为:

$$\sigma_{\hat{\eta}}^2 = \frac{\sum_{i,j=1}^{N} \omega_i\omega_j C_{ij}}{\left(\sum_{i=1}^{N} \omega_i\right)^2} = \frac{\sum_{i=1}^{N} \omega_i + 2\sum_{j>i}^{N} \omega_i\omega_j C_{ij}}{\left(\sum_{i=1}^{N} \omega_i\right)^2} = \frac{1}{\sum_{i=1}^{N} \omega_i} + \frac{2\sum_{j>i}^{N} \omega_i\omega_j C_{ij}}{\left(\sum_{i=1}^{N} \omega_i\right)^2}.$$

其中右边第一项正是式 (9.10.6), 即不考虑关联情形下的方差估计, 而第二项当 f 大于 0 时恒为正. 故可知, 考虑各测量值之间存在正关联情形下求得的误差恒大于各测量值独立情形下的误差.

例 9.13　强作用常数 α_S 的合并估计[75]

设在不同的质心系能量下测定的强作用常数在 Z^0 粒子质量处的值 $\alpha_S(M_Z)$ 的数据如表 9.2 所示, 其中的误差都包含了理论误差, 即测量误差是相关的, 试确定它们的合并估计.

表 9.2　强作用常数 $\alpha_S(M_Z)$ 的测量数据

E_{cm}(GeV)	$\alpha_S(M_Z)$	σ
183	0.121	0.006
189	0.121	0.005
195	0.122	0.006
201	0.124	0.006
206	0.124	0.006

解　利用协方差未知情形下的解法求解. 先根据多次独立测量的式 (9.10.5), 求得合并估计

$$\hat{\alpha}_S(M_Z) \equiv \hat{\eta} = \frac{\sum_{i=1}^{N} \omega_i Y_i}{\sum_{i=1}^{N} \omega_i} = 122.3 \times 10^{-3}. \quad \left(\text{注: } \omega_i = \frac{1}{\sigma_i^2}\right)$$

若用独立测量的式 (9.10.4) 计算 $Q^2(\hat{\eta})$, 则有

$$Q^2(\hat{\eta}) = 0.28 < N - 1 = 4.$$

这种情形对应于多次测量之间存在正关联, 用独立测量的式 (9.10.6) 计算求得的 $\alpha_S(M_Z)$ 的合并估计误差

$$\sigma_{\hat{\eta}} = \frac{1}{\sqrt{\sum_{i=1}^{N} \omega_i}} = 2.6 \times 10^{-3}$$

可能比真实的方差小.

现在按式 (9.10.9) 建立等效协方差矩阵 $\underset{\sim}{C}$(为计算方便起见, 下面的计算中暂

时忽略数据中的因子 10^{-3}, 到最后再加上):

$$\underset{\sim}{C}=\begin{pmatrix} 36 & 30f & 36f & 36f & 36f \\ 30f & 25 & 30f & 30f & 30f \\ 36f & 30f & 36 & 36f & 36f \\ 36f & 30f & 36f & 36 & 36f \\ 36f & 30f & 36f & 36f & 36 \end{pmatrix}$$

用软件包 mathematica 求逆矩阵得

$$\underset{\sim}{C}^{-1}=\begin{pmatrix} a & b & d & d & d \\ b & e & b & b & b \\ d & b & a & d & d \\ d & b & d & a & d \\ d & b & d & d & a \end{pmatrix}$$

其中,

$$a=\frac{1+3f}{36\,(1+3f-4f^2)},\quad b=\frac{-f}{30\,(1+3f-4f^2)},$$
$$d=\frac{-f}{36\,(1+3f-4f^2)},\quad e=\frac{1+3f}{25\,(1+3f-4f^2)}.$$

根据式 (9.10.10) 有

$$\chi^2(f)=\sum_{i,j=1}^{N}(Y_i-\hat{\eta})(Y_j-\hat{\eta})(\underset{\sim}{C}^{-1})_{ij}=N-1=4$$

$$=(-1.3\ \ -1.3\ \ -0.3\ \ 1.7\ \ 1.7)\,\underset{\sim}{C}^{-1}\begin{pmatrix} -1.3 \\ -1.3 \\ -0.3 \\ 1.7 \\ 1.7 \end{pmatrix}.$$

由此可求得 $(f-0.930\,679)\,(f+0.249\,979)=0$, 即 f 有两个解, $f=-0.250\,0$ 和 $f=0.930\,7$. 前面已述, $Q^2(\hat{\eta})=0.28<N-1=4$ 这种情形对应于多次测量之间存在正关联, 所以应取 $f=0.930\,7$.

根据式 (9.10.11) 求得估计量 $\hat{\eta}$ 的方差

$$\sigma_{\hat{\eta}}^2=\frac{\sum\limits_{i,j=1}^{N}\omega_i\omega_j C_{ij}}{\left(\sum\limits_{i=1}^{N}\omega_i\right)^2}=\frac{1}{\sum\limits_{i=1}^{N}\omega_i}+\frac{2\sum\limits_{j>i}^{N}\omega_i\omega_j C_{ij}}{\left(\sum\limits_{i=1}^{N}\omega_i\right)^2}=2.6^2+24.45=31.21.$$

于是有 (现在加上因子 10^{-3})

$$\sigma_{\hat{\eta}} = 5.59 \times 10^{-3}.$$

它比用独立测量的式 (9.10.6) 计算求 $\alpha_S(M_Z)$ 的合并估计误差 $\sigma_{\hat{\eta}} = 2.6 \times 10^{-3}$ 明显要大. 最终得到 $\alpha_S(M_Z)$ 的合并估计及误差为

$$\hat{\alpha}_S(M_Z) = 0.1223 \pm 0.0056.$$

我们注意到, 5 次测量值的合并估计量 $\hat{\eta}$ 的误差 $\sigma_{\hat{\eta}} = 0.0056$ 与单次测量值的误差 0.006 几乎没有什么差别, 这一事实可以这样理解：因为每一单次测量中包含公共的误差, 这一公共误差占了误差的绝大部分 (这由各测量值之间存在着 $f = 0.9307$ 的正关联可以断定), 而测量次数的增加不可能减小这种公共误差.

第 10 章　矩法, 三种估计方法的比较

皮尔逊引入的矩法是最古老的估计方法. 应用矩法求未知参数的估计量直观而又简便, 它不需要知道总体的分布函数, 而是只包含子样测定值的特定函数的计算. 矩法估计量是相合估计量, 但由于没有利用总体的分布函数, 矩法估计量一般不是有效或充分估计量. 虽然它缺乏理论上的最优性质, 由于其易行性, 在某些问题中仍然被广泛地使用.

10.1　简单的矩法

从辛钦大数定理知道 (5.1 节), 若总体 X 有有限的数学期望 $E(X)=\mu$, 则子样平均 $\frac{1}{n}\sum_{i=1}^{n}X_i$ 依概率收敛于 μ. 这使我们可以设想, 在利用子样 (测定值) 对总体中包含的未知参数 $\boldsymbol{\vartheta}$ 作估计时, 可以用各阶子样矩作为总体 X 的各阶矩的估计.

设 $X_1, X_2, \cdots, X_n$ 是总体 X 的一组观测 (子样), 总体 X 的概率密度函数 $f(x|\boldsymbol{\vartheta})$ 中包含待估计的未知参数 $\boldsymbol{\vartheta}=\{\boldsymbol{\vartheta}_1, \cdots, \vartheta_k\}$. 总体的 r 阶原点矩按定义为 (2.4 节)

$$\lambda_r(\boldsymbol{\vartheta})=\int_{\Omega_x} x^r f(x|\boldsymbol{\vartheta})\mathrm{d}x, \quad r=1,2,\cdots, \tag{10.1.1}$$

其中 Ω_x 为变量 X 的取值域. 而子样 $\{X_1, X_2, \cdots, X_n\}$ 的各阶原点矩定义为 (6.2 节)

$$\Lambda_r=\frac{1}{n}\sum_{i=1}^{n}X_i^r, \quad r=1,2,\cdots. \tag{10.1.2}$$

将子样的各阶矩作为总体各阶矩 (它们是参数 $\boldsymbol{\vartheta}$ 的函数) 的估计量, 即令它们的数值相等, 得到一组方程

$$\begin{aligned}
\lambda_1(\boldsymbol{\vartheta}) &= \Lambda_1(X_1, X_2, \cdots, X_n),\\
\lambda_2(\boldsymbol{\vartheta}) &= \Lambda_2(X_1, X_2, \cdots, X_n),\\
&\vdots\\
\lambda_k(\boldsymbol{\vartheta}) &= \Lambda_k(X_1, X_2, \cdots, X_n).
\end{aligned} \tag{10.1.3}$$

该方程组的解 $\hat{\vartheta}_j=\hat{\vartheta}_j(X_1, X_2, \cdots, X_n), j=1, \cdots, k$ 称为参数 $\boldsymbol{\vartheta}$ 的**矩法估计量**$\hat{\boldsymbol{\vartheta}}=\{\vartheta_1, \cdots, \vartheta_k\}$. 因为有限阶的子样矩不能包含总体的全部信息, 一般说来, 矩法估计量不是总体的充分估计量, 其有效性也较极大似然估计量为差.

式 (10.1.2) 中 $\varLambda_r$ 是 λ_r 的无偏估计量, 因为

$$E(\varLambda_r) = E\left(\frac{1}{n}\sum_{i=1}^{n} X_i^r\right) = \lambda_r \tag{10.1.4}$$

与无偏性的要求一致.

现在推导 $\varLambda_r$ 的方差

$$\begin{aligned}V(\varLambda_r) &= E\left[(\varLambda_r - \lambda_r)^2\right] = E\left(\varLambda_r^2\right) - \lambda_r^2 \\ &= E\left[\left(\frac{1}{n}\sum_{i=1}^{n} X_i^r\right)\left(\frac{1}{n}\sum_{j=1}^{n} X_j^r\right)\right] - \lambda_r^2 \\ &= \frac{1}{n^2}E\left[\sum_{i=1}^{n} X_i^{2r} + \sum_{i=1}^{n}\sum_{j\neq i} X_i^r X_j^r\right] - \lambda_r^2 \\ &= \frac{1}{n^2}\left[n\lambda_{2r} + n(n-1)\lambda_r^2\right] - \lambda_r^2,\end{aligned}$$

其中已用到了各 X_i 之间的相互独立性, 于是最后有

$$V(\varLambda_r) = \frac{1}{n}\left(\lambda_{2r} - \lambda_r^2\right). \tag{10.1.5}$$

由相似的推导可得协方差的表达式

$$\mathrm{cov}(\varLambda_r, \varLambda_s) = \frac{1}{n}(\lambda_{r+s} - \lambda_r\lambda_s). \tag{10.1.6}$$

显然, 当 $r = 1$ 时, 得到总体一阶原点矩 (即总体期望值) 的矩法估计量

$$\hat{\mu} = \varLambda_1 = \frac{1}{n}\sum_{i=1}^{n} X_i = \bar{X}.$$

而总体方差可表示为 (见 2.4 节)

$$\sigma^2(X) = \mu_2 = \lambda_2 - \lambda_1^2.$$

所以它的矩法估计量为

$$\hat{\sigma}^2 = \varLambda_2 - \varLambda_1^2 = \frac{1}{n}\sum_{i=1}^{n} X_i^2 - \bar{X}^2,$$

而 $\hat{\mu}$ 的方差根据式 (10.1.5) 有

$$V(\hat{\mu}) = \frac{1}{n}(\lambda_2 - \lambda_1^2) = \frac{\sigma^2}{n} \approx \frac{\hat{\sigma}^2}{n}.$$

式 (10.1.5) 表明, r 阶子样矩的方差与总体更高的 $2r$ 阶原点矩有关. 因此, 即使子样容量 n 很大, 如果总体概率密度有比较长的尾巴, $V(\varLambda_r)$ 的值与 $\varLambda_r$ 的值相比仍然不很小, 即估计量的误差不很小. 因此, 式 (10.1.3) 的简单矩法估计在实际中使用不多.

10.2 一般的矩法

对于总体 X, 简单的矩法是利用 X 的各阶子样矩作为 X 的各阶矩的估计量, 由于后者是总体包含的未知参数 $\boldsymbol{\vartheta}$ 的函数, 故通过各阶矩与参数 $\boldsymbol{\vartheta}$ 的适当变换即得到 $\boldsymbol{\vartheta}$ 的矩法估计量. 而在一般的矩法中, 首先要选择总体 X 的一组适当函数, 然后用子样测定值构造这些函数的估计量, 通过函数与待估计参数 $\boldsymbol{\vartheta}$ 之间的变换, 即得到 $\boldsymbol{\vartheta}$ 的估计量. 由此可见, 简单矩法是一般矩法的特例.

在下面的讨论中, 变量 x 可以包含一个以上的分量 (即 x 可以是矢量), X_i 表示第 i 个事件中所有分量的测量值.

首先讨论总体只含一个待估计参数的情形. 这时只需考虑选择一个函数 $g(x)$. 令总体概率密度为 $f(x|\vartheta)$, 则 $g(x)$ 的期望值是

$$E[g(x)] \equiv \gamma(\vartheta) = \int_{\varOmega} g(x) f(x|\vartheta)\mathrm{d}x. \tag{10.2.1}$$

取 $g(x)$ 的子样平均作为 $\gamma(\vartheta)$ 的估计量

$$\hat{\gamma}(\vartheta) = \overline{g}(x) \equiv \frac{1}{n}\sum_{i=1}^{n} g(X_i), \tag{10.2.2}$$

其方差为

$$V(\hat{\gamma}) = \left(\frac{1}{n}\right)^2 V\left[\sum_{i=1}^{n} g(X_i)\right] = \frac{1}{n}V[g(x)], \tag{10.2.3}$$

其中 $V[g(x)]$ 可代之以从子样得到的估计值

$$V[g(x)] \approx S_g^2 = \frac{1}{n-1}\sum_{i=1}^{n}[g(X_i) - \overline{g}(x)]^2. \tag{10.2.4}$$

于是有

$$V(\hat{\gamma}) \approx \frac{1}{n(n-1)}\sum_{i=1}^{n}[g(X_i) - \overline{g}(x)]^2, \tag{10.2.5}$$

或

$$V(\hat{\gamma}) \approx \frac{1}{n(n-1)}\left\{\sum_{i=1}^{n} g^2(X_i) - \frac{1}{n}\left[\sum_{i=1}^{n} g(X_i)\right]^2\right\}. \tag{10.2.6}$$

这样, 式 (10.2.2) 和式 (10.2.6) 给出了函数 $\gamma(\vartheta)$ 及其方差的矩法估计量, 通过参数 ϑ 与 $\gamma(\vartheta)$ 之间的变换, 便可求得 ϑ 及其方差的矩法估计量.

现在假定总体概率密度 $f(x|\boldsymbol{\vartheta})$ 中含 k 个未知参数 $\boldsymbol{\vartheta}=\{\vartheta_1,\cdots,\vartheta_k\}$, 选择一组 k 个线性独立的函数 $g_1(x),g_2(x),\cdots,g_k(x)$, 它们的期望值是

$$E[g_r(x)]\equiv\gamma_r(\boldsymbol{\vartheta})\equiv\int_{\Omega}g_r(x)f(x|\boldsymbol{\vartheta})\mathrm{d}x,\quad r=1,\cdots,k.\tag{10.2.7}$$

这些期望值是参数 $\boldsymbol{\vartheta}$ 的函数, 它们的估计值可取为

$$\hat{\gamma}_r(\boldsymbol{\vartheta})=\overline{g_r}(x)\equiv\frac{1}{n}\sum_{i=1}^{n}g_r(X_i),\quad r=1,\cdots,k.\tag{10.2.8}$$

对于 $\hat{\boldsymbol{\gamma}}=\{\hat{\gamma}_1,\cdots,\hat{\gamma}_k\}$ 中各分量之间的协方差矩阵元素, 我们有

$$\begin{aligned}V_{rs}(\hat{\boldsymbol{\gamma}})&\approx\frac{1}{n(n-1)}\sum_{i=1}^{n}[g_r(X_i)-\overline{g_r}(x)]\,[g_s(X_i)-\overline{g_s}(x)]\\&=\frac{1}{n(n-1)}\left\{\sum_{i=1}^{n}g_r(X_i)g_s(X_i)-\frac{1}{n}\left[\sum_{i=1}^{n}g_r(X_i)\right]\left[\sum_{i=1}^{n}g_s(X_i)\right]\right\}.\end{aligned}\tag{10.2.9}$$

如果总体概率密度可用一组 k 个正交函数 $\xi_r(x)$ 来表示,

$$f(x|\boldsymbol{\vartheta})=\beta+\sum_{r=1}^{k}\vartheta_r\xi_r(x),\tag{10.2.10}$$

其中 β 是归一化常数, 则矩法估计变得十分简单. 正交函数 $\xi_r(x)$ 满足

$$\int_{\Omega}\xi_r(x)\xi_s(x)\mathrm{d}x=\delta_{rs},\quad s=1,2,\cdots,k,\tag{10.2.11}$$

$$\int_{\Omega}\xi_r(x)\mathrm{d}x=0,\quad r=1,2,\cdots,k.\tag{10.2.12}$$

$\xi_r(x)$ 的期望值为

$$\begin{aligned}E[\xi_r(x)]&=\int_{\Omega}\xi_r(x)f(x|\boldsymbol{\vartheta})\mathrm{d}x\\&=\beta\int_{\Omega}\xi_r(x)\mathrm{d}x+\sum_{s=1}^{k}\vartheta_s\int_{\Omega}\xi_r(x)\xi_s(x)\mathrm{d}x=\vartheta_r.\end{aligned}\tag{10.2.13}$$

因此, 参数 ϑ_r 的无偏估计量可用函数 $\xi_r(x)$ 的子样平均表示

$$\hat{\vartheta}_r=\overline{\xi_r}(x)\equiv\frac{1}{n}\sum_{i=1}^{n}\xi_r(X_i),\quad r=1,\cdots,k.\tag{10.2.14}$$

由函数 $\xi_r(x)$ 的正交性可知, 当 $r \neq s$ 时, 有 $\text{cov}(\hat{\vartheta}_r, \hat{\vartheta}_s) = 0$. 故 $\hat{\vartheta}_r$ 的误差由方差的近似式 (10.2.9) 求得

$$V_{rr}(\hat{\boldsymbol{\vartheta}}) \equiv S_r^2 = \frac{1}{n-1}\left[\frac{1}{n}\sum_{i=1}^{n}\xi_r^2(X_i) - \hat{\vartheta}_r^2\right], \quad r = 1, 2, \cdots, k. \tag{10.2.15}$$

如果 n 充分大, 方括号中第一项近似地等于 1, 于是有

$$V_{rr}(\hat{\boldsymbol{\vartheta}}) \equiv S_r^2 \approx \frac{1}{n-1}(1 - \hat{\vartheta}_r^2), \quad r = 1, 2, \cdots, k, \tag{10.2.16}$$

其中 S_r^2 是 $\xi_r(x)$ 的子样方差.

利用正交函数的另一个突出优点表现在对参数作区间估计十分方便. 从中心极限定理可知, 当 n 很大时, 有

$$\frac{\sum\limits_{i=1}^{n}\xi_r(X_i) - n\vartheta_r}{\sqrt{n}\sigma_r} = \frac{\boldsymbol{\vartheta} - \vartheta_r}{\sigma_r/\sqrt{n}} \sim N(0, 1), \quad r = 1, 2, \cdots, k, \tag{10.2.17}$$

其中 σ_r^2 是 $\xi_r(x)$ 关于 ϑ_r 的方差. 当 n 很大时, 未知量 σ_r^2 可用子样方差 S_r^2 作为近似, 后者如式 (10.2.16) 所示, 代入上式, 即得

$$\frac{\hat{\vartheta}_r - \theta_r}{S_r/\sqrt{n}} \sim N(0, 1), \quad r = 1, 2, \cdots, k. \tag{10.2.18}$$

因此, 从观测值算得 $\hat{\vartheta}_r$ 和 S_r 后, 即可由标准正态分布来求出 θ_r 的近似置信区间. 当 $r \neq s$, ϑ_r 与 ϑ_s 之间是相互独立的, 故这样求得的参数 $\boldsymbol{\vartheta} = \{\vartheta_1, \cdots, \vartheta_k\}$ 的各个分量的置信区间也是相互独立的.

10.3 举　例

例 10.1　反质子极化实验 (3)

在 8.4.3 节和 9.5 节中已经分别用极大似然法和最小二乘法讨论了反质子极化中极化量的估计问题, 这里用正交函数的矩法来进行估计. 两次散射平面的法线之间的夹角 ϕ 的分布已知为式 (8.4.13) 所示

$$f(\cos\phi|\alpha) = \frac{1}{2}(1 + \alpha\cos\phi), \quad -1 \leqslant \cos\phi \leqslant 1,$$

其中待估计的未知参数是 α, 它等于极化量 P 的平方, 即 $\alpha = P^2$.

$f(\cos\phi|\alpha)$ 的形式与用正交函数表示的概率密度式 (10.2.10) 不同. 为此, 我们引入新的变量

$$x = \cos\varphi, \quad \xi(x) = \sqrt{\frac{3}{2}}x, \quad \alpha' = \frac{\alpha}{\sqrt{6}}. \tag{10.3.1}$$

于是 $f(\cos\varphi|\alpha)$ 可写成

$$f(x|\alpha')=\frac{1}{2}+\alpha'\xi(x).$$

函数 $\xi(x)$ 满足式 (10.2.11)、式 (10.2.12) 的要求, 因此, 可直接引用式 (10.2.14)、式 (10.2.16) 的结果, 得到 α' 的无偏估计

$$\hat{\alpha'}=\overline{\xi}(x)=\frac{1}{n}\sum_{i=1}^{n}\sqrt{\frac{3}{2}}\cos\varphi_i,$$

其方差近似地等于

$$V\left(\hat{\alpha'}\right)\approx\frac{1}{n-1}\left(1-\hat{\alpha'}^2\right).$$

根据 α 与 α' 的关系, 立即有

$$\hat{\alpha}=\frac{3}{n}\sum_{i=1}^{n}\cos\varphi_i, \tag{10.3.2}$$

$$V(\hat{\alpha})\approx\frac{1}{n-1}(3-\hat{\alpha}^2). \tag{10.3.3}$$

如果利用较为精确的式 (10.2.15) 来估计方差, 则有

$$V(\hat{\alpha})=\frac{1}{n-1}\left(\frac{9}{n}\sum_{i=1}^{n}\cos^2\varphi_i-\hat{\alpha}^2\right). \tag{10.3.4}$$

将这些结果与极大似然估计值作一比较. 由 8.4.3 节的讨论可知, 当 n 充分大时, α 的极大似然估计值的方差达到最小方差界, 其表达式由 (8.4.14) 给出

$$V_{\mathrm{ML}}(\hat{\alpha})=\frac{1}{n}\frac{2\alpha^3}{\ln(1+\alpha)-\ln(1-\alpha)-2\alpha}.$$

下标 ML 是极大似然法的缩写. 用 MM 表示矩法的缩写, α 的矩法估计量的有效率 $e(\hat{\alpha}_{\mathrm{MM}})$ 可表示为

$$e(\hat{\alpha}_{\mathrm{MM}})=\frac{V_{\mathrm{ML}}(\hat{\alpha})}{V_{\mathrm{MM}}(\hat{\alpha})}=\frac{\dfrac{1}{n}\dfrac{2\hat{\alpha}^3}{\ln(1+\hat{\alpha})-\ln(1-\hat{\alpha})-2\hat{\alpha}}}{\dfrac{1}{n-1}(3-\hat{\alpha}^2)}. \tag{10.3.5}$$

当 n 充分大并且 $\hat{\alpha}\ll 1$, 有近似式

$$e(\hat{\alpha}_{\mathrm{MM}})\approx 1-\frac{4}{15}\hat{\alpha}^2. \tag{10.3.6}$$

因此, 当极化量 $P(=\sqrt{\alpha})$ 很小时, 矩法估计量的有效率接近于 1. 如 $P=0.1$ 和 0.3, 矩法估计量的有效率分别是 0.99997 和 0.998.

例 10.2　粒子角动量分析 (2)

在 9.5 节中利用最小二乘法对粒子反应

$$\pi + N \to N + B, \quad B \to \pi_a + \pi_b$$

中粒子 B 的自旋角动量 J 进行了分析, 现在我们用正交函数的矩法来进行讨论.

自旋为 J 的 B 粒子衰变为两个 π 介子的角分布如式 (9.5.16) 所示,

$$W(\Omega) = f(\cos\vartheta, \varphi) = \sum_{j=0,2,4,\cdots}^{j=2J} \sum_{m=-j}^{m=j} C_{jm} Y_j^m(\cos\vartheta, \varphi),$$

其中 Y_j^m 是球谐函数, 它有如下性质:

$$\int_{4\pi} Y_j^m(\Omega) Y_j'^{m'}(\Omega)^* \mathrm{d}\Omega = \delta_{jj'}\delta_{mm'},$$

$$\int_{4\pi} Y_j^m(\Omega)\mathrm{d}\Omega = 0,$$

其中 * 表示复数共轭. 特别是 $Y_0^0(\cos\vartheta, \varphi)$ 为一常数 $Y_0^0 = \dfrac{1}{\sqrt{4\pi}}$. 故当 $J = 0$ 时

$$W(\Omega) = C_{00} Y_0^0 = \frac{1}{\sqrt{4\pi}} C_{00}.$$

为了满足归一化条件 $\displaystyle\int_{4\pi} W(\Omega)\mathrm{d}\Omega = 1$, 必有 $C_{00} = \dfrac{1}{\sqrt{4\pi}}$, 所以上面 $W(\Omega)$ 的公式可改写为

$$W(\Omega) = \frac{1}{4\pi} + \sum_{j=2,4,\cdots}^{j=2J} \sum_{m=-j}^{m=j} C_{jm} Y_j^m(\Omega). \tag{10.3.7}$$

上述概率密度 $W(\Omega)$ 具有式 (10.2.10) 的形式, 因为 $Y_j^m(\Omega)$ 具有正交性, 故可用式 (10.2.14) 和式 (10.2.16) 来估计参数 C_{jm} 及其方差

$$\left.\begin{aligned} &C_{jm} = \overline{Y_j^m}(\Omega) = \frac{1}{n}\sum_{i=1}^{n} Y_j^m(\cos\theta_i, \varphi_i), \\ &V(\hat{c}_{jm}) \approx \frac{1}{n-1}(1 - C_{jm}^2), \quad j = 2, 4, \cdots, 2J, \quad m = -j, \cdots, j. \end{aligned}\right\} \tag{10.3.8}$$

可见, 对系数 C_{jm} 的正交函数矩法估计比 9.5 节叙述的最小二乘估计的计算要容易得多.

例 10.3　矩法应用于多个实验结果的合并

假定利用同一组正交函数在两个实验中求得同样参数 $\boldsymbol{\vartheta}$ 的矩法估计 $\boldsymbol{\vartheta}^{(1)}$ 和 $\boldsymbol{\vartheta}^{(2)}$, 两个实验的事例数分别是 n_1 和 n_2, 那么 $\boldsymbol{\vartheta}$ 的第 r 个分量的实验合并结果可表示为

$$\hat{\vartheta}_r = \frac{1}{n_1+n_2}\sum_{i=1}^{n_1+n_2}\xi_r(X_i) = \frac{n_1}{n_1+n_2}\hat{\vartheta}_r^{(1)} + \frac{n_2}{n_1+n_2}\hat{\vartheta}_r^{(2)}, \quad r=1,2,\cdots,k. \tag{10.3.9}$$

这正是两个实验各自的矩法估计量的加权求和. 其方差是

$$V(\hat{\vartheta}_r) \approx \frac{1}{n_1+n_2-1}(1-\hat{\vartheta}_r^2), \quad r=1,2,\cdots,k. \tag{10.3.10}$$

如果利用非正交函数的矩法对参数 $\boldsymbol{\vartheta}$ 作估计, 则每个实验的估计量将与非对角的协方差矩阵元素有关, 就不存在式 (10.3.9)、式 (10.3.10) 的简单关系. 合并估计值及其误差必须用更精细的计算方法, 例如, 用 9.2.3 节描述的最小二乘途径.

10.4 矩法、极大似然法和最小二乘法的比较

当根据一组实验数据来确定一组未知参数的估计值及其误差时, 可以选择不同的参数估计方法, 如第 8 章、第 9 章和本章讨论的极大似然法、最小二乘法和矩法. 选择哪一种方法首先取决于该方法所得估计量的统计性质. 第 7 章里已经阐明, 一个好的估计量应有如下的一般统计性质：

(1) 相合性 —— 当观测数目 n(子样容量) 增大时, 由估计量算得的估计值收敛于参数真值;

(2) 无偏性 —— 不论子样容量 n 的大小, 估计量算得的估计值与参数真值不存在系统的偏离;

(3) 有效性 —— 估计量服从的分布对于它的期望值 (对于无偏估计即为参数真值) 具有最小方差;

(4) 充分性 —— 估计量包含了观测值对于未知参数的全部信息.

其次, 估计方法的选择还应考虑到一些实际的因素, 例如, ① 估计量的公式应当尽可能简单、易行; ② 所需的计算机程序应当不太复杂, 尽可能利用计算机程序库的现有程序, 例如矩阵求逆, 函数极小化程序大多现成可得; ③ 计算估计值所需的计算机内存和机时应当尽可能节省等.

估计量的统计最优性质与实际因素的考虑在实际问题中有时会互相抵触. 必须根据问题的要求来决定哪些因素放在优先的地位, 从而选择适当的参数估计方法.

本节通过一个简单的例子, 即 8.4.3 节、9.5 节和 10.3 节中讨论过的反质子极化实验的模拟数据, 利用三种不同参数估计方法估计同一个待定参数及其误差, 以对这三种方法进行比较.

10.4.1 反质子极化实验的模拟

在质子、反质子双散射中, 两次散射的散射平面法线之间的夹角 α 的理论分布是 (见式 (8.4.13))

$$f(x|\alpha)=\frac{1}{2}(1+\alpha x),\quad -1\leqslant x\leqslant 1, \tag{10.4.1}$$

其中 $x=\cos\phi$. 符合这种理论分布的双散射事例可以用蒙特卡罗方法 (见第 14 章) 用计算机进行模拟. 设 r 为 [0, 1] 区间内均匀分布的随机数, 令

$$\cos\phi_i=2r_1-1. \tag{10.4.2}$$

对于给定的 α 值, 如果满足

$$f(\cos\phi_i|\alpha)=\frac{1}{2}(1+\alpha\cos\phi_i)>r_2, \tag{10.4.3}$$

那么就构成一个模拟“事例”, 该“事例”的 $\cos\phi$ 测量值如式 (10.4.2) 所示.

对于两个 α 值: $\alpha=0.09$(极化量 $P=\sqrt{\alpha}=0.3$) 和 $\alpha=0.25(P=0.5)$ 各产生了容量 $n=10,100,1000,10000$ 四组模拟子样值, 这也就是八个模拟的反质子极化实验的“事例数据”. 图 10.1 是这八个模拟实验中“测量”到的事例 $\cos\phi$ 值的直方图, 图中虚线是“理论”分布 $f(x|\alpha)$, 以“实验事例”总数 n 作为归一化因子. 由图可直观地看到, “实验测量”与“理论分布”合理地一致. 下面利用这些子样观测值通过三种不同的参数估计方法来估计“未知”参数 α 及其误差, 并考察所得结果与 α 的实际值 ($\alpha=0.09$ 和 0.25) 的符合程度.

10.4.2 不同估计方法的应用

通过不同的估计方法, 利用图 10.1 所示的模拟数据对参数 α 及其误差进行估计, 其结果列于表 10.1 中. 下面我们逐一地说明这些结果是如何求得的.

(1) 矩法.

由 10.2 节讨论的正交函数矩法可知, α 的估计是

$$\hat{\alpha}=\frac{3}{n}\sum_{i=1}^{n}X_i. \tag{10.4.4}$$

当子样容量 n 很大时, $\hat{\alpha}$ 的方差

$$V(\hat{\alpha})=\frac{1}{n-1}\left(3-\hat{\alpha}^2\right). \tag{10.4.5}$$

对于 $n \leqslant 100$, 采用小样公式

$$V(\hat{\alpha}) = \frac{1}{n-1}\left(\frac{9}{n}\sum_{i=1}^{n} X_i^2 - \hat{\alpha}^2\right). \tag{10.4.6}$$

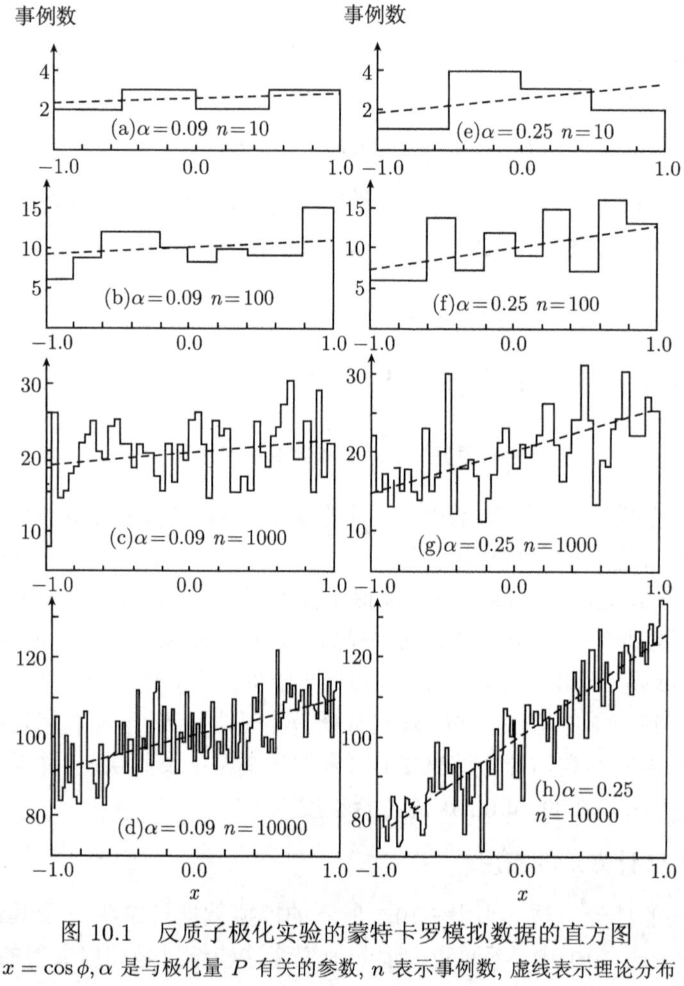

图 10.1　反质子极化实验的蒙特卡罗模拟数据的直方图

图中 $x = \cos\phi, \alpha$ 是与极化量 P 有关的参数, n 表示事例数, 虚线表示理论分布 $f(x|\alpha)$

(2) 极大似然法.

本问题中似然函数为

$$L(X_1, X_2, \cdots, X_n|\alpha) = \prod_{i=1}^{n} \frac{1}{2}(1 + \alpha X_i),$$

似然函数的对数为

$$\ln L = -n\ln 2 + \sum_{i=1}^{n} \ln(1 + \alpha x_i). \tag{10.4.7}$$

α 的估计值及其误差可由图像法确定. 图 10.2 是八个实验的 $\ln L$-α 标绘. $\ln L$ 的峰值对应的 α 值即为其极大似然估计值 $\hat{\alpha}$, $\hat{\alpha}$ 的误差由 $\ln L$ 曲线与直线 $\ln L = \ln L_{\max} - 0.5$ 的两个交点确定, 两个交点对应的 α 值与 $\hat{\alpha}$ 之差构成了"上差" $\Delta\hat{\alpha}_U$ 和"下差" $\Delta\hat{\alpha}_L$. 由图可见, 即使子样容量小到 $n = 10$, $\ln L$ 也几乎是对称的抛物线, 因此, 误差 $\Delta\hat{\alpha}$ 可近似地取为 $\Delta\hat{\alpha}_U$ 和 $\Delta\hat{\alpha}_L$ 的平均值.

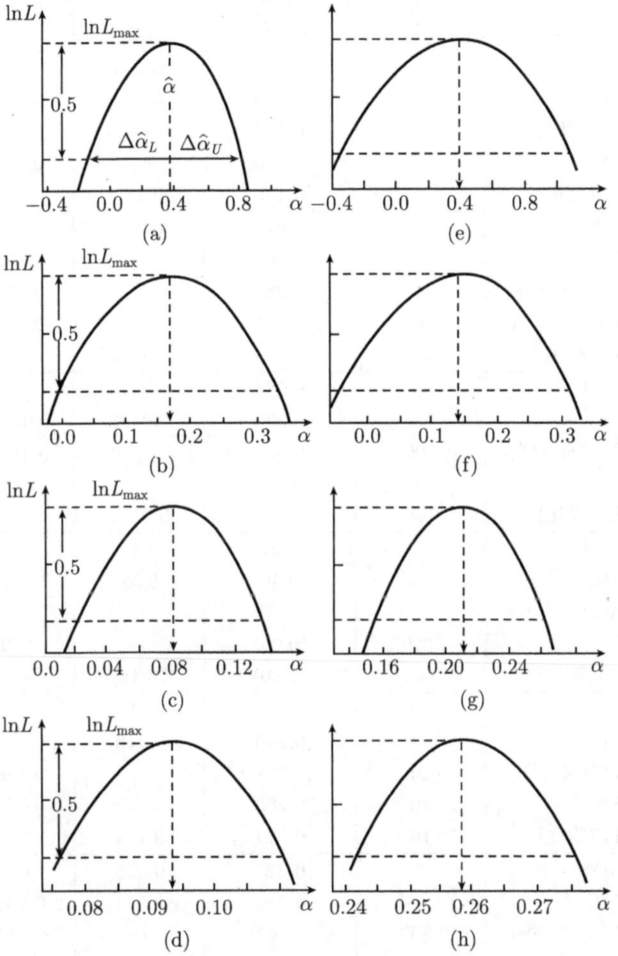

图 10.2 反质子极化实验模拟数据的似然函数图

$\ln L$ 由文中式 (10.4.7) 表示, α 为待估计参数. 图中 $\hat{\alpha}$ 为极大似数估计值,

$\Delta\hat{\alpha}_U, \Delta\hat{\alpha}_L$ 分别是"上差"和"下差"

除了用图像法确定 $\hat{\alpha}$ 的误差外, 表 10.1 还列出了根据解析的大样公式 (8.4.14) 求得的 $\Delta\hat{\alpha}$ 数值

$$V(\hat{\alpha}) = \frac{1}{n}\frac{2\alpha^3}{\ln(1+\alpha) - \ln(1-\alpha) - 2\alpha}. \tag{10.4.8}$$

表 10.1　反质子极化实验模拟数据用不同的估计方法得到的参数 α 估计值及其误差

模拟实验的参数	估计方法	子区间数 N	参数估计值 $\hat{\alpha}$	参数估计值的误差 $\Delta\hat{\alpha}$		
				解析公式	图像法	方差下界
(a) $\alpha=0.09$ $n=10$	MM	—	0.42	0.62	—	0.54
	ML	—	0.38	0.52	0.47	
	ML(直方图)	—	—	—	—	
	LS	(4)	(0.15)	—	(0.53)	
	LS(简化)	(4)	(0.16)	(0.55)	—	
(b) $\alpha=0.09$ $n=100$	MM	—	0.172	0.175	—	0.173
	ML	—	0.170	0.171	0.173	
	ML(直方图)	—	0.177	—	0.174	
	LS	10	0.175	—	0.172	
	LS(简化)	10	0.183	0.165	—	
(c) $\alpha=0.09$ $n=1000$	MM	—	0.078	0.055	—	0.054
	ML	—	0.080	0.054	0.056	
	ML(直方图)	50	0.080	—	0.056	
	LS	50	0.075	—	0.054	
	LS(简化)	50	0.109	0.052	—	
(d) $\alpha=0.09$ $n=1000$	MM	—	0.093	0.0173	—	0.0173
	ML	—	0.093	0.0173	0.0173	
	ML(直方图)	100	0.093	—	0.0172	
	LS	100	0.092	—	0.0175	
	LS(简化)	100	0.095	0.0172	—	
(e) $\alpha=0.25$ $n=10$	MM	—	0.21	0.44	—	0.54
	ML	—	0.40	0.52	0.71	
	ML(直方图)	—	—	—	—	
	LS	(4)	(0.05)	—	(0.69)	
	LS(简化)	(4)	(0.40)	(0.43)	—	
(f) $\alpha=0.25$ $n=100$	MM	—	0.215	0.164	—	0.170
	ML	—	0.240	0.170	0.178	
	ML(直方图)	10	0.251	—	0.180	
	LS	10	0.250	—	0.180	
	LS(简化)	10	0.224	0.154	—	
(g) $\alpha=0.25$ $n=1000$	MM	—	0.211	0.055	—	0.054
	ML	—	0.210	0.054	0.054	
	ML(直方图)	50	0.207	—	0.054	
	LS	50	0.200	—	0.057	
	LS(简化)	50	0.215	0.054	—	
(h) $\alpha=0.25$ $n=10000$	MM	—	0.262	0.0171	—	0.0170
	ML	—	0.258	0.0170	0.0172	
	ML(直方图)	100	0.259	—	0.0168	
	LS	100	0.258	—	0.0170	
	LS(简化)	100	0.260	0.0169	—	

注：表中 MM 为矩法, ML 为极大似然法, LS 为最小二乘法.

(3) 直方图数据的极大似然估计.

将 $x = \cos\phi$ 的取值域 $[-1, 1]$ 划分为 N 个子区间, 第 i 个子区间中包含 n_i 个事例, 于是未知参数 α 的极大似然估计可对函数求极大值得出 (见 8.7 节), 式中 $p_i(\alpha)$ 是对于给定的参数 α 值, 事例落在 i 子区间的概率. 第 i 子区间中变量 x 的取值为 $x_i \sim x_i + \Delta x_i$, 故概率 $p_i(\alpha)$ 可由概率密度在该子区间的积分值表示

$$p_i(\alpha) = \int_{x_i}^{x_i+\Delta x_i} \frac{1}{2}(1+\alpha x)\mathrm{d}x = a_i + ab_i, \tag{10.4.9}$$

其中, $a_i \equiv \frac{1}{2}\Delta x_i, b_i \equiv \frac{1}{2}\Delta x_i\left(x_i + \frac{1}{2}\Delta x_i\right)$. 代入 $\ln L$ 的表达式, 有

$$\ln L(n_1, \cdots, n_N|\alpha) = \sum_{i=1}^{N} n_i \ln\left\{1 + \alpha\left(x_i + \frac{1}{2}\Delta x_i\right)\right\} + \text{常数}. \tag{10.4.10}$$

直方图数据的极大似然法只对大子样容量才有实际意义, 可节省计算时间而估计量的误差与实际误差很接近. 这里我们对 $n \leqslant 100$ 的小子样事例也作这样的处理, 目的只是为了进行比较. 所得结果列于表 10.1, 其中估计值的误差是由图像法 (曲线 $\ln L$ 与直线 $\ln L = \ln L_{\max} - 0.5$ 的交点) 求出的.

(4) 最小二乘法.

与 (3) 相同, 第 i 子区间中的事例数用 n_i 表示, 全部 N 个子区间中共有 n 个事例, 用最小二乘作法作参数估计时, Q^2 函数的形式为

$$Q^2 = \sum_{i=1}^{N} \frac{[n_i - np_i(\alpha)]^2}{np_i(\alpha)}, \tag{10.4.11}$$

其中 $p_i(\alpha)$ 已由式 (10.4.9) 给定.

对于八个实验, 函数 Q^2 作为 α 的函数的标绘见图 10.3, 极小值 $Q^2_{\min}$ 对应的 α 值即最小二乘估计 $\hat{\alpha}$. 函数 Q^2 的曲线与直线 $Q^2 = Q^2_{\min} + 1$ 的两个交点确定了估计值 $\hat{\alpha}$ 的误差. $n = 10$ 的两个实验中的某些观测频数过小, 不满足应用最小二乘法的必要条件 (见 9.5 节的讨论), 故其数值在表 10.1 中用括号括起来以示区别.

(5) 简化最小二乘法.

如 9.1 节所述, 对于简化最小二乘法, Q^2 函数的形式为

$$Q^2 = \sum_{i=1}^{N} \frac{[n_i - np_i(\alpha)]^2}{n_i}. \tag{10.4.12}$$

本问题中, $np_i(\alpha)$ 对参数 α 有线性关系, 故 Q^2 是 α 的二次函数, 最小二乘估计 $\hat{\alpha}$ 及其误差由解析表达式 (9.5.12) 和式 (9.5.14) 表示

$$\hat{\alpha} = \frac{1}{n}\sum_{i=1}^{N}\left(b_i - \frac{na_ib_i}{n_i}\right) \Bigg/ \sum_{i=1}^{N}\frac{b_i^2}{n_i}, \tag{10.4.13}$$

$$\Delta\hat{\alpha} = \frac{1}{n}\left(\sum_{i=1}^{N}\frac{b_i^2}{n_i}\right)^{-1/2}, \tag{10.4.14}$$

其中 a_i, b_i 的意义与式 (10.4.9) 中相同. 简化最小二乘法求出的 $\hat{\alpha}$ 及其误差列于表 10.1 中, 其中 $n=10$ 的两个实验观测频数过小, 不满足应用最小二乘法的条件 (见 9.5 节的讨论), 故其结果用括号括起来以示区别.

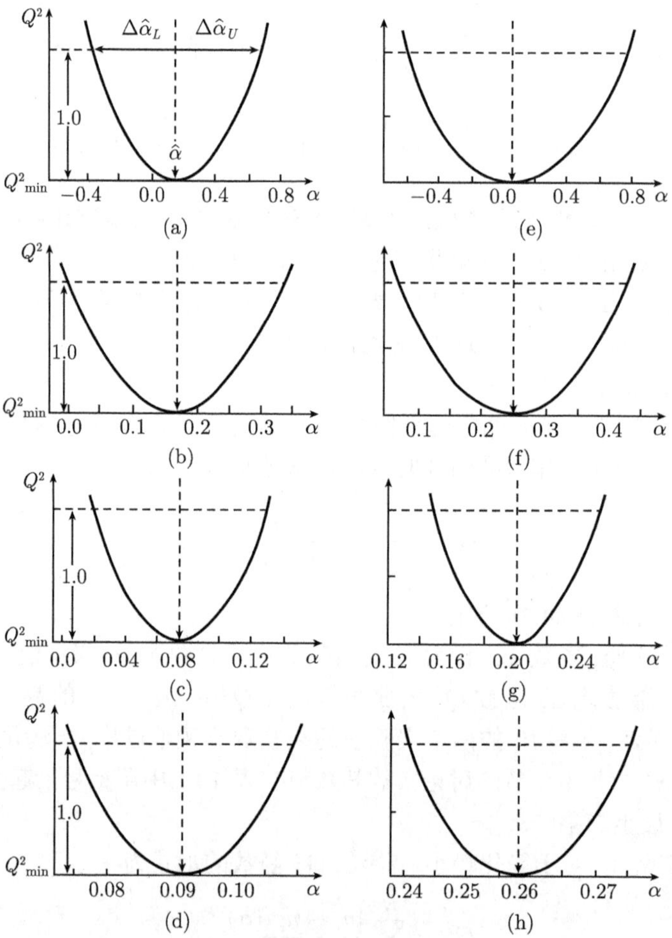

图 10.3 反质子极化实验模拟数据的最小二乘估计

Q^2 函数由式 (10.4.11) 表示, α 为待估计乘数, $\hat{\alpha}$ 为最小二乘估计值,$\Delta\hat{\alpha}_U, \Delta\hat{\alpha}_L$ 分别是“上差”和“下差”

10.4.3 讨论

(1) 参数估计值及其误差.

根据表 10.1 的数值结果, 可以得出以下结论：

(a) 除子样容量过小 ($n = 10$) 的情形外, 对每个模拟实验, 不同估计方法求得的参数估计值 $\hat{\alpha}$ 一般符合得较好.

(b) 对同样的子样容量 n, 不同估计方法求出的参数误差 $\Delta\hat{\alpha}$ 大致相同.

(c) 估计误差 $\Delta\hat{\alpha}$ 大体上反比于 $\sqrt{n}$.

结论 (a) 是很自然的, 因为当子样容量充分大时, 这五种估计量都是相合的和渐近无偏的. 当 n 很小 ($n = 10$), 即使利用了数据全部信息的极大似然法, 其估计值 $\hat{\alpha}$ 与真值 ($\alpha = 0.09, 0.25$) 仍有很大差别. 考虑到估计误差 $\Delta\hat{\alpha}$ 相当大, 所以估计值在误差范围内与真值并非不一致.

估计误差 $\Delta\hat{\alpha}$ 的方差下界可从克拉美–罗不等式 (式 (7.4.6)) 计算, 对于本问题的总体分布, 方差下界就是极大似然估计的大子样方差公式 (10.4.8), 方差下界也已列在表 10.1 中. 可以看到, 对于四种 n 值, 不同估计方法求得的 $\Delta\hat{\alpha}$ 与方差下界很接近, 这表示这五种估计方法对于小样问题也有很高的有效性. 但是式 (10.4.1) 的概率密度不属于指数族, 因而参数 α 的充分估计量不存在, 这五种方法没有一种是完全有效的 (见 7.5 节的讨论).

由于各种估计方法求出的 $\Delta\hat{\alpha}$ 值与式 (10.4.8) 代表的方差下界相近, 而由式 (10.4.8) 知

$$V(\hat{\alpha}) \propto \frac{1}{n},$$

所以结论 (c) 是完全合理的.

表 10.1 中某些误差 $\Delta\hat{\alpha}$ 值小于方差下界并不是不合理的, 因估计方差是一个随机变量, 而方差下界是估计方差的**期望值**的下界. 因而, 若有 K 组容量 n 的子样 (测量值), 对每组测量值求得误差估计值, 这 K 个误差值的**平均**(当 K 充分大) 总是**高于**方差下界对应的误差值, 但其中个别误差值却可以比方差下界小.

(2) 拟合优度.

第 9 章中我们已经指出, 最小二乘法比其他参数估计方法的优越之处在于, 最小二乘函数 $Q^2_{\min}$ 的值是实验数据与理论模型之间拟合优度的定量表述, 因为在一定条件下, $Q^2_{\min}$ 具有确定的分布性质. 如果事例数 n 不很小, $Q^2_{\min} \sim \chi^2(N-L)$, N 表示独立的测量个数, L 为待估计的独立参数 (见 9.4.3 节的讨论). 对于一定的 $Q^2_{\min}$ 值, 有与之一一对应的 χ^2 概率 P_{χ^2}, $Q^2_{\min}$ 比较小 (P_{χ^2} 比较大), 相应于比较好的拟合优度 (见 9.4.4 节).

表 10.2 列出了 $n = 100, 1000, 10000$ 的六个实验用一般的和简化的最小二乘法求出的 $Q^2_{\min}$ 值及对应概率 P_{χ^2}. 本问题中自由度是 $(N-1)-1 = N-2$, N 表示子区间数, 因为存在一个约束条件 $\sum\limits_{i=1}^{N} n_i = n$, 所以独立测量数只有 $N-1$ 个. 表 10.2

的数据表明, 这两种最小二乘法在本问题中求出的 P_{χ^2} 概率是相近的. 随着子样容量 n 的增大, P_{χ^2} 值也增大, 即拟合优度改善; 特别对 $n = 10000$ 的大样情形, P_{χ^2} 接近于可能的最大值 1, 这表明, 蒙特卡罗模拟产生的模拟事例的分布非常接近于式 (10.4.1) 的理想分布.

表 10.2 反质子极化实验模拟数据的最小二乘估计拟合优度

模拟实验的参数	子区间数 N	最小二乘法		简化最小二乘法	
		$Q^2_{\min}$	P_{χ^2}	$Q^2_{\min}$	P_{χ^2}
(b)$\alpha = 0.09$ $n = 100$	10	4.6	0.80	4.5	0.82
(c)$\alpha = 0.09$ $n = 1000$	50	38.5	0.82	47.3	0.56
(d)$\alpha = 0.09$ $n = 10000$	100	49.0	> 0.99	47.9	> 0.99
(f)$\alpha = 0.25$ $n = 100$	10	11.7	0.18	11.8	0.17
(g)$\alpha = 0.25$ $n = 1000$	50	39.5	0.80	41.7	0.72
(h)$\alpha = 0.25$ $n = 10000$	100	39.0	> 0.99	39.5	> 0.99

对于小样问题, $Q^2_{\min}$ 的分布性质未知, 因而它不能表征最小二乘估计量的拟合优度. 此外, 矩法和极大似然法不能给出拟合优度.

在实际问题中, 如果统计量 $\ln L_{\max}$ 的分布性质为已知, 从 $\ln L_{\max}$ 的数值也可得到拟合优度的信息. 一般地说, $\ln L_{\max}$ 的分布是未知的, 但对于一定的 $\hat{\alpha}$ 和 n 值, 可以构造 $\ln L_{\max}$ 的近似概率分布. 方法如下：利用蒙特卡罗技巧产生若干组容量 n 的子样, 并确定其 α 的估计值, 选出估计值与给定的 $\hat{\alpha}$ 值相近的 K 组事例 (子样), 如 K 充分大, 这 K 组事例的 $\ln L_{\max}$ 值就可构成 $\ln L_{\max}$ 的频率分布. 如果某一组实测数据对应的 $\ln L_{\max}$ 值为 $\ln L'_{\max}$, 那么该组实测数据的拟合优度近似地可用 $\ln L_{\max}$ 的频率分布从 $-\infty \to \ln L'_{\max}$ 的积分值 (累积分布) 来表示, 称为 “极大似然概率”.

图 10.4 是根据 100 组子样容量 $n = 10$, 参数估计值 $\hat{\alpha}$ 在区间 [0.37, 0.41] 内的独立模拟试验得出的 $\ln L_{\max}$ 频率分布及其累积分布. 表 10.1 中的实验 (a) 和 (e) 的参数估计值 $\hat{\alpha}$ 分别是 0.39 和 0.40, 所以这一频率分布及其累积分布可以作为这两个实验中 $\ln L_{\max}$ 的近似分布. 实验 (a) 和 (e) 的 $\ln L_{\max}$ 的实际值分别是 -6.68 和 -6.79, 从图 10.4(b) 可以看到, 表征这两个实验的 $\hat{\alpha}$ 值拟合优度的“极大似然概

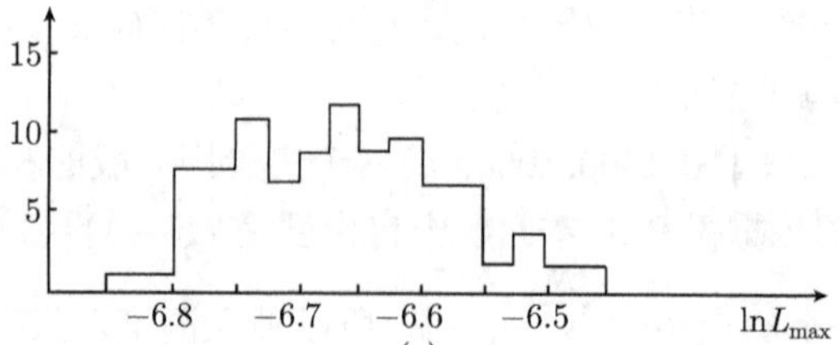

(a)

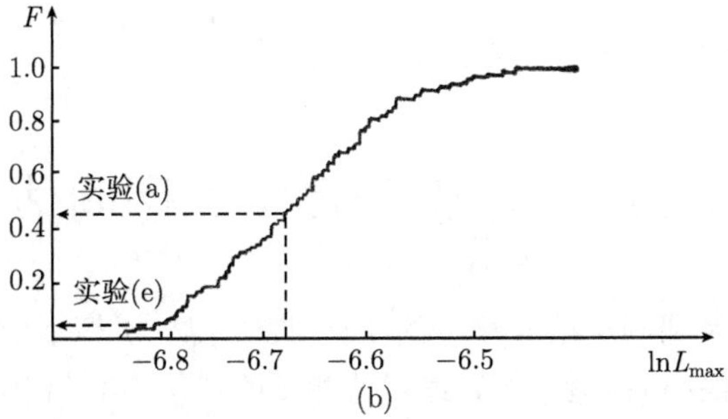

图 10.4 $n=10, \overline{\alpha} \in [0.37, 0.41]$ 的 100 个反质子极化模拟实验得出的 $\text{In}L_{\max}$ 分布

(a) 频率分布; (b) 累积频率分布

率”分别是 0.46 和 0.04. 如果用同样的方法对 $n=100$ 的两个实验 (b) 和 (f) 产生近似的 $\ln L_{\max}$ 的分布, 相应的“极大似然概率”分别是 0.55 和 0.12. 这两个数值与表 10.2 中给出的最小二乘 χ^2 概率 $P_{\chi^2} \approx 0.80$ 和 0.18 相对应.

第 11 章　小信号测量的区间估计

科学实验中经常遇到小信号测量的统计推断问题. 所谓小信号测量, 可以是待测物理量本身数值很小 (接近于零), 或者待测量的现象 (信号) 出现的概率很小. 同时, 实验测量值往往不但包含信号的贡献, 还有来自非信号过程 (本底) 的贡献, 有时, 后者的贡献甚至要大于前者, 或者两者具有相同的量级. 问题的复杂性还在于信号和本底往往是随机变量, 都存在统计涨落导致的统计误差; 同时, 由于测量仪器、测量方法的有限精度导致测量值存在系统误差.

此外, 小信号测量的统计推断常常需要考虑测量值真值的物理边界约束. 例如, 根据粒子物理当前的理论预期和实验测量, 中微子质量 m_ν 可能等于零或不为零的小量. 实验测量中中微子的能量、动量 (从而它的质量) 只能由包含中微子的粒子反应中其他粒子的能量、动量推算出来. 由于粒子能量、动量测量中存在误差, m_ν 的值甚至有出现负值的可能性. 然而粒子的质量只可能大于或等于零, 因此在利用测量值对 m_ν 真值作点估计和区间估计时, 必须考虑到这一物理约束.

北京谱仪国际合作组利用 $\mathrm{e^+e^-}$ 对撞机测量质心能量 $E_{\mathrm{cm}} = 3650, 3686,$ 3773MeV 处 $\mathrm{e^+e^-} \to \rho\eta'$ 的反应截面[66], 后者可由下式计算: $\sigma = n_{\mathrm{sig}}/L\varepsilon$, 式中 n_{sig} 是 $\mathrm{e^+e^-} \to \rho\eta'$ 反应信号事例数, L 是对撞机的积分亮度, ε 是探测器对该反应末态 $\rho\eta'$ 的探测效率. L,ε 都是可测量的已知量, 则待测量 σ 完全由 n_{sig} 所决定. 实验分析中, 先从反应末态中选出一个 ρ 粒子, 研究 ρ 反冲的 $\eta\pi^+\pi^-$ 不变质量谱 $M_{\eta\pi^+\pi^-}$ (η' 粒子可衰变为 $\eta\pi^+\pi^-$ 末态) 可以知道是否存在 η' 粒子. 图 11.1(a)、(b)、(c) 分别是 $E_{\mathrm{cm}} = 3650$, $3686, 3773$MeV 的 $M_{\eta\pi^+\pi^-}$ 分布. 图 (b) 中存在 $M_{\eta\pi^+\pi^-}$ ~958MeV(η' 粒子的质量) 的一个小峰, 表明存在 η' 粒子, 而图 (a)、(c) 中看不到 η' 质量峰. 此外从图 (b)、(c) 可见在 η' 信号区间里 (取为 η' 粒子质量 958MeV 左右各 50MeV 的区间, 相应于 $M_{\eta\pi^+\pi^-}$ 不变质量正态分布标准偏差的 ±2.5 倍) 显然存在本底的贡献. 根据以上实验观测可知, 在 $E_{\mathrm{cm}} = 3686$MeV 处, 在 η' 信号区间内 $\mathrm{e^+e^-} \to \rho\eta'$ 信号事例数 n_{sig} 是一个有限的正数, 实验可给出反应截面 σ 的测量值及误差, 而在 $E_{\mathrm{cm}} = 3650, 3773$MeV 处, n_{sig} 可能是一个非常接近零的小数, 实验只能给出一定置信水平下反应截面的上限. 这里 n_{sig} 最小只可能是零, 在对 n_{sig} 的真值进行参数估计时, 必须考虑这一物理约束. 对于 $\mathrm{e^+e^-} \to \rho\eta'$ 反应截面测量而言, 每一个 $\mathrm{e^+e^-} \to \rho\eta'$ 反应事例是其总体的一个子样, 所以信号区间内子样容量即为 n_{sig}. 在这三个质心能量处, 子样容量 n_{sig} 都很小, 实验对于这三

个质心能量处的反应截面都只给出一次测量值.

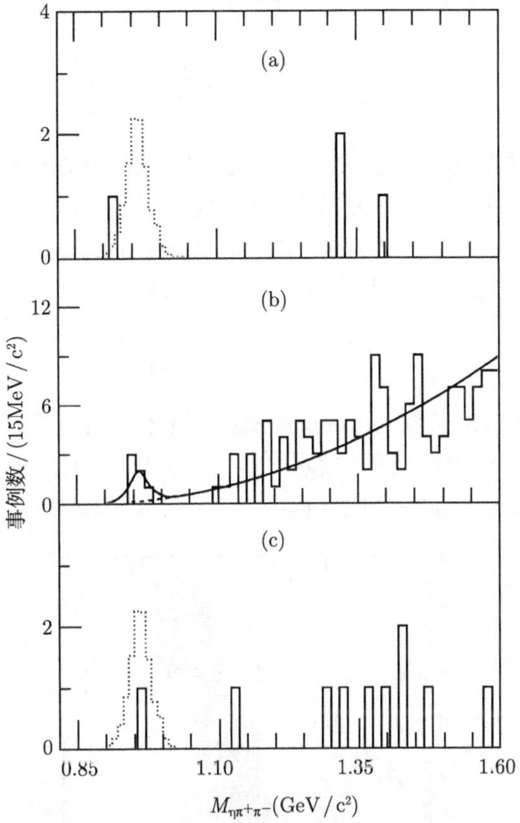

图 11.1 $E_{\rm cm} = 3650$(a), 3686(b), 3773(c)MeV 处 $e^+e^- \to \rho\eta'$ 候选事例的 $M_{\eta\pi^+\pi^-}$ 不变质量谱

图中虚线所示的峰指示如果 η' 存在其相应的位置和形状

综上所述, 我们可以归纳出小信号测量的参数估计的以下特点:

(1) 信号的实验测量值 (如信号事例数) 通常是小量, 因此对待测信号的实验报道, 有时只能给出一定置信水平下的上限.

(2) 实验测量值通常同时包含信号和本底的贡献, 而且信号和本底的测量都存在统计涨落和系统误差.

(3) 信号的测量值存在物理边界值 (不失一般性, 后面的讨论中假定它是信号下界, 且数值为 0).

(4) 子样容量小, 实验对待测量物理量只能给出少数, 甚至只有一个测量值.

本章针对小信号测量问题的这些特点, 对其参数估计问题进行讨论. 由于信号真值的点估计总是利用第 8、第 9、第 10 章中介绍的极大似然法, 最小二乘法和矩法之一来进行的, 所以本章着重讨论区间估计问题, 而且主要讨论一维区间估计问题, 即实验只对一个未知参数进行测量的情形.

11.1 经典方法

经典方法的基本思想是奈曼 (J. Neyman) 提出的, 所以也称为奈曼方法[67]. 区间估计经典方法的一般原则在 7.6 节中已经叙述. 对于实验只对一个未知参数进行测量的简单情形, 设待估计参数为 μ, 实验观测值为 x, 所谓区间估计问题, 是要从实验观测值 x 来确定 μ 的一个区间 $\mu \in [\mu_1, \mu_2]$, 满足

$$P\left(\mu \in [\mu_1, \mu_2]\right) = \gamma, \tag{11.1.1}$$

γ 称为置信水平, 也称为涵盖 (coverage) 概率. 显然 μ_1, μ_2 是观测值 x 的函数. 在 μ-x 的标绘上, 对于一个确定的置信水平 γ, 满足式 (11.1.1) 的置信区间形成一个置信带 (confidence belt), 如图 11.2 所示.

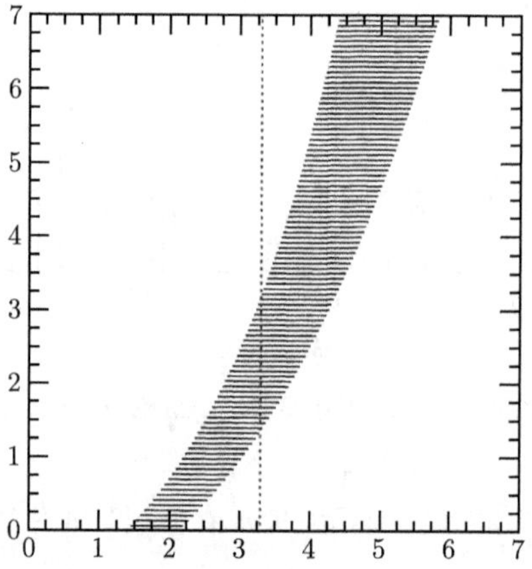

图 11.2 未知数 μ 和观测值 x 的置信水平 γ 的置信带

置信带是这样构造的, 对任一特定的 μ 值, 找到相应的 x 接受区间 $[x_1, x_2]$ 满足关系式

$$P\left(x \in [x_1, x_2] \,|\mu\right) = \gamma, \tag{11.1.2}$$

所有可能的 μ 值相应的 x 接受区间 $[x_1, x_2]$ 的集合即构成置信水平 γ 的置信带. 显然满足式 (11.1.2) 的接受区间有无穷多个. 通常使用的中心置信区间和上限置信区间则是唯一确定的. 所谓中心置信区间, 是指 $[x_1, x_2]$ 满足

$$P\left(x < x_1 \,|\mu\right) = P\left(x > x_2 \,|\mu\right) = \frac{1-\gamma}{2}; \tag{11.1.3}$$

而上限置信区间 $[x_{\rm up}, \infty)$ 定义为 (图 11.3)

$$P(x > x_{\rm up}|\mu) = \gamma. \tag{11.1.4}$$

对于任一观测值 x, 这样确定的中心置信区间满足

$$P(\mu < \mu_1|x) = P(\mu > \mu_2|x) = \frac{1-\gamma}{2}, \tag{11.1.5}$$

而上限置信区间满足

$$P(\mu < \mu_{\rm up}|x) = \gamma. \tag{11.1.6}$$

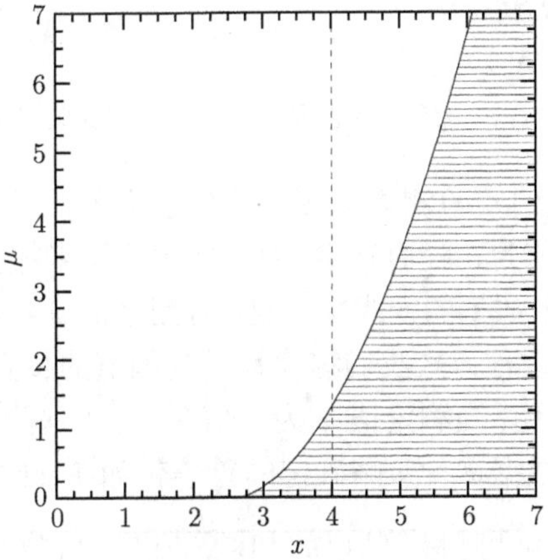

图 11.3 置信水平 γ 的上限置信带

当我们完成了置信水平 γ 的置信带的构造之后, 对任一特定的实验观测值 x_0, 画一条平行于 μ 轴的直线 $x = x_0$, 立即由它与置信带的交点求得未知参量 μ 的中心置信区间 $[\mu_1, \mu_2]$ 或上限值 $\mu_{\rm up}$. 于是未知参数 μ 的区间估计问题实际上是置信带的构造问题, 为此必须了解观测值 x 和待估计参数 μ 之间的概率密度函数.

11.1.1 正态总体

首先讨论一种常见的物理测量问题, 即实验中的观测值 x 服从正态分布, 其期望值是待估计的未知参数 μ, 而且它的方差 σ^2 已知 (不失一般性, 这里假定 $\sigma = 1$). 故观测值与未知参数之间的概率密度函数为

$$P(x|\mu) = \frac{1}{\sqrt{2\pi}} \exp\left[-\frac{(x-\mu)^2}{2}\right], \tag{11.1.7}$$

而且 μ 的物理下界为 0(μ 为 $\geqslant 0$ 的正数). 知道了概率密度函数式 (11.1.7), 根据式 (11.1.3)、式 (11.1.4) 立即可画出 $\gamma = 90\%$ 的中心置信带和上限置信带如图 11.4(a)、(b) 所示.

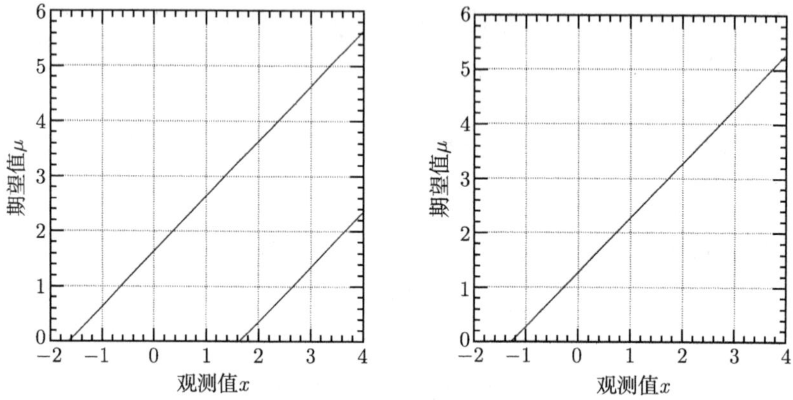

(a)　　(b)

图 11.4　(a)$\gamma = 90\%$ 中心置信带; (b)$\gamma = 90\%$ 上限置信带

但是对于一个特定的实验测量值 x, 究竟是报道 μ 的中心区间 $[\mu_1, \mu_2]$ 还是上限区间 $[0, \mu_{\rm up}]$, 到目前为止没有答案, 而需要由实验者根据某种附加的要求来确定. 实验者或许可以采取如下的方式来决定：若测量值 $x < 3\sigma$, 报道 90%上限区间; $x \geqslant 3\sigma$ 报道中心区间. 这种方式我们称为基于观测值的**突变方式**(flip flopping). 同时由于 μ 的物理下界限定, 当测定值 x 为负值时, 为了保险起见, 把 x 视为 0 并据此来确定其置信区间. 根据这种策略确定的置信带如图 11.5 所示.

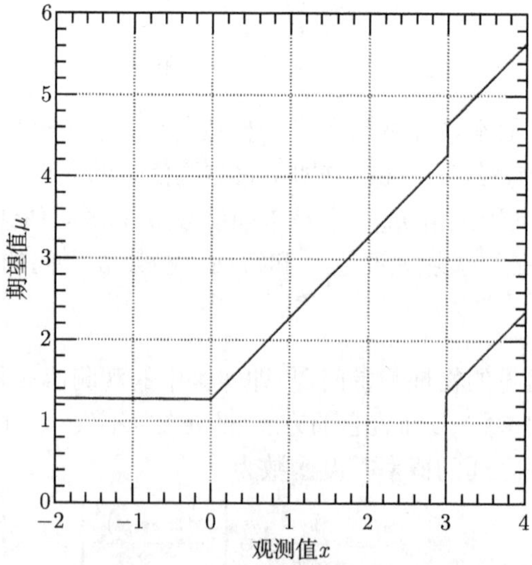

图 11.5　正态假设下突变方式策略相应的 $\gamma = 90\%$ 置信带

根据这种突变方式策略构造的置信带存在两个缺陷. 第一个缺陷称为涵盖概率不足, 即对于待估计参量的某些值, 其涵盖概率小于所规定的 γ 值. 例如, 当 $\mu = 2.0$,

由图 11.5 确定的接收区间为 $x_1 = 2 - 1.28$ 和 $x_2 = 2 + 1.64$, 这一区间内的概率含量 $\int_{x_1}^{x_2} P(x|\mu = 2.0)\mathrm{d}x = 0.85$, 没有达到规定的 $\gamma = 90\%$ 置信水平的要求. 经典方法确定的置信带的另一个缺陷是所谓的空集问题. 例如, 当观测值 $x = -1.8$(这在实验中是可能出现的), 从图 11.4 中找不到相应的 $[\mu_1, \mu_2]$ 或 $\mu_{\rm up}$, 即 μ 的置信水平 90%的置信区域是空集, 或者说对于观测值 $x = -1.8$, 用经典方法推断得到的期望值落在了物理上不容许的区域.

11.1.2 泊松总体

假定观测值 x(现改写为观测总事例数 n), 服从期望值 $\mu + b$ 的泊松分布

$$P(n|\mu) = \frac{(\mu + b)^n \mathrm{e}^{-(\mu+b)}}{n!}, \tag{11.1.8}$$

其中待估计的信号事例数服从泊松分布, 期望值为 μ; 本底事例数则服从期望值 b(已知值) 的泊松分布. 利用泊松分布的性质可计算出一定置信水平 γ, 一定 b 值的置信带, 例如, 图 11.6 给出了 $\gamma \geqslant 0.9, b = 3.0$ 的中心置信带和上限置信带.

因为泊松分布是离散分布, 现在中心置信带和上限置信带的构成要求是

$$P(\mu \in [\mu_1, \mu_2]) \geqslant \gamma, \quad P(\mu \leqslant \mu_{\rm up}) \geqslant \gamma, \tag{11.1.9}$$

这是比较保守的做法, 即要求实际涵盖概率略大于名义的涵盖概率量.

但利用图 11.6 的置信带来确定一定 n 值对应的待估计参数 μ 的置信区间时, 会出现正态分布观测量中类似的问题. 例如, 这里采用 $n < 3b$ 时报道 $\gamma = 90\%$ 上

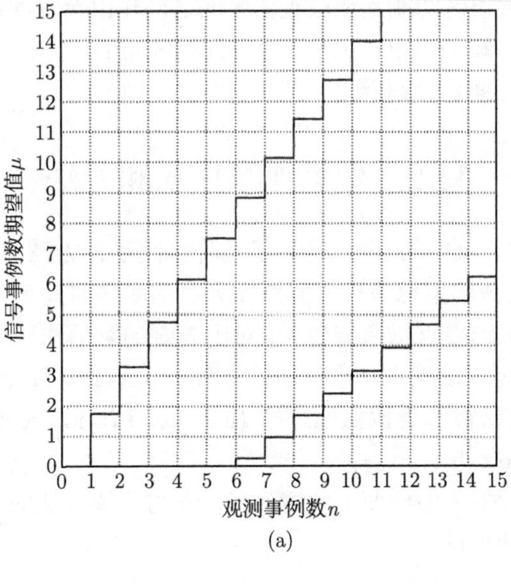

(a)

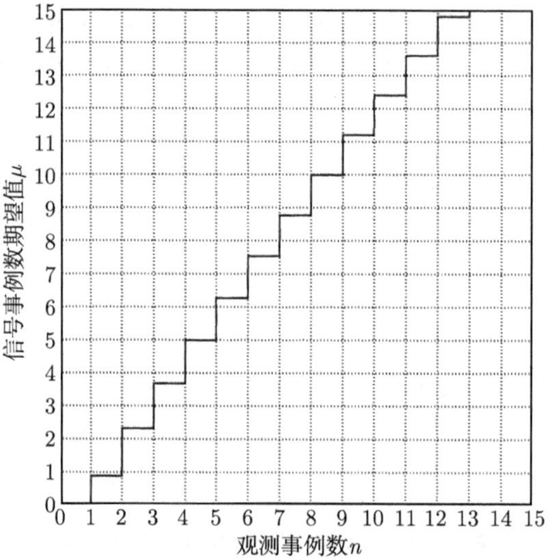

(b)

图 11.6　泊松变量的 $\gamma \geqslant 90\%$ 的中心置信带 (a) 和上限置信带 (b)

(本底期望值 $b = 3.0$)

限置信区间, $n \geqslant 3b$ 时报道中心置信区间的突变方式策略, 同样会导致实际涵盖概率低于名义涵盖概率量的问题. 其次, 当 $b = 3$, 观测值 $n = 0$ 时, μ 的 $\gamma = 90\%$ 置信区间为空集.

由此可以得出结论, 对于实验观测量服从正态分布和泊松分布这种大量遇到的实验测量而言, 对于我们所讨论的小信号的区间估计问题, 经典方法既不能在报道待估计参数的中心置信区间或是上限置信区间之间作出合理的选择, 又存在涵盖概率不足和存在空集的缺陷, 因此不是一种适宜的区间估计方法, 有必要发展新的方法来解决小信号的区间估计问题.

11.2　似然比顺序求和方法

G. Feldman 和 R. Cousins[68] 发展了一种区间估计方法可以克服经典方法的以上困难和缺陷. 其基本思想是按照似然比大小的顺序对概率密度求和, 以满足式 (11.1.1)、式 (11.1.2) 的要求构造置信带. 对于规定的置信水平 γ, 这一方法根据实验测量值 x 的大小可自动确定对于待估计参量 μ 应该报道中心置信区间还是应报道上限, 因此这一方法被称为似然比顺序 (likelihood ratio ordering) 求和方法或统一方法 (unified approach).

我们首先从观测值为泊松变量的情况出发来讨论该方法的基本思想, 然后推广到正态分布观测值的情况.

11.2.1 泊松总体

按照式 (11.1.8) 定义的泊松概率分布, 对任一给定的观测总事例数 n 和已知的平均本底 b, 使概率 $P(n|\mu)$ 达到极大的那个 μ 值定义为 μ_{best}, 即

$$P(n|\mu_{\text{best}}) > P(n|\mu), \quad \mu \neq \mu_{\text{best}}. \tag{11.2.1}$$

又根据物理边界要求 $\mu_{\text{best}} \geqslant 0$(即待估计参数值必须 $\geqslant 0$), 可得到 μ_{best} 的表达式为

$$\mu_{\text{best}}(n,b) = \max(0, n-b). \tag{11.2.2}$$

定义似然比

$$R(\mu,n) \equiv \frac{P(n|\mu)}{P(n|\mu_{\text{best}})} = \left(\frac{\mu+b}{\mu_{\text{best}}+b}\right)^n \mathrm{e}^{\mu_{\text{best}}-\mu}, \tag{11.2.3}$$

于是对任一特定的 μ 值, 其置信区间 $[n_1,n_2]$ 可以这样求得: 首先用式 (11.2.3) 算出所有可能的观测值 $n=0,1,2,\cdots$ 对应的似然比 $R(\mu,n)$ 值, 按 R 值从大到小的顺序决定每个观测值的秩 r, 即 R 值最大的 n 值其秩 r 定义为 1, R 值次大的 n 值其 $r=2$, 如此等等. 然后按 r 从小到大的顺序对观测值 n 的概率 $P(n|\mu)$ 求和, 直到满足

$$\sum_r P(n(r)|\mu) \geqslant \gamma, \tag{11.2.4}$$

$n(r)$ 中的最小值 n_1 和最大值 n_2 即构成该 μ 值对应的置信水平 γ 的置信区间. 对所有 μ 值算出相应的 n_1 和 n_2, 即构成了置信水平 γ 的置信带.

利用似然比顺序求和方法, 编制了计算机程序计算了 γ=0.6827, 0.90, 0.95, 0.99, 本底事例数期望值 $b=0\sim15$, 观测总事例数 $n=0\sim20$ 情况下的信号事例期望值 μ 的置信区间, 列于书末附录表 10.1 到表 10.4. 其中置信区间上、下限的精度好于 0.01. 图 11.7 则给出平均本底 $b=3.0$ 时置信水平 $\gamma=90\%$ 的置信带.

与经典方法的相应置信带图 11.6 相比较, 对于大的观测值 n, 两者的结果是相近的, 似然比方法给出的区间近似于经典方法的中心置信区间. 当观测值 n 比较小, 与本底期望值 b 接近时, 似然比方法自动给出 μ 的上限, 即 μ 的下限为 0. 例如, 在图 11.7 中, 当 $n\leqslant5$ 时, μ 的下限均为零. 对于任何观测值 n, 似然比方法确定的置信水平 γ 的置信区间的上、下限是唯一的, 它的涵盖概率量要求由式 (11.2.4) 得到了保证, 而且不会出现空集的困难. 因此, 似然比方法克服了经典方法的所有困难.

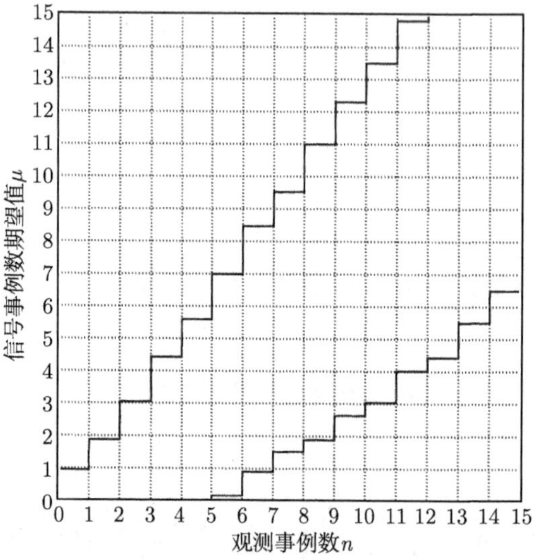

图 11.7 平均本底 $b = 3.0$, 置信水平 $\gamma = 90\%$ 泊松变量的置信带

11.2.2 正态总体

泊松变量的似然比顺序求和方法能以十分相似的方法应用于正态变量. 按照式 (11.1.7) 定义的正态分布, 对任一给定的观测值 x, 使 $P(x|\mu)$ 达到极大的那个 μ 值定义为 μ_{best}, 即

$$P(x\,|\mu_{\text{best}}) = \max P(x\,|\mu)\,; \tag{11.2.5}$$

并根据物理边界要求 $\mu_{\text{best}} \geqslant 0$, 可得到 μ_{best} 的表达式

$$\mu_{\text{best}} = \max(0, x). \tag{11.2.6}$$

于是有

$$P(x|\mu_{\text{best}}) = \begin{cases} \dfrac{1}{\sqrt{2\pi}}, & \text{当}x \geqslant 0, \\ \exp\left(-\dfrac{x^2}{2}\right)\Big/\sqrt{2\pi}, & \text{当}x < 0. \end{cases} \tag{11.2.7}$$

似然比 $R(x)$ 定义为

$$R(x) = \begin{cases} \dfrac{P(x|\mu)}{P(x|\mu_{\text{best}})} = \exp\left[-\dfrac{(x-\mu)^2}{2}\right], & \text{当}x \geqslant 0, \\ \exp\left[x\mu - \dfrac{\mu^2}{2}\right], & \text{当}x < 0. \end{cases} \tag{11.2.8}$$

对于任一给定的 μ 值, 置信水平 γ 的置信区间 $[x_1, x_2]$ 由

$$\int_{x_1}^{x_2} \frac{1}{\sqrt{2\pi}} \exp\left[-\frac{(x-\mu)^2}{2}\right] \mathrm{d}x = \gamma, \quad R(x_1) = R(x_2) \tag{11.2.9}$$

决定. 对所有可能的 μ 值求出相应的置信区间 $[x_1, x_2]$, 就构成置信水平 γ 的置信带.

Feldman 和 Cousins 利用数值方法求解式 (11.2.9), 对于观测值 $x \in (-3, 3)$ 的情形, $\gamma = 68.27\%, 90\%, 95\%, 99\%$ 的置信区间 $[\mu_1, \mu_2]$ 的数值列于书末附录表 11. 其中 $\mu_1 = \mathrm{g}$ 相当于上限置信区间.

图 11.8 给出了正态变量期望值 μ 的置信水平 $\gamma = 0.90$ 的置信带. 由图 11.8 可见, 当测量值 $x \leqslant 1.28$ 时, μ 的置信区间下界为 0, 则应报道 90%置信水平的上限值; 反之, 当 $x > 1.28$ 时, 则应报道 $\mu^{+\sigma_u}_{-\sigma_e}$ 的实验结果, σ_u, σ_e 是相应的正、负误差.

似然比方法构造的 $\gamma = 0.90$ 的置信带 (如图 11.8) 与经典方法构造的对应置信带 (图 11.4) 相比较, 对于观测值 x 大的区域, 两者的置信区间 $[\mu_1, \mu_2]$ 是相近的; 而在 $x \leqslant 0$ 和 $x \approx 0$ 的区域两者有明显的差别. 在似然比顺序求和方法中, 上限和中心置信区是自然地形成的, 式 (11.2.9) 保证了置信带有正确的涵盖概率量, 不存在空集的困难, 因而克服了经典方法中的缺陷.

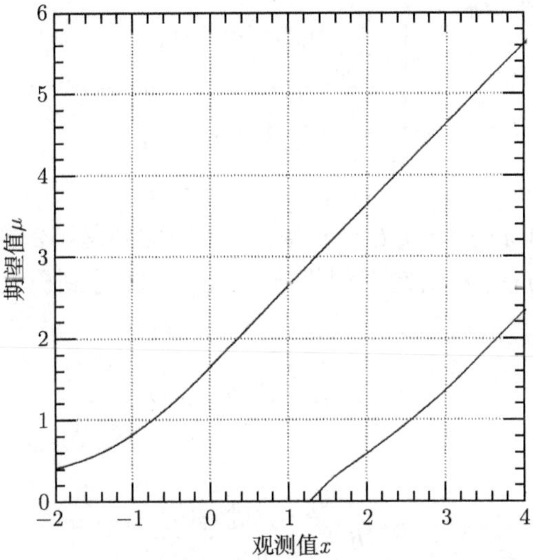

图 11.8 正态变量期望值置信水平 $\gamma = 0.90\%$ 的置信带

11.3 改进的似然比顺序求和方法

似然比顺序求和方法虽然解决了经典方法中的困难, 但在实际应用中发现它仍有缺陷. 例如对于观测值服从泊松分布的情形, 当观测事例数 n 小于平均本底 b 时, 对应于一定置信水平 γ 的信号事例的置信区间上限依赖于平均本底 b 的大小. 举一个具体例子, 例如, 观测总事例数 $n = 0$, 当 $b = 0, 1, 2, 3, 4$ 时, 信号事例的 $\gamma=$ 0.90 的置信区间分别为 (0∼2.44), (0∼1.61), (0∼1.26), (0∼1.08), (0∼1.01). 但从实际出发来考虑问题, 既然总的观测事例数 $n=0$, 实际的信号事例数和本底事例数的期望值都应当是零, 这时的置信区间基本上不应随预期的平均本底 b 而变化.

为了克服似然比顺序求和方法的这一缺陷, B. P. Roe 和 M. B. Woodroofe[69] 提出了一个改进方案, 其基本思想是对于任一特定观测总事例数 n, 本底事例数不可能大于 n. 将这一要求考虑到置信区间的构造上, 原来的概率密度函数

$$p(n)_{\mu+b}=\frac{(\mu+b)^n\mathrm{e}^{-(\mu+b)}}{n!} \tag{11.3.1}$$

要用条件概率密度 $q^n_{\mu+b}(k)$ 代替

$$q^n_{\mu+b}(k)=\begin{cases}\dfrac{p(k)_{\mu+b}}{\displaystyle\sum_{j=0}^{n}p(j)_b}, & \text{当}k\leqslant n;\\[2em] \dfrac{\displaystyle\sum_{j=0}^{n}p(j)_b p(k-j)_\mu}{\displaystyle\sum_{j=0}^{n}p(j)_b}, & \text{当}k>n.\end{cases} \tag{11.3.2}$$

这里, $q^n_{\mu+b}(k)$ 表示本底事例数 $b\leqslant n$ 条件下, 观测到总事例数为 k 的概率. 类似于似然比顺序求和方法, 对给定观测值 n, 使 $q^n_{\mu+b}(k)$ 达到极大的那个 μ 值定义为 μ_{best}, 即满足

$$q^n_{\mu_{\text{best}}+b}(k)>q^n_{\mu+b}(k), \tag{11.3.3}$$

则似然比定义为

$$\tilde{R}^n(\mu,k)=\frac{q^n_{\mu+b}(k)}{q^n_{\mu_{\text{best}}+b}(k)}. \tag{11.3.4}$$

然后按照似然比顺序求和方法中的步骤可构造特定置信水平 γ 相应的置信带.

对于 $b=3,\gamma=0.90$ 的特定情况, 似然比顺序求和方法和改进方案求出的置信带如图 11.9. 相应的数值见表 11.1. 两者的差别主要出现在总观测事例数 n 比较小的区域, 改进方案构造的置信区间比较宽. 特别对于 $n=0$ 的情况, 改进方案给出的 $b=3$ 对应的 $\gamma=0.90$ 的 μ 的上限为 $\mu_{\text{up}}=2.42$, 与似然比顺序求和方法中 $n=0,b=0$ 的 $\gamma=0.90\mu$ 的上限 $\mu_{\text{up}}=2.44$ 相近, 而比 $n=0,b=3$ 的 $\gamma=0.90$ 上限 $\mu_{\text{up}}=1.08$ 要大出很多.

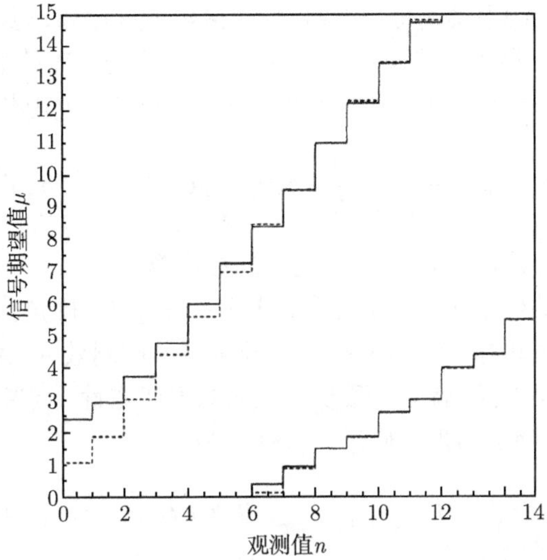

图 11.9 似然比顺序和方法 (虚线) 和改进方案 (实线) 构造的置信带的比较

观测值服从泊松分布, $\gamma = 0.90, b = 3$

表 11.1 似然比顺序求和方法和改进方案构造的置信区间的比较 $(\gamma = 0.90, \mathrm{b} = 3)$

n	似然比顺序求和方法		改进方案	
	μ_1	μ_2	μ_1	μ_2
0	0.0	1.08	0.0	2.42
1	0.0	1.88	0.0	2.94
2	0.0	3.04	0.0	3.74
3	0.0	4.42	0.0	4.78
4	0.0	5.60	0.0	6.00
5	0.0	6.99	0.0	7.26
6	0.15	8.47	0.42	8.40
7	0.89	9.53	0.96	9.56
8	1.51	11.0	1.52	11.0
9	1.88	12.3	1.88	12.22
10	2.63	13.5	2.64	13.46

11.4 考虑系统误差时泊松总体的区间估计

在本章前两节的讨论中, 对于泊松总体, 我们都假定信号区内本底事例数服从期望值 b 的泊松分布, 且 b 为已知; 信号事例数服从期望值 μ 的泊松分布.

在许多实际问题中, 本底事例数期望值 b 具有不确定性. 例如, 本章开头所举的例子中, 图 11.1 信号区内的本底事例数期望值 b 可以由信号区外的本底事例数分布确定. 由于信号区外的本底事例数很少, 或者其分布有相当明显的涨落, 因此本底函数的行为有明显的不确定性, 相应地信号区内的本底事例数期望值 b 有不确定性, 或者说, 期望值 b 存在系统误差. 当考虑 b 存在系统误差的情况下, J.Conrad[70] 提出, 在对信号事例数期望值 μ 作区间估计时, 其概率密度函数的形式应为

$$q(n)_{\mu+b} = \frac{1}{\sqrt{2\pi}\sigma_b} \int_0^{\infty} p(n)_{\mu+b'} \mathrm{e}^{-(b-b')^2} / \, 2\sigma_b^2 \mathrm{d}b', \tag{11.4.1}$$

其中 $p(n)_{\mu+b}$ 的定义见式 (11.3.1), σ_b 是 b 的标准离差.

本章开头所举的例子中, 反应截面由式 $\sigma = n_{\mathrm{sig}}/L\varepsilon$ 确定, 其中 ε 是探测装置对所研究的反应 (这里是 $\mathrm{e}^+\mathrm{e}^- \to \rho\eta'$) 信号事例的探测效率. 类似地, 探测效率 ε 的确定也会有系统误差, 这就会导致反应截面的不确定性. 当考虑探测效率 ε 的系统误差时, 概率密度函数的形式应进一步修改为

$$q(n)_{\mu+b} = \frac{1}{\sqrt{2\pi}\sigma_b\sigma_\varepsilon} \int_0^{\infty} \int_0^{\infty} p(n)_{\mu\varepsilon'+b'} \mathrm{e}^{-(b-b')^2/2\sigma_b^2} \mathrm{e}^{-(1-\varepsilon')^2/2\sigma_\varepsilon{}^2} \mathrm{d}b' \mathrm{d}\varepsilon', \tag{11.4.2}$$

其中 σ_ε 是信号事例探测效率 ε 的 (相对) 系统误差. 利用式 (11.4.1)、式 (11.4.2) 的概率密度函数, 再按照 11.2 节和 11.3 节叙述的 (改进的) 似然比顺序求和方法, 即可求得信号事例数期望值的置信区间.

在式 (11.4.1)、式 (11.4.2) 的概率密度函数表达式中, 系统误差的分布被假定为正态分布. 原则上, 其他分布的系统误差相应的概率密度函数也可以按类似于式 (11.4.1)、式 (11.4.2) 的方式得到.

按照以上原则, J.Conrad 等编制了计算机程序包 POLE(Poissonian Limit Estimator, 参见 http://www3.tsl.uu.se/~conrad/pole.html), 可计算 $n \leqslant 100$, $\mu \leqslant 50$ 情形下, 用经典方法、似然比求和方法或改进的似然比求和方法构造的置信带, 系统误差的分布可以是正态分布、对数–正态分布或均匀分布.

参 考 文 献

概率和统计

[1] Kendal M, Stuart A. The Advanced Theory of Statistics. London: Charles Griffin & Company Limited, 1963, 1967, 1966, 1, 2, 3

[2] Cramer H. Mathematical Methods of Statistics. Princeton: Princeton University Press, 1966

[3] Fisher R. Statistical Methods for Research Workers. Edinburgh-London: Oliver and Boyd, 1958

[4] Feller W. An Introduction to Probability Theory and Its Applications. John Wiley and Sons, 1966, 1968. vol. 1.2

[5] Bradley J. Distribution-Free Statistical Tests. New Jersey: Englewood Cliffs, Prentice-Hall, Inc., 1968

[6] Breiman L. Statistics With a View Toward Applications. Boston: Houghton Mifflin Company, 1973

[7] Lindley D. Introduction to Probability and Statistics. London: Cambridge University Press, 1965. vol. 1.2

[8] Mood A, Grayball F, Boes D. Introduction to the Theory of Statistics. New York: McGraw-Hill Book Company, Inc., 1974

[9] Walpole R. Introduction to Statistics. New York: Macmillan Publishing Co., Inc., London: Collier Macmillan Publishers, 1982

[10] Hogg R, Craig A. Introduction to Mathematical Statistics. New York: Macmillan Publishing Co., Inc., 1978

[11] Larsen R, Marx M. An Introduction to Mathematical Statistics and Its Application. Englewood Cliffs, New Jersey: Prentice-Hall, 1981

[12] Larson H. Introduction to Probability Theory and Statistical Inference. New York: John Wiley & Sons, 1982

[13] Neter J et al. Applied Statistics. Boston: Allyn and Bacon, Inc., 1982

[14] Rohatgi V. An Introduction to Probability Theory and Mathematical Statistics. New York: John Wiley & Sons, 1976

[15] Sachs L. Applied Statistics: A Handbook of Techniques. 2nd edition, New York: Springer-Verlag, 1982

[16] Rose C, Smith M D. Mathematical Statistics With Mathematica. Berlin: Springer, 2002

[17] Lehman E. Nonparametrics: Statistical Methods Based on Ranks. San Francisco: Holden Day, Inc., 1975

[18] Kruskal W, Wallis W. The use of ranks in one-criterion variance analysis. J. Amer. Statist. Ass., 1952, 47: 583

[19] David F. A χ^2 "smooth" test for goodness-of-fit. Biome-trika, 1947, 34: 299

[20] Wilcoxon F. Individual comparisions by ranking methods. Biometrics Bulletin, 1945, 1: 80

[21] Durbin J. Kolmogorov-Smilnov tests when parameters are estimated with applications to tests of exponentiality and tests on spacings, Biometrika, 1975, 62: 5

[22] Fisher R A. On the "probable error" of a coefficient of correlation deduced from a small sample. Metron 1921 (1): Part4, 3–32

[23] Daniel W W. Biostatistics: A Foundation for Analysis in the Health Science. 7th New York: John Wiley & Sons. Inc., edition, 1999

[24] Spearman C. American Journal of Psychology, 1904, 15: 72–101

[25] Sheskin D J. Handbook of Parametric and Nonparametric Statistical Procedures. 3rd edition. Boca Raton, Chapman & Hall/CRC, A CRC Press Company, 2004

[26] Kandall M G. Biometrika, 1938, 30: 81–93

[27] Prokhorov A V. Kendall Coefficient of Rank Correlation//Hazewinkel. Michiel. Encyclopaedia of Mathematics. Springer, 2001

[28] Lindeman R H, et al., Intruduction to bivariate and multivariate analysis. Glenview, IL : Scott, Foresman and Company. 1980

[29] Kandall M G, Babington-Smith B. Annals of Mathematical Statistics, 1939, 10: 275–287

[30] 中山大学. 概率论与数理统计. 北京：人民教育出版社, 1980

[31] 王福保. 概率论及数理统计. 上海：同济大学出版社, 1984

[32] 茆诗松等. 高等数理统计. 北京：高等教育出版社, 1998

[33] 范金城, 吴可法编著. 统计推断导引. 北京：科学出版社, 2001

[34] 朱永生. 实验物理中的概率与统计. 第二版. 北京：科学出版社, 2006

概率和统计在物理学中的应用

[35] Eadie W, et al. Statistical Methods in Experimental Physics. Amsterdam-London: North-Holland Publishing Company, 1971. James F. Statistical methods in experimental physics. (2nd edition). World Scientific, 2006

[36] Cooper B. Statistics for Experimentalists. Oxford: Pergamin Press, 1969

[37] Bevington P. Data Reduction and Error Analysis for the Physical Sciences. New York: Mc Graw-Hill Book Company, 1974

[38] Brandt S. Statistical and Computational Methods in Data Analysis. 3rd edition. New York: Springer, 1999

[39] Frodesen A, et al. Probability and Statistics in Particle Physics. Universitetsforlaget, Bergen-Oslo-Troms.ϕ, 1979

[40] Martin B. Statistics for physicists. London-New York: Academic Press, 1971

[41] Dowdy S, Weardon S, Chilko D. Statistics for Research. 3th edition, New Jersey: John Wiley & Sons, Inc., 2004

[42] Mickey R M, Dunn O J, Clark V A. Applied Statistics, 3rd edition, New Jersey: John Wiley & Sons, Inc., 2004

[43] Solmits F. Analysis of experiments in particle physics. Ann. Rev. Nucl. Sci., 1964, 14: 375

[44] Green J, Margerison D. Statistical Treatment of Experimental Data. Amsterdam-Oxford-New York: Elsevier Scientific Publishing Company, 1978

[45] Bethea R. et al. Statistical Methods for Engineers and Scientists. New York and Basel: Marcel Dekker, Inc., 1975

[46] Box E. Statistics for Experimenters. New York: John Wiley & Sons, 1978

[47] Ogawa J. Statistical Theory of the Analysis of Experimental Designs. New York: Macel Dekker, Inc., 1974

[48] Mandel J. The Statistical Analysis of Experimental Data. New York: John Wiley & Sons, 1964

[49] Walpole R, Myers R. Probability and Statistics for Engineer and Scientists. New York: Macmillan Publishing Co., Inc., 1978

[50] Meyer S. Data Analysis for Scientists and Engineers. New York: John Wiley & Sons, Inc., 1975

[51] Björck A. Least squares methods in physics and engineering. CERN 81-16, Geneva, 1981

[52] Wind H. Function parametrization. CERN 72-21, Geneva, 1972

[53] James F. Determining the statistical significance of experimental results. CERN DD 81-02, Geneva, 1981

[54] Orear J. Notes on statistics for physics(revised). CLNS 82/511, Cornell Univ., Ithaca, 1982

[55] Hudson D. Lectures on elementary statistics and probability. CERN 63-29, Geneva, 1963; Statistic Lectures 2: Maximun Likehood and Least Square Theory, CERN 64-18, Geneva, 1964

[56] Lyons L. Statistics for Nuclear and Particle Physicists. Cambridge: Cambridge University Press, 1986

[57] Cowan G. Statistical Data Analysis. New York: Oxford University Press Inc., 1998

[58] Brandt S. Data Analysis. 3rd edition, Springer-Verlag New York Inc., 1999

[59] CERN 2000-005(2000)
[60] Proceedings of the Conference"Advanced Statistical Techniques in Particle Physics", Grey College, Durham, UK, 2002
[61] 李惕碚. 实验的数学处理. 北京：科学出版社, 1983
[62] 赵特伟. 试验数据的整理与分析. 北京：铁道出版社, 1981
[63] Barlow R. arXiv Physics/0406120, 2004
[64] Nakamura K., et al. J. Phys. 2010, (G37): 075021
[65] Schmelling M. Phys. Scripta, 1995, 51: 676
[66] Ablikim M, et al. BES collaboration. Phys. Rev. 2004, (D70): 112007
[67] Neyman J. Phil. Trans. Royal Soc. London, Series, 1937(A236): 333; A Selection of Early Statistical Papers on J. Neyman. Berkeley: University of California Press, 1967: 250
[68] Feldman G, Cousins R. Phys, Rev. 1998(D57): 3873
[69] Roe B, Woodroofe M. Phys. Rev. 1999(D60): 053009
[70] Conrad J, et al. Phys. Rev. 2003(D67): 012002
[71] Bityukov S I, et al., Nucl. Instr. Meth. in Phys. Resear. 2000(A452): 518; Proc. of Conf. "Advanced statistical techniques in particle physics", Durham, UK, 2002: 77
[72] I. Narsky. Nucl. Instr. Meth, 2000(A450): 444
[73] 朱永生. 高能物理与核物理. 2006, 30: 331
[74] CMS Collaboration. CMS physics technical design report, volume II: Physics performance, J. Phys. 2007 (G34): 995-1579, Appendix A.1
[75] 高原宁. Combine Measurements of α_S-How to Average Correlated Data. //Shan Jin and Yong-Sheng Zhu, Error Treatment in Particle Physics Experiments. CCAST –WL Workshop series: Vol 160, 2004
[76] 朱永生. 实验数据多元统计分析. 北京：科学出版社, 2009
[77] Frühwirth. 高能物理数据分析. 朱永生、刘振安译. 合肥：中国科学技术大学出版社, 2011

贝叶斯统计

[78] Bayes T. Phil. Trans. Roy. Soc. 1763 (53):370
[79] Jeffreys H. Theory of Probability, 3rd edition, London: Oxford Univ. Press, 1961
[80] Savage L J. The Foundation of Statistics, 2nd revised edition, New York: Dover, 1972
[81] de Finetti B. Theory of Probability: A Critical Introductory Treatment (2 volums), New York: John Wiley, 1974
[82] Cox R T. Probability, frequency and reasonable expectation, Am. J. Phys. 1946(14):1
[83] Lindley D V. Introduction to Probability and Statistics from a Bayesian Viewpoint, Part 1: Probability, Part 2: Inference, Cambridge: Cambridge Univ. Press, 1965
[84] Lee P M. Bayesian Statistics: an Introduction. London: Edward Arnold, 1989

[85] Sivia D S. Data Analysis, a Bayesian Tutorial Oxford: Clarendon Press, 1996

[86] Berger J. O. Statistical Decision Theory. Springer-Verlag, 1980

[87] Raiffa H , R. Schlaifer. Applied Statistical Decision Theory. Boston: Harvard University, 1961

[88] Box G E P, Tiao G C. Bayesian inference in Statistical Analysis. Roading: Addison-Wesly, 1973

[89] Gelman A, et al. Bayesian data analysis. New York: Chapman-Hall, 1995

[90] Press S J. Bayesian statistics. New York: John Wiley-Sons, 1989

[91] Robbins H. Some thoughts on empirical Bayes estimation. Ann. of Statistics, 1983, 11: 713–723

[92] C. R. 劳. 线性统计推断及其应用. 北京：科学出版社, 1987

[93] 赵选民等. 数理统计. 第二版. 北京：科学出版社, 2002

[94] 张尧庭等. 贝叶斯统计推断. 北京：科学出版社, 1991

[95] 范金城. 梅长林. 数据分析. 北京：科学出版社, 2002

[96] Narsky I. arXiv:hep-ex/0005019 (2000)

[97] Zhu Y S (朱永生). Nucl. Instr. Meth. in Phys. Resear. 2007, (A578): 322

[98] Zhu Y S (朱永生). Chinese Phys. 2008, (C32): 363

[99] Zhu Y S (朱永生): http://www.ihep.ac.cn/lunwen/zhuys/BPOCI/BPOCI.html

数理统计表

[100] Owen D. Handbook of Statistical Tables, Addison-Wesley Publishing Company, Inc., Reading, Massachusetts, 1962

[101] Miller L. Table of percentage points of kolmogor ov statistics, J. Amer Statist. Ass, 1956, 51: 111

[102] Resnikoff G, Lieberman G. Table of the Noncentral T-Distribution. Stanford University Press, 1957

[103] Verdoren L. Extended tables of critical values for Wilcoxon's test statistic. Biometrika, 1963, 50: 177

[104] Pearson E, Hartley H. Biometrika tables for statisticians. Cambridge, 1970, 1972, 1, 2

[105] 中国科学院数学研究所概率统计室. 常用数理统计表. 北京：科学出版社, 1974

蒙特卡罗法

[106] Hammersley J, et al. Monte Carlo Methods. London: Methuen & Co. Ltd., 1967

[107] Buslenko N, et al. The Monte Carlo methods. Oxford: Pergamon Press, 1966

[108] Knuth D. The art of computer programming. Addison-Wesley Publishing Company, Reading, Massachusetts, 1969

[109] James F. Monte Carlo phase space. CERN 68-15, Geneva, 1968

[110] Lautrup B. An adaptive multidimensional integration technique. 2nd Colloquium on Advanced Computing Methods in Theoretical Physics, Marseille, 1971
[111] Dufner A. An adaptive multidimensional numerical integration subroutine. Proc. of the Colloquium on Computational Methods in Theoretical Physics, Marseille, 1970
[112] Zerby C. A Monte Carlo calculation of the response of Gamma ray scintillation counter. Methods in Comput. Phys., 1963, 1: 89
[113] Berger M. Monte Carlo calculation of the penetration and diffusion of fast charged particles. Methods in Comput. Phys., 1963, 1: 135
[114] CERN Program Library, D114 RIWIAD, Geneva, 1996.
[115] 裴鹿成, 张孝泽. 蒙特卡罗方法及其在粒子输运问题中的应用. 北京：科学出版社, 1980

最优化方法

[116] James F. Function minimization. CERN 72-21, Geneva, 1972
[117] Kowalik J, et al. Methods for Unconstrained Optimization Problems. New York: American Elsevier Publishing Co., Inc., 1968
[118] Dixon L. Non-linear Optimization. London: English Universities Press, 1972
[119] Sheppey G. Minimization and curve fltting. CERN 68-5, Geneva, 1968
[120] Davidon W. Variance algorithm for minimization. Comp. J., 1968, 10: 406
[121] Nelder J et al. A simplex method for function minimization. Comp. J., 1965, 7: 308
[122] Rosenbrock H. An automatic method for finding the greatest or least value of a function. Comp. J., 1960, 3: 175
[123] Hook R, Jeeves T. Direct search solution of numerical and statistical problems. J. Assoc. Comp.Mach, 1961, 8: 212
[124] Fletcher R, Reeves C. Function minimization by conjugate gradients. Comp. J., 1964, 7: 149
[125] Powell M. An efficient method for finding the minimum of a function of several vari ables without calculating derivatives. Comp. J., 1964, 7: 155
[126] Broyden C. Quasi-Newton methods and the application to function minimization. Math. Compu., 1967, 21: 368
[127] Evans D. et al. Exact treatment of search statistics. Nucl. Instr. Meth., 1967, 56: 289
[128] Gelfand I, Tsetlin M. The principle of nonlocal search in automatic optimization systems. Soviet Phys. Dokl., 1961, 6: 192
[129] Goldstein A, Price J. On descent from local minima. Math. Comput., 1971, 25: 569
[130] CERN Program Library. Geneva, 1989
[131] 希梅尔布劳 D. 张义荣等译. 实用非线性规划. 北京：科学出版社, 1981
[132] 席少霖, 赵风治. 最优化计算方法. 上海：上海科学技术出版社, 1983
[133] 蔡宣三. 最优化与最优控制. 北京：清华大学出版社, 1982

[134] 南京大学数学系计算数学专业. 最优化方法. 北京：科学出版社, 1984
[135] 邓乃扬等. 无约束最优化计算方法. 北京：科学出版社, 1982
[136] 袁亚湘、孙文瑜编著. 最优化理论与方法. 北京：科学出版社, 1997

去弥散方法

[137] Anykeyev V B, et al. Nucl. Instr. Meth. 1991, A303: 350
[138] Anykeyev V B, et al. Nucl. Instr. Meth. 1992, A322: 280
[139] Belogorlov E A, et al. Nucl. Instr. Meth. 1985, A235: 146
[140] Frieden B R. J. Opt. Soc Am. 1972, 62: 511
[141] Frieden B R. Comput. Graphics Image Process. 1980, 12: 40
[142] Frieden B R. Probability, Statistical Optics and Testing. New York: Springer, 1983
[143] Höcker A, et al. Nucl. Instr. Meth. 1996, A372: 469
[144] Jaynes E T. Prior probabilities, IEEE Trans. Syst. Sci. Cyber. 1968(SSC-4):227
[145] Jaynes E T. Monkeys, Kangaroos and N in Maximum Entropy and Bayesian Methods in Applied Statistics. Justice J H (ed.) Cambridge: Cambridge Univ. Press, 1986, 26
[146] Kullback. Information Theory and Statistics. New York: John Wiley, 1964
[147] Louis A K. Inverse Probl. 1992, 8: 709
[148] Narayan R. Ann. Rev. Astron. Astrophys. 1986, 24: 127
[149] Phillips D L. J. ACM. 1962, 9: 84
[150] Press W H, et al. Numerical Recipes. 2nd ed,. Cambridge: Cambridge Univ. Press, 1992
[151] Roe B P. Probability and Statistics in Experimental Phisics. New York: Springer, 1992
[152] Shannon C E. Bell Sys. Tech. J. 1948(27): 379//Shannon C E. Weaver W. The Mathematical Theory of Communication. Urbana: University of Illinois Press, 1949
[153] Michael Schmelling, Nucl. Instr. Meth. 1994, A340: 400
[154] Skilling J, et al. Algorithms and applications, in Maximum Entropy and Bayesian Methods in Inverse Problems, Smith C R, Grady W T. (ed.), Dordrecht : D. Reidel, 1985, 83
[155] Skilling J. Theory of maximum entropy image reconstruction, in Maximum Entropy and Bayesian Methods in Applied Statistics, Justice J H.(ed), Cambridge: Cambridge Univ. Press, 1986, 156.
[156] Tikhonov A N. Sov Math. 1963, 5: 1035
[157] Tikhonov A N, et al. Solutions of Ill-Posed Problems. New York: John Wiley, 1977
[158] Wahba G. Smoothing and ill-posed problems, in Solution Methods for Integral Equations. New York: Plenum Press, 1979
[159] Zech G. Comparing statistical data to Monte Carlo simulation-parameter fitting and unfolding, DESY 95-113, 1995

[160] Zhigunov V P. Nucl. Instr. Meth. 1983, 216: 183
[161] Zhigunov V P, et al. Nucl. Instr. Meth. 1988, A273: 362

概率和统计在粒子和核物理实验中的应用

[162] Mark-J Collaboration①. Test of quantum electrodynamics at $\sqrt{s}=13$ and 17 GeV. Phys. Rev. Lett., 1979, 42: 1110
[163] Mark-J Collaboration, Discovery of three jet events and a test of quantum chromodynamics at PETRA. Phys. Rev. Lett., 1979, 43: 830
[164] Mark-J Collaboration. Study of electron-positron collisions at center-of-mass energies of 27.4 and 27.7 GeV at PETRA. Phys. Rev. Lett., 1979, 43: 901
[165] Mark-J Collaboration. Test of universality of charged leptons. Phys. Rev. Lett., 1979, 43: 1915
[166] Mark-J Collaboration. Search for the production of a new quark flavor at the C. M. system energies between 33 and 35.8 Gev. Phys. Rev. Lett., 1980, 44: 1722
[167] Mark-J Collaboration. Physics with high energy electron positron colliding beams with the Mark-J detector. Phys. Rep., 1980, 63: 337
[168] Mark-J Collaboration. Search for top quark and a test of models without top quark at the highest PETRA energies. Phys. Rev. Lett., 1983, 50: 799
[169] Mark-J Collaboration. A summary of experimental results from Mark-J: high energy e^+e^t collisions at PETRA. Phys. Rep., 1984, 109: 131
[170] Zhu Y S (朱永生). Monte Carlo calculation on achievable accuracy of Tau lifetime measurement by using TEC type vertex chamber in e^+e^t interaction at center of mass energy $\sqrt{s}=40$ GeV. Chinese Physics, 1985, 5: 100
[171] Mark-J 合作组. 光子、轻子、层子及胶子. 中国科学, 1980
[172] Mark-J 合作组. 高能正负电子对撞物理的最新实验结果 ——Mark-J 实验总结. 物理学进展, 1984,(4): 301
[173] 朱永生. 质心系能量 40GeV e^+e^- 反应中, 利用时间扩展室测定 τ 粒子寿命可达到精度的蒙特卡罗计算. 高能物理与核物理, 1984, 5: 513
[174] BES Collaboration②. Measurement of the mass of the Tau lepton. Phys. Rev. Lett., 1992, 69: 3021
[175] BES Collaboration. A Measurement of J/ψ decay widths. Phys. Lett., 1995, B355: 374
[176] BES Collaboration. Measurement of the cross section for $e^+e^-\to$Hadrons at center-of-mass energies from 2~5 GeV. Phys. Rev. Lett., 2002, 88: 101802

① Mark-J Collaboration(Mark-J 合作组) 是丁肇中教授领导的粒子物理实验研究组. 本书作者是该组成员之一.

② BES Collaboration (BES 合作组) 是中国高能物理研究所和美国、日本等国内外近 20 个研究所和大学组成的国际粒子物理实验研究组. 本书作者是该组成员之一.

[177] BES Collaboration. A measurement of $\psi(2S)$ resonance parameters. Phys. Lett., 2002, B550: 24

[178] BES Collaboration. $\psi(2S)$ two-and three-body hadronic decays. Phys. Rev., 2003, D67: 052002

[179] BES Collaboration. Measurement of $\psi(2S)$ decays into vector-tensor final states. Phys. Rev., 2004, D69: 072001

[180] BES Collaboration. $\psi(2S)$ decays into J/ψ plus two photons. Phys. Rev., 2004, D70: 012006

[181] BES Collaboration. Measurements of $\psi(2S)$ decays into $\varphi\pi^0$, $\varphi\eta$, $\varphi\eta\prime$, $\omega\eta$, and $\omega\eta\prime$. Phys. Rev., 2004, D70: 112003

[182] BES Collaboration. Measurement of the final states $\omega\pi^0$, $\rho\eta$, and $\rho\eta\prime$ from $\psi(2S)$ electromagnetic decays and e^+e^- annihilations. Phys. Rev., 2004, D70: 112007

[183] Zhu Y S (朱永生). Statistics in HEP Data Analysis, in "Physics at BES-III". (ed. by Kuang-Ta Chao and Yifang Wang) Int. J. Mod. Phys. , 2009, A24 Suppl. 1. Appendix A

[184] Olivero J J, et al. J. Quant. Spectrosc. Radiat. Transfer 1977, 17: 233

[185] Bruce S D, et al. J. Magn. Reson. 2000, 142: 57

[186] Mclean A B, et al. J. Electron Spectrosc. Relat. Phenom. 1994, 69: 125; Puerta J, et al. Appl. Opt. 1981, 20: 3923

[187] Wertheim G K, et al. Rev. Sci. Instrum. 1974, 45: 1369

《现代物理基础丛书·典藏版》书目

1. 现代声学理论基础	马大猷 著
2. 物理学家用微分几何（第二版）	侯伯元 侯伯宇 著
3. 计算物理学	马文淦 编著
4. 相互作用的规范理论（第二版）	戴元本 著
5. 理论力学	张建树 等 编著
6. 微分几何入门与广义相对论（上册·第二版）	梁灿彬 周 彬 著
7. 微分几何入门与广义相对论（中册·第二版）	梁灿彬 周 彬 著
8. 微分几何入门与广义相对论（下册·第二版）	梁灿彬 周 彬 著
9. 辐射和光场的量子统计理论	曹昌祺 著
10. 实验物理中的概率和统计（第二版）	朱永生 著
11. 声学理论与工程应用	何 琳 等 编著
12. 高等原子分子物理学（第二版）	徐克尊 著
13. 大气声学（第二版）	杨训仁 陈 宇 著
14. 输运理论（第二版）	黄祖洽 丁鄂江 著
15. 量子统计力学（第二版）	张先蔚 编著
16. 凝聚态物理的格林函数理论	王怀玉 著
17. 激光光散射谱学	张明生 著
18. 量子非阿贝尔规范场论	曹昌祺 著
19. 狭义相对论（第二版）	刘 辽 等 编著
20. 经典黑洞和量子黑洞	王永久 著
21. 路径积分与量子物理导引	侯伯元 等 编著
22. 全息干涉计量——原理和方法	熊秉衡 李俊昌 编著
23. 实验数据多元统计分析	朱永生 编著
24. 工程电磁理论	张善杰 著
25. 经典电动力学	曹昌祺 著
26. 经典宇宙和量子宇宙	王永久 著
27. 高等结构动力学（第二版）	李东旭 编著
28. 粉末衍射法测定晶体结构（第二版·上、下册）	梁敬魁 编著
29. 量子计算与量子信息原理 ——第一卷：基本概念	Giuliano Benenti 等 著 王文阁 李保文 译

30. 近代晶体学（第二版）	张克从　著
31. 引力理论（上、下册）	王永久　著
32. 低温等离子体	B. M. 弗尔曼　И. M. 扎什京　编著
——等离子体的产生、工艺、问题及前景	邱励俭　译
33. 量子物理新进展	梁九卿　韦联福　著
34. 电磁波理论	葛德彪　魏　兵　著
35. 激光光谱学	W. 戴姆特瑞德　著
——第1卷：基础理论	姬　扬　译
36. 激光光谱学	W. 戴姆特瑞德　著
——第2卷：实验技术	姬　扬　译
37. 量子光学导论（第二版）	谭维翰　著
38. 中子衍射技术及其应用	姜传海　杨传铮　编著
39. 凝聚态、电磁学和引力中的多值场论	H. 克莱纳特　著　姜　颖　译
40. 反常统计动力学导论	包景东　著
41. 实验数据分析（上册）	朱永生　著
42. 实验数据分析（下册）	朱永生　著
43. 有机固体物理	解士杰　等　著
44. 磁性物理	金汉民　著
45. 自旋电子学	翟宏如　等　编著
46. 同步辐射光源及其应用（上册）	麦振洪　等　著
47. 同步辐射光源及其应用（下册）	麦振洪　等　著
48. 高等量子力学	汪克林　著
49. 量子多体理论与运动模式动力学	王顺金　著
50. 薄膜生长（第二版）	吴自勤　等　著
51. 物理学中的数学方法	王怀玉　著
52. 物理学前沿——问题与基础	王顺金　著
53. 弯曲时空量子场论与量子宇宙学	刘　辽　黄超光　编著
54. 经典电动力学	张锡珍　张焕乔　著
55. 内应力衍射分析	姜传海　杨传铮　编著
56. 宇宙学基本原理	龚云贵　编著
57. B介子物理学	肖振军　著